教育部高等学校电子信息类专业教学指导委员会规划教材
高等学校电子信息类专业系列教材

Experiments in Computer Organization and Interface Technology
Based on MIPS Architecture, Second Edition

计算机组成原理与接口技术

——基于MIPS架构

实验教程

（第2版）

左冬红　编著
Zuo Donghong

U0360621

清华大学出版社
北京

内 容 简 介

本书配合《计算机组成原理与接口技术——基于 MIPS 架构》一书而编写,特点是以实验为主,在简要介绍基本原理的基础上,详细地阐述了各个实验设计、实现等具体过程。本书实验内容分为三部分:MIPS 汇编程序设计、基于 FPGA 的原型计算机系统设计以及基于 IP 核的嵌入式计算机系统设计。本书介绍了 MIPS 模拟器 QtSpim、Mars,Xilinx FPGA 开发套件 Vivado、SDK 等开发工具的使用,并通过一个个具体实验案例,帮助读者在掌握基本原理的基础上,动手实践计算机软硬件接口技术。同时,本书还在各类实验案例基础上设置了不同难易程度的实验任务及思考题,可以满足不同层次的学习需求。

图书在版编目(CIP)数据

计算机组成原理与接口技术:基于 MIPS 架构实验教程/左冬红编著. —2 版. —北京:清华大学出版社,2019(2025.2重印)

(高等学校电子信息类专业系列教材)

ISBN 978-7-302-51262-2

Ⅰ. ①计⋯ Ⅱ. ①左⋯ Ⅲ. ①计算机组成原理—实验—高等学校—教材 ②微处理器—接口设备—实验—高等学校—教材 Ⅳ. ①TP301-33 ②TP332-33

中国版本图书馆 CIP 数据核字(2018)第 212053 号

责任编辑:盛东亮
封面设计:李召霞
责任校对:李建庄
责任印制:丛怀宇

出版发行:清华大学出版社
      网　　址:https://www.tup.com.cn, https://www.wqxuetang.com
      地　　址:北京清华大学学研大厦 A 座　　　　邮　编:100084
      社 总 机:010-83470000　　　　　　　　　邮　购:010-62786544
      投稿与读者服务:010-62776969, c-service@tup.tsinghua.edu.cn
      质量反馈:010-62772015, zhiliang@tup.tsinghua.edu.cn
      课件下载:https://www.tup.com.cn ,010-62795954
印 装 者:天津鑫丰华印务有限公司
经　　销:全国新华书店
开　　本:185mm×260mm　　印　张:36.5　　　　字　数:890 千字
版　　次:2014 年 8 月第 1 版　2019 年 1 月第 2 版　　印　次:2025 年 2 月第 3 次印刷
定　　价:99.00 元

产品编号:071529-01

前言
PREFACE

华中科技大学电子信息与通信学院"模拟电路与数字系统(三)"课程教学改革已开展 6 年,成效显著。在教学过程中,也反映出部分问题:第 1 版实验教程难度跨度较大。因此本版从最基础实验示例入手,逐步深入、综合,以求使读者掌握复杂计算机系统软、硬件设计技术。

为适应华中科技大学电子信息与通信学院"模拟电路与数字系统(三)"课程群贯穿式教学改革要求,本书在第 1 版基础上对实验内容以及实验平台做了以下调整:

(1) 增加 MIPS 汇编语言模拟器软件 Mars 介绍,该软件相比 QtSpim 更吻合《计算机组成原理与接口技术——基于 MIPS 架构》一书介绍的 MIPS 汇编指令工作原理,同时也更方便用户获取汇编语言程序机器码。

(2) 计算机硬件系统开发采用 Vivado 平台,更能适应 Xilinx FPGA 技术发展趋势。同时增加采用 debug IP 核监测硬件系统的相关内容,以便读者掌握片内硬件系统测试技术,弥补采用 FPGA 设计嵌入式计算机硬件系统导致硬件测试技术教学内容的缺失。

(3) 实验示例实现过程介绍了 Nexys4 DDR 以及 Nexys4 实验板的异同,也阐述了基于实验板以及基于 FPGA 芯片型号的嵌入式计算机硬件系统设计方法。基于实验板的设计方法可以有效缩短硬件系统设计时间,减少设计错误;基于 FPGA 芯片的设计方法可以帮助读者掌握基于任意 FPGA 实验平台的设计技术。

(4) 嵌入式计算机系统 IP 核接口实验部分增加了 DDR2 SDRAM 存储器接口、温度传感器 IIC 接口、加速度传感器 SPI 接口、XADC 并行 AD 转换接口以及存储器与 IO 接口之间 DMA 数据传输实验,覆盖的计算机接口技术更全面。

(5) 用户定义接口 IP 核实验增加了 UART 串行接口、数字语音输入接口、数字语音输出接口等实验示例,为读者掌握将任意硬件描述语言模块封装为计算机接口 IP 核提供了大量实验示例,同时也为读者实现包含语音输入、输出的计算机系统提供了实验范例。

(6) 附录中增加了实验示例中所涉及实验板的用户手册、电路原理图、Vivado 引脚约束文件介绍,为读者完成实验示例提供了便利。同时也增加了以太网接口实验示例,以便读者开发基于 LwIP 开源 TCP/IP 协议栈的网络应用系统。

本书是在华中科技大学电子信息与通信学院程文青副院长主导电路类课程改革的大潮下编写的,参与该类课程教学改革研究以及教学实践的教师对本书编写工作提供了大量宝贵意见,在此表示深深的感谢! 本书还得到了 2016 年 Digilent 中国有限公司教育部产学合作教学内容和课程体系改革项目的资助,在此一并表示感谢。

对所有为本书进行审阅并提出宝贵意见以及在编写出版过程中给予热情帮助和支持的同志们,在此一并表示衷心的感谢。

　　由于编者水平有限，加之时间比较仓促，书中错误和不妥之处在所难免，殷切希望使用本教材的师生及其他读者给予批评指正。来信地址：sixizuo@hust.edu.cn。

编　者

2018 年 12 月于华中科技大学

目 录
CONTENTS

第 2 篇　基于 FPGA 的原型计算机系统设计

第3篇 基于IP核的嵌入式计算机系统软硬件设计

附　　录

第1篇
PART 1

MIPS 汇编程序设计

为方便读者学习 MIPS 汇编程序设计,本书介绍两种常用 MIPS 汇编程序设计模拟器——QtSpim 和 MARS。

QtSpim 是威斯康星大学麦迪逊分校计算机科学系 James Larus 教授开发的用于 MIPS 汇编程序设计教学的开放源码 MIPS 模拟器。它基于 Qt UI 框架,可运行于 Windows、Mac OS 以及 Linux 操作系统。

MARS 是密苏里州大学计算机科学系开发的用于 MIPS 编程的轻量级交互式开发环境(IDE),开发目的是配合 Patterson 和 Hennessy 教授编写的《计算机组成与设计》(*Computer Organization and Design*)教材教学。MARS 采用 Java 语言编写,源代码开放,界面友好,运行环境需要安装 Java 虚拟机。

本书介绍这两种 MIPS 汇编程序设计模拟器,以便读者根据自身喜好选择合适的 MIPS 汇编程序设计学习工具。这两个工具的下载地址分别如下:

QtSpim:https://sourceforge. net/projects/spimsimulator/files/

MARS:http://courses. missouristate. edu/kenvollmar/mars/

## 第1章

QtSpim 汇编程序开发环境

1.1 QtSpim 简介

QtSpim 是支持完整 MIPS32 指令集的 MIPS 微处理器模拟器,支持 MIPS 宏汇编指令。它可以直接打开并运行 MIPS 汇编指令源程序(扩展名为 .s、.asm、.txt),支持 MIPS 汇编指令程序调试,但不支持执行二进制程序。界面如图 1-1 所示,包含菜单栏、快捷键栏、寄存器显示窗口、内存显示窗口、消息窗口等。

图 1-1   QtSpim 界面布局

1.2 QtSpim 菜单栏简介

1.2.1 File 菜单

File 菜单下含有的子菜单如图 1-2 所示。

（1）Load File：装载 MIPS 汇编语言程序。单击之后弹出如图 1-3 所示的文件选择窗口，支持装载扩展名为 .s、.asm、.txt 的汇编语言源文件。

（2）Recent Files：重新装载最近使用过的汇编语言程序。

（3）Reinitialize and Load File：重新初始化模拟器并装载汇编语言程序，该功能不同于 Load File 之处为它重新初始化模拟器。

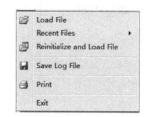

图 1-2 QtSpim File 子菜单

图 1-3 QtSpim 文件选择窗口

（4）Save Log File：保存数据到日志文件。单击之后弹出如图 1-4 所示的数据保存窗口，供用户选择数据来源、文件保存路径及名称。

（5）Print：输出窗口数据到打印机。单击之后弹出如图 1-5 所示的数据打印窗口，供用户选择需要打印的窗口数据。

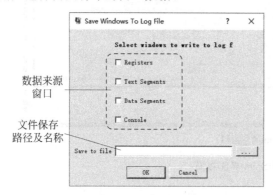

图 1-4 QtSpim 数据保存窗口

图 1-5 数据打印窗口

（6）Exit：退出模拟器。

QtSpim 只能装载汇编语言源程序。若源程序有错误，则在装载过程中报错，每次装载时指出源程序中根据汇编顺序出现的第一个错误。

QtSpim 不支持源程序编辑。因此必须利用其他文字编辑工具编辑汇编语言源程序，并保存为 ∗.s、∗.asm 或 ∗.txt 文件之后再装载到 QtSpim。若装载时发现源程序存在错误，则必须重新在编辑器中订正错误并保存之后再重新装载，直到没有错误为止。

1.2.2　Simulator 菜单

Simulator 菜单包含的子菜单如图 1-6 所示。

（1）Clear Registers：将所有的通用寄存器清零。

（2）Reinitialize Simulator：重新初始化模拟器。

（3）Run Parameters：设置程序运行时需输入的参数。可以设置的参数如图 1-7 所示。

图 1-6　QtSpim Simulator 子菜单　　　　图 1-7　运行程序参数输入窗口

（4）Run/Continue：运行/继续运行程序。

（5）Pause：暂停运行。

（6）Single Step：单步运行。

（7）Display Symbols：在消息窗口显示代码中含有的标号及对应的地址。

（8）Settings：设置模拟器界面以及微处理器相关参数。

1.2.3　其余菜单

Registers 菜单用于设置寄存器内容显示数制，支持十六进制、十进制、二进制三种不同数制。图 1-8 表示采用十六进制形式显示寄存器数据。

Text Segment 菜单用于设置代码显示窗口显示的内容，可选择显示的内容如图 1-9 所示。

 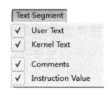

图 1-8　寄存器数据显示设置　　　图 1-9　Text Segment 子菜单

代码显示窗口布局如图 1-10 所示。

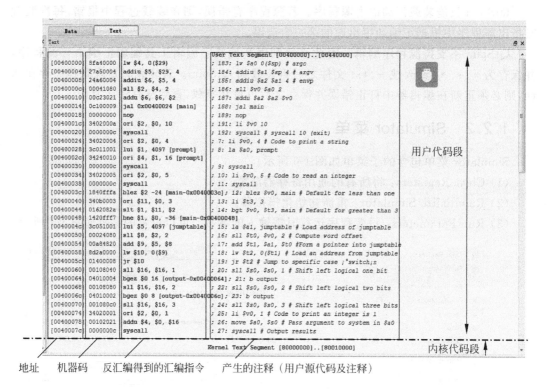

地址　　机器码　　反汇编得到的汇编指令　　产生的注释（用户源代码及注释）

图 1-10　代码显示窗口布局

QtSpim 模拟器在用户代码段增加了部分代码实现程序运行控制，且所有用户代码都存储在 0x00400000～0x00440000 地址范围内。为方便核对用户代码在模拟器代码段中的位置，注释中显示了用户编写的汇编源代码。

Data Segment 菜单用于设置数据显示窗口的显示内容以及显示制式，可选择显示的内容如图 1-11 所示。

图 1-11　Data Segment 子菜单

数据显示窗口布局如图 1-12 所示。指示用户数据区地址范围为 0x1000 0000～0x1004 0000，用户栈地址范围为 0x7fff f844～0x8000 0000，内核数据区地址范围为 0x9000 0000～0x9001 0000。模拟器以字为单位显示存储空间中的十六进制数据。

需要注意的是：MIPS 微处理器采用大字节序管理数据，但是由于模拟器运行在 PC 上，因此模拟器采用小字节序，这不影响数据处理结果。

Window 菜单用于选择需显示的窗口以及窗口排列方式，可选择的窗口如图 1-13 所示，包括整型寄存器窗口、浮点型寄存器窗口、代码窗口、数据窗口、控制台窗口。

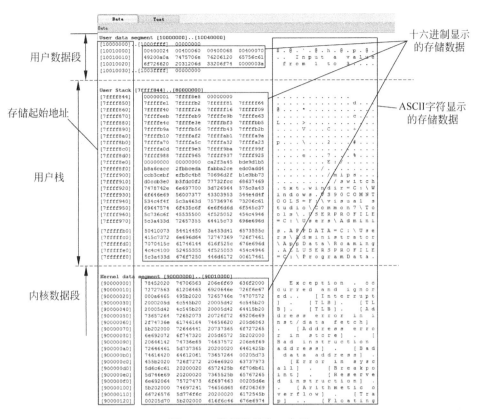

图 1-12 数据显示窗口布局

图 1-13 Window 子菜单

1.3 QtSpim 汇编、调试程序示例

1.3.1 QtSpim 用户程序入口

QtSpim 为所有用户程序提供了如图 1-14 所示用户程序入口代码。该段代码的功能为获取程序运行时命令行入口参数，并调用用户程序。

1.3.2 QtSpim 汇编查错

本节通过一个具体例子介绍 QtSpim 汇编查错过程。

若已知一汇编源程序需实现如下功能：根据输入数据 1、2、3，分别将 32 乘以 2、4、8，并显示不同情况下的乘积。伪代码如图 1-15 所示。

```
.text
.globl __start
__start:
lw $a0, 0($sp)      # argc
addiu $a1, $sp, 4 # argv
addiu $a2, $a1, 4 # envp
sll $v0, $a0, 2
addu $a2, $a2, $v0
jal main
li $v0,10
syscall             # 退出
```

图 1-14　程序入口代码段

```
$s0 = 32;
top: cout << "Input a value from 1 to 3"
         cin >> $v0
switch ($v0)
     {case(1): {$s0 = $s0 << 1; break;}
      case(2): {$s0 = $s0 << 2; break;}
      case(3): {$s0 = $s0 << 3; break;}
      default: goto top; }
cout << $s0
```

图 1-15　example 伪代码

用户撰写的汇编语言代码如图 1-16 所示。

```
.data
            .align 2
jumptable: .word top, case1, case2, case3
prompt : .asciiz "\n\n Input a value from 1 to 3: "
            .text
top:
            li $v0, 4              # 显示提示字符串
            la $a0, prompt
            syscall
            li $v0, 5              # 读入整数
            syscall
            blez $v0, top         # 判断是否小于0
            li $t3, 3
            bgt $v0, $t3, top     # 判断是否大于3
            la $a1, jumptable     # 装载查找表基地址
            sll $t0, $v0, 2       # 计算偏移
            add $t1, $a1, $t0     # 计算跳转指令地址存放地址
            lw $t2, 0($t1)        # 获取跳转地址
            jr $t2                # 跳转
case1:   sll $s0, $s0, 1         # 左移1位
            b output
case2:   sll $s0, $s0, 2         # 左移2位
            b output
case3:   sll $s0, $s0, 3         # 左移3位
output:
            li $v0, 1             # 输出整数结果
            move $a0, $s0
         syscall
```

图 1-16　汇编语言代码

当把图 1-16 所示程序装载到 QtSpim 时,弹出如图 1-17 所示的错误提示对话框。由于 QtSpim 不支持显示汉字,所以提示框中有乱码,即汇编源程序中所有汉字都显示为乱码。错误之处由"∧"标注,即代码中的双引号显示为乱码。由此可推测双引号错误地采用了中文全角标点符号。提示消息中的 line 4 表示错误之处在第 4 行,错误类型为不能识别的字符。

图 1-18 中指出错误行号为第 5 行,错误类型为语法错误。

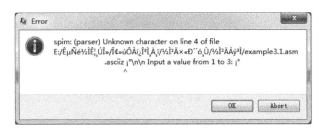

图 1-17 引号错误提示对话框

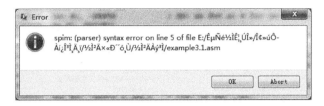

图 1-18 错误行提示

将全角双引号修改为半角双引号之后再装载,错误消失。按 F5 键或单击图 1-19 中的
Run/Continue 或单击图 1-20 中的三角形可运行程序。

图 1-19 Run 菜单   图 1-20 Run 快捷键

QtSpim 再次报如图 1-21 所示的错误,并指出错误原因为指令索引了没有定义的符号。
指令为 jal main,即符号 main 没有定义。由此可知用户程序没有定义标号 main。

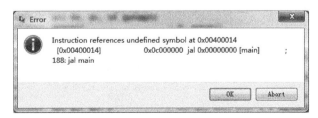

图 1-21 程序入口 main 错误

用户程序的第一条指令原来采用 top 标注,因此需要将程序中所有出现的 top 都修改
为 main。再次装载程序并运行,不再报同类错误。出现如图 1-22 所示的 Console 窗口,说
明程序可以运行,但是功能是否正确,还需要进一步测试。

此时程序代码如图 1-23 所示。

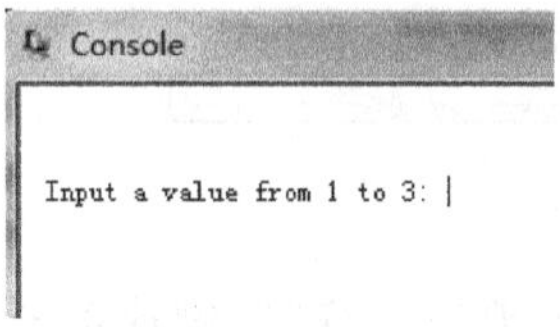

```
.data
        .align 2
jumptable: .word main, case1, case2, case3
prompt : .asciiz "\n\n Input a value from 1 to 3: "
        .text
main:
        li $v0, 4 # 显示提示字符串
        la $a0, prompt
        syscall
        li $v0, 5 # 读入整数
        syscall
        blez $v0, main # 判断是否小于0
        li $t3, 3
        bgt $v0, $t3, main # 判断是否大于3
        la $a1, jumptable # 装载查找表基地址
        sll $t0, $v0, 2 # 计算偏移
        add $t1, $a1, $t0 # 计算跳转指令地址存放地址
        lw $t2, 0($t1) # 获取跳转地址
        jr $t2 # 跳转
case1: sll $s0, $s0, 1 # 左移1位
        b output
case2: sll $s0, $s0, 2 # 左移2位
        b output
case3: sll $s0, $s0, 3 # 左移3位
output:
        li $v0, 1 # 输出整数结果
        move $a0, $s0
        syscall
```

Input a value from 1 to 3: |

图 1-22　显示输入提示　　　　　　　图 1-23　汇编纠错后的代码

1.3.3　QtSpim 查看程序存储映像

程序存储映像主要分为三部分：数据段存储映像、代码段存储映像、栈存储映像。图 1-23 所示的汇编程序没有用到栈，因此只需观察数据段存储映像和代码段存储映像。

数据段存储映像通过数据窗口观察，已知数据窗口显示的用户数据段内容如图 1-24 所示。由于用户代码没有定义数据段起始地址，因此数据段起始地址由装载程序分配为 0x10010000，对照用户数据段定义（如图 1-25 所示），可知 jumptable 的起始地址为 0x10010000。jumptable 包含的标号地址分别为 0x00400024、0x00400060、0x00400068、0x00400070。由此可知，main 指示的地址为 0x00400024，case1 指示的地址为 0x00400060，case2 指示的地址为 0x00400068，case3 指示的地址为 0x00400070。紧接着为字符串 "\n\n Input a value from 1 to 3:" 的 ASCII 码，且 4 个字符为一组显示，如 0x49200a0a 表示字符串 "\n\n I" 逆序组合的 ASCII 码，即 0x49→I、0x20→space、0x0a→\n、0x0a→\n。字符串末地址为 0x1001002d，末尾字符空格的 ASCII 码为 0x20。

```
User data segment [10000000]..[10040000]
[10000000]..[1000ffff]  00000000
[10010000]    00400024  00400060  00400068  00400070    $ . @ . ` . @ . h . @ . p . @ .
[10010010]    49200a0a  7475706e  76206120  65756c61    . .  I n p u t   a  v a l u e
[10010020]    6f726620  2031206d  33206f74  0000203a    f r o m   1   t o  3 : . .
[10010030]..[1003ffff]  00000000
```

图 1-24　用户数据段数据

```
.data
        .align 2
jumptable: .word main, case1, case2, case3
prompt : .asciiz "\n\n Input a value from 1 to 3: "
```

图 1-25　用户数据段定义

数据段存储映像如表 1-1 所示。

表 1-1　数据段存储映像

变量名	地　　址	数　据	定义值	变量名	地　　址	数　据	定义值
jumptable	0x10010000	0x24	main			0x74	t
		0x00				0x20	space
		0x40				0x61	a
		0x00				0x20	space
		0x60	case1			0x76	v
		0x00				0x61	a
		0x40				0x6c	l
		0x00				0x75	u
		0x68	case2			0x65	e
		0x00				0x20	space
		0x40				0x66	f
		0x00				0x72	r
		0x70	case3			0x6f	o
		0x00				0x6d	m
		0x40				0x20	space
		0x00				0x31	1
prompt	0x10010010	0x0a	\n			0x20	space
		0x0a	\n			0x74	t
		0x20	space			0x6f	o
		0x49	I			0x20	space
		0x6e	n			0x33	3
		0x70	p			0x3a	:
		0x75	u			0x20	space

代码段存储映像通过代码显示窗口查看。代码显示窗口看到的用户代码段数据如图 1-26 所示。

```
User Text Segment [00400000]..[00440000]
[00400000] 8fa40000  lw $4, 0($29)         ; 183: lw $a0 0($sp) # argc
[00400004] 27a50004  addiu $5, $29, 4      ; 184: addiu $a1 $sp 4 # argv
[00400008] 24a60004  addiu $6, $5, 4       ; 185: addiu $a2 $a1 4 # envp
[0040000c] 00041080  sll $2, $4, 2         ; 186: sll $v0 $a0 2
[00400010] 00c23021  addu $6, $6, $2       ; 187: addu $a2 $a2 $v0
[00400014] 0c100009  jal 0x00400024 [main] ; 188: jal main
[00400018] 00000000  nop                   ; 189: nop
[0040001c] 3402000a  ori $2, $0, 10        ; 191: li $v0 10
[00400020] 0000000c  syscall               ; 192: syscall # syscall 10 (exit)
[00400024] 34020004  ori $2, $0, 4         ; 7: li $v0, 4 # ÍÕÊ¥ÌáÉ¥×Ö·û 圏
[00400028] 3c011001  lui $1, 4097 [prompt] ; 8: la $a0, prompt
[0040002c] 34240010  ori $4, $1, 16 [prompt]
[00400030] 0000000c  syscall               ; 9: syscall
[00400034] 34020005  ori $2, $0, 5         ; 10: li $v0, 5 # ¶ÁÈëÕûÊý
[00400038] 0000000c  syscall               ; 11: syscall
[0040003c] 1840fffa  blez $2 -24 [main-0x0040003c]; 12: blez $v0, main # ÅÐ¶ÏÊÇ·ñ¡ÓÚ0
[00400040] 340b0003  ori $11, $0, 3        ; 13: li $t3, 3
[00400044] 0162082a  slt $1, $11, $2       ; 14: bgt $v0, $t3, main # ÅÐ¶ÏÊÇ·ñ·óÓ3
[00400048] 1420fff7  bne $1, $0, -36 [main-0x00400048]; 15: la $a1, jumptable # ×°Ô²²éÕÒ±í¥ù¤Öö·
[0040004c] 3c051001  lui $5, 4097 [jumptable] ; 16: sll $t0, $v0, 2 # ¥ÆÉ×ãÆ¥ÖÈ
[00400050] 00024080  sll $8, $2, 2         ; 17: add $t1, $a1, $t0 # ¥ÆÉ×ãÎ±ø×¤Ö Áí¤µ°·æ·Â¤µ¤Öö·
[00400054] 00a84820  add $9, $5, $8        ; 18: lw $t2, 0($t1) # »ñÈ¡¡È¡×¤ù¤Öö·
[00400058] 8d2a0000  lw $10, 0($9)         ; 19: jr $t2 # Ìø×ª
[0040005c] 01400008  jr $10                ; 20: sll $s0, $s0, 1 # ×óÒÆ±±Î»
[00400060] 00108040  sll $16, $16, 1       ; 21: b output
[00400064] 04010064  bgez $0 16 [output-0x00400064]; 22: sll $s0, $s0, 2 #×óÒÆ²¤Î»
[00400068] 00108080  sll $16, $16, 2       ; 23: b output
[0040006c] 04010002  bgez $0 8 [output-0x0040006c]; 24: sll $s0, $s0, 3 # ×óÒÆ3¤Î»
[00400070] 001080c0  sll $16, $16, 3       ; 26: li $v0, 1 # Êä³öÕûÊý¼·á·û
[00400074] 34020001  ori $2, $0, 1         ; 27: move $a0, $s0
[00400078] 00102021  addu $4, $0, $16      ; 28: syscall
[0040007c] 0000000c  syscall
```

图 1-26　代码显示窗口数据

各部分含义如图 1-27 所示。每条 MIPS32 汇编指令都是 4 字节，因此两条相邻 MIPS 汇编指令地址之差为 4。获取用户代码在内存中的映像：一种方法为对照代码显示窗口中注释部分的用户汇编程序源代码获取用户代码区域；另一种方法为查找标号 main 的地址获得用户代码起始地址，即在反汇编指令中找到指令 jal 0x00400024［main］，该指令指出 0x00400024 为标号 main 的地址。代码显示窗口反汇编指令中采用包含标号和地址的算术运算式表示相对偏移地址，如指令"blez ＄2，－24［main -0x0040 003c］"，指出－24 通过 main -0x0040 003c 计算而来。由于 main 表示 0x0040 0024，因此 main -0x0040 003c 为 －24。可以利用该方法核算其他绝对地址和相对地址是否正确，还可以通过代码显示窗口核对宏汇编指令与汇编指令的对应关系。需要注意的是，QtSpim 采用跳转目标地址减去当前指令地址计算条件跳转指令的跳转距离（相对偏移地址），而不是采用跳转目标地址减去紧跟当前指令的下一条指令地址。也就是说，QtSpim 模拟器计算条件跳转指令跳转距离采用的方法与实际 MIPS 微处理器不一致。第 2 章介绍的 MARS MIPS 模拟器不存在这个问题。

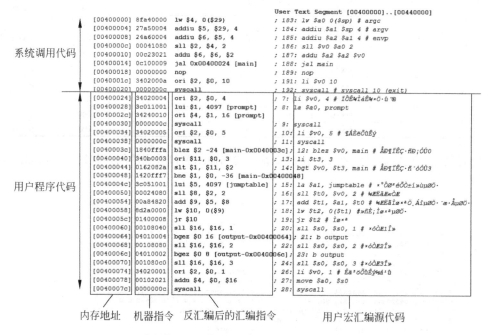

图 1-27　代码显示窗口数据的含义

图 1-23 所示的程序代码段存储映像如表 1-2 所示。

表 1-2　程序的代码段存储映像

存 储 地 址	机器指令代码	反汇编指令	汇编源代码
0x00400024	0x34020004	ori ＄2，＄0，4	li ＄v0，4
0x00400028	0x3c011001	lui ＄1，4097	la ＄a0，prompt
0x0040002c	0x34240010	ori ＄4，＄1，16	
0x00400030	0x0000000c	syscall	syscall
0x00400034	0x34020005	ori ＄2，＄0，5	li ＄v0，5

存 储 地 址	机器指令代码	反汇编指令	汇编源代码
0x00400038	0x0000000c	syscall	syscall
0x0040003c	0x1840fffa	blez $2 −24	blez $v0, main
0x00400040	0x340b0003	ori $11, $0, 3	li $t3, 3
0x00400044	0x0162082a	slt $1, $11, $2	bgt $v0, $t3, main
0x00400048	0x1420fff7	bne $1, $0, −36	
0x0040004c	0x3c051001	lui $5, 4097	la $a1, jumptable
0x00400050	0x00024080	sll $8, $2, 2	sll $t0, $v0, 2
0x00400054	0x00a84820	add $9, $5, $8	add $t1, $a1, $t0
0x00400058	0x8d2a0000	lw $10, 0($9)	lw $t2, 0($t1)
0x0040005c	0x01400008	jr $10	jr $t2
0x00400060	0x00108040	sll $16, $16, 1	sll $s0, $s0, 1
0x00400064	0x04010004	bgez $0 16	b output
0x00400068	0x00108080	sll $16, $16, 2	sll $s0, $s0, 2
0x0040006c	0x04010002	bgez $0 8	b output
0x00400070	0x001080c0	sll $16, $16, 3	sll $s0, $s0, 3
0x00400074	0x34020001	ori $2, $0, 1	li $v0, 1
0x00400078	0x00102021	addu $4, $0, $16	move $a0, $s0
0x0040007c	0x0000000c	syscall	syscall

1.3.4　QtSpim 调试查错

汇编代码编写完成,装载运行之后若发现不是预期结果,需调试程序。下面仍然针对图 1-23 所示的程序阐述 QtSpim 调试程序方法。

首先直接运行程序,并在 Console 输入 1～3 之间的数据,此时 Console 显示如图 1-28 所示结果,并报如图 1-29 所示的错误。

图 1-28　显示结果

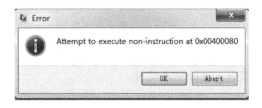

图 1-29　运行结束出错

图 1-23 所示程序要求当用户输入 2 时,输出 128 (32×4)。但是此时输出 0,表明程序初始的被乘数 $s0 可能为 0,因此在输出之前设置一个断点。断点设置方法为在代码显示窗口相应行右击,在如图 1-30 所示的窗口中单击 Set Breakpoint。

本程序输入 2 时,显示 0,因此找到如图 1-31 所示 case2 对应语句并设置断点。

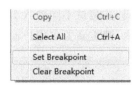

图 1-30　断点设置取消窗口

```
⚙ [00400068] 00108080  sll $16, $16, 2         ; 22: sll $s0, $s0, 2 #×óÒŒ2Î»
  [0040006c] 04010002  bgez $0 8 [output-0x0040006c]; 23: b output
```

图 1-31　设置 case2 断点

重新设置 PC,使 PC 指向 main 处并运行程序。具体步骤为：在寄存器窗口选中 PC 寄存器,右击,在如图 1-32 所示窗口选择 Change Register Contents,如图 1-33 所示,在弹出窗口输入程序入口地址 0x00400024。

图 1-32　修改寄存器窗口　　　　　　图 1-33　修改 PC 值

再次单击运行,程序从头开始运行,并且碰到断点停下来,弹出如图 1-34 所示窗口,用户可以选择继续运行(Continue)、单步执行(Single Step)、放弃(Abort)等。

若单击放弃,观察寄存器窗口发现如图 1-35 所示 $s0＝0$。这说明前面指令没有正确初始化寄存器 $s0$ 的值为 32。因此需要在前面加入初始化 $s0$ 的汇编指令。

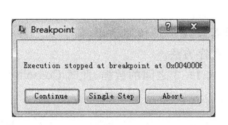

```
R10 [t2] = 400068
R11 [t3] = 3
R12 [t4] = 0
R13 [t5] = 0
R14 [t6] = 0
R15 [t7] = 0
R16 [s0] = 0
R17 [s1] = 0
R18 [s2] = 0
R19 [s3] = 0
R20 [s4] = 0
R21 [s5] = 0
```

图 1-34　断点弹出窗口　　　　　　图 1-35　寄存器值

程序起始地址处加入宏汇编指令 li $s0,32,变为图 1-36 所示代码。再次装载并运行程序,将得到正确的显示结果。

最后还有一处图 1-29 所示运行结束错误,错误原因为试图执行非法指令。这是由于程序没有利用系统功能调用退出,导致继续往下执行。因此,需要加入系统功能调用退出程序。结尾处加入系统功能调用之后的代码如图 1-37 所示。用户再重新初始化并装载该程序代码,并测试不同输入 1、2、3,发现都可以正常地显示结果。如果输入数据不在 1～3 的范围内,则重新要求用户输入。至此程序调试结束。

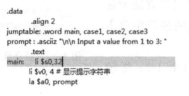

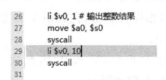

图 1-36　起始代码修改　　　　　　图 1-37　结束代码修改

在程序差错调试示例中,介绍了如何设置断点、如何修改寄存器的值,下面再简要介绍经常用到的程序调试技术,包括单步执行和修改内存单元的值等。

QtSpim 单步执行菜单如图 1-38 所示,该命令一次执行一条指令。当需要查看逐条指令执行是否正确时,可以采用该命令。

图 1-38　单步执行菜单

修改内存单元值在数据显示窗口,用户根据变量的定义计算出变量存储地址,然后再选中该存储地址单元,右击,在如图 1-39 所示的窗口中选择 Change Memory Contents,就可以在如图 1-40 所示弹出窗口输入新的值,从而修改内存单元的值。需要注意的是:内存单元数据修改以字为边界对齐,如果仅修改某个字节或某个半字的值,则需保持其他存储单元的内容不变。图 1-40 修改地址为 0x10010014 的字型数据。修改之前数据段内的值如图 1-42(a)所示,修改之后如图 1-42(b)所示。图 1-41 前三个字节不变,仅改变最低地址字节,修改之后的数据段如图 1-42(c)所示。

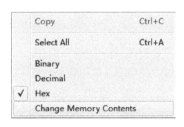

图 1-39　内存单元数据子窗口

图 1-40　内存单元字数据修改窗口

图 1-41　内存单元字节数据修改窗口

```
User data segment [10000000]..[10040000]
[10000000]..[1000ffff]  00000000
[10010000]    00400024  00400064  0040006c  00400074   $ . @ . d . @ . l . @ . t . @ .
[10010010]    49200a0a  7475706e  76206120  65756c61   . .   I n p u t   a   v a l u e
[10010020]    6f726620  2031206d  33206f74  0000203a     f r o m   1   t o   3 :   . .
[10010030]..[1003ffff]  00000000
```

(a) 原始数据段

```
User data segment [10000000]..[10040000]
[10000000]..[1000ffff]  00000000
[10010000]    00400024  00400064  0040006c  00400074   $ . @ . d . @ . l . @ . t . @ .
[10010010]    49200a0a  76767068  76206120  65756c61   . .   I h p v v   a   v a l u e
[10010020]    6f726620  2031206d  33206f74  0000203a     f r o m   1   t o   3 :   . .
[10010030]..[1003ffff]  00000000
```

(b) 图1-40字修改之后的数据段

```
User data segment [10000000]..[10040000]
[10000000]..[1000ffff]  00000000
[10010000]    00400024  00400064  0040006c  00400074   $ . @ . d . @ . l . @ . t . @ .
[10010010]    49200a0a  76767065  76206120  65756c61   . .   I e p v v   a   v a l u e
[10010020]    6f726620  2031206d  33206f74  0000203a     f r o m   1   t o   3 :   . .
[10010030]..[1003ffff]  00000000
```

(c) 图1-41字节修改之后的数据段

图 1-42　数据段内存数据修改前后对比

## 第 2 章

MARS 汇编程序开发环境

2.1 MARS 界面简介

MARS 是一个 MIPS 汇编和运行模拟器,可以汇编和模拟 MIPS 汇编语言程序的执行。它可以从命令行或集成开发环境(IDE)中使用。MARS 采用 Java 编写,需要 J2SE Java 运行时环境(JRE)1.5 以上版本才能工作。它作为可执行 Jar 文件发布。从版本 4.0 开始,MARS 汇编和模拟器支持 155 条 MIPS-32 指令集指令以及约 370 条伪指令和宏指令,如 MIDI 输出、随机数生成等。通过设置,可禁止使用伪指令和宏指令以及其他存储器寻址模式。

MARS 界面如图 2-1 所示,包含菜单栏、快捷键、寄存器窗口、工作区窗口、消息窗口等。

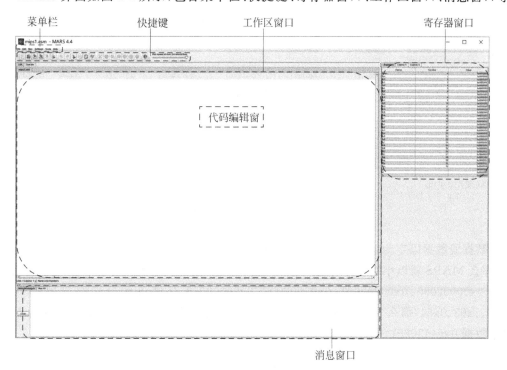

图 2-1　MARS 界面

工作区窗口不仅仅包含代码编辑窗，也包含运行窗口。工作区运行窗口各部分含义如图 2-2 所示。

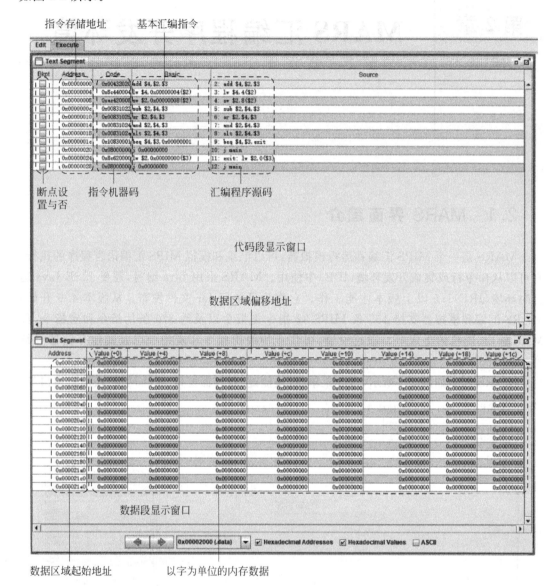

图 2-2　MARS 工作区运行窗口

数据段数据以字为单位显示，字节序与主机一致，即模拟器若运行在小字节序计算机中，那么 MARS 就以小字节序将连续 4 个内存单元的数据读取并显示出来。也就是说，若地址 0x00002000、0x00002001、0x00002002、0x00002003 存储单元分别存放数据 0x61、0x62、0x63、0x64，那么 MARS 数据显示区域中起始地址为 0x00002000、偏移地址为＋0 处显示数据 0x64636261。

2.2　MARS 菜单栏简介

2.2.1　File 菜单

File 菜单下含有的子菜单如图 2-3 所示。该菜单下大部分子菜单都为常规功能,这里不一一介绍。

子菜单 Dump Memory 可导出 MARS 中存储单元数据到文件中。具体操作方法为:单击 Dump Memory 子菜单,在如图 2-4 所示弹出窗口的左边选择需要导出的内存区间,可能选项如图 2-5 所示,分别为用户程序代码段和数据段;在右边选择导出文件数据格式,可能选项如图 2-6 所示,分别为 ASCII 码文本、二进制数、二进制文本、十六进制文本、英特尔十六进制数、代码或数据段窗口。为方便阅读,通常导出十六进制文本,这样导出的数据格式与工作区运行窗口显示的数据格式完全一致。

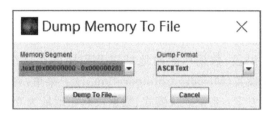

图 2-3　MARS File 子菜单　　　　　图 2-4　MARS Dump Memory 窗口

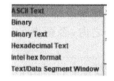

图 2-5　可导出的内存区间　　　　图 2-6　可导出的数据类型

2.2.2　Run 菜单

Run 菜单下的子菜单如图 2-7 所示,含义从上到下分别为汇编、运行、单步运行、单步退回、暂停、停止、复位、清除断点、设置断点等。对应的快捷键如图 2-8 所示,从左到右分别为汇编、运行、单步运行、单步退回、暂停、停止、复位。同时还有一个控制运行速度的调节条,如图 2-9 所示。调节运行速度可以清晰观察各条指令运行结果,无须逐条指令手动单击单步运行按钮。

MARS 非常方便 MIPS 汇编语言初学者调试汇编程序的地方在于它设置了单步退回功能。若程序运行时发现错误,可以暂停运行,并逐步返回,通过逆向追溯发现问题,而不用从头开始运行。

图 2-7　MARS Run 子菜单

图 2-8　运行快捷键　　　　　　　　　图 2-9　运行速度调节条

2.2.3　Settings 菜单

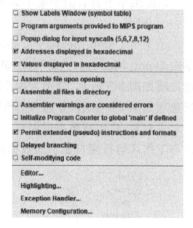

Settings 菜单下的子菜单如图 2-10 所示。从上到下依次为标号窗口显示(符号表)、传递参数给 MIPS 程序、为系统功能调用(5、6、7、8、12)弹出对话框、十六进制形式显示地址、十六进制形式显示数据；打开文件同时汇编、汇编同一目录下所有汇编源程序、汇编警告信息当作错误、程序指针初始化时指向全局标号 main；允许使用扩展指令和伪指令、允许分支延迟、允许自动修改代码；编辑器设置、高亮设置、异常句柄设置、存储设置等。凡是子菜单前带有方框表示可选项，选中则启用相应功能，否则不启用。没有方框的子菜单，单击之后会弹出新的窗口，允许用户进行相应设置。

这里仅需要介绍存储设置弹出窗口功能，它用来配置用户代码段、数据段起始地址以及程序的存储结构。

图 2-10　MARS Settings 子菜单

单击存储设置(Memory Configuration…)子菜单，弹出如图 2-11 所示窗口，支持三种不同存储配置方案：系统默认模式、数据段起始地址为 0 的压缩模式、代码段起始地址为 0 的压缩模式。不同方案下，程序各个段的起始地址都详细列在窗口右侧。为方便导出代码段机器指令，可配置为代码段起始地址为 0 的压缩模式。若仅仅模拟运行 MIPS 程序，可以采用其中任何一种配置。需要注意的是：无论哪种方案，MIPS 程序访问数据的存储地址都必须处于数据段相应范围之内，否则指令运行时会报错。

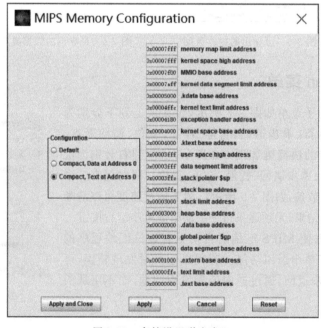

图 2-11　存储设置弹出窗口

MARS 其他菜单这里不再一一介绍,读者若有兴趣,可以直接查阅 MARS 帮助手册。查阅方法为从 MARS Help 菜单中选择 Help,弹出如图 2-12 所示的帮助手册。该手册详细介绍了 MARS 以及 MIPS 汇编指令用法。

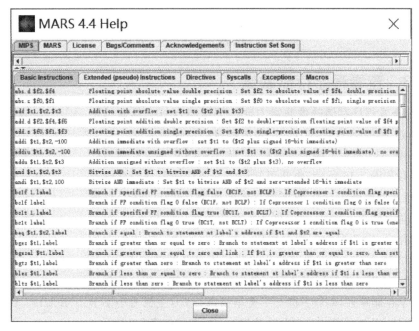

图 2-12　MARS 帮助手册

　　用户在 MARS 代码编辑窗口输入汇编指令时,MARS 自动给出如图 2-13 所示相应 MIPS 汇编指令语法提示信息,以便读者正确使用 MIPS 汇编指令。

图 2-13　MARS MIPS 指令语法提示

2.3　MARS 汇编、调试程序

2.3.1　汇编语言源程序编辑

　　MARS 集成了代码编辑器,用户可直接在代码编辑器中编辑汇编语言源程序,无须考虑程序入口,也可以不定义 main 标号,此时直接从编写的第一条汇编指令开始执行。它不同于 QtSpim,无须考虑内核程序,即运行的第一条指令就是用户编写的汇编指令。它支持所有 MIPS 汇编指令、伪指令以及扩展指令。

2.3.2　汇编器

　　可以直接通过快捷键或菜单调用 MARS 汇编器。汇编如果没有错误,工作区窗口将直接显示运行窗口,即显示用户程序代码段和数据段。若有错误,如图 2-14 所示,则在消息窗口显示相关错误提示信息。错误提示信息包含汇编出错源文件、行、列以及错误原因等。

```
Assemble: assembling C:\CoursePROJECT\NEXYS4 ISE\NEXYS4 ISE\testtemp.asm

Error in C:\CoursePROJECT\NEXYS4 ISE\NEXYS4 ISE\testtemp.asm line 5 column 1: Extended (pseudo) instruction or format not permitted. See Settings.
Error in C:\CoursePROJECT\NEXYS4 ISE\NEXYS4 ISE\testtemp.asm line 8 column 1: Extended (pseudo) instruction or format not permitted. See Settings.
Assemble: operation completed with errors.
```

图 2-14　MARS 汇编出错提示信息

2.3.3　查看程序存储映像

　　MARS 查看程序存储映像非常方便。下面结合一个具体示例阐述如何通过 MARS 查看 MIPS 汇编源程序存储映像。

　　若有如图 2-15 所示汇编语言源程序，则 MARS 汇编之后对应代码段和数据段如图 2-16 所示，由此可知该汇编源程序装载到存储空间时，代码段起始地址为 0x0，数据段起始地址为 0x00002000。代码段的第一列为存储单元地址，第二列为汇编指令对应的机器码，第三列为反汇编指令，第四列为汇编源代码。通过对比代码段中的源代码可得到图 2-15 MIPS 汇编语言源程序代码段存储映像如表 2-1 所示，根据图 2-15 MIPS 汇编语言源程序数据段定义可知该程序数据段仅定义了 5 个存储单元（4 个字符＋字符串结束符 0），主机为小字节序，因此图 2-15 MIPS 汇编语言源程序数据段存储映像如表 2-2 所示。

```
.data
.asciiz "abcd"
.text
main:
add $4,$2,$3
lw $4,4($2)
sw $2,8($2)
sub $2,$4,$3
or $2,$4,$3
and $2,$4,$3
slt $2,$4,$3
beq $4,$3,exit
j main
exit: lw $2,0($3)
j main
```

图 2-15　MIPS 汇编语言源程序

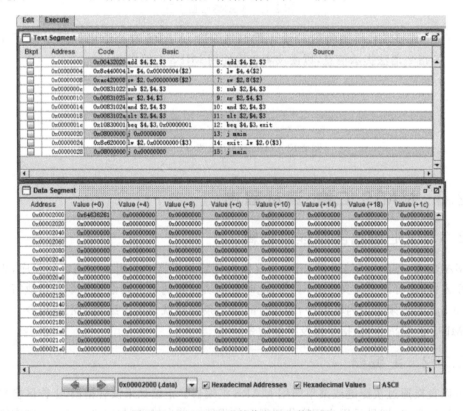

图 2-16　MARS 显示的代码段和数据段

表 2-1　代码段存储映像

内 存 地 址	存储指令机器码	汇编指令
0x00000000	0x00432020	add $4,$2,$3
0x00000004	0x8c440004	lw $4,4($2)
0x00000008	0xac420008	sw $2,8($2)
0x0000000C	0x00831022	sub $2,$4,$3
0x00000010	0x00831025	or $2,$4,$3
0x00000014	0x00831024	and $2,$4,$3
0x00000018	0x0083102a	slt $2,$4,$3
0x0000001C	0x10830001	beq $4,$3,exit
0x00000020	0x08000000	j main
0x00000024	0x8c620000	exit: lw $2,0($3)
0x00000028	0x08000000	j main

表 2-2　数据段存储映像

内 存 地 址	存 储 数 据	内 存 地 址	存 储 数 据
0x00020000	0x61	0x00020003	0x64
0x00020001	0x62	0x00020004	0x00
0x00020002	0x63		

2.3.4　运行程序

MARS 不同于 QtSpim,可以设置程序运行速度,用户可根据自身需要调整运行速度以便逐步观察各条指令运行结果,也可以直接在代码段相应指令前方方框内选中设置断点,还可以根据需要单步运行指令。图 2-17 设置 2s 仅运行一条指令,并且在第 4 条指令前设置

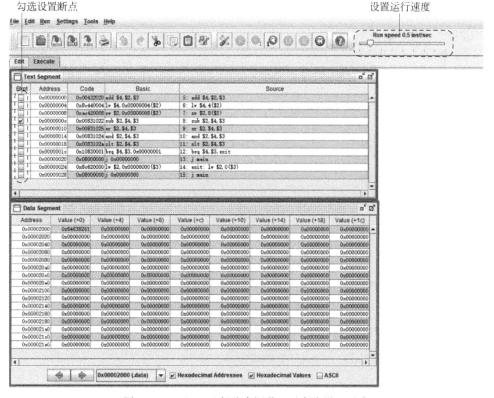

图 2-17　MARS 运行速度调节以及断点设置示意

断点。当单击 Run 快捷键时，程序将慢速运行。用户可以实时调节运行速度并观察数据段存储单元以及寄存器变化是否正确。一旦发现问题，可以单击暂停快捷键暂停执行。程序运行时，若碰到非法指令，MARS 暂停执行，高亮显示的指令即为暂停点，并在消息窗口中显示错误提示信息，指出错误指令的行号以及错误原因，如图 2-18 所示。

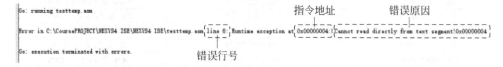

图 2-18　MARS 运行错误提示信息

## 第 3 章

MIPS 汇编语言

3.1 MIPS 汇编程序结构

MIPS 汇编程序一般定义两个段,即数据段和代码段,并以空白行表示汇编程序的结束,如图 3-1 所示。main 表示代码段程序入口地址,且声明为全局标号,可以被 SPIM 内核调用。

该程序的功能为接收用户输入的数据 N,计算 1～N 的序列和,并显示结果。且循环执行,直到用户输入 0。运行结果如图 3-2 所示。

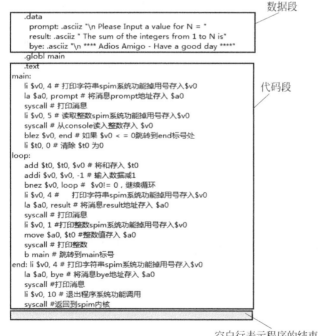

数据段

```
.data
    prompt: .asciiz "\n Please Input a value for N = "
    result: .asciiz " The sum of the integers from 1 to N is"
    bye: .asciiz "\n **** Adios Amigo - Have a good day ****"
.globl main
.text
main:
    li $v0, 4 # 打印字符串spim系统功能掉用号存入 $v0
    la $a0, prompt # 将消息prompt地址存入 $a0
    syscall # 打印消息
    li $v0, 5 # 读取整数spim系统功能掉用号存入 $v0
    syscall # 从console读入整数存入 $v0
    blez $v0, end # 如果 $v0 < = 0跳转到end标号处
    li $t0, 0 # 清除 $t0 为0
loop:
    add $t0, $t0, $v0 # 将和存入 $t0
    addi $v0, $v0, -1 # 输入数据减1
    bnez $v0, loop #  $v0!= 0 , 继续循环
    li $v0, 4 #    打印字符串spim系统功能掉用号存入 $v0
    la $a0, result # 将消息result地址存入 $a0
    syscall # 打印消息
    li $v0, 1 #打印整数spim系统功能掉用号存入 $v0
    move $a0, $t0 #整数值存入 $a0
    syscall # 打印整数
    b main # 跳转到main标号
end: li $v0, 4 #打印字符串spim系统功能掉用号存入 $v0
    la $a0, bye # 将消息bye地址存入 $a0
    syscall #打印消息
    li $v0, 10 # 退出程序系统功能调用
    syscall #返回到spim内核
```

代码段

空白行表示程序的结束

图 3-1 MIPS 汇编语言程序结构

```
Console

Please Input a value for N = 5
The sum of the integers from 1 to N is15
Please Input a value for N = 4
The sum of the integers from 1 to N is10
Please Input a value for N = 3
The sum of the integers from 1 to N is6
Please Input a value for N = 0

**** Adios Amigo - Have a good day ****
```

图 3-2 运行结果

3.2 系统功能调用

系统功能调用实质是产生软件异常，内核代码根据产生的异常功能号进行相应处理。表 3-1 列举了 SPIM 常用系统功能调用。

表 3-1 常用系统功能调用

功 能 描 述	功能号($ v0)	输 入 参 数	输 出 参 数
显示整数	1	$ a0：整数值	
显示字符串直到字符串结束符 0	4	$ a0：字符串首地址	
读入整数	5		$ v0：输入的整数值
读入字符串	8	$ a0：内存空间首地址 $ a1：内存空间长度	
退出	10		

系统功能调用使用步骤为：

（1）将功能号保存到 $ v0 中。

（2）配置好输入参数。

（3）运行 syscall 指令。

（4）处理输出参数。

例 3.1 采用系统功能调用显示 $ t0 中的十进制数，编写程序段。

程序段如图 3-3 所示。

例 3.2 采用系统功能调用读入十进制数并判断是否小于等于 0，若不小于等于 0 则将 $ t0 置为 0，编写程序段。

程序段如图 3-4 所示。

```
li $v0, 1        #设置功能号
add $a0,$t0,$0   #设置输入参数
syscall          #运行syscall
```

图 3-3 十进制输出程序段

```
li $v0, 5       #设置功能号
syscall         #运行syscall
blez $v0, end   #判断$v0 <= 0，若真转移到end标号
li $t0, 0       #否则将$t0置为0
```

图 3-4 十进制数输入程序段

值得注意的是，系统功能调用整数输入/输出都是十进制形式，而且不判断输入数据是否合法。如果要以二进制、十六进制形式输入/输出整数，则需要通过以下两个步骤：

（1）字符串输入、输出。

（2）字符串、数值互换。

具体实现可参考后续例程。

3.3 伪指令

汇编伪指令告诉汇编程序如何汇编汇编语言源程序，如定义程序结构、存储布局、标志数据以及指令的地址等。常用 MIPS 汇编伪指令如表 3-2 所示。

表 3-2　常用 MIPS 汇编伪指令

伪　指　令	功　　能
.align n	从 2^n 的整数倍地址开始分配存储空间
.ascii str	存储 str 字符串,不包含字符串结束符 null
.asciiz str	存储 str 字符串,且在字符串末尾添加字符串结束符 null
.byte b_1,…, b_n	任意地址开始的连续 n 个存储空间中依次存储字节数据 b_1,…, b_n
.word w_1,…, w_n	4 的整数倍地址开始的连续 4 * n 个存储空间中存放 n 个字数据 w_1,…, w_n
.half h_1,…, h_n	2 的整数倍地址开始的连续 2 * n 个存储空间中存放 n 个半字数据 h_1,…, h_n
.float f_1,…, f_n	4 的整数倍地址开始的连续 4 * n 个存储空间中存放 n 个单精度浮点数据 f_1,…, f_n
.double d_1,…, d_n	8 的整数倍地址开始的连续 8 * n 个存储空间中存放 n 个双精度浮点数据 d_1,…, d_n
.space n	分配 n 个连续字节存储空间
.data < addr >	定义用户数据段,addr 为可选参数,指示用户数据段的起始地址。紧接着定义的内容存放在用户数据段
.text < addr >	定义用户代码段,addr 为可选参数,指示用户代码段起始地址。紧接着定义的内容存放在用户代码段。在 QtSpim 中紧接着的只能为指令
.globl sym	声明变量 sym 为全局变量,全局变量可以被外部文件使用

例如:

(1).align 2 表示下一个存储地址字边界对齐。

(2).align 0 关闭.half、.word、.float 以及.double 等伪指令的自动边界对齐,直到碰到下一个.data 或.kdata。

MIPS 汇编语言中的 str 字符串采用双引号(" ")括起来,且字符串中特殊字符定义与 C 语言规范基本一致。例如:换行符采用"\n"表示,Tab 采用"\t"表示,引号采用"\""表示。

MIPS 汇编语言数值的进制表示方法与 C 语言也一致,没有任何前缀的数为十进制数,十六进制数以 0x 开头。

数据在存储空间中的地址由变量表示,变量在汇编语言中的定义方式与标号类似,即在数据定义伪指令前写上变量名,并且用冒号隔开。变量与标号的区别在于:变量表示数据在存储空间中的地址,标号表示指令在存储空间中的地址。

下面看一个具体的例子,说明各条伪指令的具体含义。

例 3.3　假定有一数据段定义如图 3-5 所示。

该数据段起始地址指定为 0x10014002,并要求紧接着的数据采用字边界对齐(4 的整数倍)分配存储空间,因此 str 的地址为 0x10014004,QtSpim 中数据段的存储映像如图 3-6 所示。

```
.data 0x10014002
.align 2
str: .ascii "abcd"
strn: .asciiz "abcdefg"
b0: .byte 1,2,3,4
h0: .half 1,2,3,4
w0: .word 1,2,3,4
```

图 3-5　数据段定义示例

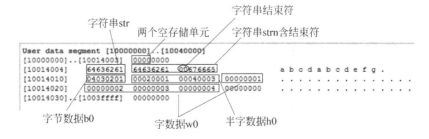

图 3-6　数据段存储映像

　　从图 3-6 中可以看出各个不同数据定义伪指令的差别。

　　若采用如图 3-7 所示 MIPS 汇编源程序显示数据段中的数据，各个编号对应系统功能调用显示的内容如图 3-8 所示。其中，①不仅显示了 str 的内容，而且显示了 strn 的内容，原因在于 str 没有包含字符串结束符，而 syscall 显示内存中的字符串需碰到字符串结束符才结束。④显示的值是 0x0201 的十进制数值 513，这是由于 PC 采用小字节序，从 b0 指示的地址读出半字数据时 0x02 为高字节。同理，⑤显示的是 0x04030201 的十进制数值 67305985。⑦显示的是 0x20001 的十进制数值 131073。

```
.globl main
.text
main:
li $v0, 4        # 显示 str 字符串
la $a0, str
syscall          # ①
li $v0, 4        # 显示 strn 字符串
la $a0, strn
syscall          # ②
li $v0, 1        # 显示 b0 字节数据
la $t0,b0
lb $a0, 0($t0)
syscall          # ③
lh $a0, 0($t0)   # 显示 b0 半字数据
syscall          # ④
lw $a0, 0($t0)   # 显示 b0 字数据
syscall          # ⑤
la $t0,h0
lh $a0, 0($t0)   # 显示 h0 半字数据
syscall          # ⑥
lw $a0, 0($t0)   # 显示 h0 字数据
syscall          # ⑦
la $t0,w0
lw $a0, 0($t0)   # 显示 w0 字数据
syscall          # ⑧
li $v0, 10       # 退出
syscall
```

图 3-7　MIPS 汇编源程序显示数据段中的数据

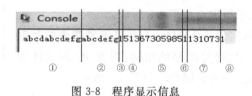

图 3-8　程序显示信息

3.4　常用宏汇编指令

　　宏汇编指令一方面可以简化用户程序设计，另一方面方便用户记忆。因此大多数汇编程序都支持宏汇编指令。常用宏汇编指令如表 3-3 所示。

表 3-3 常用宏汇编指令

类型	功 能	宏指令格式	对应的 MIPS 指令

运算类	求绝对值	abs R_d, R_s	addu R_d, $0, R_s
			bgez R_s, 1
			sub R_d, $0, R_s

	无符号数除法	divu R_d, R_s, R_t	bne R_t, $0, ok break $0 ok: divu R_s, R_t mflo R_d
	符号数除法	div R_d, R_s, R_t	bne R_t, $0, ok break $0 ok: div R_s, R_t mflo R_d
	无溢出乘法	mul R_d, R_s, R_t	mult R_s, R_t mflo R_d
	溢出符号数乘法	mulo R_d, R_s, R_t	mult R_s, R_t mfhi $at mflo R_d sra R_d, R_d, 31 beq $at, R_d, ok break $0 ok: mflo R_d
	溢出无符号数乘法	mulou R_d, R_s, R_t	multu R_s, R_t mfhi $at beq $at, $0, ok ok: break $0 mflo R_d
	符号数求补	neg R_d, R_s	sub R_d, $0, R_s
	无符号数求补	negu R_d, R_s	subu R_d, $0, R_s
	取反	not R_d, R_s	nor R_d, R_s, $0
	符号数除法求余数	rem R_d, R_s, R_t	bne R_t, $0, ok break $0 ok: div R_s, R_t mfhi R_d
	无符号数除法求余数	remu R_d, R_s, R_t	bne R_t, $0, ok break $0 ok: divu R_s, R_t mfhi R_d

类型	功　能	宏指令格式	对应的 MIPS 指令
程序控制类	等于 0 跳转	beqz R_s, Label	beq R_s, $0, Label
	大于等于跳转（符号数）	bge R_s, R_t, Label	slt $at, R_s, R_t beq $at, $0, Label
	大于等于跳转（无符号数）	bgeu R_s, R_t, Label	sltu $at, R_s, R_t beq $at, $0, Label
	大于跳转（符号数）	bgt R_s, R_t, Label	slt $at, R_t, R_s bne $at, $0, Label
	大于跳转（无符号数）	bgtu R_s, R_t, Label	sltu $at, R_t, R_s bne $at, $0, Label
	小于等于跳转（符号数）	ble Rs, Rt, Label	slt $at, Rt, Rs beq $at, $0, Label
	小于等于跳转（无符号数）	bleu R_s, R_t, Label	sltu $at, R_t, R_s beq $at, $0, Label
	小于跳转（符号数）	blt R_s, R_t, Label	slt $at, R_s, R_t bne $at, $0, Label
	小于跳转（无符号数）	bltu R_s, R_t, Label	sltu $at, R_s, R_t bne $at, $0, Label
	不等于 0 跳转	bnez R_s, Label	bne R_s, $0, Label
	无条件跳转	b Label	bgez $0, Label
数据传送类	传送地址	la R_d, Label	lui $at, Upper 16-bits of Label ori R_d, $at, Lower 16-bits of Label
	传送 32 位立即数	li R_d, value	lui $at, Upper 16-bits of value ori R_d, $at, Lower 16-bits of value
	传送 16 位立即数	li R_d, value	ori R_t, $0, value
	寄存器间数据传送	move R_d, R_s	addu R_d, $0, R_s
	符号数半字非边界对齐读	ulh R_d, 3(R_s)	lb R_d, 4(R_s) lbu $at, 3($R_s$) sll R_d, R_d, 8 or R_d, R_d, $at
	无符号数半字非边界对齐读	ulhu R_d, 3(R_s)	lbu R_d, 4(R_s) lbu $at, 3($R_s$) sll R_d, R_d, 8 or R_d, R_d, $at
	符号字非边界对齐读	ulw R_d, 3(R_s)	lwl R_d, 6(R_s) lwr R_d, 3(R_s)
	符号半字非边界对齐写	ush R_d, 3(R_s)	sb R_d, 3(R_s) srl $at, R_d, 8 sb $at, 4($R_s$)
	符号字非边界对齐写	usw R_d, 3(R_s)	swl R_d, 6(R_s) swr R_d, 3(R_s)

续表

类型	功 能	宏指令格式	对应的 MIPS 指令
移位类	循环左移 R_t 次	rol R_d, R_s, R_t	subu \$at, \$0, R_t srlv \$at, R_s, \$at sllv R_d, R_s, R_t or R_d, R_d, \$at
	循环右移 R_t 次	ror R_d, R_s, R_t	subu \$at, \$0, R_t sllv \$at, R_s, \$at srlv R_d, R_s, R_t or R_d, R_d, \$at
	循环左移常数次	rol R_d, R_s, sa	srl \$at, R_s, 32-sa sll R_d, R_s, sa or R_d, R_d, \$at
	循环右移常数次	ror R_d, R_s, sa	sll \$at, R_s, 32-sa srl R_d, R_s, sa or R_d, R_d, \$at
比较置数类	相等置1,否则清0	seq R_d, R_s, R_t	beq R_t, R_s, yes ori R_d, \$0, 0 beq \$0, \$0, skip yes: ori R_d, \$0, 1 skip:
	不相等置1,否则清0	sne R_d, R_s, R_t	beq R_t, R_s, yes ori R_d, \$0, 1 beq \$0, \$0, skip yes: ori R_d, \$0, 0 skip:
	大于等于置1,否则清0(符号数)	sge R_d, R_s, R_t	bne R_t, R_s, yes ori R_d, \$0, 1 beq \$0, \$0, skip yes: slt R_d, R_t, R_s skip:
	大于等于置1,否则清0(无符号数)	sgeu R_d, R_s, R_t	bne R_t, R_s, yes ori R_d, \$0, 1 beq \$0, \$0, skip yes: sltu R_d, R_t, R_s skip:
	大于置1,否则清0(符号数)	sgt R_d, R_s, R_t	slt R_d, R_t, R_s
	大于置1,否则清0(无符号数)	sgtu R_d, R_s, R_t	sltu R_d, R_t, R_s
	小于置1,否则清0(符号数)	sle R_d, R_s, R_t	bne R_t, R_s, yes ori R_d, \$0, 1 beq \$0, \$0, skip yes: slt R_d, R_s, R_t skip:
	小于置1,否则清0(无符号数)	sleu R_d, R_s, R_t	bne R_t, R_s, yes ori R_d, \$0, 1 beq \$0, \$0, skip yes: sltu R_d, R_s, R_t skip:

## 第 4 章

MIPS 汇编语言程序示例

4.1 常用 C 语句汇编指令实现示例

4.1.1 if 语句

if 语句是一种两分支程序设计语句,在某种条件下执行一段程序,否则执行另一段程序。因此需要加入条件判断指令和跳转指令。假设有如图 4-1 所示 if 语句伪代码。

采用 MIPS 汇编指令实现如图 4-2 所示。

```
if ($t8 < 0)
        {$s0 = 0 − $t8;
         $t1 = $t1 +1;}
else
        {$s0 = $t8;
         $t2 = $t2 + 1;}
```

图 4-1   if 语句伪代码

```
        bgez $t8, else     # if ($t8 大于等于 0) 跳转到 else
        sub $s0, $zero, $t8 # $s0 等于 $t8 取反
        addi $t1, $t1, 1    # $t1 加 1
        b next             # 跳转到 next
else:
        ori $s0, $t8, 0    # $s0 等于 $t8
        addi $t2, $t2, 1   # $t2 加 1
next:
```

图 4-2   MIPS 汇编指令实现的 if 语句

4.1.2 while 语句

while 是一种循环,当条件满足时循环执行某一段程序,否则退出循环。已知某 while 循环伪代码如图 4-3 所示。

```
        $v0 = 1;
        While ($a1 < $a2) do
                {
                $t1 = mem[$a1]; //mem[$a1]表示地址为 $a1 的内存数据
                $t2 = mem[$a2]; //mem[$a2]表示地址为 $a2 的内存数据
                if ($t1 != $t2) go to break;
                $a1 = $a1 + 1;
                $a2 = $a2 − 1;
                }
        return;
break:
        $v0 = 0;
        return;
```

图 4-3   while 循环伪代码

采用 MIPS 汇编指令实现如图 4-4 所示。

```
         li $v0, 1
loop:
         bgeu $a1, $a2, done # ( $a1 >= $a2) 跳转到 done
         lb $t1, 0($a1)        # 读字节  $t1 = mem[$a1 + 0]
         lb $t2, 0($a2)        # 读字节  $t2 = mem[$a2 + 0]
         bne $t1, $t2, break   # ($t1 != $t2) 跳转到 break
         addi $a1, $a1, 1      # $a1 = $a1 + 1
         addi $a2, $a2, -1     # $a2 = $a2 - 1
         b loop               # 跳转到 loop
break:
         li $v0, 0             # 设置 $v0 为 0
done:
```

图 4-4　MIPS 汇编指令实现的 while 语句

4.1.3　for 语句

for 语句也是一种循环控制语句。与 while 不同的是不仅仅判断循环条件,而且修改循环条件。已知某 for 循环伪代码如图 4-5 所示。

用 MIPS 汇编指令实现如图 4-6 所示。

```
$a0 = 0;
for ( $t0 =10; $t0 > 0; $t0 = $t0-1)
{$a0 = $a0 + $t0;}
```

图 4-5　for 循环伪代码

```
         li $a0, 0        # $a0 = 0
         li $t0, 10       # 初始化循环条件 $t0= 10
loop:
         add $a0, $a0, $t0
         addi $t0, $t0, -1 # 修改循环条件
         bgtz $t0, loop   # ($t0 > 0) 跳转到 loop
```

图 4-6　MIPS 汇编指令实现的 for 语句

4.1.4　switch 语句

switch 语句在汇编语言中有两种实现方案：查找表法和比较跳转法。

若有如图 4-7 所示 C 语言 switch 语句伪代码。

```
         $s0 = 32;
top: cout << "Input a value from 1 to 3";
     cin >> $v0;
switch ($v0)
     {case(1): {$s0 = $s0 << 1; break;}
     case(2): {$s0 = $s0 << 2; break;}
     case(3): {$s0 = $s0 << 3; break;}
     default: goto top; }
cout << $s0;
```

图 4-7　switch 语句伪代码

采用查找表实现方案的汇编语言指令段如图 4-8 所示。这种方法适宜于跳转分支比较多的情况,如果跳转分支不太多,可以将 switch 语句修改为多个 if 语句。

图 4-9 所示代码为采用 if 语句实现的 switch 语句伪代码。用 MIPS 汇编指令实现如图 4-10 所示。

```
                .data
                        .align 2
        jumptable: .word main, case1, case2, case3
        prompt : .asciiz "\n\n Input a value from 1 to 3: "
                        .text
        main:       li $s0,32
                    li $v0, 4           # 显示提示字符串
                    la $a0, prompt
                    syscall
                    li $v0, 5           # 读入整数
                    syscall
                    blez $v0, main      # 判断是否小于 0
                    li $t3, 3
                    bgt $v0, $t3, main  # 判断是否大于 3
                    la $a1, jumptable   # 装载查找表基地址
                    sll $t0, $v0, 2     # 计算偏移
                    add $t1, $a1, $t0   # 计算跳转指令地址存放地址
                    lw $t2, 0($t1)      # 获取跳转地址
                    jr $t2              # 跳转
        case1:  sll $s0, $s0, 1         # 左移 1 位
                b output
        case2:  sll $s0, $s0, 2         # 左移 2 位
                b output
        case3:  sll $s0, $s0, 3         # 左移 3 位
        output:
                    li $v0, 1           # 输出整数结果
                    move $a0, $s0
                    syscall
                    li $v0, 10
                    syscall
```

图 4-8　查找表实现的 switch 语句

```
$s0 = 32;
top: cout << "Input a value from 1 to 3";
        cin >> $v0;
if（$v0==1）
        $s0 = $s0 << 1;
    else if（$v0==2）
            $s0 = $s0 << 2;
        else if（$v0==2）
                $s0 = $s0 << 3;
            else
                    goto top;
cout << $s0
```

图 4-9　if 语句实现的 switch 语句

```
                    .data
                    .align 2
        prompt :    .asciiz "\n\n Input a value from 1 to 3: "
                    .text
        main:   li $s0,32
                li $v0, 4           # 显示提示字符串
                la $a0, prompt
                syscall
                li $v0, 5           # 读入整数
                syscall
                blez $v0, main      # 判断是否小于 0
                li $t3, 1
                bgt $v0, $t3, b1    # 判断是否大于 1
                sll $s0, $s0, 1     # 左移 1 位
                b output
        b1:     li $t3, 2
                bgt $v0, $t3, b2    # 判断是否大于 2
                sll $s0, $s0, 2     # 左移 2 位
                b output
        b2:     li $t3, 3
                bgt $v0, $t3, main  # 判断是否大于 3
                sll $s0, $s0, 3     # 左移 3 位
        output: li $v0, 1           # 输出整数结果
                move $a0, $s0
                syscall
                li $v0,10
                syscall
```

图 4-10　比较方式实现的 switch 语句

4.2　子程序设计示例

4.2.1　子程序结构

子程序设计是程序模块化设计的基础,为方便模块化程序设计,要求程序设计员采用同样规范设计子程序。这里的规范主要指程序模块之间的接口规范,包括入口参数、出口参数以及寄存器使用等。子程序设计人员通常要对子程序进行描述,包括子程序功能、调用形式、入口参数、出口参数、寄存器使用情况等。下面看一个具体的例子。

已知一子程序实现如下功能:返回数组序列中所有正数的和和所有负数的和。该子程序描述如图 4-11 所示。

sum 子程序的汇编代码如图 4-12 所示。

```
################## 子程序头 ##################
# 函数名称: Sum(&X, N, SP, SN)
# 修改时间 : 年月日时分
##########################################
#函数描述:
# 该子程序计算长度为N的数组X中所有正数的和以及所有负数的和
# X" 数组的首地址由 $a0传递.
# "N" 数组长度由 $a1传递.
# 两个返回值:
# (1) 正数的和由 $v0传递.
# (2) 负数的和由 $v1传递.
##########################################
# 调用示例:
# la $a0, array
# li $a1, 4
# jal sum
# move $a0, $v0
#
##########################################
# 使用的寄存器:
# a0 = 数组地址指针
# a1 = 循环计数. (减计数到 0)
# t0 = 读到的数组中某个元素的值
#
##########################################
# 算法伪代码:
# v0 = 0;
# v1 = 0;
# while( a1 > 0 )do
# {
# a1 = a1 - 1;
# t0 = Mem(a0);
# a0 = a0 + 4;
# If (t0 > 0) then
# v0 =v0 + t0;
# else
# v1 = v1 + t0;
# }
# Return
#
```

```
sum: li $v0, 0
     li $v1, 0 # 初始化 v0 和 v1为0
loop:
     blez $a1, retzz # (a1 <= 0) 跳转到 retzz
     addi $a1, $a1, -1 # 减计数器
     lw $t0, 0($a0) # 从数组中获取元素
     addi $a0, $a0, 4 # 修改地址指针指向下一个元素
     bltz $t0, negg # 如果是负数跳转到 negg
     add $v0, $v0, $t0 # 加到正数的和
     b loop # 跳转到loop
negg:
     add $v1, $v1, $t0 # 加到负数的和
     b loop # 跳转到loop
retzz: jr $ra # 返回
```

图 4-11　子程序描述示例　　　　　　　　　图 4-12　sum 子程序代码

调用 sum 子程序的程序示例如图 4-13 所示。

QtSpim 仅支持单个文件装载,如图 4-14 所示将子程序与主程序置于同一文件中。

```
.data
    array: .word -4, 5, 8, -1
    msg1: .asciiz "\n The sum of the positive values = "
    msg2: .asciiz "\n The sum of the negative values = "
    .globl main
.text
main:
    li $v0, 4 # 打印提示字符串1
    la $a0, msg1
    syscall #
    la $a0, array # 初始化地址入口参数
    li $a1, 4 # 初始化长度入口参数
    jal sum #调用sum
    move $a0, $v0 # 处理出口参数正数和
    li $v0, 1 #
    syscall #
    li $v0, 4 # 打印提示字符串2
    la $a0, msg2
    syscall #
    li $v0, 1 # 处理出口参数负数和
    move $a0, $v1
    syscall
    li $v0, 10 #返回系统
    syscall
```

图 4-13　调用 sum 子程序的程序示例

```
.data
    array: .word -4, 5, 8, -1
    msg1: .asciiz "\n The sum of the positive values = "
    msg2: .asciiz "\n The sum of the negative values = "
    .globl main
.text
main:
    li $v0, 4 # 打印提示字符串1
    la $a0, msg1
    syscall #
    la $a0, array # 初始化地址入口参数
    li $a1, 4 # 初始化长度入口参数
    jal sum #调用sum
    move $a0, $v0 # 处理出口参数正数和
    li $v0, 1 #
    syscall #
    li $v0, 4 # 打印提示字符串2
    la $a0, msg2
    syscall #
    li $v0, 1 # 处理出口参数负数和
    move $a0, $v1
    syscall
    li $v0, 10 #返回系统
    syscall
sum: li $v0, 0
    li $v1, 0 # 初始化 v0 和 v1为0
loop:
    blez $a1, retzz # (a1 <= 0) 跳转到 retzz
    addi $a1, $a1, -1 # 减计数器
    lw $t0, 0($a0) # 从数组中获取元素
    addi $a0, $a0, 4 # 修改地址指针指向下一个元素
    bltz $t0, negg # 如果是负数跳转到 negg
    add $v0, $v0, $t0 # 加到正数的和
    b loop # 跳转到loop
negg:
    add $v1, $v1, $t0 # 加到负数的和
    b loop # 跳转到loop
retzz: jr $ra # 返回
```

图 4-14　子程序调用完整代码

4.2.2　递归子程序设计

递归子程序特点为：①递归调用过程中入口参数、出口参数分别为同样的寄存器；②一级级往下调用，直到递归停止，然后再以相反顺序一级级返回。即递归子程序存在公用寄存器被反复利用而含义不同的问题。因此递归子程序设计需要采用栈保存公用寄存器，实现参数传递。

已知一计算阶乘的 C 语言递归调用子程序如图 4-15 所示。

```
int fact(int n)
{
        if(n<1) return(1);
            else return(n*fact(n-1));
}
```

图 4-15　C 语言递归调用子程序

用 MIPS 汇编指令实现递归阶乘如图 4-16 所示。

调用阶乘子程序的程序示例如图 4-17 所示。

QtSpim 中阶乘调用 MIPS 汇编程序代码段存储映像如图 4-18 所示。

若程序执行时输入整数 3，则可观察到子程序执行过程中栈变化如图 4-19 所示。

```
#函数名称：fact
#入口参数：$a0，输入的正整数
#出口参数: $v0, 阶乘结果
fact:
   addi $sp,$sp,-8#修改栈顶指针，预留8个内存空间用来保存$a0,$ra的值
   sw $ra,4($sp)#;保存$ra的值到栈中
   sw $a0,0($sp)#;保存$a0的值到栈中
   slti $t0,$a0,1#比较$a0是否小于1，小于1则设置$t0为1
   beq $t0,$zero,L1#检测$t0是否为0，不为0则转移到标号L1处
   addi $v0,$zero,1#返回1到出口参数寄存器$v0中
   addi $sp,$sp,8#恢复栈指针
   jr $ra# 返回
L1:
   addi $a0,$a0,-1#计算n-1的值
    jal fact# 递归调用,结果保存在$v0中
   lw $a0,0($sp)#;从栈中获取当前子程序的入口参数
   lw $ra,4($sp)#从栈中获取当前子程序的返回地址
   mul $v0,$v0,$a0#;计算返回结果实现n*fact(n-1)
   addi $sp,$sp,8#恢复栈指针
   jr $ra#;返回
```

图 4-16 阶乘递归子程序

```
.data
    msg1: .asciiz "\n Please input a number N: "
    msg2: .asciiz "\n The fact of N is "
  .globl main
.text
main:
   li $v0, 4 # 打印提示字符串1
   la $a0, msg1
   syscall
   li $v0, 5 #输入整数
   syscall
   move $a0,$v0
   jal fact
   move $v1,$v0
    li $v0, 4 # 打印提示字符串1
   la $a0, msg2
   syscall
   move $a0,$v1
   li $v0,1
   syscall
    li $v0,10
   syscall
```

图 4-17 调用阶乘主程序代码

```
[00400024] 34020004  ori $2, $0, 4             ; 7: li $v0, 4 # ´òÓ¡ÌáÊ¾×Ö·û´®1
[00400028] 3c041001  lui $4, 4097 [msg1]       ; 8: la $a0, msg1
[0040002c] 0000000c  syscall                   ; 9: syscall
[00400030] 34020005  ori $2, $0, 5             ; 10: li $v0, 5 #ÊäÈëÕûÊý
[00400034] 0000000c  syscall                   ; 11: syscall
[00400038] 00022021  addu $4, $0, $2           ; 12: move $a0,$v0
[0040003c] 0c10001a  jal 0x00400068 [fact]     ; 13: jal fact
[00400040] 00021821  addu $3, $0, $2           ; 14: move $v1,$v0
[00400044] 34020004  ori $2, $0, 4             ; 15: li $v0, 4 # ´òÓ¡ÌáÊ¾×Ö·û´®1
[00400048] 3c011001  lui $1, 4097 [msg2]       ; 16: la $a0, msg2
[0040004c] 3424001d  ori $4, $1, 29 [msg2]
[00400050] 0000000c  syscall                   ; 17: syscall
[00400054] 00032021  addu $4, $0, $3           ; 18: move $a0,$v1
[00400058] 34020001  ori $2, $0, 1             ; 19: li $v0,1
[0040005c] 0000000c  syscall                   ; 20: syscall
[00400060] 3402000a  ori $2, $0, 10            ; 21: li $v0,10
[00400064] 0000000c  syscall                   ; 22: syscall
[00400068] 23bdfff8  addi $29, $29, -8         ; 24: addi $sp,$sp,-8#ÐÞ¸ÄÕ»¶¥Ö¸Õë£¬Ô¤Áô8¸öÄÚ´æ¿Õ¼äÓÃÀ´±£´æ$a0,$raµÄÖµ
[0040006c] afbf0004  sw $31, 4($29)            ; 25: sw $ra,4($sp)#;±£´æ$raµÄÖµµ½Õ»ÖÐ
[00400070] afa40000  sw $4, 0($29)             ; 26: sw $a0,0($sp)#;±£´æ$a0µÄÖµµ½Õ»ÖÐ
[00400074] 28880001  slti $8, $4, 1            ; 27: slti $t0,$a0,1#±È½Ï$a0ÊÇ·ñÐ¡ÓÚ1£¬Ð¡ÓÚ1ÔòÉèÖÃ$t0Îª1
[00400078] 11000004  beq $8, $0, 16 [L1-0x00400078]; 28: beq $t0,$zero,L1#¼ì²â$t0ÊÇ·ñÎª0£¬²»Îª0Ôò×ªÒÆµ½±ê°ÅL1´¦
[0040007c] 20020001  addi $2, $0, 1            ; 29: addi $v0,$zero,1#·µ»Ø1µ½³ö¿Ú²ÎÊý¼Ä´æÆ÷$v0ÖÐ
[00400080] 23bd0008  addi $29, $29, 8          ; 30: addi $sp,$sp,8#»Ö¸´Õ»Ö¸Õë
[00400084] 03e00008  jr $31                    ; 31: jr $ra# ·µ»Ø
[00400088] 2084ffff  addi $4, $4, -1           ; 33: addi $a0,$a0,-1#¼ÆËãn-1µÄÖµ
[0040008c] 0c10001a  jal 0x00400068 [fact]     ; 34: jal fact# µÝ¹éµ÷ÓÃ,½á¹û±£´æÔÚ$v0ÖÐ
[00400090] 8fa40000  lw $4, 0($29)             ; 35: lw $a0,0($sp)#;´ÓÕ»ÖÐ»ñÈ¡µ±Ç°×Ó³ÌÐòµÄÈë¿Ú²ÎÊý
[00400094] 8fbf0004  lw $31, 4($29)            ; 36: lw $ra,4($sp)#´ÓÕ»ÖÐ»ñÈ¡µ±Ç°×Ó³ÌÐòµÄ·µ»ØµØÖ·
[00400098] 70441002  mul $2, $2, $4            ; 37: mul $v0,$v0,$a0#;¼ÆËã·µ»Ø½á¹ûÊµÏÖn*fact(n-1)
[0040009c] 23bd0008  addi $29, $29, 8          ; 38: addi $sp,$sp,8#»Ö¸´Õ»Ö¸Õë
[004000a0] 03e00008  jr $31                    ; 39: jr $ra#;·µ»Ø
```

首次调用返回地址

嵌套调用返回地址

图 4-18 阶乘调用 MIPS 汇编程序代码段存储映像

```
User Stack [7ffff83c]..[80000000]
[7ffff83c]    00000001
[7ffff840]    7ffff8df   00000000   7fffffe1   7fffffb2      R29 [sp] = 7ffff83c
```

(a) 调用fact前的栈

```
User Stack [7ffff834]..[80000000]
[7ffff834]    00000003   00400040   00000001
                 $a0        $ra                R29 [sp] = 7ffff834
```

(b) 第一次调用fact的栈

图 4-19 调用阶乘递归子程序过程中栈以及栈指针的变化

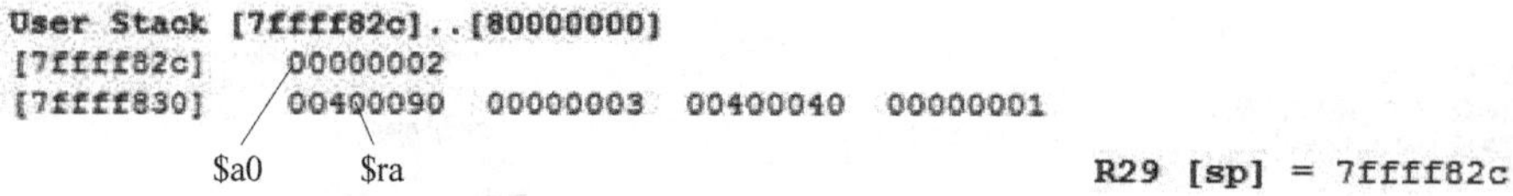

```
User Stack [7ffff82c]..[80000000]
[7ffff82c]       00000002
[7ffff830]       00400090  00000003  00400040  00000001
              $a0        $ra
                                        R29 [sp] = 7ffff82c
```

(c) 第二次调用fact的栈

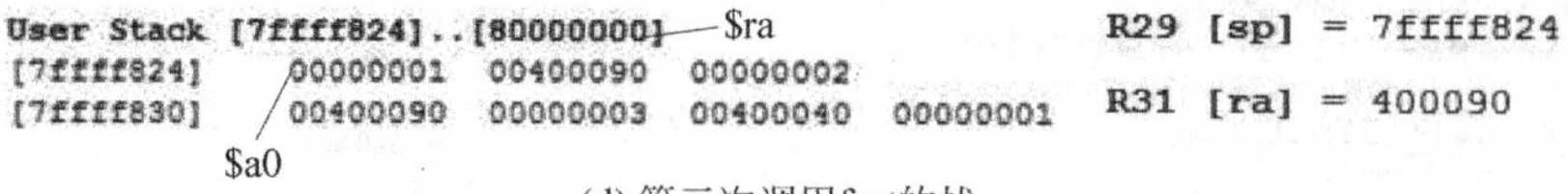

```
User Stack [7ffff824]..[80000000] ── $ra        R29 [sp] = 7ffff824
[7ffff824]   00000001  00400090  00000002        R31 [ra] = 400090
[7ffff830]   00400090  00000003  00400040  00000001
          $a0
```

(d) 第三次调用fact的栈

图 4-19   （续）

4.3   MIPS 汇编语言程序设计实验任务

1. 求字类型数组 chico[100]所有元素的和,并将结果保存在 chico 后的存储单元中。

2. 将字类型数组 SRC[100]所有元素对应复制到 DST[100]。

3. 编写一个名称为 ABS 的子程序：入口参数和出口参数都为 \$a0,功能为求 \$a0 的绝对值。并编写主程序接收键盘输入数据,测试该子程序对正负数的处理是否正确。

4. 编写子程序 PENO(&X,N,SP,SN),求长度为 N 的字类型数组 X 中所有正奇数的和和所有负偶数的和,并分别保存到 SP 和 SN 中。已知 \$a0 保存 X 的地址,\$a1 保存数组长度 N,正奇数的和保存在 \$v0,负偶数的和保存在 \$v1 中。并编写主程序验证子程序功能。

5. 编写求正数序列 1~N 的和的子程序 SUM(N),已知正数 N 保存在 \$a0 中,和保存在 \$v0 中。并编写主程序验证子程序功能。

6. 编写求三个数据中最大数和最小数的子程序,三个输入数据分别保存在 \$a0、\$a1、\$a2 中,求得的最小数保存在 \$a0 中,最大数保存在 \$a2 中。

7. 用汇编程序实现以下伪代码：要求采用移位指令实现乘除法运算。

```
int main()
{ int K, Y ;
  int Z[50] ;
  Y = 56
  K = 20
  Z[K] = Y - 16 * (K / 4 + 210) ;
}
```

8. 编写子程序求输入参数 \$a0 中 1 的个数,并将结果保存在 \$v0 中。

9. 用汇编语言程序实现以下伪代码,zap 为具有 50 个元素的字类型数组。要求程序必须检验 \$a0 值的合法性：不能越界(0~196),且为字边界对齐地址。

```
.data
zap: .space 200
.text
…???..
zap[ $a0 ] = $s0;
```

4.4　思考题

1. MIPS 汇编语言如何实现不同类型数据的定义? 汇编语言中变量的具体含义是什么?

2. 汇编语言中标号的具体含义是什么? 如何在 QtSpim 或 MARS 中获取某个标号代表的存储地址?

3. 查找表法以及比较跳转法实现 C 语言中的 switch 语句分别具有什么特点? 各自的适应场景如何?

4. QtSpim 和 MARS 分别是如何实现条件跳转指令的? 试针对图 4-2 汇编语言指令段,分别解释它在 QtSpim 和 MARS 环境下条件跳转指令的机器码以及执行过程的异同。

5. 简要阐述 QtSpim 和 MARS 环境下获取汇编语言程序机器码的过程。

第2篇
PART 2

基于 FPGA 的原型
计算机系统设计

随着 Xilinx FPGA 技术的发展,ISE 开发工具已经不再继续支持新 FPGA 产品开发。本篇以 Xilinx FPGA 新工具 Vivado 为开发环境,Verilog HDL 语言以及汇编语言为手段,阐述 MIPS 简单指令集微处理器、指令存储器、数据存储器、查询方式 IO 接口、VGA 接口等部件及其构成的原型计算机系统设计、仿真以及测试方法和实验过程。

在实验过程中介绍了 FPGA 开发流程中各类 Vivado 开发工具的使用,主要包括工程管理器(Project Manager)、IP 核集成器(IP Integrator)、仿真器(Simulator)、RTL 电路图分析(Schematic)、约束编辑器(Constraint Editor)、调试器(Debug)以及硬件管理器(Hardware Manager)等。

## 第5章

Vivado 开发工具简介

5.1 FPGA 设计流程简介

FPGA 设计流程包括设计输入、功能仿真、综合、综合后仿真、实现、布线后仿真与验证以及下载编程调试等主要步骤。

1. 设计输入

设计输入是工程师根据设计方法将所设计的功能描述给 EDA 软件。常用的设计输入方法有硬件描述语言(HDL)和电路原理图。目前进行大型工程设计时,最常用的设计方法是 HDL 设计输入法。其中影响最为广泛的 HDL 语言是 VHDL 和 Verilog HDL。它们的共同特点是利于由顶向下设计,利于模块的划分与复用,可移植性好,通用性好,设计不因芯片的工艺与结构的变化而变化。

2. 功能仿真

设计完成后,要用专用的仿真工具对设计进行功能仿真,验证电路功能是否符合设计要求。功能仿真有时也称为前仿真或行为仿真。

3. 综合

综合(synthesize)是指将 HDL 语言、电路原理图等设计输入翻译成由与门、或门、非门、RAM、触发器等基本逻辑单元组成的逻辑连接(网表),并根据目标与要求(约束条件)优化所生成的逻辑连接,供 FPGA 厂家的布局布线器进行实现。

4. 实现

综合结果与芯片实际的配置情况有较大差距。此时使用 FPGA 厂商提供的工具软件,根据所选芯片的型号,将综合输出的逻辑网表适配到具体 FPGA 器件上,这个过程称为实现(implementation)。

5. 时序验证

布局布线之后应该做时序验证。时序验证既包含门延时,又包含线延时信息。这种延时信息最为全面、准确,能较好地反映芯片的实际工作情况。

6. 调试与下载编程

设计开发的最后步骤就是在线调试或者将生成的配置文件写入芯片中进行测试。

5.2 EDA 工具 Vivado 简介

Xilinx 公司的 Vivado 软件是开发 Xilinx 公司 FPGA 的集成开发软件,它能够给用户提供一个从设计输入到综合、布线、仿真、下载、测试的全套解决方案,无须借助任何第三方EDA 软件。

Vivado 开发流程如图 5-1 所示,主要分为三个阶段:系统设计输入;实现;硬件编程和验证。各个阶段又有不同的步骤和方法。系统设计输入不仅支持传统的寄存器传输级RTL(register transfer level)开发,同时还支持系统级设计集成流程,通过 IP 集成器支持Xilinx 以及第三方 IP 核、高层次综合 C/C++语言以及系统生成器(system generator)DSP(数字信号处理)设计等输入,同时也集成了嵌入式系统软件开发工具 SDK,支持用户基于嵌入式硬件平台设计操作系统和应用软件。

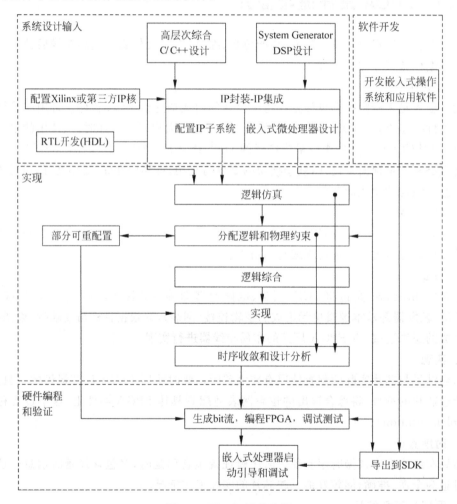

图 5-1　Vivado 开发流程

Vivado 主界面如图 5-2 所示,包含菜单栏、快捷键栏、工作流窗口、工程源文件窗口、属性窗口、工作区窗口以及控制台窗口等。

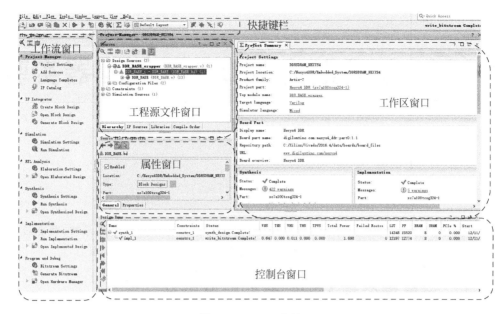

图 5-2 Vivado 主界面

　　本书以 Vivado 开发工具为平台,利用该工具完成 MIPS 微处理器原型计算机系统设计实验以及基于 MicroBlaze 微处理器嵌入式计算机系统软硬件设计实验。Vivado 工具的使用方法以及使用技巧,本书结合具体实验阐述,不再单独介绍。若读者希望了解本书涉及内容之外的 Vivado 高级功能,请参考 Vivado 工具使用介绍相关书籍。

第6章 单周期类 MIPS 微处理器实验

学习目标：理解 MIPS 微处理器基本结构，掌握哈佛结构计算机工作原理，学会设计支持简单指令集的单周期类 MIPS 微处理器以及理解软件控制硬件工作原理。

6.1 简单指令集 MIPS 微处理器设计

6.1.1 MIPS 微处理器数据通路

简单指令集 MIPS 微处理器支持如下指令集：

(1) 存储器读写指令：lw、sw。

(2) 算术逻辑运算指令：add、sub、and、or、slt。

(3) 程序控制指令：beq、j。

简单指令集单周期 MIPS 处理器数据通路结构如图 6-1 所示。

从图 6-1 可以看出，简单指令集单周期 MIPS 处理器数据通路包含指令存储器（InstrROM）、数据存储器（DataRAM）、寄存器文件（Registers）、ALU 单元、符号扩展、移位运算、加法器以及多路复用器等。

1. 指令存储器

指令存储器存储指令，并在时钟信号作用下根据程序计数器 PC 的值输出指令，因此可为 ROM 类型存储器。ROM 存储器根据读时序可以分为异步 ROM 和同步 ROM。异步 ROM 数据输出无须时钟控制，同步 ROM 数据输出与时钟同步。若采用同步 ROM 实现，则计算机工作原理中的取指令表现在 ROM 数据输出，执行指令由数据通路其余部分完成。若采用异步 ROM 实现，由于只要给出 ROM 地址，指令就直接输出，并且传送到微处理器数据通路其他部分，因此计算机工作原理中的取指令表现在修改 PC 的值，执行指令由数据通路其余部分完成。为确保时序正确，通常取指令与时钟的一个边沿同步，执行指令与时钟的另一个边沿同步。

2. 数据存储器

数据存储器要求可读可写，为 RAM 类型存储器，因此必须具有写控制信号。RAM 存储器根据端口构成可分为单端口 RAM 和双端口 RAM；根据读写同步方式又可分为同步 RAM 和异步 RAM。为简化实现，RAM 存储器可采用单端口异步 RAM。

3. 寄存器文件

寄存器文件是 MIPS 指令操作的主要对象，MIPS 微处理器中共有 32 个 32 位寄存器。

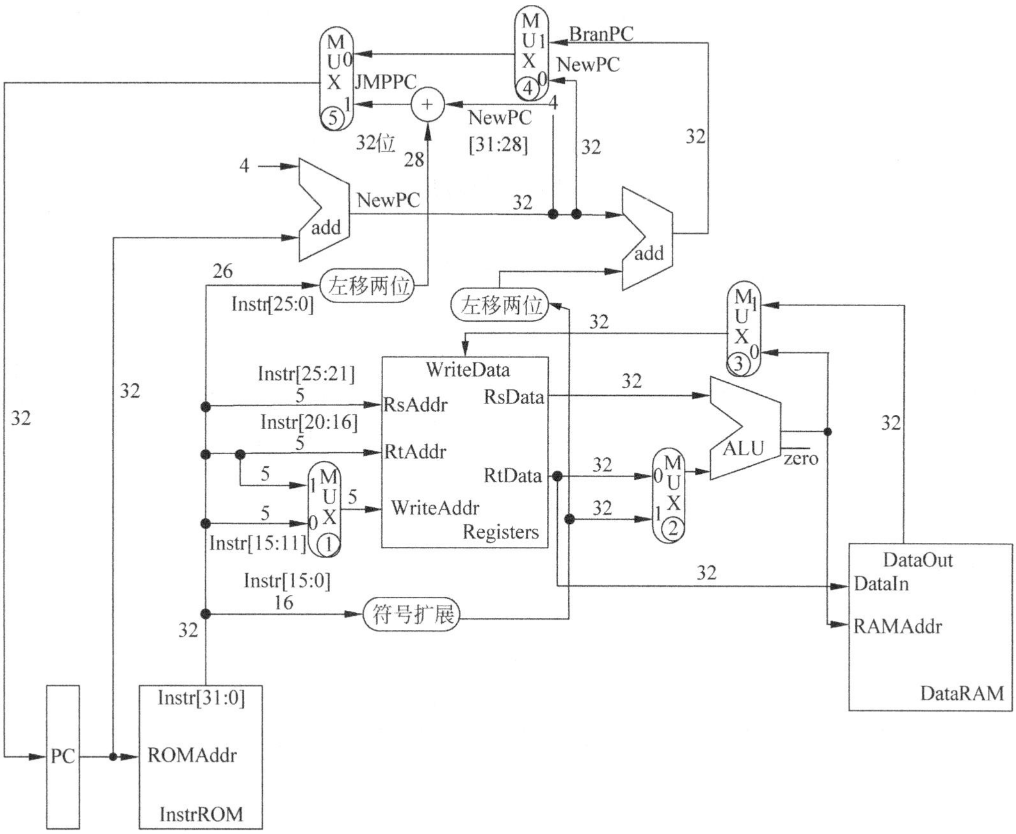

图 6-1 简单指令集单周期 MIPS 处理器数据通路结构

MIPS 指令把这些寄存器区分为 R_s、R_t 和 R_d 字段,通过这些字段获取各个寄存器的数据或把数据写入寄存器中。且数据只有在寄存器写信号有效时才能写入,因此该模块必须具有寄存器写控制信号。另外,MIPS 微处理器具有一个特别的寄存器,即 $0 的值恒为 0。

4. ALU

简单指令集 MIPS 微处理器支持 add、sub、and、or、slt 等运算指令,ALU 单元必须支持这 5 种不同类型的运算。同时数据存储指令 sw、lw 需计算存储器地址,也需通过 ALU 单元的加运算实现;条件跳转指令 beq 需比较两个寄存器是否相等,通过 ALU 减运算实现,并产生是否为 0 的标志。所有这些算术逻辑运算通过组合逻辑电路实现,由输入的控制信号确定执行何种操作。5 种不同运算,需要至少 3 位控制信号。

5. 复用器

简单指令集单周期 MIPS 处理器共采用了 5 个 2 选 1 多路复用器:复用器①区分 R 型指令和 lw 指令目的操作数寄存器的编号在指令编码中的位置;复用器②区分 R 型指令、beq 与 lw、sw 指令利用 ALU 单元进行运算的第二个数据源;复用器③区分 R 型指令和 lw 指令写入寄存器的数据来源;复用器④区分 PC 是来自 beq 跳转目标地址还是顺序执行下一条指令的地址;复用器⑤区分 PC 是来自伪直接跳转目标地址还是复用器④的输出地址。这些复用器都采用组合逻辑电路实现。

6. 加法器

简单指令集单周期 MIPS 处理器共采用了两个加法器:一个为 PC 加 4 形成顺序执行

程序时新 PC 的值；另一个为新的 PC 加上跳转偏移值形成条件跳转目标地址。加法器由组合逻辑电路实现。

7. 位合并

简单指令集单周期 MIPS 处理器在形成伪直接跳转地址时，通过将 PC 加 4 的高 4 位与指令中 28 位伪直接地址合并形成 32 位伪直接跳转地址。

8. 符号数扩展

指令集中 lw、sw、beq 指令中的 16 位立即数都为有符号数，参与运算前需符号扩展为 32 位。符号扩展即将 16 位数的最高位直接填充到 32 位数的高 16 位上。

9. 移位

MIPS 指令长度都固定为 32 位，因此指令编码中偏移地址以及伪直接地址都省略了低 2 位。形成新 PC 的值时，需先将低 2 位补充 0，再进行位合并或加运算。

6.1.2 MIPS 微处理器控制器

1. ALU 控制器

简单指令集 MIPS 微处理器需实现 5 种运算，MIPS 微处理器对这 5 种操作编码如表 6-1 所示。

表 6-1 ALU 操作控制信号编码

ALU 控制信号编码	操 作 类 型	ALU 控制信号编码	操 作 类 型
0000	与	0110	减
0001	或	0111	小于设置
0010	加		

MIPS 指令具有 6 位操作码，I、J 型指令通过这 6 位操作码可以确定 ALU 的具体操作。而 R 型指令，6 位操作码都为 0，因此需进一步采用 6 位功能码确定 R 型指令的具体操作。由此可知可通过两级译码：第一级对操作码译码确定部分指令的功能以及指令的类型；第二级在第一级译码的基础上利用第一级的输出和功能码进一步译码确定 ALU 执行的运算类型。简单指令集要求 ALU 执行的运算包括：lw、sw 指令通过 ALU 执行加法运算，产生存储单元地址；beq 指令通过 ALU 执行减运算；而 R 型指令执行的运算类型不明确。因此，根据操作码将指令分为三类，即通过对操作码的译码产生 2 位输出（操作码类型）表示这三类指令。若采用 00 表示 lw、sw 指令，01 表示 beq 指令，10 表示 R 型指令，那么通过对操作码类型以及 6 位指令功能码的进一步译码就可以产生 ALU 单元的 4 位控制信号。它们之间的对应关系如表 6-2 所示。

表 6-2 ALU 输入控制信号与指令的操作码以及功能码之间的关系

指 令	指令功能	操作码类型	6 位功能码	ALU 运算类型	ALU 控制信号
lw	取字	00	xxxxxx	加	0010
sw	存字	00	xxxxxx	加	0010
beq	相等跳转	01	xxxxxx	减	0110
add	加	10	100000	加	0010
sub	减	10	100010	减	0110

续表

指　　令	指令功能	操作码类型	6 位功能码	ALU 运算类型	ALU 控制信号
and	与	10	100100	与	0000
or	或	10	100101	或	0001
slt	小于设置	10	101010	小于设置	0111

ALU 控制器逻辑框图如图 6-2 所示。

2. 主控制器

主控制器对指令的 opCode 字段(即操作码)译码,形成数据通路各个部件的控制信号以及 ALU 控制器的操作码类型信号。

图 6-2　ALU 控制器逻辑框图

下面先分析各个部件必需的控制信号:每个数据复用器必须有一个通路选择信号;寄存器文件、数据存储器必须有写控制信号;ALU 控制器需 2 位操作码类型信号。它们的名称定义分别如图 6-3 所示。

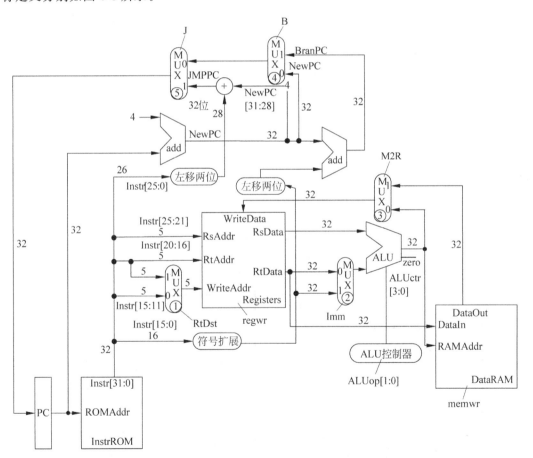

图 6-3　MIPS 微处理器主控制器信号定义

微处理器在执行不同指令时,各个控制信号对应的有效状态定义如表 6-3 所示。

表 6-3　控制信号有效状态与指令之间关系

指令	RtDst	Imm	M2R	regwr	memwr	B	J	ALUop[1:1]	ALUop[0:0]
R 型	1	0	0	1	0	0	0	1	0
lw	0	1	1	1	0	0	0	0	0
sw	x	1	x	0	1	0	0	0	0
beq	x	0	x	0	0	1	0	0	1
j	x	x	x	0	0	0	1	x	x

各指令 opCode 字段与指令类型对应关系如表 6-4 所示。

表 6-4　opCode 字段与指令类型对应关系

指　　令	opCode	指　　令	opCode
R 型：add、sub、and、or、slt	000000	I 型：beq	000100
I 型：lw	100011	J 型：J	000010
I 型：sw	101011		

由表 6-3 和表 6-4 可得到主控制逻辑功能对应真值表，在硬件描述语言中可以直接采用 case 语句实现。这里仅将主控制器的逻辑框图进行描述，如图 6-4 所示。

将主控制器和 ALU 控制器集成到 MIPS 微处理器的数据通路，形成完整简单指令集 MIPS 微处理器结构框图，如图 6-5 所示。

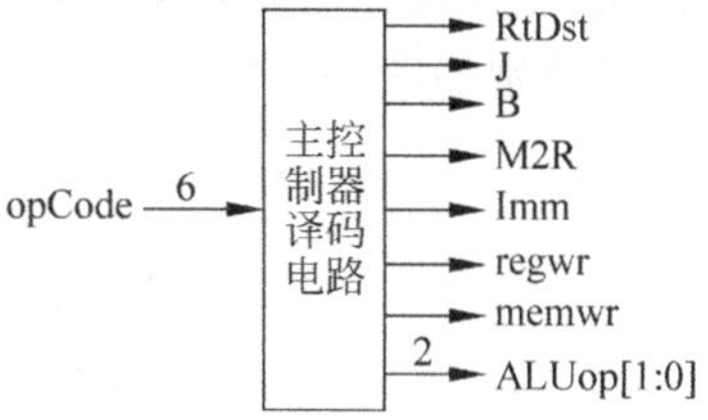

图 6-4　主控制器的逻辑框图

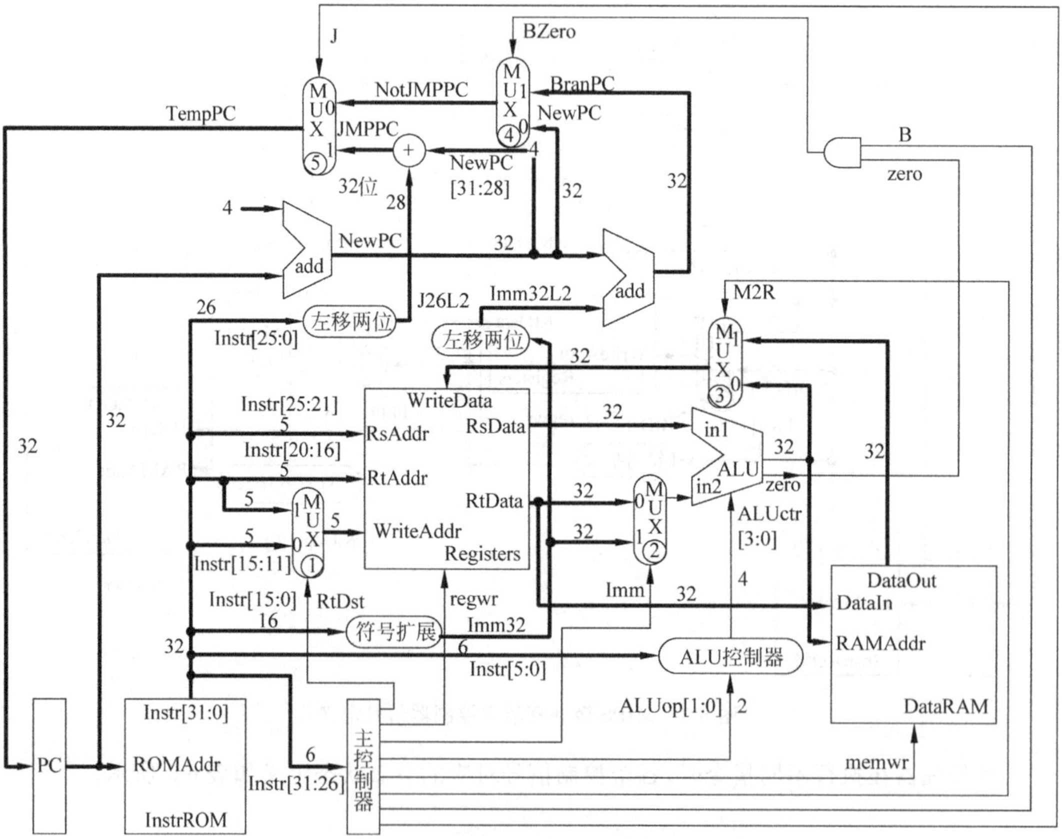

图 6-5　简单指令集 MIPS 微处理器结构框图

6.2 简单指令集 MIPS 微处理器各模块实现方案

基于 FPGA 芯片采用 EDA 技术实现 MIPS 微处理器,既可以基于 FPGA 开发工具提供商或第三方提供的 IP 核(intellectual Property Core),也可以采用硬件描述语言描述各功能模块功能。本书基于 Verilog 硬件描述语言以及 Vivado IP 核讲解各模块实现方案示例。

6.2.1 存储器

MIPS 微处理器采用哈佛架构,存储器分为指令存储器和数据存储器。FPGA 芯片内具有存储功能的部件有 ROM、RAM 和寄存器,ROM/RAM 又分为分布式 ROM/RAM 和块 ROM/RAM。下面分别介绍各种存储部件的实现方案。

1. 分布式存储生成器 IP 核(distributed memory generator)

分布式 ROM/RAM 可以利用分布式存储生成器 IP 核产生 ROM、单端口 RAM、双端口 RAM 以及简单双端口 RAM 等类型存储器。存储器类型、存储单元数和存储单元字长可配置。分布式存储生成器 IP 核存储器类型及存储容量配置界面如图 6-6 所示。

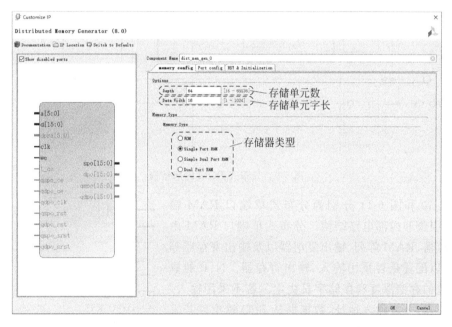

图 6-6　分布式存储生成器 IP 核存储器类型及存储容量配置界面

分布式存储器 IP 核引脚结构如图 6-7 所示,输入/输出引脚数以及内部电路结构根据生成的存储器类型、容量而不同。

图 6-8 和图 6-9 分别为分布式 ROM 输入/输出引脚和内部电路结构。分布式 ROM 由输入寄存器、ROM 阵列、输出复用器以及输出寄存器等构成,可以配置是否采用输入、输出寄存器。N、P 的取值由配置的存储深度和存储字长决定。若不采用输入/输出寄存器,一旦输入地址,数据即从 SPO 输出。若采用输入/输出寄存器,那么地址输入和数据输出都在时钟上升沿有效,且数据从 QSPO 输出。

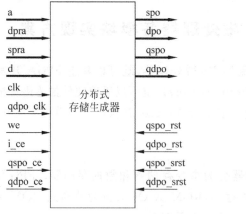

图 6-7　分布式存储器 IP 核引脚结构

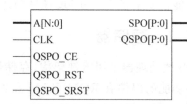

图 6-8　分布式 ROM 引脚结构

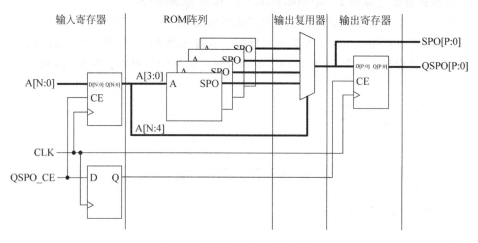

图 6-9　分布式 ROM 内部结构

图 6-10 和图 6-11 分别为分布式单端口 RAM 输
入/输出引脚和内部电路结构。分布式单端口 RAM 由
输入寄存器、RAM 阵列、输出复用器以及输出寄存器等
构成，可以配置是否采用输入、输出寄存器。N、P 的取
值由配置的存储深度和存储字长决定。若不采用输入/
输出寄存器，一旦输入地址，数据即从 SPO 输出。若采
用输入/输出寄存器，那么地址输入和数据输出都在时
钟上升沿有效，且数据从 QSPO 输出。RAM 除了数据
输出之外，还具有数据输入功能。数据从 D 输入，采用

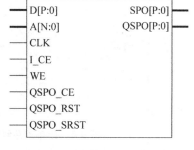

图 6-10　单端口 RAM 引脚

同步方式，即在时钟 CLK 上升沿且 WE 有效（高电平）时，才将数据写入 RAM 阵列。

图 6-12 和图 6-13 分别为双端口 RAM、简单双端口 RAM 电路结构。从电路图可以看
出它们的差别是双端口 RAM 的两个端口都可以输出数据，而简单双端口 RAM 仅一个端
口可以输出数据，且只能从一个端口输入数据。

分布式存储生成器 IP 核输入/输出端口是否使用寄存器以及初始化数据配置界面分别
如图 6-14 和图 6-15 所示。

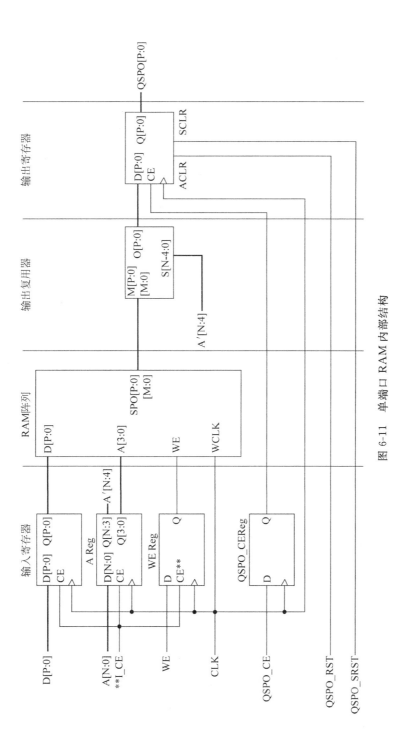

图 6-11　单端口 RAM 内部结构

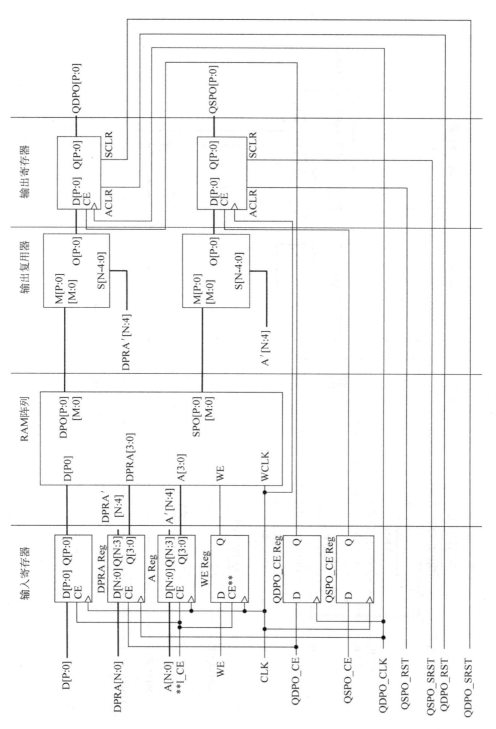

图 6-12 双端口 RAM 内部电路结构

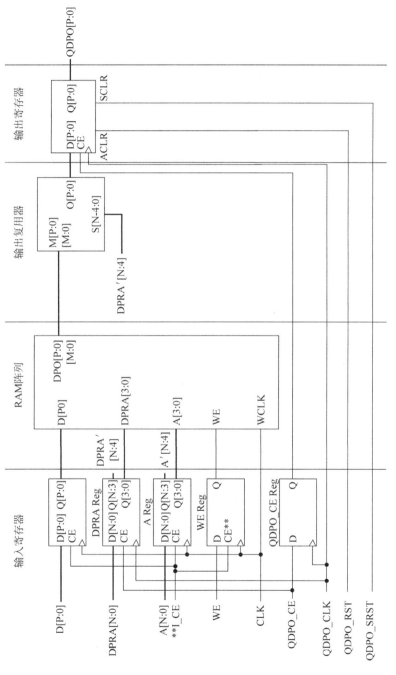

图 6-13 简单双端口 RAM 内部电路结构

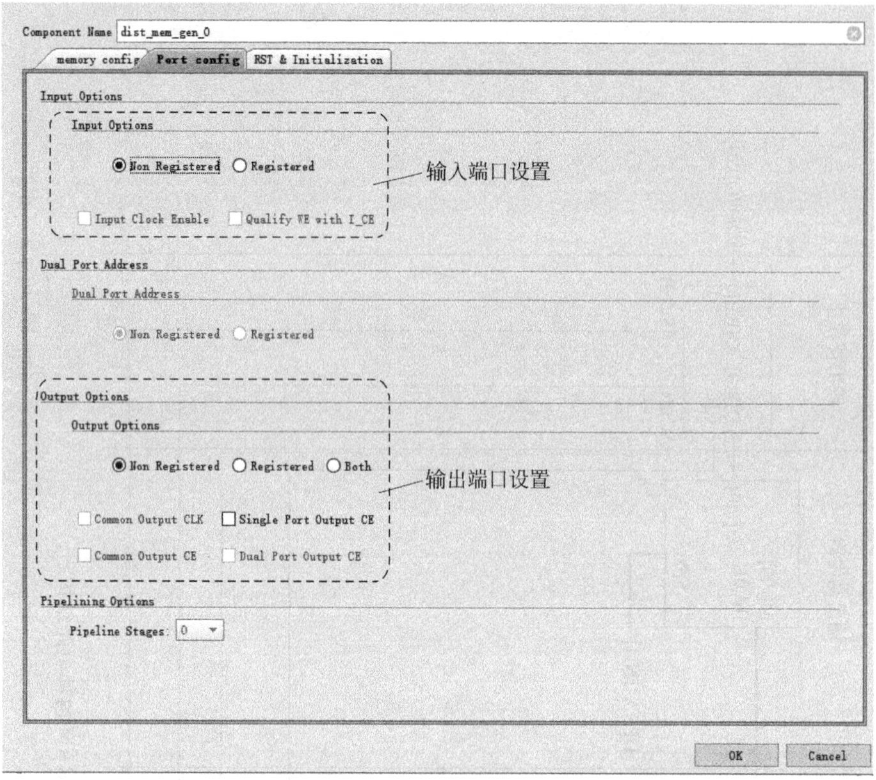

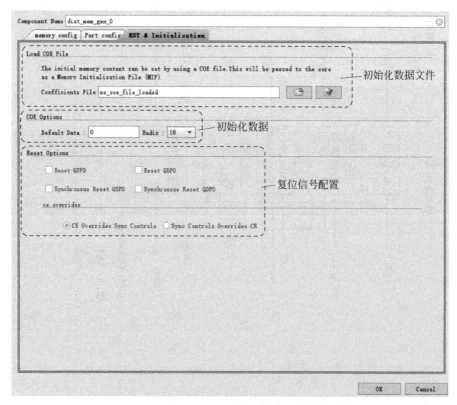

图 6-14　分布式存储生成器 IP 核输入/输出端口配置界面

图 6-15　分布式存储生成器 IP 核初始化配置界面

若采用分布式存储生成器 IP 核产生一个可存储 128 条 MIPS 指令的异步 ROM 指令存储器,则各页配置如图 6-16(a)和(b)所示,配置完之后产生的电路符号如图 6-16(c)所示。

Component Name InstrROM ⊗

memory config | Port config | RST & Initialization

Options

　Depth　128　[16 - 65536]

　Data Width　32　[1 - 1024]

Memory Type

　Memory Type

　　◉ ROM

　　○ Single Port RAM

　　○ Simple Dual Port RAM

　　○ Dual Port RAM

(a) 存储器类型为ROM,存储单元数为128,字长为32位

Component Name InstrROM ⊗

memory config | **Port config** | RST & Initialization

Input Options

　Input Options

　　◉ Non Registered　○ Registered

　　☐ Input Clock Enable　☐ Qualify WE with I_CE

Dual Port Address

　Dual Port Address

　　◉ Non Registered　○ Registered

Output Options

　Output Options

　　◉ Non Registered　○ Registered　○ Both

　　☐ Common Output CLK　☐ Single Port Output CE

　　☐ Common Output CE　☐ Dual Port Output CE

Pipelining Options

　Pipeline Stages: 0 ▾

(b) 输入/输出端口异步方式

a[6:0]　spo[31:0]

(c) 异步ROM电路符号

图 6-16　可存储 128 条 MIPS 指令的异步 ROM 指令存储器

　　若采用分布式存储生成器 IP 核产生一个可存储 32 个 32 位数据的数据存储器，且将各个存储单元初始化为 0xaaaaaaaa，则各页配置如图 6-17(a)～(c)所示，配置完之后产生的电路符号如图 6-17(d)所示。

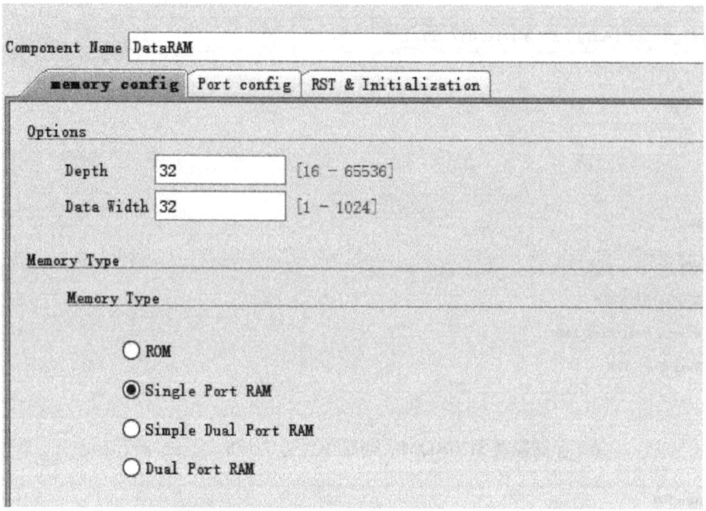

(a) 存储器类型为RAM，存储单元数为32，字长为32位

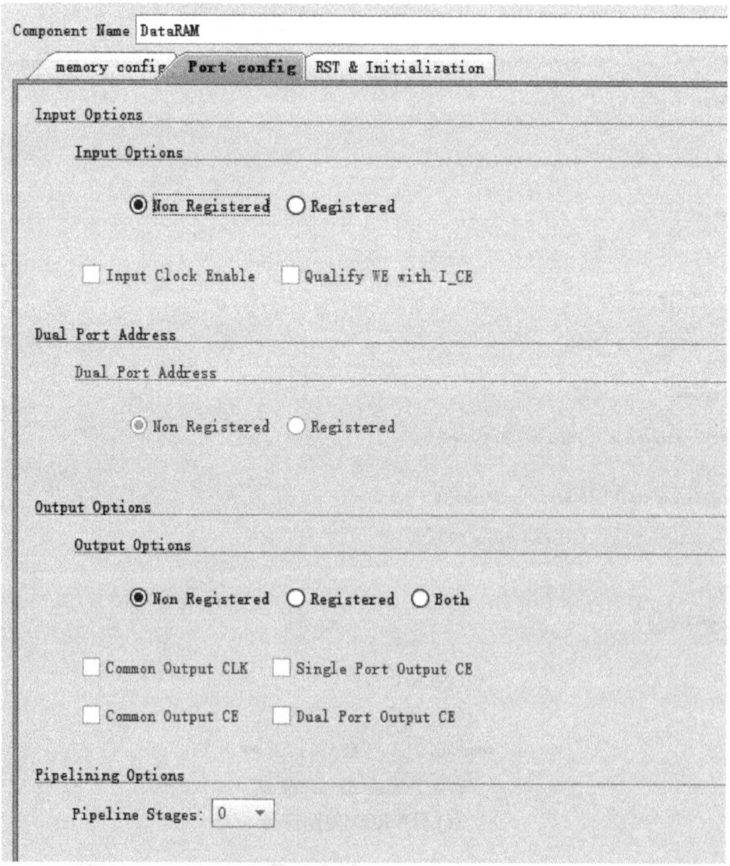

(b)输入/输出端口不采用寄存器

图 6-17　可存储 32 个 32 位数据的单端口数据存储器

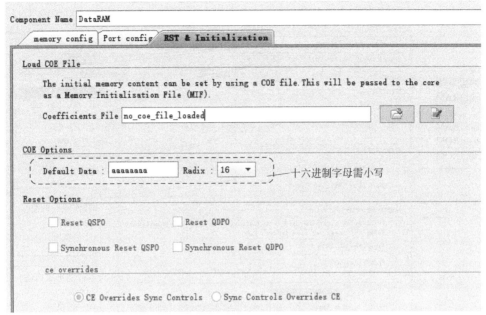

(c) 存储单元数据都初始化为0xaaaaaaaa

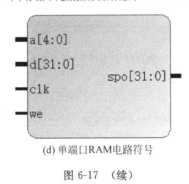

(d) 单端口RAM电路符号

图 6-17 （续）

2. 块存储生成器 IP 核（block memory generator）

块存储生成器将 FPGA 内的块存储原语形成具有一定存储单元数和字长的存储器，它可生成单端口 ROM、双端口 ROM、单端口 RAM、双端口 RAM 以及简单双端口 RAM。各种不同存储器都分别可支持不同读写方式和输入/输出方式，同时它还可支持错误校验。

块存储生成器 IP 核基本配置界面如图 6-18 所示。

块存储生成器 IP 核端口配置界面如图 6-19 所示。

块存储生成器 IP 核其他选项配置界面如图 6-20 所示。

若采用块存储生成器 IP 核产生一个可存储 128 条 MIPS 指令的 ROM 指令存储器，则各页配置如图 6-21(a) 和(b) 所示，配置完之后产生的电路符号如图 6-21(c) 所示。

若采用块存储生成器 IP 核产生一个可存储 32 个 32 位数据的数据存储器，且所有存储单元初始化为 0xaaaaaaaa，则各页配置如图 6-22(a)～(c) 所示，电路符号如图 6-22(d) 所示。

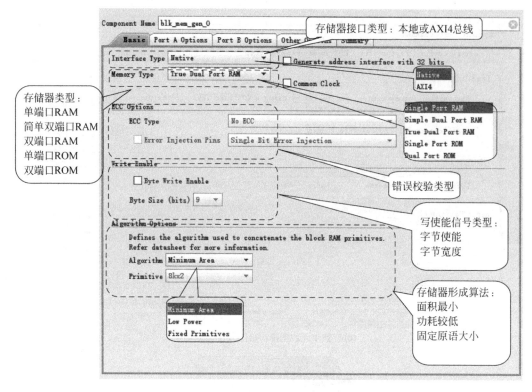

图 6-18　块存储生成器 IP 核基本配置界面

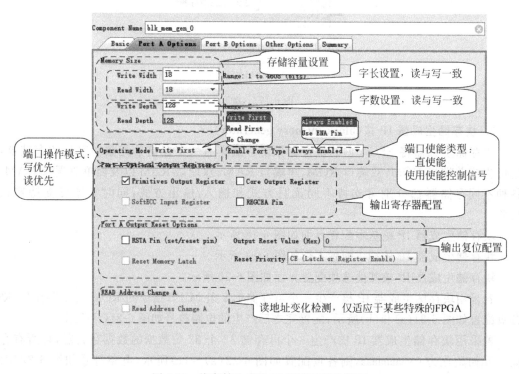

图 6-19　块存储生成器 IP 核端口配置界面

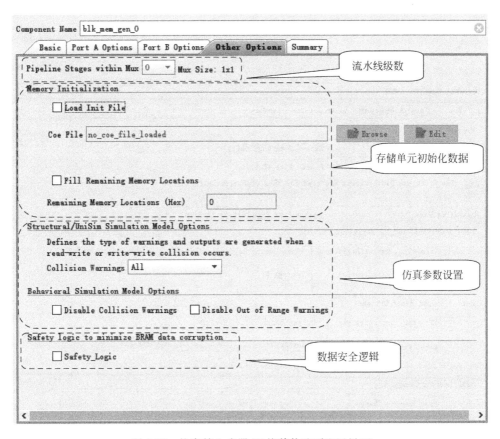

图 6-20　块存储生成器 IP 核其他选项配置界面

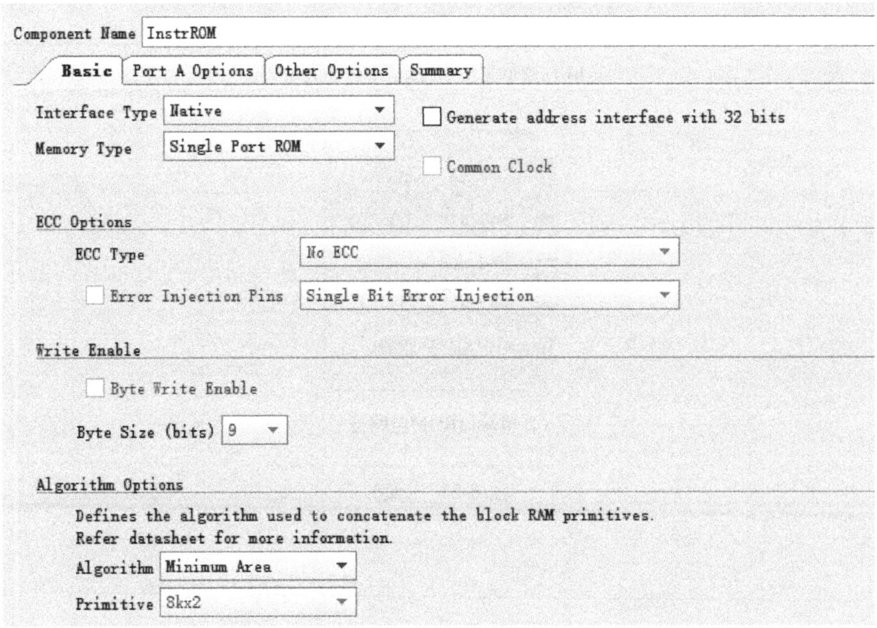

(a) 存储器类型为ROM

图 6-21　块存储生成器 IP 核生成可存储 128 条 MIPS 指令的 ROM 指令存储器

Component Name InstrROM

Basic **Port A Options** Other Options Summary

Memory Size

Port A Width 32   Range: 1 to 4608 (bits)

Port A Depth 128   Range: 2 to 1048576

The Width and Depth values are used for Read Operation in Port A

Operating Mode Write First ▼   Enable Port Type Always Enabled ▼

Port A Optional Output Registers

☑ Primitives Output Register   ☐ Core Output Register

☐ SoftECC Input Register   ☐ REGCEA Pin

Port A Output Reset Options

☐ RSTA Pin (set/reset pin)   Output Reset Value (Hex) 0

☐ Reset Memory Latch   Reset Priority CE (Latch or Register Enable) ▼

READ Address Change A

☐ Read Address Change A

(b) 存储单元数为128，字长为32位

(c) 单端口ROM电路符号

图 6-21 （续）

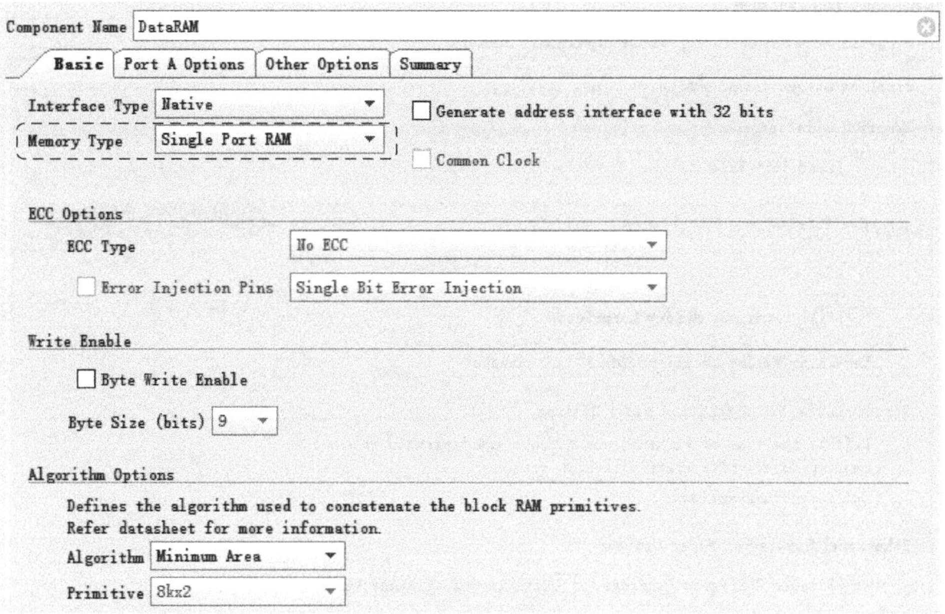

(a) 存储器类型为单端口RAM

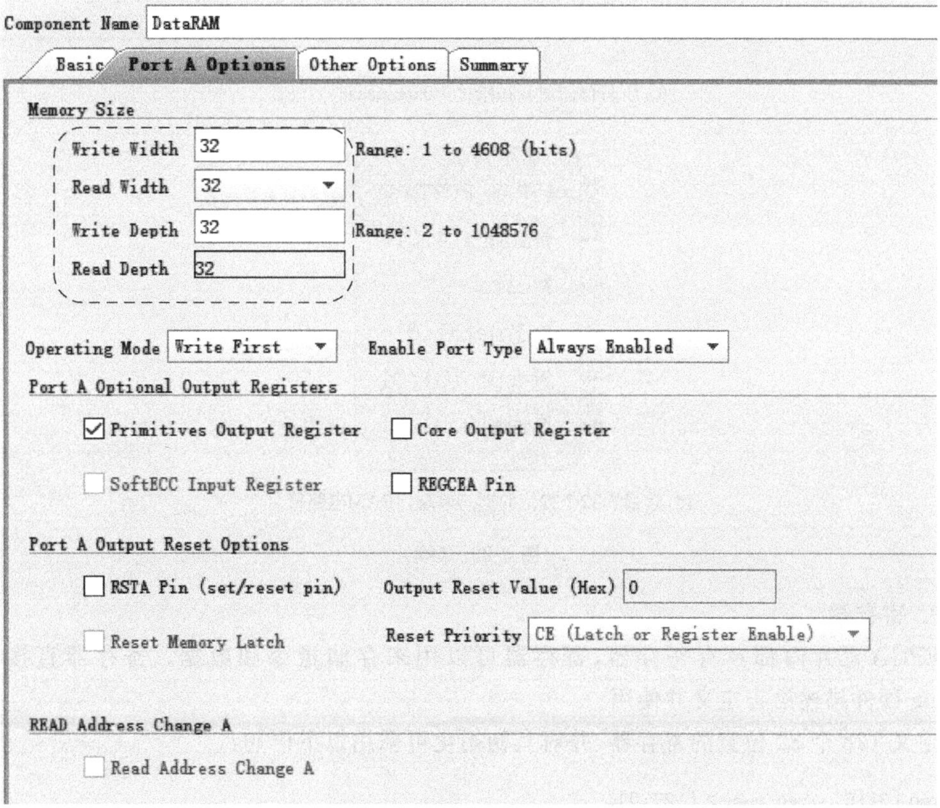

(b) 存储单元数32，字长32位

图 6-22 块存储生成器 IP 核生成可存储 32 个 32 位数据的单端口 RAM 数据存储器

Component Name DataRAM

Basic | Port A Options | **Other Options** | Summary

Pipeline Stages within Mux 0 ▼ Mux Size: 1x1

Memory Initialization

☐ Load Init File

Coe File no_coe_file_loaded   [Browse] [Edit]

☑ Fill Remaining Memory Locations

Remaining Memory Locations (Hex)   aaaaaaaa

Structural/UniSim Simulation Model Options

Defines the type of warnings and outputs are generated when a
read-write or write-write collision occurs.
Collision Warnings All ▼

Behavioral Simulation Model Options

☐ Disable Collision Warnings ☐ Disable Out of Range Warnings

Safety logic to minimize BRAM data corruption

☐ Safety_Logic

(c) 所有存储单元初始化为0xaaaaaaaa

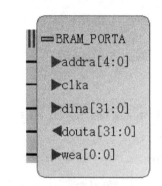

(d) 容量为32个32位数据的单端口RAM电路符号

图 6-22　（续）

3. 寄存器

FPGA 芯片内都具有寄存器，寄存器可以用来存储指令和数据。寄存器直接通过 Verilog 硬件描述语言定义并使用。

定义 128 个 32 位宽的寄存器，并对其初始化可采用以下语句：

```
reg [31:0] <reg_name> [127:0];
initial
    $ readmemh ("<file_name>", <reg_name>, <start_address>, <end_address>);
```

其中，file_name 为包含十六进制初始化数据的文件，它可以是指令的机器码，也可以是数据存储器的初始化数据,reg_name 为被初始化的寄存器名,start_address 为首寄存器编号,end_address 为末寄存器编号。

定义 32 个 32 位宽的寄存器可采用以下语句:

reg [31:0] < reg_name > [31:0];

Verilog 语言定义同步 ROM 存储器模板以及各语句含义如图 6-23 所示。该示例的输入信号为 address、enable、clock,输出信号为 output_data。

```
parameter ROM_WIDTH = <rom_width>;
parameter ROM_ADDR_BITS = <rom_addr_bits>;

(* rom_style="{distributed | block}" *)
reg [ROM_WIDTH-1:0] <rom_name> [(2**ROM_ADDR_BITS)-1:0];     存储体
reg [ROM_WIDTH-1:0] <output_data>;                           寄存器数据输出
<reg_or_wire> [ROM_ADDR_BITS-1:0] <address>;                 地址输入

initial
    $readmemh("<data_file_name>", <rom_name>, 0, (2**ROM_ADDR_BITS)-1);

always @(posedge <clock>)
    if (<enable>)                                            同步ROM行为描述
        <output_data> <= <rom_name>[<address>];
```

图 6-23　Verilog 语言定义同步 ROM 存储器模板

Verilog 语言定义简单双端口异步读 RAM 存储器模板如图 6-24 所示。该模板的输入信号为 read_address、write_address、clock、write_enable、input_data,输出信号为 output_data。

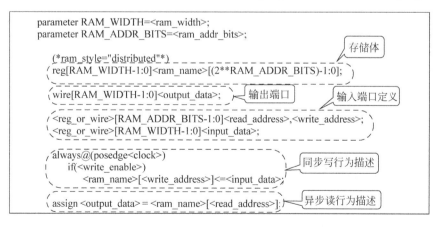

图 6-24　Verilog 语言定义简单双端口异步读 RAM 存储器模板

6.2.2　寄存器文件

寄存器文件的定义方法可与采用寄存器构成存储器的定义方式一样。图 6-25 给出了一个寄存器文件异步输出、同步写入 Verilog 代码示例和各个语句的功能描述。

```
reg [31:0]  regs [0:31];
assign RsData = (RsAddr == 5'b0) ? 32'b0 : regs[RsAddr];
assign RtData = (RtAddr == 5'b0) ? 32'b0 : regs[RtAddr];
integer i;
always @ (negedge clk)
      if (!reset & regwr )
                  regs[WriteAddr]= WriteData;
      else if(reset)
            for(i=0;i<32;i=i+1)
                  regs[i]=0;
```

存储体

异步输出，且0号寄存器一直输出0

同步写入

同步复位

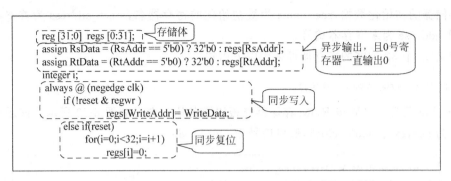

图 6-25　寄存器文件异步输出、同步写入 Verilog 代码示例

图 6-26 给出了一个寄存器文件异步输出、异步写入 Verilog 代码示例和各个语句的功能描述。

```
reg [31:0]  regs [0:31];
assign RsData = (RsAddr == 5'b0) ? 32'b0 : regs[RsAddr];
assign RtData = (RtAddr == 5'b0) ? 32'b0 : regs[RtAddr];
integer i;
always @ (reset or regwr)
      if (!reset & regwr )
                  regs[WriteAddr]= WriteData;
      else if(reset)
            for(i=0;i<32;i=i+1)
                  regs[i]=0;
```

异步写入

异步复位

图 6-26　寄存器文件异步输出、异步写入 Verilog 代码示例

寄存器文件在执行 R 型指令时先取出 R_s、R_t 的值，经过 ALU 运算之后，再送入寄存器文件。若全部采用异步方式，各类信号经各级电路传输之后时延不一致，易造成竞争冒险现象，因此建议采用同步方式。图 6-27 给出了一个寄存器文件同步输出、同步写入 Verilog 代码示例和各个语句的功能描述。

```
reg [31:0]  regs [0:31];
integer i;
always @ (negedge clk)
      if (!reset & regwr)
                  regs[WriteAddr]= WriteData;
      else if(reset)
            for(i=0;i<32;i=i+1)
                  regs[i]=0;
always @ (posedge clk)
      if(RsAddr == 5'h00)
            RsData=0;
      else
            RsData=regs[RsAddr];
always @ (posedge clk)
      if(RtAddr == 5'h00)
            RtData=0;
      else
            RtData=regs[RtAddr];
```

同步写入、同步复位

同步输出R_s

同步输出R_t

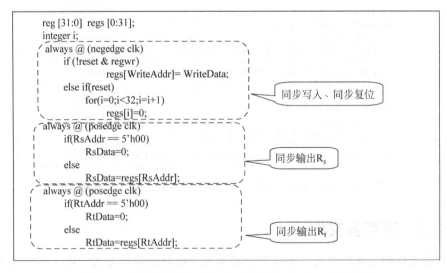

图 6-27　寄存器文件同步输出、同步写入 Verilog 代码示例

6.2.3 运算电路

MIPS 微处理器内运算电路包括 ALU 运算器、加法器等。运算电路可采用组合逻辑电路也可采用时序逻辑电路实现。Verilog 硬件描述语言采用组合逻辑描述有符号加法运算电路模板如图 6-28 所示。

```
parameter ADDER_WIDTH = <adder_bit_width>;
wire signed [ADDER_WIDTH-1:0] <a_input>;
wire signed [ADDER_WIDTH-1:0] <b_input>;
wire signed [ADDER_WIDTH-1:0] <sum>;
assign <sum> = <a_input> + <b_input>;
```

图 6-28 组合逻辑描述有符号加法运算电路模板

Verilog 硬件描述语言采用时序逻辑描述有符号加法运算电路模板如图 6-29 所示。

```
parameter ADDER_WIDTH = <adder_bit_width>;
reg signed [ADDER_WIDTH-1:0] <sum> = {ADDER_WIDTH{1'b0}};
always @(posedge <CLK>)
    <sum> <= <a_input> + <b_input>;
```

图 6-29 时序逻辑描述有符号加法运算电路模板

Verilog 语言各种运算的符号及含义、优先级关系如表 6-5 所示。

表 6-5 Verilog 语言支持的各种运算符号

类型	符　　　号	优 先 级 别
取反	!、~、-(求 2 的补码)	最高优先级
算术	*(乘)、/(除)、+(加)、-(减)	
移位	≫(右移)、≪(左移)	
关系	<(小于)、<=(小于等于)、>(大于)、>=(大于等于)	
等于	==(等于)、!=(不等于)	
缩位	&(与)、~&(与非)、^(异或)、^~(同或)、|(或)、~|(或非)	
逻辑	&&(与)、||(或)	
条件	? :	最低优先级

减、与、或运算都可以直接在表 6-5 中找到相应运算符,而小于设置则需利用小于运算符和条件运算符共同实现。小于设置 Verilog 语句实现示例如下:

```
assign ALURes = (RsData<RtData)?32'h1:32h0;
```

6.2.4 多路复用器

MIPS 微处理器中多路复用器都采用 2 选 1 复用器,组合逻辑和时序逻辑 Verilog 语言代码模板分别如图 6-30 和图 6-31 所示。

```
assign <output_wire> = <1-bit_select> ? <input1> : <input0>;
```

图 6-30 2 选 1 复用器组合逻辑 Verilog 语言模板

```
always @(posedge <clock>)
    if (<1-bit_select>)
        <output_wire> <= <input1>;
    else
        <output_wire> <= <input0>;
```

图 6-31　2 选 1 复用器时序逻辑 Verilog 语言模板

6.2.5　位宽扩展

MIPS 微处理器包含两种位宽扩展：符号位扩展和左移两位。这两种位宽扩展在
Verilog 语言中都可以通过位合并运算符实现。下面是几种常见的位合并运算：

(1) {a，b，c}——将 a、b、c 合并为多位宽总线。

(2) {3{a}}——将 3 个 a 合并为多位宽总线。

(3) {{5{a}}，b}——将 5 个 a 和 1 个 b 合并为多位宽总线。

将 16 位符号数扩展为 32 位符号数，示例代码如图 6-32 所示。

```
assign <output_wire[31:0]> = {{16{<input_wire[15]>}, <input_wire[15:0]>}
```

图 6-32　16 位符号数扩展为 32 位符号数示例代码

将 26 位数左移 2 位变为 28 位数，示例代码如图 6-33 所示。

```
assign <output_wire[27:0]> = { <input_wire[25:0]>,2'b00}
```

图 6-33　26 位数左移 2 位变为 28 位数示例代码

将 32 位符号数左移 2 位结果仍然为 32 位数，示例代码如图 6-34 所示。

```
assign <output_wire> = { <input_wire[29:0]>,2'b00}
```

图 6-34　32 位符号数左移 2 位合并示例代码

32 位符号数左移 2 位结果仍然为 32 位数，也可以采用移位运算符实现，示例代码如
图 6-35 所示。

```
assign <output_wire> = <input_wire> << 2
```

图 6-35　利用移位算符实现 32 位符号数左移 2 位示例代码

6.2.6　控制器

MIPS 微处理器有两个控制器：主控制器和 ALU 控制器。主控制器对指令中操作码
译码，产生数据通路各个控制信号和 ALU 操作码编码信号。ALU 控制器对主控制产生的
ALU 操作码编码信号以及指令中的功能码译码产生 ALU 运算类型编码信号。控制器的
实现可以采用 case 语句也可以采用查找表法。

图 6-36 给出了一个 case 语句代码示例。若 case 条件表达式中含有 x 或 z，则需采用
casex 或 casez 替代 case。

```
case (<2-bit select>)
    2'b00: begin
                <statement>;
            end
    2'b01: begin
                <statement>;
            end
    2'b10: begin
                <statement>;
            end
    2'b11: begin
                <statement>;
            end
    default: begin
                <statement>;
            end
endcase
```

图 6-36 case 语句示例代码

图 6-37 给出了一个 ROM 查找表实现示例，与图 6-36 类似。

```
parameter ROM_WIDTH = <rom_width>;
reg [ROM_WIDTH-1:0] <output_data>;
<reg_or_wire> [3:0] <address>;
always @(posedge <clock>)
    if (<enable>)
        case (<address>)
            4'b0000: <output_data> <= <value>;
            4'b0001: <output_data> <= <value>;
            4'b0010: <output_data> <= <value>;
            4'b0011: <output_data> <= <value>;
            4'b0100: <output_data> <= <value>;
            4'b0101: <output_data> <= <value>;
            4'b0110: <output_data> <= <value>;
            4'b0111: <output_data> <= <value>;
            4'b1000: <output_data> <= <value>;
            4'b1001: <output_data> <= <value>;
            4'b1010: <output_data> <= <value>;
            4'b1011: <output_data> <= <value>;
            4'b1100: <output_data> <= <value>;
            4'b1101: <output_data> <= <value>;
            4'b1110: <output_data> <= <value>;
            4'b1111: <output_data> <= <value>;
            default: <output_data> <= <value>;
        endcase
```

图 6-37 ROM 查找表示例模板

6.3 MIPS 微处理器实验实现过程示例

6.3.1 实验环境

（1）Xilinx FPGA 集成开发环境 Vivado 2016.4。
（2）MIPS 汇编语言程序设计以及模拟仿真器 MARS 4.4。
（3）Nexys4 或 Nexys4DDR 实验板。

6.3.2　创建工程

进行任何设计输入之前，必须先创建工程。下面介绍 Vivado 环境下如何创建新的工程。

（1）启动 Vivado2016.4，双击如图 6-38 所示桌面图标，进入如图 6-39 所示界面。

快速启动选项从左到右依次为新建项目、打开项目、打开示例项目。

图 6-38　Vivado 图标

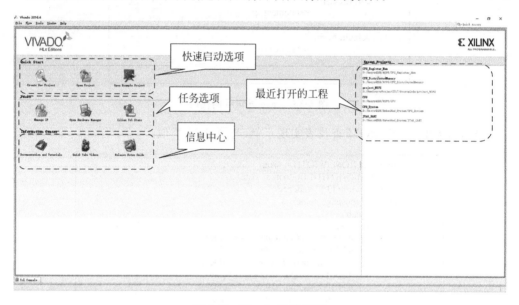

图 6-39　Vivado 启动界面

任务选项从左到右依次为管理 IP 核、打开硬件管理器、Xilinx TCL 商店。

信息中心从左到右依次为查看文档和向导、快速短视频、版本相关信息。

（2）创建工程。选择快速启动选项中的 Create New Project→New Project 向导，如图 6-40 所示，单击 Next 按钮。

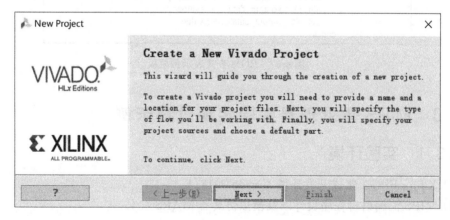

图 6-40　New Project 向导

（3）工程名称页如图 6-41 所示。选择工程路径,输入工程名称,需注意的是工程名称和路径都不能包含中文字符。选中建立与工程名称同名的子目录,单击 Next 按钮。

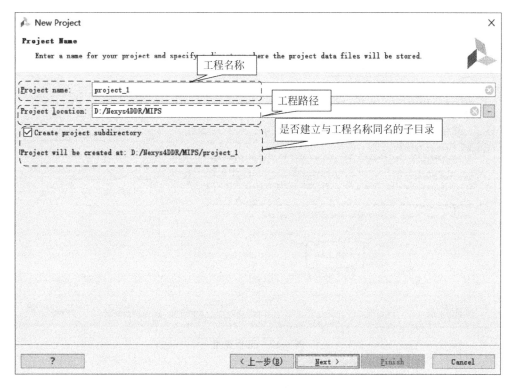

图 6-41 工程名称

（4）工程类型页如图 6-42 所示。分为 5 类,建立硬件描述代码工程,需选择 RTL 工程,若首次建立工程,且没有任何已经编写好的代码,可选中 Do not specify sources at this time(此时不指定任何源文件)复选框。如图 6-42 所示,单击 Next 按钮。

（5）工程目标 FPGA 芯片或开发板选择页如图 6-43 所示。

若开发板提供商提供了 Vivado 板级支持包,可直接选择特定开发板;若没有提供,则直接选择 FPGA 芯片。下面分别针对这两种方式进行介绍:

选择 FPGA 芯片,可通过设置筛选选项或查找缩小选项范围。Nexys4 或 Nexys4 DDR 开发板的 FPGA 芯片为 XC7A100T-1CSG324C,属于 artix7 系列,封装为 CSG324,速度等级为 1。设置如图 6-44 所示筛选选项之后,再在选项列表中选择 xc7a100tcsg324-1。或者直接在查找框中输入 XC7A100T CSG324,如图 6-45 所示,则在选项列表中列出 xc7a100tcsg324-1,选择它,单击 Next 按钮。

Nexys4 或 Nexys4 DDR 开发板在安装 Vivado 时,并不会直接安装板级支持包,若用户希望通过板级支持包使用这些开发板,那么需要先安装板级支持包。Nexys4 或 Nexys4 DDR 由 Digilent 公司开发,板级支持包可通过网址 https://github.com/Digilent/vivado-boards/archive/master.zip 获取,之后解压并将解压目录如 D:\Nexys4DDR\vivado-boards-master.zip\vivado-boards-master\new\board_files 下的 Nexys4 和 Nexys4DDR 两个文件夹复制到 Vivado 安装目录如 D:\Xilinx\Vivado\2016.4\data\boards\board_files

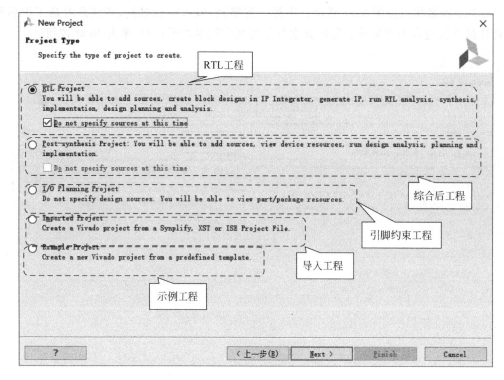

图 6-42　工程类型

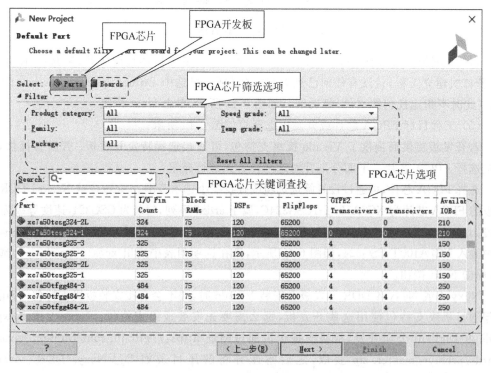

图 6-43　工程目标 FPGA 芯片或开发板

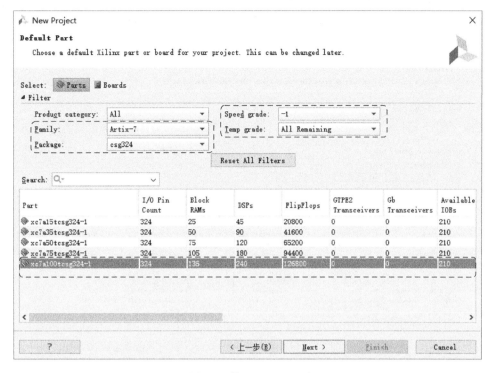

图 6-44　筛选 FPGA 芯片

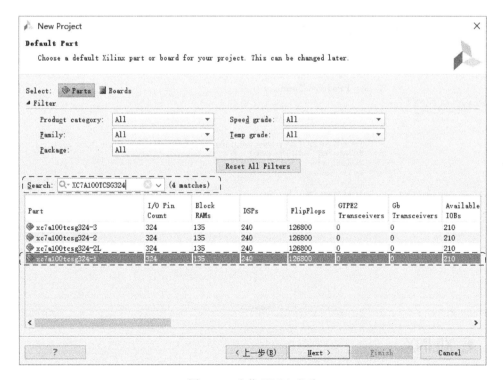

图 6-45　查找 FPGA 芯片

下，然后重启 Vivado。再次进入如图 6-43 所示页面时，选择 Boards，就可以看到如图 6-46 所示的开发板列表，根据用户所拥有的开发板型号，选择开发板之后，单击 Next 按钮。

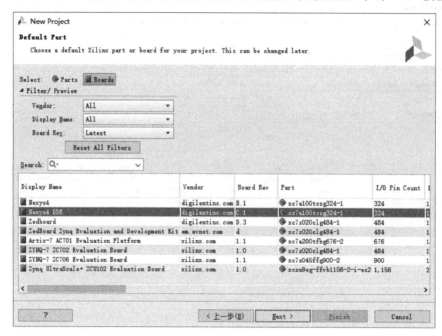

图 6-46　开发板列表

（6）若选择 FPGA 芯片，得到如图 6-47(a)所示工程属性描述页；若选择开发板得到如图 6-47(b)所示属性描述页，单击属性描述页中的 Finish 按钮，结束工程创建过程。

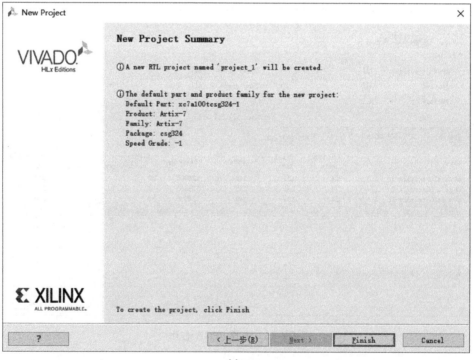

(a)

图 6-47　项目属性描述页

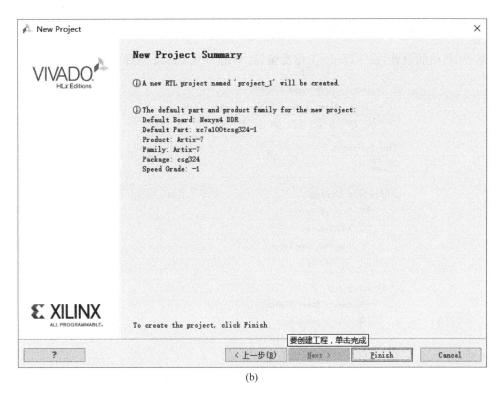

(b)

图 6-47 （续）

工程创建后，Vivado 工作界面如图 6-48 所示。各个部分的功能描述如图 6-48 所示。此时工程中没有任何源文件，需要设计输入。

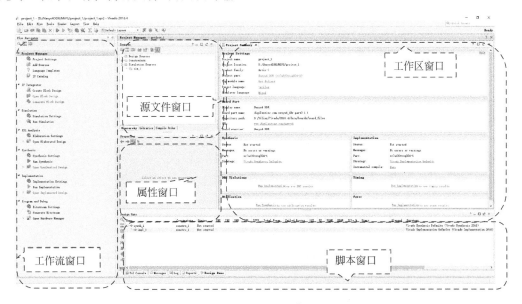

图 6-48　Vivado 工作界面

6.3.3 基于 IP 核新建存储器模块

基于 IP 核的设计，在 Vivado 工作流窗口，单击 IP Catalog 图标，如图 6-49 所示。

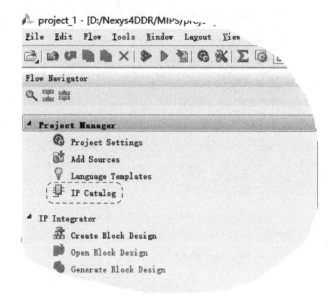

图 6-49 在 Vivado 工作流窗口单击 IP Catalog 图标

工作区窗口增加 IP Catalog 页，如图 6-50 所示，Vivado 支持很多不同类型 IP 核，存储器类型 IP 核属于如图 6-50 所示虚线框，单击左边的加号，可以看到不同子类，如图 6-51 所示。本设计演示如何利用分布式存储生成器产生指令存储器和数据存储器。

图 6-50 IP 核类型

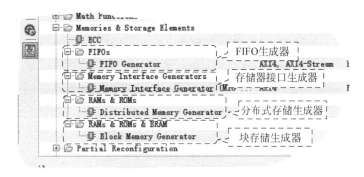

图 6-51 存储器相关 IP 核

1. 指令存储器初始化数据文件

由于需要验证设计的 MIPS 微处理器功能,因此指令存储器中需要存储所有所宣称支持指令的机器码。这里阐述采用 MARS4.4 MIPS 集成模拟器编辑、汇编 MIPS 汇编源程序并提取机器码,最后形成配置指令存储器 IP 核所需的数据文件(* . coe)的过程。下面具体讲解各个步骤。

1)编写汇编语言程序

编写 MIPS 汇编程序代码,如图 6-52 所示,这里用到了所有宣称支持的指令。将这部分代码导入 MARS,如图 6-53 所示。

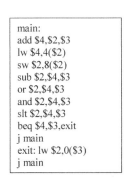

```
main:
add $4,$2,$3
lw $4,4($2)
sw $2,8($2)
sub $2,$4,$3
or $2,$4,$3
and $2,$4,$3
slt $2,$4,$3
beq $4,$3,exit
j main
exit: lw $2,0($3)
j main
```

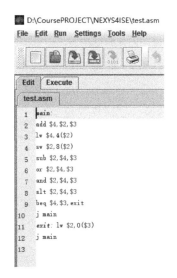

图 6-52 MIPS 微处理器测试汇编源码   图 6-53 在 MARS 中编辑好的代码

2)设置 MARS 汇编环境

将 MARS 汇编环境存储器选项设置为代码段从地址 0 开始,即当 PC 为 0 时,执行指令存储器中地址为 0 的第一条指令。设置过程如图 6-54 和图 6-55 所示,单击 Apply and Close 按钮。

3)汇编产生指令机器码

选择 MARS 中如图 6-56 所示菜单汇编 MIPS 源码,得到如图 6-57 所示汇编结果。

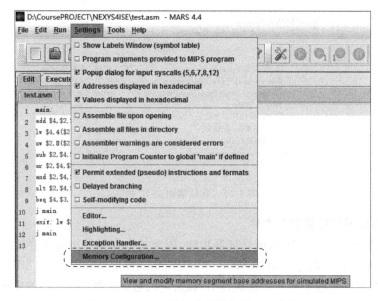

图 6-54　MARS 设置存储器起始地址菜单

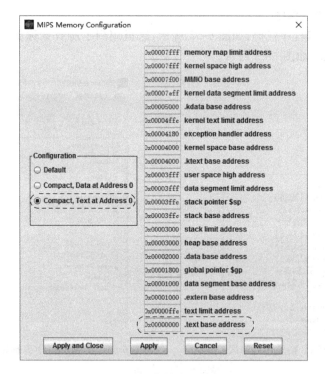

图 6-55　MARS 存储器起始地址选项

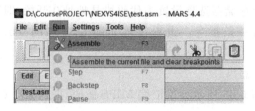

图 6-56　MARS 汇编菜单

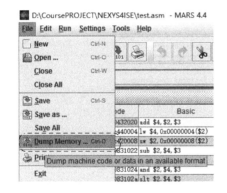

图 6-57　MARS 汇编结果

4）导出机器码

单击 MARS 如图 6-58 所示菜单，将指令的机器码导出到文件，步骤如图 6-59 和图 6-60 所示。设置文件类型为 coe，这是由于存储器 IP 核采用此类型文件初始化存储空间，存储数据为文本格式，在记事本中打开后如图 6-61 所示。

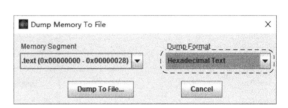

图 6-58　导出内存映像菜单　　　　　图 6-59　内存映像导出选项

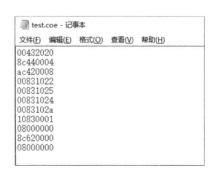

图 6-60　设定存储文件名及类型　　　　图 6-61　导出的文件内容

coe 文件要求在文件头部描述数据的进制和向量，此时可直接在记事本中文件起始位置添加以下两行文字：

```
MEMORY_INITIALIZATION_RADIX = 16;
MEMORY_INITIALIZATION_VECTOR =
```

添加之后的结果如图 6-62 所示，保存该文件到任意指定位置。

2. 分布式存储生成器产生指令存储器

分布式存储生成器产生指令存储器需遵循以下步骤：

1）选择分布式存储生成器 IP 核

如图 6-63 所示，双击 Distributed Memory Generator 选项。

图 6-62　完整的 coe 文件

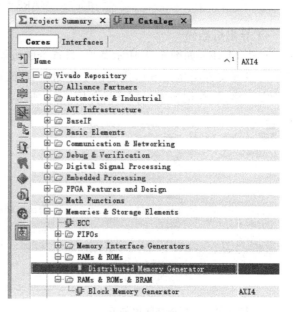

图 6-63　选择分布式存储生成器 IP 核

2）配置存储器类型、名称、容量

如图 6-64 所示，配置指令存储器模块名称为 InstrROM，容量为 $128 \times 32b$，类型为 ROM。

3）输入/输出端口配置

输入/输出端口若采用异步方式，则配置如图 6-65 所示；若采用同步方式，则配置如图 6-66 所示。

4）初始化存储数据

ROM 存储器存储计算机运行所需的机器指令，由于设计的 MIPS 原型计算机是裸机，没有任何系统软件，因此必须通过工具将机器指令直接存入指令存储器中。Vivado 存储器 IP 核提供了配置初始化数据的途径，如图 6-67 所示。单击"打开"按钮，可将前面生成的 coe 文件导入；单击"查看"按钮，可检查导入的 coe 文件内容是否正确，查看结果如图 6-68 所示。用户既可以直接核对机器码是否与期望的一致，也可以单击"校验"按钮判断导入的数据是否合乎 ROM 数据格式要求。确认完毕之后，单击 Close 按钮，退回 IP 核配置页。再

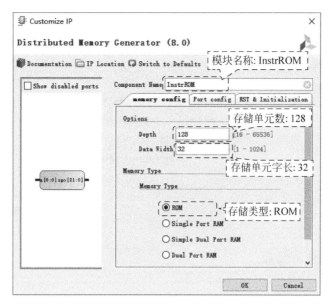

图 6-64　指令存储器配置存储器类型、名称、容量

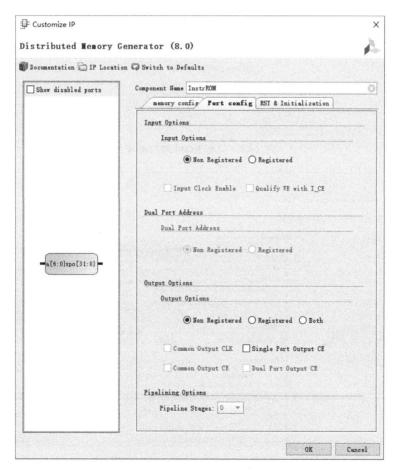

图 6-65　异步 ROM 端口配置

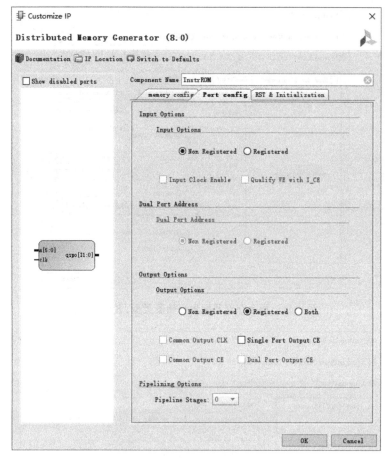

图 6-66　同步 ROM 端口配置

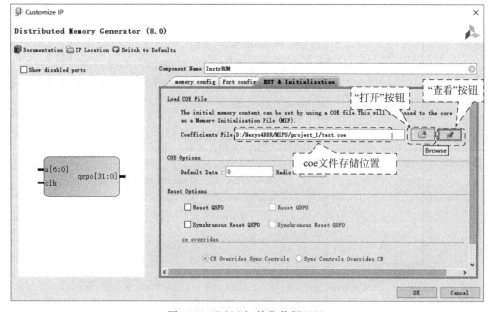

图 6-67　ROM 初始化数据配置

单击图 6-67 中的 OK 按钮,完成对 ROM 的配置。此时弹出窗口询问是否生成一个 IP 核目录,如图 6-69 所示,单击 OK 按钮,Vivado 将继续询问是否产生 IP 核相关文件,如图 6-70 所示,选择产生全局性输出选项,单击 Generate 按钮。完成后在项目源文件窗口可以看到一个 IP 核源文件,如图 6-71 所示。

图 6-68　查看 ROM 初始化数据

图 6-69　新建 IP 核源目录

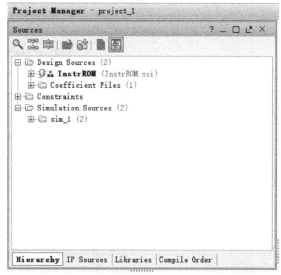

图 6-70　配置 IP 核输出文件选项　　　　图 6-71　指令存储器 IP 核输出结束后的源文件窗口

在工程源文件窗口中的 IP Sources 页可看到生成的 ROM 存储器 IP 核实例化模板,如图 6-72 所示。

图 6-72　指令存储器 IP 核源文件页 Verilog 实例化模板

3. 分布式存储生成器产生数据存储器

分布式存储生成器产生容量为 64×32b 单端口 RAM 数据存储器的步骤如图 6-73 和图 6-74 所示。

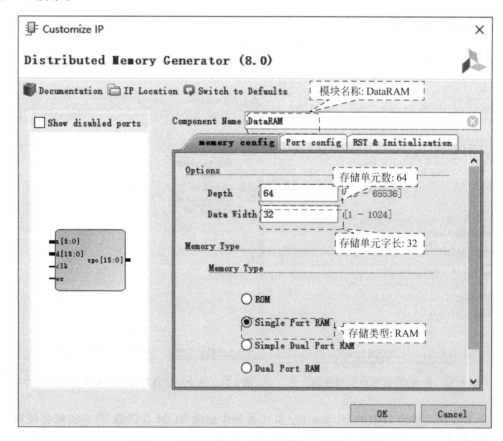

图 6-73　数据存储器配置存储器类型、名称、容量

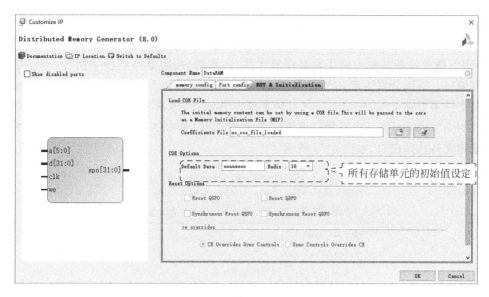

图 6-74 数据存储器内容初始化

RAM 数据存储器 IP 核生成之后的源码和实例化模板分别如图 6-75 和图 6-76 所示。

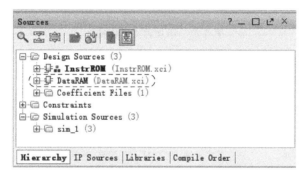

图 6-75 数据存储器生成后的源文件列表

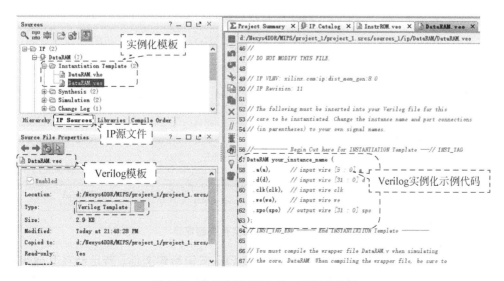

图 6-76 数据存储器 Verilog 实例化模板

6.3.4 Verilog 语言描述其余模块

MIPS 微处理器其他子模块如寄存器文件、运算器、控制器等直接采用 Verilog 硬件描述语言编写。下面分别讲解如何在 Vivado 中编写各个模块 Verilog 语言代码。Vivado 中添加源文件需要在 Project Manager 目录下单击 Add Sources 选项，如图 6-77 所示，弹出如图 6-78 所示的窗口，在其中选择需要添加的文件类型，单击 Next 按钮，进入添加现有文件还是新建文件选择窗口，如图 6-79 所示。

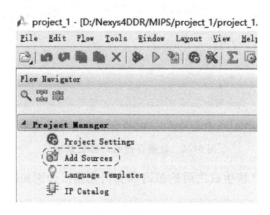

图 6-77　添加源文件快捷键

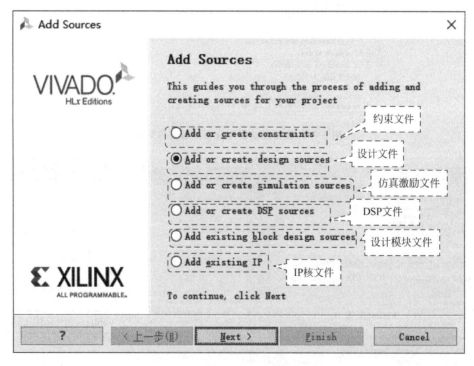

图 6-78　选择添加文件类型窗口

若没有编写 Verilog 源文件，则单击 Create File 按钮新建文件；若已经在其他编辑器中编写好了部分 Verilog 模块代码，则单击 Add Files 按钮添加已有文件。

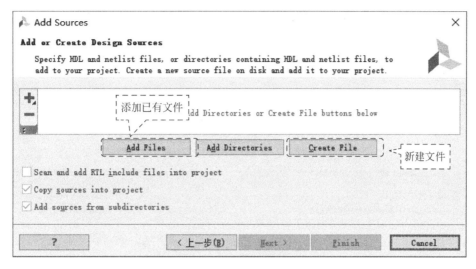

图 6-79 添加设计源文件选择窗口

单击 Create File 按钮,进入如图 6-80 所示的窗口。选择语言类型以及文件名之后单击 OK 按钮,进入模块代码输入阶段。下面以寄存器文件代码编写为例讲解具体过程。

图 6-80 文件名及语言设定窗口

1. 寄存器文件模块

创建寄存器文件模块对应文件,如图 6-81 所示。创建完成后回到如图 6-82 所示窗口,单击 Finish 按钮。

自动弹出寄存器文件模块输入/输出引脚配置窗口,窗口各部分含义如图 6-83 所示。

根据寄存器文件模块设计需要,对寄存器文件模块输入/输出引脚配置如图 6-84 所示。模块定义结束后工程源文件窗口自动添加了寄存器

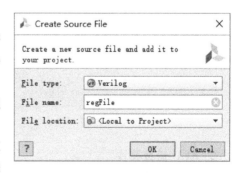

图 6-81 寄存器文件文件名

文件模块产生的文件,如图 6-85 所示。生成的寄存器文件 Verilog 语言代码模板如图 6-86 所示。读者可在模板中插入如图 6-87 所示寄存器文件逻辑实现 Verilog 代码,插入逻辑描述代码之后完整的代码如图 6-88 所示。

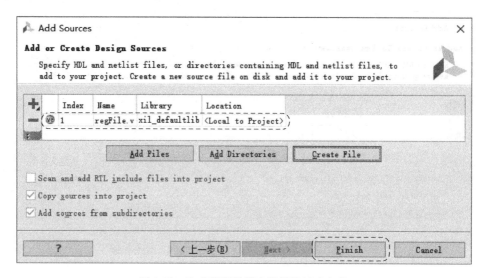

图 6-82　生成的寄存器文件模块对应文件

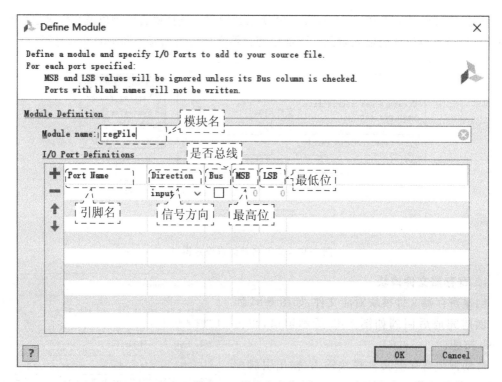

图 6-83　模块定义窗口

2. ALU 运算模块

ALU 模块新建文件的过程与寄存器文件模块类似，这里不再赘述。文件名修改为 ALU，如图 6-89 所示。ALU 模块的输入/输出端口及模块定义如图 6-90 所示，Vivado 根据这些定义生成如图 6-91 所示模块定义，之后用户根据 ALU 模块需支持的 5 类运算以及控制信号编码编写功能实现代码。一个功能描述示例如图 6-92 所示。由于采用 Verilog 行为描述方式，因此输出引脚 res 和 zero 类型需修改为 output reg 型。

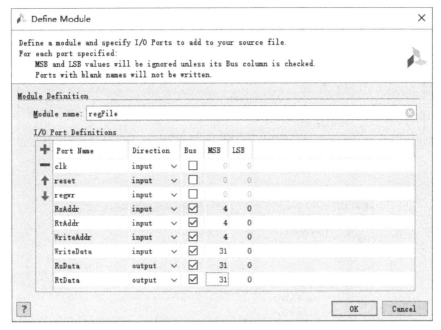

图 6-84　寄存器文件模块定义

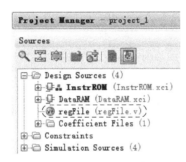

图 6-85　寄存器文件模块定义结束后产生的文件

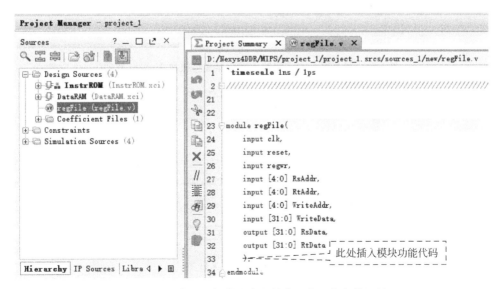

图 6-86　寄存器文件模块定义结束后产生的文件源码

```
reg [31:0]  regs [0:31];
assign RsData = (RsAddr == 5'h0) ? 32'h0 : regs[RsAddr];
assign RtData = (RtAddr == 5'h0) ? 32'h0 : regs[RtAddr];
integer i;
always @ (negedge clk or posedge reset)
        if (reset)
                for( i=1;i<32;i=i+1)
                        regs[i] <=0;
        else if (regwr)
                        regs[WriteAddr] <= WriteData;
```

图 6-87   寄存器文件模块同步写入方式功能描述 Verilog 代码

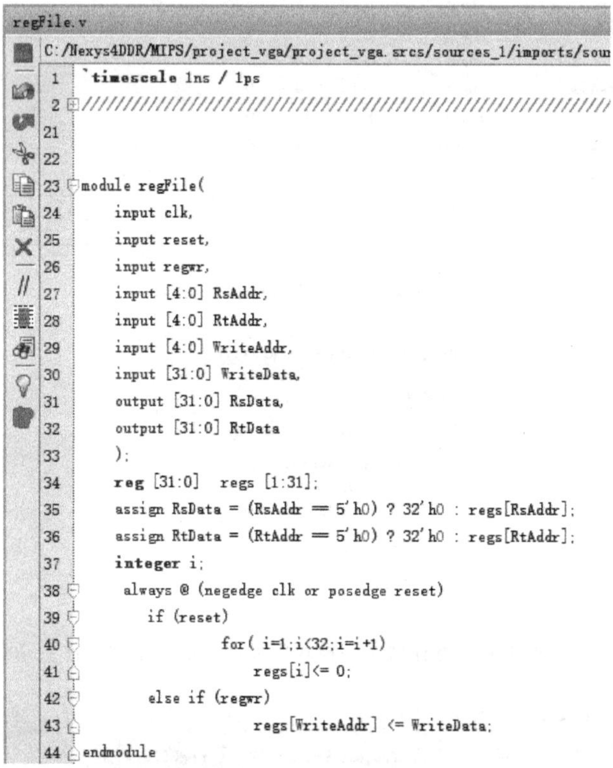

图 6-88   同步写入方式完整的寄存器文件模块 Verilog 代码

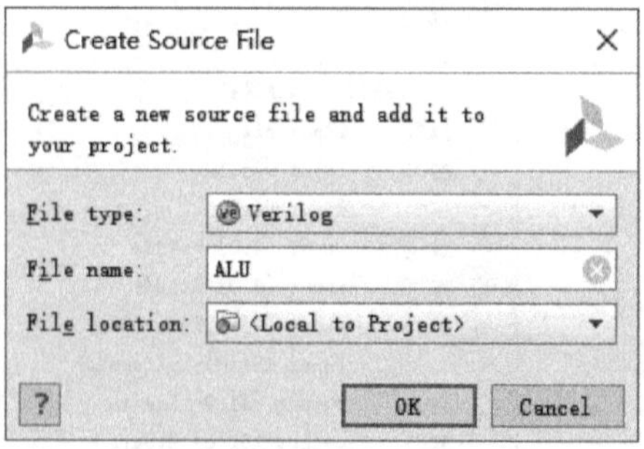

图 6-89   ALU 模块文件名

图 6-90 ALU 模块的输入/输出引脚和模块名定义   图 6-91 Vivado 生成的 ALU 模块定义

其他模块读者自行仿照以上流程完成代码编写,下面给出剩余模块的 Verilog 代码示例。

3. 主控制器模块

主控制器 Verilog 代码如图 6-93 所示,定义了一个 9 位寄存器型变量,并将该寄存器型变量的各位对应输出到各个控制信号。功能主体部分根据输入指令操作码分别形成相应控制信号。

图 6-92 插入功能描述之后的 ALU 模块代码   图 6-93 主控制器模块 Verilog 代码示例

4. ALU 控制器模块

ALU 控制器接收来自主控制器的 ALUop[1:0]以及指令功能码，依据表 6-2 译码产生 ALU 运算模块控制信号。一个 Verilog 代码示例如图 6-94 所示。

```
module aluctr(
    input [1:0] ALUop,
    input [5:0] func,
    output reg [3:0] ALUctr
    );
    always @(ALUop or func)
    casex({ALUop, func})
        8'b00xxxxxx: ALUctr=4'b0010; //lw, sw
        8'b01xxxxxx: ALUctr=4'b0110; //beq
        8'b10xx0000: ALUctr=4'b0010; //add
        8'b10xx0010: ALUctr=4'b0110; //sub
        8'b10xx0100: ALUctr=4'b0000; //and
        8'b10xx0101: ALUctr=4'b0001; //or
        8'b10xx1010: ALUctr=4'b0111; //slt
        default : ALUctr=4'b0000;
        endcase
endmodule
```

图 6-94　ALU 控制器 Verilog 代码示例

若在其他编辑工具中编写好了 Verilog 代码，且已保存为文件，可以直接将代码添加并复制到 Vivado 工程中。假设图 6-93、图 6-94 所示代码已经编辑好，并已分别保存为文件 mainctr.v、aluctr.v。那么就可以按照图 6-77～图 6-79 进入添加文件过程。此时在图 6-79 中单击 Add Files 按钮，进入如图 6-95 所示窗口。

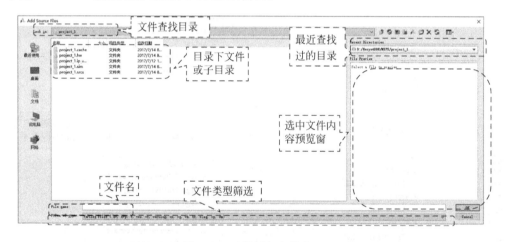

图 6-95　选择添加文件窗口

将文件查找目录定位到 mainctr.v、aluctr.v 的存储目录，如图 6-96 所示，选中这两个文件，并单击 OK 按钮，可以看到新加入两个源文件，如图 6-97 所示。若希望将这两个文件复制到项目的目录下，则选中 Copy sources into project 复选框，这些文件之后所做修改就是对复制目录下文件副本的修改，而不是对原始目录下文件的修改；若希望直接修改原始目录下的文件，则不选中 Copy sources into project 复选框。之后单击图 6-97 中的 Finish 按钮，就可以在项目源文件列表窗口看到新加入的两个源文件，如图 6-98 所示。

图 6-96　定位 mainctr.v、aluctr.v 文件存储路径并选中

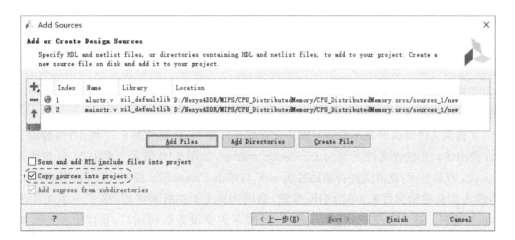

图 6-97　源文件列表信息以及是否复制副本选项

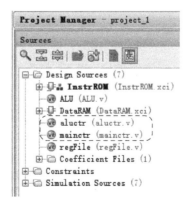

图 6-98　添加之后的源文件列表

6.3.5　模块功能仿真

功能仿真是验证逻辑代码编写是否正确的基础。MIPS 微处理器由多个模块构成，是一个相对较大的工程。采用分层次分模块设计，要求子模块集成前，先仿真验证各个子模块功能是否正确。由于各模块仿真方法和步骤基本相同，本书仅选择寄存器文件模块作为仿真验证示例，其余模块请读者自行按照该过程完成功能验证。

仿真过程通常包含以下几个步骤：

（1）明确被仿真模块需验证的功能。

（2）产生被仿真模块各个功能验证需要的输入信号，即编写仿真激励文件。

（3）运行仿真过程，观察仿真波形，核对各个功能的正确性。

下面结合寄存器文件模块阐述各个具体步骤。

1. 寄存器模块功能分析

寄存器文件模块仿真要求验证以下功能：

（1）正确复位各个寄存器值。

（2）在寄存器信号写有效的情况下，时钟信号下降沿数据能写入指定寄存器。

（3）任何时候只要输入 R_s、R_t 寄存器地址，这两个寄存器的数据就自动出现在各自对应的数据输出端。

2. 寄存器模块仿真激励文件

建立仿真文件模板的基本步骤与建立设计源文件类似，即按照图 6-77 所示，添加源文件，之后在弹出窗口中选择文件类型为 simulation sources，如图 6-99 所示。单击 Next 按钮，进入如图 6-100 所示界面，此时文件存储路径为 sim_1，单击 Create File 按钮，进入如图 6-101 所示窗口，输入仿真激励文件名，单击 OK 按钮，返回到图 6-100 所示界面，多了一个文件项，单击 Finish 按钮。进入如图 6-102 所示窗口，此时不需要设置任何端口，直接单击 OK 按钮，可生成如图 6-103 所示源文件列表，即在仿真源文件目录下多了一个文件，打开该文件可得到如图 6-104 所示的代码。

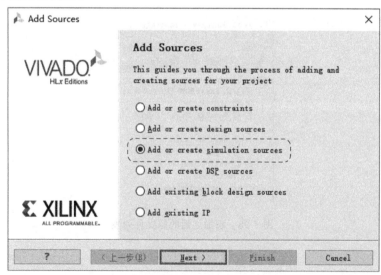

图 6-99　选择添加仿真源文件选项

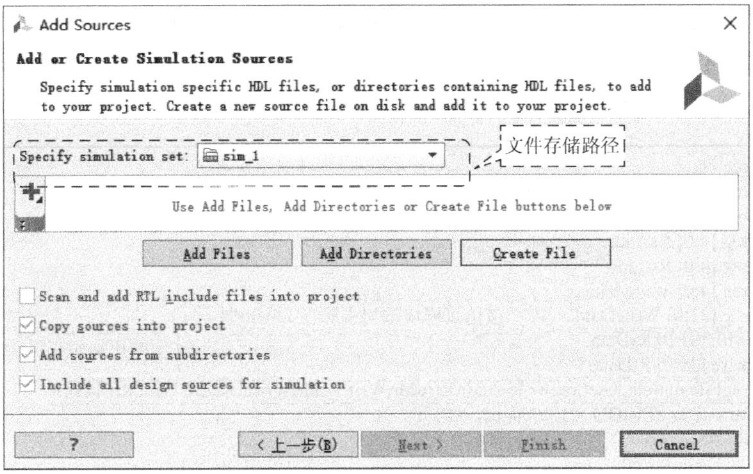

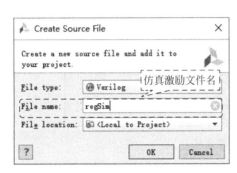

图 6-100　添加仿真源文件

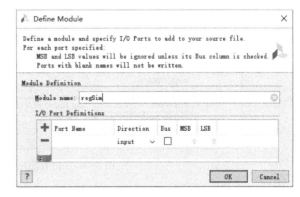

图 6-101　设置仿真文件名

图 6-102　仿真源文件端口设置

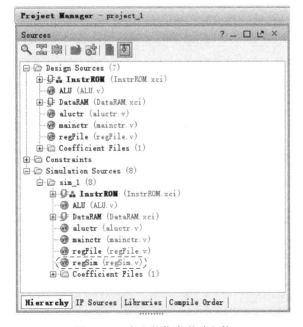

图 6-103　产生的仿真激励文件

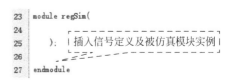

图 6-104　产生的仿真激励文件模板

被仿真模块输入引脚在仿真文件中都定义为 reg 型变量，输出引脚定义为 wire 型变量。被仿真模块作为仿真模块的子模块实例化，因此 regSim 模块需插入如图 6-105 所示代码，插入结果如图 6-106 所示。

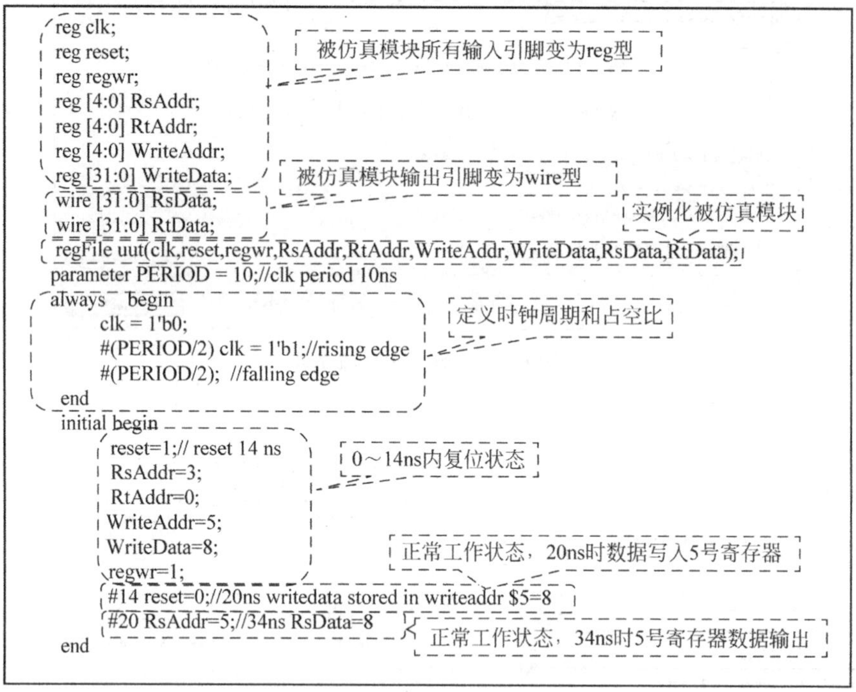

```
reg clk;
reg reset;                          被仿真模块所有输入引脚变为reg型
reg regwr;
reg [4:0] RsAddr;
reg [4:0] RtAddr;
reg [4:0] WriteAddr;
reg [31:0] WriteData;               被仿真模块输出引脚变为wire型
wire [31:0] RsData;
wire [31:0] RtData;                               实例化被仿真模块
regFile uut(clk,reset,regwr,RsAddr,RtAddr,WriteAddr,WriteData,RsData,RtData);
parameter PERIOD = 10;//clk period 10ns
always  begin                           定义时钟周期和占空比
    clk = 1'b0;
    #(PERIOD/2) clk = 1'b1;//rising edge
    #(PERIOD/2);  //falling edge
end
initial begin
    reset=1;// reset 14 ns            0~14ns内复位状态
    RsAddr=3;
    RtAddr=0;
    WriteAddr=5;
    WriteData=8;                    正常工作状态，20ns时数据写入5号寄存器
    regwr=1;
    #14 reset=0;//20ns writedata stored in writeaddr $5=8
    #20 RsAddr=5;//34ns RsData 8
end                                正常工作状态，34ns时5号寄存器数据输出
```

图 6-105　仿真激励文件功能定义

```
23  module regSim(
24      );
25      reg clk;
26      reg reset;
27      reg regwr;
28      reg [4:0] RsAddr;
29      reg [4:0] RtAddr;
30      reg [4:0] WriteAddr;
31      reg [31:0] WriteData;
32      wire [31:0] RsData;
33      wire [31:0] RtData;
34      regFile uut(clk,reset,regwr, RsAddr, RtAddr, WriteAddr, WriteData, RsData, RtData);
35      parameter PERIOD = 10;//clk period 10ns
36      always begin
37          clk = 1'b0;
38          #(PERIOD/2) clk = 1'b1;//rising edge
39          #(PERIOD/2);  //falling edge
40      end
41      initial begin
42          reset=1;// reset 14 ns
43          RsAddr=3;
44          RtAddr=0;
45          WriteAddr=5;
46          WriteData=8;
47          regwr=1;
48          #14 reset=0;//20ns writedata stored in writeaddr $5=8
49          #20 RsAddr=5;//34ns RsData=8
50      end
51  endmodule
```

图 6-106　完整 regSim 仿真激励文件

3. 寄存器文件模块仿真验证过程

仿真激励文件输入完成之后保存,此时在项目源文件窗口选中该文件,并在工作流窗口单击 Simulation Settings,如图 6-107 所示。这时弹出如图 6-108 所示仿真设置窗口,选择

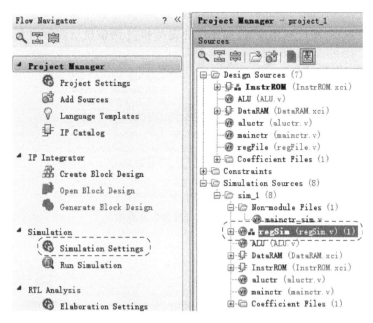

图 6-107　仿真相关工作流菜单

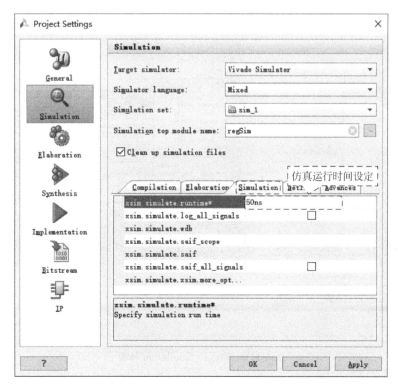

图 6-108　寄存器文件模块仿真运行时长设定为 50ns

Simulation 页,在仿真时长设置中,设定仿真运行时长为 50ns,即 5 个时钟周期,设置完成之后单击 OK 按钮。然后再单击图 6-107 中的 Run Simulation 及弹出菜单中的 Run Behavioral Simulation,如图 6-109 所示。这时启动 Vivado Simulation 仿真过程,如图 6-110 所示。该过程结束之后进入 Vivado Simulation 图形用户界面,界面各个部分功能如图 6-111 所示。若波形显示不便观察,则可利用放大、缩小快捷键🔍和🔍调整显示波形的大小。

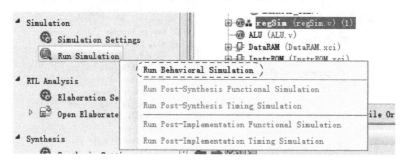

图 6-109　运行行为仿真菜单

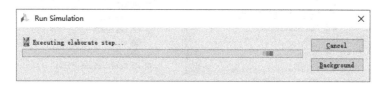

图 6-110　启动 Vivado Simulation 过程

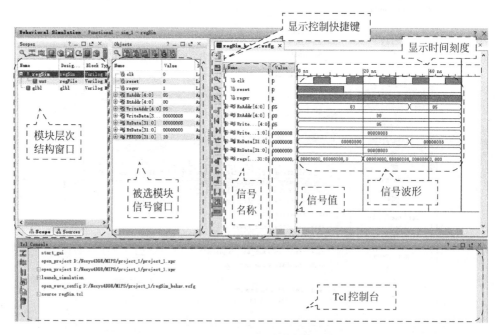

图 6-111　Vivado Simulation 界面

根据图 6-106 仿真激励设置以及图 6-88 寄存器文件模块设计,仿真期望的结果是:第一个时钟周期所有寄存器复位为 0,第二个时钟周期结束时(下降沿)写入数据 8 到 5 号寄存器,0~33ns R_s 寄存器 3 读出的值 RsData 都为 0,34ns 时 R_s 寄存器 5 读出的值 RsData 为 8,第 1~5 个时钟周期 R_t 寄存器 0 的值 RtData 一直为 0。

　　下面观察仿真器实际输出波形是否与预期一致。首先将光标移动到 14ns 处,在此之前 reset 一直为有效电平——高电平,regs 的值都为 0,如图 6-112 所示,符合复位功能要求。当 reset 信号无效后,由于 regwr 信号有效,此时 WriteData 数据在时钟下降沿写入 WriteAddr 编号寄存器,即在 20ns 时数据 8 写入 5 号寄存器,如图 6-113 所示,符合同步写入功能要求。寄存器数据为异步输出,与时钟无关,因此寄存器输入地址一旦发生变化,相应数据直接输出。34ns 之前 RsAddr 的值为 3 不变,因此输出 3 号寄存器的值 0;34ns 之后 RsAddr 的值变为 5,且 5 号寄存器的值在此之前被修改为 8,因此 RsData 直接输出 8,而 RtData 一直为 0,如图 6-114 所示。

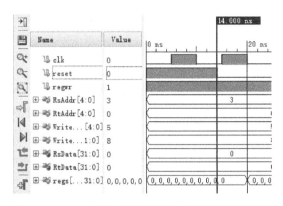

图 6-112　reset 高电平时,所有寄存器的值都被复位

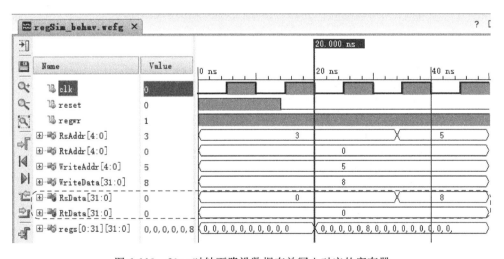

图 6-113　20ns 时钟下降沿数据有效写入对应的寄存器

　　这里验证了寄存器模块同步复位、同步写入和异步输出三个方面的功能特点,满足了功能验证完备性的要求。若修改激励文件,还可以看到更多类似变化过程。其他模块的仿真,读者可自行仿照该过程完成,本书不再赘述。

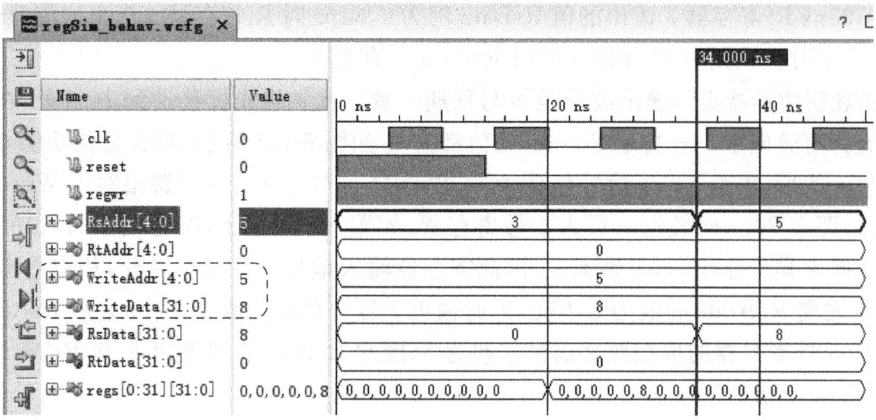

图 6-114　寄存器数据异步输出

6.3.6 顶层模块

顶层模块除了实例化指令存储器、数据存储器、寄存器文件、主控制器、ALU 运算器以及 ALU 控制器之外，还需实现符号数扩展、指令寄存器、顺序程序执行、条件跳转和无条件跳转执行等地址加法器以及 5 个数据复用器。顶层模块输入信号为时钟和复位信号。由于仅支持简单指令集，无任何输出信号。顶层模块实现示例如图 6-115 所示，该示例 ROM 模

```
module top( input clk, input reset );
    reg [31:0] PC;                                    指令指针寄存器
    wire J,B,Bzero,zero,M2R,memwr,Imm,regwr,RtDst;    顶层模块信号线定义
    wire[1:0] ALUop;
    wire[3:0] ALUctr;
    wire[31:0] NewPC,JMPPC,BranPC,Imm32L2,Imm32,NotJMPPC,TempPC;
    wire[31:0] Instr,WriteData,DataOut,Res,RsData,RtData,in2;
    wire[4:0] WriteAddr;
    assign Imm32 = {{16{Instr[15]}},Instr[15:0]};//sign extend   符号数扩展
    assign WriteAddr = RtDst?Instr[15:11]:Instr[20:16];          复用器1
    assign in2 = Imm?Imm32:RtData;                               复用器2
    assign WriteData = M2R?DataOut:Res;                          复用器3
    assign NotJMPPC = Bzero?BranPC:NewPC;                        复用器4
    assign TempPC = J?JMPPC:NotJMPPC;                            复用器5
    assign Bzero = B&zero;                                       条件跳转是否成立
    assign Imm32L2 = Imm32 << 2;                                 偏移地址形成
    assign JMPPC = {NewPC[31:28],Instr[25:0],2'b00};             无条件跳转地址
    assign BranPC = NewPC+Imm32L2;                               条件跳转地址
    assign NewPC = PC + 4;                                       顺序执行地址
    always @(posedge clk)
            if(!reset)
                PC = TempPC;                                     指令指针赋值
            else
                PC = 32'b0;
    mainctr mainctr1(Instr[31:26],ALUop,RtDst,regwr,Imm,memwr,B,J,M2R);   实例化子模块
    ALU alu(RsData,in2,ALUctr,Res,zero);
    aluctr aluctr1(.ALUop(ALUop),.func(Instr[5:0]),.ALUctr(ALUctr));
    DataRAM dram (.a(Res[7:2]),.d(RtData), .clk(!clk),.we(memwr),.spo(DataOut) );
    InstrROM irom (.a(PC[8:2]), .spo(Instr));                    异步ROM
    regFile regfile (clk, reset, regwr,Instr[25:21], Instr[20:16],
                        WriteAddr, WriteData, RsData, RtData );
endmodule
```

图 6-115　顶层模块 Verilog 代码示例

块采用异步输出,RAM 同步输出,异步写入。图 6-115 中也阐述了各部分代码的功能。该实现方案中有三个部分用到了时钟信号:指令指针赋值,寄存器文件写入数据,数据存储器输出数据。其中,指令指针赋值与时钟上升沿同步,而寄存器文件数据写入以及数据存储器数据输出/输入与时钟下降沿同步。也就是说,指令存储器是在时钟上升沿输出指令,运算结果写入寄存器文件和数据存储器都在时钟下降沿。

6.3.7 RTL 分析

完成设计输入之后,可以利用工具流窗口的 RTL 分析工具分析 RTL 电路原理图。单击如图 6-116 所示 RTL Analysis 下的 Schematic,打开如图 6-117 所示 RTL 层级电路原理图窗口,可通过放大/缩小快捷键查看详细的电路原理图。根据设计源码得到的 MIPS 微处理器 RTL 电路原理图如图 6-118 所示。

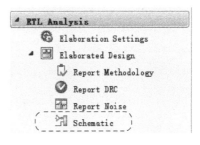

图 6-116 查看 RTL 电路原理图菜单

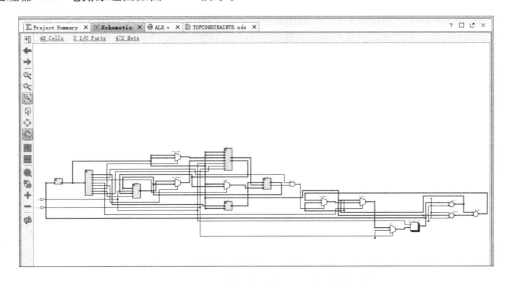

图 6-117 RTL 分析得到的 RTL 电路原理图

6.3.8 引脚约束

打开 RTL 电路原理图,可以在视图选择快捷键下选择 I/O Planning 布局视图,如图 6-119 所示,这时在工作区打开 FPGA 封装引脚窗口,如图 6-120 所示,并在脚本区打开设计输入/输出引脚窗口,如图 6-121 所示,以便用户配置设计输入/输出引脚与 FPGA 芯片引脚对应关系。

Nexys4 和 Nexys4 DDR 开发板都采用同样的引脚作为时钟信号和复位引脚,时钟信号对应的 FPGA 引脚为 E3,复位信号对应引脚为 C12,且都采用 CMOS3.3 逻辑电平。因此需要将 I/O 引脚中的 I/O Std 设置为 LVCMOS33,clk 引脚的 Package Pin 设置为 E3,reset 引脚的 Package Pin 设置为 C12。设置结果如图 6-122 所示。设置完之后单击"保存"快捷键,如图 6-123 所示,弹出文件保存窗口,如图 6-124 所示,此处需输入引脚约束文件名,之后单击 OK 按钮保存。这时源文件列表窗口中的 Constraints 类型文件下出现一个 top.xdc 文件,如图 6-125 所示,双击该文件可得到如图 6-126 所示的引脚约束文件。

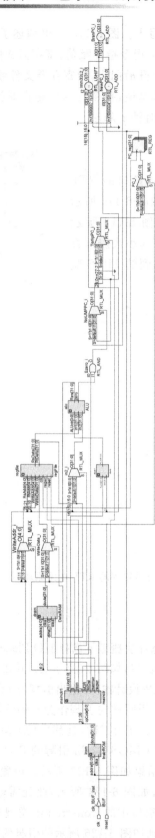

图 6-118　RTL 分析后的 MIPS 微处理器 RTL 电路原理图

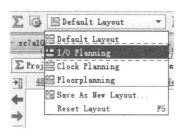

图 6-119　工作窗口布局选项

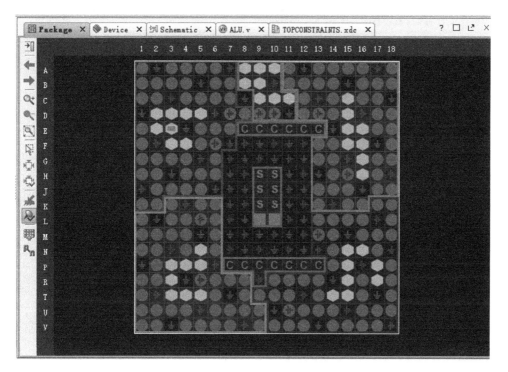

图 6-120　FPGA 封装引脚显示窗口

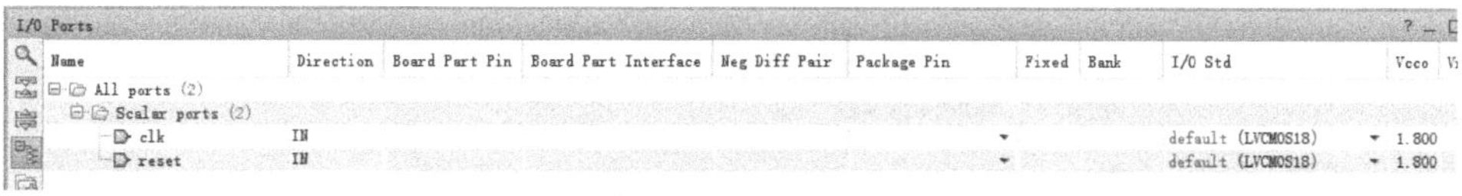

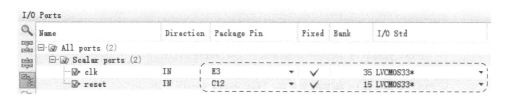

图 6-121　设计对应输入/输出引脚窗口

Name	Direction	Package Pin	Fixed	Bank	I/O Std
⊟ ☑ All ports (2)					
⊟ ☑ Scalar ports (2)					
☑ clk	IN	E3 ▾	✓	35	LVCMOS33* ▾
☑ reset	IN	C12 ▾	✓	15	LVCMOS33* ▾

图 6-122　时钟、复位 IO 引脚设置结果

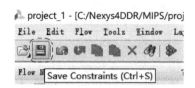

图 6-123　保存引脚约束

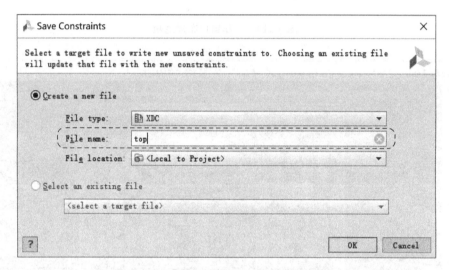

图 6-124　输入约束文件名和保存路径

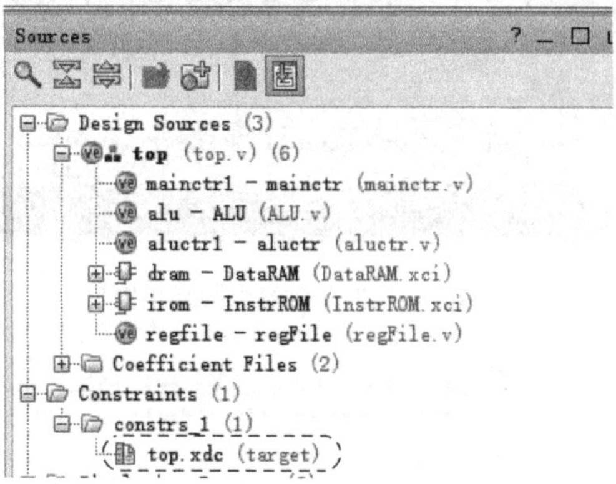

图 6-125　新生成的约束文件

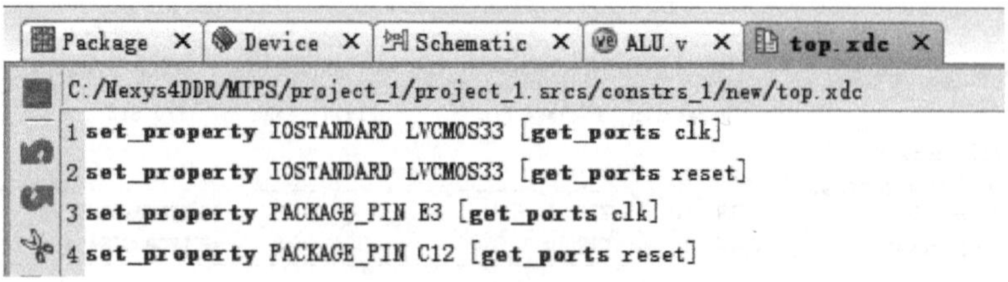

图 6-126　生成的引脚约束文件

需要注意的是：Nexys4 和 Nexys4 DDR 开发板复位按键电路如图 6-127 所示，这说明 C12 平时为高电平，按下按键时为低电平，因此复位信号的有效电平需为低电平。

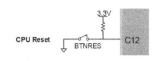

图 6-127　Nexys4、Nexys4 DDR 开发板复位按键电路

设计输入时，Verilog 代码将复位信号有效电平定义为高电平。实现时，需修改这部分设计代码。修改方法有两种：①将所有与复位信号有关的代码修改为低电平有效；②直接在顶层模块增加一个非门，将外部复位信号取反之后，再连接到内部复位信号上。如定义 top 模块的外部复位信号为 reset_ext，内部再重新定义 wire 类型信号 reset，并且用赋值语句 assign reset＝～reset_ext；改变复位信号的电平。由于此时没有下载编程 FPGA 芯片，因此可以暂时不修改代码。

6.3.9　整体仿真

整体仿真激励文件仅需提供时钟信号和复位信号，并且把顶层模块实例化为该仿真激励模块的子模块即可。仿真激励文件 Verilog 代码如图 6-128 所示。它产生周期为 10ns 的时钟信号，且一开始复位指令指针和寄存器文件。由于 MIPS 微处理器采用与时钟上升沿同步的同步复位方式，复位时间必须大于半个时钟周期。之后微处理器在时钟信号作用下，按照指令存储器输出的机器码开始工作。

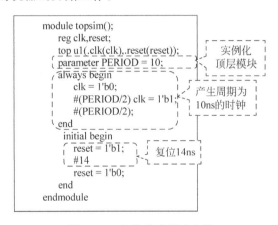

图 6-128　整体仿真激励文件

根据各个模块的初始值以及机器指令功能分析可知，各条指令的执行结果与指令之间的对应关系应如图 6-129 所示。

下面阐述具体仿真过程。

先将整体仿真激励文件加入项目中，加入过程与寄存器文件仿真激励文件加入过程类似。此时项目中具有多个仿真激励文件，如图 6-130 所示，因此仿真之前需要设置顶层仿真激励文件。设置方法为：选中整体仿真激励文件 topsim.v，如图 6-131 所示，右击，在弹出的快捷菜单中选择 set as Top 命令，如图 6-132 所示，设置结束之后源文件列表窗口如图 6-133 所示，topsim.v 文件左侧出现图标 ■■ 。

如图 6-109 所示，先单击工作流窗口中的 Run Simulation 弹出菜单中的 Run Behavioral Simulation，进入仿真界面，如图 6-134 所示，此时看不到任何波形。

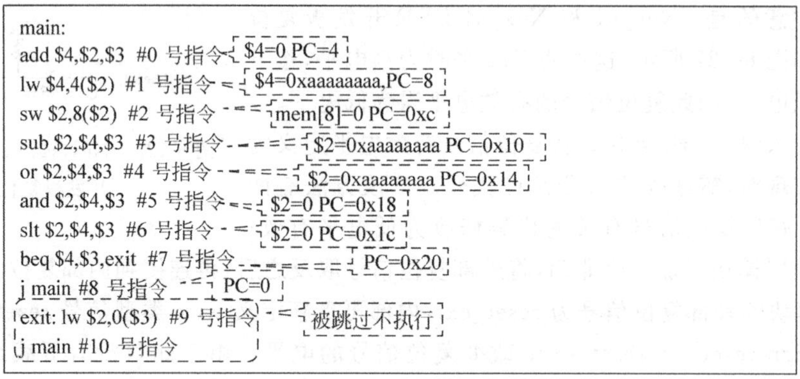

```
main:
add $4,$2,$3   #0 号指令  $4=0 PC=4
lw $4,4($2)   #1 号指令  $4=0xaaaaaaaa,PC=8
sw $2,8($2)   #2 号指令  mem[8]=0 PC=0xc
sub $2,$4,$3   #3 号指令  $2=0xaaaaaaaa PC=0x10
or $2,$4,$3   #4 号指令  $2=0xaaaaaaaa PC=0x14
and $2,$4,$3   #5 号指令  $2=0 PC=0x18
slt $2,$4,$3   #6 号指令  $2=0 PC=0x1c
beq $4,$3,exit  #7 号指令  PC=0x20
j main  #8 号指令  PC=0
exit: lw $2,0($3)  #9 号指令  被跳过不执行
j main  #10 号指令
```

图 6-129　首次执行各条指令的预期结果

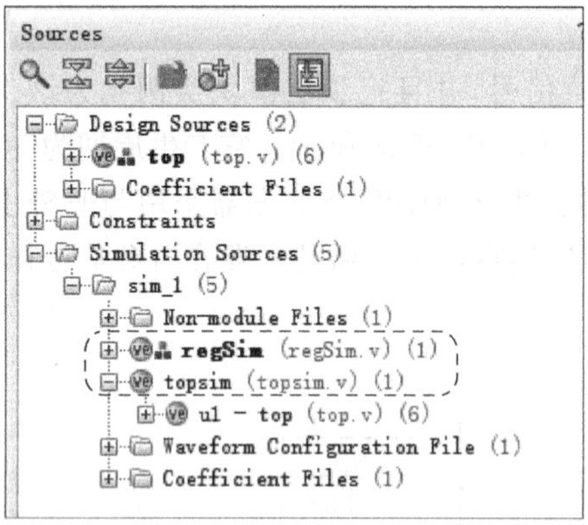

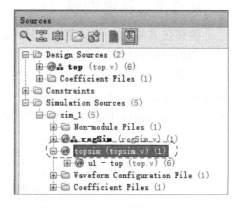

图 6-130　加入整体仿真激励文件之后的源文件列表　　　图 6-131　选中整体仿真激励文件

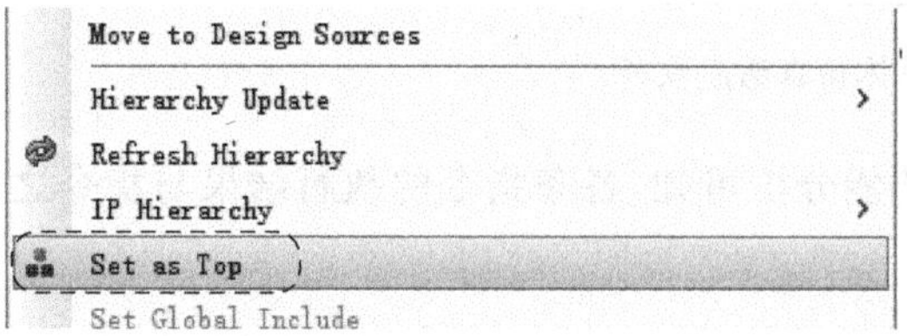

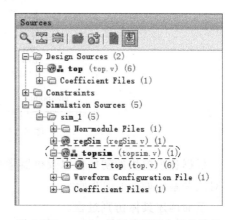

图 6-132　弹出菜单设置为顶层　　　图 6-133　topsim 设置为顶层之后的效果

图 6-134　整体仿真首次进入的界面

选择需要观察的信号到波形显示窗口。添加信号步骤如下：

（1）在模块窗口选择实例化的模块名称 u1，如图 6-135 所示，此时信号列表窗口列出了
u1 模块（即顶层模块）的所有信号。

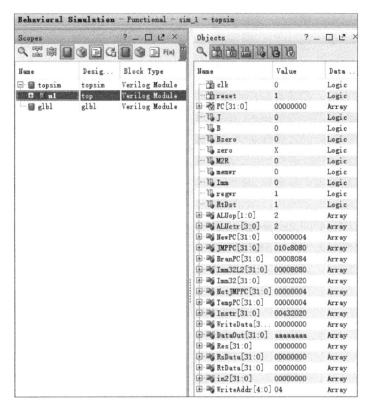

图 6-135　u1 模块的信号

（2）选择信号列表窗口中需要观察的信号，右击，在弹出的菜单中选择 Add to Wave
Window，如图 6-136 所示。这时直接产生一个新波形配置文件，并仿真运行到 Simulation
Setting 设定的时长，此处为 12ns，如图 6-137 所示。从波形图可以看出，PC 在时钟信号上
升沿，reset 信号作用下，复位为 0。复位之前，微处理器所有信号都为不确定状态。

（3）选中子模块 regFile 模块内部存储单元 regs，并右击选择添加到波形显示窗口，如
图 6-138 所示。然后依次单击复位 Simulation 快捷键，运行指定时长快捷键，得到如图 6-139
所示波形。可见 regs 的值一开始就被复位（clk 下降沿）。

按照同样方法可将 DataRAM 中的 RAM_DATA 添加到波形显示窗口，如图 6-140
所示。

（4）为方便重点观察某个对象，可以在波形显示窗口选中部分不需观察的信号，右击，
在弹出的菜单中选择 Delete 命令，将它们从波形图中删除，如图 6-141 所示。之后再次单击
运行指定时长 10ns，得到如图 6-142 所示波形。从波形图可以看出：经过两个时钟周期之
后，运行了两条指令，第二条指令将数据存储器中地址为 0x4 的数据 0xaaaaaaaa 写入 $4 寄
存器。且时钟下降沿数据写入寄存器，时钟上升沿指令读出。按照同样方法，依次观察逐条
指令执行结果分别如图 6-143～图 6-149 所示。

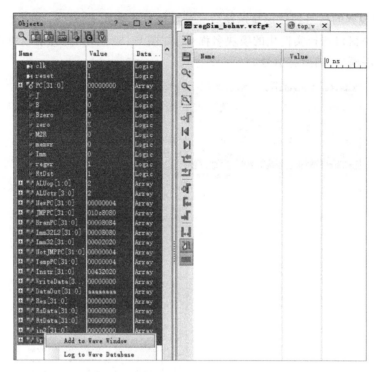

图 6-136 选择需观察的信号并添加到波形窗口

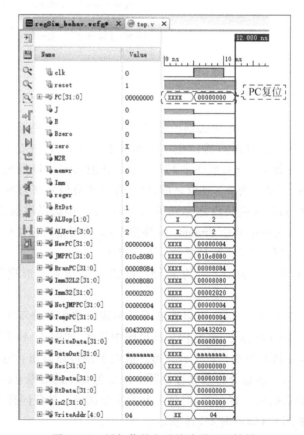

图 6-137 添加信号之后的波形显示结果

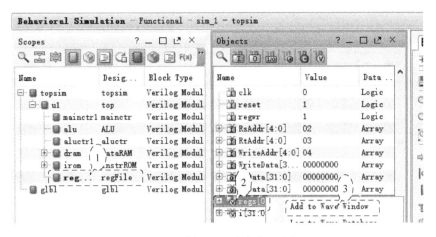

图 6-138　添加 regs 到波形显示窗口

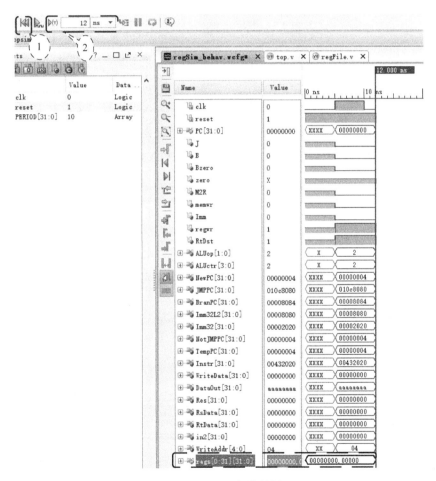

图 6-139　regs 复位效果

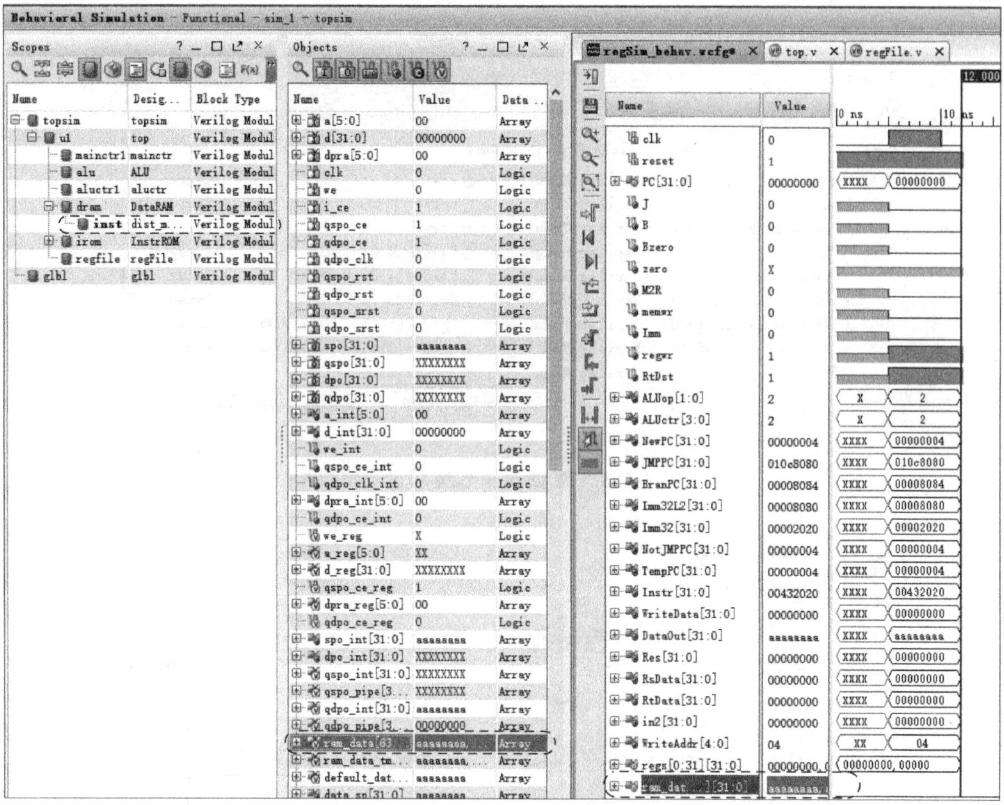

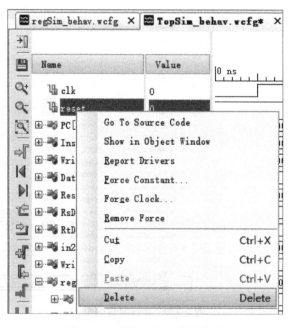

图 6-140　添加 DataRAM 中的 RAM_DATA 到波形显示窗口

图 6-141　删除不需观察的信号

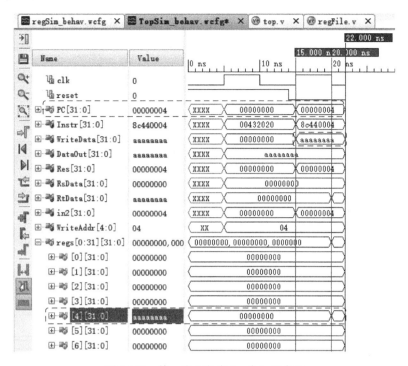

图 6-142　第一次运行完 lw $4,4($2)

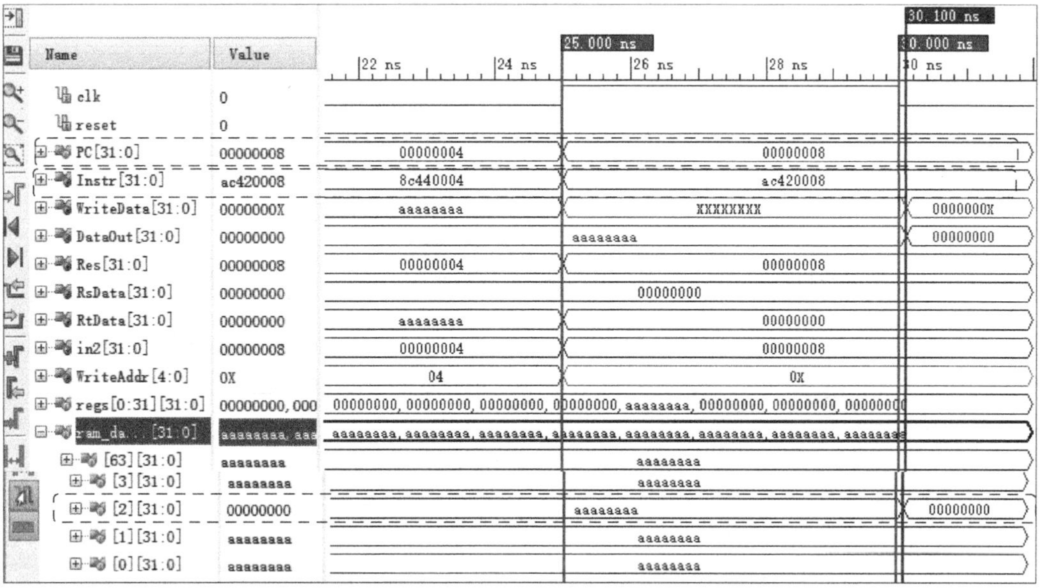

图 6-143　执行完 sw $2,8($2)之后的波形,地址为 2 的存储字修改为 0

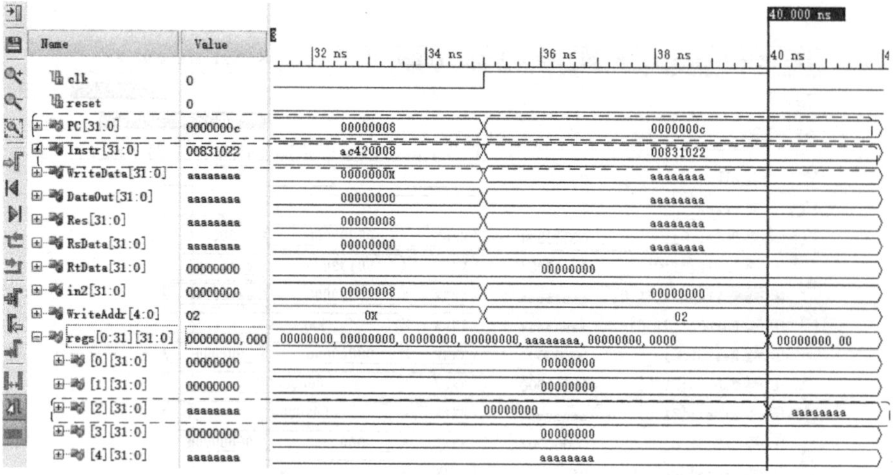

图 6-144　执行完 sub $2,$4,$3 之后的波形，$2＝$4＝0xaaaaaaaa

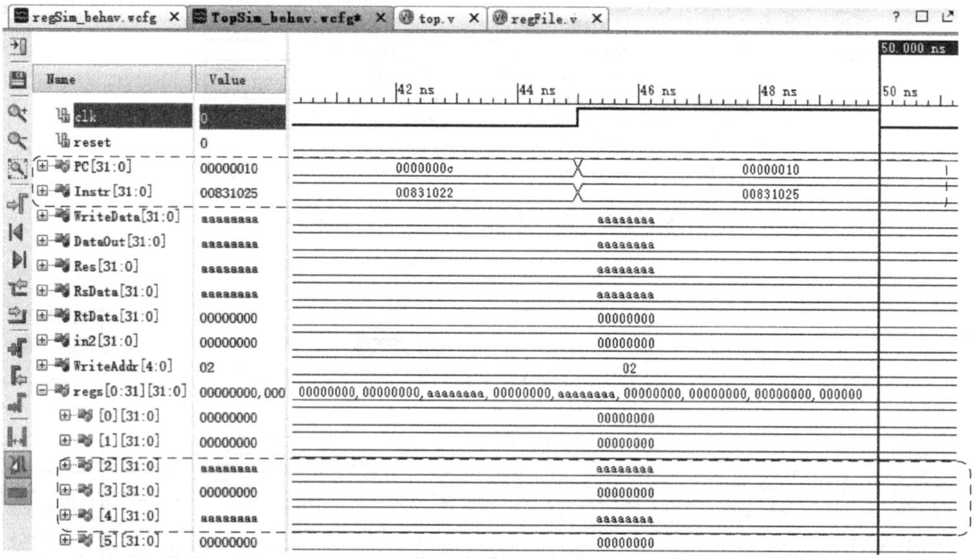

图 6-145　执行完 or $2,$4,$3 之后的波形，$2＝$4＝0xaaaaaaaa

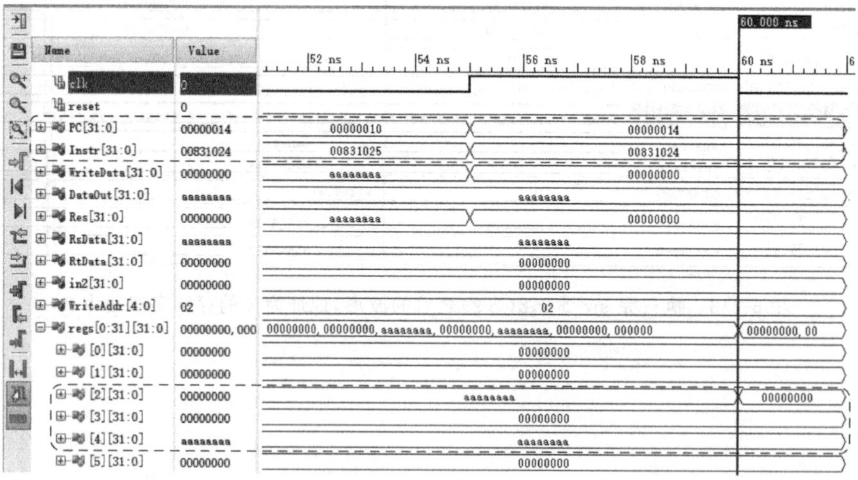

图 6-146　执行完 and $2,$4,$3 之后的波形，$2再次变为0

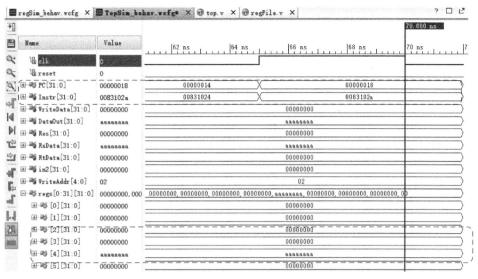

图 6-147 执行完 slt $2,$4,$3 之后的波形,$2 仍然为 0

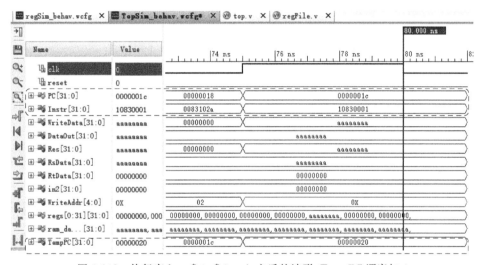

图 6-148 执行完 beq $4,$3,exit 之后的波形,TempPC 顺序加 4

图 6-149 执行完 j main 之后的波形,TempPC 变为 0

之后微处理器将仍然按照此过程周而复始地循环执行下去，如图 6-150 所示。

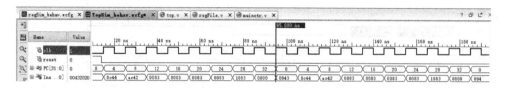

图 6-150　MIPS 微处理器循环执行波形

beq 指令执行有两种情况，本仿真仅验证了一种情况。若验证条件成立的跳转情况，则可以将汇编语言程序修改为如图 6-151 所示，仿真波形图如图 6-152 所示，两条 beq 指令都被执行，即两种分支都执行。具体原因请读者自行分析。

```
main:
add $4,$2,$3
lw $4,4($2)
sw $2,8($2)
sub $2,$4,$3
or $2,$4,$3
and $2,$4,$3
slt $2,$4,$3
beq $4,$3,exit
beq $3,$5,exit
inequ: lw $2,0($3)
exit: j main
```

图 6-151　两分支执行测试汇编程序

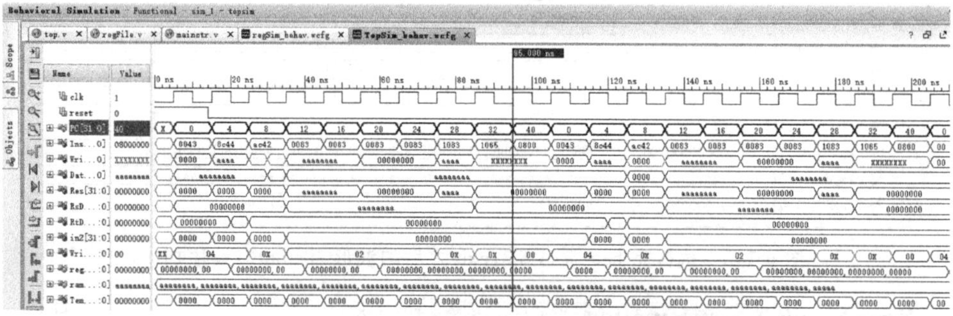

图 6-152　两分支执行仿真波形

6.3.10　MIPS 微处理器综合

综合过程如图 6-153 所示。单击工作流窗口中的 Run Synthesis，之后弹出综合对象路径以及运行线程数设置窗口，如图 6-154 所示，采用默认设置，直接单击 OK 按钮。之后在脚本窗口可以看到综合运行状态指示如图 6-155 所示，同时在工作窗口右上方也有进度指示条，如图 6-156 所示。综合过程由 Vivado 自动完成，

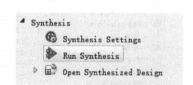

图 6-153　工作流窗口综合菜单

完成之后弹出如图 6-157 所示窗口。若继续实现，则单击 OK 按钮；若不继续实现，则单击 Cancel 按钮。用户可以查看综合结果，选择 Synthesis → Open Synthesized Design → Schematic，如图 6-158 所示。此时在工作区窗口打开 MIPS 微处理器 RTL 电路原理图，如图 6-159 所示，读者可根据此 RTL 电路原理图检验综合结果是否满足设计要求。

图 6-154　综合设置窗口

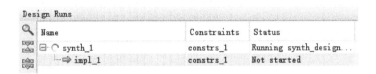

图 6-155　综合工作状态

图 6-156　综合状态指示状态条

图 6-157　综合结束后的窗口

图 6-158　查看综合结果菜单

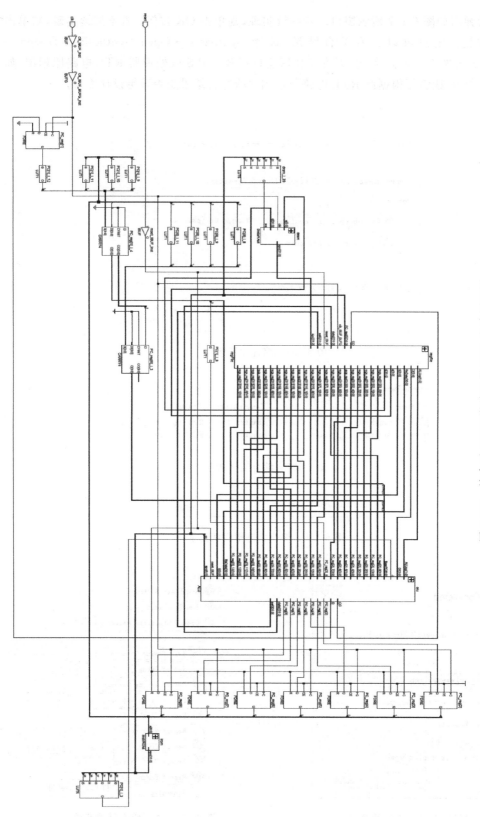

图 6-159 综合后 MIPS 微处理器 RTL 电路原理图

由于该 MIPS 微处理器没有设计与外界交互的输入/输出接口,因此即使生成可编程 FPGA 芯片的比特流文件(*.bit),并对 FPGA 芯片编程,读者不能通过实验板看到任何现象。因此,若需观察设计的 MIPS 处理器硬件电路实际工作情况,可在设计中插入 debug IP 核,通过 debug 观察 MIPS 微处理器的执行情况。

6.3.11　debug IP 核插入

综合完成后,若单击图 6-158 中的菜单 Open Synthesized Design(打开综合完成的设计),Vivado 将打开生成的网表和电路原理图,如图 6-160 所示。网表元件列表窗口显示设计相关的模块和元件,单击模块名旁边的＋号,可以看到各模块内的元件。

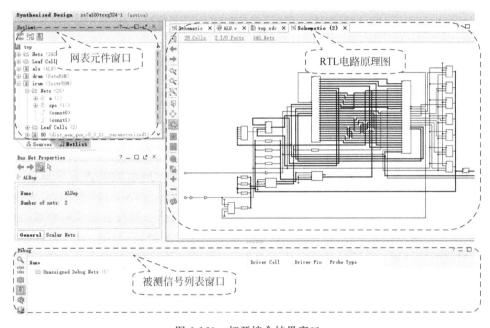

图 6-160　打开综合结果窗口

插入 debug IP 核监测某些内部信号的变化,只需在网表元件窗口选中需观察的信号,右击,在弹出的快捷菜单中选择 Mark Debug 命令,如图 6-161 所示。这时被测信号列表窗口添加了被测信号,如图 6-162 所示。添加 irom 的 spo 信号到被测信号中,如图 6-163 所示。

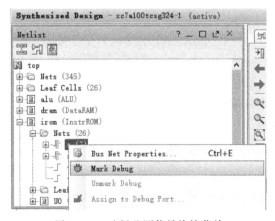

图 6-161　选择监测信号快捷菜单

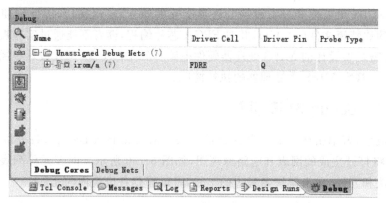

图 6-162　指令存储器地址作为监测信号

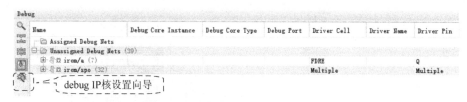

图 6-163　指令存储器指令作为监测信号

单击图 6-163 中 debug IP 核插入向导，弹出如图 6-164 所示的设置引导窗口。单击 Next 按钮，自动将标记为 debug 的信号加入到监测信号列表，如图 6-165 所示，此时也可以单击 Find Nets to Add 按钮新添加监测信号。本设计中部分引脚没有定义时钟域，显示为红色，选择红色提示部分并右击，在弹出的快捷菜单中选择时钟域，如图 6-166 所示，根据设计选择对应的时钟域。本设计只有一个时钟源，直接选择该时钟，如图 6-167 所示，选择好时钟之后，监测信号列表窗如图 6-168 所示。若不需添加监测信号，则直接单击 Next 按钮进入采集深度等设置界面，如图 6-169 所示，根据需要进行配置。再次单击 Next 按钮，进入设置总结页面，如图 6-170 所示，单击 Finish 按钮。

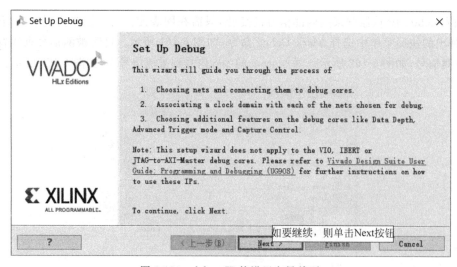

图 6-164　debug IP 核设置向导首页

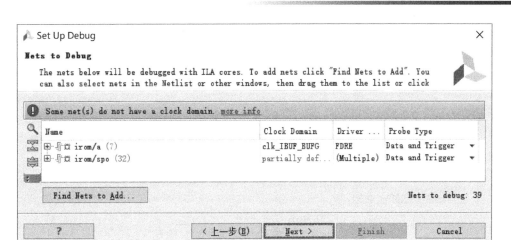

图 6-165 添加测试信号

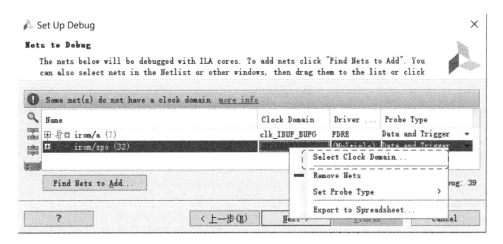

图 6-166 设定时钟域快捷菜单

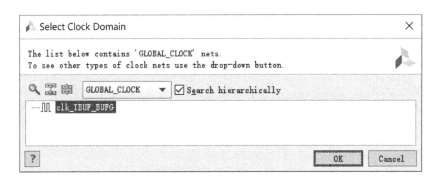

图 6-167 选择时钟域

此时可以看到打开的综合网表元件列表窗口新增加了两个 IP 核,RTL 电路原理图窗口中被监测的信号变为虚线,同时在测试窗口中也显示了添加的 debug 核,一个是测试集成 IP 核(debug_hub),另一个是集成逻辑分析 IP 核(ila),并且被测信号都已经连接到 ILA IP 核的触发和数据引脚上,如图 6-171 所示。

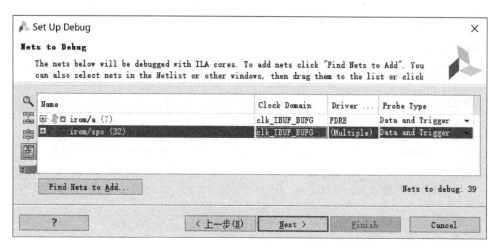

图 6-168　设定好时钟域的监测信号列表

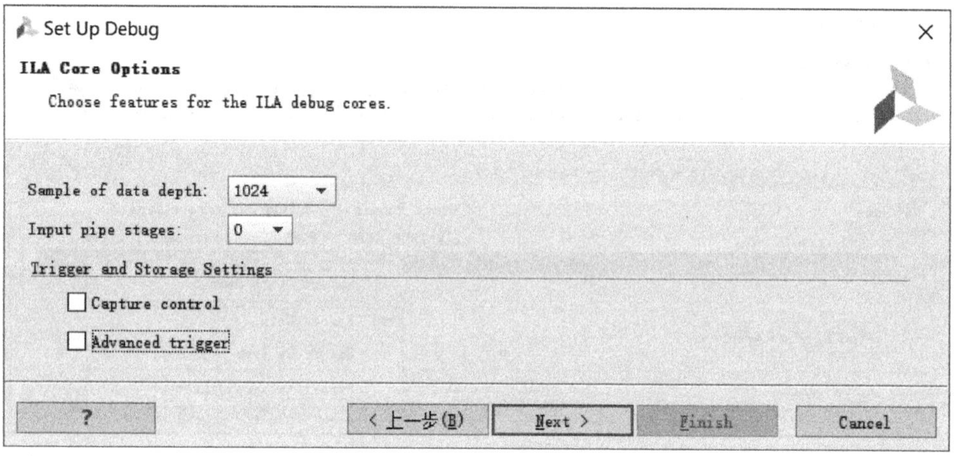

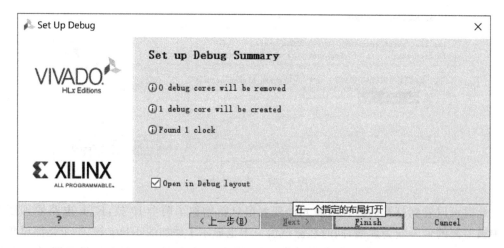

图 6-169　设置数据采集深度、高级触发以及采集控制等

图 6-170　debug 设置总结页

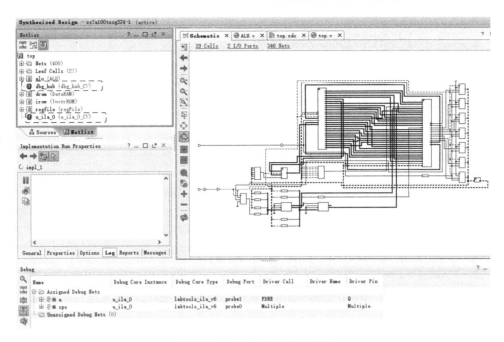

图 6-171　debug IP 核插入结果

单击"保存"按钮,添加的测试 IP 核直接写入约束文件。修改后的约束文件如图 6-172 所示。

```
set_property IOSTANDARD LVCMOS33 [get_ports clk]
set_property IOSTANDARD LVCMOS33 [get_ports reset_ext]
set_property PACKAGE_PIN E3 [get_ports clk]
set_property PACKAGE_PIN C12 [get_ports reset_ext]
set_property MARK_DEBUG true [get_nets {irom/a[5]}]
set_property MARK_DEBUG true [get_nets {irom/a[1]}]
set_property MARK_DEBUG true [get_nets {irom/a[3]}]
set_property MARK_DEBUG true [get_nets {irom/a[0]}]
set_property MARK_DEBUG true [get_nets {irom/a[2]}]
set_property MARK_DEBUG true [get_nets {irom/a[4]}]
set_property MARK_DEBUG true [get_nets {irom/a[6]}]
set_property MARK_DEBUG true [get_nets {irom/spo[2]}]
set_property MARK_DEBUG true [get_nets {irom/spo[15]}]
set_property MARK_DEBUG true [get_nets {irom/spo[30]}]
set_property MARK_DEBUG true [get_nets {irom/spo[8]}]
set_property MARK_DEBUG true [get_nets {irom/spo[25]}]
set_property MARK_DEBUG true [get_nets {irom/spo[7]}]
set_property MARK_DEBUG true [get_nets {irom/spo[22]}]
set_property MARK_DEBUG true [get_nets {irom/spo[23]}]
set_property MARK_DEBUG true [get_nets {irom/spo[13]}]
set_property MARK_DEBUG true [get_nets {irom/spo[9]}]
set_property MARK_DEBUG true [get_nets {irom/spo[17]}]
set_property MARK_DEBUG true [get_nets {irom/spo[27]}]
set_property MARK_DEBUG true [get_nets {irom/spo[20]}]
set_property MARK_DEBUG true [get_nets {irom/spo[4]}]
set_property MARK_DEBUG true [get_nets {irom/spo[0]}]
set_property MARK_DEBUG true [get_nets {irom/spo[31]}]
set_property MARK_DEBUG true [get_nets {irom/spo[6]}]
set_property MARK_DEBUG true [get_nets {irom/spo[11]}]
set_property MARK_DEBUG true [get_nets {irom/spo[12]}]
set_property MARK_DEBUG true [get_nets {irom/spo[3]}]
set_property MARK_DEBUG true [get_nets {irom/spo[28]}]
set_property MARK_DEBUG true [get_nets {irom/spo[29]}]
set_property MARK_DEBUG true [get_nets {irom/spo[26]}]
```

图 6-172　添加了 debug IP 核之后的约束文件

```
set_property MARK_DEBUG true [get_nets {irom/spo[21]}]
set_property MARK_DEBUG true [get_nets {irom/spo[10]}]
set_property MARK_DEBUG true [get_nets {irom/spo[19]}]
set_property MARK_DEBUG true [get_nets {irom/spo[14]}]
set_property MARK_DEBUG true [get_nets {irom/spo[1]}]
set_property MARK_DEBUG true [get_nets {irom/spo[16]}]
set_property MARK_DEBUG true [get_nets {irom/spo[18]}]
set_property MARK_DEBUG true [get_nets {irom/spo[24]}]
set_property MARK_DEBUG true [get_nets {irom/spo[5]}]
create_debug_core u_ila_0 ila
set_property ALL_PROBE_SAME_MU true [get_debug_cores u_ila_0]
set_property ALL_PROBE_SAME_MU_CNT 1 [get_debug_cores u_ila_0]
set_property C_ADV_TRIGGER false [get_debug_cores u_ila_0]
set_property C_DATA_DEPTH 1024 [get_debug_cores u_ila_0]
set_property C_EN_STRG_QUAL false [get_debug_cores u_ila_0]
set_property C_INPUT_PIPE_STAGES 0 [get_debug_cores u_ila_0]
set_property C_TRIGIN_EN false [get_debug_cores u_ila_0]
set_property C_TRIGOUT_EN false [get_debug_cores u_ila_0]
set_property port_width 1 [get_debug_ports u_ila_0/clk]
connect_debug_port u_ila_0/clk [get_nets [list clk_IBUF_BUFG]]
set_property PROBE_TYPE DATA_AND_TRIGGER [get_debug_ports u_ila_0/probe0]
set_property port_width 32 [get_debug_ports u_ila_0/probe0]
connect_debug_port u_ila_0/probe0 [get_nets [list {irom/spo[0]} {irom/spo[1]} {irom/spo[2]} {irom/spo[3]} {irom/spo[4]}
{irom/spo[5]} {irom/spo[6]} {irom/spo[7]} {irom/spo[8]} {irom/spo[9]} {irom/spo[10]} {irom/spo[11]} {irom/spo[12]}
{irom/spo[13]} {irom/spo[14]} {irom/spo[15]} {irom/spo[16]} {irom/spo[17]} {irom/spo[18]} {irom/spo[19]} {irom/spo[20]}
{irom/spo[21]} {irom/spo[22]} {irom/spo[23]} {irom/spo[24]} {irom/spo[25]} {irom/spo[26]} {irom/spo[27]} {irom/spo[28]}
{irom/spo[29]} {irom/spo[30]} {irom/spo[31]}]]
create_debug_port u_ila_0 probe
set_property PROBE_TYPE DATA_AND_TRIGGER [get_debug_ports u_ila_0/probe1]
set_property port_width 7 [get_debug_ports u_ila_0/probe1]
connect_debug_port u_ila_0/probe1 [get_nets [list {irom/a[0]} {irom/a[1]} {irom/a[2]} {irom/a[3]} {irom/a[4]} {irom/a[5]}
{irom/a[6]}]]
set_property C_CLK_INPUT_FREQ_HZ 300000000 [get_debug_cores dbg_hub]
set_property C_ENABLE_CLK_DIVIDER false [get_debug_cores dbg_hub]
set_property C_USER_SCAN_CHAIN 1 [get_debug_cores dbg_hub]
connect_debug_port dbg_hub/clk [get_nets clk_IBUF_BUFG]
```

图 6-172　（续）

6.3.12　MIPS 微处理器实现

实现将设计对应到具体 FPGA 芯片。若需监测 FPGA 内 MIPS 微处理器运行情况，此时需将 reset 信号的有效电平修改为与开发板一致。这里将开发板的 reset 信号经过非门之后，再连接到系统内部各个模块。因此，将顶层模块的信号定义（如图 6-173 所示）稍加修改。

```
module top(input clk,input reset_ext);
    wire reset;
    assign reset = ~reset_ext;
```

图 6-173　顶层模块修改的代码

约束文件中的 reset 引脚名修改为 reset_ext，如图 6-174 所示。

```
set_property IOSTANDARD LVCMOS33 [get_ports reset_ext]
set_property PACKAGE_PIN C12 [get_ports reset_ext]
```

图 6-174　约束文件修改的代码

保存修改之后的代码，并单击图 6-175 中的 Run Implementation，弹出实现设置窗口，如图 6-176 所示，继续单击 OK 按钮，开始实现过程。实现结束后，可以查看实现结果。查看实现结果的菜单如图 6-175 所示,大部分选项与查看综合结果一致。

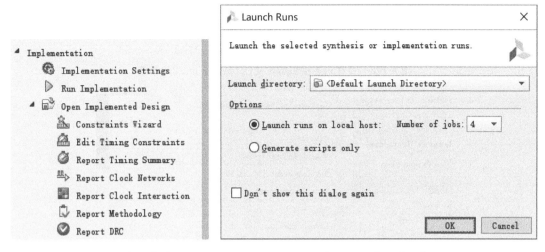

图 6-175　打开实现菜单　　　　　　　图 6-176　实现设置窗口

打开实现菜单时,可以查看各类报告,如图 6-177 所示。

图 6-177　实现结果查看

若设计中存在部分未连接引脚,且使能了 opt_design 易导致实现时报如图 6-178 所示错误,此时可以关闭实现优化选项。具体方法为:在运行(Design Runs)脚本窗口右击 Implementation,在如图 6-179 所示菜单中选择 Change Run Settings(改变运行设置)命令,之后弹出如图 6-180 所示实现选项设置窗口,取消选中 is_enabled 复选框。

图 6-178 存在未连接引脚时使能 opt_design 时的报错

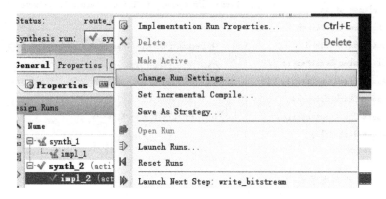

图 6-179 修改实现选项快捷菜单

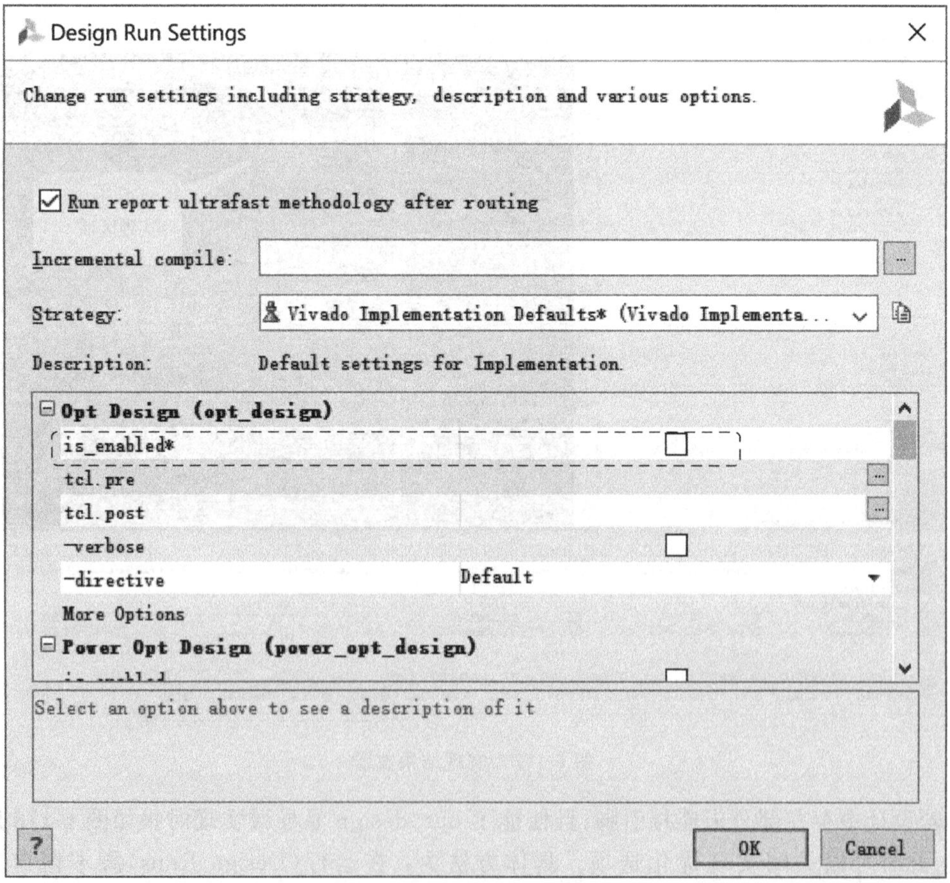

图 6-180 实现选项设置窗口

6.3.13　下载编程及测试

实现完成后,可单击工作流窗口中的 Generate Bitstream 生成以供下载编程到 FPGA 芯片上的可编程文件,如图 6-181 所示。比特流生成成功之后,设计运行(Design Runs)窗口显示比特流生成成功状态,如图 6-182 所示。

图 6-181　生成比特流菜单

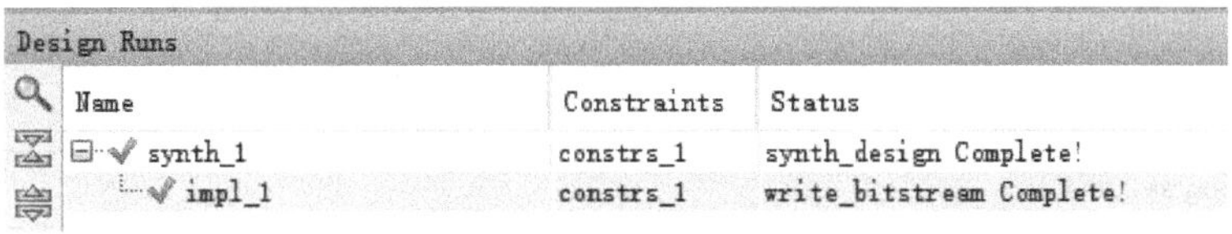

	Name	Constraints	Status
	⊟ ✔ synth_1	constrs_1	synth_design Complete!
	└─ ✔ impl_1	constrs_1	write_bitstream Complete!

图 6-182　比特流生成完成状态指示

将 Nexys4 或 Nexys4 DDR 开发板通过 USB 线缆连接到计算机,打开开发板电源,单击图 6-181 中的 Open Hardware Manager,再选择 Open Target,此时弹出快捷菜单如图 6-183 所示,选择 Auto Connect,连接成功后显示如图 6-184 所示窗口。该窗口显示了连接的 FPGA 芯片型号,并提供下一步操作菜单,单击其中的 Program Device,弹出芯片型号如图 6-185 所示,选择它,弹出如图 6-186 所示窗口,单击 Program 按钮,开始对 FPGA 芯片编程,编程完成后,自动弹出如图 6-187 所示的 debug 窗口。

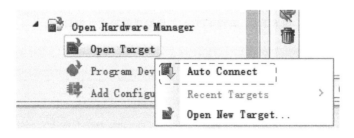

图 6-183　连接 FPGA 设备快捷菜单

单击控制键中的运行按钮 ▷,得到如图 6-188 所示的波形。由于 MIPS 微处理器一个时钟周期执行一条指令,逻辑分析仪一个时钟周期采集一个数据,因此数据变化频率较高,读者可以单击波形放大按钮 🔍,得到如图 6-189 所示的波形,这样就可以清晰地观察指令的运行规律。图 6-189 中波形对应的汇编程序如图 6-151 所示,该程序的第 9 条指令不被执行,第 0~8 条以及第 10 条指令都被执行。至此,完成了简单指令集单周期 MIPS 微处理器从设计到测试的全过程。

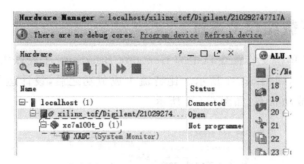

图 6-184　编程 FPGA 界面

图 6-185　选择编程 FPGA 芯片

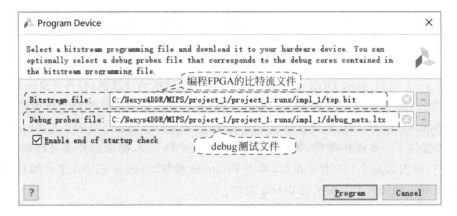

图 6-186　编程 FPGA 芯片配置编程文件窗口

图 6-187　debug 测试界面

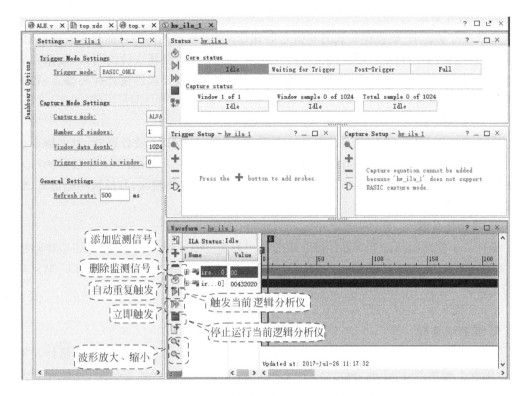

图 6-188 采集到数据后的 debug 波形数据显示

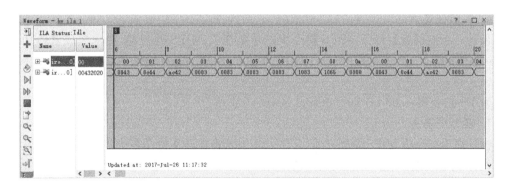

图 6-189 程序指令运行波形

6.4 实验任务

1. 实验任务一

基于同步输出方式的分布式存储器 IP 核设计实现简单指令集 MIPS 微处理器的指令存储器模块,要求指令存储器在时钟上升沿读出指令,指令指针的修改、寄存器文件的写入、数据存储器数据的写入都在时钟下降沿完成。完成简单指令集 MIPS 微处理器设计代码输入、各模块功能仿真、整体仿真,验证所有指令执行情况。

2. 实验任务二

基于块存储器 IP 核设计实现简单指令集 MIPS 微处理器的指令存储器和数据存储器，要求指令存储器在时钟上升沿读出指令，指令指针的修改、寄存器文件的写入、数据存储器数据的写入都在时钟下降沿完成。完成简单指令集 MIPS 微处理器设计代码输入、各模块功能仿真、整体仿真，验证所有指令执行情况。

3. 实验任务三

全部采用 Verilog 硬件描述语言设计实现简单指令集 MIPS 微处理器，要求指令存储器在时钟上升沿读出指令，指令指针的修改、寄存器文件的写入、数据存储器数据的写入都在时钟下降沿完成。完成简单指令集 MIPS 微处理器设计代码输入、各模块功能仿真、整体仿真，验证所有指令执行情况。

4. 实验任务四

设计一个能够执行以下 MIPS 指令集的单周期类 MIPS 处理器，要求完成整体功能仿真，并编程下载到 Nexys4 或 Nexys4 DDR 开发板，利用 debug 验证各指令 ALU 单元是否执行正确。

MIPS 指令集：add addi sub slt and or lw sw beq j

5. 实验任务五

设计一个能够执行以下 MIPS 指令集的单周期类 MIPS 处理器，要求完成整体功能仿真，并编程下载到 Nexys4 或 Nexys4 DDR 开发板，利用 debug 验证各指令 ALU 单元是否执行正确。

MIPS 指令集：add ori sub slt and or lw sw beq j

6. 实验任务六

设计一个能够执行以下 MIPS 指令集的单周期类 MIPS 处理器，要求完成整体功能仿真，并编程下载到 Nexys4 或 Nexys4 DDR 开发板，利用 debug 验证各指令主控制器译码是否正确。

MIPS 指令集：add ori sub slt and or lw sw beq j

7. 实验任务七

设计简单指令集 MIPS 微处理器，且要求复位时寄存器文件中各个寄存器的值与其编号一致，数据存储器各个存储单元的初始值都为 0x5555_5555。将指令存储器存入如图 6-129 所示的汇编程序机器指令，设计并仿真观察该汇编程序在 MIPS 微处理器内首次执行时各条指令执行结果。

6.5 思考题

1. MIPS 微处理器实验示例中，指令存储器仅分配了 $128 \times 32b$ 的容量，而 PC 寄存器却定义为 32 位寄存器。一方面由于指令存储器的最小可寻址字长为 32 位，因此示例中将 PC 寄存器右移 2 位，即将低 2 位移除之后再连接到指令存储器的地址输入端。另一方面指令存储器仅为 128 个字，即程序可访问指令存储器地址范围仅为 0～127 个字，示例中采用 PC[8:2] 实现对指令存储器空间所有指令的寻址。若 PC 直接定义为 7 位宽的寄存器，那么需如何修改示例设计代码？

2. 简单 MIPS 指令集微处理器若需支持移位指令,如 sll、slr 指令,图 6-5 是否需要修改? 若需修改,需改动哪些部分?

3. 简单 MIPS 指令集微处理器若需支持无符号立即数运算指令,如 addiu 指令,图 6-5 是否需要修改? 若需修改,需改动哪些部分?

4. 简单 MIPS 指令集微处理器若需支持不相等跳转指令,如 bne 指令,图 6-5 是否需要修改? 若需修改,需改动哪些部分?

第 7 章

CHAPTER 7

存储器映像 IO 接口设计

学习目标：理解存储器映像 IO 接口设计原理，掌握简单 IO 接口设计，掌握简单微处理器基本输入/输出设备工作原理。

7.1 存储器映像 IO 接口原理

IO 接口采用存储器映像寻址时，微处理器仅根据地址的不同，区分数据存储器和 IO 接口。也就是说，IO 接口对 MIPS 微处理器而言就是另一个数据存储器，它与数据存储器不同的是需要连接外设。若采用独立开关作为输入设备、LED 灯作为输出设备，那么 IO 接口内部需要为输入设备独立开关提供数据缓冲器，为输出设备 LED 灯提供数据锁存器。

存储器映像 IO 接口数据的输入、输出同样是通过 lw、sw 指令实现，由此可知 CPU 同样是通过 RtData 输出数据到 IO 接口，通过 Res 作为地址寻址 IO 接口的端口，IO 接口输出到 CPU 的数据也需连接到寄存器文件的数据输入端 WriteData，写控制信号同样来自主控制器的译码输出。因此为区分 IO 接口和数据存储器，需要利用地址线译码产生区分 IO 接口和数据存储器的不同控制信号。有两种不同方法产生不同的控制信号：

（1）控制片选端，即直接利用高位地址译码产生数据存储器和 IO 接口的不同片选使能信号。由于仅需两个不同的片选使能信号，因此可以直接采用 1 位高位地址译码产生。

（2）控制读、写使能端，即采用高位地址与主控制器提供的存储器读、写使能信号译码分别产生数据存储器和 IO 接口的读、写使能信号。

图 7-1 展示了由高位地址与写信号译码产生不同写控制信号以区分数据存储器和 IO 接口的一种 MIPS 微处理器计算机结构框图。该框图采用高位地址 Res[7] 以及写使能信号 memwr 译码产生数据存储器写（memw）以及 IO 接口写（iow）信号。图中虚线部分是在图 6-5 基础上修改的部分，当 Res[7] 为 0 时，选择读写数据存储器；当 Res[7] 为 1 时，选择读写 IO 接口。

图 7-2 展示了由高位地址译码产生不同片选控制信号以区分数据存储器和 IO 接口的一种 MIPS 微处理器计算机结构框图。该框图采用高位地址 Res[7] 译码产生数据存储器片选以及 IO 接口片选信号。图中虚线部分是在图 6-5 基础上修改的部分。当 Res[7] 为 0 时，选择读写数据存储器；当 Res[7] 为 1 时，选择读写 IO 接口。

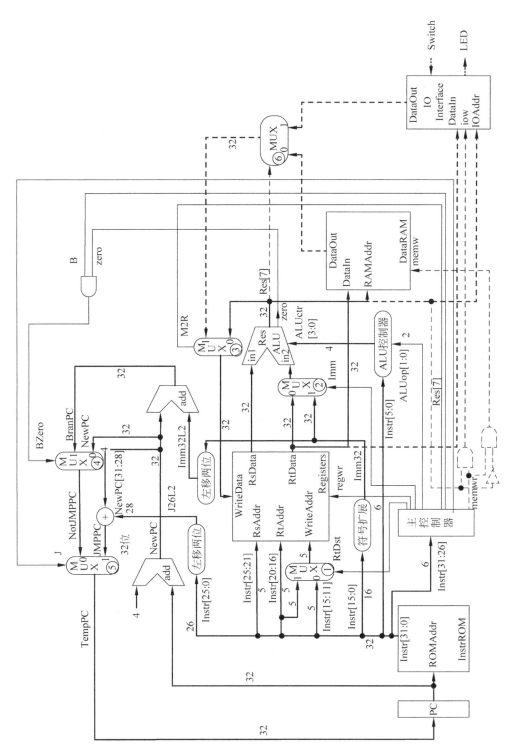

图 7-1 译码整制读写信号 IO 接口 MIPS 微处理器计算机结构框图

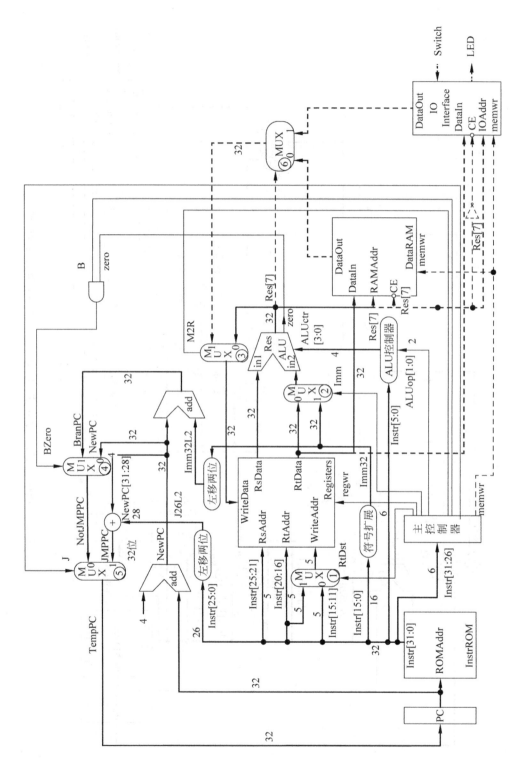

图 7-2 译码控制片选信号 IO 接口 MIPS 微处理器计算机结构框图

7.2　存储器映像 IO 接口实现方案

这里以支持一组 8 位独立开关输入和 1 组 8 位独立 LED 灯输出为例,分别给出具有片选控制端和不具有片选控制端的实现方案。

由于接口仅具有一组输入/输出设备,因此不需地址线区分不同数据端口,读数据端口即为输入开关状态,写数据端口即为输出数据控制 LED 灯亮灭。因此若接口不提供片选端,其输入/输出引脚定义如图 7-3 所示。若接口提供片选端,则输入/输出引脚定义如图 7-4 所示。

```
module IO_NoCE(
    input clk,
    input iow,
    input [31:0] DataIn,
    output [31:0] DataOut,
    input [7:0] switch,
    output [7:0] led
    );
```

```
module IO_WithCE(
    input clk,
    input memwr,
    input ce,
    input [31:0] DataIn,
    output [31:0] DataOut,
    input [7:0] switch,
    output [7:0] led
    );
```

图 7-3　没有片选端的 IO 接口引脚定义　　图 7-4　具有片选控制端的 IO 接口引脚定义

该 IO 接口没有定义读使能信号,即开关数据直接输出到 DataOut,由图 7-1 中外部复用器 MUX6 实现输出数据缓冲控制。LED 状态由寄存器保持,因此若接口没有片选信号,那么只要写信号有效,数据 DataIn 就保存在接口内部寄存器中,并且寄存器的值直接反映到 LED 灯上;若接口有片选信号,那么只有写信号以及片选信号同时有效时,数据 DataIn 才保存到接口内部的寄存器中,同样寄存器的值直接反映到 LED 灯上。图 7-5 和图 7-6 分别为针对以上逻辑采用异步输出,同步写入方式的 Verilog 语言实现方案。由于 LED 以及开关都只有 8 位,它们分别直接对应到数据信号的低 8 位,数据信号的高位直接补零或者丢弃。

```
reg [7:0] ledreg;
assign led = ledreg;
always @ (negedge clk)
if (iow)
ledreg <= DataIn[7:0];
assign DataOut = { 24'h0,switch};
```

```
reg [7:0] ledreg;
assign led = ledreg;
always @ (negedge clk)
if (memwr & ~ ce)
ledreg <= DataIn[7:0];
assign DataOut = { 24'h0,switch};
```

图 7-5　没有片选端的简单 IO 接口逻辑　　图 7-6　具有片选端的简单 IO 接口逻辑

7.3　实验示例

下面阐述一个具有输入/输出接口的 MIPS 微处理器计算机实验示例:在第 6 章简单指令集 MIPS 微处理器示例实验基础上,增加支持两组简单 8 位独立开关输入设备和两组 8 位独立发光二极管输出设备的 IO 接口,并编程控制将两组 8 位开关的状态当作两个 8 位数据,进行两种不同运算之后,再将两种运算结果输出到两组 8 位 LED 上。

7.3.1 实验设备简介

Nexys4 实验板基本输入/输出设备与 FPGA 芯片的连接电路如图 7-7 所示。

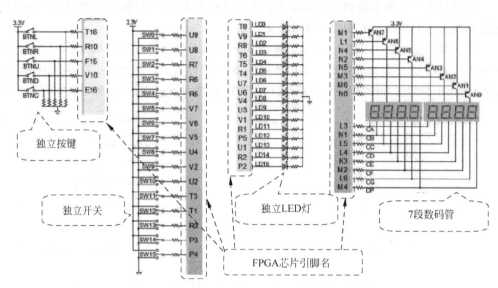

图 7-7 Nexys4 基本 IO 设备电路与 FPGA 引脚关系

Nexys4 DDR 实验板基本输入/输出设备与 FPGA 芯片的连接电路如图 7-8 所示。

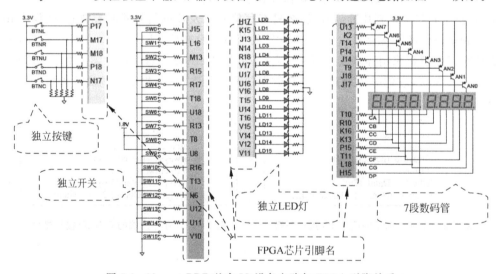

图 7-8 Nexys4 DDR 基本 IO 设备电路与 FPGA 引脚关系

实验示例使用实验板的 16 位独立开关和 16 位独立 LED 灯，并且将它们各分为两组：低 8 位（7～0）为一组，高 8 位（15～8）为另一组。

7.3.2 新建项目并添加原有代码

本设计基于原有 MIPS 微处理器，因此在新建项目的过程中，可以直接添加已有设计代码。下面讲述具体实验过程。

（1）新建工程，过程与 MIPS 微处理器工程类似，将工程名称设置为如图 7-9 所示之后单击 Next 按钮。

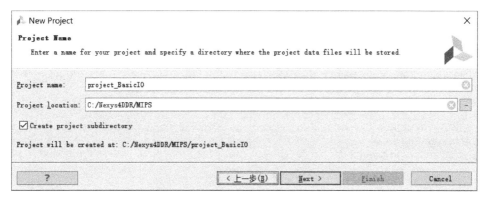

图 7-9　设置项目名称及存储路径

（2）设置工程类型如图 7-10 所示，之后单击 Next 按钮。

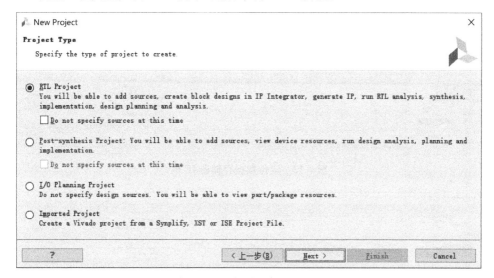

图 7-10　设定项目类型为 RTL

（3）进入添加设计源码页，此时单击 Add Files 按钮，在弹出的如图 7-11 所示的文件选择窗口中找到已有 MIPS 微处理器的 Verilog 代码，完成所有代码添加之后得到如图 7-12 所示窗口，若希望将文件复制到新的项目中，则需选中 Copy sources into project（将文件复制到项目中）选项。之后对这些文件的修改不会修改原始文件，而仅修改复制之后的副本。若源代码在不同的目录，则需重复添加，添加完之后，单击图 7-12 中的 Next 按钮。

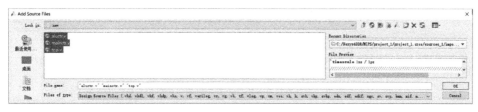

图 7-11　文件查找弹出窗口

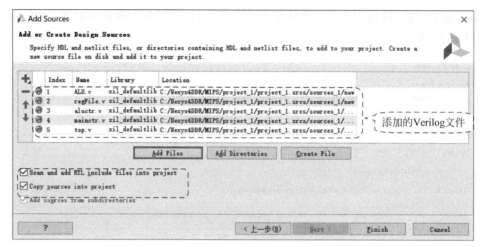

图 7-12　添加 Verilog 源码文件

（4）进入添加已有 IP 核页面，如图 7-15 所示，单击 Add Files 按钮，进入选择 IP 核弹出窗口，分别选择数据存储器 IP 核（如图 7-13 所示）和指令存储器 IP 核（如图 7-14 所示），得到如图 7-15 所示结果。同样选中 Copy sources into project（复制文件到项目中）选项，然后单击 Next 按钮。

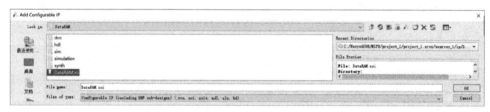

图 7-13　定位数据存储器 IP 核

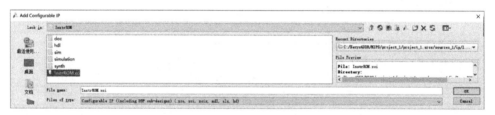

图 7-14　定位指令存储器 IP 核

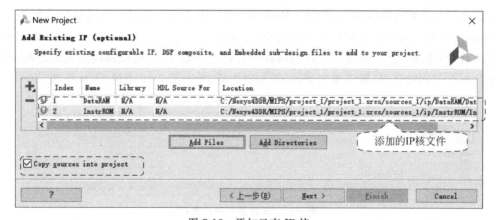

图 7-15　添加已有 IP 核

（5）进入添加约束文件页，单击 Add Files 按钮，查找到已有的约束文件，如图 7-16 所示，加入到项目中，得到如图 7-17 所示结果，选中 Copy constraints files into project（复制到项目中）选项，然后单击 Next 按钮。

图 7-16 定位约束文件

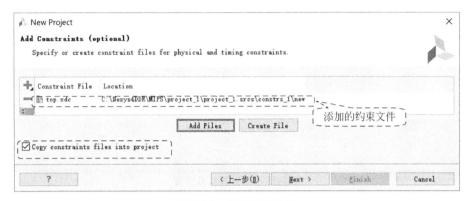

图 7-17 添加约束文件

（6）进入硬件平台设置页，本示例采用选取开发板的方式，如图 7-18 所示，这里选择 Nexys4 DDR 开发板。Vivado 软件目前没有能够直接支持 Nexys4 DDR 等开发板的选项，要求先将 Digilent 公司提供的开发板支持包复制到 Vivado 相应目录下。

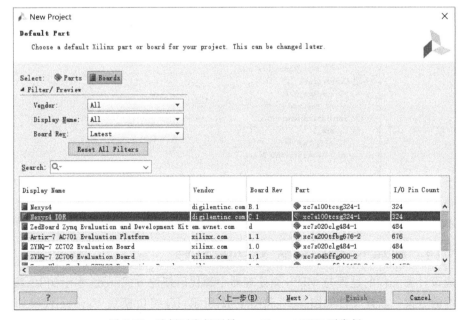

图 7-18 选择开发板型号——Nexys4 DDR 开发板

（7）单击 Next 按钮之后进入项目属性总结页，如图 7-19 所示，最后单击 Finish 按钮，在项目源文件列表窗口可得到如图 7-20 所示结果。

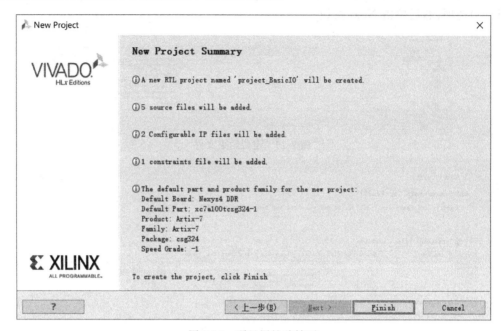

图 7-19　项目属性总结页

图 7-20　添加完之后的源文件列表窗口

7.3.3　新建 IO 接口模块 Verilog 代码

新建设计源文件的过程与 MIPS 微处理器中源代码新建方式一致，本示例 IO 接口采用无片选端的方案。新建文件如图 7-21 和图 7-22 所示，IO 接口模块 Verilog 代码如图 7-23 所示。

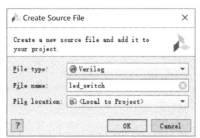

图 7-21 创建 IO 接口模块文件

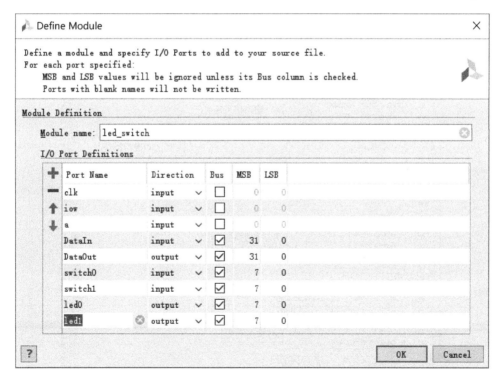

图 7-22 两组输入、两组输出设备的 IO 接口引脚定义

```
module led_switch(
    input clk,
    input iow,
    input a,
    input [31:0] DataIn,
    output [31:0] DataOut,
    input [7:0] switch0,
    input [7:0] switch1,
    output [7:0] led0,
    output [7:0] led1
    );
    assign DataOut=(a == 1'b0)? {24'h0,switch0}:{24'h0,switch1};
    reg [7:0] led_reg[1:0];
    assign led0 = led_reg[0];
    assign led1 = led_reg[1];
    always @(negedge clk)
    begin
     if(iow)
    if(a == 0)
    led_reg[0] <= DataIn[7:0];
    else led_reg[1] <= DataIn[7:0];
    end
endmodule
```

图 7-23　无片选端的 IO 模块 Verilog 代码

7.3.4　IO 接口模块仿真

（1）添加仿真激励文件步骤与添加设计文件过程类似，这里将 IO 仿真激励文件命名为
led_switch_sim. v，它的代码以及各部分功能解释如图 7-24 所示。该激励文件模拟了写信
号有效、无效以及选择读、写两组输入/输出设备的各种场景。

图 7-24　IO 模块的仿真激励文件

（2）将 led_switch_sim.v 设置为仿真顶层文件，设置过程如图 7-25 所示。设置结束后，led_switch_sim.v 文件的左边有三个正方形垒起来的图标。

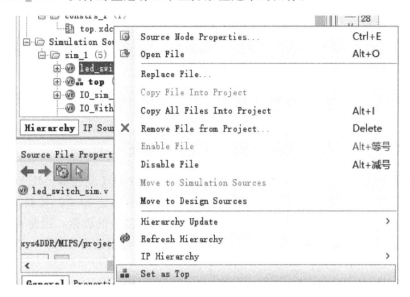

图 7-25　设置 led_switch_sim.v 为仿真顶层文件

（3）单击工作流窗口中的 Run Simulation，得到如图 7-26 所示的仿真波形。从仿真波形图可知，DataIn 引脚上的低 8 位数据仅在 iow 信号有效且时钟下降沿时才输出到 led 上，否则 led 保持不变；而 switch 的数据直接输出到 DataOut 的低 8 位引脚上。具体选择哪组输入/输出设备则由地址 a 控制，a 为 0 时写 led0 或读 switch0；a 为 1 时写 led1 或读 switch1。这表明与设计的 IO 接口逻辑一致。

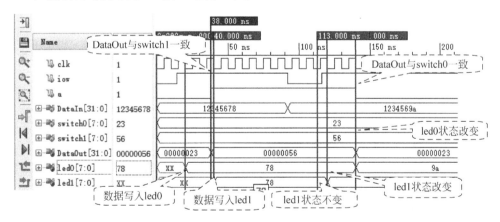

图 7-26　IO 接口模块的仿真波形

7.3.5　IO 接口模块集成

根据图 7-1 所示译码控制读写信号 IO 接口 MIPS 微处理器计算机结构框图可知，顶层模块需要添加输入/输出引脚，即添加一组 16 位的输入引脚 switch，一组 16 位的输出引脚 led。因此顶层模块输入/输出引脚定义变更如图 7-27 所示。

```
module top( input clk,input reset_ext,input [15:0] switch,output [15:0] led);
```

图 7-27　顶层模块输入/输出引脚定义

同时增加了两个不同的写控制信号，分别为 memw、iow，它们来自 memwr 信号与 Res[7]信号的译码。Verilog 代码描述如图 7-28 所示。

```
wire memw, iow;
assign memw = memwr & ~Res[7];
assign iow = memwr & Res[7];
```

图 7-28　数据存储器以及 IO 接口写控制信号译码逻辑

数据存储器输出的数据与 IO 接口输出的数据需经过 2 选 1 复用器（MUX6）复用之后，再输出到复用器（MUX3）的通道 1，且 MUX6 的通道选择由地址 Res[7] 控制，当 Res[7] 为 0 时，选择数据存储器的数据；当 Res[7] 为 1 时，选择 IO 接口的数据。因此在顶层模块内需再增加两组 32 位数据总线的定义，一组为数据存储器的数据输出端，另一组为 IO 接口的数据输出端。Verilog 代码描述如图 7-29 所示。

```
wire [31:0] memDataOut, IODataOut;
assign DataOut = Res[7]?IODataOut:memDataOut;
```

图 7-29　MUX6 逻辑

数据存储器实例化时，写控制信号需修改连接到 memw，数据输出端需修改连接到 memDataOut，如图 7-30 所示。

```
DataRAM dram (.a(Res[7:2]),.d(RtData), .clk(clk),.we(memw),.spo(memDataOut) );
```

图 7-30　数据存储器实例化修改

IO 接口实例化如图 7-31 所示，地址 Res[2] 区分输入/输出端口的组号，即若地址中的 A[2] 为 0 对应开关和 LED 灯的低 8 位，A[2] 为 1 对应开关和 LED 灯的高 8 位。

```
led_switch IO(clk,iow,Res[2],RtData,IODataOut,switch[7:0],switch[15:8],led[7:0],led[15:8]);
```

图 7-31　IO 接口实例化

由此可知，地址中 A[7]=1，A[2]=0，表示访问 IO 接口的低 8 位：读对应开关低 8 位，写对应 LED 低 8 位；地址中 A[7]=1，A[2]=1，表示访问 IO 接口的高 8 位：读对应开关高 8 位，写对应 LED 高 8 位。即以下地址对应 IO 接口的低 8 位：0x80,0x88,0x90,……；以下地址对应 IO 接口的高 8 位：0x84,0x8c,0x94,……。

经过以上修改，得到顶层模块代码如图 7-32 所示，其中虚线框标注修改部分的代码。

7.3.6　汇编源程序示例

实验要求将 16 个开关分为两个 8 位数据输入，进行两种不同运算之后，分别将结果输出到两组 8 位 LED。若选取 0x80 为低 8 位 IO 接口地址，0x84 为高 8 位 IO 接口地址，两种

```
module top( input clk,input reset_ext,input [15:0] switch,output [15:0] led);
    wire reset;
    assign reset = ~reset_ext;
    wire memw,iow;
    wire [31:0] memDataOut, IODataOut;
    reg [31:0] PC;
    wire J,B,Bzero,zero,M2R,memwr,Imm,regwr,RtDst;
    wire[1:0] ALUop;
    wire[3:0] ALUctr;
    wire[31:0] NewPC,JMPPC,BranPC,Imm32L2,Imm32,NotJMPPC,TempPC;
    wire[31:0] Instr,WriteData,DataOut,Res,RsData,RtData,in2;
    wire[4:0] WriteAddr;
    assign memw = memwr & ~Res[7];
    assign iow = memwr & Res[7];
    assign DataOut = Res[7]?IODataOut:memDataOut;
    assign Imm32 = {{16{Instr[15]}},Instr[15:0]};//sign extend
    assign WriteAddr = RtDst?Instr[15:11]:Instr[20:16];
    assign in2 = Imm?Imm32:RtData;
    assign WriteData = M2R?DataOut:Res;
    assign NotJMPPC = Bzero?BranPC:NewPC;
    assign TempPC = J?JMPPC:NotJMPPC;
    assign Bzero = B&zero;
    assign Imm32L2 = Imm32 << 2;
    assign JMPPC = {NewPC[31:28],Instr[25:0],2'b00};
    assign BranPC = NewPC+Imm32L2;
    assign NewPC = PC + 4;
    always @(posedge clk)
            if(!reset)
                    PC = TempPC;
            else
                    PC = 32'b0;
    mainctr mainctr1(Instr[31:26],ALUop,RtDst,regwr,Imm,memwr,B,J,M2R);
    ALU alu(RsData,in2,ALUctr,Res,zero);
    aluctr aluctr1(.ALUop(ALUop),.func(Instr[5:0]),.ALUctr(ALUctr));
    DataRAM dram (.a(Res[7:2]),.d(RtData), .clk(clk),.we(memw),.spo(memDataOut));
    led_switch IO(clk,iow,Res[2],RtData,IODataOut,switch[7:0],switch[15:8],led[7:0],led[15:8]);
    InstrROM irom (.a(PC[8:2]), .spo(Instr));
    regFile regfile (clk, reset, regwr,Instr[25:21], Instr[20:16], WriteAddr, WriteData, RsData,
RtData );
endmodule
```

图 7-32 完整顶层模块代码

运算分别为加、减运算(低 8 位开关作为被减数),得到和输出到低 8 位 LED,差输出到高 8 位 LED,忽略进位信号。寄存器初始化时都为 0,可采用如图 7-33 所示汇编代码实现实验示例功能需求。

按照第 6 章提供的方法利用 MARS MIPS 汇编程序设计模拟器提取该汇编程序的机器码并生成如图 7-34 所示文件,再将该文件初始化指令存储器,如图 7-35 所示。

```
main:
lw $4,0x80($5)
lw $3,0x84($5)
add $2,$4,$3
sub $1,$4,$3
sw $2,0x80($5)
sw $1,0x84($5)
j main
```

图 7-33 IO 输入/输出控制程序示例

```
MEMORY_INITIALIZATION_RADIX=16;
MEMORY_INITIALIZATION_VECTOR=
8ca40080
8ca30084
00831020
00830822
aca20080
aca10084
08000000
```

图 7-34 生成的机器码 testIO_inout.coe 文件

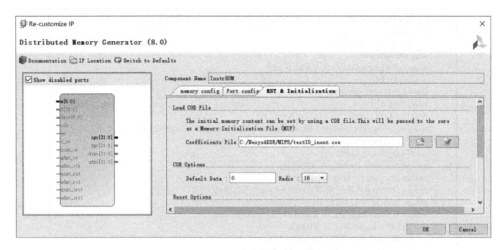

图 7-35　指令存储器初始化文件更改

7.3.7　输入/输出设备引脚约束

原来 MIPS 微处理器的引脚约束文件仅包含 clk 和 reset 信号的引脚约束，因此需要在此基础上添加 switch 和 led 的引脚约束。添加过程与第 6 章一样，首先单击 Open Elaborated Design，然后选择 I/O Planning 视图，再在 I/O Ports 页面完成 switch 和 led 引脚的配置。Nexys4 DDR 开发板配置如图 7-36 所示。Nexys4 开发板的配置请参考 Nexys4 实验板简介中各个设备对应的 FPGA 引脚完成。配置完成后，单击"保存"按钮。这样就会在原来的约束文件中更新配置。

7.3.8　下载编程测试

生成比特流之前，先将实现设置（Implementation Settings）的优化 Opt Design 使能去除，如图 7-37 所示。

之后再直接单击工作流中的 Generate Bitstream。比特流生成之后继续按照第 6 章的步骤完成比特流下载编程。FPGA 编程结束后，若拨动 Nexys4 DDR 实验板的开关，则可以发现 LED 灯对应发生变化。如若开关从高到低状态依次为 0011 0000 1100 0001，那么 LED 灯的状态从高到低依次为 1001 0001 1111 0001，即高 8 位 1001 0001 来自 1100 0001－0011 0000 的结果，低 8 位 1111 0001 来自 1100 0001＋0011 0000 的结果；如若开关从高到低状态依次为 0011 0000 1110 0001，那么 LED 灯的状态从高到低依次为 1011 0001 0001 0001，即高 8 位 1011 0001 来自 1110 0001－0011 0000，低 8 位 0001 0001 来自 1110 0001＋0011 0000 去掉进位的结果。

需要提醒的是，在编程 FPGA 时，单击 Open Target→Auto Connect 之后，在工作区窗口若没有出现 Program Device 菜单，而是直接提示编程成功，此时可在工作流窗口中单击 Program Device 菜单，如图 7-38 所示，之后弹出选择比特流文件窗口，与第 6 章介绍的编程过程一致。这样可确保正确的比特流文件编程到 FPGA 芯片内。

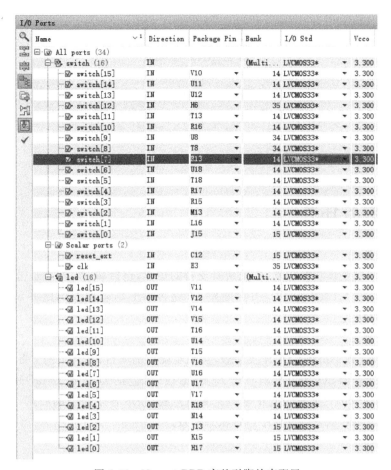

图 7-36　Nexys4 DDR 完整引脚约束配置

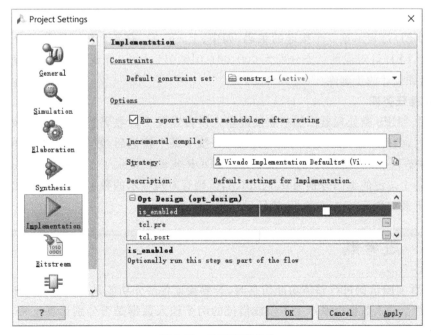

图 7-37　取消实现优化

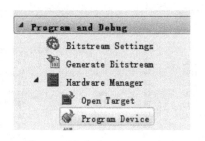

图 7-38　工作流窗口中的编程菜单

7.4　实验任务

1. 实验任务一

完成实验示例整体功能仿真，验证所有支持的运算，包括和、差、与、或，分别将结果保存到寄存器 $8、$9、$10、$11 中。并判断差 $9 是否小于 0，若小于 0，则将 $6 设置为 1，否则将 $6 设置为 0。

2. 实验任务二

基于 Nexys4 或 Nexys4 DDR 实验板，实现实验示例项目，并且采用 debug 监测 FPGA 片内 MIPS 微处理器 IO 接口的所有输入、输出信号，包括 DataIn、DataOut、a、iow、led0、led1、switch0、switch1。要求设置正确的监测信号线，获取各个信号的波形，并分析采集的波形是否与外设实际状态以及程序运行状态一致。

3. 实验任务三

为简单 MIPS 微处理器添加独立按键输入设备以及 LED 灯输出设备，要求计算机系统复位时，所有 LED 灯全灭。软件读取按键状态，当按下某个按键后，LED 灯一直显示该按键的编码，直到按下另一按键。Nexys4 或 Nexys4 DDR 实验板提供了 5 个独立按键，要求采用 3 个 LED 灯表示这 5 个按键的编码，如中、上、下、左、右各个按键的编码分别为 0、1、2、3、4，3 个 LED 灯对应的状态分别为 000、001、010、011、100。完成设计并下载编程 FPGA 实验板，验证设计的正确性。

4. 实验任务四

为简单 MIPS 微处理器添加独立按键输入设备以及 7 段数码管输出设备，要求计算机系统复位时，数码管灭。软件读取按键状态，当按下某个按键后，数码管一直显示该按键的编码，直到按下另一按键。Nexys4 或 Nexys4 DDR 实验板提供了 5 个独立按键，如中、上、下、左、右各个按键的编码分别为 0、1、2、3、4，数码管对应显示的数字分别为 0、1、2、3、4。完成设计并下载编程 FPGA 实验板，验证设计的正确性。

7.5　思考题

1. 本章实验示例进行整体功能仿真时，若要验证各部分功能是否正常——不产生进位或借位的两个输入数据以及产生进位或借位的两个输入数据是否分别运算正常，应该如何设置仿真激励文件输入信号？

2. 独立按键作为输入设备时,由于按键存在按下和释放两个动作,释放时输入数据为0,若不做任何处理,将覆盖按下时读入的数据。如何设计汇编程序确保按键释放时,不对按键状态进行处理?

3. 设计流程中哪一步之后才能将设计中的信号标志为需要检测的信号(MARK Debug)? 若要将所有的监测信号由同一个逻辑分析仪 IP 核来管理,对监测信号有什么要求?

4. 实现由程序控制 4 个 7 段数码管显示任意输入十六进制数字的 MIPS 微处理器计算机系统,如在数据存储器中预先存储 7 段数码管可以显示的所有十六进制数字段码,16 个独立开关输入 4 个 4 位十六进制数,软件控制 4 个 7 段数码管上立即显示独立开关对应的十六进制数,该如何设计该计算机系统的 IO 接口以及汇编程序?

## 第 8 章

VGA 接口设计

学习目标：理解 VGA 接口工作原理，掌握图形显示输出接口设计方法。

8.1 VGA 接口显示原理

8.1.1 VGA 接口时序

显示器支持不同的显示分辨率和刷新频率，VGA 显示标准对各种显示分辨率以及刷新频率都明确规定了严格的时序。表 8-1 列出了扫描频率为 60Hz 时几种常见低分辨率 VGA 接口时序标准。

表 8-1 60Hz 扫描频率时几种常见低分辨率 VGA 接口时序标准

分辨率	信号类型	同步脉冲 a	显示后沿 b	显示时间 c	显示前沿 d	一个周期
800×600	行同步(像素)	128	88	800	40	1056
	场同步(行)	4	23	600	1	628
640×480	行同步(像素)	96	48	640	16	800
	场同步(行)	2	29	480	10	521
1024×768	行同步(像素)	104	160	1024	56	1344
	场同步(行)	3	23	768	1	795

VGA 接口行、场同步信号波形如图 8-1 所示。

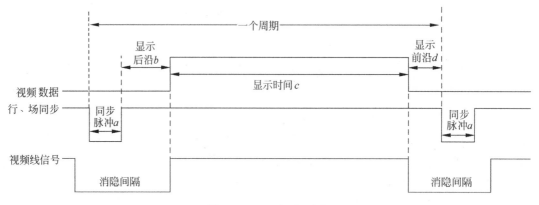

图 8-1 VGA 行、场时序

若显示分辨率为 640×480,且刷新频率为 $60\mathrm{Hz}$,那么每个像素的显示时间为

$$T_{\mathrm{clk}} = \frac{1}{60 \times 800 \times 521} = 0.04 \mu s$$

即像素时钟频率 f_{clk} 为 $25\mathrm{MHz}$。

8.1.2 VGA 显示控制器

VGA 显示控制器是微处理器控制显示器显示不同图像的显示器接口模块。它将微处理器发送来的图像数据转换为有效的扫描信号,控制显示器显示相应图形。VGA 显示控制器基本结构框图如图 8-2 所示。

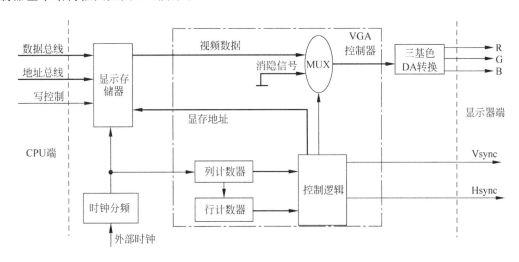

图 8-2 VGA 显示控制器基本结构框图

下面简要介绍 VGA 控制器各个模块的主要功能:

(1) 显示存储器的功能为接收微处理器送来的位图图像,再由 VGA 显示控制器根据内部逻辑读出图像数据送显示器显示。显示器颜色信息丰富程度和分辨率大小,决定显示存储器的存储容量需求。如显示器分辨率为 640×480,每个像素颜色信息用 8 位二进制数表示,那么该显示存储器的容量至少为 640×480 字节。

(2) 时钟分频模块产生不同扫描频率和不同分辨率要求的像素时钟,如显示器采用 $640 \times 480@60\mathrm{Hz}$ 时,时钟分频模块输出的时钟频率需为 $25\mathrm{MHz}$。

(3) 列计数器和行计数器分别以像素和行周期为单位进行计数,以便控制逻辑模块产生行同步、场同步以及读显示存储器的地址信号。如以分辨率 $640 \times 480@60\mathrm{Hz}$ 为例,列计数器每计数到 800 时复位,并同时产生一个脉冲给行计数器,行计数器每计数到 521 时复位。

(4) 列计数器和行计数器同时送出计数输出给控制逻辑模块。当列计数器的计数值在行同步脉冲时间段时,Hsync 输出低电平;列计数器的计数值在其他范围时,Hsync 输出高电平。当行计数器的计数值在场同步脉冲时间段时,Vsync 输出低电平;行计数器的计数值在其他范围时,Vsync 输出高电平。若以分辨率 $640 \times 480@60\mathrm{Hz}$ 为例,那么列计数器的计数值在 $0 \sim 95$ 时,Hsync 输出低电平;列计数器的计数值在 $96 \sim 799$ 时,Hsync 输出高电

平。当行计数器的计数值在 0～1 时，Vsync 输出低电平；行计数器的计数值在 2～520 时，Vsync 输出高电平。

（5）控制逻辑还需输出有效的地址给显示存储器，以便显示存储器输出图像数据数字信号给三基色 DA 转换器以输出三基色模拟信号。当列计数器计数范围在显示时序段内，且行计数器计数范围也在显示时序段内时，显示器才能接收图像信号。因此只有当两个计数器的输出分别在显示时序范围之内时才寻址显示存储器，获取显示数据。若以分辨率 $640 \times 480@60$Hz 为例，则只有当列计数器计数值在 $144(96+48) \sim 783(96+48+640-1)$ 之间，且行计数器计数值在 $31(2+29) \sim 510(2+29+480-1)$ 之间时，显示存储器寻址地址才需发生变化。地址变化规律与颜色信息丰富程度相关。如果 8 位二进制数据表示一个像素颜色信息，那么显示时序范围内显示存储器地址每个像素时钟都需要增加 1；如果 16 位二进制数据表示一个像素颜色信息，那么显示时序范围内显示存储器地址每个像素时钟都需增加 2；如果 4 位二进制数据表示一个像素颜色信息，那么在显示时序范围内显示存储器地址每两个像素时钟才需增加 1。

（6）微处理器仅需往显示存储模块写入需要显示的图像数据，图像在 VGA 显示控制器的作用下送入显示器显示出来。显示存储器分别接收来自两个不同控制器（CPU，显示控制器）的写、读控制，因此必须协调好显示存储器读写时序，避免存储器访问冲突。

8.2　VGA 控制器实现

VGA 控制器按照图 8-1 所示分为显示存储器、行计数器、列计数器、控制逻辑以及输出信号复用器等模块。下面分别阐述各个部分的实现方案示例。

8.2.1　显示存储器

显示存储器（显存）有两个不同的写（CPU）、读（VGA 控制器）控制器，为简化设计，直接采用双端口 RAM 存储器实现。

1. 存储器 IP 核配置

双端口 RAM 具体实现方法与普通存储器的实现方式类似，可以基于分布式存储器 IP 核、块存储器 IP 核、寄存器阵列等。分布式存储器 IP 核的设置如图 8-3 所示，块存储器 IP 核的设置如图 8-4～图 8-6 所示。

不同图像显示分辨率以及像素色彩深度，存储器 IP 核容量的配置不同，如采用 256 色，图像显示分辨率为 640×480，那么数据宽度设为 8 位，深度设为 307200。这要求 FPGA 芯片内具有 307200×8b 的分布式存储单元或块存储单元，Nexys4 与 Nexys4 DDR 实验板的板载 FPGA 具有 4860Kb 块存储单元，能满足此要求。但随着显示分辨率提高，块存储单元很难满足要求，因此建议采用分布式存储单元。

2. 寄存器实现双端口存储器

寄存器实现双端口存储器 Verilog 代码如图 8-7 所示。采用定义参数方式，可以灵活配置存储器容量。

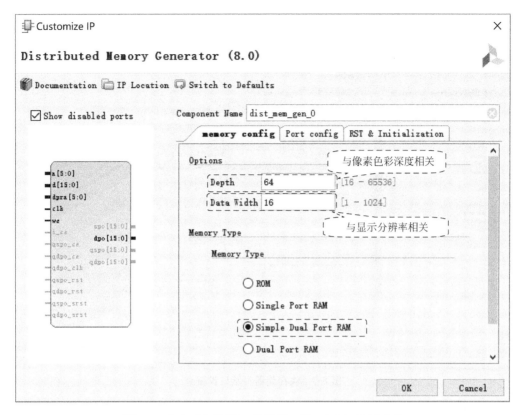

图 8-3　分布式存储器 IP 核简单双端口 RAM 设置选项

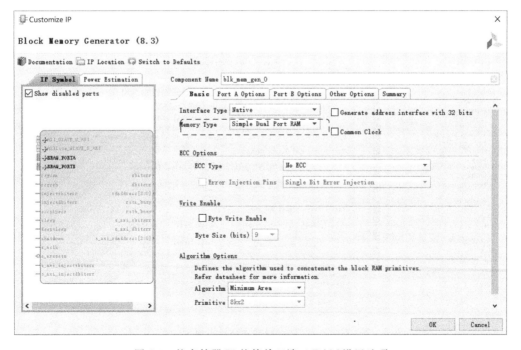

图 8-4　块存储器 IP 核简单双端口 RAM 设置选项

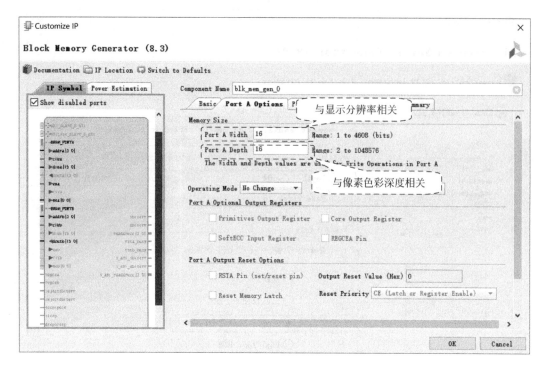

图 8-5　块存储器写端口设置页

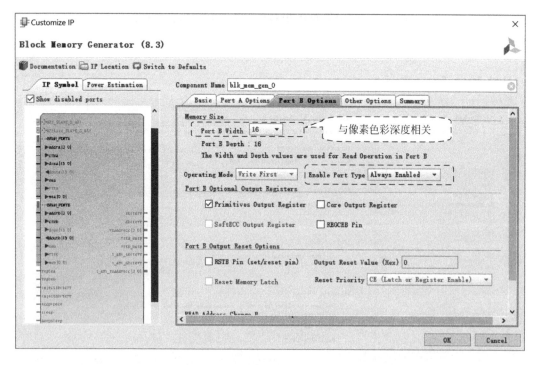

图 8-6　块存储器读端口设置页

```
module vga_ram(clk,we,addr_a,data_a,addr_b,data_b);
    parameter addr_n=7,data_n=12,max_mem=128;
    input clk;
    input we;
    input [addr_n-1:0] addr_a;
    input [data_n-1:0] data_a;
    input [addr_n-1:0] addr_b;
    output [data_n-1:0] data_b;
    reg [data_n-1:0] ram_data[max_mem-1:0];
    always @ (posedge clk)
    if (we)
    ram_data[addr_a] <= data_a;
    assign data_b = ram_data[addr_b];
endmodule
```

读端口信号

写端口信号

地址、数据线宽度、存储深度参数

存储体

与处理器时钟同步写入

与显示器像素时钟同步读出

图 8-7　寄存器实现的双端口 RAM

8.2.2　计数器

计数器分为列计数器和行计数器。列计数器的计数输出供控制逻辑产生行同步信号以及行显示时序。同时列计数器的进位信号输出给行计数器使能行计数器计数。行计数器的计数输出供控制逻辑产生场同步信号以及场显示时序。

不同显示分辨率要求列、行计数器的计数范围不同。因此实现时为兼容不同显示分辨率,可以定义模块参数以支持不同分辨率。

Verilog 语言实现计数器代码示例如图 8-8 所示,此模块将当前计数值以及进位信号作为输出信号。

```
module counter( input reset, input clk, input en,
     output reg [11:0] q_count, output rc );
 parameter n = 799;
 assign rc = (q_count == n)?1'b1:1'b0;
 always @ ( posedge clk or posedge reset)
 begin
   if(reset)   q_count <= 0;
   else   if (en)
            begin
               if (q_count == n)
                  q_count <= 0;
               else q_count <= q_count + 1'b1;
            end
    end
endmodule
```

计数范围参数定义

进位信号

图 8-8　计数器 Verilog 代码示例

8.2.3　控制逻辑

控制逻辑模块将计数器的计数值与时序参数表中的数值比较,产生同步信号、消隐信号以及显示存储器地址产生使能信号。不同显示分辨率以及刷新频率,时序参数不同,因此为实现代码兼容,可以定义模块参数以支持不同分辨率及刷新频率。控制逻辑的输入信号为行、列计数器的计数值,输出信号为行、场同步信号、消隐信号、地址产生使能信号等。Verilog 实现代码示例如图 8-9 所示。该模块为组合逻辑电路。

```
module vga_logic(input [11:0] hcount, input [11:0] vcount, output hsync,
    output vsync, output addr_en, output blank);
    parameter syn_h=96,back_porch_h=48,disp_h=640,forth_porch_h=16;
    parameter syn_v=2,back_porch_v=29,disp_v=480,forth_porch_v=10;
    assign hsync=(hcount<syn_h)?1'b0:1'b1;
    assign vsync=(vcount<syn_v)?1'b0:1'b1;              行、场同步信号   地址产生使能
    assign addr_en = (hcount>=syn_h+back_porch_h) &&
(hcount<syn_h+back_porch_h+disp_h) && (vcount>=syn_v+back_porch_v)
&& (vcount<syn_v+back_porch_v+disp_v);
    assign blank = (hcount<syn_h+back_porch_h) ||
(hcount>=syn_h+back_porch_h+disp_h) || (vcount<syn_v+back_porch_v) ||
(vcount>=syn_v+back_porch_v+disp_v);
endmodule                                              消隐信号
```

图 8-9   VGA 控制逻辑

8.2.4 显示存储器地址产生

显示存储器的地址产生规律与显示颜色深度、显示分辨率、显示存储空间容量有关。当控制逻辑允许产生显示存储器地址时，该模块按照显示存储器的地址产生规律计数，并输出计数值作为显示存储器的地址，以便显示存储器输出不同存储单元的数据给视频数据复用器。同样定义参数以便支持不同颜色深度、分辨率以及显示存储空间容量。输出场同步脉冲时，显示存储器地址复位为 0，从头开始输出显存数据。模块输入时钟信号为像素时钟。地址计数器的位宽与显示存储器的深度有关，如显示存储器的深度为 4K 个存储单元，那么地址计数器的位宽需为 12 位。若显示存储器每个存储单元为 16 位，但是显示颜色深度却为 8 位，那么就要求每两个像素时钟才改变一个存储地址；若显示颜色深度与存储单元位宽一致，那么每个像素时钟就需改变一个存储地址。图 8-10 给出了显示颜色深度与存储单元位宽一致，显示存储器存储单元数可变的 VGA 控制器地址产生模块的 Verilog 语言示例。

```
module addr_gen(input v_sync, input addr_en, input clk_pix, output reg [12:0] addr);
    parameter max_mem=6400;
    always @ (posedge clk_pix or negedge vsync)
    begin
        if (!vsync)
            addr <= 0;
        else if (addr_en)
                if (addr == max_mem-1)   addr <= 0;
                else   addr <= addr + 1;
    end
endmodule
```

图 8-10   显示存储器地址产生模块

8.2.5 视频数据复用器

视频数据复用器控制是否输出视频数据，由消隐信号进行控制。消隐期间，视频数据为 0，否则为显示存储器输出的视频数据。16 位色的 Verilog 语句描述示例为：

```
assign VideoData = blank?16'h0:memData;
```

8.2.6 像素时钟产生

不同显示分辨率以及刷新频率,要求像素时钟频率不同。通常需对系统时钟处理之后,才能提供不同的像素时钟频率。若像素时钟频率与系统时钟频率之间存在 2 的幂次分频关系,可以直接通过计数器实现分频;否则通过时钟 IP 核实现比较简单。如像素时钟为25MHz,而系统时钟为 100MHz,那么像素时钟直接通过如图 8-11 所示代码实现。

```verilog
module clk_pix_gen(input clk, input reset, output clk_pix);
    reg [1:0] count;
    assign clk_pix = count[1];
    always @ (posedge clk)
    begin
        if(reset)
            count <= 0;
            else count <= count +1;
    end
endmodule
```

图 8-11 25MHz 时钟信号产生

时钟 IP 核的配置向导为 Clocking Wizard,如图 8-12 所示。

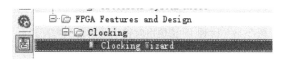

图 8-12 时钟 IP 核

时钟 IP 核配置包括如图 8-13 所示输入时钟信号配置页和如图 8-14 所示输出时钟以及其他引脚配置页。

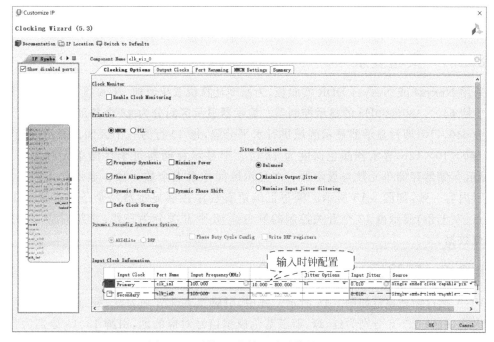

图 8-13 时钟 IP 核输入时钟信号配置页

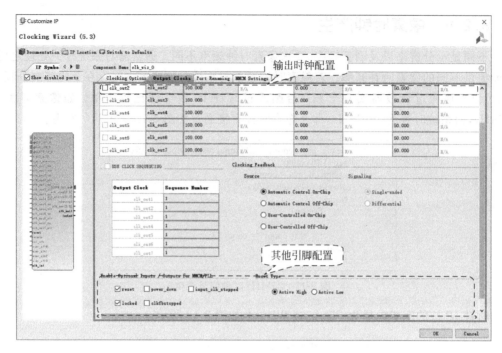

图 8-14　时钟 IP 核输出时钟以及其他引脚配置页

时钟 IP 核输出时钟信号的频率可以是输入时钟的分频，也可以是输入时钟的倍频，并且频率可以不是整数倍关系。

8.3　实验示例

下面结合一个具体的实验要求阐述实验过程。

8.3.1　实验要求

采用 Nexys4 或 Nexys4 DDR 实验板，为原型计算机系统增加 VGA 接口，要求该 VGA 接口支持 $640\times480@60Hz$ 的显示控制器。显示器显示区间分为 48 个条形方块，每个方块大小为 640×10，即对显示器显示区域进行水平分隔，每 10 行为一个区间。显示存储器容量为 $640\times10\times12b$，显示器颜色深度为 12 位。即显示存储器每个存储单元对应一个像素，显示存储器存储单元数与显示器一个显示区间像素点个数一致。显示器不同显示区间显示内容一致，如图 8-15 所示。编写汇编语言程序控制显示器每个条形方块前 16 个像素点（左上角）显示由 12 个开关控制的颜色。12 个开关分为三组，每组对应一种颜色的 4 位数据。

8.3.2　实验板 VGA 接口简介

VGA 接口物理规范如图 8-16 所示。其中，引脚 1、2、3 分别为红、绿、蓝三基色模拟信号输出端，引脚 6、7、8 分别为红、绿、蓝三基色模拟信号对应的地，引脚 13、14 分别为行、场同步信号，引脚 10 为同步信号对应的地。

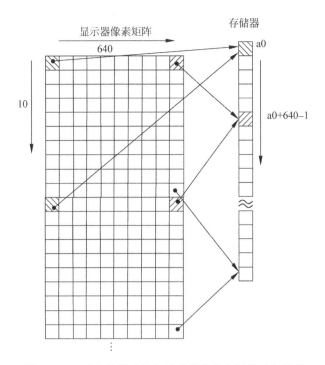

图 8-15　显示存储器地址与显示器像素之间的对应关系

Nexys4 以及 Nexys4 DDR 实验板 VGA 接口 DA 转换电路相同,如图 8-17 所示,红、绿、蓝三基色分别为 4 位数字信号输入,标注 RED3、GRN3、BLU3 分别为红、绿、蓝三基色的最高有效位,标注 RED0、GRN0、BLU0 分别为红、绿、蓝三基色的最低有效位。

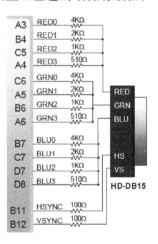

Pin 1: Red	Pin 5: GND
Pin 2: Grn	Pin 6: Red GND
Pin 3: Blue	Pin 7: Grn GND
Pin 13: HS	Pin 8: Blu GND
Pin 14: VS	Pin 10: Sync GND

图 8-16　VGA 接口物理规范　　　　图 8-17　Nexys4 VGA 接口 DA 转换电路

8.3.3　创建工程并添加已有设计代码

创建工程以及添加已有代码的过程在第 7 章已经讲解过,此处不再赘述。添加完之后项目源文件窗口与第 7 章实验示例最后的源文件列表一致。

8.3.4　显示存储器模块

Verilog 语言实现显示存储器设计代码如图 8-7 所示。由于每个像素为 12 位色，因此显示存储器存储单元字长设置为 12 位。由于采用参数定义输入/输出引脚位宽，因此新建模块时，不设置输入/输出引脚名称，而在编辑器中直接输入模块代码。即在创建文件，弹出配置输入/输出引脚窗口时，如图 8-18 所示，直接单击 OK 按钮，得到如图 8-19 所示代码框架，其余代码可按照图 8-7 自行输入。

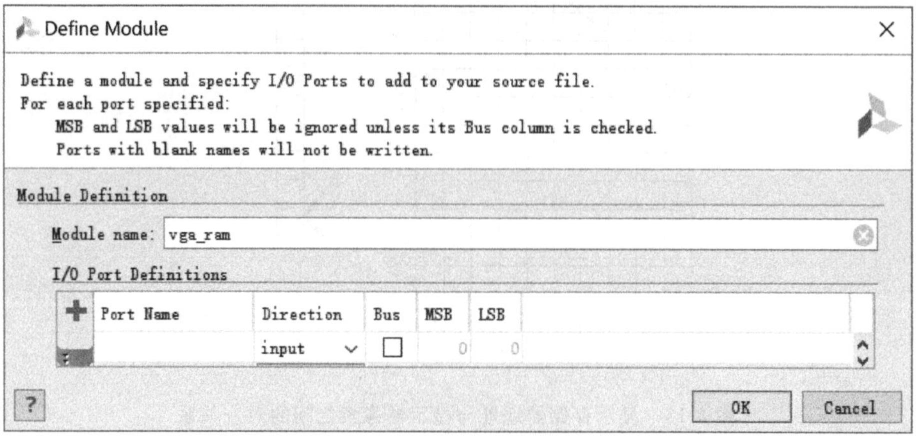

图 8-18　新建模块不配置输入/输出引脚

8.3.5　计数器模块

计数器分为行计数器和列计数器，都采用如图 8-20 所示 Verilog 代码。新建代码的过程与显示存储器模块代码建立过程类似。

```
module counter(reset,clk,en,q_count,rc);
  parameter max_n = 800,bits=12;
  input reset,clk,en;
  output reg [bits-1:0] q_count;
  output rc;
  assign rc = (q_count == max_n-1)?1'b1:1'b0;
  always @ (posedge clk or posedge reset)
  begin
   if(reset)
        q_count <= 0;
   else   if (en)
        begin
        if (q_count == max_n-1)
        q_count <= 0;
        else q_count <= q_count + 1'b1;
        end
    end
endmodule
```

```
module vga_ram(

);
endmodule
```

图 8-19　未定义输入/输出
引脚的模块框架

图 8-20　计数器 Verilog 代码

8.3.6 控制逻辑模块

控制逻辑模块根据行、列计数器的输出,产生场、行同步信号以及消隐信号、显存地址产生使能信号等。同样采用参数定义方式设置输入/输出引脚位宽,Verilog 代码如图 8-21 所示。新建代码的过程与显示存储器模块代码建立过程类似。

```
module vga_logic( hcount, vcount,hsync,vsync,addr_en,blank);
    parameter syn_h=96,back_porch_h=48,disp_h=640,forth_porch_h=16;
    parameter syn_v=2,back_porch_v=29,disp_v=480,forth_porch_v=10;
    parameter h_bits=12,v_bits=12;
    input [h_bits-1:0] hcount;
    input [v_bits-1:0] vcount;
    output hsync,vsync,addr_en,blank;
    assign hsync=(hcount<syn_h)?1'b0:1'b1;
    assign vsync=(vcount<syn_v)?1'b0:1'b1;
    assign addr_en = (hcount>=syn_h+back_porch_h) &&
(hcount<syn_h+back_porch_h+disp_h) &&(vcount>=syn_v+back_porch_v) &&
(vcount<syn_v+back_porch_v+disp_v);
    assign blank = (hcount<syn_h+back_porch_h) || (hcount>=syn_h+back_porch_h+disp_h)
|| (vcount<syn_v+back_porch_v) || (vcount>=syn_v+back_porch_v+disp_v);
endmodule
```

图 8-21 控制逻辑代码

8.3.7 显示存储器地址产生模块

显示存储器的地址产生规律与实际显示存储空间大小以及显存与显示器区间之间的对应关系有关,同样采用参数定义引脚位宽。Verilog 代码如图 8-22 所示。

```
module addr_gen(v_sync,addr_en,clk_pix,addr);
    parameter addr_bits=13;
    parameter max_mem=6400;
    input v_sync,addr_en,clk_pix;
    output reg [addr_bits-1:0] addr;
    always @ (posedge clk_pix or negedge v_sync)
    begin
        if (!v_sync)
            addr <= 0;
        else if (addr_en)
                if (addr == max_mem-1)
                        addr <= 0;
                else
                        addr <= addr + 1;
    end
endmodule
```

图 8-22 显示存储器的地址产生模块代码

8.3.8 VGA 控制器模块

VGA 控制器由行计数器、列计数器、控制逻辑、地址产生器以及视频数据复用器等子模块集成而来。它对外产生显示存储器地址,输出行、场同步信号,并且得到显示存储器输出的数据与消隐信号合成产生视频数据线需要的三基色数据输出到 DA 转换器。行、列计数器的时钟信号为像素时钟,由时钟产生模块提供。显示存储器地址宽度可变,仍然采用参数定义引脚位宽。Verilog 代码如图 8-23 所示。另外，该模块需根据 VGA 显示制式对各个子模块的参数进行相应设置。

```verilog
module vga_ctr(clk_pix,reset,addr,memData,hsync,vsync,VideoData);
    parameter addr_n=12,max_mem =128, h_count_n=10, v_count_n=10,
    h_vcount_max=800, v_count_max=521, syn_h=96, back_porch_h=48,disp_h=640,
    forth_porch_h=16, syn_v=2, back_porch_v=29, disp_v=480, forth_porch_v=10;
    input clk_pix,reset;
    output [addr_n-1:0] addr;
    input [11:0] memData;
    output hsync,vsync;
    output [11:0] VideoData;
    wire h_rc,v_rc,addr_en,blank;
    wire [h_count_n-1:0] h_count;
    wire [v_count_n-1:0] v_count;
    counter h_count_u(reset,clk_pix,1,h_count,h_rc);
    defparam h_count_u.max_n=h_vcount_max, h_count_u.bits=h_count_n;
    counter v_count_u(reset,clk_pix,h_rc,v_count,v_rc);
    defparam v_count_u.max_n=v_count_max,v_count_u.bits=v_count_n;
    vga_logic u_vga_logic(h_count,v_count,hsync,vsync,addr_en,blank);
    defparam u_vga_logic.h_bits=h_count_n, u_vga_logic.v_bits=v_count_n;
    defparam u_vga_logic.syn_h=syn_h,u_vga_logic.back_porch_h=back_porch_h;
    defparam u_vga_logic.disp_h=disp_h,u_vga_logic.forth_porch_h=forth_porch_h;
    defparam u_vga_logic.syn_v=syn_v,u_vga_logic.back_porch_v=back_porch_v;
    defparam u_vga_logic.disp_v=disp_v,u_vga_logic.forth_porch_v=forth_porch_v;
    addr_gen u_addr_gen(vsync,addr_en,clk_pix,addr);
    defparam u_addr_gen.addr_bits=addr_n,u_addr_gen.max_mem=max_mem;
    assign VideoData = blank?12'h0:memData;
endmodule
```

图 8-23　VGA 控制器模块代码

8.3.9　像素时钟产生模块

显示制式为 $640 \times 480@60\,Hz$ 时，显示器像素时钟频率为 $25\,MHz$，Nexys4 以及 Nexys4 DDR 实验板系统时钟信号频率为 $100\,MHz$，因此仅需对系统时钟信号 4 分频，可通过 2 位计数器实现 4 分频。Verilog 代码示例如图 8-24 所示。

```verilog
module clk_pix_gen(input clk, input reset, output clk_pix);
    reg [1:0] count;
    assign clk_pix = count[1];
    always @ (posedge clk)
    begin
        if(reset)
            count <= 0;
            else count <= count +1;
    end
endmodule
```

图 8-24　像素时钟产生模块

8.3.10　修改 IO 接口模块

第 7 章中 IO 接口模块将实验板 16 个开关平均分为两组，16 位开关状态需将两个 8 位数据移位合并才能得到，但是实验示例中 MIPS 微处理器没有支持移位指令，汇编程序不便获取 12 位像素颜色信息。因此本实验修改 IO 接口模块，将 16 位开关分为两组：一组 4

位、一组 12 位,分别对应不同端口。若其中 4 位位置信息对应的端口地址 A2 为 1,12 位颜色信息对应的端口地址 A2 为 0,第 7 章 IO 接口模块 Verilog 代码需修改,如图 8-25 所示。

```
module led_switch(input clk, input iow, input a, input [31:0] DataIn,
    output [31:0] DataOut, input [11:0] switch0, input [3:0] switch1,
    output [11:0] led0, output [3:0] led1);
    reg [11:0] led_reg0;
    reg [3:0] led_reg1;
    reg [31:0] switch_reg[1:0];
    assign DataOut = (a == 1'b0)? switch_reg[0]:switch_reg[1];
    assign led0 = led_reg0;
    assign led1 = led_reg1;
    always @(posedge clk)
    begin
    switch_reg[0] <= {20'h0,switch0};
    switch_reg[1] <= {28'h0,switch1};
    end
    always @(posedge clk)
    begin
     if (iow)
    if (a == 0)
    led_reg0 <= DataIn[11:0];
    else led_reg1 <= DataIn[3:0];
    end
endmodule
```

图 8-25　修改后的 IO 接口模块

根据以上定义,若读取端口地址 A2 为 1 的数据,仅需保留低 4 位;若读取端口地址 A2 为 0 的数据,仅需保留低 12 位。

8.3.11　顶层模块集成

顶层模块在第 7 章实验示例基础上需增加 VGA 接口引脚定义,即顶层模块输入/输出引脚定义修改如图 8-26 所示。

```
module top(input clk,input reset_ext,input [15:0] switch,output [15:0] led,
                output [11:0] VideoData, output hsync,output vsync);
```

图 8-26　顶层模块输入/输出引脚定义

还需对第 7 章实验示例中 IO 接口模块重新实例化,具体修改如图 8-27 所示。

```
led_switch IO(clk,iow,Res[2],RtData,IODataOut,switch[11:0],switch[15:12],led[11:0],led[15:12]);
```

图 8-27　IO 接口模块输入/输出引脚实例化修改

另外,对像素时钟产生模块实例化时,需在顶层模块内部添加一个 wire 型变量,表示像素时钟信号。像素时钟实例化代码如图 8-28 所示。

```
wire clk_pix;
clk_pix_gen u_pix_clk(clk,reset,clk_pix);
```

图 8-28　像素时钟产生模块实例化

显存模块实例化需在顶层模块内部增加与显示控制器之间的接口连线，包括视频数据输出以及显存地址输入，并且需要定义显存容量以及显存地址宽度。显存模块实例化代码如图 8-29 所示。该代码定义显存容量为 $6400 \times 12b$，地址线宽度为 13 位。

```
wire [12:0] addr_vga;
wire [11:0] memData;
vga_ram u_vga_ram(clk,memw,Res[14:2],RtData[11:0],addr_vga[12:0],memData[11:0]);
defparam u_vga_ram.addr_n=13, u_vga_ram.data_n=12, u_vga_ram.max_mem=6400;
```

图 8-29　显存模块实例化

VGA 控制器实例化代码如图 8-30 所示。该代码定义寻址显存地址线宽度 13 位，显存最大容量为 6400 个存储单元。其余采用默认设置，即显示控制器制式为 $640 \times 480@60Hz$。

```
vga_ctr u_vga_ctr(clk_pix,reset,addr_vga,memData,hsync,vsync,VideoData);
defparam   u_vga_ctr.addr_n=13,u_vga_ctr.max_mem =6400;
```

图 8-30　VGA 控制器实例化

由于显存容量大于 7 位地址所能表示的范围，因此端口地址译码修改为采用 A15 区分存储器和 IO，并且数据存储器在本实验中不需要使用，因此可以不实例化该模块，这样集成后的完整顶层模块代码如图 8-31 所示。在第 7 章 IO 接口实验示例基础上修改的代码都以虚线框标注。

8.3.12　汇编控制程序

实验要求将显示器划分为 48 个条形区域，且各区域左上角 16 个像素显示低 12 位开关对应的颜色，像素位置由高 4 位开关设置。开关端口地址 A15 为 1，高 4 位开关对应端口地址 A2 为 1，低 12 位开关对应端口地址 A2 为 0，因此可以选取 0x8000 表示低 12 位开关对应的端口地址，0x8004 表示高 4 位开关对应的端口地址。同理，0x8000 表示低 12 位 LED 灯对应的端口地址，0x8004 表示高 4 位 LED 灯对应的端口地址。显示存储器要求 A15 必须为 0，并且 CPU 访问显示存储器时，地址偏移了两位，因此像素在显示存储器中的地址依次为 0x0,0x4,0x8,0xC……

如图 8-32 所示，汇编程序循环读取开关状态，控制对应 LED 灯，并且将低 12 位开关表示的像素颜色数据保存到显示存储器的前 16 个存储单元。该汇编程序对应的 COE 文件如图 8-33 所示。

8.3.13　整体功能仿真

仿真激励文件 Verilog 代码示例如图 8-34 所示。

运行仿真一段时间之后，暂停运行。通过缩放按键控制显示的波形以适合观察，首先找到行、场同步信号的负脉冲，然后再找到非消隐时段的视频数据（即视频数据非 0），这时可以观察到显示时序段内前 16 个（0～15）像素时钟内，视频数据与低 12 位开关的值完全一致，如图 8-35 所示。同时也观察到 16 位 LED 灯的值与 16 位开关的值完全一致。仿真波形中后面的视频数据为 X，这是由于显示存储器存储单元没有初始化。

```
module top( input clk,input reset_ext,input [15:0] switch,output [15:0] led,
                    output [11:0] VideoData, output hsync,output vsync);
        wire reset, memw,iow,clk_pix;
        assign reset = ~reset_ext;
        wire [31:0] memDataOut, IODataOut;
        reg [31:0] PC;
        wire J,B,Bzero,zero,M2R,memwr,Imm,regwr,RtDst;
        wire[1:0] ALUop;
        wire[3:0] ALUctr;
        wire[31:0] NewPC,JMPPC,BranPC,Imm32L2,Imm32,NotJMPPC,TempPC;
        wire[31:0] Instr,WriteData,DataOut,Res,RsData,RtData,in2;
        wire[4:0] WriteAddr;
        assign memw = memwr & ~Res[15];
        assign iow = memwr & Res[15];
        assign DataOut = Res[15]?IODataOut:memDataOut;
        assign Imm32 = {{16{Instr[15]}},Instr[15:0]};//sign extend
        assign WriteAddr = RtDst?Instr[15:11]:Instr[20:16];
        assign in2 = Imm?Imm32:RtData;
        assign WriteData = M2R?DataOut:Res;
        assign NotJMPPC = Bzero?BranPC:NewPC;
        assign TempPC = J?JMPPC:NotJMPPC;
        assign Bzero = B&zero;
        assign Imm32L2 = Imm32 << 2;
        assign JMPPC = {NewPC[31:28],Instr[25:0],2'b00};
        assign BranPC = NewPC+Imm32L2;
        assign NewPC = PC + 4;
        always @(posedge clk)
                if(!reset)
                        PC = TempPC;
                else
                        PC = 32'b0;
    clk_pix_gen u_pix_clk(clk,reset,clk_pix);
    mainctr mainctr1(Instr[31:26],ALUop,RtDst,regwr,Imm,memwr,B,J,M2R);
    ALU alu(RsData,in2,ALUctr,Res,zero);
    aluctr aluctr1(.ALUop(ALUop),.func(Instr[5:0]),.ALUctr(ALUctr));
    led_switch
IO(clk,iow,Res[2],RtData,IODataOut,switch[11:0],switch[15:12],led[11:0],led[15:12]);
    InstrROM irom (.a(PC[8:2]), .spo(Instr));
    regFile regfile (clk, reset, regwr,Instr[25:21], Instr[20:16],
                                     WriteAddr, WriteData, RsData, RtData );
    wire [12:0] addr_vga;
    wire [11:0] memData;
    vga_ram u_vga_ram(clk,memw,Res[14:2],RtData[11:0],
                            addr_vga[12:0],memData[11:0]);
    defparam u_vga_ram.addr_n=13, u_vga_ram.data_n=12, u_vga_ram.max_mem=6400;
    vga_ctr u_vga_ctr(clk_pix,reset,addr_vga,memData,hsync,vsync,VideoData);
    defparam   u_vga_ctr.addr_n=13,u_vga_ctr.max_mem =6400;
endmodule
```

图 8-31　顶层模块集成代码

8.3.14　下载编程测试

编程下载测试的过程与第 7 章一致,添加视频接口引脚约束,如图 8-36 所示,VideoData 高 4 位为红色、中间 4 位为绿色、低 4 位为蓝色,保存约束文件。紧接着生成比特流文件,然后打开 Hardware Manager,连接硬件板卡,编程下载生成的比特流。并将 VGA 显示器连接到开发板,拨动开发板低 12 位开关,可以观察到显示器上显示 48 条与 12 位开关对应颜色的线段,并且各条线段分别位于 48 个条形显示区域的左上角。

```
main:
lw $4,0x8000($5)  #读取开关低 12 位
lw $3,0x8004($5)  #读取开关高 4 位
sw $4,0x8000($5)  #开关低 12 位输出到 LED 低 12 位
sw $3,0x8004($5)  #开关高 4 位输出到 LED 高 4 位
sw $4, 0x0($5)    #将低 12 位数据输出到显示存储器前 16 个存储单元
sw $4, 0x4($5)
sw $4, 0x8($5)
sw $4, 0xc($5)
sw $4, 0x10($5)
sw $4, 0x14($5)
sw $4, 0x18($5)
sw $4, 0x1c($5)
sw $4, 0x20($5)
sw $4, 0x24($5)
sw $4, 0x28($5)
sw $4, 0x2c($5)
sw $4, 0x30($5)
sw $4, 0x34($5)
sw $4, 0x38($5)
sw $4, 0x3c($5)
j main
```

图 8-32   VGA 显示控制汇编程序

```
MEMORY_INITIALIZATION_RADIX=16;
MEMORY_INITIALIZATION_VECTOR=8ca48000 8ca38004 aca48000 aca38004
aca40000 aca40004 aca40008 aca4000c aca40010 aca40014 aca40018 aca4001c
aca40020 aca40024 aca40028 aca4002c aca40030 aca40034 aca40038 aca4003c
08000000
```

图 8-33   VGA 显示控制汇编程序对应的 COE 文件

```
module topsim();
    reg clk,reset;
    reg [15:0] switch;
    wire [15:0] led;
    wire hsync,vsync;
    wire [11:0] VideoData;
    top u1(.clk(clk),.reset_ext(reset),.switch(switch),.led(led),
                        .hsync(hsync),.vsync(vsync),.VideoData(VideoData));
    parameter PERIOD = 14;
    always begin
        clk = 1'b0;
        #(PERIOD/2) clk = 1'b1;
        #(PERIOD/2);
    End
      initial begin
        reset = 1'b0;
        switch = 16'h1234;
        #8
        reset = 1'b1;
    end
endmodule
```

图 8-34   VGA 仿真激励文件

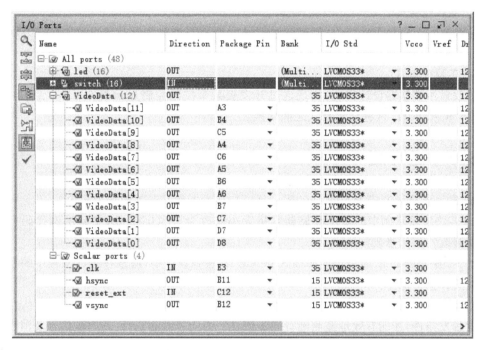

图 8-35　VGA 仿真结果

Name	Direction	Package Pin	Bank	I/O Std	Vcco	Vref	Dr
⊟ ☑ All ports (48)							
⊞ ☑ led (16)	OUT		(Multi...	LVCMOS33* ▼	3.300		12
⊞ ☑ switch (16)	IN		(Multi...	LVCMOS33* ▼	3.300		12
⊟ ☑ VideoData (12)	OUT		35	LVCMOS33* ▼	3.300		12
☑ VideoData[11]	OUT	A3 ▼	35	LVCMOS33* ▼	3.300		12
☑ VideoData[10]	OUT	B4 ▼	35	LVCMOS33* ▼	3.300		12
☑ VideoData[9]	OUT	C5 ▼	35	LVCMOS33* ▼	3.300		12
☑ VideoData[8]	OUT	A4 ▼	35	LVCMOS33* ▼	3.300		12
☑ VideoData[7]	OUT	C6 ▼	35	LVCMOS33* ▼	3.300		12
☑ VideoData[6]	OUT	A5 ▼	35	LVCMOS33* ▼	3.300		12
☑ VideoData[5]	OUT	B6 ▼	35	LVCMOS33* ▼	3.300		12
☑ VideoData[4]	OUT	A6 ▼	35	LVCMOS33* ▼	3.300		12
☑ VideoData[3]	OUT	B7 ▼	35	LVCMOS33* ▼	3.300		12
☑ VideoData[2]	OUT	C7 ▼	35	LVCMOS33* ▼	3.300		12
☑ VideoData[1]	OUT	D7 ▼	35	LVCMOS33* ▼	3.300		12
☑ VideoData[0]	OUT	D8 ▼	35	LVCMOS33* ▼	3.300		12
⊟ ☑ Scalar ports (4)							
☑ clk	IN	E3 ▼	35	LVCMOS33* ▼	3.300		12
☑ hsync	OUT	B11 ▼	15	LVCMOS33* ▼	3.300		12
☑ reset_ext	IN	C12 ▼	15	LVCMOS33* ▼	3.300		
☑ vsync	OUT	B12 ▼	15	LVCMOS33* ▼	3.300		12

图 8-36　VGA 接口引脚约束

8.4　实验任务

1. 实验任务一

编写仿真激励文件,完成实验示例中 VGA 控制器模块功能仿真。截取仿真波形,验证设计的正确性。

2. 实验任务二

编写顶层仿真激励文件,完成实验示例整体功能仿真验证。截取仿真波形,验证设计的正确性。

3. 实验任务三

利用 debug,监测实验示例中 VGA 接口行同步信号、场同步信号、视频数据以及 VGA

控制器产生的显示存储器地址。截取 debug 显示的波形，验证设计的正确性。

4. 实验任务四

利用 debug，监测实验示例中微处理器写入显示存储器的数据以及对应的显示存储器地址。截取 debug 显示的波形，验证设计的正确性。

5. 实验任务五

修改示例汇编程序代码控制显示器第 2 列连续 10 行显示 12 位开关表示的像素颜色信息，即显示器第 2 列全部显示 12 位开关表示的颜色。

6. 实验任务六

修改微处理器支持的指令集即增加支持 addi 指令，同时修改汇编程序代码控制显示器全屏显示 12 位开关表示的颜色。

7. 实验任务七

修改显示控制器设计代码，将实验示例显示控制器修改为支持 $800 \times 600@60Hz$ 显示制式。

8. 实验任务八

修改显示控制器设计代码，实现通过开发板某个按键控制显示器在 $640 \times 480@60Hz$ 和 $800 \times 600@60Hz$ 两种显示制式之间切换。

8.5 思考题

1. 显示器显示制式为 $800 \times 600@60Hz$ 时，显示器像素时钟频率为多少？

2. 若将实验示例中的显示存储器容量大小修改为 $12800 \times 16b$，实验示例代码中哪部分需要修改？如何修改？

3. 采用 Vivado 图形用户界面插入 debug IP 核到设计中，应该在设计流程中的哪一步插入？具体如何操作？

4. 采用 debug 监测 VGA 时序波形，若采样频率为 100MHz、采样深度为 1024，应该如何设置触发条件，才能有效地监测到行同步信号？为同时监测到行、场同步信号及消隐时序和行显示时序，又应该如何设置采样频率、采样深度以及触发条件？

5. 如何修改实验示例中的汇编程序，控制显示器每个条形显示区域左上角显示一个由 12 位开关控制颜色的 4 行×6 列的矩形？

## 第 3 篇

基于 IP 核的嵌入式
计算机系统软硬件设计

Xilinx 嵌入式系统平台包括两个方面：硬件平台和软件平台。Xilinx FPGA 支持多种不同软硬件平台,本书仅针对 MicroBlaze 软核微处理器硬件平台和 standalone 操作系统软件平台阐述嵌入式计算机系统设计基本原理。

## 第 9 章

MicroBlaze 嵌入式系统平台

学习目标：掌握 MicroBlaze 微处理器基本结构、中断处理机制以及与中断处理相关函数。

9.1 MicroBlaze 软核微处理器

9.1.1 MicroBlaze 基本结构

MicroBlaze 微处理器是 Xilinx 公司基于 FPGA 开发的一个类 MIPS 指令集软核微处理器，它支持 32 位数据总线和 32 位地址总线，基本结构如图 9-1 所示。它将指令存储器和数据存储器放在微处理器之外，为实现指令和数据访问设计了专门总线接口部件。采用哈佛结构，具有独立的指令总线和数据总线接口部件。MicroBlaze 可以配置为大字节序或小字节序，默认情况下：采用 PLB 总线时为大字节序；采用 AXI4 总线时为小字节序。支持三级或五级流水线，内部具有可选的指令和数据 cache，同时支持虚拟存储管理。支持通过 PLB、LMB、AXI 总线与外围接口或部件相连。

MicroBlaze 具有 32 个 32 位的通用寄存器，使用规则与 MIPS 微处理器通用寄存器使用规则相同，分别命名为 R0～R31。其中，R14～R17 又用做异常返回地址寄存器。另外还具有 18 个 32 位特殊功能寄存器，包括 PC、MSR 等。部分特殊功能寄存器由用户对 MicroBlaze 微处理器的配置决定是否存在。

9.1.2 MicroBlaze 中断系统

MicroBlaze 微处理器将中断分为以下几种类型：复位(reset)、中断(interrupt)、用户异常(user exception)、不可屏蔽硬件打断(break：non-maskable hardware)、硬件打断(break：hardware break)、软件打断(break：software break)、硬件异常(hardware exception)。

各类中断源按优先级从高到低依次为复位、硬件异常、不可屏蔽硬件打断、打断(硬件、软件)、中断、用户异常。

MicroBlaze 微处理器采用向量中断方式，各类中断的中断向量地址都固定，即 MicroBlaze 微处理器响应某个特定类型中断时，可以直接根据中断源的中断类型获取固定的中断向量地址，进入中断服务。MicroBlaze 微处理器利用寄存器保存断点。表 9-1 列举了 MicroBlaze 所有中断类型中断向量地址以及断点保存对应寄存器。

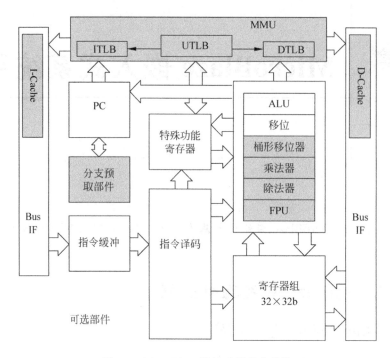

图 9-1　MicroBlaze 微处理器基本结构

表 9-1　MicroBlaze 所有中断类型的中断向量地址以及断点保存对应寄存器

中 断 类 型	中断向量地址	保存断点的寄存器
复位	0x00000000～0x00000007	—
用户异常	0x00000008～0x0000000f	—
中断	0x00000010～0x00000017	R14
不可屏蔽硬件打断		
硬件打断	0x00000018～0x0000001f	R16
软件打断		
硬件异常	0x00000020～0x00000027	R17

　　从表 9-1 可知,各类中断源中断向量地址处预留存储空间仅为 8 字节,这部分存储空间不足以保存中断服务程序,因此真正的中断服务程序并不是保存在中断向量处,而是保存在存储器中其他位置,中断向量处仅通过一条跳转指令转入真正中断服务程序。由于要能跳转到任何位置,因此其中 4 字节保存真正中断服务程序入口地址,4 字节保存间接寻址跳转指令机器码。由此可知,MicroBlaze 微处理器不需要中断类型码,直接根据 CPU 不同硬件中断源引脚或软件中断指令转入固定中断向量地址,然后再通过跳转指令跳转到真正中断服务程序。

　　MicroBlaze 微处理器外部可屏蔽中断请求信号连接到 MicroBlaze 微处理器的中断请求输入引脚 Interrupt 上。该微处理器仅具有一个外部中断请求信号输入端,因此若计算机系统需要支持多个外设的中断请求,就需要一个中断控制器(如 AXI INTC)实现对多个外设中断请求信号的管理。

　　MicroBlaze 微处理器有一个机器状态寄存器 MSR,该寄存器中的位 IE 实现对所有可屏蔽中断的控制。当该位为 1 时,且 BIP(break in progress)为 0(即微处理器没有处于打断状态),微处理器才可以响应中断;否则微处理器不响应中断。允许接收中断请求情况下,当微处理器接收到中断请求时,它首先将断点保存在寄存器 R14 中,并且使 IE 为 0,即关闭中断响应,然后再跳转到地址 0x00000010 处执行指令,进入中断服务程序。如果需要实现中断嵌套,则在中断服务程序中必须将 IE 再次置为 1。

　　MicroBlaze 微处理器中断处理过程如图 9-2 所示。①表示当主程序在正常执行程序的过程中检测到中断信号,微处理器保存下一条指令的地址即 PC 的值到寄存器 R14 中。②微处理器将 PC 的值修改为 0x0000 0010,跳转到中断向量处。③微处理器执行中断向量处的跳转指令,跳转到中断服务程序,执行中断服务。该指令包含中断服务程序的入口地址 0x abcd efgh。由于微处理器对所有外设仅提供一个中断服务程序跳转地址,因此该中断服务程序也叫做主中断服务程序。如果系统中存在不同种类中断源,该中断服务程序需读取中断控制器的中断请求寄存器,以确定具体中断源,并且进一步调用该中断源的中断服务程序。因此主中断服务程序需要维护一个中断向量表(中断向量数组),并根据中断源查找相应中断服务程序。④当中断服务执行完毕之后,主中断服务程序将调用中断返回指令,微处理器从 R14 处获取返回地址,使 PC 指向返回地址,继续从主程序断点处执行程序。

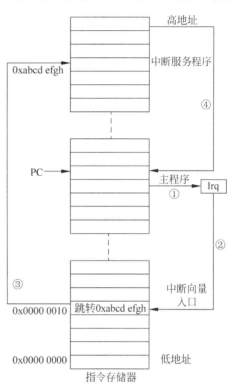

图 9-2　MicroBlaze 中断处理过程

9.1.3　MicroBlaze 总线结构

　　总线接口是 CPU 软核的重要部分,每种总线都具有鲜明的特点和明确的适用外设,合理使用不同的总线访问不同的组件,并正确地协调这些总线,才能最大程序地发挥MicroBlaze 的性能。MicroBlaze 总线基本结构如图 9-3 所示。

　　(1) AXI/PLB 总线用于访问外设,包括存储器、GPIO 等设备,使用范围广泛。

　　(2) LMB 总线专用于连接 MicroBlaze 与 FPGA 内部 BlockRAM,高速总线。

　　(3) Cache Link 专用于连接 MicroBlaze 与用做 Cache 的外部存储器,快速总线,一般用FSL 总线实现。

　　AXI 总线是 MicroBlaze 设计中最常用的半同步总线,采取双向 IO 访问方式,并辅以简洁的控制信号,保障最大限度开放式互联,支持主/从操作。AXI 总线从设备接口结构框图如图 9-4 所示。

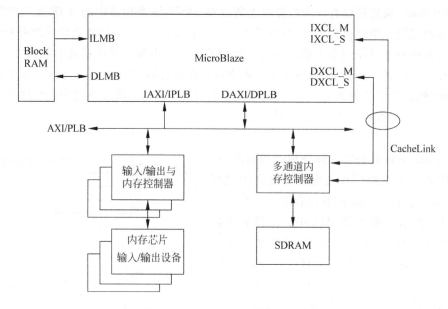

图 9-3　MicroBlaze 总线基本结构

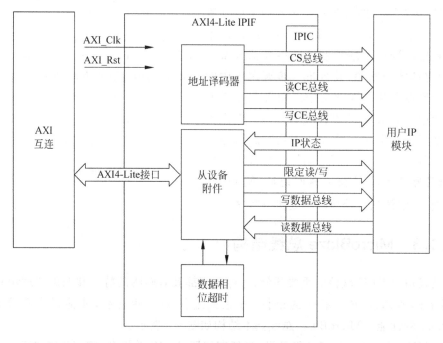

图 9-4　AXI 总线从设备接口结构框图

　　虽然不同接口控制器内部结构不同,但是设计者都只需要设计用户 IP 模块(User IP)的逻辑,开发工具已经实现了 IPIC 模块逻辑。因此接口信号都归结为基本类似的接口信号(IPIC): IP 到总线的信号(IP2BUS)和总线到 IP 的信号(BUS2IP)。

　　AXI 总线接口控制器突发方式读、写时序如图 9-5 所示。

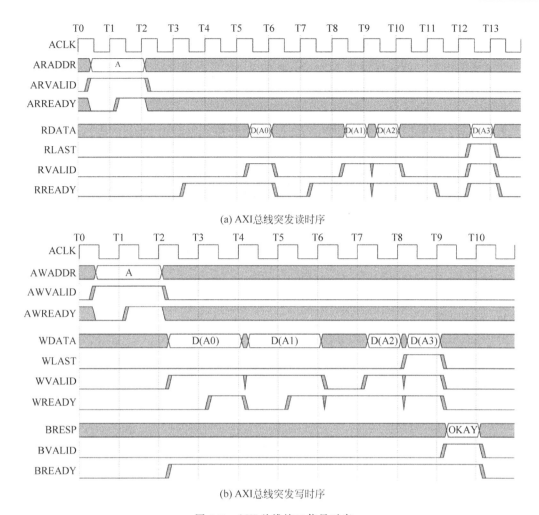

(a) AXI总线突发读时序

(b) AXI总线突发写时序

图 9-5 AXI 总线接口信号时序

9.2 standalone 操作系统

Xilinx 提供了简单嵌入式 standalone 操作系统,用户可基于 standalone 板级驱动包 BSP(board support package)编写硬件驱动、硬件测试代码等。

standalone 板级驱动代码 BSP,给用户提供一些简单初级 API 函数,帮助用户实现对硬件(主要是微处理器核)的基本操作,使软件程序与硬件设计实现一定程度的分离,帮助同步构建硬件和软件系统。

基于 standalone 编写程序与普通 C 语言编程基本相同,比较简单。Xilinx 用户提供了一些 BSP 函数,方便用户访问微处理器特殊功能。BSP 是底层的软件,根据选用 CPU 核的不同而有所区别。当用户选用 MicroBlaze 核采用 standalone 方式时,系统自动在当前工程的 libxil.a 库中建立基于 MicroBlaze 的 BSP。BSP 实质是一组函数集合,了解这些函数的功能可以知道 BSP 的运行方式。下面简要介绍几类 BSP 函数。

1. 中断操作类

1) void microblaze_enable_interrupts(void)

使能硬件中断。该函数设置 MicroBlaze 的 MSR 寄存器 interrupt enable(IE)位为 1。无参数,无返回值。

2) void microblaze_disable_interrupts(void)

关闭中断。该函数设置 MicroBlaze 的 MSR 寄存器 interrupt enable(IE)位为 0。无参数,无返回值。

3) void microblaze_register_handler(XInterruptHandler Handler,void * DataPtr);

登记中断句柄到中断向量表。它包含两个参数:Handler 是需要登记的句柄,DataPtr 是一个指针。当登记的中断句柄 Handler 被调用时,将 DataPtr 指针作为参数传递给中断句柄。无返回值。

2. 异常操作类

1) void microblaze_disable_exceptions(void);

关闭硬件异常。该函数设置 MicroBlaze 的 MSR 寄存器 exceptions enable(EE)位为 0。无参数,无返回值。

2) void microblaze_enable_exceptions(void);

使能硬件异常。该函数设置 MicroBlaze 的 MSR 寄存器 exceptions enable(EE)位为 1。无参数,无返回值。

3) void microblaze_register_exception_handler(u32 ExceptionId, XExceptionHandler Handler,void * DataPtr);

登记异常句柄,无返回值。它包含三个参数:Handler 是需要登记的句柄,DataPtr 是指向要处理数据的指针。当中断句柄 Handler 被调用时,将 DataPtr 数据指针传给这个句柄。ExceptionId 是异常 ID,合法 ID 值保存在 microblaze_exceptions_i.h 头文件中。

3. 指令缓存操作类

1) void microblaze_enable_icache(void);

使能 MicroBlaze 指令缓存。无参数,无返回值。

2) void microblaze_disable_icache(void);

关闭 MicroBlaze 指令缓存。无参数,无返回值。

3) void microblaze_update_icache(int tag,int instr,int lock valid)

更新指令缓存,失效和锁定指令缓存某行,无返回值。它包含三个参数:tag 指明需要更新的指令缓存行号,instr 是用于更新的指令机器码,lock valid 只有低两位有效。

4) void microblaze_init_icache_range(int cache_addr,int cache_size)

初始化指令缓存指定区域。它包含两个参数:cache_addr 指明需要初始化的指令缓存开始地址,cache_size 指明需要初始化的区域大小,以字节为单位。无返回值。

4. 数据缓存操作类

1) void microblaze_enable_dcache(void);

使能 MicroBlaze 数据缓存。无参数,无返回值。

2) void microblaze_disable_dcache(void);

关闭 MicroBlaze 数据缓存。无参数,无返回值。

3）void microblaze_update_dcache(int tag,int data,int lock valid)

更新数据缓存,失效和锁定数据缓存某行,无返回值。它包含三个参数：tag 指明需要更新的数据缓存行号,data 是用于更新的数据,lock valid 只有低两位有效。

4）void microblaze_init_dcache_range(int cache_addr,int cache_size)

初始化数据缓存指定区域。它包含两个参数：cache_addr 指明需要初始化的数据缓存开始地址,cache_size 指明需要初始化的区域大小,以字节为单位。无返回值。

5）void microblaze_flush_dcache(void);

将整个数据 cache 写入内存,无返回值。该函数执行后,再读缓存数据将导致缓存不可达,需要再次填充数据。

6）void microblaze_invalidate_dcache_range(unsigned int cacheaddr,unsigned int len);

使数据缓存指定区域数据无效。它包含两个参数：cacheaddr 指明数据缓存开始地址,len 指明区域大小,以字节为单位。无返回值。

7）void microblaze_flush_dcache_range(unsigned int cacheaddr,unsigned int len);

将数据缓存指定区域数据写入内存。它包含两个参数：cacheaddr 指明数据缓存开始地址,len 指明区域大小,以字节为单位。无返回值。该函数执行后,再读该区域缓存数据将导致缓存不可达,需要再次填充数据。

以上函数都包含在 mb_interface.h 中,使用这些函数需要包含该头文件。

## 第 10 章

嵌入式最小系统建立流程

　　学习目标：掌握嵌入式计算机最小系统构成、Vivado 工具嵌入式系统开发流程，熟悉嵌入式系统软硬件开发工具使用。

　　Vivado 开发平台集成了嵌入式系统开发工具，它将嵌入式系统作为设计工程的一个模块。本书介绍的嵌入式系统硬件由 FPGA IP 软核搭建而成，即采用 Vivado 设计工具中的 IP 核集成器——IP integrator 搭建嵌入式硬件平台。Vivado 同时也集成了 SDK 软件开发工具，该软件开发工具集成 standalone 等简单操作系统。

　　本章以建立嵌入式最小硬件系统以及运行 Hello world 程序为例，介绍 Vivado 嵌入式系统开发流程。

10.1　嵌入式最小系统硬件构成

　　嵌入式系统与桌面电脑相比较：①不支持在系统内部进行软件开发；②不支持在系统内部进行软件调试。因此，嵌入式系统开发必须配备一个专门用于嵌入式系统开发和嵌入式系统调试的主机（桌面电脑）。由主机开发工具实现嵌入式系统编程和调试。

　　嵌入式系统与主机之间必须提供通信接口，以便编程和调试，该接口通常为 JTAG 口。另外，嵌入式系统在构建最小系统时，一般不具有与桌面电脑类似的显示器、键盘等标准输入/输出设备。嵌入式系统借助主机键盘和显示器作为输入/输出设备，因此必须通过某种方式将主机键盘和显示器给嵌入式系统使用。主机通常利用串行通信接口（UART）与嵌入式系统通信，并运行将键盘输入数据传送给串行接口以及接收串行接口数据显示到主机显示器的软件（超级终端等），嵌入式系统才能通过主机进行输入/输出。因此嵌入式系统通常将串行接口作为标准输入/输出设备：接收串口数据作为键盘输入，发送数据到串口作为输出数据到显示器。由此可知，嵌入式计算机最小系统与外界需提供两个接口：一个调试接口（JTAG）和一个标准输入/输出接口（UART）。

　　由 MicroBlaze 微处理器构成的嵌入式计算机最小系统硬件框图如图 10-1 所示。其中双端口片内 RAM 构成嵌入式计算机系统的存储器，调试接口（MDM）以及标准输入/输出接口（UART）都通过 AXI 总线与微处理器相连，另外再加上促使复杂数字系统工作的时钟和复位信号模块。

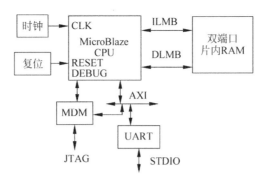

图 10-1　MicroBlaze 微处理器构成的嵌入式计算机最小系统硬件框图

10.2　最小系统硬件平台搭建

Vivado 工具数字逻辑电路设计和嵌入式系统设计流程基本一致,同样是首先建立一个新工程。建立新工程过程如图 10-2(a)~(j)所示。其中(i)开发板选项,可根据实际情况选择 Nexys4 或 Nexys4 DDR 实验板。

图 10-2　新建工程过程

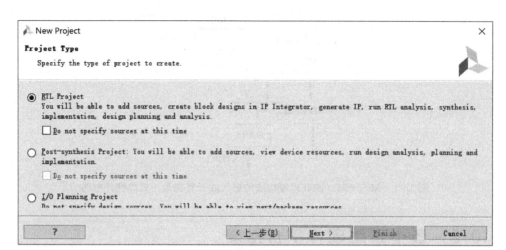

(e) 工程类型为RTL工程

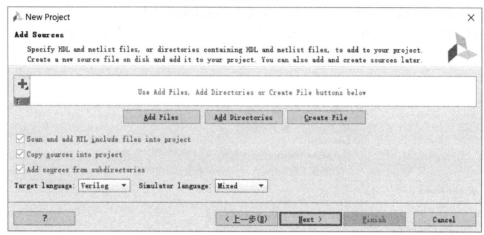

(f) 不添加任何代码

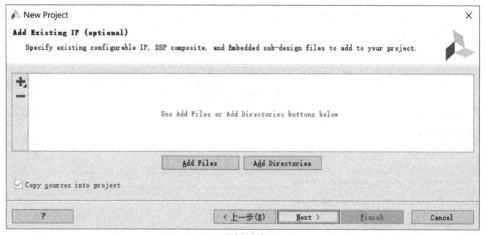

(g) 不添加任何IP

图 10-2　（续）

(h) 不添加任何约束文件

(i) 选择开发板——Nexys4 DDR或Nexys4

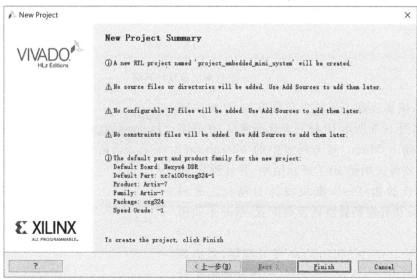

(j) 工程属性小结

图 10-2 （续）

基于 MicroBlaze 的嵌入式系统硬件开发大部分基于现有 IP 核，因此直接使用 Vivado 提供的 IP 核集成工具。IP 核集成工具在 Vivado 开发流程窗口位置如图 10-3 所示。单击它，弹出如图 10-4 所示设置模块名称窗口。设置完成后工作区窗口显示如图 10-5 所示 IP 核集成器设计界面。

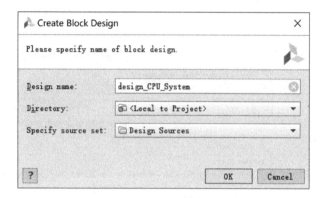

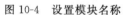

图 10-3　IP 集成器工具　　　　　　　　　图 10-4　设置模块名称

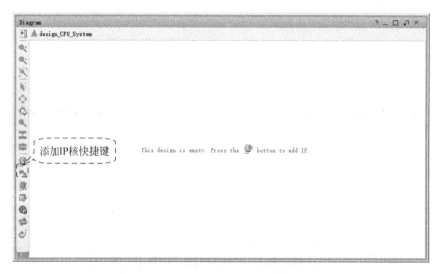

图 10-5　IP 核集成器设计界面

在 IP 核集成器工作区中单击添加 IP 核快捷键，弹出如图 10-6 所示 IP 核列表选择窗口，在搜索过滤器中输入 Micro，双击列表中的 MicroBlaze。IP 核集成器得到如图 10-7 所示结果，并且弹出 IP 核集成器设计助手——模块设计自动化。此时 MicroBlaze 微处理器属性还没有配置，暂时不使用设计助手。

双击图 10-7 中 MicroBlaze 微处理器，弹出如图 10-8～图 10-11 所示 MicroBlaze 微处理器配置向导。

图 10-6　选择微处理器 IP 核

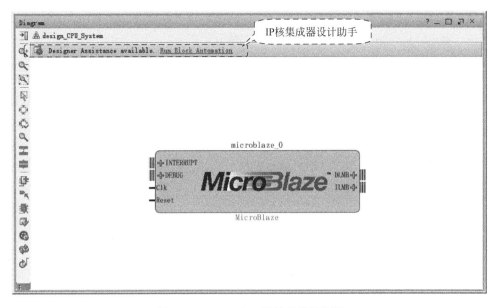

图 10-7 MicroBlaze 微处理器封装图

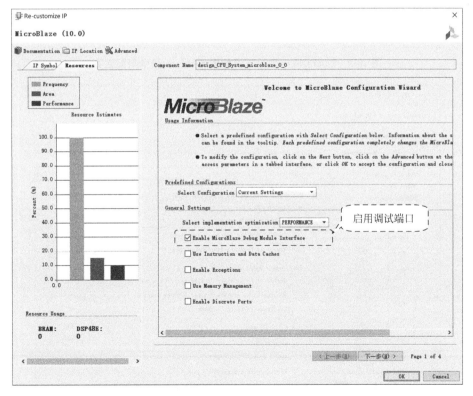

图 10-8 MicroBlaze 微处理器配置向导——基本配置页

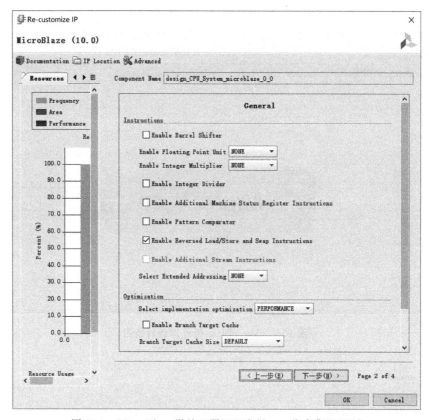

图 10-9　MicroBlaze 微处理器配置向导——指令集配置页

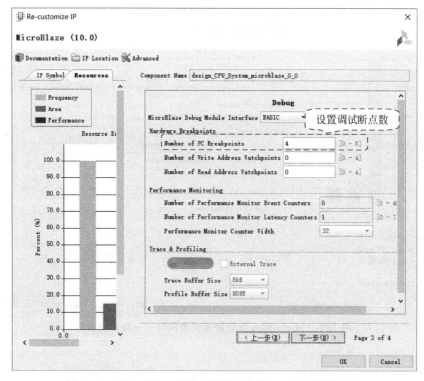

图 10-10　MicroBlaze 微处理器配置向导——调试器配置页

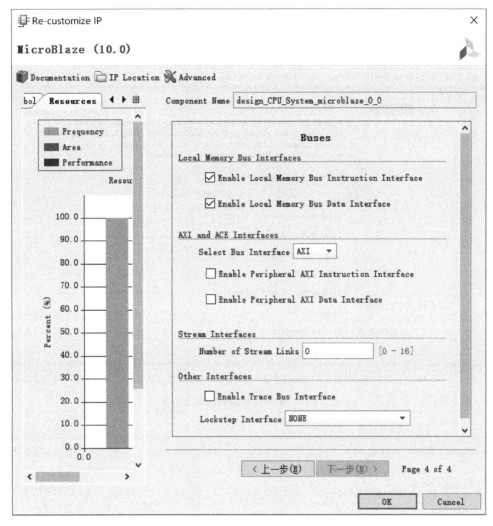

图 10-11　MicroBlaze 微处理器配置向导——总线配置页

　　MicroBlaze 配置完成后,单击 IP 核集成器设计助手运行模块自动配置——Run Block Automation,弹出如图 10-12 所示计算机最小系统配置向导,各项功能如图 10-12 中注释所示。配置完成后,单击 OK 按钮,Vivado 将运行模块自动配置,如图 10-13 所示,完成后得到如图 10-14 所示最小计算机系统框图。

　　Nexys4 或 Nexys4 DDR 实验板时钟信号都为单端输入,复位信号为低电平有效。双击图 10-14 所示框图中的 Clocking Wizard 模块,分别如图 10-15~图 10-17 所示配置时钟输入、复位信号类型以及开发板引脚约束,配置完成后单击 OK 按钮。

　　双击图 10-14 所示框图中的 Processor System Reset 模块,如图 10-18 所示配置复位输入信号的开发板引脚约束。

　　单击如图 10-19 所示 IP 核集成器设计助手 Run Connection Automation 自动连线,进入如图 10-20 所示连线自动配置向导,勾选时钟、复位信号,连线完成后得到如图 10-21 所示结果。

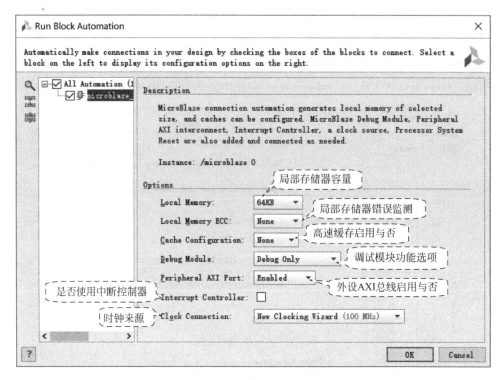

图 10-12 最小计算机系统配置向导

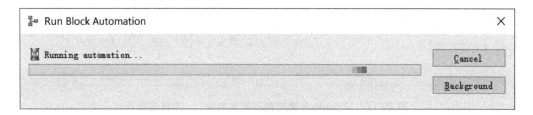

图 10-13 模块自动配置

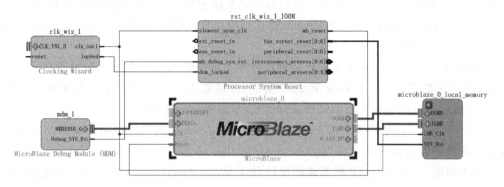

图 10-14 MicroBlaze 最小系统框图

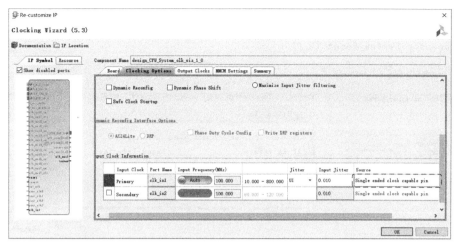

图 10-15　时钟向导设置时钟输入引脚类型——单端时钟

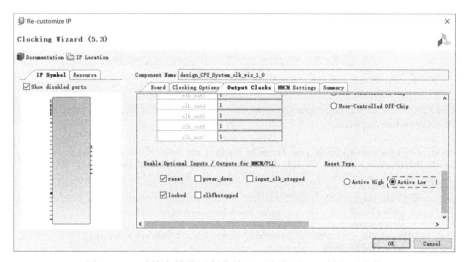

图 10-16　时钟向导设置复位输入引脚类型——低电平有效

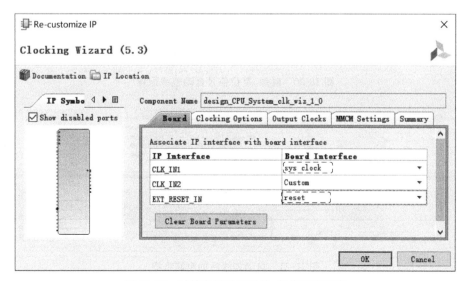

图 10-17　时钟向导设置时钟、复位引脚约束

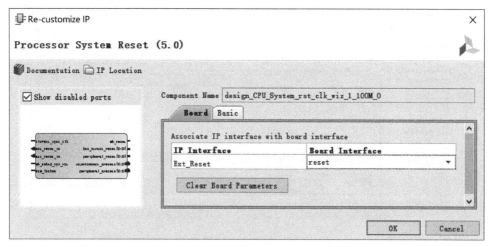

图 10-18　复位模块的复位信号引脚约束

图 10-19　自动连线菜单

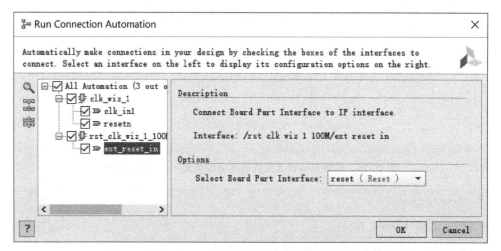

图 10-20　时钟、复位信号自动连线配置

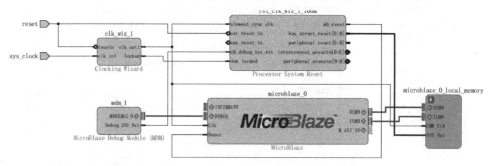

图 10-21　自动连线后的电路框图

单击 IP 核集成器设计界面中的 ADD IP 核按键 ，如图 10-22 所示在 IP 核列表筛选框中输入 UART，双击 AXI Uartlite，得到如图 10-23 所示结果。双击 AXI Uartlite 模块，弹出如图 10-24 所示 UART 配置窗。并按照图 10-24 和图 10-25 所示配置 UART 接口引脚约束和通信协议。单击设计助手 Run Connection Automation，弹出如图 10-26 所示 UART 配置页，勾选 UART 所有相关接口，得到如图 10-27 所示最小计算机系统。该系统相比图 10-21 不但添加了 UART 模块及其输入/输出引脚，同时也添加了 AXI 总线模块，通过 AXI 总线实现 UART 接口与 MicroBlaze 微处理器的连接。

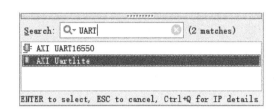

图 10-22 添加 UART IP 核选项

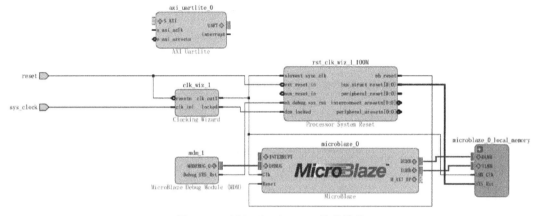

图 10-23 添加了 UART IP 核的模块

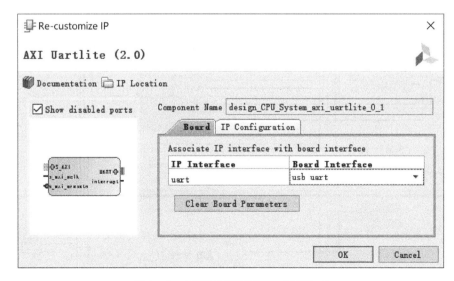

图 10-24 UART 配置页——引脚约束

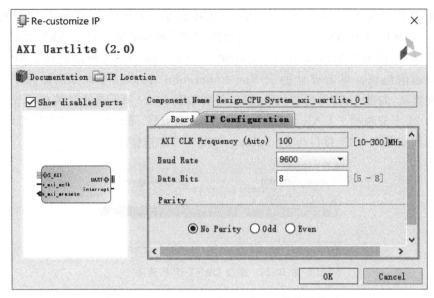

图 10-25　UART 配置页——串口通信协议设置

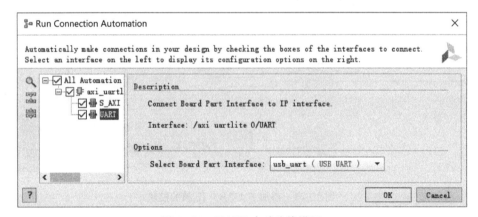

图 10-26　UART 自动连线设置

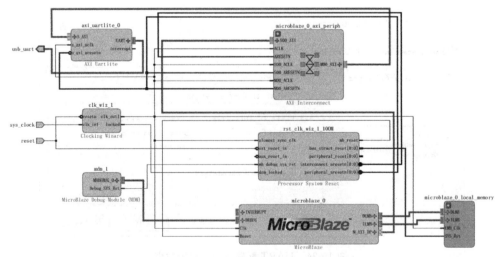

图 10-27　具备基本输入/输出接口的最小计算机系统

这样基于 MicroBlaze 微处理器的最小计算机硬件系统搭建完成,紧接着需保存设计并生成硬件比特流。单击保存快捷键保存设计,然后单击 IP 集成器工作区窗口旁校验快捷键 , 可对设计框图进行基本检验。检验无误后,选中工程源文件窗口中的设计模块文件,按鼠标右键得到如图 10-28 所示快捷菜单,单击 Create HDL Wrapper 生成 HDL 封装。如图 10-29 所示,勾选弹出窗口中 Vivado 自动封装并更新选项。单击 OK 按钮,Vivado 开始生成设计模块的 HDL 封装,完成后源文件窗口如图 10-30 所示。

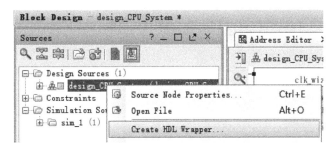

图 10-28　产生 HDL 封装快捷菜单

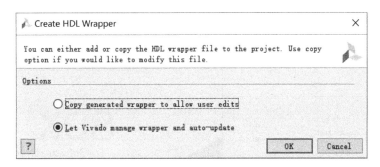

图 10-29　HDL 封装选项

此后生成硬件比特流的过程与 Vivado 设计数字逻辑电路——原型计算机系统一致。由于采用基于开发板的设计,引脚约束已经配置完成,因此可以直接单击工作流窗口中的 Generate Bitstream 开始生成硬件比特流。完成后弹出如图 10-31 所示窗口,此时单击 Cancel 按钮。

图 10-30　生成的 HDL 封装

图 10-31　生成比特流成功

　　单击 File 菜单下如图 10-32 所示导出硬件设计菜单，弹出如图 10-33 所示导出硬件对话框，勾选包含比特流，单击 OK 按钮。然后再单击 File 菜单下如图 10-34 所示启动 SDK 软件菜单，弹出图 10-35 所示对话框，采用默认设置，单击 OK 按钮，启动如图 10-36 所示 SDK 软件开发环境。

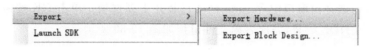

图 10-32　导出硬件菜单

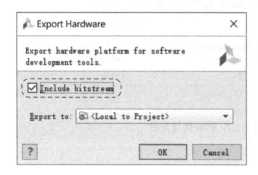

图 10-33　导出硬件对话框

图 10-34　启动 SDK 菜单

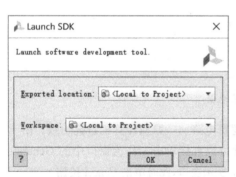

图 10-35　启动 SDK 对话框

图 10-36　启动 SDK 图标

10.3　SDK Hello World 程序设计

　　SDK 界面如图 10-37 所示。各个区域功能描述如图 10-37 图中注释。硬件平台导入 SDK 之后，从工程管理窗口仅看到一个硬件平台工程。

　　基于 standalone 操作系统软件设计，要求首先建立一个 standalone 操作系统 BSP 软件工程。SDK 提供多种软件工程模板，建立软件工程步骤为：选择 File→New 菜单，显示如图 10-38 所示菜单选项，包括新建工程、新建目录或新建文件选项。若新建 standalone 操作系统板级支持包，则单击 Board Support Package，弹出如图 10-39 所示新建板级支持包向导。Xilinx 提供三种类型板级支持包：standalone、freertos、xilkernal。这里选择 standalone，并设置工程名称，存储路径可以采用默认设置，也可以修改为其他位置。设置完成后，单击

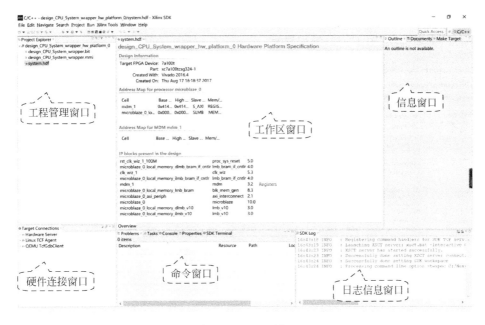

图 10-37　SDK 界面

图 10-38　新建项目、新建目录或新建文件菜单

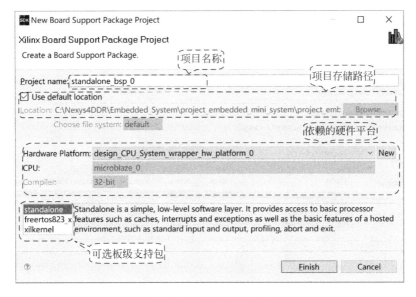

图 10-39　新建 BSP 向导

Finish 按钮,弹出 standalone 板级支持可选库选项(图 10-40)、基本输入/输出以及编译器 (图 10-41)、编译选项(图 10-42)等配置页。

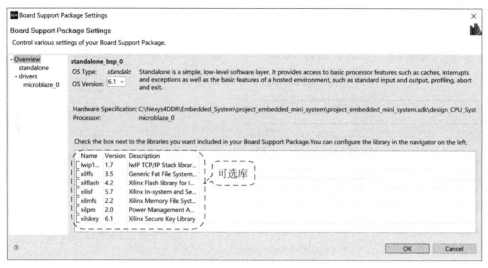

图 10-40　standalone 配置向导——可选库选择

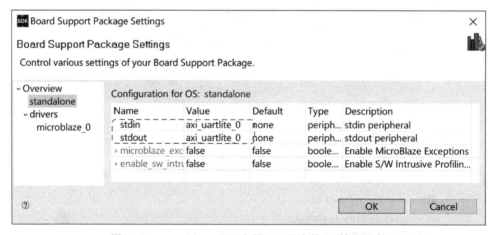

图 10-41　standalone 配置向导——基本输入/输出设备

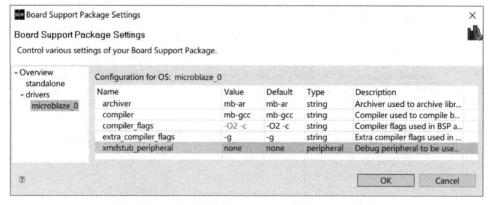

图 10-42　standalone 配置向导——编译器、编译选项

配置完成后单击 OK 按钮,即在工程管理窗口产生如图 10-43 所示 BSP 工程。该工程包括工程源码、库文件以及头文件,目录结构如图 10-44 所示。C 语言基本库与标准 C 一致,同时也包含部分 Xilinx 特殊库函数,使用时需将库函数对应的头文件包含到工程中。其中硬件平台宏定义大都包含在头文件 xparameters. h 文件中。

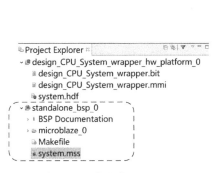

图 10-43　产生的 BSP 工程　　　　　图 10-44　BSP 工程目录结构

建立 hello world 应用工程的步骤与新建 BSP 工程一致,此时选择应用工程如图 10-45 所示。弹出如图 10-46 所示应用工程配置向导,在此设置工程名称、使用的编程语言、依赖的硬件工程、软件工程等。单击 Next 按钮进入如图 10-47 所示应用工程模板选择窗口。SDK 提供了很多工程模板,也提供了 Hello World 工程样例,直接选择 Hello World 工程,单击 Finish 按钮。工程管理窗口产生了一个如图 10-48 所示新的应用工程,并自动完成编译,生成可执行文件 Hello_World. elf。

图 10-45　新建应用工程

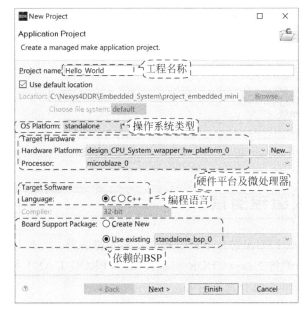

图 10-46　应用工程名称、依赖工程等配置

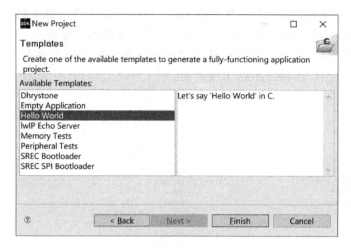

图 10-47　应用工程模板选项

图 10-48　Hello_World 工程结构

helloworld.c 源文件代码如图 10-49 所示。文件由 SDK 从 Vivado 安装包中复制自动生成，文件头部对代码做了相关注释，说明 helloworld 程序将 Hello World 字符串通过波特率为 9600 的 UART 串口输出。其中，print 函数是 stdio.h 中定义的标准库函数。

```
/*
 * helloworld.c: 简单的测试应用程序
 *
 * 这个应用程序配置UART 16550波特率为9600.
 * PS7 UART (Zynq)没有被这个应用程序初始化，由于
 * bootrom/bsp配置波特率为115200
 *
 * ------------------------------------------------
 * | UART TYPE    BAUD RATE                        |
 * ------------------------------------------------
 *    uartns550    9600
 *    uartlite     仅在HW设计中配置
 *    ps7_uart     115200 (由bootrom/bsp配置)
 */
#include <stdio.h>
#include "platform.h"
#include "xil_printf.h"
int main()
{
    init_platform();
    print("Hello World\n\r");
    cleanup_platform();
    return 0;
}
```

图 10-49　helloworld.c 源文件代码

10.4　下载编程测试

采用以下步骤完成 FPGA 芯片下载编程并观察实验结果。

（1）采用 USB 电缆将 Nexys4 DDR 实验板 USB-PROG UART 接口连接到主机 USB 接口，打开实验板电源开关给开发板供电。

（2）如图 10-50 所示，在设备管理器中查看主机 USB 串口号。图 10-50 中显示为 COM9。需要注意的是：不同计算机主机以及不同开发板得到的 COM 端口编号不一样。

（3）选中应用工程 Hello_World，单击 SDK 菜单 Run→Run Configurations，弹出如图 10-51 所示运行环境参数设置窗口，单击窗口右上角的 ➕ 按钮，然后选择 STDIO 页设置如图 10-52 所示参数。

图 10-50　设备管理查看 USB COM 口

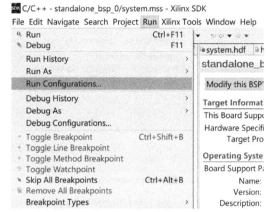

图 10-51　设置工程运行参数菜单

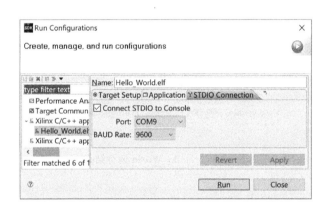

图 10-52　标准输入/输出参数设置窗口

（4）在 SDK 菜单选择 Xilinx Tools→Program FPGA 选项，如图 10-53 所示，弹出如图 10-54 所示 Program FPGA 编程配置界面，在 Software Configuration→ELF File to Initialize in Block RAM 选项（用于初始化 BRAM 的文件）下选择应用程序 Hello_World.elf 文件。单击 Program，弹出如图 10-55 所示编程进度指示条窗口。编程完成后可以在 Console 看到如图 10-56 所示结果。这表明最小嵌入式系统工作正常。

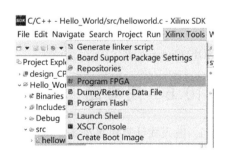

图 10-53　下载软硬件比特流菜单

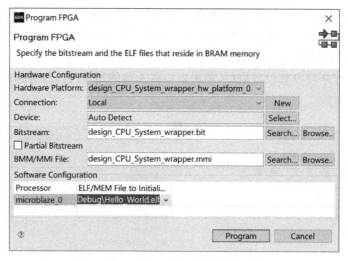

图 10-54　Program FPGA 编程配置界面

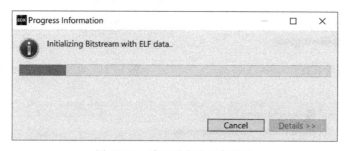

图 10-55　编程进度指示条窗口

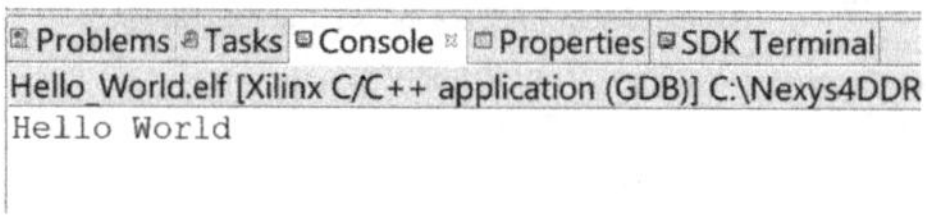

图 10-56　Hello_World 运行结果

10.5　实验任务

利用 Nexys4 或 Nexys4 DDR 实验板，设计基于 MicroBlaze 的最小计算机系统，并将最小计算机系统标准输入/输出接口波特率设置为 115200，软件控制输出字符串 Hello World 到 SDK Console 上。

10.6　思考题

1. 嵌入式计算机最小系统的基本构成单元包含哪些部分？各部分的主要作用是什么？

2. Vivado 搭建嵌入式最小计算机系统采用什么工具？系统构成中用到了哪些 IP 核？

3. 嵌入式计算机系统采用 UART 接口作为基本输入/输出设备，那么 C 语言函数 printf 和 scanf 在嵌入式系统运行时，针对的输入/输出设备是什么？如何查看 printf 的打印结果？如何给 scanf 输入数据？

第 11 章 C 语言数据类型

CHAPTER 11

学习目标：深入理解 C 语言不同类型数据具体含义以及不同类型数据变量在进行类型转换时值发生改变的原因，熟练掌握 SDK 软件调试工具的使用。

11.1 C 语言常见数据类型

C 语言变量常见数据类型包括字符（char、unsigned char）、短整型（short、unsigned short）、整型（int、unsigned int）、长整型（long、unsigned long）、单精度浮点数（float）、双精度浮点数（double）等。

它们在 32 位计算机系统中，对应位宽如表 11-1 所示。

表 11-1 32 位机不同类型数据位宽

数据类型名称	C 语言定义	位 宽
字符	char	8 位
	unsigned char	
短整型	short	16 位
	unsigned short	
整型	int	32 位
	unsigned int	
长整型	long	32 位
	unsigned long	
单精度浮点数	float	32 位
双精度浮点数	double	64 位

11.2 实验示例

某小字节序计算机系统存放有如表 11-2 所示数据，观察指向该内存地址不同类型数据的十进制值。同时观察如图 11-1 所示两个数据结构体在内存中的内存映像。

表 11-2 内存数据映像

内存地址	字节 0	字节 1	字节 2	字节 3	字节 4	字节 5	字节 6	字节 7
0xabcd efgh	0x81	0x82	0x84	0x85	0x86	0x87	0x88	0x89

```
struct foo_0 {
char sm; /*1 字节*/
short med; /*2 字节*/
char sm1; /*1 字节*/
int lrg; /*4 字节*/
}
```

(a)

```
struct foo_1 {
char sm; /*1 字节*/
char sm1; /*1 字节*/
short med; /*2 字节*/
int lrg; /*4 字节*/
}
```

(b)

图 11-1 数据结构体定义

11.2.1 C 语言数据类型测试工程

MicroBlaze 微处理器基于 AXI 总线时为小字节序。C 语言数据类型测试工程可以直接基于 MicroBlaze 最小计算机系统。

建立测试工程的过程为：SDK 下选择 File→New→Application Project 命令，弹出如图 11-2 所示应用工程配置页，设置工程名称、保存路径以及依赖的工程，单击 Next 按钮。在如图 11-3 所示工程类型设置页选择空工程，单击 Finish 按钮，得到如图 11-4 所示空工程目录。

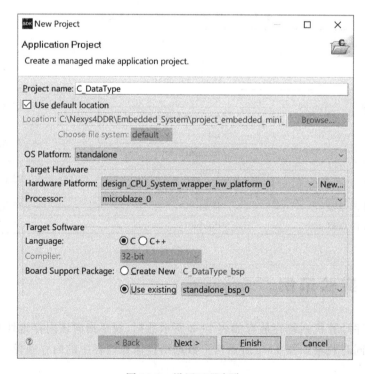

图 11-2 设置工程名称

图 11-3　选择工程类型为空工程　　　　　　图 11-4　空工程目录

采用C语言模板建立C语言源文件,选择 File→New 命令,选择如图 11-5 所示新建基于模板的源文件,弹出如图 11-6 所示新建文件窗口,设置存储路径以及文件名。此时文件名必须输入对应C语言源文件类型后缀,以便匹配文件模板。设置完成后单击 Finish 按钮,SDK 工作区自动打开 DataType.c 文件,并自动添加文件头部注释,如图 11-7 所示。该C语言源文件自动包含在工程中,如图 11-8 所示。SDK 自动编译该工程,编译信息如图 11-9 所示,这是由于源文件没有任何代码,因此编译时报错。

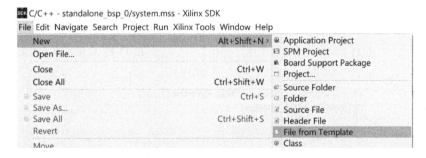

图 11-5　基于模板新建文件

为实现不同数据类型变量观察需求,C语言源代码中需分配存储空间,并将不同类型指针指向同一内存地址,再观察各个指针指示变量的值。C语言代码示例如图 11-10 所示。在空源文件中输入该代码并保存,SDK 自动编译并生成 elf 文件。编译结果如图 11-11 所示,该图显示了程序各个段的大小和总大小。

11.2.2　C语言数据类型程序调试

通常在程序中设计断点调试程序。SDK 设计断点的方法为:将光标置于程序代码中某一行,然后选择 Run→Toggle Breakpoint 命令,如图 11-12 所示,这样就在该行行首出现断点标志。也可以在行首灰色边框处双击鼠标,示例中在 return 0;前设置了一个断点。

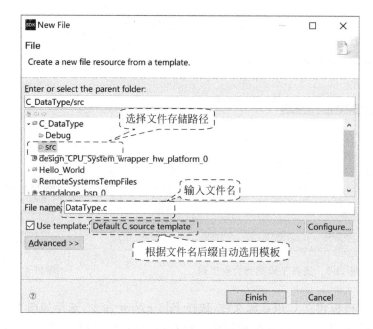

图 11-6　设置文件名及存储路径

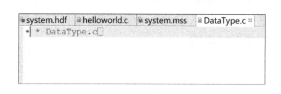

图 11-7　空 C 语言源文件

图 11-8　C 语言源文件加入工程

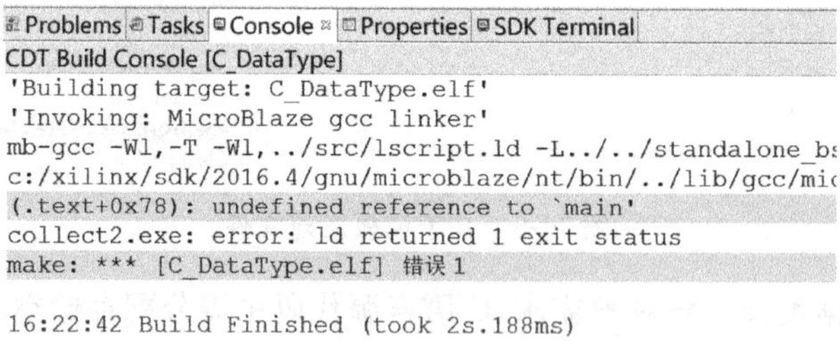

图 11-9　空源文件编译报错

　　将 BSP 以及硬件比特流编程到 FPGA 实验板，编程过程与 Hello_World 工程类似，此时不下载编程 C_DataType 工程，而如图 11-13 所示选择 bootloop 工程。单击 Program 按钮，等待编程结束。

　　然后在工程管理窗口选中 C_DataType 工程，按鼠标右键，选择如图 11-14 所示快捷菜单中的 Debug As→Launch on Hardware(GDB)命令，并在如图 11-15 所示弹出窗口中单击 Yes 按钮，进入如图 11-16 所示 SDK 调试界面。程序停留在断点处，即图 11-16 源代码窗口高亮代码处。

```
struct foo_0 {
    char sm;    /*1字节*/
    short med;  /*2字节*/
    char sm1;   /*1字节*/
    int lrg;    /*4字节*/
    };
struct foo_1 {
    char sm;    /*1字节*/
    char sm1;   /*1字节*/
    short med;  /*2字节*/
    int lrg;    /*4字节*/
    };
int main()
{
    short *sint;
    unsigned short *usint;
    char *ct;
    unsigned char *uct;
    int *cint;
    unsigned int *ucint;
    long *lint;
    unsigned long*ulint;
    float   *f;
    double  *d;
    void    *addr;
    struct foo_0 fstr0;//定义foo_0结构变量
    struct foo_1 fstr1;//定义foo_1结构变量
    addr=malloc(8);   //分配8字节内存空间，并让不同类型指针指向同一个内存地址
    ct = (char*)malloc(sizeof(char)*8);
    for (int i=0;i<8;i++)
     ct[i]=0x81+(char)i;
    sint=ct;
    usint=ct;
    uct=ct;
    cint=ct;
    ucint=ct;
    lint = ct;
    ulint = ct;
    f=ct;
    d=ct;
    fstr0.sm = 0x12;
    fstr0.med = 0x1234;
    fstr0.sm1 = 0x34;
    fstr0.lrg = 0x12345678;
    fstr1.sm = 0x12;
    fstr1.lrg = 0x12345678;
    fstr1.sm1 = 0x34;
    fstr1.med = 0x1234;
    return 0;
}
```

图 11-10　DataType.c 源文件代码

　　变量观察窗口显示出函数内部变量,此时可以单击变量左边小箭头,展开指针变量,得到如图 11-17 所示结果。也可以选中变量,按鼠标右键,在如图 11-18 所示快捷菜单中选择 Format→Hexadecimal,得到如图 11-19 所示十六进制结果。还可以在内存观察窗单击 Monitors 右上角的快捷键 ✚,在如图 11-20 所示弹出窗口中填入指针值,得到如图 11-21 所示指针指示区域各存储单元值。由此可以验证小字节序计算机系统同一内存区域表示不同类型数据时的实际含义。

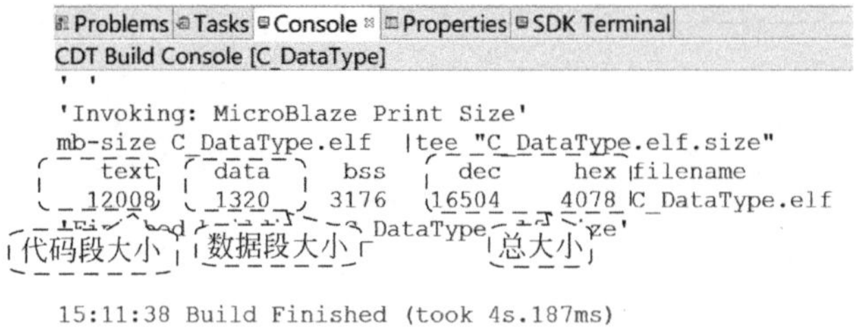

图 11-11　DataType.c 编译链接后结果

图 11-12　设置断点菜单

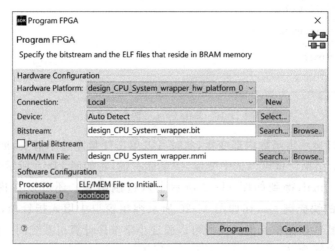

图 11-13　编程引导工程到实验板

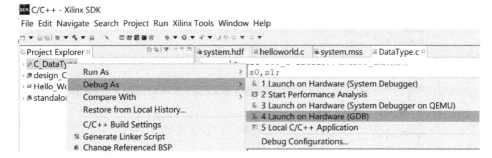

图 11-14　启动 C_DataType 工程调试菜单

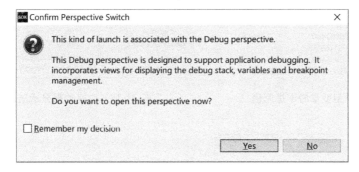

图 11-15　启动 SDK 调试界面

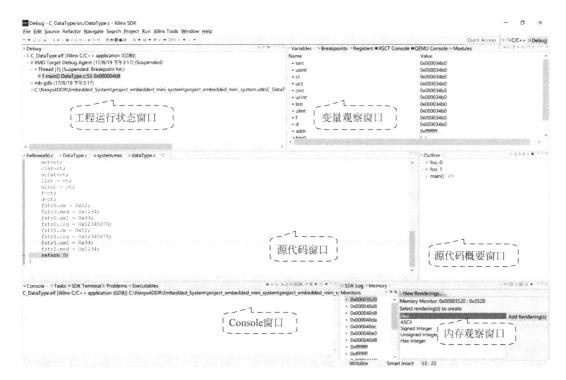

图 11-16　SDK 调试界面

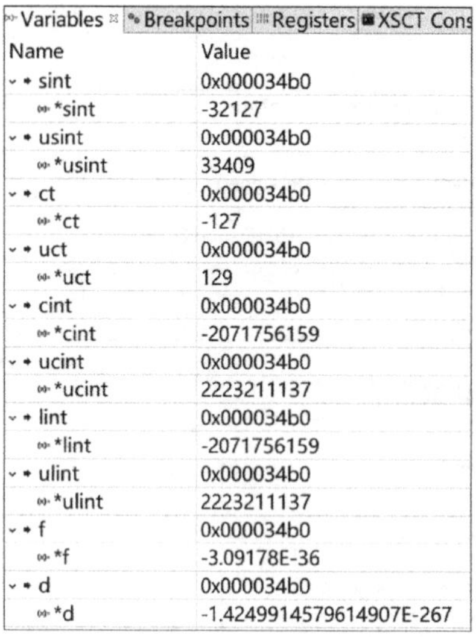

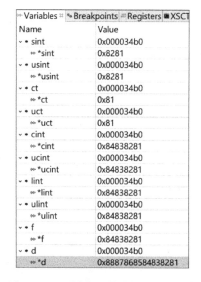

图 11-17　不同类型变量的十进制值

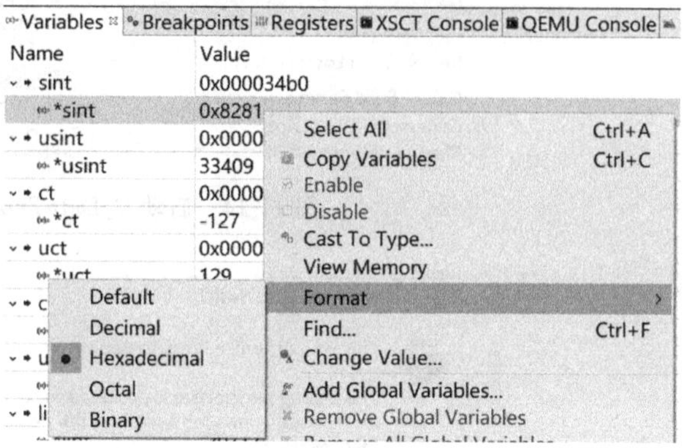

图 11-18　改变数据显示制式菜单

图 11-19　不同类型变量的十六进制值

图 11-20　填入观察内存区域首地址

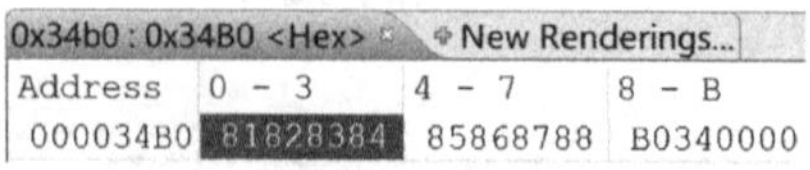

图 11-21　内存各个存储单元的值

　　若希望验证其他数据，也可以在变量窗口或者内存窗口改变变量或内存单元的值，即直接选中某个变量或内存单元，然后输入相应的值。如图 11-22 所示，在内存单元输入 12345678（十六进制），所有变量的值都发生了改变。

　　观察两个具有相同元素但定义顺序不同结构体在内存中存储单元占用情况的具体方法为：在变量观察窗口选中变量 fstr0，按鼠标右键，在如图 11-23 所示快捷菜单中选中 View

图 11-22　修改内存单元值的效果

Memory 命令,得到如图 11-24 所示 fstr0 各个元素内存映像。同样方式也可以观察到如图 11-25 所示 fstr1 各个元素内存映像。由此可知,相同元素但定义顺序不同的结构体占用内存空间大小可能不相同。

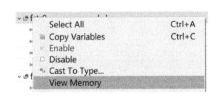

图 11-23　观察变量内存映像菜单

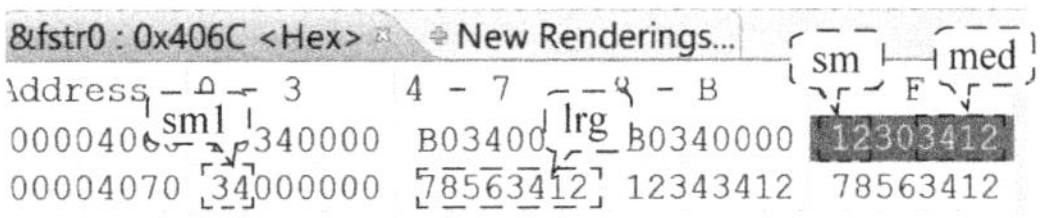

图 11-24　fstr0 的内存映像

图 11-25　fstr1 的内存映像

11.3　实验任务

编写 C 语言程序定义一个双精度浮点数变量,并将该变量赋值为 1.5,然后再用不同类型指针指向该变量,调试程序观察这些不同类型指针的值有什么不同,并说明原因。

11.4　思考题

1. 大字节序计算机系统中表 11-2 所示内存映像,当为不同类型数据时,值分别为多少（用十六进制数表示）?

2. SDK 调试环境下程序运行过程中,如何修改某个变量的值? 写出具体步骤。

## 第 12 章

程序控制并行 IO 接口

学习目标：掌握 GPIO 工作原理和使用方法，掌握使用 GPIO 设计常见并行外设接口，掌握程序控制方式 IO 接口 C 语言控制程序设计。

12.1 并行输入/输出设备

1. 独立开关

独立开关作为输入设备时电路如图 12-1 所示，开关的通、断分别表示二进制数字 0 或 1。图 12-1 所示开关为单刀双掷开关，状态能够保持——连通或断开。

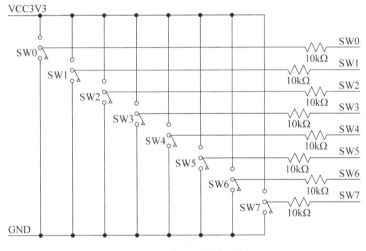

图 12-1 独立开关电路图

2. 独立按键

按键为一类特殊开关，压力作用下状态改变；压力释放时，自动恢复原状态，即释放状态。图 12-2 所示为连接下拉电阻的按键电路。按键释放时，信号为低电平；按键按下时，信号为高电平。

3. 矩阵键盘

矩阵键盘结构如图 12-3 所示。当作为计算机输入设备时，必须通过上拉或下拉电阻提供电源之后，才能确定按键状态。连接上拉电阻的矩阵键盘电路如图 12-4 所示，此时通过

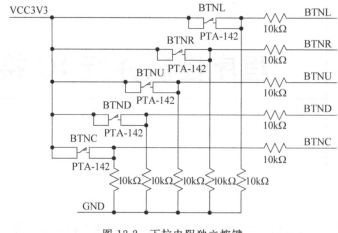

图 12-2　下拉电阻独立按键

对矩阵键盘的行提供低电平信号，才可能检测出相应行是否有按键按下。即当按键按下时，列信号为低电平，否则列信号为高电平。

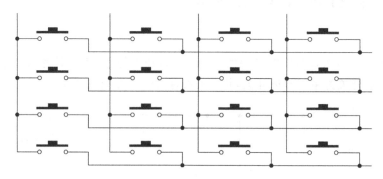

图 12-3　4×4 矩阵键盘电路

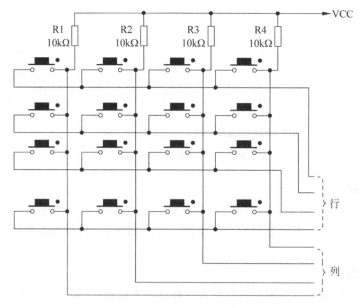

图 12-4　连接上拉电阻的 4×4 矩阵键盘

4. 独立 LED 灯

LED 灯即发光二极管,发光二极管正向导通时,达到阈值电流之后发光,但是若电流太大且持续时间较长,容易损坏发光二极管。因此应用时,通常也需要提供限流电阻。具有限流电阻的发光二极管电路如图 12-5 所示。当给输入端输入高电平时,发光二极管亮;输入低电平时,发光二极管灭。若输入端悬空,发光二极管灭。因此若要保持发光二极管亮,必须保持高电平输入信号。

5. 7 段数码管

7 段数码管是由发光二极管组合而成,即将发光二极管的某一端连接在一起并排列成字符形状。7 段数码管分共阴极型和共阳极型,使用时可以采用静态显示方式和动态显示方式。静态显示方式是指将公共端连接到固定电平,仅控制段选信号。动态显示则段选端和位选端都由外部信号控制,利用人的视觉暂留效应,任意时刻仅点亮一个数码管,不停循环控制各个数码管短时间内轮流亮灭,达到看似点亮所有数码管的效果。加入限流电阻的 4 位共阳极型 7 段数码管动态显示控制电路示例如图 12-6 所示。

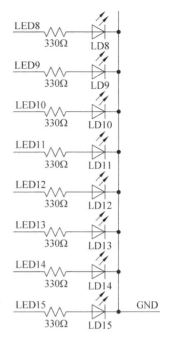

图 12-5　发光二极管电路

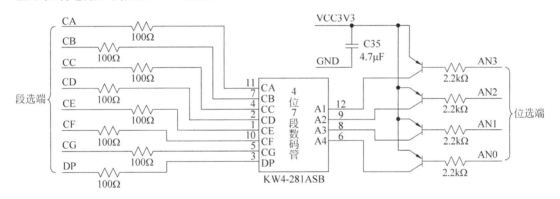

图 12-6　4 位共阳极型 7 段数码管动态显示控制电路

12.2　GPIO IP 核工作原理

Xilinx AXI 总线 GPIO IP 核内部框图如图 12-7 所示。AXI GPIO 控制器包括 AXI 总线接口模块、中断逻辑产生模块以及双通道输入/输出控制模块。

双通道输入/输出控制模块原理框图如图 12-8 所示。该 GPIO 接口包含两个通道,各通道独立工作,仅中断信号由同一个引脚输出。两个通道都可以作为输入或输出,但是任意时刻都仅作为输入或输出接口使用。数据传输方向通过 GPIO_TRI 控制,当 GPIO_TRI 为低电平时,数据输出;反之输入。

GPIO 中断逻辑产生模块检测到 GPIO_DATA_IN 输入数据发生变化时,就可以产生

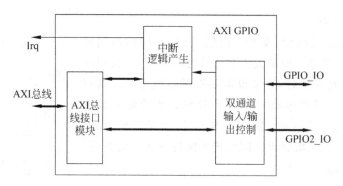

图 12-7　AXI GPIO IP 核内部框图

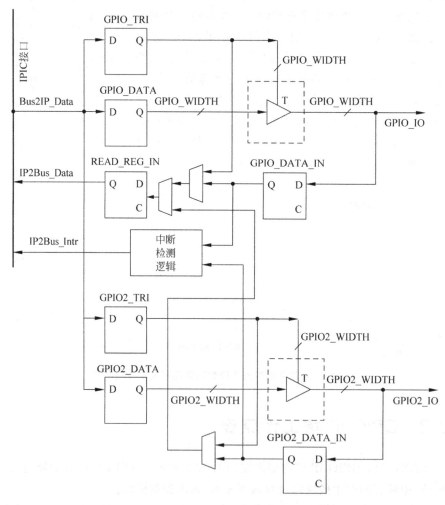

图 12-8　双通道输入/输出控制模块原理框图

中断信号。但是是否输出中断信号，受中断允许控制寄存器控制。具有两个中断源，各个中断源的中断请求状态保存在中断请求状态寄存器 IPISR 中。

　　GPIO 内部寄存器地址映像以及功能描述如表 12-1 和表 12-2 所示。所有寄存器采用小字节序，即数据低位对应 GPIO 引脚低位。

表 12-1　GPIO 内部寄存器

寄存器名称	偏移地址	初始值	含　义	读　写　操　作
GPIO_DATA	0x0	0	通道 1 数据寄存器	通道 1 数据
GPIO_TRI	0x4	0	通道 1 控制寄存器	控制通道 1 传输方向
GPIO2_DATA	0x8	0	通道 2 数据寄存器	通道 2 数据
GPIO2_TRI	0xC	0	通道 2 控制寄存器	控制通道 2 传输方向

表 12-2　GPIO 内部中断相关寄存器

名称	偏移地址	含　义	读　写　操　作
GIER	0x11C	全局中断使能寄存器	最高位 bit31 控制 GPIO 是否输出中断信号 Irq
IPIER	0x128	中断使能寄存器	控制各个通道是否允许产生中断 bit0—通道 1；bit1—通道 2
IPISR	0x120	中断状态寄存器	各个通道的中断请求状态,写 1 将清除相应位的中断状态 bit0—通道 1；bit1—通道 2

GPIO_TRI 寄存器各位分别控制 GPIO_DATA 各位为输入或输出：当 GPIO_TRI 某位为 0 时,GPIO 对应 IO 引脚输出；当 GPIO_TRI 某位为 1 时,GPIO 对应 IO 引脚输入。

GPIO 作为输入设备接口时,具有缓存功能；作为输出设备接口时,具有锁存功能。因此 GPIO 可以作为并行输入、输出设备的接口电路。

12.3　并行接口电路原理框图

1. 独立开关或按键

独立开关或独立按键仅单一方向输入,通过 GPIO 连接到计算机系统的电路原理框图如图 12-9 所示。仅需使用一个 GPIO 通道,且工作在输入方式。

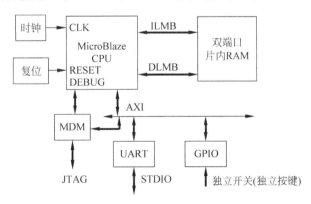

图 12-9　GPIO 单通道输入电路原理框图

2. 独立 LED 灯

独立 LED 灯为单一方向输出,通过 GPIO 连接到计算机系统的电路原理框图如图 12-10 所示。仅需使用一个 GPIO 通道,且工作在输出方式。

3. 7 段数码管

7 段数码管(不管是位选还是段选信号)都为单一方向输出,通过 GPIO 连接到计算机

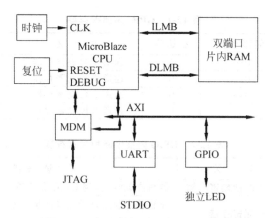

图 12-10　GPIO 单通道输出电路原理框图

系统的电路原理框图如图 12-11 所示。采用两个 GPIO 通道，都工作在输出方式，分别控制
7 段数码管动态显示电路的位选和段选信号。

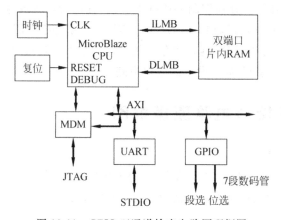

图 12-11　GPIO 双通道输出电路原理框图

4. 矩阵键盘

矩阵键盘行信号为输出控制信号，列信号为输入信号，因此通过 GPIO 连接到计算机系
统的电路原理框图如图 12-12 所示。需使用两个 GPIO 通道，一个通道工作在输出方式，另
一个通道工作在输入方式。

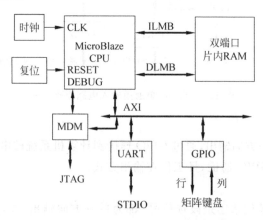

图 12-12　GPIO 双通道一入一出电路原理框图

12.4 GPIO IP 核配置

不管输入设备还是输出设备 GPIO IP 核都需要根据外设并行数据位宽,灵活配置 GPIO 接口引脚位宽。下面阐述 GPIO IP 核使用过程。

12.4.1 添加 GPIO IP 核

在 IP 核集成器中单击添加 IP 核添加按键 ,得到 IP 核列表,在筛选框中输入 GPIO,得到筛选结果 AXI GPIO,如图 12-13 所示。双击它,如图 12-14 所示,添加 GPIO IP 核到 IP 核设计集成器中。

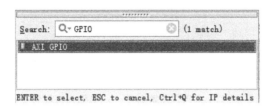

图 12-13 查找 GPIO

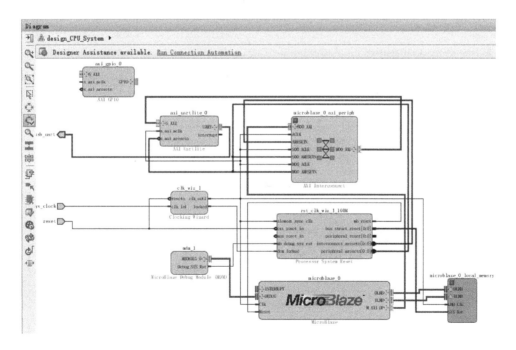

图 12-14 添加了 GPIO IP 核的设计模块

12.4.2 GPIO IP 核属性配置

双击 IP 核集成器中的 GPIO IP 核,弹出 GPIO IP 核配置向导。首先显示如图 12-15 所示 GPIO 输入/输出引脚约束配置页,默认为用户自定义,也可以在此直接选择对应开发板外设。图 12-16 所示为 GPIO 各个通道的属性页，在此分别配置各个通道输入/输出方向以及位宽等。

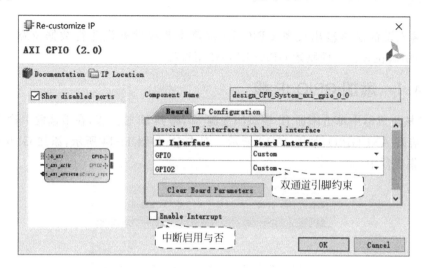

图 12-15　GPIO 配置向导——引脚约束配置页

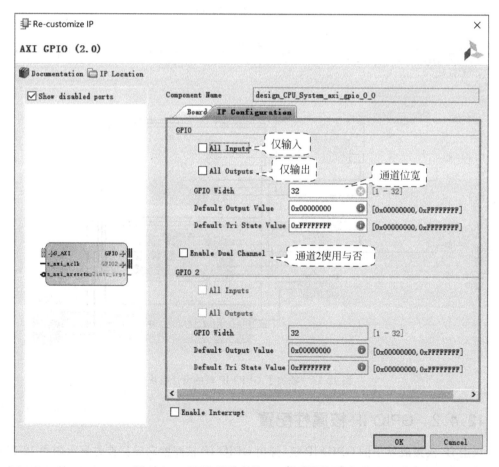

图 12-16　GPIO 配置向导——通道属性配置页

12.4.3　并行外设 GPIO IP 核配置示例

Nexys4 以及 Nexys4 DDR 都具有 16 个独立开关、16 个独立 LED 灯、5 个独立按键以及 8 个 7 段数码管。图 12-17～图 12-20 分别展示了独立开关、独立 LED 灯、独立按键以及 7 段数码管的 GPIO 配置。

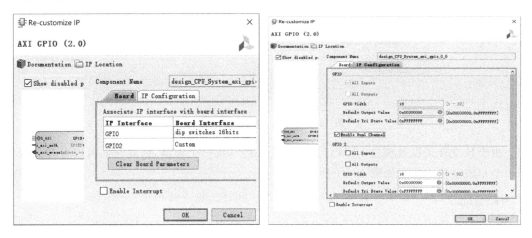

图 12-17　16 位独立开关 GPIO 配置

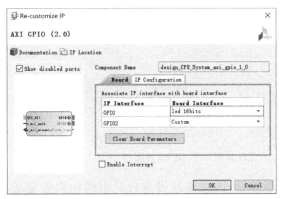

图 12-18　16 位独立 LED 灯配置

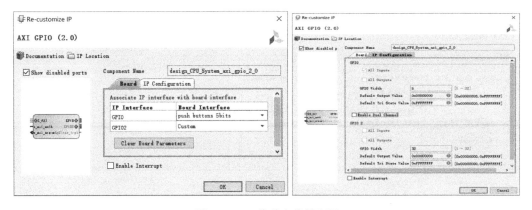

图 12-19　5 位独立按键配置

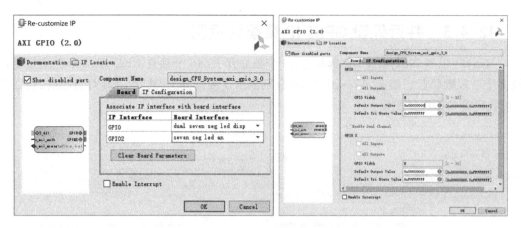

图 12-20   8 个 7 段数码管配置

由于独立开关以及独立 LED 灯都仅占用 GPIO 核一个通道，因此它们可以合并为仅使用一个 GPIO 核。配置如图 12-21 所示。

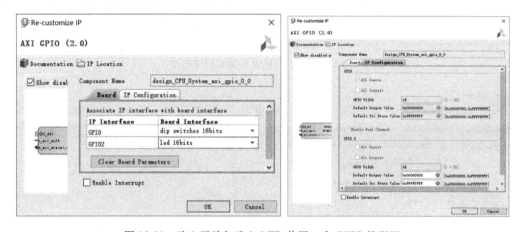

图 12-21   独立开关与独立 LED 共用一个 GPIO 核配置

Nexys4 DDR 实验板没有提供矩阵键盘外设，因此矩阵键盘外设引脚约束需定义到 PMOD 接口。4×4 矩阵键盘的 GPIO 配置如图 12-22 所示。

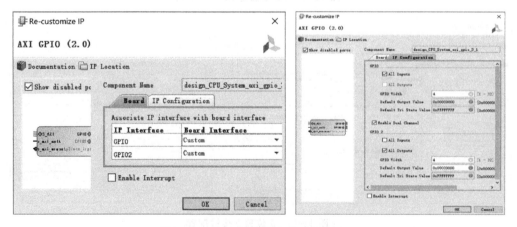

图 12-22   4×4 矩阵键盘的 GPIO 配置

12.4.4 GPIO API 函数简介

standalone 操作系统提供了各个接口 IP 核 API 函数和应用示例程序,BSP 工程更新之后,可以在 BSP 工程的 libsrc 目录下看到有关 GPIO IP 核的 C 语言代码,如图 12-23 所示。

图 12-23 GPIO IP 核驱动 C 语言代码

GPIO 结构体定义如图 12-24 所示。API 函数列表如图 12-25 所示。图 12-25 中简要说明了各个函数的功能。详细功能描述,可参考 BSP 源代码中的注释。也可以直接选中某个函数按鼠标右键,选择如图 12-26 所示菜单中的 Open Declaration 命令,跟踪函数的定义源码。还可以将鼠标停留在某个函数上,SDK 将如图 12-27 所示显示该函数的功能描述。

```
typedef struct {
    UINTPTR BaseAddress;      /* 设备基地址 */
    u32 IsReady;              /* 设备就绪否 */
    int InterruptPresent;     /* 是否支持中断 */
    int IsDual;               /* 是否双通道 */
} XGpio;
```

图 12-24 GPIO 结构体定义

图 12-25 GPIO API 函数列表

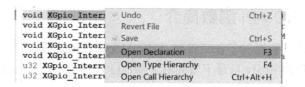

图 12-26 跟踪函数定义菜单

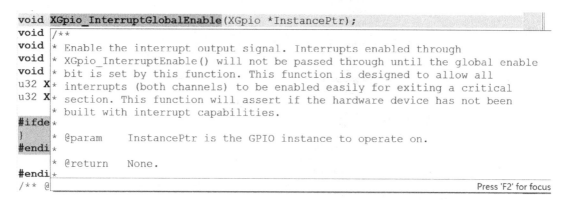

图 12-27 显示函数功能描述

12.5 Xilinx C IO 读写函数

Xilinx C 语言提供了两类基本 IO 读写函数，它们分别为 IO 读函数和 IO 写函数，而且都区分为 8 位、16 位、32 位不同位宽数据读写。它们的函数原型如图 12-28 所示。其中，UINTPTR 表示端口地址，u8、u16、u32 分别表示 8、16、32 位无符号整数。

```
Xil_In8(UINTPTR) : u8
Xil_In16(UINTPTR) : u16
Xil_In32(UINTPTR) : u32
Xil_Out8(UINTPTR, u8) : void
Xil_Out16(UINTPTR, u16) : void
Xil_Out32(UINTPTR, u32) : void
```

图 12-28 Xilinx C IO 读写函数

如向地址为 0x4000 0004 的 16 位控制寄存器写入数据 0xffff，可采用以下语句：

```
Xil_Out16(0x4000 0004,0xffff);
```

而从地址为 0x4000 0004 的 16 位数据寄存器读入数据，则可以采用以下语句：

```
short Switch = Xil_In16(0x4000 0004);
```

12.6 实验示例

12.6.1 实验要求

将独立开关、独立按键、矩阵键盘等设备作为计算机系统输入设备，并将独立 LED 灯、7 段数码管等作为计算机系统输出设备，建立支持这些输入/输出设备数据读写的嵌入式计算机硬件平台，并编写软件分别实现以下功能：

（1）读入独立开关的状态输出到标准输出接口。

（2）读入独立按键的状态输出到标准输出接口。

（3）读入矩阵键盘的状态输出到标准输出接口。

（4）从标准输入接口读取 4 位十六进制数据,将其二进制数据显示到独立 LED 灯上。

（5）8 个 7 段数码管稳定显示数字 0～7。

12.6.2　电路原理框图

根据图 12-9～图 12-12 各个外设所需 GPIO 通道数,采用程序控制 IO 接口通信方式且支持独立开关、独立按键、矩阵键盘、独立 LED 灯、7 段数码管等外设的嵌入式计算机系统电路原理框图如图 12-29 所示。

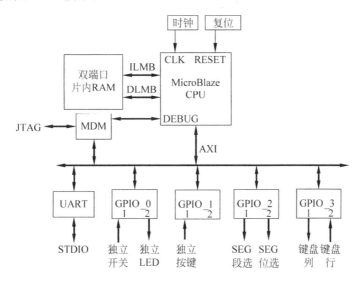

图 12-29　实验示例电路原理框图

12.6.3　硬件平台搭建

这里仅阐述基于最小系统添加并行接口 GPIO IP 核,以支持独立开关、独立按键、矩阵键盘、独立 LED 灯、7 段数码管等并行外设的硬件系统搭建过程。

在图 10-27 最小系统基础上,单击添加 IP 核按键 📇 ,按照图 12-13、图 12-14 添加 3 个 GPIO IP 核,并按照图 12-19、图 12-20、图 12-21 分别对三个 GPIO IP 进行属性配置和引脚约束,得到添加了 3 个 GPIO 核的嵌入式系统电路原理框图如图 12-30 所示。单击 IP 集成器设计助手 Run Connection Automation,在如图 12-31 所示弹出窗口中将需要连接的接口和总线都选中,单击 OK 按钮之后得到如图 12-32 所示集成了并行输入/输出接口的嵌入式计算机系统电路框图。

再次添加一个 GPIO IP 核,并按照图 12-22 所示,配置该 GPIO IP 核的属性,再次运行自动连线 Run Connection Automation,勾选如图 12-33 所示接口,GPIO 以及 GPIO_2 通道都连接到 custom,得到如图 12-34 所示嵌入式系统电路框图。各个模块地址映射范围如图 12-35 所示。

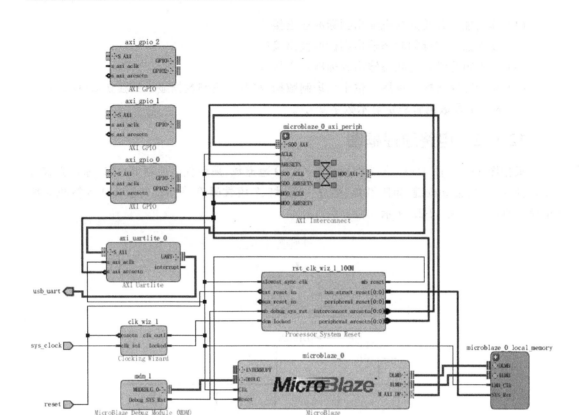

图 12-30　添加了 3 个 GPIO 核的嵌入式系统模块结构

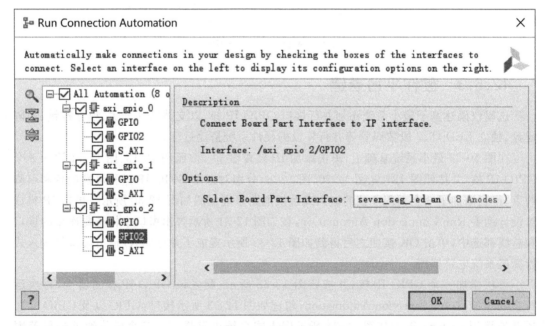

图 12-31　自动连线配置窗

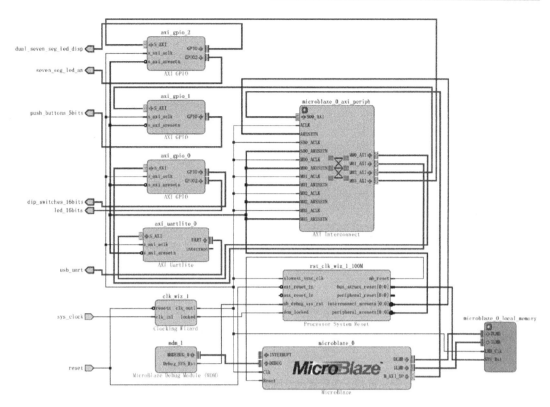

图 12-32 集成了并行输入、输出接口的嵌入式系统电路框图

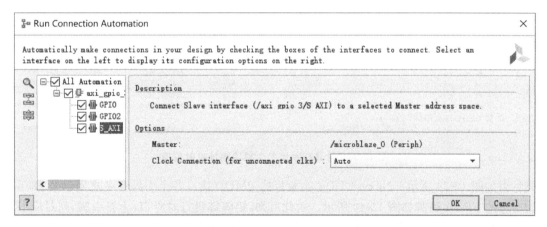

图 12-33 矩阵键盘 GPIO 自动连线选项配置

矩阵键盘引脚名称由系统自动生成,为方便引脚约束,将引脚名修改为便于记忆的名字。如图 12-36 和图 12-37 所示,将矩阵键盘列、行引脚名分别修改为 key_in、key_out。

修改矩阵键盘引脚名并没有实际对应到具体 FPGA 引脚,因此需要对矩阵键盘添加引脚约束。添加引脚约束前,需先保存设计并综合,综合完成后打开综合后设计,然后选择视图中的 I/O Planning,得到如图 12-38 所示引脚约束结果。该过程与原型计算机系统开发流程一致。从图 12-38 可看出其他引脚都已完成约束,仅矩阵键盘对应的两组引脚没有约束。若将矩阵键盘的行、列分别对应 Nexys4 DDR 实验板 PMOD JD 引脚的两排引脚,则引

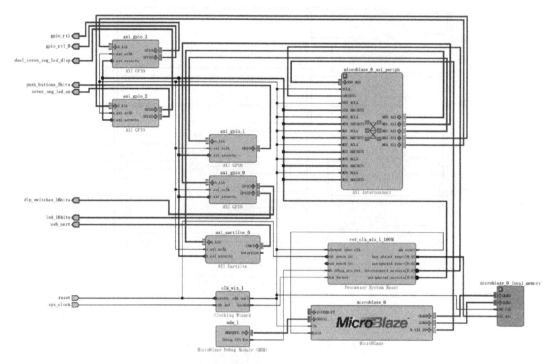

图 12-34　添加了矩阵键盘 GPIO 接口的嵌入式系统电路框图

Cell	Slave Interface	Base Name	Offset Address	Range	High Address
⊟🖥 microblaze_0					
⊟🖽 Data (32 address bits : 4G)					
▫▫ axi_uartlite_0	S_AXI	Reg	0x4060_0000	64K ▾	0x4060_FFFF
▫▫ microblaze_0_local_memory/dlmb_bram_...	SLMB	Mem	0x0000_0000	64K ▾	0x0000_FFFF
▫▫ axi_gpio_0	S_AXI	Reg	0x4000_0000	64K ▾	0x4000_FFFF
▫▫ axi_gpio_1	S_AXI	Reg	0x4001_0000	64K ▾	0x4001_FFFF
▫▫ axi_gpio_2	S_AXI	Reg	0x4002_0000	64K ▾	0x4002_FFFF
▫▫ axi_gpio_3	S_AXI	Reg	0x4003_0000	64K ▾	0x4003_FFFF
⊟🖽 Instruction (32 address bits : 4G)					
▫▫ microblaze_0_local_memory/ilmb_bram_...	SLMB	Mem	0x0000_0000	64K ▾	0x0000_FFFF

图 12-35　计算机系统各个模块地址映射范围

脚约束如图 12-39 所示。Nexys4 DDR 实验板的 PMOD 接口各个引脚命名规则以及 JD 引脚对应的 FPGA 引脚如图 12-40 所示。由此可知，矩阵键盘行对应 JD 上排引脚，列对应 JD 下排引脚。单击保存按键弹出如图 12-41 所示窗口，选择更新约束，再在如图 12-42 所示弹出窗口中填入约束文件名。保存完引脚约束之后，单击 Generate Bitstream 生成比特流文件。完成之后导出硬件设计到 SDK 中。

12.6.4　接口软件开发

硬件导入 SDK 时，SDK 弹出如图 12-43 所示提示窗，单击 Yes 按钮，此时 SDK 将自动更新 BSP 工程，并完成编译。从 BSP 工程的 system.mss 文件中可以看到如图 12-44 所示更新的 GPIO。若发现 BSP 没有更新，此时也可以直接单击该文件上方的按钮 Re-generate BSP Sources，更新 BSP 源文件，以提供应用程序开发所需的 API 函数支持。

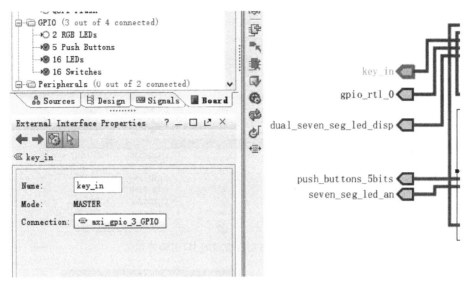

图 12-36 修改矩阵键盘列输入引脚名

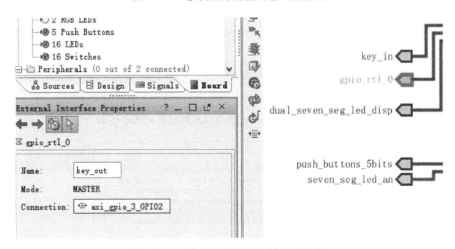

图 12-37 修改矩阵键盘行输出引脚名

Name	Direction	Package Pin	I/O Std	^1
I/O Ports				
⊟ 🗁 All ports (65)				
⊞ ☑ Scalar ports (1)				
⊞ 🗔 GPIO_32645 (16)	IN		(Multiple)*	▼
⊟ 🗔 GPIO2_32453 (4)	OUT		default (LVCMOS18)	▼
└ 🗁 Scalar ports (0)				
⊞ 🗔 key_out_tri_o (4)	OUT		default (LVCMOS18)	▼
⊟ 🗔 GPIO_32453 (4)	IN		default (LVCMOS18)	▼
└ 🗁 Scalar ports (0)				
⊞ 🗔 key_in_tri_i (4)	IN		default (LVCMOS18)	▼
⊞ 🗔 ext_reset_19028 (1)	IN		LVCMOS33*	▼
⊞ 🗔 GPIO2_32645 (16)	INOUT		LVCMOS33*	▼
⊞ 🗔 GPIO2_48644 (8)	INOUT		LVCMOS33*	▼
⊞ 🗔 GPIO_48644 (8)	INOUT		LVCMOS33*	▼
⊞ 🗔 GPIO_48964 (5)	IN		LVCMOS33*	▼
⊞ 🗔 UART_41144 (2)	(Mult…		LVCMOS33*	▼

图 12-38 综合后的引脚约束

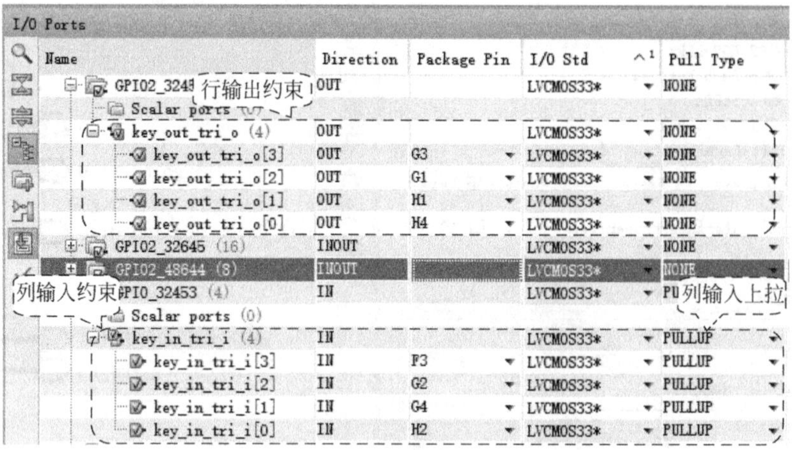

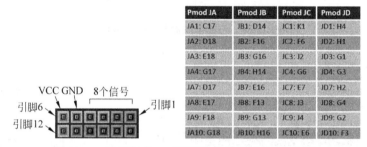

图 12-39　添加矩阵键盘的 JD 引脚约束

Pmod JA	Pmod JB	Pmod JC	Pmod JD
JA1: C17	JB1: D14	JC1: K1	JD1: H4
JA2: D18	JB2: F16	JC2: F6	JD2: H1
JA3: E18	JB3: G16	JC3: J2	JD3: G1
JA4: G17	JB4: H14	JC4: G6	JD4: G3
JA7: D17	JB7: E16	JC7: E7	JD7: H2
JA8: E17	JB8: F13	JC8: J3	JD8: G4
JA9: F18	JB9: G13	JC9: J4	JD9: G2
JA10: G18	JB10: H16	JC10: E6	JD10: F3

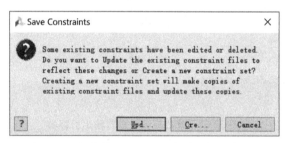

图 12-40　PMOD 接口正视图以及对应的 FPGA 引脚

图 12-41　保存修改的引脚约束并更新约束文件

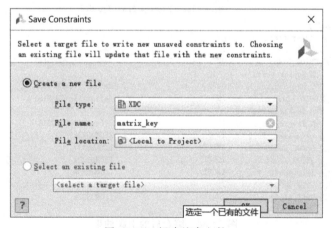

图 12-42　新建约束文件

图 12-43　更新硬件工程提示窗

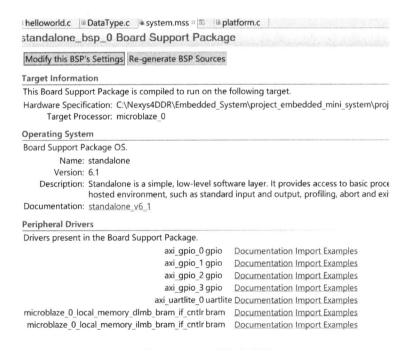

图 12-44　BSP 板级包概要

软件访问各个硬件模块的地址映射包含在 BSP 头文件 xparameters.h 文件中,各个
GPIO IP 核以及 UART 映射地址如图 12-45 所示。

```
#define STDIN_BASEADDRESS 0x40600000
#define STDOUT_BASEADDRESS 0x40600000
/* GPIO驱动定义 */
#define XPAR_XGPIO_NUM_INSTANCES 4
/* AXI_GPIO_0外围定义 */
#define XPAR_AXI_GPIO_0_BASEADDR 0x40000000
#define XPAR_AXI_GPIO_0_HIGHADDR 0x4000FFFF
#define XPAR_AXI_GPIO_0_DEVICE_ID 0
#define XPAR_AXI_GPIO_0_INTERRUPT_PRESENT 0
#define XPAR_AXI_GPIO_0_IS_DUAL 1
/* AXI_GPIO_1外围定义 */
#define XPAR_AXI_GPIO_1_BASEADDR 0x40010000
#define XPAR_AXI_GPIO_1_HIGHADDR 0x4001FFFF
#define XPAR_AXI_GPIO_1_DEVICE_ID 1
#define XPAR_AXI_GPIO_1_INTERRUPT_PRESENT 0
#define XPAR_AXI_GPIO_1_IS_DUAL 0
/* AXI_GPIO_2外围定义 */
#define XPAR_AXI_GPIO_2_BASEADDR 0x40020000
#define XPAR_AXI_GPIO_2_HIGHADDR 0x4002FFFF
#define XPAR_AXI_GPIO_2_DEVICE_ID 2
#define XPAR_AXI_GPIO_2_INTERRUPT_PRESENT 0
#define XPAR_AXI_GPIO_2_IS_DUAL 1
/* AXI_GPIO_3外围定义 */
#define XPAR_AXI_GPIO_3_BASEADDR 0x40030000
#define XPAR_AXI_GPIO_3_HIGHADDR 0x4003FFFF
#define XPAR_AXI_GPIO_3_DEVICE_ID 3
#define XPAR_AXI_GPIO_3_INTERRUPT_PRESENT 0
#define XPAR_AXI_GPIO_3_IS_DUAL 1
```

图 12-45　xparameters.h 中关于 STDIO 以及 GPIO 地址映射定义

由硬件设计可知：GPIO_0 通道 1 对应 16 位独立开关，GPIO_0 通道 2 对应 16 位独立 LED 灯，GPIO_1 通道 1 对应 5 位独立按键，GPIO_2 通道 1 对应 8 位 7 段数码管的 8 个段选端，GPIO_2 通道 2 对应 8 位 7 段数码管的 8 个位选端，GPIO_3 通道 1 对应 4 位矩阵键盘的列输入，GPIO_3 通道 1 对应 4 位矩阵键盘的行输出。由此可知，各个外设对应的 GPIO 接口控制寄存器、数据寄存器映射地址、各个寄存器的有效位宽、控制寄存器应写入的值如表 12-3 所示。

表 12-3　外设对应 GPIO 寄存器地址、位宽及值

外　设	控制寄存器			数据寄存器	
	地址	位宽	值	地址	位宽
独立开关	0x4000 0004	16	0xffff	0x4000 0000	16
独立 LED	0x4000 000c	16	0x0	0x4000 0008	16
独立按键	0x4001 0004	5	0x1f	0x4001 0000	5
7 段数码管段选端	0x4002 0004	8	0x0	0x4002 0000	8
7 段数码管位选端	0x4002 000c	8	0x0	0x4002 0000	8
4×4 矩阵键盘列	0x4003 0004	4	0xf	0x4003 0000	4
4×4 矩阵键盘行	0x4003 000c	4	0x0	0x4003 0008	4

由独立开关、LED、按键以及 GPIO IP 核等工作原理可知，对独立开关、LED、按键这三个设备读入或写出数据，只需先向 GPIO 相应通道控制寄存器写入控制值，然后直接读写

GPIO 相应通道数据寄存器,就可以获取或控制相应设备的状态。需要注意的是:按键由于按下之后释放会弹起,通常仅处理按下的信息,因此按键按下一次算一个数据,每次按下后,等待按键弹起,再读取下一次按键状态。7 段数码管动态显示或矩阵键盘输入都需要循环控制。7 段数码管动态显示控制程序流程如图 12-46 所示,矩阵键盘输入检测控制程序流程如图 12-47 所示。

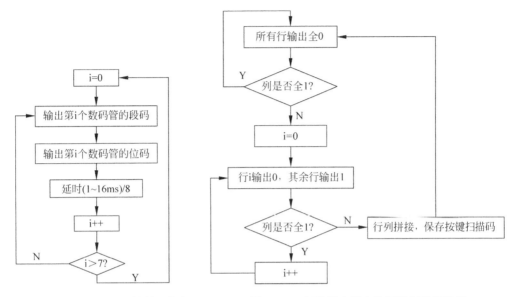

图 12-46　7 段数码管动态显示控制程序流程　　　图 12-47　矩阵键盘输入检测控制程序流程

12.6.5　IO 读写函数程序代码

新建 5 个独立的工程分别实现对各个并行外设的控制。新建工程的过程与第 11 章新建 C 语言数据类型工程一致,然后在各个工程下分别添加图 12-48~图 12-52 所示各个外设控制软件 C 语言源码,保存并编译。

```c
#include "stdio.h"
#include "xil_io.h"
int main ()
{
    char button;
    Xil_Out8(0x40010004,0x1f);              //配置通道低5位输入
    while (1)
    while ((Xil_In8(0x40010000)&0x1f)!=0)   //判断是否有键按下
    {
        button = Xil_In8(0x40010000)&0x1f;   //读取按键值
        while  ((Xil_In8(0x40010000)&0x1f)!=0);//等待按键释放
        xil_printf("The pushed button's code is 0x%x\ n" ,button);
    }
}
```

图 12-48　Console 输出按键十六进制编码 C 语言代码

```
#include "stdio.h"
#include "xil_io.h"
int main()
{
    unsigned short last_sw,current_sw;
    Xil_Out16(0x40000004,0xffff);                        //配置通道低16位输入
    while (1)
    {
        last_sw=current_sw;                              //保存前一开关状态
        current_sw = Xil_In16(0x40000000)&0xffff;        //读取当前开关值
        if (last_sw!=current_sw)                         //判断前后状态是否一致
        xil_printf("The switches' code is 0x%4x\n",current_sw);
    }
}
```

图 12-49　Console 输出开关十六进制数 C 语言代码

```
#include "stdio.h"
#include "xil_io.h"
int main()
{
    unsigned short led;
    unsigned char byte;
    Xil_Out16(0x4000000c,0x0);                           //配置通道低16位输出
    while(1)
    {
        xil_printf("input hexadecimal number to be displayed:\r\n");
        led = 0;                                         //初始化输入十六进制数
        while(1)
        {
            byte=inbyte();                               //读取Console输入字符
            if(byte == 0x0d)                             //判断是否是回车
            {
                break;                                   //忽略回车
            }
            else {
                if(byte>='a')                            //判断十六进制字符是否为a~f
                    byte = byte-0x57;                    //字符a~f转换为十六进制值
                else if(byte>='A')                       //判断十六进制字符是否为A~F
                    byte = byte-0x37;                    //字符A~F转换为十六进制值
                else
                    byte = byte-0x30;                    //字符0~9转换为十六进制值
                led = (led << 4) + byte ;                //各个字符合并为一个十六进制数
            }
        }
        Xil_Out16(0x40000008,led);                       //输出十六进制数到LED灯
    }
}
```

图 12-50　LED 灯显示 Console 输入十六进制数 C 语言代码

12.6.6　API 函数程序代码

基于 GPIO API 函数设计应用程序，需要对各个设备对应的 GPIO 接口初始化，GPIO API 函数根据各个 GPIO 接口对应的设备号初始化 GPIO 接口。standalone 操作系统板级支持包中的 xparameters.h 文件定义了各个 GPIO 接口的设备号，如图 12-45 所示。用户需

```
#include "xil_io.h"
#include "stdio.h"
int main()
{
    //字符0~7的段码
    char segcode[8]={0xc0,0xf9,0xa4,0xb0,0x99,0x92,0x83,0xf8};
    short pos=0xff7f;                       //位选初始值
    int i,j;
    Xil_Out8(0x40020004,0x0);               //配置通道0低8位输出
    Xil_Out8(0x4002000c,0x0);               //配置通道2低8位输出
        for while(1)
                    {(i=0;i<8;i++)
        {
            Xil_Out8(0x40020000,segcode[i]);//输出段码
            Xil_Out8(0x40020008,pos);       //输出位码
            for(j=0;j<10000;j++);           //延时
            pos=pos>>1;                     //指向下一位
        }
        pos=0xff7f;
    }
        return 0;
}
```

图 12-51　8 个 7 段数码管显示数字 0～7 的 C 语言代码

```
#include "stdio.h"
#include "xil_io.h"
int main()
{
    unsigned char col,row;
    unsigned char code;
    Xil_Out8(0x40030004,0xf);
    Xil_Out8(0x4003000c,0x0);
    while(1)
    {
        Xil_Out8(0x40030008,0x0);              //输出全行0
        while ((Xil_In8(0x40030000)&0xf)==0xf);//检测是否有按键按下
        row = 0xef;                            //初始化行值
        do
        {
            row = row >> 1;
            Xil_Out8(0x40030008,row);          //逐行输出低电平
            col = Xil_In8(0x40030000)&0xf;     //读取列值
        }
        while (col == 0xf);                    //该行没有按键按下继续扫描下一行
        code = (col << 4) + (row & 0xf);       //合成8位按键扫描码
        Xil_Out8(0x40030008,0x0);
        while((Xil_In8(0x40030000)&0xf)!=0xf); //等待按键释放
        xil_printf("The pushed matrix_key's code is 0x%2x\n",code);
    }
}
```

图 12-52　Console 输出 4×4 矩阵键盘扫描码 C 语言程序

通过硬件设计了解设备号与外设之间的关系。由前面的硬件设计,可知各个外设与 GPIO 模块、通道以及设备号之间的关系如表 12-4 所示。

表 12-4　各个外设对应的 GPIO 模块、通道以及设备编号之间的关系

设　备　名	GPIO 模块序号	GPIO 通道	GPIO 设备号
独立开关	GPIO_0	1	0
独立 LED 灯	GPIO_0	2	0
独立按键	GPIO_1	1	1
7 段数码管段码	GPIO_2	1	2
7 段数码管位码	GPIO_2	2	2
矩阵键盘列	GPIO_3	1	3
矩阵键盘行	GPIO_3	2	3

　　程序控制方式设计 GPIO 接口控制程序，在调用初始化 GPIO 接口数据结构 API 函数之后，首先调用数据传输方向设置函数设置各个通道数据传输方向，然后再根据需要调用通道数据读写函数读写控制各个通道。各个外设 API 函数程序代码示例分别如图 12-53～图 12-57 所示。

```
#include "stdio.h"
#include "xil_io.h"
#include "xgpio.h"
int main()
{
    XGpio sw;
    unsigned short last_sw,current_sw;
    XGpio_Initialize(&sw, 0);
    XGpio_SetDataDirection(&sw, 1, 0xffff);
    while(1)
    {
        last_sw=current_sw;
        current_sw = XGpio_DiscreteRead(&sw, 1)&0xffff;
        if(last_sw!=current_sw)
        xil_printf("The switches' code is 0x%4x\n",current_sw);
    }
}
```

图 12-53　独立开关控制 API 函数 C 语言代码

12.6.7　实验现象

　　运行所有这些工程时，需首先将硬件平台和引导软件编程到 FPGA，如图 12-58 所示。

　　SDK 中新形成的 5 个工程如图 12-59 所示。这些工程大部分都用到了标准输入/输出接口，因此在运行这些工程时，需先将工程的标准输入/输出连接到 UART。设置方法为：选中工程并按鼠标右键，在如图 12-60 所示弹出菜单中选择 Run As→Launch on Hardware (GDB)。此时 Console 显示如图 12-61 所示信息，提示运行时没有连接 Console，然后再次选中该工程并按鼠标右键，在弹出菜单中选择 Run As→Run Configurations，弹出如图 12-62 所示窗口，选择 STDIO Connection 属性页，并勾选 Connect STDIO to Console 复选框，单击 Apply 按钮，然后再单击 Run 按钮，此时将弹出如图 12-63 所示提示信息，表示开发板之前已经运行了一个程序，直接单击 Yes 按钮，SDK 将停止前一程序的运行，运行当前程序。之后就可以通过 Console 与实验板进行交互。

```
#include "stdio.h"
#include "xil_io.h"
#include "xgpio.h"
int main()
{
    XGpio Led;
    unsigned short led;
    unsigned char byte;
    XGpio_Initialize(&Led, 0);
    XGpio_SetDataDirection(&Led, 2, 0x0);
    while(1)
    {
        xil_printf("input the 16 bits hexadecimal number to be displayed:\r\n");
        led = 0;
        while(1)
        {
            byte=inbyte();
            if(byte == 0x0d)
            {
                break;
            }
            else {
                if(byte>='a')
                    byte = byte -0x57;
                else if (byte>='A')
                    byte = byte - 0x37;
                else
                    byte = byte - 0x30;
                led = (led << 4) + byte ;
            }
        }
        XGpio_DiscreteWrite(&Led, 2, led);
    }
}
```

图 12-54   独立 LED 灯显示控制 API 函数 C 语言代码

```
#include "stdio.h"
#include "xil_io.h"
#include "xgpio.h"
int main()
{
    XGpio btn;
    char button;
    XGpio_Initialize(&btn, 1);
    XGpio_SetDataDirection(&btn, 1, 0x1f);
    while(1)
    while((XGpio_DiscreteRead(&btn, 1)&0x1f)!=0)
    {
        button = XGpio_DiscreteRead(&btn, 1)&0x1f;
        while((XGpio_DiscreteRead(&btn, 1)&0x1f)!=0);
        xil_printf("The pushed button's code is 0x%x\n",button);
    }
}
```

图 12-55   独立按键控制 API 函数 C 语言代码

```c
#include "xil_io.h"
#include "stdio.h"
#include "xgpio.h"
int main()
{
    XGpio Seg;
    char segcode[8]={0xc0,0xf9,0xa4,0xb0,0x99,0x92,0x83,0xf8};
    short pos=0xff7f;
    int i,j;
    XGpio_Initialize(&Seg, 2);
    XGpio_SetDataDirection(&Seg, 1, 0x0);
    XGpio_SetDataDirection(&Seg, 2, 0x0);
    while (1){
        for(i=0;i<8;i++)
        {
            XGpio_DiscreteWrite(&Seg, 1, segcode[i]);
            XGpio_DiscreteWrite(&Seg, 2, pos);
            for(j=0;j<10000;j++);
            pos=pos>>1;
        }
        pos=0xff7f;
    }
        return 0;
}
```

图 12-56　7 段数码管显示控制 API 函数 C 语言代码

```c
#include "stdio.h"
#include "xil_io.h"
#include "xgpio.h"
int main()
{
    XGpio Matrix;
    unsigned char col,row;
    unsigned char code;
    XGpio_Initialize(&Matrix, 3);
    XGpio_SetDataDirection(&Matrix, 1, 0xf);
    XGpio_SetDataDirection(&Matrix, 2, 0x0);
    while(1)
    {
        XGpio_DiscreteWrite(&Matrix, 2, 0);
        while((XGpio_DiscreteRead(&Matrix, 1)&0xf)==0xf);
        row = 0xef;
        do
        {
            row = row >> 1;
            XGpio_DiscreteWrite(&Matrix, 2, row);
            col = XGpio_DiscreteRead(&Matrix, 1)&0xf;
        }
        while (col == 0xf);
        code = (col << 4) + (row & 0xf);
        XGpio_DiscreteWrite(&Matrix, 2, 0);
        while((XGpio_DiscreteRead(&Matrix, 1)&0xf)!=0xf);//等待按键释放
        xil_printf("The pushed matrix_key's code is 0x%2x\n",code);
    }
}
```

图 12-57　矩阵键盘控制 API 函数 C 语言代码

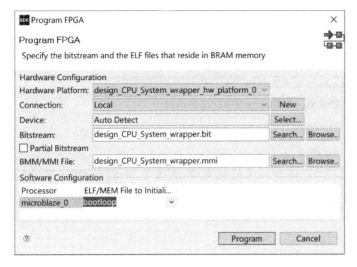

图 12-58　编程硬件平台和引导软件到 FPGA　　　　图 12-59　产生的并行接口设备控制工程

图 12-60　工程运行菜单

Process STDIO not connected to console.
If you'd like to see UART output in this console, please modify STDIO settings in the

图 12-61　Console 没有连接到 STDIO 提示

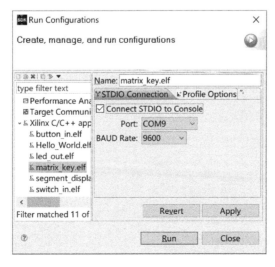

图 12-62　Console 连接到 STDIO 选项

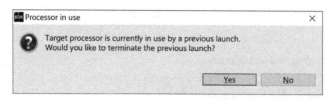

图 12-63　终止前一程序运行当前程序提示窗

1. 独立按键实验现象

单击运行快捷键，选择如图 12-64 所示 button_in.elf。

FPGA 编程完成后，Console 如图 12-65 所示无任何现象，若按下 Nexys4 DDR 实验板 5 个按键中任意一个，Console 输出如图 12-66 所示按键提示信息以及按键编码。图 12-66 所示是依次按下中、上、左、右、下 5 个按键的打印消息。

图 12-64　运行按键输入工程　　图 12-65　运行按键工程后，没有按下任何按键的 Console

2. 独立开关实验现象

单击运行快捷键，如图 12-67 所示选择 switch_in.elf。

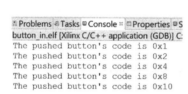

图 12-66　依次按下按键后的 Console　　　　图 12-67　运行开关输入工程

FPGA 编程完成后，Console 立即如图 12-68 所示显示当前开关状态，若逐个将开关从低电平拨到高电平，得到如图 12-69 所示 Console 显示结果。

图 12-68　运行开关工程后，所有开关都在低电平处的 Console　　图 12-69　逐个拨动开关后的 Console

3. 独立 LED 灯实验现象

单击运行快捷键,如图 12-70 所示选择 led_out. elf。

FPGA 编程完成后,Console 如图 12-71 所示直接提示输入 16 位位宽十六进制数(即 4 位十六进制数字)。此时,用户需在 Console 输入 4 个合法的十六进制数字(a~f 不区分大小写),若如图 12-72 所示输入十六进制数 0x1234,

图 12-70 运行 LED 输出工程

此时 16 个 LED 从高到低状态依次为灭灭灭亮灭灭亮灭灭灭亮亮灭亮灭灭,表示二进制数 0001001000110100,即十六进制数 0x1234。用户还可以输入其他数据进行测试。

```
Problems  Tasks  Console  Properties  SDK Terminal
led_out.elf [Xilinx C/C++ application (GDB)] C:\Nexys4DDR\Embedded_System\p
input the 16 bits hexadecimal number to be displayed:
```

图 12-71 提示输入 4 位十六进制数字

```
Problems  Tasks  Console  Properties  SDK Terminal
led_out.elf [Xilinx C/C++ application (GDB)] C:\Nexys4DDR\Embedded_Syste
input the 16 bits hexadecimal number to be displayed:
1234
input the 16 bits hexadecimal number to be displayed:
```

图 12-72 输入十六进制数 0x1234

4. 7 段数码管实验现象

单击运行快捷键,如图 12-73 所示选择 segment_display. elf。

FPGA 编程完成后,可以在 Nexys4 DDR 实验板上直接看到 8 个 7 段数码管从高位到低位依次稳定显示数字 0~7。

5. 矩阵键盘实验现象

Nexys4 DDR 实验板没有提供矩阵键盘,因此用户需将如图 12-74 所示 4×4 矩阵键盘的行、列分别插入 JD 的上、下 4 个插口。矩阵键盘行、列完全对称,因此只需 4 位一组任意插入。

单击运行快捷键,如图 12-75 所示选择 matrix_key. elf。

图 12-73 运行 7 段数码管
显示工程

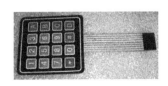

图 12-74 4×4 矩阵键盘
模块外观

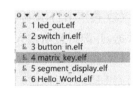

图 12-75 运行矩阵键盘
输入工程

FPGA 编程完成后,Console 无任何现象,此时若逐个按下 16 个按键中的任意一个,Console 如图 12-76 所示打印按键提示信息以及按键编码。图 12-76 所示是从左到右、从上到下依次按下 16 个按键输出的按键提示信息以及按键编码。

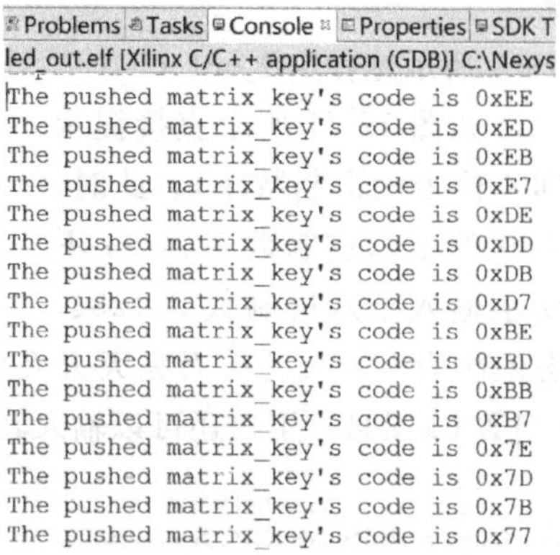

```
Problems  Tasks  Console  Properties  SDK T
led_out.elf [Xilinx C/C++ application (GDB)] C:\Nexys
The pushed matrix_key's code is 0xEE
The pushed matrix_key's code is 0xED
The pushed matrix_key's code is 0xEB
The pushed matrix_key's code is 0xE7
The pushed matrix_key's code is 0xDE
The pushed matrix_key's code is 0xDD
The pushed matrix_key's code is 0xDB
The pushed matrix_key's code is 0xD7
The pushed matrix_key's code is 0xBE
The pushed matrix_key's code is 0xBD
The pushed matrix_key's code is 0xBB
The pushed matrix_key's code is 0xB7
The pushed matrix_key's code is 0x7E
The pushed matrix_key's code is 0x7D
The pushed matrix_key's code is 0x7B
The pushed matrix_key's code is 0x77
```

图 12-76　矩阵键盘按键编码信息输出

12.7　实验任务

1. 实验任务一

嵌入式计算机系统将独立按键以及独立开关作为输入设备，LED灯、7段数码管作为输出设备。LED灯实时显示独立开光对应位状态，同时8个7段数码管实时显示最近按下的独立按键位置编码字符(C、U、L、D、R)。

> 提示：程序以7段数码管动态显示控制循环为主体，在循环体内的延时函数内读取开关值更新LED、读取按键值更新段码。

2. 实验任务二

嵌入式计算机系统将独立按键以及独立开关作为输入设备，LED灯作为输出设备。修改实验示例程序代码，实现以下功能：

(1) 按下BTNC按键时，计算机读入一组16位独立开关状态作为第一个输入的二进制数据，并即时显示输入的二进制数到16位LED灯上。

(2) 按下BTNR按键时，计算机读入另一组16位独立开关状态作为第二个输入的二进制数据，并即时显示输入的二进制数到16位LED灯上。

(3) 按下BTNU按键时，将保存的两组二进制数据做无符号加法运算，并将运算结果输出到LED灯对应位。

(4) 按下BTND按键时，将保存的两组二进制数据做无符号乘法运算，并将运算结果输出到LED灯对应位。

> 提示：循环读取按键键值，根据按键的值读取开关状态，并做相应处理。

3. 实验任务三

嵌入式计算机系统将独立按键以及独立开关作为输入设备，7段数码管作为输出设备。修改实验示例程序代码，实现以下功能：

（1）按下 BTNC 按键时,计算机读入一组 16 位独立开关状态作为一个二进制数据,并将该二进制数的低 8 位对应的二进制数值 0 或 1 显示到 8 个 7 段数码管上。

（2）按下 BTNU 按键时,计算机读入一组 16 位独立开关状态作为一个二进制数据,并将该二进制数据表示的十六进制数各位数字对应的字符 0～F 显示到低 4 位 7 段数码管上（高 4 位 7 段数码管不显示）。

（3）按下 BTND 按键时,计算机读入一组 16 位独立开关状态作为一个二进制数据,并将该数据表示的无符号十进制数各位数字对应的字符 0～9 显示到低 5 位 7 段数码管上（高 3 位 7 段数码管不显示）。

> 提示：循环读取按键键值以及开关状态,并根据按键值做相应处理。此实验包含不同数制之间相互转换。

4. 实验任务四

嵌入式计算机系统将 4×4 矩阵键盘作为输入设备,7 段数码管作为输出设备。修改实验示例程序代码,实现以下功能:

（1）矩阵键盘各个按键分别代表一个十六进制数字 0～F,当按下任一按键时,直接输出该按键对应的十六进制数字到标准输出接口。

（2）7 段数码管动态显示按下按键的键值,并且仅显示最近 8 个按键的键值。当按下第一个按键时,7 段数码管最高位显示该按键键值,其余位不显示;当连续按下两个按键时,7 段数码管高 2 位显示这两个按键键值,其余位不显示;……当连续按下 9 个按键时,8 位 7 段数码管显示后 8 个按键键值,且最后按下的按键显示在最高位,依此循环。

> 提示：程序以 7 段数码管动态显示控制循环为主体,循环体显示延时函数内检测是否有键按下,读取按键值更新段码。

12.8　思考题

1. 能否采用 GPIO IP 核的一个通道控制 8 位 7 段数码管动态显示字符? 若能,如何修改硬件电路设置和软件控制程序?

2. 如何修改软件程序控制 LED 灯从左到右或从右到左循环逐个点亮?

3. 如何修改软件控制程序控制 7 段数码管滚动显示字符串? 如滚动显示 11 位电话号码。

4. 如何修改控制程序实现从标准输入接口读入 11 位电话号码,并滚动显示在 8 位 7 段数码管上?

5. 如何利用矩阵键盘、7 段数码管以及 5 个独立按键,设计一个简易计算器? 如 4×4 矩阵键盘输入十六进制数据,输入十六进制数据的位数可以在 1～8 位之间,即最大 32 位二进制数;5 个独立按键分别表示加、减、乘、除、等于符号;7 段数码管实时显示输入的十六进制数以及十六进制运算结果。简要说明程序控制流程。

## 第 13 章

中断方式并行接口

学习目标：掌握中断控制器工作原理以及使用方法，掌握并行接口中断方式程序设计技术以及中断程序运行机制。

13.1 中断系统相关 IP 核

13.1.1 AXI INTC 中断控制器

AXI INTC 具有以下特征：

(1) 支持 32 个中断源输入，每个中断源都可以配置为 4 种中断触发方式中的任意一种。

(2) 一个中断请求信号输出，可配置为 4 种中断触发方式中的任意一种。

(3) 可以级联。

(4) 中断请求输入端的优先级根据所处位置决定，bit0 优先级最高，bit31 优先级最低。

(5) 每个中断源可以单独屏蔽或开放，也可以同时屏蔽所有中断源。

AXI INTC 基本结构如图 13-1 所示，包括 AXI 总线接口模块、INTC 从设备接口模块、中断控制器核心模块。

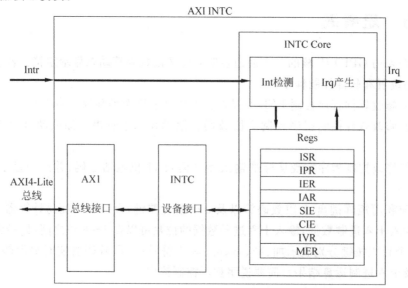

图 13-1 AXI INTC 基本结构

中断控制器各寄存器偏移地址以及初始值如表 13-1 所示。

表 13-1 寄存器偏移地址

寄存器名称	偏 移 地 址	允 许 操 作	初 始 值	含 义
ISR	0x0	读/写	0x0	中断状态寄存器
IPR(可选)	0x4	读	0x0	中断悬挂寄存器
IER	0x8	读/写	0x0	中断使能寄存器
IAR	0xC	写	0x0	中断响应寄存器
SIE(可选)	0x10	写	0x0	设置中断使能寄存器
CIE(可选)	0x14	写	0x0	清除中断使能寄存器
IVR(可选)	0x18	写	0x0	中断类型码寄存器
MER	0x1C	读/写	0x0	主中断使能寄存器

中断控制器寄存器各位含义分别如图 13-2 和图 13-3 所示。

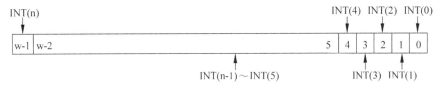

图 13-2 ISR、IPR、IER、IAR、SIE、CIE 寄存器各位含义

图 13-3 MER 寄存器各位含义

13.1.2 AXI Timer 定时计数器

AXI Timer 是 Xilinx 提供的定时计数器 IP 软核,它可以工作在定时模式、计数模式和脉宽调制模式。定时模式由时钟信号触发计数器计数,计数模式由外部触发信号触发计数器计数,而脉宽调制则由计数器控制输出信号高低电平的宽度。计数器支持两种计数方式:加计数和减计数。计数器位宽可为 8 位、16 位、32 位,采用小字节序。

定时计数器内部结构框图如图 13-4 所示。

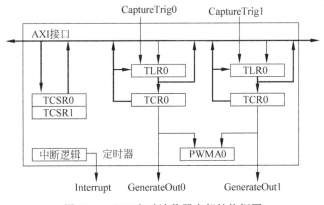

图 13-4 AXI 定时计数器内部结构框图

当定时计数器工作在定时模式时，两个定时器中任意一个计数结束都可产生中断。若允许输出中断信号，则 Interrupt 引脚输出高电平产生中断请求。

不同计数模式产生中断信号的时间间隔不同，时间间隔分别为：

加计数：$T=(TCRmax-TLR+2)*AXI\_CLK\_PERIOD$

减计数：$T=(TLR+2)*AXI\_CLK\_PERIOD$

AXI Timer 定时计数器内部寄存器偏移地址及含义如表 13-2 所示。

表 13-2　AXI Timer 定时计数器内部寄存器

寄存器名称	偏移地址	功　能　描　述	寄存器名称	偏移地址	功　能　描　述
TCSR0	0x00	定时器 0 控制状态寄存器	TCSR1	0x10	定时器 1 控制状态寄存器
TLR0	0x04	定时器 0 预置数寄存器	TLR1	0x14	定时器 1 预置数寄存器
TCR0	0x08	定时器 0 计数寄存器	TCR1	0x18	定时器 1 计数寄存器

TLR 存储用户预置数值，TCR 存储当前计数值。当计数器位宽小于 32 位时，TCR 和 TLR 都为右对齐存储数据，即最低位为 bit0。TCSR 寄存器各位定义如图 13-5 所示。

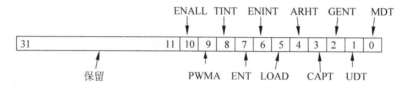

图 13-5　TCSR 寄存器各位的定义

TCSR 寄存器各位具体含义如表 13-3 所示。

表 13-3　TCSR 寄存器各位含义

位置	名称	含　义	读	写
bit0	MDT	工作模式	设置值	1—capture 模式（计数）；0—Generate 模式（定时）
bit1	UDT	计数方式	设置值	1—减计数；0—加计数
bit2	GENT	使能 GenerateOut 输出	设置值	0—不允许比较输出；1—允许比较输出
bit3	CAPT	使能外部触发信号	设置值	0—关闭外部触发信号；1—使能外部触发信号
bit4	ARHT	自动装载	设置值	1—TCR 自动装载 TLR；0—TCR 保持不变
bit5	LOAD	装载命令	设置值	0—不装载 TLR 到 TCR；1—装载 TLR 到 TCR
bit6	ENINT	中断使能	设置值	1—使能中断输出；0—禁止中断输出
bit7	ENT	定时器使能	设置值	1—使能定时器；0—禁用定时器
bit8	TINT	定时器中断状态	1 产生中断 0 产生无	1—清除中断状态；0—无影响
bit9	PWMA	脉宽调制使能	设置值	0—禁止脉宽调制输出；1—在 MDT0、MDT1 为 0，GENT0、GENT1 为 1 时，使能脉宽调制输出
bit10	ENALL	所有定时器使能	设置值	1—使能所有定时器；0—清除 ENALL 位，对 ENT0、ENT1 没有影响
其余位	保留			

设置定时计数器定时结束产生中断的基本流程为：

（1）初始化定时器。①停止定时器，写 TCSR 使 ENT=0；②清除中断标志，写 TINT=1；

③清除 MDT,使其为 0;④设置 UDT 为 0 或 1,进行加或减计数;⑤设置 ARHT=1,控制定时器计数结束时自动装载预置值;⑥使能中断,写 TCSR 使 ENINT=1;⑦写 TLR,配置计数初始值;⑧装载 TCR,写 TCSR 使 LOAD=1。

（2）运行定时器,写 TCSR 使 ENT=1,LOAD=0。这样定时器就以用户设置的初始值开始计数。

13.2　中断相关 IP 核配置

13.2.1　中断控制器配置

中断控制器 IP 核名称如图 13-6 所示。中断控制器基本属性配置页如图 13-7 所示。通常采用默认配置,无须手动配置,它接收的外设中断请求信号数与中断请求信号集成器输出位宽保持一致。中断控制器 IP 核高级属性配置页如图 13-8 所示,包括是否启用可选寄存器以及是否级联等设置。

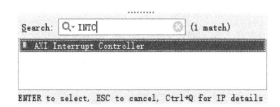

图 13-6　中断控制器 IP 核名称

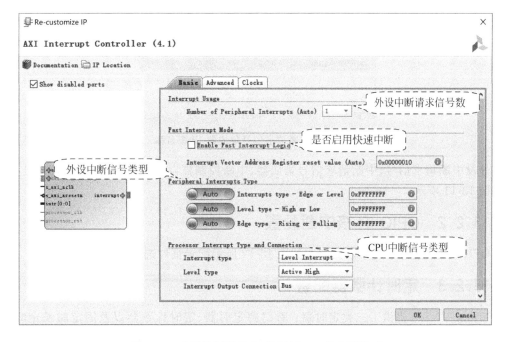

图 13-7　中断控制器的 IP 核配置——基本属性页

中断请求信号集成器 IP 核名称如图 13-9 所示,它的配置选项如图 13-10 所示。

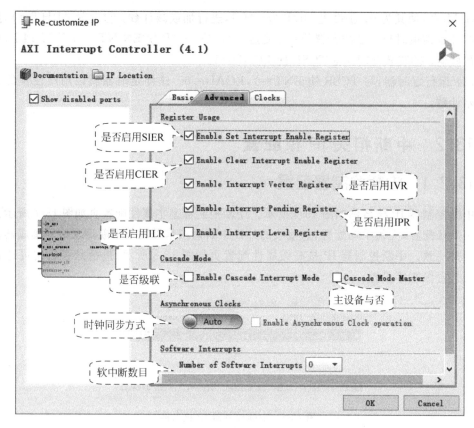

图 13-8　中断控制器的 IP 核配置——高级属性页

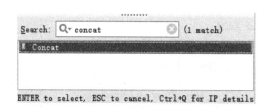

图 13-9　中断请求信号集成器 IP 核名称

外设中断请求信号、中断请求信号集成器、中断控制器以及 CPU 之间中断信号连接方式如图 13-11 所示。

13.2.2　GPIO IP 核中断配置

GPIO IP 核硬件启用中断只需在如图 13-12 所示配置页勾选使用中断。

13.2.3　定时计数器配置

Xilinx Vivado 提供了三类定时器：看门狗定时器、定时计数器以及固定时长定时器。看门狗定时器要求设定时间内再次激活，否则将产生复位信号。通常作为嵌入式系统定时复位电路，即在软件代码跑飞之后，自动复位系统。软件无法实时改变固定时长定时器的定时时长，因此固定时长定时器仅适用于无须改变定时时长的应用场景，如秒信号等。本节介

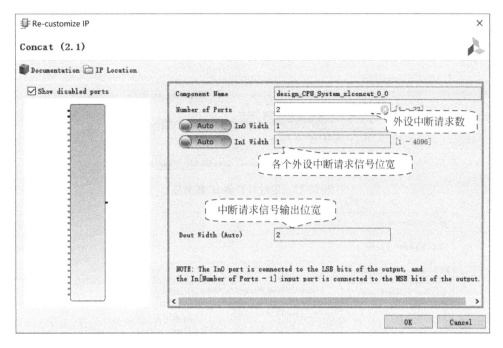

图 13-10　中断请求信号集成器配置页

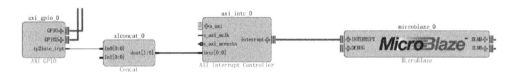

图 13-11　中断信号连接关系

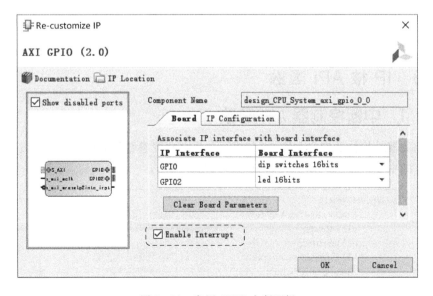

图 13-12　启用 GPIO 中断逻辑

绍定时计数器的配置，其使用灵活，应用范围广。

定时计数器 IP 核名称如图 13-13 所示。参数配置页如图 13-14 所示，包括计数器位宽、输入/输出信号有效电平、启用定时计数器数目等。

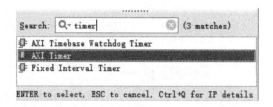

图 13-13　定时计数器 IP 核名称

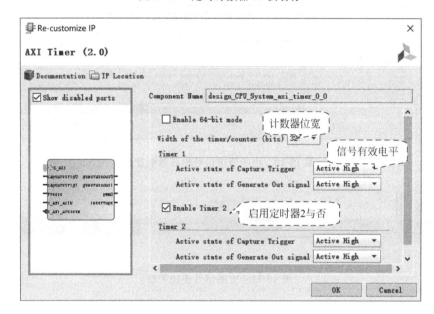

图 13-14　定时计数器配置页

13.3　IP 核 API 函数

13.3.1　中断控制器 API 函数

中断控制器结构体的定义如图 13-15 所示，其中配置参数结构体如图 13-16 所示，配置参数中含有的中断向量结构体定义如图 13-17 所示。

```
typedef struct{
    UINTPTR  BaseAddress;         /*设备基地址*/
    u32 IsReady;                  /*设备就绪状态*/
    u32 IsStarted;                /*设备启用状态*/
    u32 UnhandledInterrupts;      /* 没处理的中断统计信息 */
    XIntc_Config *CfgPtr;         /*参数配置项结构体*/
} XIntc;
```

图 13-15　中断控制器结构体的定义

```
typedef struct{
        u16 DeviceId;                    /*设备ID*/
        UINTPTR BaseAddress;             /*设备基地址*/
        u32 AckBeforeService;            /*写中断响应寄存器时间*/
        int FastIntr;                    /*快速中断启用否*/
        u32 IntVectorAddr;               /*中断向量地址*/
        int NumberofIntrs;               /*中断源数*/
        u32 Options;                     /*设备选项参数*/
        int IntcType;                    /*<中断控制器类型（0—没有级联;1—主设备;
                                            2—第二级从设备;3—最后一级设备*/
/*静态中断处理函数句柄数组*/
#if XPAR_INTC_0_INTC_TYPE != XIN_INTC_NOCASCADE
        XIntc_VectorTableEntry HandlerTable[XIN_CONTROLLER_MAX_INTRS];
#else
        XIntc_VectorTableEntry HandlerTable[XPAR_INTC_MAX_NUM_INTR_INPUTS];
#endif
}  XIntc_Config ;
```

图 13-16　中断控制器参数结构体定义

standalone 操作系统提供的中断控制器 API
函数如图 13-18 所示。其中,函数参数 DeviceId 为
中断控制器的设备号；Id 表示中断输入引脚,取值
范围为 0~31。所有这些函数源码在 SDK 中都可
以找到。

```
typedef struct {
        XInterruptHandler Handler;
        void *CallBackRef;
} XIntc_VectorTableEntry;
```

图 13-17　中断向量结构体定义

```
int XIntc_Initialize(XIntc* InstancePtr, u16 DeviceId);              //结构体初始化函数
int XIntc_Start(XIntc* InstancePtr, u8 Mode);                        //开启中断输出
void XIntc_Stop(XIntc* InstancePtr);                                 //禁止中断输出
int XIntc_Connect(XIntc* InstancePtr, u8 Id,
            XInterruptHandler Handler, void* CallBackRef);//注册中断处理函数句柄
void XIntc_Disconnect(XIntc* InstancePtr, u8 Id);                    //注销中断处理函数句柄
void XIntc_Enable(XIntc* InstancePtr, u8 Id);                        //开启特定输入源中断
void XIntc_Disable(XIntc* InstancePtr, u8 Id);                       //禁止特定输入源中断
void XIntc_Acknowledge(XIntc* InstancePtr, u8 Id);                   //中断响应
XIntc_Config *XIntc_LookupConfig(u16 DeviceId);                      //参数结构配置
int XIntc_ConnectFastHandler(XIntc* InstancePtr, u8 Id,
            XFastInterruptHandler Handler);                          //注册快速中断函数句柄
void XIntc_SetNormalIntrMode(XIntc* InstancePtr, u8 Id);             //设定正常中断模式
/*
 * 中断服务程序　在xintr_intr.c中定义
 */
void XIntc_VoidInterruptHandler(void);                               //通用中断处理函数
void XIntc_InterruptHandler(XIntc* InstancePtr);                     //总中断处理函数
/*
 * 属性参数函数　在xintc_options.c中定义
 */
int XIntc_SetOptions(XIntc* InstancePtr, u32 Options);               //设置属性参数
u32 XIntc_GetOptions(XIntc* InstancePtr);                            //读取属性参数
/*
 * 自测函数　在xintc_selftest.c中定义
 */
int XIntc_SelfTest(XIntc* InstancePtr);                              //中断控制器自测
int XIntc_SimulateIntr(XIntc* InstancePtr, u8 Id);                   //模拟外设中断
```

图 13-18　中断控制器 API 函数列表

13.3.2　定时计数器 API 函数

定时计数器结构体定义如图 13-19 所示。其中参数结构体定义如图 13-20 所示。定时计数器 API 函数如图 13-21 所示。函数参数 DeviceId 表示设备号；TmrCtrNumber 表示定时器编号，取值范围为 0～1。

```
typedef struct {
        XTmrCtr_Config Config;          /*定时器参数结构体*/
        XTmrCtrStats Stats;             /* 统计信息*/
        UINTPTR BaseAddress;            /*设备基地址*/
        u32 IsReady;                    /*设备初始化就绪否*/
        u32 IsStartedTmrCtr0;           /*定时器0启动否*/
        u32 IsStartedTmrCtr1;           /*定时器1启动否*/
        XTmrCtr_Handler Handler;        /*定时器中断回调函数句柄*/
        void *CallBackRef;              /*回调函数参数*/
} XTmrCtr;
```

图 13-19　定时计数器结构体定义

```
typedef struct {
        u16 DeviceId;                   /*设备号*/
        UINTPTR BaseAddress;            /*设备基地址*/
        u32 SysClockFreqHz;             /*AXI总线时钟频率*/
} XTmrCtr_Config;
```

图 13-20　定时计数器参数结构体定义

```
void XTmrCtr_CfgInitialize(XTmrCtr * InstancePtr, XTmrCtr_Config * ConfigPtr,
        UINTPTR EffectiveAddr);                          //根据参数结构体对定时计数器结构体初始化
int XTmrCtr_InitHw(XTmrCtr*InstancePtr);                 //初始化未运行的定时计数器
int XTmrCtr_Initialize(XTmrCtr * InstancePtr, u16 DeviceId);
//根据Id初始化定时计数器结构体
void XTmrCtr_Start(XTmrCtr * InstancePtr, u8 TmrCtrNumber);     //启动定时计数器
void XTmrCtr_Stop(XTmrCtr * InstancePtr, u8 TmrCtrNumber);      //停止定时计数器
u32 XTmrCtr_GetValue(XTmrCtr * InstancePtr, u8 TmrCtrNumber);//读取当前计数值
void XTmrCtr_SetResetValue(XTmrCtr * InstancePtr, u8 TmrCtrNumber,
        u32 ResetValue);                                 //设置复位值
u32 XTmrCtr_GetCaptureValue(XTmrCtr * InstancePtr, u8 TmrCtrNumber);
//读取捕获的计数值
int XTmrCtr_IsExpired(XTmrCtr * InstancePtr, u8 TmrCtrNumber); //查询计数是否越界
void XTmrCtr_Reset(XTmrCtr * InstancePtr, u8 TmrCtrNumber);    //复位计数器
/* Lookup configuration in xtmrctr_sinit.c */
XTmrCtr_Config * XTmrCtr_LookupConfig(u16 DeviceId);           //查找并设置配置参数
/* 参数相关函数 在xtmrctr_options.c中定义*/
void XTmrCtr_SetOptions(XTmrCtr* InstancePtr, u8 TmrCtrNumber, u32 Options);
u32 XTmrCtr_GetOptions(XTmrCtr* InstancePtr, u8 TmrCtrNumber);
/* 信息统计函数 在xtmrctr_stats.c中定义*/
void XTmrCtr_GetStats(XTmrCtr* InstancePtr, XTmrCtrStats* StatsPtr);
void XTmrCtr_ClearStats(XTmrCtr* InstancePtr);
/* 测试函数 在xtmrctr_selftest.c 中定义*/
int XTmrCtr_SelfTest(XTmrCtr* InstancePtr, u8 TmrCtrNumber);
/* 中断函数xtmrctr_intr.c中定义*/
void XTmrCtr_SetHandler(XTmrCtr* InstancePtr, XTmrCtr_Handler FuncPtr,
        void * CallBackRef);
//注册回调函数句柄
void XTmrCtr_InterruptHandler(void*InstancePtr);              //定时器默认中断处理函数
```

图 13-21　定时计数器 API 函数列表

13.4　中断程序设计

接口与 CPU 之间的数据通信采用中断方式要求软件提供中断服务程序,当硬件产生中断时,CPU 调用中断服务程序,处理相应设备的数据通信。所有不同外设的中断请求信号连接到 MicroBlaze 微处理器同一中断输入引脚 Interrupt,因此需通过读取中断控制器的中断状态寄存器区分不同外设的中断。所有外设产生中断请求时,微处理器都直接跳转到 0x00000010 处执行总中断服务程序。不同外设的中断服务,需由总中断服务程序在读取了中断控制器的中断状态寄存器识别出具体的中断源之后,再调用相应外设数据通信中断服务子程序。

13.4.1　总中断服务程序

standalone 操作系统以及 GCC 编译器分别提供了将函数声明为总中断服务程序的方法。

1. GCC 编译器函数声明

声明一个函数为中断服务程序的方法为:定义函数时,利用__attribute__关键词声明函数的属性为中断函数句柄。例如:

```
void function(void) __attribute__ ((interrupt_handler));
```

将函数 function 声明为总中断服务程序。当产生外设中断请求时,MicroBlaze 微处理器将直接调用该函数。

2. standalone 操作系统 API 函数

standalone 操作系统提供中断函数注册 API 函数,具体为:

```
microblaze_register_handler(XInterruptHandler Handler,void * DataPtr);
```

其中,参数 Handler 为用户定义的中断函数名,DataPtr 为中断函数执行时需要处理的参数指针。

13.4.2　中断程序构成

中断程序设计,软件代码通常包含两个部分:主程序和中断服务程序。

主程序的主要功能为:设定外设工作方式,注册中断服务程序,使能各类设备中断,然后再处理其他事务。若没有其他事务需要处理,则退出。

中断服务程序分为两类:总中断服务程序和外设中断事务处理程序。总中断服务程序主要功能为:读取中断控制器的中断状态寄存器,识别中断源并调用相应外设中断事务处理程序,清除中断控制器的中断请求状态。外设中断事务处理程序功能为:与外设接口数据通信,清除外设接口中断请求状态。

13.5　实验示例

13.5.1　实验要求

将独立开关、独立按键、矩阵键盘等设备作为计算机系统输入设备,并将独立 LED 灯、7 段数码管等作为计算机系统输出设备,建立支持这些输入/输出设备数据读写的嵌入式计算机硬件平台，要求只有当输入设备状态发生了变化，微处理器才读取输入设备的数据（即中断方式），延时时间由定时计数器硬件精准控制。实现以下功能：

（1）LED灯走马灯式从右到左逐个点亮，1s移动一位。

（2）8个7段数码管稳定显示数字0～7。

（3）独立开关状态实时输出到独立LED灯对应位。

（4）实时输出独立按键位置码（C、U、D、L、R）到8个7段数码管，要求最近按下按键位置码总是显示在数码管的最低位。

（5）实时输出矩阵键盘按键代表的键值到7段数码管，要求最近按下按键键值总是显示在数码管的最低位。

13.5.2　硬件电路原理框图

根据实验要求，LED灯走马灯显示以及7段数码管动态显示延时各需采用一个硬件定时计数器实现延时控制，因此需要使用一个定时计数器IP核，并且同时使能两个定时器。独立开关、独立按键以及矩阵键盘输入都采用中断方式，再加上定时器，共4个中断信号。这4个中断信号由一个中断控制器实现中断控制。由此得到中断方式并行接口嵌入式系统电路原理框图如图13-22所示。

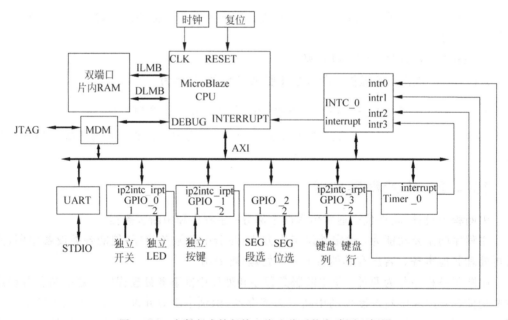

图13-22　中断方式并行接口嵌入式系统电路原理框图

13.5.3　硬件平台建立

由图13-22可知，在图12-34并行接口电路基础上，需要添加定时计数器IP核、中断控制器IP核以及中断请求信号集成器IP核各一个。

首先按照图13-6、图13-9以及图13-13所示添加各个IP核，添加完成之后得到如图13-23所示模块结构。

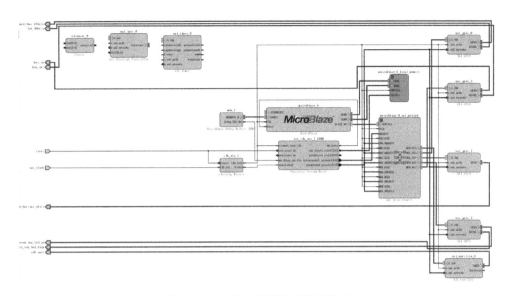

图 13-23　完成 IP 核添加的模块结构

　　紧接着完成各个 IP 核模块的配置,定时计数器以及中断控制器都直接采用默认设置,即采用 2 个 32 位的定时器计数器,中断控制器的请求信号自动根据集成器的位宽调整。中断请求信号集成器的配置如图 13-24 所示,包含 4 个端口,每个端口都是 1 位位宽。GPIO_0(开关)、GPIO_1(按键)、GPIO_3(矩阵键盘)都使能中断,配置方法如图 13-12所示。

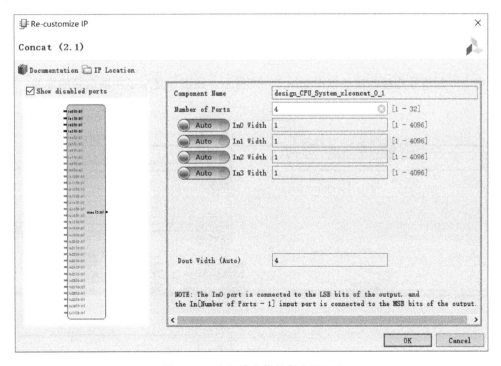

图 13-24　中断请求信号集成器配置

完成各个模块配置后的模块结构和接口如图 13-25 所示。紧接着手动连接各个 IP 核的中断信号，手动连线时要求首先将鼠标移动到需要连接的引脚，按下鼠标左键，然后拖动鼠标到被连接的引脚，释放鼠标左键，这样就完成了一组信号线的连接。鼠标在移动过程中出现铅笔标志，表示可以选中进行连线，若移动到其他引脚附近时出现绿色勾，则表示该引脚可以被连接。

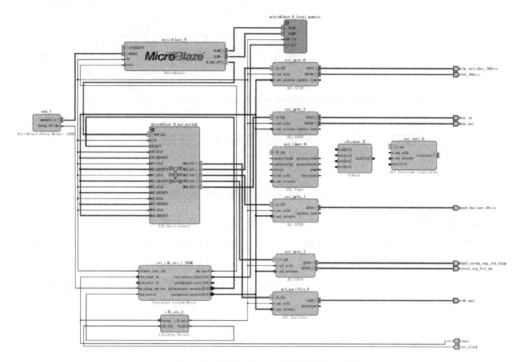

图 13-25　IP 核配置修改后的模块结构和接口

完成中断信号连接的模块框图如图 13-26 所示。该图仅显示了中断信号的连线。

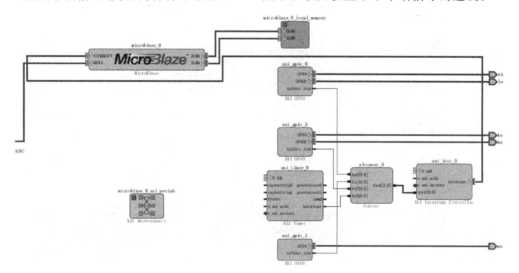

图 13-26　中断信号连接关系

单击 IP 集成器上方设计助手 Run Connection Automation，并如图 13-27 所示勾选新增 IP 核的总线接口，完成各个模块总线接口的连接如图 13-28 所示。这样得到各个 IP 核在系统中映射的地址范围如图 13-29 所示。

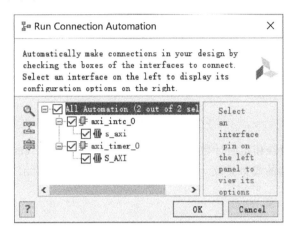

图 13-27　自动连接 AXI 总线

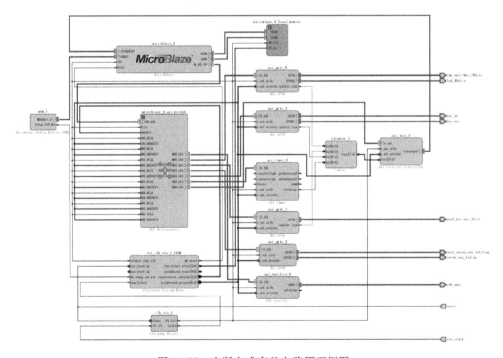

图 13-28　中断方式完整电路原理框图

保存硬件设计，生成 HDL Wrapper，生成硬件比特流文件，然后再导出硬件设计到 SDK，该方法在前面的实验示例中有演示，此处不再赘述。

13.5.4　软件设计

硬件导入之后，SDK 自动更新 BSP 包，此时可以看到 standalone BSP 描述文件中增加了如图 13-30 所示中断控制器和定时计数器两个新的设备描述。同时 BSP 中也增加了如

图 13-29　各模块地址映射范围

图 13-31 所示中断控制器和定时计数器的驱动。BSP 中 xparameters.h 文件也增加了中断控制器以及定时计数器的参数定义，分别如图 13-32 和图 13-33 所示。

图 13-30　system.mss 文件驱动描述

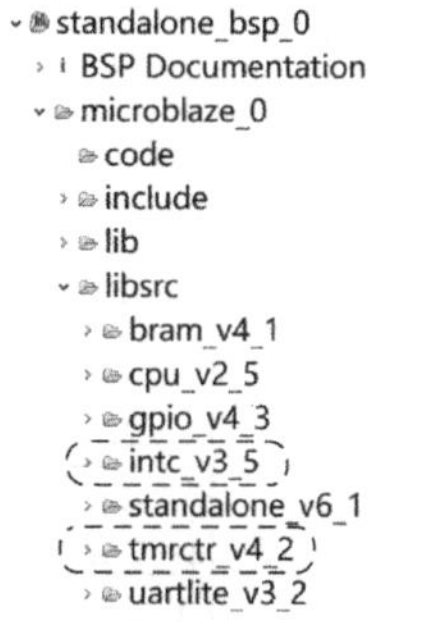

图 13-31　定时计数器以及中断控制器驱动源码目录

图 13-32　xparameters.h 文件中中断控制器定义

图 13-33 xparameters.h 文件中定时计数器定义

根据硬件电路原理框图以及各个 IP 核寄存器偏移地址,得到如表 13-4 所示各个外设接口寄存器地址映射。GPIO IP 核控制寄存器以及数据寄存器映射关系已在表 12-3 中列出,此处不再赘述。

表 13-4 中断相关接口寄存器地址映射

设 备 名	中断源 IP 核名	通 道 号	寄存器名称	寄存器地址	有效位
独立开关	GPIO_0	通道 1	IER	0x40000128	D0
			GIE	0x4000011c	D31
			ISR	0x40000120	D0
独立按键	GPIO_1	通道 1	IER	0x40010128	D0
			GIE	0x4001011c	D31
			ISR	0x40010120	D0
独立 LED	Timer_0	定时器 0	TCSR0	0x41c00000	D10～D0
			TLR0	0x41c00004	D31～D0
			TCR0	0x41c00008	D31～D0
数码管	Timer_0	定时器 1	TCSR1	0x41c00010	D10～D0
			TLR1	0x41c00014	D31～D0
			TCR1	0x41c00018	D31～D0
矩阵键盘	GPIO_3	通道 1	IER	0x40030128	D0
			GIE	0x4003011c	D31
			ISR	0x40030120	D0
中断控制器	INTC_0		ISR	0x41200000	D3～D0
			MER	0x4120001c	D1～D0
			IER	0x41200008	D3～D0
			IAR	0x4120000c	D3～D0

根据实验要求,中断源可以分为两类:外设输入数据发生变化产生的 GPIO 中断和定时时间到产生的定时器中断。

GPIO 中断方式控制软件主程序流程如图 13-34 所示。它需要开放三级中断:CPU、中断控制器、GPIO。总中断服务程序流程如图 13-35 所示,它需读取中断控制器的中断状态寄存器,识别中断源并调用相应的中断处理函数,然后再清除中断控制器的中断状态。GPIO 中断事务处理函数流程如图 13-36 所示,它完成数据输入并清除 GPIO 的中断状态。不同输入设备 GPIO 中断事务处理方法不同:①独立开关输入 GPIO 中断事务处理只需直接将开关对应通道的数据输入,然后输出到 LED 对应的通道即可;②独立按键输入中断事务处理要求输入独立按键数据后,查找按键编码与位置码的段码映射表,得到位置码段码并更新 7 段数码管显示缓冲区；③矩阵键盘输入中断事务处理要求在输入数据前先延时消抖，然后再逐行扫描获取按键扫描码，最后再查找按键扫描码与键值段码映射表，得到键值段码并更新 7 段数码管显示缓冲区。

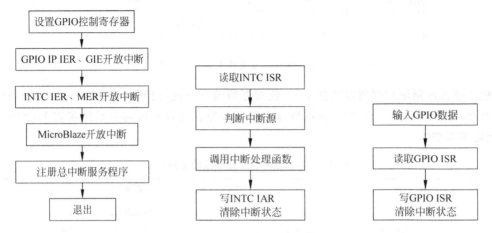

图 13-34　GPIO 中断主程序流程　　图 13-35　总中断服务程序流程　　图 13-36　GPIO 输入中断处理函数

定时计数器中断主程序流程如图 13-37 所示，除了开放三级中断之外，还需设置定时器工作方式以及计数初值。定时计数器中断处理函数流程如图 13-38 所示，它输出当前数据到 GPIO，并清除定时器中断状态。定时计数器分别控制 LED 灯走马灯或 7 段数码管动态显示。需要注意的是：定时计数器中断一次，中断处理函数仅输出一个数据到 LED 灯或 7 段数码管，同时准备好下一个数据。通过定时器不停产生中断实现 LED 走马灯以及 7 段数码管动态显示。

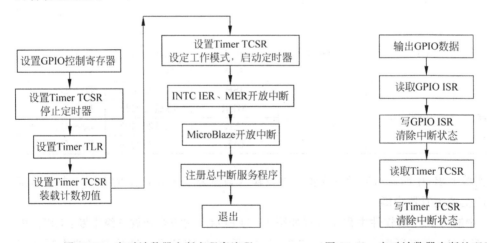

图 13-37　定时计数器中断主程序流程　　　图 13-38　定时计数器中断处理函数流程

13.5.5　IO 读写函数程序代码

实验要求完成 5 种不同功能，需建立 5 个空工程。不同功能要求，主程序、中断服务程序以及外设中断处理函数代码实现细节各有不同。

图 13-39 所示是走马灯式逐个点亮 LED 灯的 C 语言程序代码。LED 中断处理函数每进入一次，数据 1 移位的次数加 1。当移动到最高位之后，移位次数恢复到 0。变量 LedBits 为全局变量，记录移位的次数。

```c
#include "xil_io.h"
#include "stdio.h"
#define INTC_BASEADDR 0x41200000
#define XIN_ISR_OFFSET     0          /* 中断状态寄存器偏移地址*/
#define XIN_IER_OFFSET     8          /* 中断使能寄存器偏移地址*/
#define XIN_IAR_OFFSET     12         /* 中断响应寄存器偏移地址*/
#define XIN_MER_OFFSET     28         /* 主中断使能寄存器偏移地址*/
#define LED_BASEADDR 0x40000000
#define XGPIO_DATA_OFFSET 0x8    /*通道2数据寄存器偏移地址*/
#define XGPIO_TRI_OFFSET 0xc     /*通道2控制寄存器偏移地址*/
#define TIMER_BASEADDR  0x41C00000
#define XTC_TCSR_OFFSET 0        /*定时器0控制状态寄存器偏移地址*/
#define XTC_TLR_OFFSET 4         /*定时器0装载寄存器偏移地址*/
#define XTC_TCR_OFFSET 8         /*定时器0计数寄存器偏移地址*/
#define RESET_VALUE 100000000
void TimerCounterHandler();
void My_ISR() __attribute__((interrupt_handler));              //总中断服务程序
u32 LedBits;
int main()
{
    Xil_Out32(LED_BASEADDR+XGPIO_TRI_OFFSET,0x0);              //设定LED为输出方式
    Xil_Out32(TIMER_BASEADDR+XTC_TCSR_OFFSET,
              Xil_In32(TIMER_BASEADDR+XTC_TCSR_OFFSET)&0x77f); //写TCSR,停止计数器
    Xil_Out32(TIMER_BASEADDR+XTC_TLR_OFFSET,RESET_VALUE);      //写TLR,预置计数初值
    Xil_Out32(TIMER_BASEADDR+XTC_TCSR_OFFSET,
              Xil_In32(TIMER_BASEADDR+XTC_TCSR_OFFSET)|0x20); //装载计数初值
    Xil_Out32(TIMER_BASEADDR+XTC_TCSR_OFFSET,
              Xil_In32(TIMER_BASEADDR+XTC_TCSR_OFFSET)&0x7df|0xd2);
    //开始计时运行，自动装载，允许中断，减计数
    Xil_Out32(INTC_BASEADDR+XIN_IER_OFFSET,0x8);              //中断控制器使能中断输入引脚INTR3
    Xil_Out32(INTC_BASEADDR+XIN_MER_OFFSET,0x3);              //使能硬件中断输出
    microblaze_enable_interrupts();                          //允许处理器接收中断
    return 0;
}
void My_ISR()
{
    int status;
    status=Xil_In32(INTC_BASEADDR+XIN_ISR_OFFSET);           //读取ISR识别中断源
    if((status&0x8)==0x8)
        TimerCounterHandler();                               //调用用户中断处理函数
    Xil_Out32(INTC_BASEADDR+XIN_IAR_OFFSET,status);          //写IAR清除中断状态
}
void TimerCounterHandler()
{
    Xil_Out32(LED_BASEADDR+XGPIO_DATA_OFFSET,1<<LedBits);    //输出点亮1位LED灯
    Xil_Out32(TIMER_BASEADDR+XTC_TCSR_OFFSET,
              Xil_In32(TIMER_BASEADDR+XTC_TCSR_OFFSET));     //清除定时器中断状态
    LedBits++;//修改LED点亮位置
    if(LedBits==16)//16位是否结束
        LedBits=0;
}
```

图 13-39 LED 灯走马灯控制程序 IO 读写函数 C 语言代码

图 13-40 所示为 LED 灯显示独立开关状态的中断方式 C 语言程序代码。当独立开关
状态发生改变时，GPIO 产生中断，GPIO 中断处理函数读取开关状态并直接输出到 LED 灯
上，因此 LED 灯状态与开关完全一致。

```c
#include "xil_io.h"
#include "stdio.h"
#define INTC_BASEADDR 0x41200000
#define XIN_ISR_OFFSET     0
#define XIN_IER_OFFSET     8
#define XIN_IAR_OFFSET     12
#define XIN_MER_OFFSET     28
#define Switch_LED_BASEADDR 0x40000000
#define XGPIO_DATA1_OFFSET 0x0
#define XGPIO_TRI1_OFFSET 0x4
#define XGPIO_DATA2_OFFSET 0x8
#define XGPIO_TRI2_OFFSET 0xc
#define XGPIO_IER_OFFSET   0x128
#define XGPIO_ISR_OFFSET   0x120
#define XGPIO_GIE_OFFSET   0x11c
void SwitchHandler();
void My_ISR() __attribute__((interrupt_handler));               //总中断服务程序
int main()
{
    Xil_Out32(Switch_LED_BASEADDR+XGPIO_TRI2_OFFSET,0x0);       //设定LED为输出方式
    Xil_Out32(Switch_LED_BASEADDR+XGPIO_TRI1_OFFSET,0xffff);    //设定Switch为输入方式
    Xil_Out32(Switch_LED_BASEADDR+XGPIO_IER_OFFSET,0x1);        //通道1允许中断
    Xil_Out32(Switch_LED_BASEADDR+XGPIO_GIE_OFFSET,0x80000000); //允许GPIO中断输出
    Xil_Out32(INTC_BASEADDR+XIN_IER_OFFSET,0x1);                //中断控制器使能中断源INTR0
    Xil_Out32(INTC_BASEADDR+XIN_MER_OFFSET,0x3);
    microblaze_enable_interrupts();                             //允许处理器处理中断
    return 0;
}
void My_ISR()
{
    int status;
    status=Xil_In32(INTC_BASEADDR+XIN_ISR_OFFSET);             //读取ISR
    if((status&0x1)==0x1)
        SwitchHandler();                                       //调用用户中断服务程序
    Xil_Out32(INTC_BASEADDR+XIN_IAR_OFFSET,status);           //写IAR
}
void SwitchHandler()
{
    Xil_Out32(Switch_LED_BASEADDR+XGPIO_DATA2_OFFSET,
              Xil_In32(Switch_LED_BASEADDR+XGPIO_DATA1_OFFSET));
              //读取独立开关的值，输出到独立LED灯
    Xil_Out32(Switch_LED_BASEADDR+XGPIO_ISR_OFFSET,
              Xil_In32(Switch_LED_BASEADDR+XGPIO_ISR_OFFSET));//清除GPIO中断
}
```

图 13-40   LED灯显示独立开关状态中断方式 IO 读写 C 语言代码

图 13-41 所示为采用定时计数器中断延时控制 8 个 7 段数码管稳定显示数字 0～7 的 C
语言代码。定时器每产生一次中断，该程序输出一位 7 段数码管的位码和段码。通过定时
器不断产生中断，循环控制多个 7 段数码管动态显示字符。

图 13-42 和图 13-43 所示为控制 7 段数码管实时显示 5 个独立按键键码的中断方式 C
语言程序代码。这部分程序采用两个中断源：一个按键输入中断源；一个 7 段数码管动态

```
#include "xil_io.h"
#include "stdio.h"
#define INTC_BASEADDR 0x41200000
#define XIN_ISR_OFFSET    0          /* 中断状态寄存器偏移地址*/
#define XIN_IER_OFFSET    8          /* 中断使能寄存器偏移地址*/
#define XIN_IAR_OFFSET    12         /* 中断响应寄存器偏移地址*/
#define XIN_MER_OFFSET    28         /* 主中断使能寄存器偏移地址*/
#define SEG_BASEADDR 0x40020000
#define XGPIO_DATA1_OFFSET  0x0      /*通道1数据寄存器偏移地址*/
#define XGPIO_TRI1_OFFSET  0x4       /*通道1控制寄存器偏移地址*/
#define XGPIO_DATA2_OFFSET  0x8      /*通道2数据寄存器偏移地址*/
#define XGPIO_TRI2_OFFSET  0xc       /*通道2控制寄存器偏移地址*/
#define TIMER_BASEADDR 0x41C00000
#define XTC_TCSR_OFFSET   0x10       /*定时器1控制状态寄存器偏移地址*/
#define XTC_TLR_OFFSET   0x14        /*定时器1装载寄存器偏移地址*/
#define RESET_VALUE 100000
void Seg_TimerCounterHandler();
void My_ISR() __attribute__((interrupt_handler));                    //总中断服务程序
char segcode[8]={0xc0,0xf9,0xa4,0xb0,0x99,0x92,0x83,0xf8};
short pos=0xff7f;
int i;
int main()
{
    Xil_Out32(SEG_BASEADDR+XGPIO_TRI1_OFFSET,0x0);              //设定数码管段码为输出方式
    Xil_Out32(SEG_BASEADDR+XGPIO_TRI2_OFFSET,0x0);              //设定数码管位码为输出方式
    Xil_Out32(TIMER_BASEADDR+XTC_TCSR_OFFSET,
            Xil_In32(TIMER_BASEADDR+XTC_TCSR_OFFSET)&0x77f);//写TCSR,停止计数器
    Xil_Out32(TIMER_BASEADDR+XTC_TLR_OFFSET,RESET_VALUE);    //写TLR,预置计数初值
    Xil_Out32(TIMER_BASEADDR+XTC_TCSR_OFFSET,
            Xil_In32(TIMER_BASEADDR+XTC_TCSR_OFFSET)|0x20); //装载计数初值
    Xil_Out32(TIMER_BASEADDR+XTC_TCSR_OFFSET,
            Xil_In32(TIMER_BASEADDR+XTC_TCSR_OFFSET)&0x7df|0xd2);
    //开始计时运行、自动装载、允许中断、减计数
    Xil_Out32(INTC_BASEADDR+XIN_IER_OFFSET,0x8);               //对中断控制器进行中断源使能
    Xil_Out32(INTC_BASEADDR+XIN_MER_OFFSET,0x3);
    microblaze_enable_interrupts();                           //允许处理器处理中断
    return 0;
}
void My_ISR()
{
    int status;
    status=Xil_In32(INTC_BASEADDR+XIN_ISR_OFFSET);            //读取ISR
    if((status&0x8)==0x8)
        Seg_TimerCounterHandler();                            //调用用户中断服务程序
    Xil_Out32(INTC_BASEADDR+XIN_IAR_OFFSET,status);           //写IAR

}
void Seg_TimerCounterHandler()
{
    Xil_Out32(0x40020000,segcode[i]);
    Xil_Out32(0x40020008,pos);
    pos=pos>>1;
    i++;
    if(i==8)
    {
        i=0;
        pos=0xff7f;
    }
    Xil_Out32(TIMER_BASEADDR+XTC_TCSR_OFFSET,
            Xil_In32(TIMER_BASEADDR+XTC_TCSR_OFFSET));//清除定时器1中断状态
}
```

图 13-41 7 段数码管定时器中断控制 IO 读写函数 C 语言代码

```c
#include "xil_io.h"
#include "stdio.h"
#define INTC_BASEADDR 0x41200000
#define XIN_ISR_OFFSET     0          /* 中断状态寄存器偏移地址*/
#define XIN_IER_OFFSET     8          /* 中断使能寄存器偏移地址*/
#define XIN_IAR_OFFSET     12         /* 中断响应寄存器偏移地址*/
#define XIN_MER_OFFSET     28         /* 主中断使能寄存器偏移地址*/
#define BTN_BASEADDR 0x40010000
#define SEG_BASEADDR 0x40020000
#define XGPIO_DATA1_OFFSET 0x0        /*通道1数据寄存器偏移地址*/
#define XGPIO_TRI1_OFFSET 0x4         /*通道1控制寄存器偏移地址*/
#define XGPIO_DATA2_OFFSET 0x8        /*通道2数据寄存器偏移地址*/
#define XGPIO_TRI2_OFFSET 0xc         /*通道2控制寄存器偏移地址*/
#define XGPIO_IER_OFFSET   0x128
#define XGPIO_ISR_OFFSET   0x120
#define XGPIO_GIE_OFFSET   0x11c
#define TIMER_BASEADDR 0x41C00000
#define XTC_TCSR_OFFSET   0x10        /*定时器1控制状态寄存器偏移地址*/
#define XTC_TLR_OFFSET   0x14         /*定时器1装载寄存器偏移地址*/
#define RESET_VALUE   100000
void Seg_TimerCounterHandler();
void BtnHandler();
void My_ISR() __attribute__((interrupt_handler));          //总中断服务程序
char segcode[8]={0xff,0xff,0xff,0xff,0xff,0xff,0xff};       //段码显示缓冲区
char scancode[5][2]={0x1,0xc6,0x2,0xc1,0x4,0xc7,0x8,0x88,0x10,0xa1};
//按键扫描码与键值段码关系表
short pos=0xff7f;
int i=0;
int main()
{
    Xil_Out32(SEG_BASEADDR+XGPIO_TRI1_OFFSET,0x0);         //设定数码管段码为输出方式
    Xil_Out32(SEG_BASEADDR+XGPIO_TRI2_OFFSET,0x0);         //设定数码管位码为输出方式
    Xil_Out32(BTN_BASEADDR+XGPIO_TRI1_OFFSET,0x1f);        //设定BUTTON为输入方式
    Xil_Out32(BTN_BASEADDR+XGPIO_IER_OFFSET,0x1);          //通道1允许中断
    Xil_Out32(BTN_BASEADDR+XGPIO_GIE_OFFSET,0x80000000);   //允许GPIO中断输出
    Xil_Out32(TIMER_BASEADDR+XTC_TCSR_OFFSET,
            Xil_In32(TIMER_BASEADDR+XTC_TCSR_OFFSET)&0x77f);//写TCSR,停止计数器
    Xil_Out32(TIMER_BASEADDR+XTC_TLR_OFFSET,RESET_VALUE);  //写TLR,预置计数初值
    Xil_Out32(TIMER_BASEADDR+XTC_TCSR_OFFSET,
            Xil_In32(TIMER_BASEADDR+XTC_TCSR_OFFSET)|0x20); //装载计数初值
    Xil_Out32(TIMER_BASEADDR+XTC_TCSR_OFFSET,
            Xil_In32(TIMER_BASEADDR+XTC_TCSR_OFFSET)&0x7df|0xd2);
    //开始计时运行，自动装载，允许中断，减计数
    Xil_Out32(INTC_BASEADDR+XIN_IER_OFFSET,0xa);           //对中断控制器进行中断源使能
    Xil_Out32(INTC_BASEADDR+XIN_MER_OFFSET,0x3);
    microblaze_enable_interrupts();                        //允许处理器处理中断
    return 0;
}
void My_ISR()
{
    int status;
    status=Xil_In32(INTC_BASEADDR+XIN_ISR_OFFSET);         //读取ISR
    if((status&0x8)==0x8)
        Seg_TimerCounterHandler();                         //调用用户中断服务程序
    else    if((status&0x2)==0x2)
        BtnHandler();                                      //调用按键中断
    Xil_Out32(INTC_BASEADDR+XIN_IAR_OFFSET,status);        //写IAR
}
```

图 13-42   7 段数码管显示独立按键 IO 读写中断控制 C 语言代码(1)

显示定时计数器中断源。由于定时计数器中断处理函数中控制显示的字符以及位置与独立
按键的按下顺序有关,因此这两个中断处理函数需要交互数据。程序代码采用共享缓冲
区——数组 segcode 实现该功能。定时计数器中断处理函数一直从 segcode 中读出段码显
示;而独立按键中断处理函数则获取按键键值,从按键编码表 scancode 中读取对应按键段
码,更新 segcode 缓冲区。

```
void Seg_TimerCounterHandler()
{
    Xil_Out32(0x40020000,segcode[i]);
    Xil_Out32(0x40020008,pos);
    pos=pos>>1;
    i++;
    if(i==8)
    {
        i=0;
        pos=0xff7f;
    }
    Xil_Out32(TIMER_BASEADDR+XTC_TCSR_OFFSET,
        Xil_In32(TIMER_BASEADDR+XTC_TCSR_OFFSET));//清除中断
}
void BtnHandler()
{
    int btncode,index,j;
    btncode=Xil_In32(BTN_BASEADDR+XGPIO_DATA1_OFFSET);
    for(index=0;index<5;index++)
        if(btncode==scancode[index][0])
        {
            for(j=0;j<7;j++)
            segcode[j]=segcode[j+1];              //移动键值段码
            segcode[7]=scancode[index][1];
            break;
        }
    Xil_Out32(BTN_BASEADDR+XGPIO_ISR_OFFSET,
        Xil_In32(BTN_BASEADDR+XGPIO_ISR_OFFSET)); //清除中断
}
```

图 13-43　7 段数码管显示独立按键 IO 读写中断控制 C 语言代码(2)

图 13-44 和图 13-45 所示为 7 段数码管显示矩阵键盘按键键值中断控制方式 C 语言
代码。该程序同样使能了两个中断源:定时器和矩阵键盘按键。这两个中断源各自具有
中断处理函数,同样通过 segcode 实现两个中断处理函数之间的数据交互。矩阵键盘按
键扫描码到键值段码的映射利用二维数组实现映射:数组第一维为按键扫描码,第二维
为键值段码。矩阵键盘的中断处理函数采用语句"for(j=0;j<10000;j++);"实现延
时消抖。

```
#include "xil_io.h"
#include "stdio.h"
#define INTC_BASEADDR 0x41200000
#define XIN_ISR_OFFSET   0    /* 中断状态寄存器偏移地址*/
#define XIN_IER_OFFSET   8    /* 中断使能寄存器偏移地址*/
#define XIN_IAR_OFFSET   12   /* 中断响应寄存器偏移地址*/
#define XIN_MER_OFFSET   28 /* 主中断使能寄存器偏移地址*/
#define KEY_BASEADDR 0x40030000
```

图 13-44　7 段数码管显示矩阵键盘按键 IO 读写中断控制 C 语言代码(1)

```
#define SEG_BASEADDR 0x40020000
#define XGPIO_DATA1_OFFSET 0x0      /*通道1数据寄存器偏移地址*/
#define XGPIO_TRI1_OFFSET 0x4       /*通道1控制寄存器偏移地址*/
#define XGPIO_DATA2_OFFSET 0x8      /*通道2数据寄存器偏移地址*/
#define XGPIO_TRI2_OFFSET 0xc       /*通道2控制寄存器偏移地址*/
#define XGPIO_IER_OFFSET    0x128
#define XGPIO_ISR_OFFSET    0x120
#define XGPIO_GIE_OFFSET    0x11c
#define TIMER_BASEADDR 0x41C00000
#define XTC_TCSR_OFFSET     0x10 /*定时器1控制状态寄存器偏移地址*/
#define XTC_TLR_OFFSET      0x14 /*定时器1装载寄存器偏移地址*/
#define RESET_VALUE         100000
void Seg_TimerCounterHandler();
void KeyHandler();
void My_ISR() __attribute__((interrupt_handler));              //总中断服务程序
char segcode[8]={0xff,0xff,0xff,0xff,0xff,0xff,0xff,0xff};      //段码显示缓冲区
char scancode[16][2]={0xee,0xc0,0xed,0xf9,0xeb,0xa4,0xe7,0xb0,0xde,
0x99,0xdd,0x92,0xdb,0x83,0xd7,0xf8,0xbe,0x80,0xbd,0x98,0xbb,0x88,
0xb7,0x83,0x7e,0xc6,0x7d,0xa1,0x7b,0x86,0x77,0x8e};            //按键扫描码-键值段码关系表
short pos=0xff7f;
int i=0;
unsigned char col,row;
unsigned char code;
int main()
{
    Xil_Out32(SEG_BASEADDR+XGPIO_TRI1_OFFSET,0x0);            //设定数码管段码为输出方式
    Xil_Out32(SEG_BASEADDR+XGPIO_TRI2_OFFSET,0x0);            //设定数码管位码为输出方式
    Xil_Out32(KEY_BASEADDR+XGPIO_TRI1_OFFSET,0xf);            //设定键盘列为输入方式
    Xil_Out32(KEY_BASEADDR+XGPIO_TRI2_OFFSET,0x0);            //设定键盘行为输出方式
    Xil_Out32(KEY_BASEADDR+XGPIO_IER_OFFSET,0x1);             //键盘通道1允许中断
    Xil_Out32(KEY_BASEADDR+XGPIO_GIE_OFFSET,0x80000000);      //允许GPIO中断输出
    Xil_Out32(KEY_BASEADDR+XGPIO_DATA2_OFFSET,0x0);           //键盘全行输出0
    Xil_Out32(TIMER_BASEADDR+XTC_TCSR_OFFSET,
              Xil_In32(TIMER_BASEADDR+XTC_TCSR_OFFSET)&0x77f);//写TCSR,停止计数器
    Xil_Out32(TIMER_BASEADDR+XTC_TLR_OFFSET,RESET_VALUE);     //写TLR,预置计数初值
    Xil_Out32(TIMER_BASEADDR+XTC_TCSR_OFFSET,
              Xil_In32(TIMER_BASEADDR+XTC_TCSR_OFFSET)|0x20); //装载计数初值
    Xil_Out32(TIMER_BASEADDR+XTC_TCSR_OFFSET,
              Xil_In32(TIMER_BASEADDR+XTC_TCSR_OFFSET)&0x7df|0xd2);
    //开始计时运行,自动装载,允许中断,减计数
    Xil_Out32(INTC_BASEADDR+XIN_IER_OFFSET,0xc);              //对中断控制器进行中断源使能
    Xil_Out32(INTC_BASEADDR+XIN_MER_OFFSET,0x3);
    microblaze_enable_interrupts();                          //允许处理器处理中断
    return 0;
}
void My_ISR()
{
    int status;
    status=Xil_In32(INTC_BASEADDR+XIN_ISR_OFFSET);           //读取ISR
    if((status&0x8)==0x8)
        Seg_TimerCounterHandler();                           //调用用户中断服务程序
    else   if((status&0x4)==0x4)
        KeyHandler();                                        //调用按键中断
    Xil_Out32(INTC_BASEADDR+XIN_IAR_OFFSET,status);          //写IAR
}
```

图 13-44 （续）

```
void Seg_TimerCounterHandler()
{
    Xil_Out32(0x40020000,segcode[i]);
    Xil_Out32(0x40020008,pos);
    pos=pos>>1;
    i++;
    if(i==8)
    {
        i=0;
        pos=0xff7f;
    }
    Xil_Out32(TIMER_BASEADDR+XTC_TCSR_OFFSET,
            Xil_In32(TIMER_BASEADDR+XTC_TCSR_OFFSET));//清除定时器中断状态
}
void KeyHandler()
{
    int index,j;
    char code;
    for(j=0;j<10000;j++);                                    //延时消抖
    col=Xil_In32(KEY_BASEADDR+XGPIO_DATA1_OFFSET)&0xf;
    if(col!=0xf)
    {
        row = 0xef;
        do
        {
            row = row >> 1;
            Xil_Out32(0x40030008,row);
            col = Xil_In8(0x40030000)&0xf;
        }
        while(col == 0xf);                                    //获取按键行、列值
        code = (col << 4) + (row & 0xf);                      //合成扫描码
        for(index=0;index<16;index++)
        if(code==scancode[index][0])
            {
                for(j=0;j<7;j++)
                    segcode[j]=segcode[j+1];                  //移动键值段码
                segcode[7]=scancode[index][1];               //存入新的键值段码
                break;
            }
    }
    Xil_Out32(0x40030008,0x0);
    Xil_Out32(KEY_BASEADDR+XGPIO_ISR_OFFSET,
            Xil_In32(KEY_BASEADDR+XGPIO_ISR_OFFSET)); //清除GPIO中断
}
```

图 13-45　7 段数码管显示矩阵键盘按键 IO 读写中断控制 C 语言代码(2)

13.5.6　API 函数程序代码

实验示例包含三类接口 IP 核：GPIO、中断控制器（INTC）、定时计数器（Timer）。基于 API 函数设计应用程序需定义与这些 IP 核相关的结构体，并使用与之相关的 API 函数操作这些结构体。根据主程序、总中断服务程序以及设备中断处理函数流程，图 13-46～图 13-52 分别列出了基于 API 函数的各个功能应用程序代码。

```
#include "stdio.h"
#include "xil_io.h"
#include "xgpio.h"
#include "xintc.h"
#include "xtmrctr.h"
#define RESET_VALUE    100000000
void LedHandler();
XGpio Led;
XTmrCtr Timer;
int LedBits=0;
int main()
{
     XIntc Intc;
     XGpio_Initialize(&Led, 0);                         //GPIO结构体初始化
     XGpio_SetDataDirection(&Led, 2, 0x0);              //设置通道2输出
     XTmrCtr_Initialize(&Timer, 0);                     //定时器结构体初始化
     XTmrCtr_Stop(&Timer, 0);                           //停止定时器
     XTmrCtr_SetResetValue(&Timer, 0, RESET_VALUE);     //设置装载寄存器
     XTmrCtr_SetOptions(&Timer, 0,
           XTC_DOWN_COUNT_OPTION|XTC_INT_MODE_OPTION|XTC_AUTO_RELOAD_OPTION);
     //设置减计数、使能中断、自动装载
     XTmrCtr_SetHandler(&Timer, (XTmrCtr_Handler)LedHandler,(void*)&Led);
                                                        //设置定时器中断处理函数
     XTmrCtr_Start(&Timer, 0);                          //装载并启动定时器
     XIntc_Initialize(&Intc, 0);                        //INTC结构体初始化
     XIntc_Enable(&Intc, 3);                            //使能INTR3中断
     XIntc_Start(&Intc, XIN_REAL_MODE);                 //使能硬件中断
     XIntc_Connect(&Intc, 3,
             (XInterruptHandler) XTmrCtr_InterruptHandler, (void*)&Timer);
     microblaze_enable_interrupts();                    //允许处理器处理中断
     microblaze_register_handler((XInterruptHandler) XIntc_InterruptHandler,(void*)&Intc);

                                                        //注册总中断处理函数
}
void LedHandler()
{
     XGpio_DiscreteWrite(&Led, 2, 1<<LedBits);
     LedBits++;
     if(LedBits==16)
           LedBits=0;
}
```

图 13-46　LED 定时器控制走马灯 API 函数 C 语言代码

```
#include "stdio.h"
#include "xil_io.h"
#include "xgpio.h"
#include "xintc.h"
#include "xtmrctr.h"
#define RESET_VALUE    100000
void segHandler();
char segcode[8]={0xc0,0xf9,0xa4,0xb0,0x99,0x92,0x83,0xf8};
short pos=0xff7f;
int i;
int main()
{
     XIntc Intc;
     XGpio seg;
     XTmrCtr Timer;
     XGpio_Initialize(&seg, 2);
```

图 13-47　7 段数码管定时器延时控制 API 函数 C 语言代码

```
        XGpio_SetDataDirection(&seg, 1, 0x0);
        XGpio_SetDataDirection(&seg, 2, 0x0);
        XTmrCtr_Initialize(&Timer, 0);
        XTmrCtr_Stop(&Timer, 1);
        XTmrCtr_SetResetValue(&Timer, 1, RESET_VALUE);
        XTmrCtr_SetOptions(&Timer, 1,
                    XTC_DOWN_COUNT_OPTION|XTC_INT_MODE_OPTION|XTC_AUTO_RELOAD_OPTION);
        XTmrCtr_SetHandler(&Timer, (XTmrCtr_Handler)segHandler,(void*)&seg);
        XTmrCtr_Start(&Timer, 1);
        XIntc_Initialize(&Intc, 0);
        XIntc_Enable(&Intc, 3);
        XIntc_Start(&Intc, XIN_REAL_MODE);
        XIntc_Connect(&Intc, 3,
                    (XInterruptHandler) XTmrCtr_InterruptHandler, (void*)&Timer);
        microblaze_enable_interrupts();//允许处理器处理中断
        microblaze_register_handler((XInterruptHandler) XIntc_InterruptHandler, (void*)&Intc);

}
void segHandler(void *InstancePtr)
{
        XGpio *seg = NULL;
        seg = (XGpio*) InstancePtr;
        XGpio_DiscreteWrite(seg, 1, segcode[i]);
        XGpio_DiscreteWrite(seg, 2, pos);
        pos=pos>>1;
        i++;
        if(i==8)
        {
                i=0;
                pos=0xff7f;
        }
}
```

图 13-47 （续）

```
#include "stdio.h"
#include "xil_io.h"
#include "xgpio.h"
#include "xintc.h"
void SwitchHandler();
XGpio sw_led;
int main()
{
        XIntc Intc;
        XGpio_Initialize(&sw_led, 0);
        XGpio_SetDataDirection(&sw_led, 1, 0xffff);
        XGpio_SetDataDirection(&sw_led, 2, 0x0);
        XGpio_InterruptEnable(&sw_led, 1);
        XGpio_InterruptGlobalEnable(&sw_led);
        XIntc_Initialize(&Intc, 0);
        XIntc_Enable(&Intc, 0);
        XIntc_Connect(&Intc, 0,
                    (XInterruptHandler) SwitchHandler, (void*)&sw_led);
        XIntc_Start(&Intc, XIN_REAL_MODE);
        microblaze_enable_interrupts();                    //允许处理器处理中断
        microblaze_register_handler((XInterruptHandler) XIntc_InterruptHandler,
                                              (void*)&Intc);
}
void SwitchHandler()
{
        XGpio_DiscreteWrite(&sw_led, 2,XGpio_DiscreteRead(&sw_led, 1));
        XGpio_InterruptClear(&sw_led,XGpio_InterruptGetStatus(&sw_led));//清除中断
}
```

图 13-48 独立 LED 灯显示独立开关状态 API 函数 C 语言代码

```
#include "stdio.h"
#include "xil_io.h"
#include "xgpio.h"
#include "xintc.h"
#include "xtmrctr.h"
#define RESET_VALUE    100000
void segHandler();
void btnHandler();
char segcode[8]={0xff,0xff,0xff,0xff,0xff,0xff,0xff,0xff};//段码显示缓冲区
char scancode[5][2]={0x1,0xc6,0x2,0xc1,0x4,0xc7,0x8,0x88,0x10,0xa1};
//按键扫描码与键值段码关系表
short pos=0xff7f;
int i;
int main()
{
        XIntc Intc;
        XGpio seg,btn;
        XTmrCtr Timer;
        XGpio_Initialize(&seg, 2);
        XGpio_SetDataDirection(&seg, 1, 0x0);
        XGpio_SetDataDirection(&seg, 2, 0x0);
        XGpio_Initialize(&btn, 1);
        XGpio_SetDataDirection(&btn, 1, 0x1f);
        XGpio_InterruptEnable(&btn, 1);
        XGpio_InterruptGlobalEnable(&btn);
        XTmrCtr_Initialize(&Timer, 0);
        XTmrCtr_Stop(&Timer, 1);
        XTmrCtr_SetResetValue(&Timer, 1, RESET_VALUE);
        XTmrCtr_SetOptions(&Timer, 1,
                XTC_DOWN_COUNT_OPTION|XTC_INT_MODE_OPTION|XTC_AUTO_RELOAD_OPTION);
        XTmrCtr_SetHandler(&Timer, (XTmrCtr_Handler)segHandler,(void*)&seg);
        XTmrCtr_St art(&Timer, 1);
        XIntc_Initialize(&Intc, 0);
        XIntc_Enable(&Intc, 3);
        XIntc_Enable(&Intc, 1);
        XIntc_Start(&Intc, XIN_REAL_MODE);
        XIntc_Connect(&Intc, 3,
                (XInterruptHandler) XTmrCtr_InterruptHandler, (void*)&Timer);
        XIntc_Connect(&Intc, 1,
                (XInterruptHandler) btnHandler, (void*)&btn);
        microblaze_enable_interrupts();              //允许处理器处理中断
        microblaze_register_handler((XInterruptHandler) XIntc_InterruptHandler,
                        (void*)&Intc);
}
```

图 13-49　7 段数码管显示独立按键中断控制 API 函数 C 语言代码(1)

```
void segHandler(void *InstancePtr)
{
        XGpio *seg = NULL;
        seg = (XGpio*) InstancePtr;
        XGpio_DiscreteWrite(seg, 1, segcode[i]);
        XGpio_DiscreteWrite(seg, 2, pos);
        pos=pos>>1;
        i++;
        if(i==8)
        {
                i=0;
                pos=0xff7f;
        }
}
void btnHandler(void *InstancePtr)
```

图 13-50　7 段数码管显示独立按键中断控制 API 函数 C 语言代码(2)

```
{
        int btncode,index,j;
        XGpio *btn = NULL;
        btn = (XGpio*) InstancePtr;
        btncode = XGpio_DiscreteRead(btn, 1);
        for(index=0;index<5;index++)
                if(btncode==scancode[index][0])
                {
                        for(j=0;j<7;j++)
                        segcode[j]=segcode[j+1];
                        segcode[7]=scancode[index][1];
                        break;
                }
        XGpio_InterruptClear(btn,XGpio_InterruptGetStatus(btn));//清除中断
}
```

图 13-50 （续）

```
#include "stdio.h"
#include "xil_io.h"
#include "xgpio.h"
#include "xintc.h"
#include "xtmrctr.h"
#define RESET_VALUE    100000
void segHandler();
void MatrixHandler();
char segcode[8]={0xff,0xff,0xff,0xff,0xff,0xff,0xff};//段码显示缓冲区
char scancode[16][2]={0xee,0xc0,0xed,0xf9,0xeb,0xa4,0xe7,0xb0,0xde,0x99,
0xdd,0x92,0xdb,0x82,0xd7,0xf8,0xbe,0x80,0xbd,0x98,0xbb,0x88,0xb7,0x83,
0x7e,0xc6,0x7d,0xa1,0x7b,0x86,0x77,0x8e};            //按键扫描码与键值段码关系表
short pos=0xff7f;
int i;
int main()
{
    XIntc Intc;
    XGpio seg,Matrix;
    XTmrCtr Timer;
    XGpio_Initialize(&seg, 2);
    XGpio_SetDataDirection(&seg, 1, 0x0);
    XGpio_SetDataDirection(&seg, 2, 0x0);
    XGpio_Initialize(&Matrix, 3);
    XGpio_SetDataDirection(&Matrix, 1, 0xf);
    XGpio_SetDataDirection(&Matrix, 2, 0x0);
    XGpio_InterruptEnable(&Matrix, 1);
    XGpio_InterruptGlobalEnable(&Matrix);
    XGpio_DiscreteWrite(&Matrix,2,0);
    XTmrCtr_Initialize(&Timer, 0);
    XTmrCtr_Stop(&Timer, 1);
    XTmrCtr_SetResetValue(&Timer, 1, RESET_VALUE);
    XTmrCtr_SetOptions(&Timer, 1,
            XTC_DOWN_COUNT_OPTION|XTC_INT_MODE_OPTION|XTC_AUTO_RELOAD_OPTION);
    XTmrCtr_SetHandler(&Timer, (XTmrCtr_Handler)segHandler,(void*)&seg);
    XTmrCtr_Start(&Timer, 1);
    XIntc_Initialize(&Intc, 0);
    XIntc_Enable(&Intc, 3);
    XIntc_Enable(&Intc, 2);
    XIntc_Start(&Intc, XIN_REAL_MODE);
    XIntc_Connect(&Intc, 3,
            (XInterruptHandler) XTmrCtr_InterruptHandler, (void*)&Timer);
    XIntc_Connect(&Intc, 2,
                (XInterruptHandler) MatrixHandler, (void*)&Matrix);
    microblaze_enable_interrupts();                //允许处理器处理中断
    microblaze_register_handler((XInterruptHandler) XIntc_InterruptHandler,
            (void*)&Intc);
}
```

图 13-51 7段数码管显示矩阵键盘键值中断控制 API 函数 C 语言代码(1)

```
void segHandler(void *InstancePtr)
{
    XGpio *seg = NULL;
    seg = (XGpio*) InstancePtr;
    XGpio_DiscreteWrite(seg, 1, segcode[i]);              //通道1输出段码
    XGpio_DiscreteWrite(seg, 2, pos);                     //通道2输出位码
    pos=pos>>1;
    i++;
    if(i==8)                                              //显示到第8位，重新从第一位开始
    {
        i=0;
        pos=0xff7f;
    }
}
void MatrixHandler(void *InstancePtr)
{
    int index,j;
    char code;
    unsigned     char col,row;
    XGpio *Matrix = NULL;
    Matrix = (XGpio*) InstancePtr;
    for(j=0;j<10000;j++);                                 //延时消抖
    col = XGpio_DiscreteRead(Matrix, 1);                  //读取列
    if(col!=0xf)                                          //非释放按键中断
    {
        row = 0xef;                                       //扫描确定按键扫描码
        do
        {
            row = row >> 1;
            Xil_Out32(0x40030008,row);
            col = Xil_In8(0x40030000)&0xf;
        }
        while (col == 0xf);
        code = (col << 4) + (row & 0xf);
        for(index=0;index<16;index++)                     //查询扫描码键值段码映射表，更新显示段码
        if(code==scancode[index][0])
            {
                for(j=0;j<7;j++)
                    segcode[j]=segcode[j+1];
                segcode[7]=scancode[index][1];
                break;
            }
    }
    XGpio_DiscreteWrite(Matrix,2,0);                      //全行输出0
    XGpio_InterruptClear(Matrix,XGpio_InterruptGetStatus(Matrix));//清除GPIO中断
}
```

图 13-52   7 段数码管显示矩阵键盘键值中断控制 API 函数 C 语言代码(2)

13.5.7   实现现象

本实验示例没有用到标准输入/输出设备 STDIO,因此下载编程 FPGA 芯片时,可以不用配置 Console 连接到 UART 标准输入/输出接口。即直接单击 Xilinx Tools→Program FPGA,得到如图 13-53 所示弹出窗口,选择相应工程,然后下载编程 FPGA 就可以看到对应实验现象。

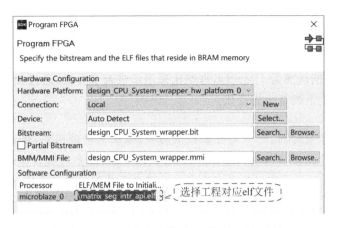

图 13-53　选择相应工程下载编程 FPGA 芯片

13.6　实验任务

1. 实验任务一

采用中断方式，读取独立开关状态和独立按键状态，将开关表示的十六进制数和按键表示的位置符号(C、U、L、R、D)输出到 STDIO，由 SDK Console 显示出来。

2. 实验任务二

采用中断方式，由独立按键控制 LED 灯实现不同显示：按下 L 键，LED 灯向左走马灯显示，移动频率 1Hz；按下 R 键，LED 灯向右走马灯显示，移动频率 1Hz；按下 C 键，LED 灯固定当前显示位置；按下 U 键，当前显示位置的 LED 灯快闪，闪烁频率为 3Hz；按下 D 键，当前显示位置的 LED 灯慢闪，闪烁频率为 0.5Hz。

> **提示：**
>
> (1) LED 灯快闪或慢闪时，可设定定时计数器 bool 型中断标志：标志为 1 时亮，标志为 0 时灭。每进一次中断，中断标志取反。
>
> (2) 独立按键中断时读取按键值，并判断按键值，若是 U、D 键，则改变定时器初始值，从而改变定时计数器中断频率。

3. 实验任务三

采用中断方式实现计算器功能，独立开关输入 16 位二进制数据，独立按键表示各个不同的算符。只有按下中间按键时，才读取独立开关数据；上、下、左按键分别表示加、减、乘符号，右按键表示等于。7 段数码管的低 4 位显示最近输入的十六进制数据，8 个 7 段数码管显示运算结果。要求可以实现多项式运算。

4. 实验任务四

采用中断方式实现计算器功能，矩阵键盘输入最多 8 个十六进制数字，独立按键表示各个不同算符。上、下、左、右按键分别表示加、减、乘、除符号，中间按键表示等于。8 个 7 段数码管显示最近输入数据以及运算结果，4 个独立 LED 灯表示当前输入算符。要求可以实现多项式运算。

5. 实验任务五

采用中断方式，利用定时器以及 GPIO 接口产生脉宽调制信号，要求输出矩形波的周期和占空比可调。周期范围为 $1\mu s \sim 1s$，占空比采用步进调节方式，通过独立开关设置不同的步进宽度，由按键上下调节步进变化。

提示：可采用两个定时器，一个定时器控制周期，每次定时时间到，输出高电平，自动装载重复定时；一个定时器控制占空比，定时时间到，翻转原来的输出信号，由周期定时器启动定时，单次运行。周期以及占空比定时时间由开关和按键组合输入。

13.7　思考题

1. 实验示例中有多少个中断源？它们分别是哪些设备产生的？

2. 矩阵键盘实现多位十六进制数据输入，中断方式如何实现？写出程序流程图。

3. 实验示例中断处理函数之间如何实现数据共享？有哪几种方式？试分别描述具体实现方式。

4. 描述采用 API 函数实现定时器中断处理，当中断产生时，哪些 API 函数将被执行？它们的执行流程分别是什么？

5. 基于 API 函数设计中断处理程序，中断控制器、定时器、GPIO 分别由哪些函数实现中断状态清除？它们分别在哪个阶段被执行或者说被哪个函数调用时执行？

## 第 14 章

并行存储器接口

学习目标：理解 SRAM 存储器工作原理，掌握 SRAM 存储器接口设计；理解 DDR SDRAM 存储器工作原理，掌握 DDR SDRAM 存储器接口设计。

14.1 并行 RAM 存储芯片

14.1.1 异步 SRAM 存储芯片

SRAM(static random access memory,静态随机存取存储器)是一种具有静止存取功能的存储器,不需要刷新电路即能保存它内部存储的数据。Micron 公司的 128Mb Cellular RAM MT45W8MW16BGX 结构框图如图 14-1 所示,它可以配置成同步或异步工作模式。数据线宽度可以为 16 位或 8 位,容量为 16MB。本书仅简要介绍 Cellular RAM MT45W8MW16BGX 作为静态异步 SRAM 存储器的时序。

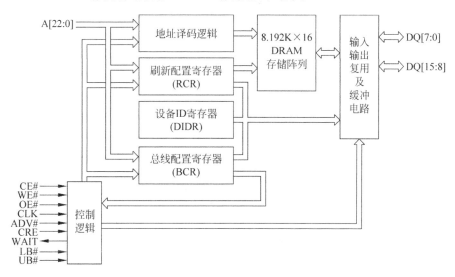

图 14-1　MT45W8MW16BGX 结构框图

MT45W8MW16BGX 工作在静态异步 SRAM 存储器时,读写时序如图 14-2 所示。CE、OE、WE 都为低电平有效。

异步读时序参数的含义如图 14-3 所示。

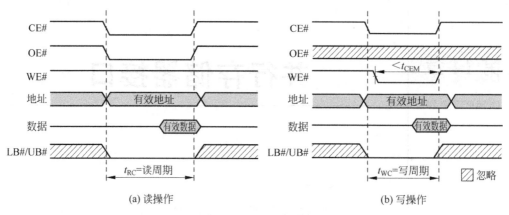

图 14-2　静态异步 SRAM 存储器读写时序

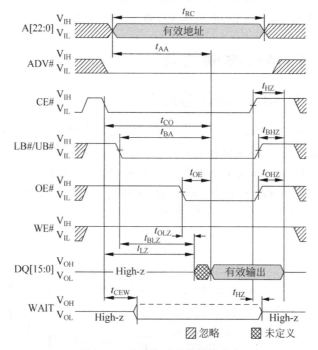

图 14-3　异步读时序参数的含义

异步读时序参数具体值要求如表 14-1 所示。

表 14-1　MT45W8MW16BGX SRAM 异步读时序参数

参 数 名 称	参数符号	70ns		85ns		单位
		最小值	最大值	最小值	最大值	
地址有效到有效数据输出的时间	t_{AA}		70		85	ns
ADV 有效到有效数据输出的时间	t_{AADV}		70		85	ns
页有效到有效数据输出的时间	t_{APA}		20		25	ns
地址从 ADV 高电平开始的保持时间	t_{AVH}	2		2		ns
地址到 ADV 高电平的建立时间	t_{AVS}	5		5		ns
LB/UB 有效到有效数据输出的时间	t_{BA}		70		85	ns

续表

参 数 名 称	参数符号	70ns		85ns		单位
		最小值	最大值	最小值	最大值	
LB/UB 无效到数据信号高阻态的时间	t_{BHZ}		8		8	ns
LB/UB 有效到数据信号低阻态的时间	t_{BLZ}	10		10		ns
CE 最大脉宽	t_{CEM}		4		4	μs
CE 低电平到等待信号有效的时间	t_{CEW}	1	7.5	1	7.5	ns
CE 信号有效到有效数据输出时间	t_{CO}		70		85	ns
CE 低电平到 ADV 高电平	t_{CVS}	7		7		ns
CE 无效到数据以及等待信号高阻态的时间	t_{HZ}		8		8	ns
CE 有效到数据以及等待信号低阻态的时间	t_{LZ}	10		10		ns
OE 有效到有效数据输出的时间	t_{OE}		20		20	ns
数据在地址修改后的保持时间	t_{OH}	5		5		ns
OE 无效到数据信号高阻态的时间	t_{OHZ}		8		8	ns
OE 有效到数据信号低阻态的时间	t_{OLZ}	3		3		ns
页读周期	t_{PC}	20		25		ns
读周期	t_{RC}	70		85		ns
ADV 低电平脉宽	t_{VP}	5		7		ns

异步写时序有两种,参数具体含义分别如图 14-4(a)和(b)所示。

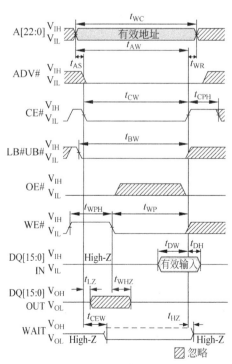

(a) CE控制的写操作

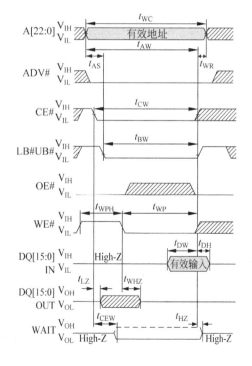

(b) LB/UB控制的写操作

图 14-4　异步写时序各参数具体含义

异步写时序各参数具体值要求如表 14-2 所示。

表 14-2 异步写时序各参数

参 数 名 称	参数符号	70ns		85ns		单位
		最小值	最大值	最小值	最大值	
地址以及 ADV 建立时间	t_{AS}	0		0		ns
地址从 ADV 高电平开始的保持时间	t_{AVH}	2		2		ns
地址建立到 ADV 高电平时间	t_{AVS}	5		5		ns
地址有效到 WE 信号无效之间的时间	t_{AW}	70		85		ns
LB/UB 有效到 WE 信号无效之间的时间	t_{BW}	70		85		ns
CE 低电平到等待信号有效的时间	t_{CEW}	1	7.5	1	7.5	ns
CE 高电平到其他异步操作之间的时间	t_{CPH}	5		5		ns
CE 低电平到 ADV 高电平的时间	t_{CVS}	7		7		ns
CE 有效到 WE 信号结束的时间	t_{CW}	70		85		ns
数据从 WE 信号有效开始的保持时间	t_{DH}	0		0		ns
数据建立到 WE 信号有效的时间	t_{DW}	20		20		ns
CE 无效到等待信号高阻态	t_{HZ}		8		8	ns
CE 有效到等待信号低阻态	t_{LZ}	10		10		ns
WE 信号无效到等待信号低阻态	t_{OW}	5		5		ns
ADV 脉宽	t_{VP}	5		7		ns
ADV 到 WE 信号无效的建立时间	t_{VS}	70		85		ns
WE 信号周期	t_{WC}	70		85		ns
WE 有效到数据高阻态	t_{WHZ}		8		8	ns
WE 信号脉宽	t_{WP}	45		55		ns
WE 信号高电平脉宽	t_{WPH}	10		10		ns
WE 信号恢复时间	t_{WR}	0		0		ns

14.1.2 DDR2 SDRAM 存储芯片

DDR2 SDRAM 简称 DDR2,是第二代双倍数据率同步动态随机存取存储器(double-data-rate two synchronous dynamic random access memory)。它属于 SDRAM 存储器产品,提供了相较于 DDR SDRAM 更高的运行效能与更低的电压,是 DDR SDRAM(双倍数据率同步动态随机存取存储器)的后继者,也是现时流行的存储器产品。图 14-5 所示为 Micron MT47H64M16HR-25:H DDR2 存储芯片结构框图,它包含 64M×16b 的存储矩阵。

MT47H64M16HR-25:H 芯片引脚名称及含义如表 14-3 所示。

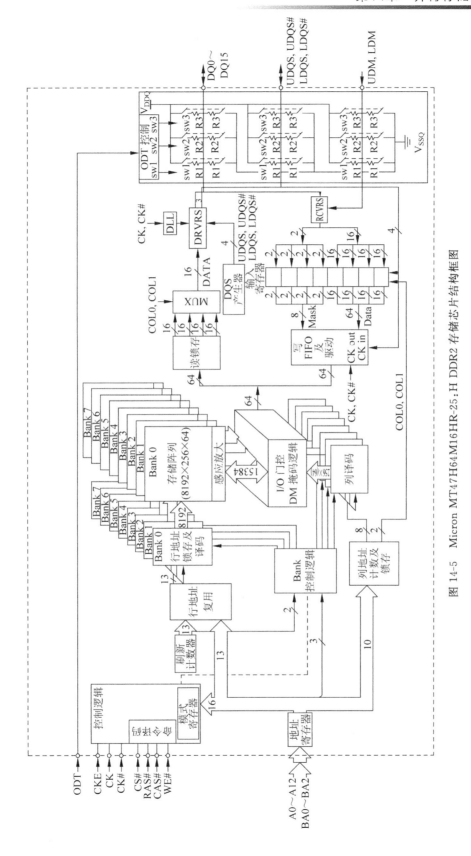

图 14-5 Micron MT47H64M16HR-25: H DDR2 存储芯片结构框图

表14-3　MT47H64M16HR-25：H 芯片引脚名称及含义

引脚名称	传输方向	含义
A[12:0]	输入	地址,行、列选择
BA[2:0]	输入	块选择信号
CK、CK#	输入	差分时钟输入
CKE	输入	时钟使能,高电平有效
CS#	输入	片选,低电平有效
LDM、UDM	输入	输入数据掩码,高电平有效,LDM：低字节；UDM：高字节
ODT	输入	终端耦合电阻启用与否,高电平有效
RAS#、CAS#、WE#	输入	与 CS#一起组合产生命令码
DQ[15:0]	双向	数据线
LDQS、LDQS#	双向	低字节数据选通差分信号
UDQS、UDQS#	双向	高字节数据选通差分信号

　　DDR2 SDRAM 工作状态机如图14-6所示。其中,实箭头表示自动由上一状态转入下一状态,虚箭头表示接收了特定命名之后进行的状态转换。各个命令标注在虚箭头上。

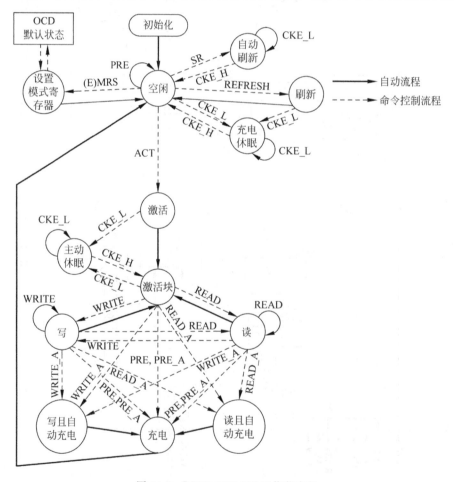

图 14-6　DDR2 SDRAM 工作状态机

命令含义：

（1）ACT：激活。

（2）CKE_H：CKE 高电平，退出休眠或自动刷新。

（3）CKE_L：CKE 低电平，进入休眠。

（4）（E）MRS：（扩展）模式寄存器设置。

（5）PRE：预充电。

（6）PRE_A：预充电所有块。

（7）READ：读。

（8）READ_A：读并且自动充电。

（9）REFRESH：刷新。

（10）SR：自动刷新。

（11）WRITE：写。

（12）WRITE_A：写并且自动充电。

DDR2 SDRAM 访问采取突发模式。读写时，选定一个起始地址，并按照事先编程设定的突发长度（4 或 8）和突发顺序依次读写。访问操作都开始于一个激活命令，后面紧跟读或者写命令。和激活命令同步送达的地址包含所要存取的块（Bank：BA0～BA2 选定块）和行（A0～A13 选定行）。和读或写命令同步送达的地址包含突发存取的起始列地址，并决定是否发布自动预充电命令。

MT47H64M16HR-25：H 芯片典型时序参数如表 14-4 所示。

表 14-4　MT47H64M16HR-25：H 芯片典型时序参数

参数名称	典型值	单位	含义
CL	6	t_{CK}	读响应时延：发出读命令到接收到第一个数据之间的时间
t_{RCD}	15	ns	激活命令与读/写命名之间的时间间隔
t_{RC}	60	ns	针对同一块的两个激活命令之间的时间间隔
t_{RRD}	10	ns	针对不同块的两个激活命令之间的时间间隔
t_{CK}	2.5	ns	时钟周期
$t_{RAS最小值}$	45	ns	激活到预充电之间的最小时延
$t_{RAS最大值}$	70 000	ns	激活到预充电之间的最大时延
t_{RP}	15	ns	预充电周期
t_{RFC}	127.5	ns	刷新到激活之间的间隔或刷新间隔
t_{FAW}	45	ns	连续 4 块激活命令所需的最短时间间隔

14.2　存储器接口 IP 核

14.2.1　AXI 外部存储控制器 EMC

AXI 外部存储控制器 EMC 基本结构如图 14-7 所示。

异步 SRAM 存储器接口信号如表 14-5 所示。表 14-5 中涉及的变量含义如表 14-6 所示。

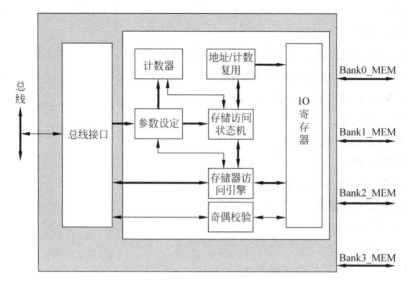

图 14-7 AXI 外部存储控制器 EMC 基本结构

表 14-5 异步 SRAM 存储器接口信号

信号类型描述	存储控制器引脚名称	存储芯片引脚名称
数据	MEM_DQ(((DN+1) * DW)−1:DN * DW)	D(DW−1:0)
地址	MEM_A(MAW+AS-1:AS)	A(MAW−1:0)
芯片使能（低电平有效）	MEM_CEN(BN)	CEN
读使能（低电平有效）	MEM_OEN	OEN
写使能（低电平有效）	MEM_WEN	WEN（有字节使能的芯片）
限定写使能（低电平有效）	MEM_QWEN(DN * DW/8)	WEN（无字节使能的芯片）
字节使能（低电平有效）	MEM_BEN((((DN+1) * DW/8)−1): (DN * DW/8))	BEN(DW/8-1:0)

表 14-6 变量含义

变量名称	具体含义	变量名称	具体含义
DN	存储子系统芯片序号	HAW	地址总线宽度
BN	存储子系统存储块序号	MW	存储块（bank）数据线宽度
DW	存储芯片数据线宽度	AS	地址偏移宽度 $=\log_2\left(\dfrac{\mathrm{AU}\times\mathrm{MW}}{\mathrm{DW}}\Big/8\right)$
AU	存储芯片数据访问最低位宽	MAW	存储芯片地址宽度

AXI 存储控制器时序参数定义：

（1）T_{CEDV}——读周期片选信号有效到有效数据输出的时间。

（2）T_{AVDV}——读周期地址有效到有效数据输出的时间。

（3）T_{PACC}——页访问模式下数据读周期。

（4）T_{HZCE}——片选信号无效到数据线变为高阻态的时间。

（5）T_{HZOE}——读信号无效到数据线变为高阻态的时间。

（6）T_{wc}——写周期。

（7）T_{wp}——写使能信号有效的最短时间。

（8）T_{wph}——写使能信号高电平的最短时间。

（9）T_{lzwe}——写使能信号无效到数据总线低阻态的时间。

（10）WR_REC_TIME_MEM_x-flash——Flash 存储器写恢复时间。

若将 1 片 Cellular RAM MT45W8MW16BGX 作为静态 SRAM 连接到 EMC 的一个 bank 构成一个存储子系统，则 EMC 各个变量的值如表 14-7 所示。AXI 外部存储控制器 EMC 与 SRAM 芯片 MT45W8MW16BGX 引脚连接对应关系如表 14-8 所示。

表 14-7　MT45W8MW16BGX 作为 SRAM 连接到 EMC 时各变量的值

变 量 名 称	值	变 量 名 称	值
DN	0	HAW	32
BN	0	MW	16
DW	16	AS	1
AU	16	MAW	23

表 14-8　MT45W8MW16BGX 作为 SRAM 连接到 EMC 时引脚对应关系

DN	引 脚 名 称	EMC 信号	MT45W8MW16BGX 信号
0	数据线	MEM_DQ[15:0]	DQ[15:0]
	地址线	MEM_A[23:1]	A[22:0]
	片选	MEM_CEN	CE#
	输出使能	MEM_OEN	OE#
	写使能	MEM_WEN	WE#
	字节使能	MEM_BEN[1:0]	{UB#,LB#}

14.2.2　存储器接口生成器 IP 核 MIG

7 系列存储器接口生成器（memory interface generator，MIG）结构框图如图 14-8 所示。它包含用户接口模块、存储控制器、物理层接口等三个模块。用户接口模块接收模块设置信息以及缓存读写数据，存储控制器将用户接口模块传送来的读写命令转换为针对特定存储器的读写操作命令序列，并传送给物理层接口。物理层接口将各个命令形成满足存储芯片操作时序要求的物理信号，以实现存储芯片读写操作控制。7 系列存储器接口生成器的用户接口模块支持 AXI 总线接口，该接口将 AXI 总线操作时序转换为存储控制器本地接口信号。

MIG IP 核存储器接口支持 DDR3 以及 DDR2 SDRAM、QDR II＋SRAM、RLDRAM II 以及 RLDRAM 3、LPDDR2 SDRAM 等存储芯片，并且可通过一个 MIG 支持将以上多种存储芯片连接到系统中。不同存储芯片存储器接口模块参数设置不同。本书结合存储器接口生成器 MIG 连接 Nexys4 DDR 实验板 DDR2 SDRAM 芯片所需配置的相关参数介绍 MIG 使用配置过程。

首先选择存储控制器个数，仅一个并行存储芯片，如图 14-9 所示选择 1。

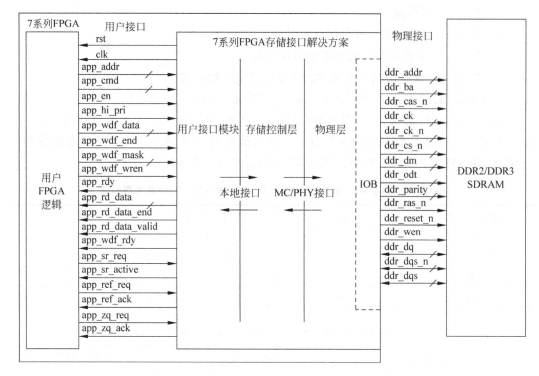

图 14-8　7 系列 FPGA 存储器接口解决方案框图

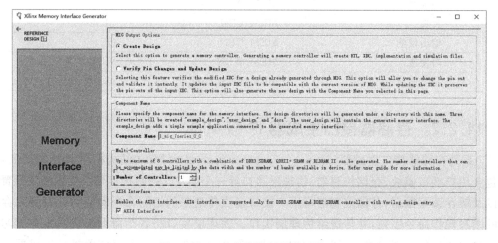

图 14-9　MIG 存储控制器数目设置

单击 Next 按钮，采用如图 14-10 所示目标 FPGA 选项 xc7a100t-csg324-1。

单击 Next 按钮，如图 14-11 所示配置存储控制器类型为 DDR2 SDRAM。

单击 Next 按钮，接下来配置存储控制器相关参数：时钟频率、时钟分频比、存储芯片型号、位宽、读写命令顺序方式等。Nexys4 DDR 实验板参数配置如图 14-12 所示。

单击 Next 按钮，如图 14-13 所示配置 AXI 总线数据位宽。

单击 Next 按钮，进入存储芯片物理接口配置，包括物理接口时钟频率、突发模式、片选信号、耦合电阻、输出驱动、地址构成等。Nexys4 DDR 实验板配置如图 14-14 所示。

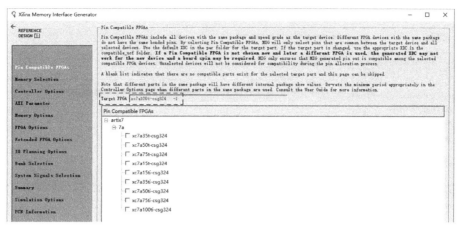

图 14-10　MIG 目标 FPGA 芯片

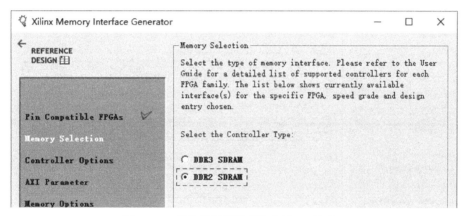

图 14-11　存储控制器类型为 DDR2 SDRAM

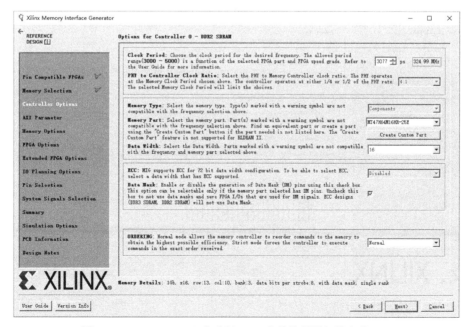

图 14-12　Nexys4 DDR 实验板 MIG 存储控制器相关参数配置

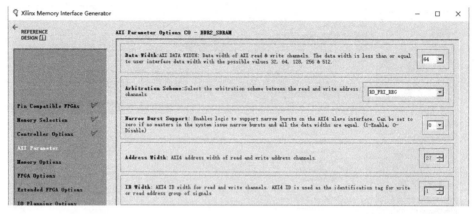

图 14-13　MIG AXI 总线配置

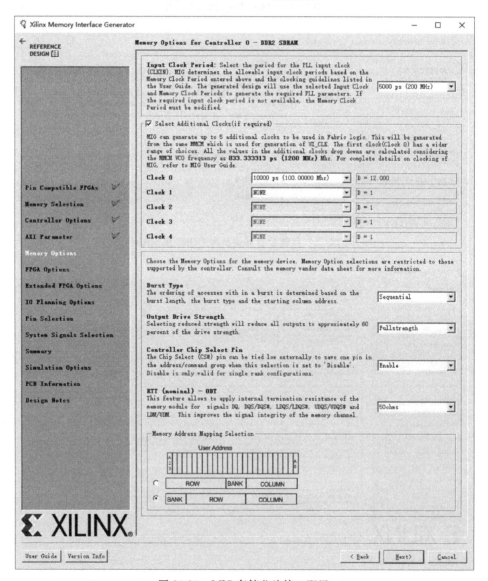

图 14-14　MIG 存储芯片接口配置

单击 Next 按钮,进入 FPGA 芯片物理接口配置,包括系统时钟、参考时钟、内部参考电压、输入/输出引脚能耗控制、系统复位信号极性以及 ADC 温度监测实例启用与否等。Nexys4 DDR 实验板配置如图 14-15 所示。

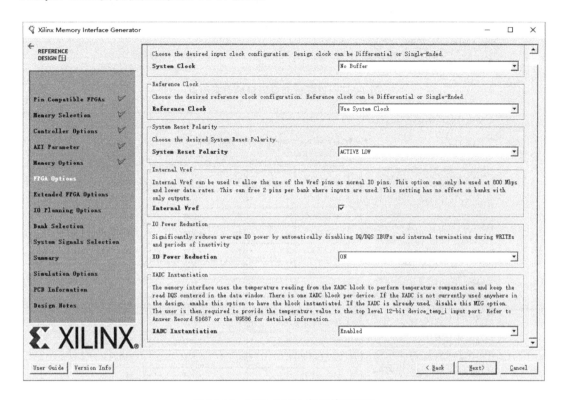

图 14-15　MIG FPGA 物理接口配置

单击 Next 按钮,如图 14-16 所示配置终端匹配电阻。

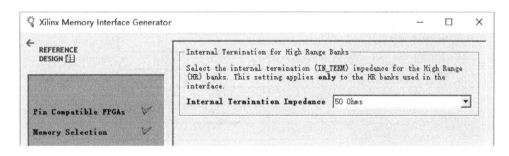

图 14-16　MIG 终端电阻阻值

单击 Next 按钮,进入引脚约束配置。Nexys4 DDR 实验板 DDR2 SDRAM 引脚约束配置如图 14-17~图 14-19 所示。

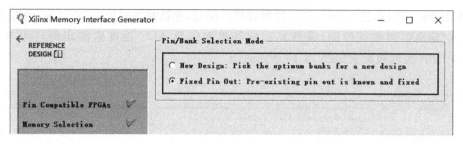

图 14-17 选择已知或固定的引脚约束

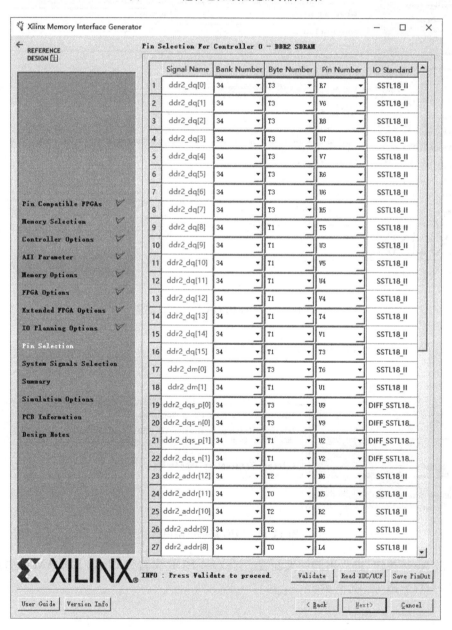

图 14-18 Nexys4 DDR 实验板 DDR2 SDRAM 引脚约束(1)

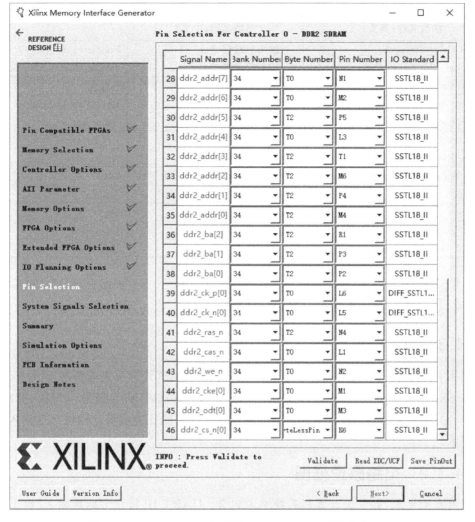

图 14-19 Nexys4 DDR 实验板 DDR2 SDRAM 引脚约束(2)

Nexys4 DDR 实验板 DDR SDRAM 相关参数设置如表 14-9 所示。

表 14-9 Nexys4 DDR 实验板 DDR SDRAM 相关参数设置

参数名称(英文)	参数名称(中文)	值
Controller Type	存储控制器类型	DDR2 SDRAM
Clock Period	时钟周期	3077 ps (324.99 MHz)
PHY to Controller Clock Ratio	物理接口与控制器时钟比	2∶1
Memory Type	存储模块类型	Components
Memory Part	存储器型号	MT47H64M16HR-25E
Data Width	数据宽度	16
Data Mask	数据掩码	Enabled
Ordering	访问顺序	Strict
Input Clock Period	输入时钟周期	5000ps (200MHz)
Burst Type	突发模式类型	Sequential

续表

参数名称(英文)	参数名称(中文)	值
Output Drive Strength	输出驱动强度	Fullstrength
Controller Chip Select Pin	控制器片选信号	Enable
RTT (nominal)-ODT	耦合电阻	50Ω
Memory Address Mapping Selection	存储器地址映射方式	Bank-Row-Column
System Clock	系统时钟类型	No Buffer
Reference Clock	参考时钟	Use System Clock
System Reset Polarity	系统复位信号极性	Active Low
Debug Signals for Memory Controller	存储器控制器调试信号	Off
Internal Vref	内部参考电压	Enabled
IO Power Reduction	IO 能耗控制	On
XADC Instantiation	XADC 实例化	Enabled
Internal Termination Impedance	内部终端电阻	50Ω

14.3 异步 SRAM 实验示例

14.3.1 实验要求

利用 AXI 存储控制器 EMC IP 核为 MicroBlaze 嵌入式计算机系统添加 FPGA 外部异步静态 SRAM 型存储器,存储芯片型号为 MT45W8MW16BGX,容量为 16MB。要求搭建硬件平台并编程验证各个存储单元是否都能正常读写。验证提示信息通过标准输入/输出接口显示。

14.3.2 电路原理框图

根据实验要求,嵌入式计算机系统必须包含：UART IP 核作为标准输入/输出接口,EMC IP 核作为连接静态异步 SRAM 存储器接口。符合实验要求的嵌入式计算机系统硬件电路框图如图 14-20 所示。

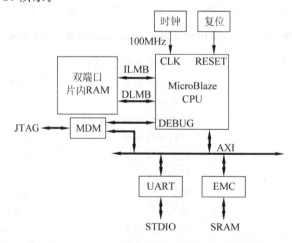

图 14-20　支持 SRAM 存储芯片嵌入式计算机系统硬件电路框图

14.3.3 硬件平台搭建

Nexys4 实验板包含 SRAM 存储芯片,因此新建工程时,如图 14-21 所示选择实验板为 Nexys4 实验板。

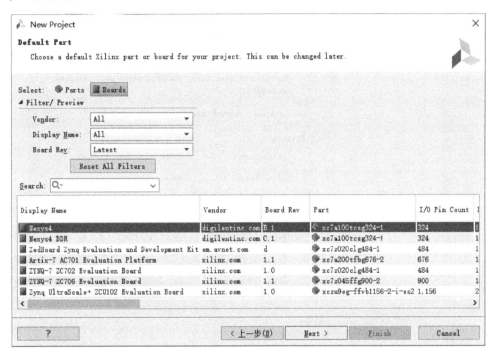

图 14-21 新建工程选择 Nexys4 实验板

新建工程完成后,单击 Vivado 工作流窗口中的 Create Block Design,然后在新打开的模块设计窗口中单击添加 IP 核快捷键,并在如图 14-22 所示弹出窗口中输入 Mic,选择 MicroBlaze。

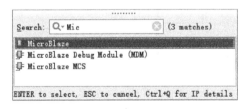

图 14-22 选择 MicroBlaze IP 核

然后单击设计助手中的 Run Block Automation,如图 14-23 所示配置 MicroBlaze 相关模块,得到如图 14-24 所示电路原理框图。此时双击电路原理框图中的 clk_wiz_1,如图 14-25 所示将时钟输入源配置为实验板系统时钟源,复位信号配置为系统复位键,并如图 14-26 所示将复位信号电平修改为低电平有效。紧接着双击电路原理框图中的 mdm_1 模块,如图 14-27 所示配置为支持通过 AXI 总线访问存储器映射端口。再单击设计助手的 Run Connection Automation,如图 14-28 所示勾选所有信号,得到如图 14-29 所示完成连线的基本电路原理框图。

图 14-23　MicroBlaze 相关模块配置

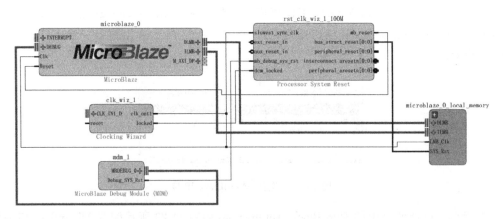

图 14-24　MicroBlaze 周边模块电路原理框图

下面根据开发板添加 UART 模块和 SRAM 模块。如图 14-30 所示将工程源文件窗口更换到开发板（board）页，找到 USB UART 模块，按鼠标右键，在如图 14-31 所示弹出快捷菜单中选择 Connect Board Component。紧接着在如图 14-32 所示弹出窗口中选择连接该模块的 IP 核，这里选择 Uartlite IP 核。单击 OK 按钮，就可以得到如图 14-33 所示电路。

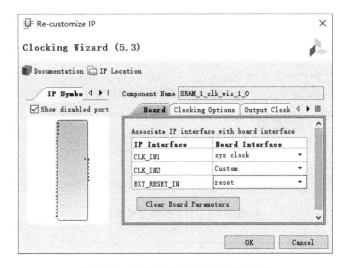

图 14-25　系统时钟以及复位信号配置

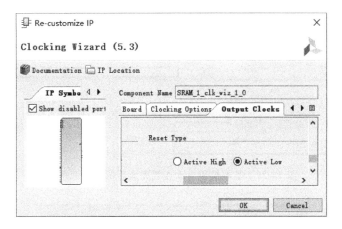

图 14-26　复位信号有效电平设置

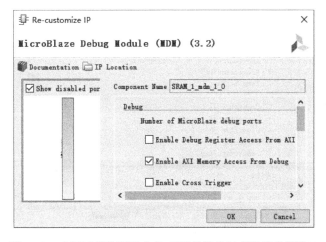

图 14-27　MDM 模块配置支持 AXI 总线访问存储器映射端口

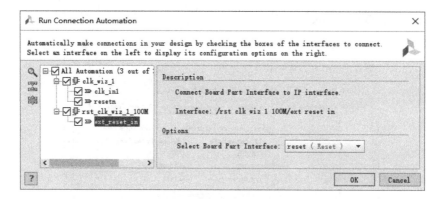

图 14-28　自动连线信号选择

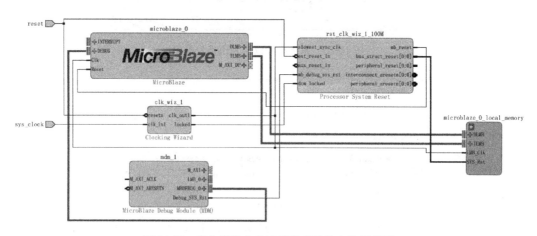

图 14-29　基本模块自动连线完成后的电路原理图

图 14-30　工程源文件窗口中的开发板页

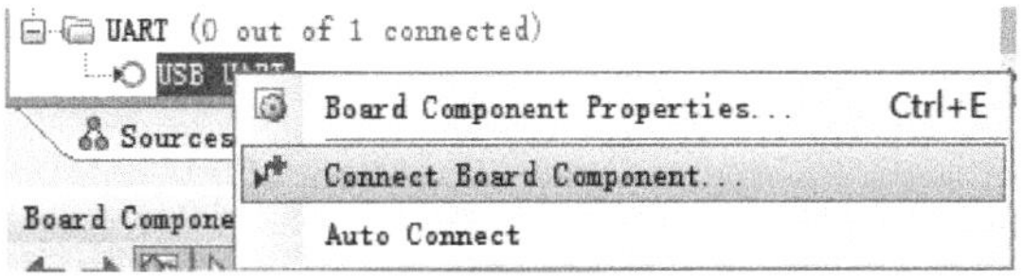

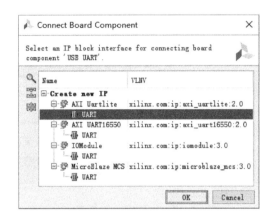

图 14-31 添加开发板模块到工程中

图 14-32 连接 USB UART 的 IP 核

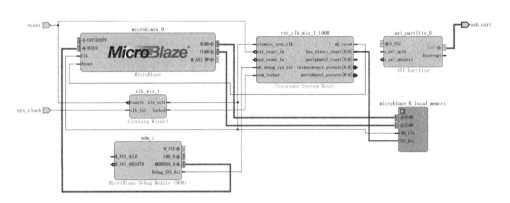

图 14-33 添加 USB UART 模块之后的电路

同样方法找到如图 14-34 所示外部存储器中的 Block RAM,按鼠标右键,然后选择 Connect Board Component,此时在如图 14-35 所示弹出窗口中仅一个 IP 核支持 SRAM 连接,直接单击 OK 按钮将 EMC IP 核添加到系统中,得到如图 14-36 所示电路框图。

图 14-34 Nexys4 开发板的 SRAM 存储模块

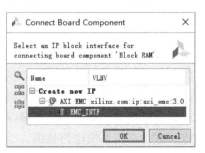

图 14-35 SRAM 连接的 EMC IP 核

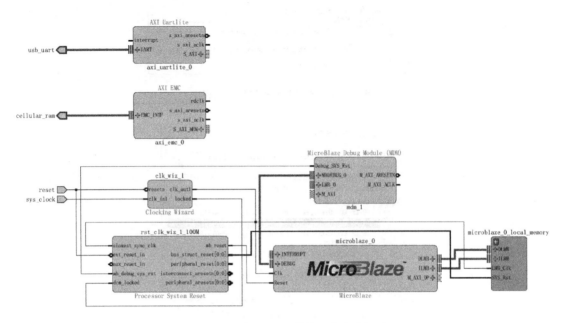

图 14-36　添加 SRAM 模块后的电路框图

　　最后单击设计助手的 Run Connection Automation，如图 14-37 所示勾选 UART 以及 EMC IP 核的 AXI 总线接口，并且将 AXI 总线主设备（Master）都选择为 microblaze_0。单击 OK 按钮之后，得到如图 14-38 所示嵌入式计算机系统电路原理框图。

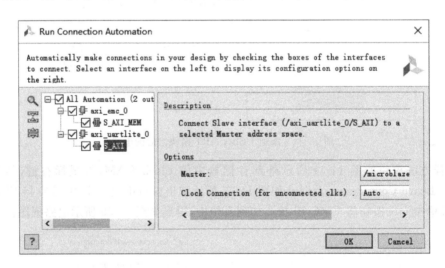

图 14-37　勾选 UART 以及 EMC IP 核的 AXI 总线接口

　　再次单击设计助手的 Run Connection Automation，在如图 14-39 所示弹出窗口中选择 MDM AXI 总线接口。单击 OK 按钮，得到如图 14-40 所示支持通过 JTAG 口访问外部存储器的嵌入式计算机系统电路框图。

　　硬件系统各模块存储地址映射范围如图 14-41 所示。

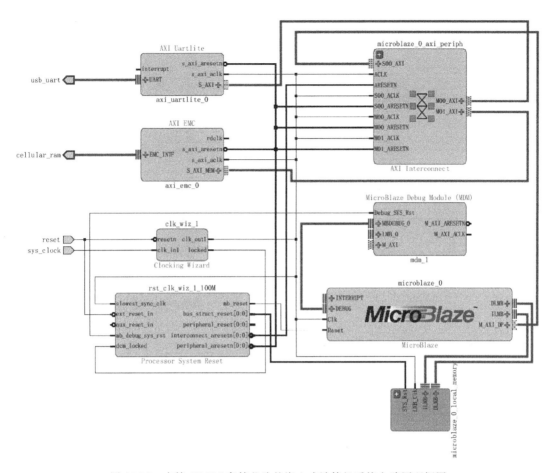

图 14-38　支持 SRAM 存储芯片的嵌入式计算机系统电路原理框图

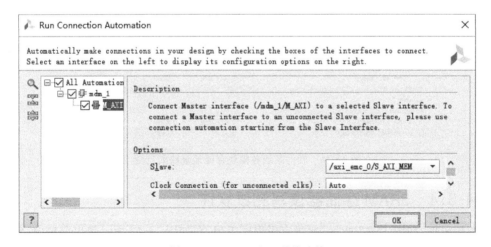

图 14-39　MDM AXI 总线连接

　　硬件设计结束后,保存设计框图,并且选中工程源文件窗口中的设计模块,按鼠标右键,选择 Create HDL Wrapper,生成 HDL 描述文件。之后单击 Vivado 工作流窗口中的 Generate Bitstream 生成硬件比特流文件,并导出硬件设计以及比特流文件到 SDK 中。

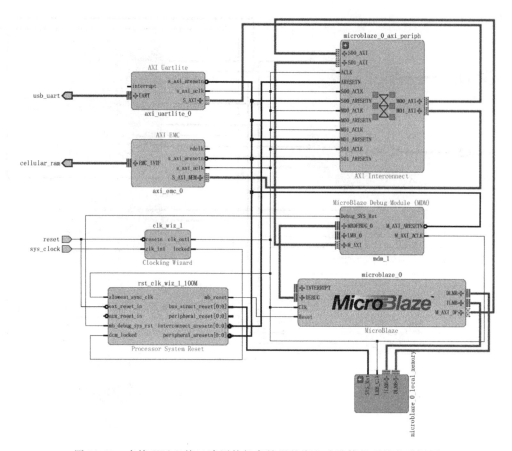

图 14-40　支持 JTAG 接口读写外部存储器的嵌入式计算机系统电路框图

Cell	Slave Interface	Base Name	Offset Address
⊟ microblaze_0			
⊟ Data (32 address bits : 4G)			
▪ microblaze_0_local_memory/dlmb_bram...	SLMB	Mem	0x0000_0000
▪ axi_uartlite_0	S_AXI	Reg	0x4060_0000
▪ axi_emc_0	S_AXI_MEM	MEMO	0x6000_0000
⊞ Instruction (32 address bits : 4G)			
⊟ mdm_1			
⊟ Data (32 address bits : 4G)			
▪ axi_emc_0	S_AXI_MEM	MEMO	0x6000_0000
▪ axi_uartlite_0	S_AXI	Reg	0x4060_0000

图 14-41　硬件系统各模块存储地址映射范围

14.3.4　SRAM 存储器读写测试软件

进入 SDK,如图 14-42 所示,新建应用程序工程,在如图 14-43 所示弹出窗口中,输入工程名称并且勾选新建板级支持包。然后单击 Next 按钮,在如图 14-44 所示窗口右边选择应用工程的模板为 Memory Tests。单击 Finish 按钮,SDK 自动根据硬件平台生成测试SRAM 存储器访问应用工程。工程源代码结构如图 14-45 所示。其中,顶层源文件memorytest.c 的 C 语言代码如图 14-46 所示。

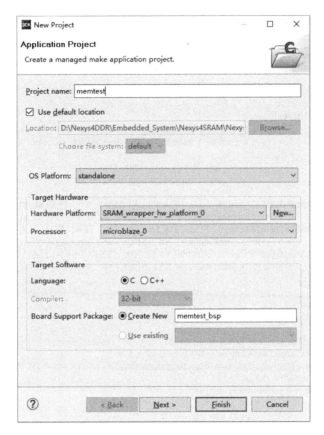

图 14-42 直接新建应用工程

图 14-43 新建应用工程及其 BSP

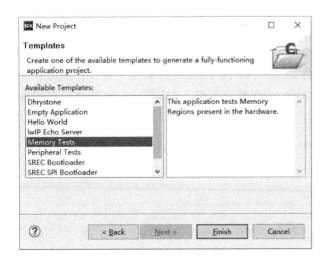

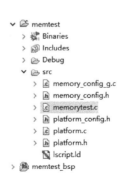

图 14-44 选择新建工程的模板为存储器测试工程

图 14-45 SDK 自动生成的存储器
测试工程代码结构

```
#include <stdio.h>
#include "xparameters.h"
#include "xil_types.h"
#include "xstatus.h"
#include "xil_testmem.h"
#include "platform.h"
#include "memory_config.h"
#include "xil_printf.h"
void putnum(unsigned int num);
void test_memory_range(struct memory_range_s *range) {
    XStatus status;
    print("Testing memory region: "); print(range->name);   print("\n\r");
    print("      Memory Controller: "); print(range->ip);   print("\n\r");
    #ifdef __MICROBLAZE__
        print("             Base Address: 0x"); putnum(range->base); print("\n\r");
        print("                    Size: 0x"); putnum(range->size); print (" bytes \n\r");
    #else
        xil_printf("             Base Address: 0x%lx \n\r",range->base);
        xil_printf("                    Size: 0x%lx bytes \n\r",range->size);
    #endif
    status = Xil_TestMem32((u32*)range->base, 1024, 0xAAAA5555, XIL_TESTMEM_ALLMEMTESTS);
    print("            32-bit test: "); print(status == XST_SUCCESS? "PASSED!":"FAILED!"); print("\n\r");
    status = Xil_TestMem16((u16*)range->base, 2048, 0xAA55, XIL_TESTMEM_ALLMEMTESTS);
    print("            16-bit test: "); print(status == XST_SUCCESS? "PASSED!":"FAILED!"); print("\n\r");
    status = Xil_TestMem8((u8*)range->base, 4096, 0xA5, XIL_TESTMEM_ALLMEMTESTS);
    print("             8-bit test: "); print(status == XST_SUCCESS? "PASSED!":"FAILED!"); print("\n\r");
}
int main()
{
    int i;
    init_platform();
    print("--Starting Memory Test Application--\n\r");
    print("NOTE: This application runs with D-Cache disabled.");
    print("As a result, cacheline requests will not be generated\n\r");
    for (i = 0; i < n_memory_ranges; i++) {
        test_memory_range(&memory_ranges[i]);
    }
    print("--Memory Test Application Complete--\n\r");
    cleanup_platform();
    return 0;
}
```

图 14-46   存储器测试工程顶层文件 C 语言代码

SDK 生成的 memory_config_g.c 文件如图 14-47 所示，此时没有定义外部存储器。需增加 SRAM 存储模块起始地址以及大小定义，代码修改如图 14-48 所示。这样就可以实现 SRAM 存储芯片全部存储单元读写测试。

```
#include "memory_config.h"
struct memory_range_s memory_ranges[] = {
    /* microblaze_0_local_memory_dlmb_bram_if_cntlr_Mem 内存将不被测试，由于应用程序驻留在同一内存中*/
};
int n_memory_ranges = 0;
```

图 14-47   SDK 自动生成的 memory_config_g.c 文件

```
#include "memory_config.h"
struct memory_range_s memory_ranges[] = {
        /* microblaze_0_local_memory_dlmb_bram_if_cntlr_Mem内存将不被测试，由于应用程序驻留在同一内存中*/
        {
                "axi_emc_0_MEM0",
                "axi_emc_0",
                0x60000000,
                16777216,
        },
};
int n_memory_ranges = 1;
```

图 14-48　修改后的 memory_config_g.c 文件

14.3.5　实验现象

连接 Nexys4 实验板，打开实验板电源。选择如图 14-49 所示 SDK 脚本窗口终端 Terminal 页，单击加号 ➕，窗口配置 UART 参数如图 14-50 所示，单击 OK 按钮将 SDK Terminal 连接到开发板 USB UART 接口。然后再选择 Xilinx Tools→Program FPGA 命令，如图 14-51 所示选择相应 elf 文件，单击 OK 按钮，等待编程结束。之后在 Terminal 终端观察到如图 14-52 所示打印消息，表示读写 SRAM 正常。

图 14-49　选择终端控制页

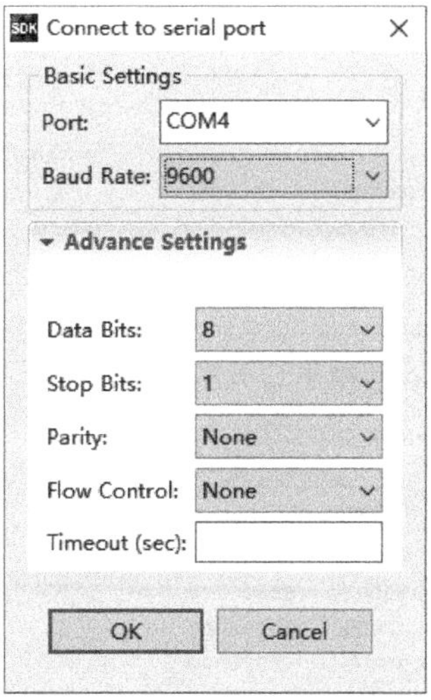

图 14-50　设置 UART 参数

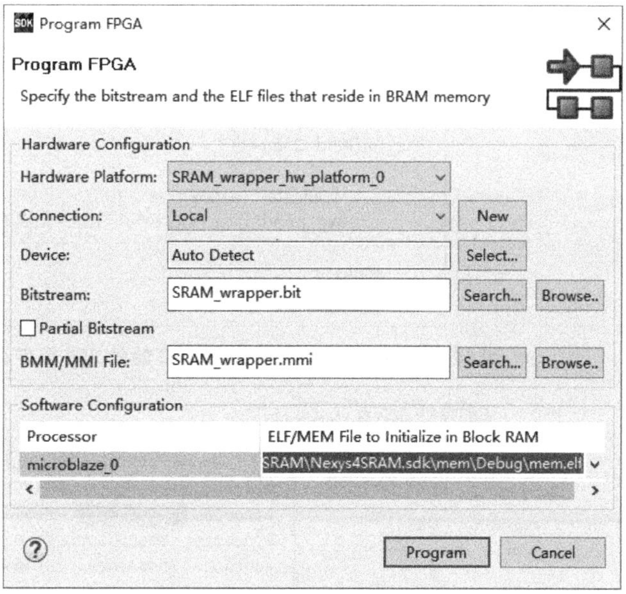

图 14-51　编程 elf 文件设置

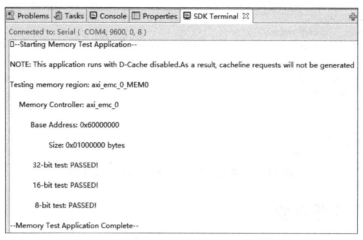

图 14-52 编程结束后的输出消息

14.3.6 任意指定存储单元读写程序设计

图 14-53 所示 C 语言代码实现写入数据 0x58 到 SRAM 的 256 个字存储空间,且存储地址从 0x60000000 开始,然后再读出写入的数据,并输出到标准输出接口。调试模式下可看到存储空间数据如图 14-54 所示,程序运行时标准输出接口打印消息如图 14-55 所示,这表明读写 SRAM 芯片正常。

```c
#include "xil_io.h"
int main()
{
    u32 *data;
    u32 i;
    u32 readdata;
    data=(u32*)0x60000000;
    for(i=0;i<256;i++)
    *(data+i)=0x58;
    for(i=0;i<256;i++)
    {
        readdata=*(data+i);
        xil_printf("The %dth word in SRAM is %x\r\n",i,readdata);
    }
    while(1);
}
```

图 14-53 SRAM 从 0x60000000 开始的 256 个字存储空间读写操作 C 语言代码

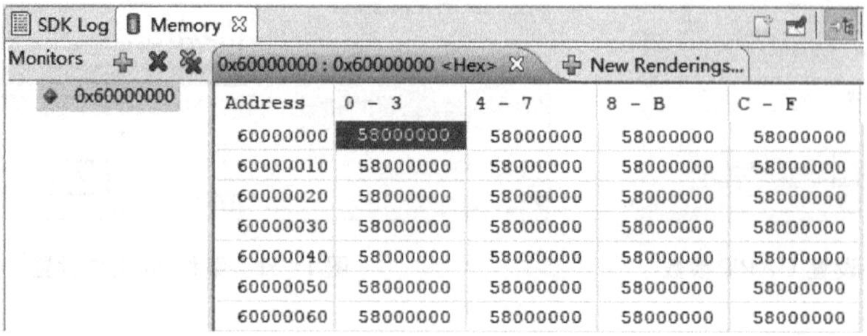

图 14-54 调试模式下 SRAM 从地址 0x60000000 开始的存储空间数据

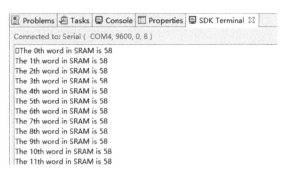

图 14-55　程序运行时标准输出结构打印消息

14.4　DDR2 SDRAM 实验示例

14.4.1　实验要求

MicroBlaze 嵌入式计算机系统添加 FPGA 外部 DDR2 SDRAM 型存储器,存储芯片型号为 Micron MT47H64M16HR-25:H,容量为 64M×16b。要求搭建硬件平台并编程验证各个存储单元是否都能正常读写。验证提示信息通过标准输入/输出接口显示。

14.4.2　电路原理框图

根据实验要求,硬件平台电路原理框图如图 14-56 所示。MIG 模块 200MHz 时钟输入由时钟模块提供,因此时钟模块此时需提供两种不同频率时钟信号。

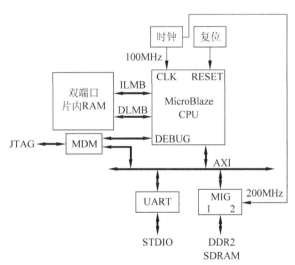

图 14-56　DDR2 SDRAM 存储器接口电路原理框图

14.4.3　硬件平台搭建

硬件平台搭建过程与最小系统搭建基本一致,如图 14-57 所示选择基于开发板的设计。该实验基于 Nexys4 DDR 实验板。

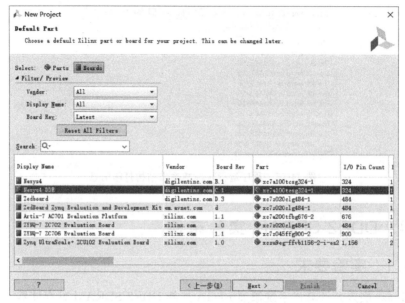

图 14-57　选择 Nexys4 DDR 实验板

最小系统电路原理框图中需修改时钟模块的时钟输出如图 14-58 所示，输出 100MHz 和 200MHz 两种不同时钟信号，100MHz 为系统时钟信号，200MHz 为 MIG 模块时钟信号。

图 14-58　时钟模块产生 100MHz 和 200MHz 两种不同时钟信号

这样得到最小系统电路原理图如图 14-59 所示,时钟模块多了一个输出引脚 clk_out2,频率为 200MHz。

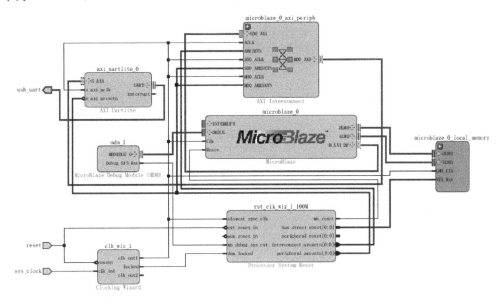

图 14-59　修改时钟模块的最小系统

单击添加 IP 按钮,在如图 14-60 所示弹出窗口中输入 MIG,添加存储控制器生成器 IP 核。

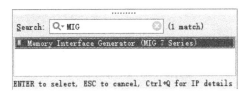

图 14-60　添加 MIG IP 核

然后再单击设计助手中的 Run Block Automation,在如图 14-61 所示弹出窗口勾选 mig_7series_0 模块。这样设计助手自动添加 MIG IP 核需要的辅助模块。若此时弹出如图 14-62 所示错误消息提示窗口,直接单击 OK 按钮,忽略该消息。之后得到如图 14-63 所示添加了 MIG 模块输入/输出信号定义的电路框图。

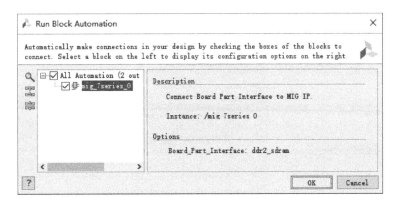

图 14-61　模块自动设计助手

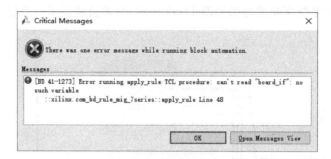

图 14-62　自动设计助手提示消息

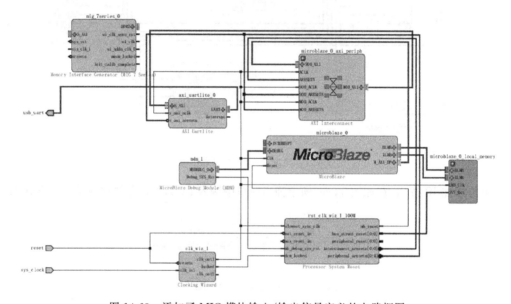

图 14-63　添加了 MIG 模块输入/输出信号定义的电路框图

单击设计助手上的 Run Connection Automation，在弹出窗口中（如图 14-64 所示）仅勾选 AXI 从设备接口。连接完成后得到如图 14-65 所示电路原理框图。

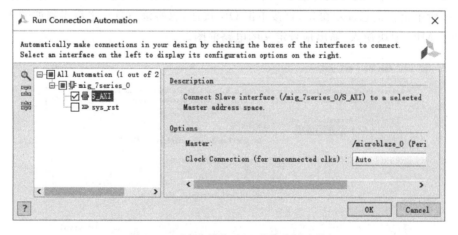

图 14-64　MIG 模块 AXI 总线自动连线

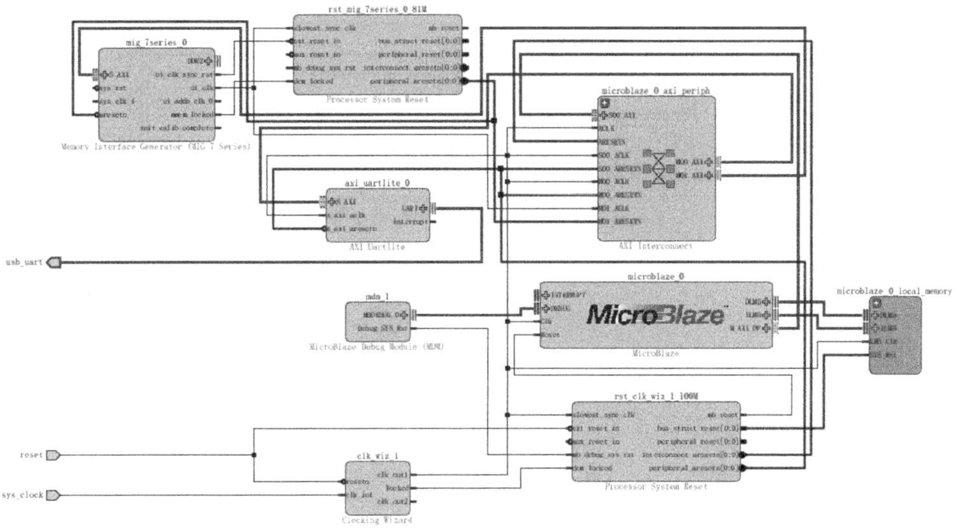

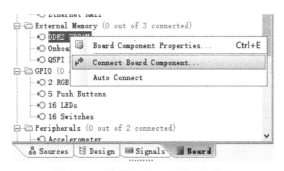

图 14-65　MIG 完成 AXI 总线连接的电路原理框图

选择设计工程源文件窗口中的开发板页,从列出的开发板外围设备中找到 DDR2 SDRAM,按鼠标右键,如图 14-66 所示选择 Connect Board Component。选择如图 14-67 所示弹出窗口中的 mig_7series_0 的 DDR 接口,单击 OK 按钮连接,得到如图 14-68 所示完成自动连接 DDR 接口的电路框图。该电路中将 MIG 模块时钟输入定义为外部引脚,删除该外部引脚连线,并且将 MIG 模块时钟输入连接到时钟模块的 clk_out2。同时 MIG 模块的复位信号连接到系统复位引脚,得到如图 14-69 所示完成 MIG 模块复位信号和 200MHz 时钟信号连接的电路框图。系统各模块地址映射关系如图 14-70 所示。

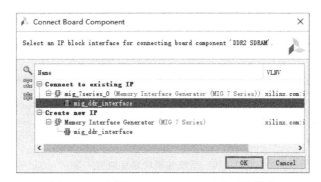

图 14-66　连接 DDR2 SDRAM 设备

图 14-67　选择 DDR2 SDRAM 连接元件模块

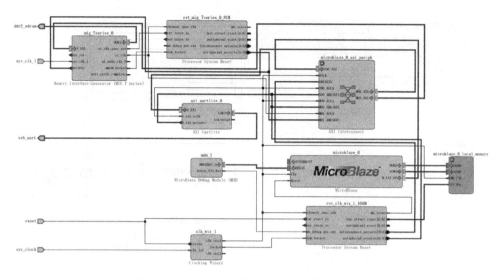

图 14-68　完成 DDR 接口自动连接的电路框图

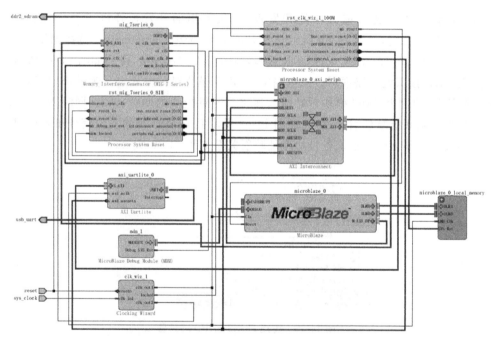

图 14-69　完成 MIG 模块复位信号和 200MHz 时钟信号连接的电路框图

Cell	Slave Interface	Base Name	Offset Address	Range	High Address
⊟-🖥 microblaze_0					
⊟-🖩 Data (32 address bits : 4G)					
⊡ microblaze_0_local_memory/dlmb_bram...	SLMB	Mem	0x0000_0000	32K ▼	0x0000_7FFF
⊡ axi_uartlite_0	S_AXI	Reg	0x4060_0000	64K ▼	0x4060_FFFF
⊡ mig_7series_0	S_AXI	memaddr	0x8000_0000	128M ▼	0x87FF_FFFF
⊟-🖩 Instruction (32 address bits : 4G)					
⊡ microblaze_0_local_memory/ilmb_bram...	SLMB	Mem	0x0000_0000	32K ▼	0x0000_7FFF

图 14-70　系统各模块地址映射关系

保存系统硬件设计之后,选择源文件窗口中的设计模块,按鼠标右键,如图 14-71 所示选择 Create HDL Wrapper。之后就可以直接单击 Vivado 设计流程窗口中的 Generate Bitstream,完成后导出设计到 SDK,启动 SDK。

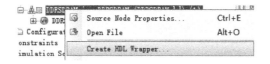

图 14-71　将硬件设计转换为 HDL 描述文件

14.4.4　DDR2 SDRAM 存储器读写测试软件

进入 SDK 界面,选择 File→New→Application Project 命令,在如图 14-72 所示弹出窗口中输入工程名称,并且勾选新建 BSP 工程。然后单击 Next 按钮,选择如图 14-73 所示 Memory Tests 工程模板。单击 Finish 按钮,如图 14-74 所示生成一个应用工程和一个 BSP 工程。应用工程 C 语言主体代码如图 14-75 所示,该代码调用 32 位、16 位以及 8 位存储器读写操作测试函数。从代码中可以看出:32 位测试时,写入存储器的数据为 0xAAAA5555;16 位测试时,写入存储器的数据为 0xAA55;8 位测试时,写入存储器的数据为 0xA5。因此程序运行时设置断点,可以观察每次写入存储器之后,存储器内数据是否与写入的一致。

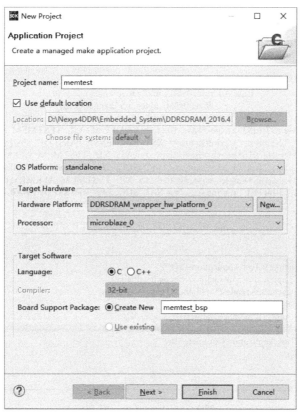

图 14-72　新建应用工程

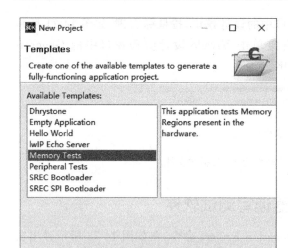

图 14-73　选择存储器测试模板工程

图 14-74　生成的应用工程和 BSP 工程

```c
#include "platform.h"
#include "memory_config.h"
#include "xil_printf.h"
void putnum(unsigned int num);
void test_memory_range(struct memory_range_s *range) {
    XStatus status;
    print("Testing memory region: "); print(range->name);   print("\n\r");
    print("    Memory Controller: "); print(range->ip);   print("\n\r");
#ifdef __MICROBLAZE__
        print("         Base Address: 0x"); putnum(range->base); print("\n\r");
        print("              Size: 0x"); putnum(range->size); print (" bytes \n\r");
#else
        xil_printf("         Base Address: 0x%lx \n\r",range->base);
        xil_printf("                Size: 0x%lx bytes \n\r",range->size);
#endif
    status = Xil_TestMem32((u32*)range->base, 1024, 0xAAAA5555, XIL_TESTMEM_ALLMEMTESTS);
    print("         32-bit test: "); print(status == XST_SUCCESS? "PASSED!":"FAILED!"); print("\n\r");
    status = Xil_TestMem16((u16*)range->base, 2048, 0xAA55, XIL_TESTMEM_ALLMEMTESTS);
    print("         16-bit test: "); print(status == XST_SUCCESS? "PASSED!":"FAILED!"); print("\n\r");
    status = Xil_TestMem8((u8*)range->base, 4096, 0xA5, XIL_TESTMEM_ALLMEMTESTS);
    print("          8-bit test: "); print(status == XST_SUCCESS? "PASSED!":"FAILED!"); print("\n\r");
}
int main()
{
    int i;
    init_platform();
    print("--Starting Memory Test Application--\n\r");
    print("NOTE: This application runs with D-Cache disabled.");
    print("As a result, cacheline requests will not be generated\n\r");
    for (i = 0; i < n_memory_ranges; i++) {
        test_memory_range(&memory_ranges[i]);
    }
    print("--Memory Test Application Complete--\n\r");
    cleanup_platform();
    return 0;
}
```

图 14-75　memtest.c 代码

14.4.5 实验现象

连接 Nexys4 DDR 实验板,打开实验板电源之后,配置 SDK Terminal 连接到开发板的 UART 接口,然后再选择 Xilinx Tools→Program FPGA 命令,如图 14-76 所示选择 elf 文件。单击 OK 按钮,等待编程结束。之后在终端观察到如图 14-77 所示打印消息,表示 DDR2 SDRAM 读写正常。

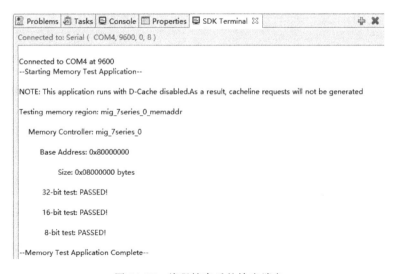

图 14-76 编程 elf 文件设置

图 14-77 编程结束后的输出消息

下面再阐述用调试方法查看 DDR2 SDRAM 读写是否正常。首先在 memtest.c 程序中设置断点,如图 14-78 所示,检测 32 位读写是否正常。然后再如图 14-79 所示启动调试界面,程序运行之后,如图 14-80 所示停留在断点处。之后单击如图 14-81 所示 Memory

Monitors 窗口的加号，设置如图 14-82 所示监测的存储器起始地址，得到如图 14-83 所示监测结果。存储器各个单元数据依次从低字节到高字节逐个显示。

```
status = Xil_TestMem32((u32*)range->base, 1024, 0xAAAA5555, XIL_TESTMEM_ALLMEMTESTS);
print("          32-bit test: "); print(status == XST_SUCCESS? "PASSED!":"FAILED!"); print("\n\r");

status = Xil_TestMem16((u16*)range->base, 2048, 0xAA55, XIL_TESTMEM_ALLMEMTESTS);
print("          16-bit test: "); print(status == XST_SUCCESS? "PASSED!":"FAILED!"); print("\n\r");

status = Xil_TestMem8((u8*)range->base, 4096, 0xA5, XIL_TESTMEM_ALLMEMTESTS);
print("           8-bit test: "); print(status == XST_SUCCESS? "PASSED!":"FAILED!"); print("\n\r");
```

图 14-78　检测 32 位读写是否正常的断点

图 14-79　启动调试

```
status = Xil_TestMem32((u32*)range->base, 1024, 0xAAAA5555, XIL_TESTMEM_ALLMEMTESTS);
print("          32-bit test: "); print(status == XST_SUCCESS? "PASSED!":"FAILED!"); print("\n\r");
```

图 14-80　程序运行到断点处

图 14-81　添加存储器监测区域

图 14-82　设置存储器监测起始地址

Address	0 – 3	4 – 7	8 – B	C – F
80000000	5555AAAA	5555AAAA	5555AAAA	5555AAAA
80000010	5555AAAA	5555AAAA	5555AAAA	5555AAAA
80000020	5555AAAA	5555AAAA	5555AAAA	5555AAAA
80000030	5555AAAA	5555AAAA	5555AAAA	5555AAAA
80000040	5555AAAA	5555AAAA	5555AAAA	5555AAAA
80000050	5555AAAA	5555AAAA	5555AAAA	5555AAAA
80000060	5555AAAA	5555AAAA	5555AAAA	5555AAAA
80000070	5555AAAA	5555AAAA	5555AAAA	5555AAAA

图 14-83　32 位写入结果

采用同样方法可以设置如图 14-84 和图 14-85 所示断点，分别得到图 14-86 和图 14-87 所示 16 位、8 位写入结果。

```
status = Xil_TestMem32((u32*)range->base, 1024, 0xAAAA5555, XIL_TESTMEM_ALLMEMTESTS);
print("           32-bit test: "); print(status == XST_SUCCESS? "PASSED!":"FAILED!"); print("\n\r");

status = Xil_TestMem16((u16*)range->base, 2048, 0xAA55, XIL_TESTMEM_ALLMEMTESTS);
print("           16-bit test: "); print(status == XST_SUCCESS? "PASSED!":"FAILED!"); print("\n\r");

status = Xil_TestMem8((u8*)range->base, 4096, 0xA5, XIL_TESTMEM_ALLMEMTESTS);
print("            8-bit test: "); print(status == XST_SUCCESS? "PASSED!":"FAILED!"); print("\n\r");
```

图 14-84　16 位断点设置

```
status = Xil_TestMem16((u16*)range->base, 2048, 0xAA55, XIL_TESTMEM_ALLMEMTESTS);
print("           16-bit test: "); print(status == XST_SUCCESS? "PASSED!":"FAILED!"); print("\n\r");

status = Xil_TestMem8((u8*)range->base, 4096, 0xA5, XIL_TESTMEM_ALLMEMTESTS);
print("            8-bit test: "); print(status == XST_SUCCESS? "PASSED!":"FAILED!"); print("\n\r");
```

图 14-85　8 位断点设置

0x80000000 : 0x80000000 <Hex>　New Renderings...

Address	0 - 3	4 - 7	8 - B	C - F
80000000	55AA55AA	55AA55AA	55AA55AA	55AA55AA
80000010	55AA55AA	55AA55AA	55AA55AA	55AA55AA
80000020	55AA55AA	55AA55AA	55AA55AA	55AA55AA
80000030	55AA55AA	55AA55AA	55AA55AA	55AA55AA

图 14-86　16 位监测数据

0x80000000 : 0x80000000 <Hex>　New Renderings...

Address	0 - 3	4 - 7	8 - B	C - F
80000000	A5A5A5A5	A5A5A5A5	A5A5A5A5	A5A5A5A5
80000010	A5A5A5A5	A5A5A5A5	A5A5A5A5	A5A5A5A5
80000020	A5A5A5A5	A5A5A5A5	A5A5A5A5	A5A5A5A5
80000030	A5A5A5A5	A5A5A5A5	A5A5A5A5	A5A5A5A5

图 14-87　8 位监测结果

14.4.6　任意指定存储单元读写程序设计

前面利用 SDK 提供的 API 函数对 DDR2 SDRAM 读写进行了测试，DDR2 SDRAM 完全可以作为正常存储器使用。若用户将堆和栈分配到 DDR2 SDRAM 存储空间，那么用户定义的函数内部变量在分配内存空间时自动分配到 DDR2 SDRAM 存储空间。下面阐述一个简单的例子。

首先建立一个 C 语言程序工程，代码如图 11-10 DataType.c 源文件代码所示。

然后选中该工程，选择 Xilinx Tools→Generate Linker Script，在如图 14-88 所示弹出窗口中选择将堆和栈以及数据段指定到 mig_7series_ 0_memaddr。

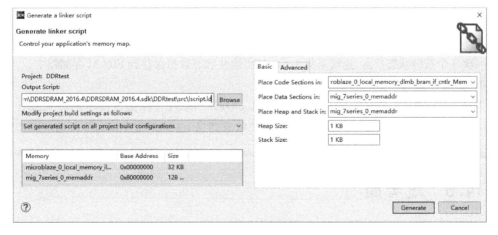

图 14-88　修改链接脚本

然后在代码中设置如图 14-89 所示断点,调试该工程,运行到断点处时,可以看到如图 14-90 所示各个指针的地址以及结构体的地址都处于 DDR2 SDRAM 所在的地址范围。并且各个指针的值都正常,这表明 DDR2 SDRAM 工作正常。

```
fstr0.sm = 0x12;
fstr0.med = 0x1234;
fstr0.sm1 = 0x34;
fstr0.lrg = 0x12345678;
fstr1.sm = 0x12;
fstr1.lrg = 0x12345678;
fstr1.sm1 = 0x34;
fstr1.med = 0x1234;
return 0;
}
```

图 14-89　调试时断点设置

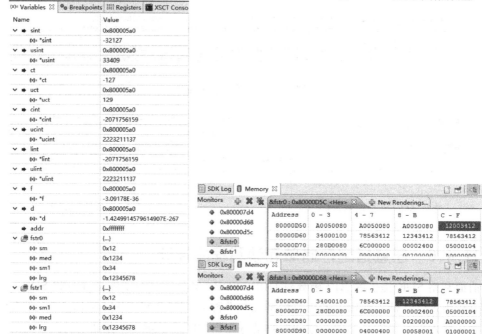

图 14-90　运行时各个变量的地址以及值

14.5　实验任务

1. 实验任务一

基于 Nexys4 实验板,设计支持外部 SRAM 存储器读写的嵌入式计算机系统,要求每隔 30ms 采集一次 5 个按键状态信息,连续采集 1min,并将这些状态数据保存到 SRAM 存储器中。

2. 实验任务二

基于 Nexys4 DDR 实验板,设计支持外部 DDR2 SDRAM 存储器读写的嵌入式计算机系统,要求每隔 30ms 采集一次 16 个独立开关状态信息,连续采集 1min,并将这些状态数据保存到 DDR2 SDRAM 存储器中。

14.6　思考题

1. Cellular RAM MT45W8MW16BGX 作为静态异步 SRAM 存储器工作时,根据静态异步 SRAM 存储器读写时序图,试指出芯片 MT45W8MW16BGX 读、写操作哪个优先级更高。

2. Cellular RAM MT45W8MW16BGX 作为 8 位数据总线宽的存储芯片使用时,如何设计接口电路?

3. Cellular RAM MT45W8MW16BGX 两种异步写时序有什么差别?

4. 两片 Cellular RAM MT45W8MW16BGX 作为 16 位存储芯片连接到 EMC IP 核构成 32 位存储子系统,MT45W8MW16BGX 芯片与 EMC IP 核应该如何连接?

5. DDRSDRAM 存储芯片地址信号与 SRAM 存储芯片地址信号的功能有什么不同?

6. 简要阐述如何给 MT47H64M16HR-25:H 芯片提供外部地址、控制信号使其输出指定存储单元的 16 位数据。

第 15 章

CHAPTER 15

串 行 接 口

学习目标：理解 UART 串行通信协议，掌握 UART 串行通信接口设计；理解 SPI 串行通信协议，掌握 SPI 串行通信接口设计。

15.1 串行通信协议简介

15.1.1 UART 串行通信协议

UART(Universal Asynchronous Receiver Transmitter)是一种通用异步串行通信总线，可以实现全双工通信。UART 传输一个字符称为一帧数据，一帧数据各位含义为：

(1) 起始位：逻辑 0，表示传输字符的开始，1 位。

(2) 数据位：数据位的位数可以是 5、6、7、8 等，从字符的最低位开始传送。

(3) 奇偶校验位：数据位加上校验位，使得 1 的位数为偶数（偶校验）或奇数（奇校验），以此来校验数据传送的正确性，也可以没有校验位。

(4) 停止位：一个字符数据的结束标志，逻辑 1。可以是 1 位、1.5 位或 2 位。

UART 通信线路空闲时，一直处于逻辑 1 状态，表示当前没有数据传送。

如传输字符 E 的 ASCII 码(0x45)，采用 1 位起始位、7 位数据位、1 位奇校验位、1 位停止位的 UART 通信协议时，信号波形如图 15-1 所示。

通信双方采用简单异步串行通信协议时，仅需连接三根信号线，如图 15-2 所示。其中 TXD 表示数据发送端，RXD 表示数据接收端，GND 为共地信号。

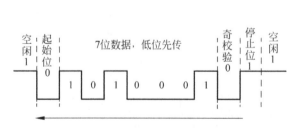

图 15-1 字符 E 的传送过程

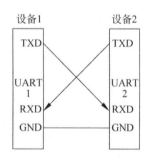

图 15-2 异步串行通信信号连接

异步串行通信不传输时钟信号,因此通信双方必须事先约定一致的数据传输速率,才能正确识别通信数据。异步串行通信的数据传输速率以波特率表示,即发送一位二进制数据的速率,习惯上用 baud 表示。发送一位数据的持续时间为 1/baud。通信之前,通信双方首先都要明确约定通信波特率以及通信格式,且必须保持一致,收发双方才能正常实现通信。常见的异步串行通信速率为 4800、9600、19200、38400、57600、115200bps 等。

15.1.2 SPI 串行通信协议

SPI(Serial Peripheral Interface)是串行外设接口。SPI 是一种高速全双工同步串行通信总线。SPI 总线以主从方式工作,通常有一个主设备和一个或多个从设备。SPI 也可以单向传输,即半双工方式。

SPI 信号线分别是 MOSI(数据输入)、MISO(数据输出)、SCLK(时钟)、SS(从设备选择)。

(1) MOSI(Master Output/Slave Input):主设备输出/从设备输入。

(2) MISO(Master Input/Slave Output):主设备输入/从设备输出。

(3) SCLK:时钟信号,由主设备产生。

(4) SS:从设备选择信号,由主设备控制。SS 控制从设备是否被选中,只有从设备的 SS 信号为预先规定的使能信号时(高电位或低电位),对此从设备的操作才有效。这使得在同一总线上可以连接多个 SPI 设备。

一个主设备与一个从设备通信时,SPI 接口不需要寻址操作。全双工通信连接电路如图 15-3 所示。

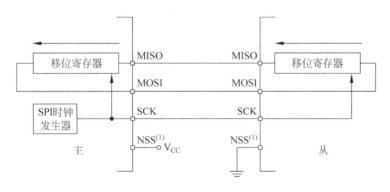

图 15-3 SPI 一对一通信

多个从设备时,每个从设备需要独立的使能信号,连接电路如图 15-4 所示。

数据线(MISO、MOSI)上的数据在时钟上升沿或下降沿时改变,在紧接着的下降沿或上升沿被读取。这样 1 个时钟周期,就可以完成 1 位数据传输。

时钟信号的跳变标注 SPI 通信的开始。时钟线 SCLK 空闲时维持固定电平,发生首次跳变,相位为 0°,即第一个时钟边沿;第二次跳变相位为 180°,即第二个时钟边沿,依此周而复始。图 15-5 所示为 4 种不同 SPI 通信时序。

这 4 种 SPI 通信时序描述为:

(1) 空闲时 SCLK 为低电平,时钟相位 0°转换数据,时钟相位 180°采样数据。

(2) 空闲时 SCLK 为高电平,时钟相位 180°转换数据,时钟相位 0°采样数据。

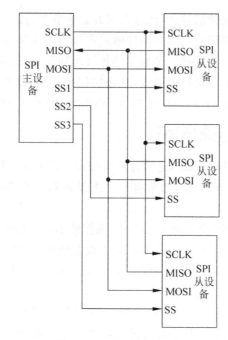

图 15-4　SPI 一对多通信

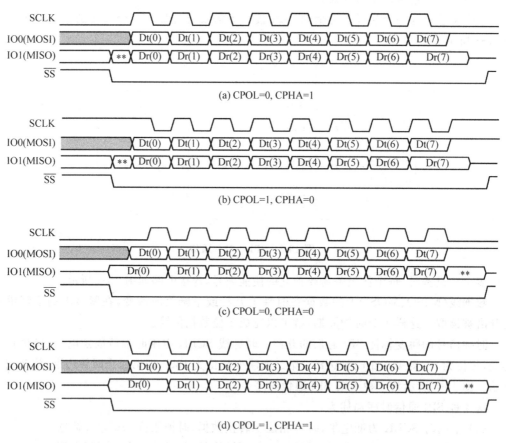

(a) CPOL=0, CPHA=1

(b) CPOL=1, CPHA=0

(c) CPOL=0, CPHA=0

(d) CPOL=1, CPHA=1

图 15-5　4 种 SPI 通信时序

（3）空闲时 SCLK 为低电平，时钟相位 180°转换数据，时钟相位 0°采样数据。

（4）空闲时 SCLK 为高电平，时钟相位 0°转换数据，时钟相位 180°采样数据。

通信双方必须约定同一种时序以及同样的数据串行发送位序才能正常通信。

15.1.3 Quad SPI 协议

Quad SPI 为 SPI 协议的扩展，可支持 1 线、2 线、4 线三种工作模式，分别定义为标准 SPI 模式（standard SPI mode）、双线模式（dual mode）、四线模式（quad mode）。标准 SPI 模式时，信号线分别为 SCLK、SS、DI(MOSI)、DO(MISO)、WP、Hold；双线模式时，信号线分别为 SCLK、SS、IO0、IO1、WP、Hold；四线模式时，信号线分别定义为 SCLK、SS、IO0、IO1、IO2、IO3。标准 SPI 模式时，各条数据线都是单向传输；双线模式时，两条数据线都变成双向通信；四线模式时，WP、Hold 也成为双向数据线。标准 SPI 模式以及双线模式中的 WP 信号为写保护，Hold 为暂停数据传输信号，且都为低电平有效。

15.2 串行通信接口 IP 核原理

15.2.1 Uartlite IP 核

Uartlite IP 核为轻量级 UART 串行通信接口 IP 核，仅支持串行 UART 基本数据传输，不支持 Modem 相关控制信号。Uartlite IP 核内部结构原理框图如图 15-6 所示。

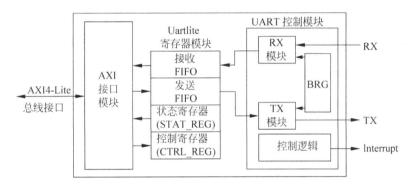

图 15-6　Uartlite IP 核内部结构原理框图

UART 内部寄存器偏移地址及含义如表 15-1 所示。

表 15-1　UART 内部寄存器偏移地址及含义

寄存器名称	偏 移 地 址	初 始 值	功 能
RX FIFO	0x0	0x0	数据接收 FIFO
TX FIFO	0x4	0x0	数据发送 FIFO
STAT_REG	0x8	0x4	状态寄存器
CTRL_REG	0xc	0x0	控制寄存器

接收/发送 FIFO 各个数据构成如图 15-7 所示，仅低 8 位有效。

状态寄存器各位含义如表 15-2 所示。

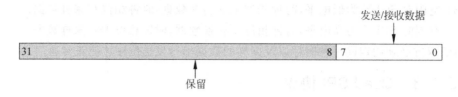

图 15-7　8 位数据时的 FIFO 数据构成

表 15-2　状态寄存器各位含义

位　　置	含　　义	有　效　值
D0	数据接收 FIFO 有效	1
D1	数据接收 FIFO 满	1
D2	数据发送 FIFO 空	1
D3	数据发送 FIFO 满	1
D4	中断产生	1
D5	FIFO 溢出	1
D6	数据帧错误	1
D7	奇偶校验错	1
D8～D31	保留	

控制寄存器各位含义如表 15-3 所示。

表 15-3　控制寄存器各位含义

位　　置	含　　义	有　效　值
D0	复位发送缓冲区	1
D1	复位接收缓冲区	1
D4	使能硬件中断	1
D2～D3、D5～D31	保留	

15.2.2　Quad SPI IP 核

Quad SPI IP 核支持标准 SPI 模式以及双线、四线 SPI 通信模式,双线以及四线 SPI 通信模式主要针对基于 Quad SPI 接口的 Flash 存储芯片。

Quad SPI IP 核内部原理框图如图 15-8 所示。它分为 AXI 总线接口模块、寄存器模块、SPI 逻辑模块、数据发送/接收 FIFO、命令比较以及信号产生模块等。支持大部分 Quad SPI 接口 Flash 存储芯片操作命令。

当工作在标准 SPI 模式时,IO0、IO1 为单向数据传输线,IO0 相当于 MOSI,IO1 相当于 MISO;当工作在双线模式时,IO0、IO1 为双向数据传输线,IO2、IO3 为三态;当工作在四线模式时,IO0、IO1、IO2、IO3 为双向数据传输线。

Quad SPI IP 核各寄存器偏移地址及含义如表 15-4 所示。

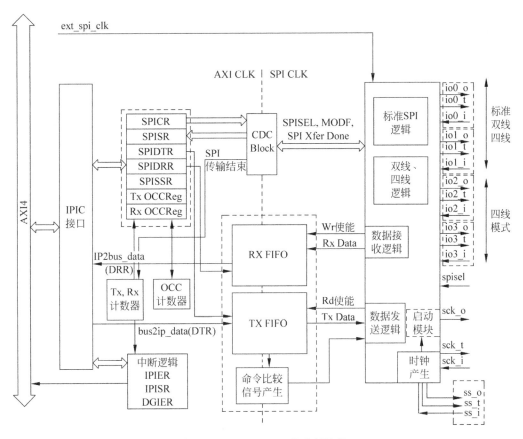

图 15-8　Quad SPI IP 核内部结构

表 15-4　Quad SPI IP 核各寄存器偏移地址及含义

寄存器名称	偏移地址	含　　义	操作类型	初　始　值
SRR	0x40	软件复位寄存器,写 0x0000000a 复位 IP 核	写	N/A
SPICR	0x60	控制寄存器	读/写	0x180
SPISR	0x64	状态寄存器	读	0x25
SPIDTR	0x68	发送寄存器(可为 8、16、32 位)	写	0x0
SPIDRR	0x6C	接收寄存器(可为 8、16、32 位)	读	N/A
SPISSR	0x70	从设备选择寄存器	读/写	0xFFFF
Tx OCCReg	0x74	发送 FIFO 占用长度指示,低 4 位的值 + 1 表示 FIFO 有效数据的长度	读	0x0
Rx OCCReg	0x78	接收 FIFO 占用长度指示,低 4 位的值 + 1 表示 FIFO 有效数据的长度	读	0x0
DGIER	0x1C	设备总中断请求使能寄存器,仅最高位有效,D31 = 1 使能设备中断	读/写	0x0
IPISR	0x20	中断状态寄存器	读/写	0x0
IPIER	0x28	中断使能寄存器	读/写	0x0

　　SPICR 寄存器各位含义如图 15-9 所示。需要注意的是:双线和四线模式时仅支持 MSB 优先传输方式。CPHA(Clock Phase)指示数据采样的时钟相位:0 为 0°;1 为 180°。

CPOL(Clock Polarity)指示时钟空闲时的电平：0 为低电平；1 为高电平。SPE 表示使能 SPI IP 核。所有位都是 1 有效，0 禁止。

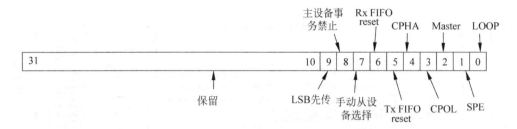

图 15-9　SPICR 寄存器各位含义

SPISR 寄存器各位含义如图 15-10 所示。

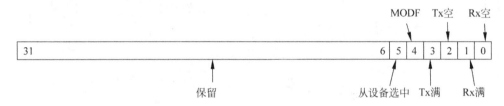

图 15-10　SPISR 寄存器各位含义

SPISSR 寄存器各位含义如图 15-11 所示。若配置 SPI 接口为主设备接口，且总线上连接 n 个从设备，那么 SPISSR 寄存器 bit0～bit($n-1$)分别对应控制 SS($0\sim n-1$)的输出。

图 15-11　SPISSR 寄存器各位含义

IPISR 寄存器各位含义如图 15-12 所示。当对应事件发生时，相应位被置 1，否则为 0；向相应位写 1，清除该位的状态。其中发送寄存器空发送表示当发送寄存器没有数据时，仍然要求发送数据的状态；接收寄存器满接收表示接收寄存器已满的情况下，仍然要求接收数据的状态。

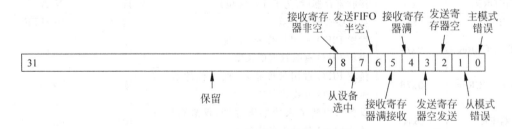

图 15-12　IPISR 寄存器各位含义

IPIER 寄存器各位含义与 IPISR 对应，不同的是 IPIER 表示当 IPISR 相应位事件发生时是否使能中断：1 表示使能；0 表示禁止。

15.3 串行通信 IP 核配置

15.3.1 Uartlite IP 核配置

在如图 15-13 所示搜索框中输入 UART，选中备选项 AXI Uartlite 添加 Uartlite IP 核。

Uartlite IP 核配置项如图 15-14 所示，包括 AXI 总线时钟频率、UART 波特率、数据位数、是否采用奇偶校验，以及具体校验方式。图 15-14 中配置了一个波特率为 9600，8 位数据且没有校验位的 UART 接口。

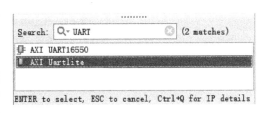

图 15-13　选择 Uartlite IP 核

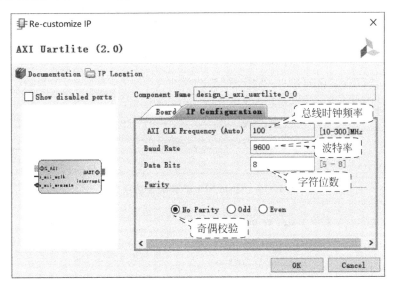

图 15-14　Uartlite IP 核配置选项

15.3.2 Quad SPI IP 核配置

在如图 15-15 所示搜索框中输入 SPI，选中备选项 AXI Quad SPI，添加 Quad SPI IP 核。

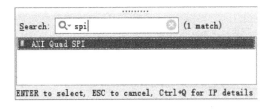

图 15-15　选择 Quad SPI IP 核

SPI IP 核配置项各项含义如图 15-16 所示。若设置为标准 SPI 接口、AXI 总线且 16 位数据为一帧、不采用 FIFO、时钟分频比为 4 的主 SPI 接口、支持一个从设备，则配置选项需设置为如图 15-17 所示。

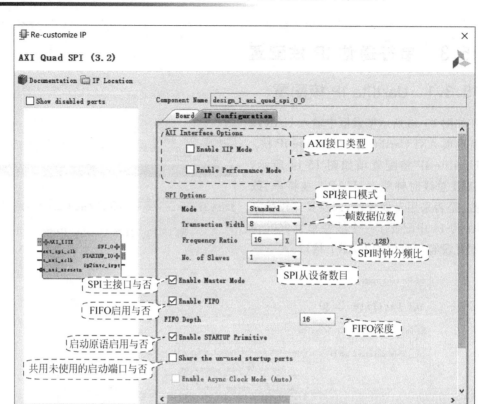

图 15-16　Quad SPI IP 核配置选项含义

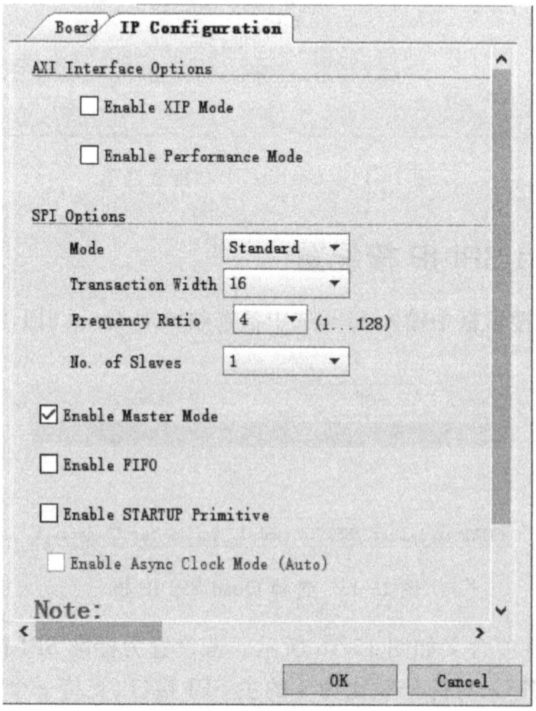

图 15-17　标准 SPI 接口配置示例

15.4 SPI 接口外设

15.4.1 DA 模块

SPI 接口 DA 模块外形如图 15-18 所示,内部电路如图 15-19 所示。该模块用到了两片 DA 转换芯片 DAC121S101。J1 和 J2 引脚定义分别如表 15-5 和表 15-6 所示。

图 15-18　SPI 接口 DA 模块外形

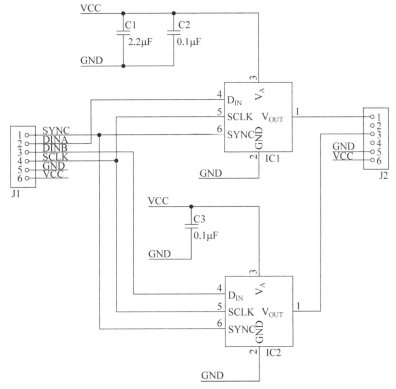

图 15-19　SPI 接口 DA 模块内部电路

表 15-5　DA 模块 J1 引脚定义

引脚号	1	2	3	4	5	6
名称	SYNC	DINA	DINB	SCLK	GND	VCC

表 15-6　DA 模块 J2 引脚定义

引脚号	1	2	3	4	5	6
名称	VOUTA	NC	VOUTB	NC	GND	VCC

由此可知,若采用 IC1 芯片实现 DA 转换,那么 J1 只需使用 1、2、4 引脚,引脚 1 作为 SPI 接口的 SS,引脚 2 作为 MOSI,引脚 4 作为 SCLK 信号;J2 只需使用 1、5 引脚,引脚 1 输出模拟电压信号,引脚 5 为模拟信号地。若采用 IC2 芯片实现 DA 转换,那么 J1 只需使

用 1、3、4 引脚，引脚 1 作为 SPI 接口的 SS，引脚 3 作为 MOSI，引脚 4 作为 SCLK 信号；J2
只需使用 3、5 引脚，引脚 3 作为输出模拟电压信号，引脚 5 为模拟信号地。J2 的 5 号引脚为
公共地，6 号引脚为公共电源。

DAC121S101 芯片引脚定义及内部结构框图如图 15-20 所示。

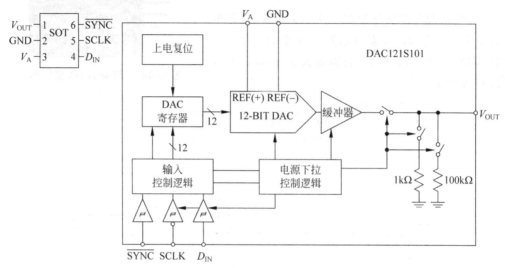

图 15-20 DAC121S101 芯片引脚定义及内部结构框图

DAC121S101 各引脚含义如表 15-7 所示。

表 15-7 DAC121S101 引脚含义

引 脚 名 称	含 义
V_{OUT}	模拟电压输出
GND	地
V_A	模拟参考电压
$\overline{SYNC}$	帧同步。当该引脚为低电平时，数据在 SCLK 的下降沿输入，并且 16 个时钟周期之后，移位寄存器的数据进入 DAC 寄存器，开始 DA 转换；若该引脚在 16 个时钟周期之前变为高电平，那么之前传入的数据都将被忽略
SCLK	SPI 总线时钟，数据在该时钟的下降沿采样。时钟频率最高为 30MHz
D_{IN}	SPI 总线从设备数据输入线，相当于 MOSI

V_{OUT} 输出的模拟电压范围为 $0 \sim V_A$。V_{OUT} 与输入数据 D 之间满足关系：

$$V_{OUT} = V_A * (D/4096)$$

式中，D 为 12 位输入数字量，取值范围为 0～4095。

DAC121S101 要求每次传输 16 位串行数据，经过输入移位寄存器转换为并行数据之后，
其中 12 位送入 DAC 转换寄存器，2 位送入电源下拉控制逻辑。16 位串行数据具体含义如
图 15-21 所示。其中，D0～D11 为 12 位 DA 转换数字量，PD0～PD1 为电源下拉控制逻辑输
入，控制电源下拉模块的工作方式，改变输出 V_{OUT} 的输出连接方式。具体含义如表 15-8 所示。

DB15(MSB)															DB0(LSB)
X	X	PD1	PD0	D11	D10	D9	D8	D7	D6	D5	D4	D3	D2	D1	D0

图 15-21 16 位串行数据的含义

表 15-8　电源下拉模块工作方式控制逻辑

PD1	PD0	电源下拉模块工作方式
0	0	正常工作(不下拉)，Vout 正常输出
0	1	Vout 通过 1kΩ 电阻下拉
1	0	Vout 通过 100kΩ 电阻下拉
1	1	Vout 为高阻状态

DAC121S101 串行接口模块时序如图 15-22 所示。当 $\overline{\text{SYNC}}$ 引脚由高电平变为低电平时，数据传输开始；$\overline{\text{SYNC}}$ 为低电平期间，数据在 SCLK 的下降沿从 D_{IN} 引脚输入到输入移位寄存器，第 16 个 SCLK 下降沿，所有 16 位数据输入。此时低 12 位数据送入 DAC 转换寄存器进行 DA 转换，PD0、PD1 送入电源下拉控制逻辑，控制输出端 V_{OUT} 的工作方式。之后 $\overline{\text{SYNC}}$ 可以继续保持低电平也可以恢复高电平。但是任何两次写操作之间必须使 $\overline{\text{SYNC}}$ 维持一段时间高电平，以便启动下一次数据传输，且 SCLK 最高时钟频率为 30MHz。

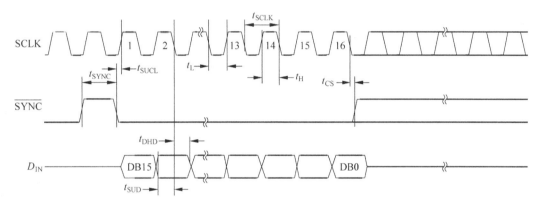

图 15-22　DAC121S101 串行接口模块时序

15.4.2　AD 模块

SPI 接口 AD 模块外形如图 15-23 所示，内部电路框图以及 J1、J2 接口引脚定义如图 15-24 所示。ADC 采用 SPI 接口芯片 ADCS7476。

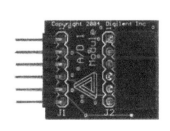

图 15-23　AD 模块外形

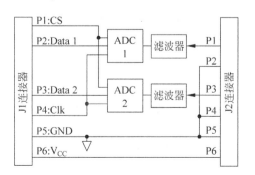

图 15-24　AD 模块电路框图

当使用 ADC1 实现 AD 转换时，模拟电压信号由 J2 的 P1 号引脚输入，J1 的 P1、P2、P4 号引脚形成 SPI 接口 SS、MISO、SCLK 信号，由 SPI 接口将转换后的数字信号传输到处理器；当使用 ADC2 实现 AD 转换时，模拟电压信号由 J2 的 P3 号引脚输入，J1 的 P1、P3、P4 号引脚形成 SPI 接口 SS、MISO、SCLK 信号，由 SPI 接口将转换后的数字信号传输到处理器。J2 的 P2、P4、P5 都为模拟信号地。

ADCS7476 引脚及内部结构框图如图 15-25 所示。SPI 接口通信时序如图 15-26 所示。$\overline{CS}$ 由高电平变为低电平时启动转换，同时输出转换结果。转换结果包含 4 位前导 0，12 位有效数据：最高位在前，最低位在后。SCLK 上升沿输出数据，接收设备在 SCLK 下降沿采样数据线。即 SPI 通信协议采用 CPOL = 1，CPHA = 0。SCLK 时钟频率范围要求为 10kHz~20MHz。

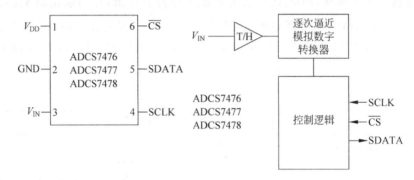

图 15-25　ADCS7476 引脚及内部结构框图

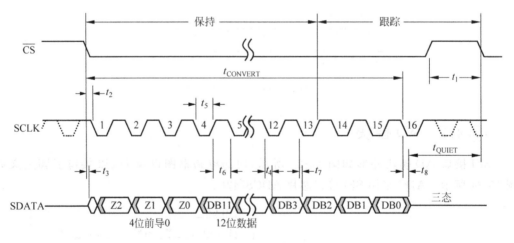

图 15-26　ADCS7476SPI 接口时序

15.5　IP 核 API 函数

15.5.1　Uartlite API 函数

Uartlite 结构体定义如图 15-27 所示。其中，XUartLite_Stats 结构体定义如图 15-28 所示，XUartLite_Buffer 结构体定义如图 15-29 所示。

```
typedef struct {
    XUartLite_Stats Stats;              /* 统计信息 */
    UINTPTR RegBaseAddress;             /* 基地址*/
    u32 IsReady;                        /* 就绪状态 */
    XUartlite_Buffer SendBuffer;
    XUartlite_Buffer ReceiveBuffer;
    XUartlite_Handler RecvHandler;      /* 接收回调函数 */
    void *RecvCallBackRef;              /* 接收回调函数参数 */
    XUartlite_Handler SendHandler;      /* 发送回调函数 */
    void *SendCallBackRef;              /* 发送回调函数参数 */
} XUartlite;
```

图 15-27 Uatrlite 结构体定义

```
typedef struct {
    u32 TransmitInterrupts;      /*发送中断次数*/
    u32 ReceiveInterrupts;       /*接收中断次数 */
    u32 CharactersTransmitted;   /*发送字符数 */
    u32 CharactersReceived;      /*接收字符数*/
    u32 ReceiveOverrunErrors;    /*接收溢出次数 */
    u32 ReceiveParityErrors;     /*接收奇偶校验错误次数 */
    u32 ReceiveFramingErrors;    /*接收帧错误次数 */
} XUartlite_Stats;
```

图 15-28 XUartLite_Stats 结构体定义

```
typedef struct {
    u8 *NextBytePtr;
    unsigned int RequestedBytes;
    unsigned int RemainingBytes;
} XUartLite_Buffer;
```

图 15-29 XUartLite_Buffer 结构体定义

Uartlite API 函数列表如图 15-30 所示。

```
int XUartLite_Initialize(XUartLite *InstancePtr, u16 DeviceId);
XUartLite_Config *XUartLite_LookupConfig(u16 DeviceId);
int XUartLite_CfgInitialize(XUartLite *InstancePtr, XUartLite_Config *Config, UINTPTR EffectiveAddr);
void XUartLite_ResetFifos(XUartLite *InstancePtr);
unsigned int XUartLite_Send(XUartLite *InstancePtr, u8 *DataBufferPtr, unsigned int NumBytes);
unsigned int XUartLite_Recv(XUartLite *InstancePtr, u8 *DataBufferPtr, unsigned int NumBytes);
int XUartLite_IsSending(XUartLite *InstancePtr);
void XUartLite_GetStats(XUartLite *InstancePtr, XUartLite_Stats *StatsPtr);
void XUartLite_ClearStats(XUartLite *InstancePtr);
int XUartLite_SelfTest(XUartLite *InstancePtr);
void XUartLite_EnableInterrupt(XUartLite *InstancePtr);
void XUartLite_DisableInterrupt(XUartLite *InstancePtr);
void XUartLite_SetRecvHandler(XUartLite *InstancePtr, XUartLite_Handler FuncPtr, void *CallBackRef);
void XUartLite_SetSendHandler(XUartLite *InstancePtr, XUartLite_Handler FuncPtr, void *CallBackRef);
void XUartLite_InterruptHandler(XUartLite *InstancePtr);
```

图 15-30 Uartlite API 函数列表

函数具体功能请读者在 SDK 中用鼠标选中具体函数，查阅 SDK 说明。这部分函数声明位于 xuartlite.h 中。

15.5.2　Quad SPI API 函数

SPI 结构体定义如图 15-31 所示。其中，SPI 统计信息结构体定义如图 15-32 所示。

```
typedef struct {
XSpi_Stats Stats;          /*统计信息 */
UINTPTR BaseAddr;          /*基地址*/
int IsReady;               /*设备就绪与否*/
int IsStarted;             /*设备启动与否*/
int HasFifos;              /*启用 FIFO 与否 */
u32 SlaveOnly;             /*是否配置为从设备 */
u8 NumSlaveBits;           /*支持的从设备数目 */
u8 DataWidth;              /*数据位宽：8 或16 或32 */
u8 SpiMode;                /*接口模式：标准，双线，四线 */
u32 SlaveSelectMask;       /*从设备选择掩码 */
u32 SlaveSelectReg;        /**从设备选择寄存器 */
u8 *SendBufferPtr;         /*发送缓冲区 */
u8 *RecvBufferPtr;         /*接收缓冲区 */
unsigned int RequestedBytes;     /*要求发送的字节数*/
unsigned int RemainingBytes;     /*剩余字节数*/
int IsBusy;                /*设备忙与否*/
XSpi_StatusHandler StatusHandler; /*状态处理函数句柄 */
void *StatusRef;           /*回调函数参数*/
u32 FlashBaseAddr;         /*XIP模式基地址*/
u8 XipMode;                /*是否启用XIP模式*/
} XSpi;
```

图 15-31　SPI 结构体定义

```
typedef struct {
    u32 ModeFaults;        /*模式错误数 */
    u32 XmitUnderruns;     /*发送错误数 */
    u32 RecvOverruns;      /*接收溢出错误数 */
    u32 SlaveModeFaults;   /*从设备选择错误数*/
    u32 BytesTransferred;  /*发送字节数 */
    u32 NumInterrupts;     /*发送、接收中断数 */
} XSpi_Stats;
```

图 15-32　SPI 统计信息结构体定义

SPI API 函数列表如图 15-33 所示。参数 Options 选项如图 15-34 所示，为二维数组。数组第一维为参数名称，第二维为参数具体值。参数 SlaveMask 为 32 位无符号数，与 SS 引脚位对应，但值相反：选择某个从设备，相应位置 1，其余位置 0。

```
int XSpi_Initialize(XSpi *InstancePtr, u16 DeviceId);
int XSpi_Start(XSpi *InstancePtr);
int XSpi_Stop(XSpi *InstancePtr);
void XSpi_Reset(XSpi *InstancePtr);
int XSpi_SetSlaveSelect(XSpi *InstancePtr, u32 SlaveMask);
u32 XSpi_GetSlaveSelect(XSpi *InstancePtr);
int XSpi_Transfer(XSpi *InstancePtr, u8 *SendBufPtr, u8 *RecvBufPtr, unsigned int ByteCount);
void XSpi_SetStatusHandler(XSpi *InstancePtr, void *CallBackRef, XSpi_StatusHandler FuncPtr);
void XSpi_InterruptHandler(void *InstancePtr);
void XSpi_GetStats(XSpi *InstancePtr, XSpi_Stats *StatsPtr);
void XSpi_ClearStats(XSpi *InstancePtr);
int XSpi_SetOptions(XSpi *InstancePtr, u32 Options);
u32 XSpi_GetOptions(XSpi *InstancePtr);
```

图 15-33　SPI 主要 API 函数列表

```
static OptionsMap OptionsTable[] = {
    {XSP_LOOPBACK_OPTION, XSP_CR_LOOPBACK_MASK},
    {XSP_CLK_ACTIVE_LOW_OPTION, XSP_CR_CLK_POLARITY_MASK},
    {XSP_CLK_PHASE_1_OPTION, XSP_CR_CLK_PHASE_MASK},
    {XSP_MASTER_OPTION, XSP_CR_MASTER_MODE_MASK},
    {XSP_MANUAL_SSELECT_OPTION, XSP_CR_MANUAL_SS_MASK}
};
```

图 15-34　参数 Options 选项

函数具体功能请读者在 SDK 中用鼠标选中具体函数,查阅 SDK 说明。SPI API 函数声明位于 xspi.h 中。

15.6　实验示例

15.6.1　UART 通信

1. 实验要求

将标准输入设备输入的字符通过 UART 接口传送后从标准输出设备输出。UART 通信接口波特率为 115200bps,标准输入/输出设备波特率为 9600bps,字符数据的位数为 8位,无奇偶校验位。UART 接口数据通信方式采用中断方式。

2. 硬件系统结构

根据实验要求,系统中需具备三个 UART 接口:一个标准输入/输出接口;两个 UART 通信接口。

UART 通信系统电路原理图如图 15-35 所示。

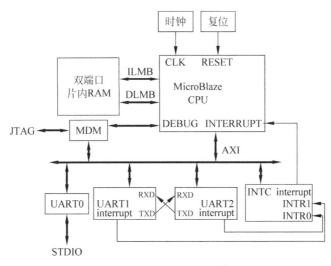

图 15-35　UART 通信系统电路原理图

3. 硬件平台搭建

建立如图 15-36 所示嵌入式最小系统。它包含标准输入/输出接口 usb_uart、中断控制器 intc 以及中断信号集成器 xlconcat。搭建 MicroBlaze 最小系统时,启用设计助手 Run Block Automation 配置 MicroBlaze 微处理器,如图 15-37 所示选中 Enable Interrupt 加入中断控制器。

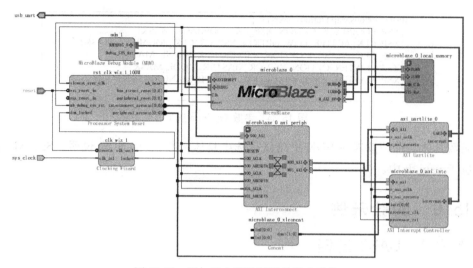

图 15-36 添加了中断控制器的最小系统

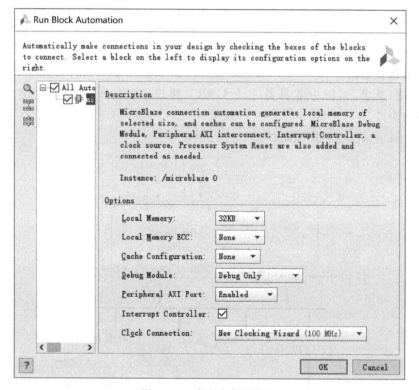

图 15-37 启用中断控制器

　　如图 15-38 所示选择 AXI Uartlite IP 核，添加两个 AXI Uartlite IP 核。添加完得到如图 15-39 所示结果，并如图 15-40 所示设置串口波特率、字节位数以及奇偶校验位等。

　　将新加入两个 UART 接口的 rx、tx 交叉互联，如图 15-41 所示中断请求信号连接到中断请求信号集成器的引脚。本示例 rx、tx 交叉互联直接在 FPGA 内部完成，读者也可以将它们引出到 FPGA 外部引脚上，然后再通过导线在 FPGA 外部实现引脚交叉互联。需要注意的是，若通过外部引脚交叉互联，需要对这些外部引脚设置引脚约束。

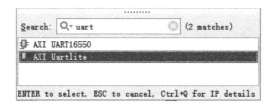

图 15-38　选择 AXI Uartlite IP 核

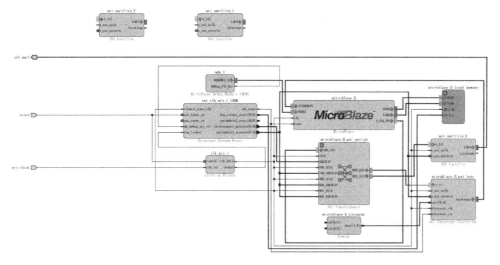

图 15-39　添加了两个 UART 核的电路框图

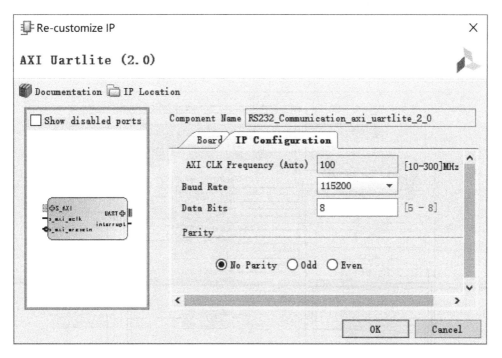

图 15-40　UART IP 核的波特率、字符位宽、奇偶校验配置

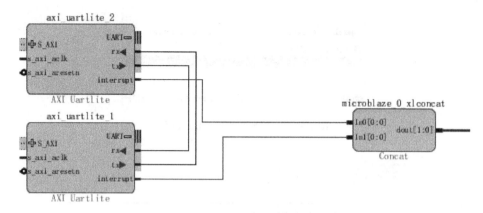

图 15-41　UART 引脚连线结果

最后运行设计助手中的自动连线（Run Connection Automation），如图 15-42 所示勾选 AXI 总线将 UART IP 核连接到 AXI 总线上，得到如图 15-43 所示完整电路。

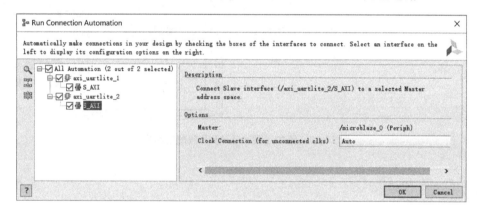

图 15-42　勾选 AXI 总线连接

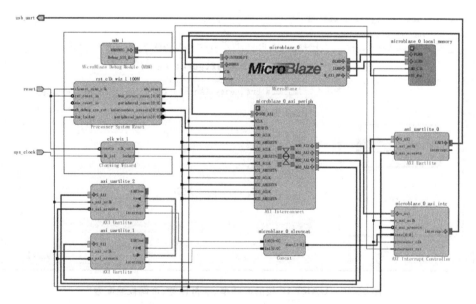

图 15-43　UART 接口通信系统完整电路

UART 通信系统各 IP 核地址映射关系如图 15-44 所示,且 UART2 中断请求连接到 INTR0 上,UART1 中断请求连接到 INTR1 上。

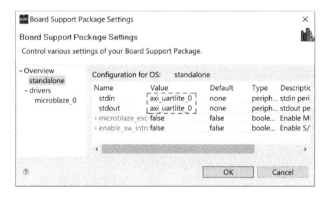

图 15-44　UART 通信地址映射

至此,硬件系统搭建结束。先保存硬件模块,并产生 HDL wrapper,然后单击 Generate Bitstream 产生硬件比特流文件,并导出硬件设计和比特流到 SDK 中。

4. IO 函数软件设计

软件平台的建立过程与其他工程类似,先建立 BSP,并如图 15-45 所示设置 BSP 的 STDIO,将 UART0 作为 STDIO。

图 15-45　STDIO 设置为 UART0

各个 IP 核中寄存器的地址映射如表 15-9 所示。

表 15-9　各个 IP 核中寄存器的地址映射

IP 核	寄 存 器	地 址
INTC0	ISR	0x41200000
	IER	0x41200008
	IAR	0x4120000c
	MER	0x4120001c
UART0	RX	0x40600000
	TX	0x40600004
	STAS_REG	0x40600008
	CTRL_REG	0x4060000c
UART1	RX	0x40610000
	TX	0x40610004
	STAS_REG	0x40610008
	CTRL_REG	0x4061000c

IP 核	寄 存 器	地 址
UART2	RX	0x40620000
	TX	0x40620004
	STAS_REG	0x40620008
	CTRL_REG	0x4062000c

IO 读写方式 C 语言源代码如图 15-46 所示。

```c
#include "xil_io.h"
#include "stdio.h"
#define INTC_BASEADDR 0x41200000
#define XIN_ISR_OFFSET      0     /* 中断状态寄存器偏移地址 */
#define XIN_IER_OFFSET      8     /* 中断使能寄存器偏移地址 */
#define XIN_IAR_OFFSET      12    /* 中断响应寄存器偏移地址*/
#define XIN_MER_OFFSET      28    /* 主中断使能寄存器偏移地址*/
#define UART0_BASEADDR 0x40600000
#define UART1_BASEADDR 0x40610000
#define UART2_BASEADDR 0x40620000
#define UART_RX    0x0    /*接收寄存器偏移地址 */
#define UART_TX    0x4    /*发送寄存器偏移地址 */
#define UART_STATS 0x8    /*状态寄存器偏移地址 */
#define UART_CTRL 0xc     /*控制寄存器偏移地址 */
void UART_SEND();
void UART_RECV();
void My_ISR() __attribute__ ((interrupt_handler));            //总中断服务程序
int main()
{
    Xil_Out32(UART0_BASEADDR+UART_CTRL,0x13);  //使能中断，清除 RX、TX寄存器
    Xil_Out32(UART1_BASEADDR+UART_CTRL,0x13);  //使能中断，清除 RX、TX寄存器
    Xil_Out32(UART2_BASEADDR+UART_CTRL,0x13);  //使能中断，清除 RX、TX寄存器
    Xil_Out32(INTC_BASEADDR+XIN_IER_OFFSET,0x3);//对中断控制器进行中断源使能
    Xil_Out32(INTC_BASEADDR+XIN_MER_OFFSET,0x3);
    microblaze_enable_interrupts();                          //允许处理器处理中断
    while((Xil_In32(UART0_BASEADDR+UART_STATS)&0x1)!=0x1);//等待STDIO接收到数据
    Xil_Out32(UART2_BASEADDR+UART_TX,Xil_In32(UART0_BASEADDR+UART_RX));
    //读取STDIO接收寄存器并写入UART2发送寄存器
    return 0;
}
void My_ISR()
{
    int status;
    status=Xil_In32(INTC_BASEADDR+XIN_ISR_OFFSET);//读取 ISR
    if((status&0x1)==0x1)
        UART_SEND();//调用发送中断服务程序
    else if((status&0x2)==0x2)
        UART_RECV();//调用接收中断服务程序
    Xil_Out32(INTC_BASEADDR+XIN_IAR_OFFSET,status);//写 IAR
}
void UART_SEND()
{
    while((Xil_In32(UART0_BASEADDR+UART_STATS)&0x1)!=0x1);//等待 STDIO 接收到数据
    Xil_Out32(UART2_BASEADDR+UART_TX,Xil_In32(UART0_BASEADDR+UART_RX));
}
void UART_RECV()
{
    while((Xil_In32(UART0_BASEADDR+UART_STATS)&0x4)!=0x4); //等待 STDIO 发送完数据
    Xil_Out32(UART0_BASEADDR+UART_TX,Xil_In32(UART1_BASEADDR+UART_RX));
}
```

图 15-46　IO 读写方式 UART 通信 C 语言源码

该代码从标准 IO 读入字符,然后通过 UART2 接口发送到 UART1 接口,又将 UART1 接口收到的字符通过标准 IO 输出。因此实验现象为:用户从 Console 输入字符串按下 Enter 键之后,字符串再次回显在 Console 上。

5. API 函数软件设计

STDIO 标准输入、输出 API 函数分别为 inbyte()、outbyte()。图 15-47 所示为采用 UART API 函数实现的 C 语言源程序,功能与 IO 函数的 C 语言源码完全一致。

```c
#include "stdio.h"
#include "xil_io.h"
#include "xuartlite.h"
#include "xintc.h"
#include "xil_types.h"
void UART_SEND(void *callbackref);
void UART_RECV(void *callbackref);
int main()
{
    u8 c;
    XIntc Intc;
    XUartLite Uart1,Uart2;
    XUartLite_Initialize(&Uart1, 1);
    XUartLite_Initialize(&Uart2, 2);
    XUartLite_ResetFifos(&Uart1);
    XUartLite_ResetFifos(&Uart2);
    XUartLite_EnableInterrupt(&Uart1);
    XUartLite_EnableInterrupt(&Uart2);
    XUartLite_SetRecvHandler(&Uart1,(XUartLite_Handler)UART_RECV,&Uart1);
    XUartLite_SetSendHandler(&Uart2,(XUartLite_Handler)UART_SEND,&Uart2);
    XIntc_Initialize(&Intc, 0);
    XIntc_Enable(&Intc, 0);
    XIntc_Connect(&Intc, 0,
              (XInterruptHandler)XUartLite_InterruptHandler, (void *)&Uart2);
    XIntc_Enable(&Intc, 1);
    XIntc_Connect(&Intc, 1,
              (XInterruptHandler)XUartLite_InterruptHandler, (void *)&Uart1);
    XIntc_Start(&Intc, XIN_REAL_MODE);
    microblaze_enable_interrupts();//允许处理器处理中断
    microblaze_register_handler((XInterruptHandler) XIntc_InterruptHandler, (void *)&Intc);
    c=inbyte();
    XUartLite_Send(&Uart2,&c,1);
}
void UART_SEND(void *callbackref)
{
    XUartLite *UART=NULL;
    u8 c;
    UART = (XUartLite*)callbackref;
    c=inbyte();
    XUartLite_Send(UART,&c,1);
}
void UART_RECV(void *callbackref)
{
    XUartLite *UART=NULL;
    u8 c;
    UART = (XUartLite*)callbackref;
    XUartLite_Recv(UART,&c,1);
    outbyte(c);
}
```

图 15-47 API 函数 UART 通信 C 语言源码

6. UART 通信实验现象

编译 C 语言工程，并且如图 15-48 所示设置 Console 连接到标准输入/输出接口。下载编程 FPGA 并运行 UART 通信程序可得到如图 15-49 所示结果。用户在 Console 中输入任意数量字符，按下 Enter 键之后，所输入字符串立即回送并显示出来。其中浅色字符为用户输入字符，深色字符为 UART 回送字符。

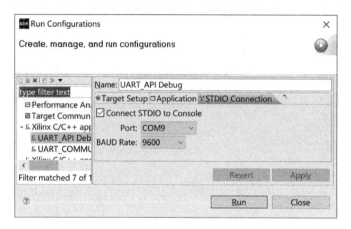

图 15-48　UART 通信标准输入/输出接口设置　　　　图 15-49　UART 通信实验结果

15.6.2　SPI 接口 DA 转换

1. 实验要求

中断通信方式，采用 SPI 接口控制如图 15-19 所示 DA 模块中的 DA 芯片 IC1 输出锯齿波，要求输出电压范围达到最大量程（0～3.3V）。

2. SPI 接口 DA 转换电路原理

接口电路如图 15-50 所示。

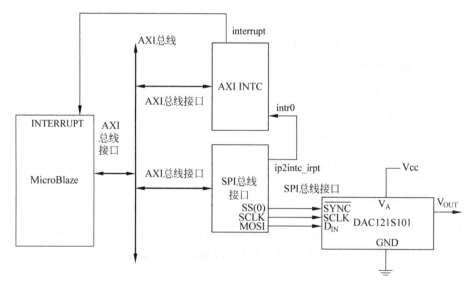

图 15-50　DAC121S101 中断控制方式接口电路

3. 硬件平台搭建

SPI 接口 DA 转换平台要求在图 15-36 基础上加入 SPI 接口,即将 Quad SPI IP 核设置为标准 SPI 模式工作方式。如图 15-51 所示选择添加 Quad SPI IP 核,得到如图 15-52 所示电路。

图 15-51 添加 Quad SPI IP 核

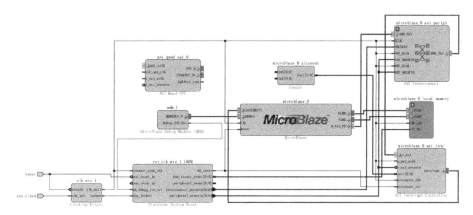

图 15-52 添加完 Quad SPI IP 核的电路

由于该 SPI 接口仅需输出数据,而且一次传输需要 16 位数据,一个从设备,且 DA 转换芯片要求 SCLK 最高频率为 30MHz,而 AXI 总线频率为 100MHz,因此分频比为 4,此时 SCLK 的频率仅为 25MHz。如图 15-53 所示配置 SPI 接口参数。

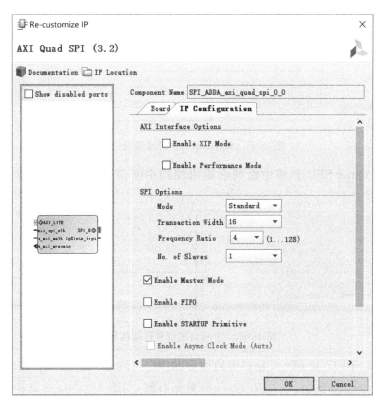

图 15-53 Quad SPI IP 核配置

单击设计助手中自动连线（Run Connection Automation），如图 15-54 所示选择 Quad SPI IP 核的 AXI 总线连接，得到如图 15-55 所示连接之后的结果。

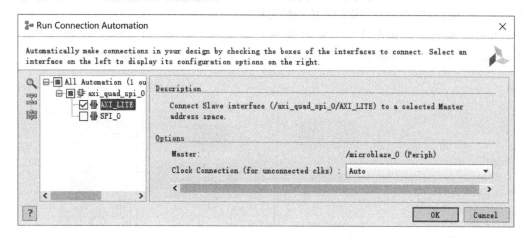

图 15-54　Quad SPI AXI 总线自动连线

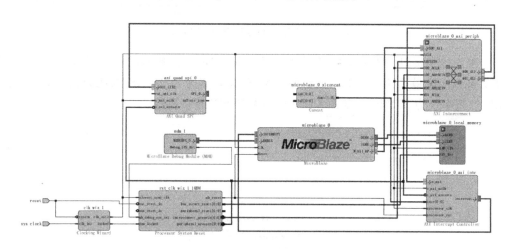

图 15-55　Quad SPI IP 自动连线结果

手动连接 Quad SPI IP 核中断请求输出端到中断信号集成器的 In0 上，如图 15-56 所示。

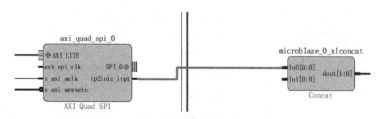

图 15-56　中断请求信号连接结果

单击 Quad SPI IP 核 SPI_0 接口旁的加号，如图 15-57 所示打开 SPI 接口引脚，依次选择 SPI 接口的 io0_o、sck_o、ss_o[0:0]，并按鼠标右键，如图 15-58 所示选择弹出菜单中的 Make External 命令将它们连接到外部引脚上。

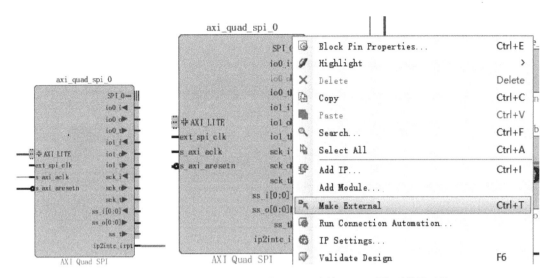

图 15-57　展开 SPI 接口引脚　　　　　图 15-58　连接 io0_o 引脚到外部引脚

得到如图 15-59 所示 SPI 接口连接完成之后的电路。

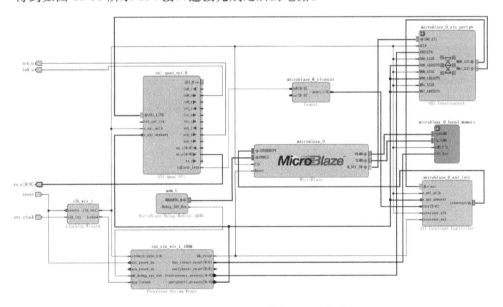

图 15-59　SPI 接口连接完之后的电路

然后手动将 ext_spi_clk 时钟信号连接到 AXI 总线时钟信号,连接后的结果如图 15-60
所示。

最后双击 xlconcat,如图 15-61 所示将中断信号集成器的输入引脚数目设置为 1,得到
如图 15-62 所示完整电路。

各个模块地址映射关系如图 15-63 所示。

保存电路原理图,生成 HDL Wrapper,并将产生的 HDL 模块设置为顶层模块,然后单
击 Vivado 工作流窗口中的 Run Synthesis。综合完成之后在弹出窗口中选择打开 synthesis
结果,并在如图 15-64 所示 Vivado 快捷菜单中选择 I/O Planning 视图。在 I/O Ports 窗口

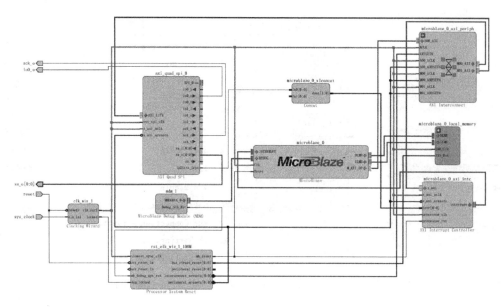

图 15-60　完整 SPI 接口连接电路

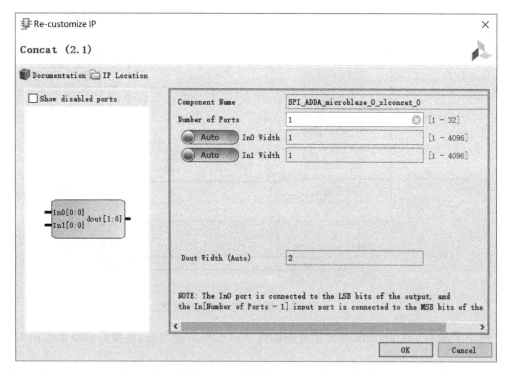

图 15-61　设置中断信号集成器的输入引脚数目为 1

对 SPI 引脚定义引脚约束，如图 15-65 所示，对应 Nexys4 DDR 实验板 PMOD JA 上排引脚。也可自由选择其他不同 PMOD 接口。需要注意的是：实验使用 DA 模块如图 15-18 所示，因此 SS、MOSI、SCLK 的相对位置已确定，不能任意更改。若采用 Nexys4 实验板，同样对应到 PMOD JA 上排引脚，ss_o[0:0]、io0_o、sck_o 引脚约束则需依次修改为 T12、V12、P11。

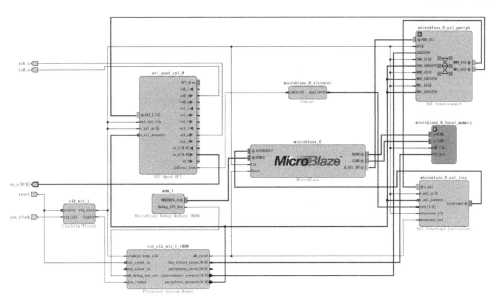

图 15-62 SPI DA 转换完整电路

Cell	Slave Interface	Base Name	Offset Address	Range	High Address
microblaze_0					
Data (32 address bits : 4G)					
microblaze_0_local_memory/dlmb_bram...	SLMB	Mem	0x0000_0000	32K	0x0000_7FFF
microblaze_0_axi_intc	s_axi	Reg	0x4120_0000	64K	0x4120_FFFF
axi_quad_spi_0	AXI_LITE	Reg	0x44A0_0000	64K	0x44A0_FFFF

图 15-63 SPI DA 系统各个模块的地址映射关系

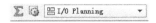

图 15-64 选择 I/O Planning 视图

Name	Direction	Package Pin	I/O Std
All ports (5)			
ext_reset_6866 (1)	IN		LVCMOS33*
SPI_0_25219 (3)	OUT		LVCMOS33*
ss_o (1)	OUT		LVCMOS33*
ss_o[0]	OUT	C17	LVCMOS33*
Scalar ports (2)			
io0_o	OUT	D18	LVCMOS33*
sck_o	OUT	G17	LVCMOS33*
Scalar ports (1)			

图 15-65 Nexys4 DDR PMOD JA 上排引脚 SPI 接口引脚约束

保存引脚约束,单击工作流窗口中 Generate Bitstream 产生比特流文件,导出到 SDK 中。此时可以看到在 SDK 中多了一个如图 15-66 所示硬件工程。

图 15-66 SDK 中的 SPI DA 硬件工程

4. 软件平台搭建

新建 BSP 工程,此时需选择如图 15-67 所示依赖的 SPI DA 转换硬件平台,其余步骤与其他实验建

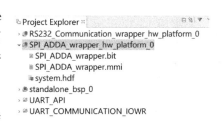

立 BSP 工程类似。

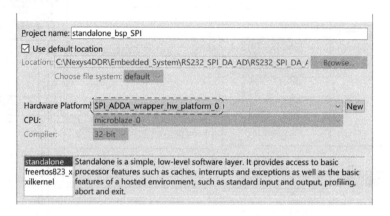

图 15-67　SPI DA 转换 BSP 依赖的硬件工程设置

5. IO 函数软件设计

根据搭建的硬件平台，各个模块寄存器地址映射如表 15-10 所示。

表 15-10　SPI DA 各个模块的寄存器地址映射

IP 核	寄 存 器	地 址
INTC	ISR	0x41200000
	IER	0x41200008
	IAR	0x4120000c
	MER	0x4120001c
Quad SPI_0	SPICR	0x44a00060
	SPIDTR	0x44a00068
	SPISSR	0x44a00070
	DGIER	0x44a0001c
	IPIER	0x44a00028
	IPISR	0x44a00020

中断程序设计分为两个部分：主程序和中断服务程序。主程序的主要功能为初始化通信方式，打开中断，启动中断等；中断服务程序的主要功能为输出 DA 转换数据，并复位中断请求信号。

根据图 15-22 所示 DAC121S101 串行接口模块时序要求，SPI 接口配置为主设备接口、自动使能从设备、数据高位优先发送、SCLK 空闲时低电平、数据采样时钟相位 180°。因此 SPICR 寄存器的值为 0x16（使能主设备事务）。DGIER 的值为 0x80000000，仅使能发送数据寄存器空中断时，IPIER 的值为 0x00000004。

新建空工程，选择如图 15-68 所示依赖的硬件工程和 BSP 工程。

DA 转换控制 C 语言源程序如图 15-69 所示。

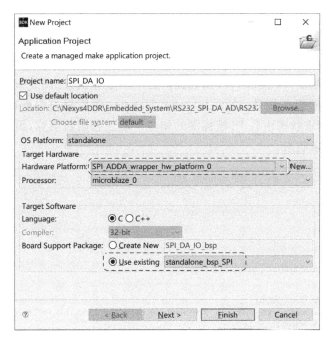

图 15-68　SPI DA 软件依赖的硬件工程和 BSP 工程

```c
#include "xil_io.h"
#define INTC_BASEADDR 0x41200000
#define XIN_ISR_OFFSET        0x0       /* 中断状态寄存器*/
#define XIN_IER_OFFSET        0x8       /* 中断使能寄存器 */
#define XIN_IAR_OFFSET        0xc       /* 中断响应寄存器 */
#define XIN_MER_OFFSET        0x1c      /* 总中断使能寄存器 */
#define XSP_BASEADDR 0x44a00000
#define XSP_DGIER_OFFSET      0x1c      /*全局中断使能寄存器 */
#define XSP_IISR_OFFSET       0x20      /*中断状态寄存器*/
#define XSP_IIER_OFFSET       0x28      /*中断使能寄存器 */
#define XSP_CR_OFFSET         0x60      /*控制寄存器 */
#define XSP_DTR_OFFSET        0x68      /* 数据发送寄存器 */
#define XSP_SSR_OFFSET        0x70      /* 从设备选择寄存器 */
void My_ISR() __attribute__ ((interrupt_handler));
short int volt=0;
int main()
{
    //设定 SPI 为主设备，CPOL=0，CPHA=1，自动方式，高位优先传送
    Xil_Out32(XSP_BASEADDR+XSP_CR_OFFSET,0x16);
    Xil_Out32(XSP_BASEADDR+XSP_SSR_OFFSET,0x0); //设定 SSR 寄存器
    Xil_Out32(XSP_BASEADDR+XSP_IIER_OFFSET,0x4); //开放 SPI 发送寄存器空中断
    Xil_Out32(XSP_BASEADDR+XSP_DGIER_OFFSET,0x80000000);
    Xil_Out32(INTC_BASEADDR+XIN_IER_OFFSET,0x1); //中断控制器 intr0 中断源使能
    Xil_Out32(INTC_BASEADDR+XIN_MER_OFFSET,0x3);
    microblaze_enable_interrupts();                 //微处理器中断使能
    Xil_Out16(XSP_BASEADDR+XSP_DTR_OFFSET,volt); //启动传输，发送数据0
}
void My_ISR()
{
    //清除 SPI 中断状态寄存器
    Xil_Out32(XSP_BASEADDR+XSP_IISR_OFFSET,Xil_In32(XSP_BASEADDR+XSP_IISR_OFFSET));
    //写 INTC 中断响应寄存器
    Xil_Out32(INTC_BASEADDR+XIN_IAR_OFFSET,Xil_In32(INTC_BASEADDR+XIN_ISR_OFFSET));
    volt++;
    Xil_Out16(XSP_BASEADDR+XSP_DTR_OFFSET,volt&0xfff);
}
```

图 15-69　SPI 接口 DA 转换 IO 读写 C 语言程序源码

6. API 函数 DA 转换程序

基于 API 函数的 DA 转换程序如图 15-70 所示。中断产生时，微处理器首先调用中断控制器的中断服务函数 XIntc_InterruptHandler，然后由中断控制器的中断服务函数 XIntc_InterruptHandler 调用 SPI 接口 API 函数提供的中断服务函数 XSpi_InterruptHandler，最后再由 SPI 接口中断服务函数 XSpi_InterruptHandler 调用用户中断服务函数 SPI_DA。各个 IP 核的中断请求状态由各 IP 核提供的相应中断服务函数清除，因此用户中断处理函数不用清除中断请求状态。

```c
#include "xspi.h"
#include "xintc.h"
#include "xparameters.h"
void SPI_DA();
u16 volt=0;
u8 SendBuffer[2];
XSpi spi_da;
XIntc intc;
int main()
{
    XSpi_Initialize(&spi_da, 0);
    XSpi_SetOptions(&spi_da,XSP_CLK_PHASE_1_OPTION|XSP_MASTER_OPTION);
    XSpi_SetSlaveSelect(&spi_da, 1);
    XSpi_SetStatusHandler(&spi_da, (void *)&spi_da, (XSpi_StatusHandler)SPI_DA);
    XIntc_Initialize(&intc,0);
    XIntc_Enable(&intc,0);
    XIntc_Connect(&intc,0,(XInterruptHandler)XSpi_InterruptHandler,(void *)&spi_da);
    microblaze_enable_interrupts();               //使能处理器中断
    microblaze_register_handler((XInterruptHandler) XIntc_InterruptHandler, (void *)&intc);
    XIntc_Start(&intc, XIN_REAL_MODE);
    XSpi_Start(&spi_da);                          //开启中断，使能传输事务
    SendBuffer[0]=(char)(volt>>8);
    SendBuffer[1]=(char)volt;
    XSpi_Transfer(&spi_da,SendBuffer,0,2);//传输两字节数据
}
void SPI_DA()
{
    volt++;
    SendBuffer[1]=(u8)(volt>>8)&0xf;
    SendBuffer[0]=(u8)volt;
    XSpi_Transfer(&spi_da,SendBuffer,0,2);
}
```

图 15-70   基于 API 函数的 DA 转换程序 C 语言程序

7. SPI DA 转换实验现象

DA 转换程序编译完成后，下载编程 FPGA 芯片时，对应如图 15-71 所示硬件平台、硬件比特流以及存储文件，软件对应 SPI DA 转换工程。

在下载编程之前，将 DA 转换模块 J1 连接到 Nexys4 DDR 实验板 JA PMOD 口上面一排引脚，并且将 Digilent Analog Dicovery 2 示波器探针连接到 DA 转换模块 J2 的引脚 1，地探针连接到 DA 转换模块 J2 的引脚 5。当运行基于 IO 读写函数的 C 语言程序时，可以观察到如图 15-72 所示锯齿波；当运行基于 API 函数的 C 语言程序时，可以观察到如图 15-73 所示锯齿波。对比这两个波形可以发现：基于 IO 函数的 C 语言程序 DA 转换得到的锯齿波频率高于基于 API 函数的 C 语言程序 DA 转换得到的锯齿波频率。这说明 API 函数在输出两个数据之间加入较多其他代码，导致两个输出数据之间较大时间间隔。

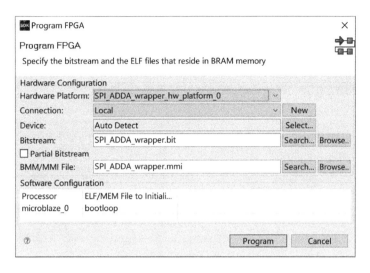

图 15-71 下载编程 FPGA 芯片对应的硬件平台配置

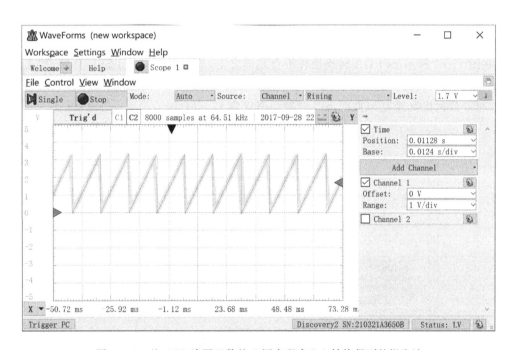

图 15-72 基于 IO 读写函数的 C 语言程序 DA 转换得到的锯齿波

15.6.3 SPI 接口 AD 转换

1. 实验要求

中断通信方式,采用 SPI 接口控制如图 15-23 所示 AD 模块中的 ADC1 测量输入模拟信号电压,并将测量结果以毫伏为单位通过标准输出接口打印出来。输入信号电压范围为 0~3.3V。

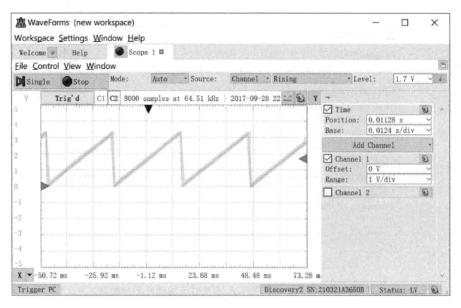

图 15-73　基于 API 函数的 C 语言程序 DA 转换得到的锯齿波

2. 硬件平台搭建

在图 15-62 所示 SPI DA 转换硬件平台基础之上，加入一个 Quad SPI IP 核，加入过程与 SPI 接口 DA 转换实验基本一致，不同的地方为：如图 15-74 所示，将 SPI 接口时钟频率降低，时钟分频比设置为 8，此时 SPI 时钟频率仅为 12.5MHz。

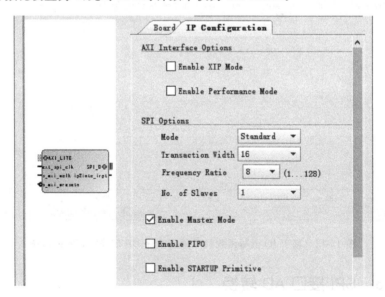

图 15-74　AD 转换 Quad SPI IP 核配置

此时 SPI 数据线为 MISO，不再是 MOSI，因此需要将 io1_i 连接到外部引脚，同时还包含 ss_o 以及 sck_o 连接到外部引脚。连接之后结果如图 15-75 所示。

实验要求将 AD 转换结果输出到标准输出接口，因此需添加 UART 接口到硬件平台，添加过程与最小系统建立过程类似，这里不再赘述。其中 UART 的配置如图 15-76 和图 15-77 所示。

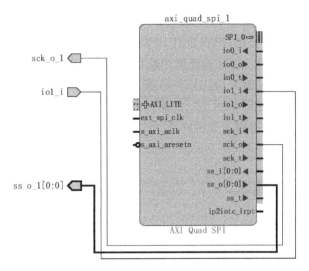

图 15-75　SPI 接口引脚连接

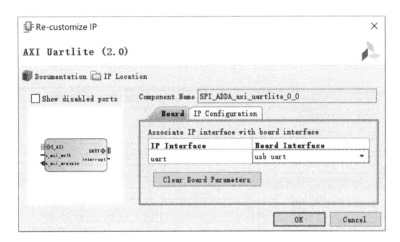

图 15-76　UART 引脚约束配置

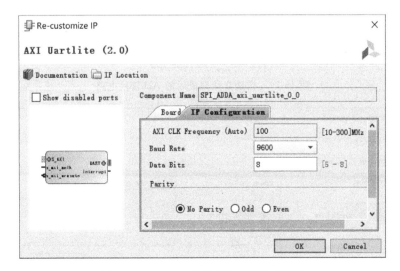

图 15-77　UART 波特率与通信格式配置

　　然后单击设计助手中的 Run Connection Automation，如图 15-78 所示勾选 UART IP 所有接口和 Quad SPI 总线接口，得到如图 15-79 所示连线完成后电路。最后将 AD 转换对应 Quad SPI IP 核的中断请求信号连接到中断控制器，如图 15-80 所示修改中断请求信号集成器 xlconcat 为两个中断输入，如图 15-81 所示将 Quad SPI IP 核的中断请求信号连接到 xlconcat 的 1 号引脚。最后如图 15-82 所示将 Quad SPI IP 核的外部时钟输入连接到 AXI 总线时钟信号，这样就得到了完整的 AD 转换电路连接图。

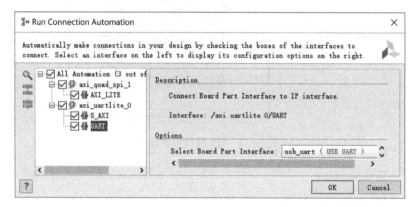

图 15-78　UART IP 所有接口和 Quad SPI 总线接口自动连线

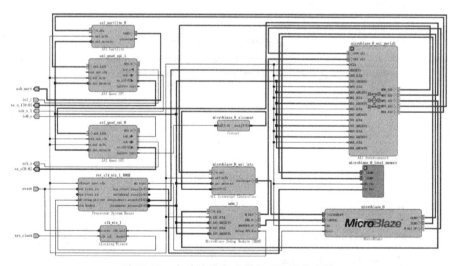

图 15-79　自动连线完成后的 AD 转换电路

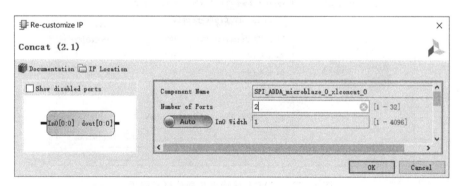

图 15-80　xlconcat 输入端口配置为 2

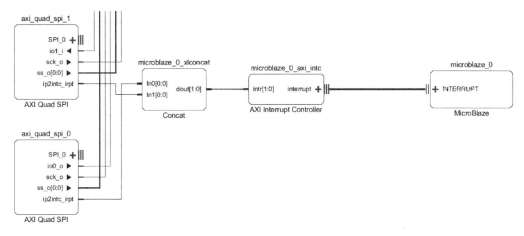

图 15-81　AD 转换 Quad SPI IP 核的中断请求信号连接

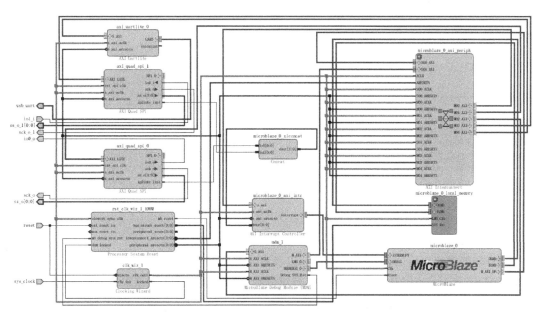

图 15-82　AD 转换完整电路图

保存电路设计图,重新单击 Vivado 工作流窗口中的综合,再次打开综合结果,并选择 I/O Planning 视图,如图 15-83 所示将 AD 转换模块对应的 Quad SPI IP 核的引脚约束到 Nexys4 DDR 实验板的 JB PMOD 接口上排插针。设置完成后,保存引脚约束,并单击 Vivado 工作流窗口中的 Generate Bitstream。最后导出硬件设计和比特流结果到 SDK 中。

⊟-⊞ 🗐 SPI_0_41538 (3)	(Mult...		LVCMOS33*
⊟-🗐 ss_o_1 (1)	OUT		LVCMOS33*
└─☑ 🗐 ss_o_1[0]	OUT	D14 ▾	LVCMOS33*
⊟-☑ Scalar ports (2)			
├─☑ io1_i	IN	F16 ▾	LVCMOS33*
└─☑ 🗐 sck_o_1	OUT	H14 ▾	LVCMOS33*

图 15-83　AD 转换模块对应的 Quad SPI IP 核的引脚约束

各个 IP 核对应地址范围如图 15-84 所示。

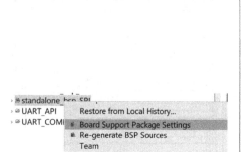

Cell	Slave Interface	Base Name	Offset Address
⊟ 🟦 microblaze_0			
⊟ ⊞ Data (32 address bits : 4G)			
▭ axi_quad_spi_0	AXI_LITE	Reg	0x44A0_0000
▭ microblaze_0_local_memory/dlmb_bram...	SLMB	Mem	0x0000_0000
▭ mdm_1	S_AXI	Reg	0x4140_0000
▭ microblaze_0_axi_intc	s_axi	Reg	0x4120_0000
▭ axi_quad_spi_1	AXI_LITE	Reg	0x44A1_0000
▭ axi_uartlite_0	S_AXI	Reg	0x4060_0000

图 15-84　各个 IP 核对应的地址范围

3. 软件平台搭建

硬件导出后，选择对应 SPI AD 硬件平台的 BSP，按鼠标右键，选择如图 15-85 所示快捷菜单中的 Board Support Package Settings 命令，配置 SPI AD BSP 的标准输入/输出接口为 UART 接口，即在如图 15-86 所示弹出窗口中选择 standalone，将 stdin 以及 stdout 都配置为 UART 接口。

图 15-85　BSP 配置快捷菜单　　　　图 15-86　BSP stdio 配置

4. IO 函数 AD 转换程序

AD 转换模块对应的 SPI IP 核寄存器以及中断控制器寄存器地址映射关系如表 15-11 所示，且 AD 转换对应 SPI IP 核中断请求信号对应到中断控制器的中断请求输入引脚为 INTR1。

表 15-11　AD 转换模块对应 SPI IP 核寄存器以及中断控制器寄存器地址映射关系

IP 核	寄 存 器	地　　　址
INTC	ISR	0x41200000
	IER	0x41200008
	IAR	0x4120000c
	MER	0x4120001c
Quad SPI_1	SPICR	0x44a10060
	SPIDTR	0x44a10068
	SPIDRR	0x44a1006c
	SPISSR	0x44a10070
	DGIER	0x44a1001c
	IPIER	0x44a10028
	IPISR	0x44a10020

AD 转换与 DA 转换一样是通过 SPI 接口通信,因此基本原理与 SPI DA 转换类似,不同的是需读取接收到的数据。由于 SPI 接口通信只能由主设备发起,因此读取 AD 转换结果同样需要输出数据,此时可以输出任意数据,对 AD 转换没有影响,仅产生时钟信号以便 AD 转换模块输出 AD 转换结果。因此可以基本沿用 SPI DA 程序代码,包含以下几处改动:①分配一个读数据缓冲区,保存 16 位 AD 转换结果;②SPI 接口基地址更改为 0x44a10000;③中断使能寄存器的值修改为 2;④输出转换结果,即将得到的 AD 转换结果,采用电压值表示。为方便输出,将 AD 转换数据用毫伏表示,转换关系式为

$$输入电压值的毫伏数 = \frac{输入数字量}{0xFFF} \times 3.3V \times 1000$$

由此得到基于 IO 函数的 SPI AD 转换 C 语言完整程序代码如图 15-87 所示。

```c
#include "xil_io.h"
#define INTC_BASEADDR 0x41200000
#define XIN_ISR_OFFSET      0x0  /* 中断状态寄存器 */
#define XIN_IER_OFFSET      0x8  /* 中断使能寄存器 */
#define XIN_IAR_OFFSET      0xc  /* 中断响应寄存器 */
#define XIN_MER_OFFSET      0x1c /* 总中断使能寄存器 */
#define XSP_BASEADDR 0x44a10000
#define XSP_DGIER_OFFSET    0x1c /*全局中断使能寄存器 */
#define XSP_IISR_OFFSET     0x20 /*中断状态寄存器*/
#define XSP_IIER_OFFSET     0x28 /*中断使能寄存器 */
#define XSP_CR_OFFSET       0x60 /*控制寄存器 */
#define XSP_DTR_OFFSET      0x68 /*数据发送寄存器 */
#define XSP_DRR_OFFSET      0x6c /*数据接收寄存器 */
#define XSP_SSR_OFFSET      0x70 /* 从设备选择寄存器 */
void My_ISR() __attribute__ ((interrupt_handler));
u16 volt,lastvolt;
int main()
{
    //设定 SPI 为主设备,CPOL=1,CPHA=0,自动方式,高位优先传送
    Xil_Out32(XSP_BASEADDR+XSP_CR_OFFSET,0xe);
    Xil_Out32(XSP_BASEADDR+XSP_SSR_OFFSET,0xfffffffe); //设定 SSR 寄存器
    Xil_Out32(XSP_BASEADDR+XSP_IIER_OFFSET,0x10);      //开放 SPI 接收寄存器满中断
    Xil_Out32(XSP_BASEADDR+XSP_DGIER_OFFSET,0x80000000);
    Xil_Out32(INTC_BASEADDR+XIN_IER_OFFSET,0x2);       //中断控制器intr1中断源使能
    Xil_Out32(INTC_BASEADDR+XIN_MER_OFFSET,0x3);
    microblaze_enable_interrupts();                    //处理器中断使能
    Xil_Out16(XSP_BASEADDR+XSP_DTR_OFFSET,0);          //启动SPI传输,产生时钟和片选信号
}
void My_ISR(){
    int temp;
    volt=Xil_In16(XSP_BASEADDR+XSP_DRR_OFFSET);
    if(volt!=lastvolt)
    {
        temp=volt*3300/0xfff;
        xil_printf("The current voltage is %d mv\n\r",temp);
        lastvolt = volt;
    }
    //清除 SPI 中断状态寄存器
    Xil_Out32(XSP_BASEADDR+XSP_IISR_OFFSET,Xil_In32(XSP_BASEADDR+XSP_IISR_OFFSET));
    //写 INTC 中断响应寄存器
    Xil_Out32(INTC_BASEADDR+XIN_IAR_OFFSET,Xil_In32(INTC_BASEADDR+XIN_ISR_OFFSET));
    Xil_Out16(XSP_BASEADDR+XSP_DTR_OFFSET,volt&0xfff);//启动 SPI 传输,产生时钟和片选信号
}
```

图 15-87　基于 IO 函数的 SPI AD 转换 C 语言完整程序代码

5. API 函数 SPI AD 转换程序

基于 API 函数的 SPI AD 转换程序同样可以将基于 API 函数的 SPI DA 转换程序修改而来，代码如图 15-88 所示。有以下几处改动：①SPI 设备 ID 修改为 1；②中断使能引脚号修改为 1；③连接的中断服务程序对应的引脚号改为 1；④读取到的 AD 转换结果转换为毫伏表示的数字电压值。

```c
#include "xspi.h"
#include "xintc.h"
#include "xparameters.h"
void SPI_DA();
u16 volt,lastvolt;
u8 SendBuffer[2];
XSpi spi_da;
XIntc intc;
u8 RecvBuffer[2];
int main()
{
    XSpi_Initialize(&spi_da, 1);
    XSpi_SetOptions(&spi_da,XSP_CLK_ACTIVE_LOW_OPTION|XSP_MASTER_OPTION);
    XSpi_SetSlaveSelect(&spi_da, 1);
    XSpi_SetStatusHandler(&spi_da, ( void *)&spi_da, ( XSpi_StatusHandler )SPI_DA);
    XIntc_Initialize(&intc,0);
    XIntc_Enable(&intc,1);
    XIntc_Connect(&intc,1,( XInterruptHandler )XSpi_InterruptHandler,( void *)&spi_da);
    microblaze_enable_interrupts(); //使能处理器中断
    microblaze_register_handler((XInterruptHandler) XIntc_InterruptHandler, ( void *)&intc);
    XIntc_Start(&intc, XIN_REAL_MODE);
    XSpi_Start(&spi_da);            //开启中断，使能传输事务
    XSpi_Transfer(&spi_da,SendBuffer,RecvBuffer,2);
}
void SPI_DA()
{
    int temp;
    volt=(RecvBuffer[1]<<8)|RecvBuffer[0];
    if(volt!=lastvolt)
    {
        temp=volt*3300/0xfff;
        xil_printf( "The current voltage is %d  mv\n\r",temp);
        lastvolt = volt;
    }
    XSpi_Transfer(&spi_da,SendBuffer,RecvBuffer,2);
}
```

图 15-88 基于 API 函数的 SPI AD 转换程序代码

6. SPI AD 转换实验现象

将 AD 模块的 J1 插针连接到 Nexys4 DDR 实验板 JB PMOD 接口上排引脚，将 Console 连接到 stdio 串行口。如图 15-89 所示下载编程 FPGA 对应的软件和硬件平台文件，若将 AD 模块 J2 插针引脚 P1 分别连接到 J2 插针的引脚 P5（GND）、引脚 P6（VCC），可以分别观察到如图 15-90 和图 15-91 所示实验结果。

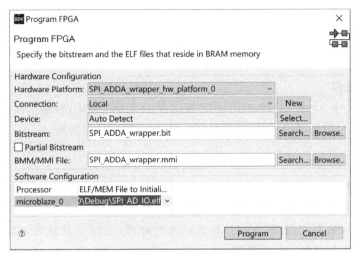

图 15-89　控制 AD 转换下载编程 FPGA 设置

图 15-90　AD 模块 J2 引脚 P1 连接到 GND 时
得到的 AD 转换结果

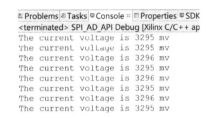

图 15-91　AD 模块 J2 引脚 P1 连接到 VCC 时
得到的 AD 转换结果

15.7　实验任务

1. 实验任务一

采用 UART IP 核，实现两块 Nexys4 或 Nexys4 DDR 实验板之间通信。要求当实验板 1 按下 pushbutton 时，将 pushbutton 按键的值发送到实验板 2，实验板 2 利用 4 个 LED 灯指示实验板 1 当前按键的值，且两实验板完全对称，即可以同时发送和接收。UART 波特率为 115200bps。

2. 实验任务二

利用 SPI IP 核、timer IP 核、GPIO IP 核以及 DA 模块，控制 DA 模块输出周期可变锯齿波，且锯齿波周期由 switch 控制。

> 提示：switch 输入的数据，控制定时计数器的定时时间，定时计数器定时时间到，输出一个新数据到 DA 转换器。

3. 实验任务三

利用 SPI IP 核、timer IP 核、GPIO IP 核以及 AD 模块，控制 AD 模块对某模拟信号进行可变频率采样，采样频率由 switch 控制。

提示：switch 输入的数据,控制定时计数器的定时时间,定时计数器定时时间到,输入一个新 AD 转换数据。

4. 实验任务四

利用 SPI IP 核、timer IP 核、GPIO IP 核以及 AD、DA 模块,控制 DA 模块还原 AD 模块输入的模拟信号波形,且此还原波形可以由 switch 控制改变周期。

提示：

　　AD 转换器以高于输入信号 2 倍频率的采样率采样周期性波形,保存采样结果到数据缓冲区。

　　switch 输入的数据,控制定时计数器的定时时间,定时计数器定时时间到,输出数据缓冲区一个新数据到 DA 转换器。

5. 实验任务五

利用 SPI IP 核、timer IP 核、GPIO IP 核以及 DA 模块,控制 DA 模块输出周期可变任意波。任意波周期由 pushbutton 上键控制分频系数。任意波形数据源输入由 switch 以及 pushbutton 配合完成：如每按一次左键,读取一次 switch 状态作为一个数据样本,直到按下右键,一个周期的数据采样结束。

提示：由 pushbutton 按键控制输出波形周期,需首先确定一个步长,每按一次按键,按步长的整数倍增加或减少定时计数器定时时间。

15.8　思考题

1. UART IP 核引起中断的原因有哪些?
2. Quad SPI IP 核引起中断的原因有哪些?
3. 说明图 15-70 中 C 语言代码哪个 Quad SPI IP 核 API 函数使能 Quad SPI IP 核中断?
4. 说明图 15-70 中 C 语言代码哪个 Quad SPI IP 核 API 函数执行后将产生中断?
5. 说明图 15-70 中 C 语言代码 SPI_DA 函数何时被执行? 被哪个函数调用?
6. 说明图 15-88 中 C 语言代码哪个语句执行后将产生中断?
7. 说明图 15-88 中 C 语言代码中断产生时 SPI_DA 函数被调用的过程。
8. 如何提高 DA 转换器输出信号的频率? 如何改变 DA 转换器输出信号的幅度?
9. 如何确定 AD 转换输入信号的周期(频率)?

第16章
CHAPTER 16

DMA 技术

学习目标：理解 DMA 控制器工作原理，掌握 DMA 数据传输程序设计。

16.1 DMA 控制器简介

16.1.1 CDMA IP 核基本结构

Xilinx CDMA IP 核为基于 AXI 总线的 DMA 控制器，它可以实现简单 DMA 传输控制，也可以实现多通道 DMA 传输控制。本书介绍简单 DMA 传输控制部分，若读者对多通道 DMA 传输感兴趣，可查看 CDMA IP 核数据手册了解相关编程控制方式。CDMA IP 核实现简单 DMA 传输控制部分结构框图如图 16-1 所示。

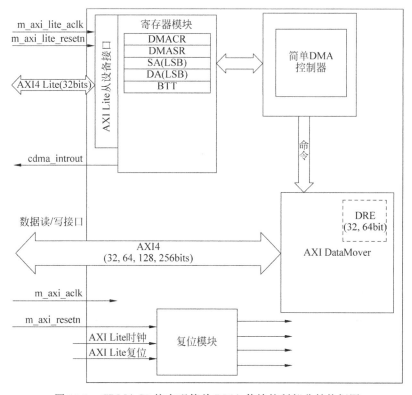

图 16-1 CDMA IP 核实现简单 DMA 传输控制部分结构框图

16.1.2 CDMA IP 核寄存器

CDMA IP核采用32位系统总线时，实现简单DMA传输控制寄存器地址映射及功能描述如表16-1所示。

表 16-1　DMA 传输寄存器地址映射及功能描述

寄存器名称	偏 移 地 址	功 能 描 述
DMACR	0x0	控制寄存器
DMASR	0x4	状态寄存器
SA	0x18	源地址寄存器
DA	0x20	目的地址寄存器
BTT	0x28	传输字节数寄存器

DMACR 寄存器各位定义如图 16-2 所示，对应含义如表 16-2 所示。与简单 DMA 传输相关的位为位 2、位 4、位 5、位 12、位 14。

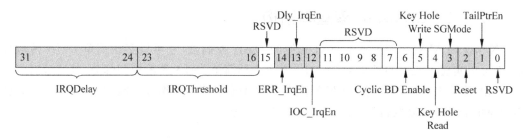

图 16-2　DMACR 寄存器各位定义

表 16-2　DMACR 寄存器各位含义

位	名 称	含 义	有 效 值	默 认 值
0、7~11、15	RSVD	保留，没有意义	无效	0
1	TailPtrEn	使能 DMA 多通道尾指针	1	0
2	Reset	复位 DMA 控制器	1	0
3	SGMode	使能多通道模式	1	0
4	Key Hole Read	固定源地址	1	0
5	Key Hole Write	固定目的地址	1	0
6	Cyclic BD Enable	单通道循环	1	0
12	IOC_IrqEn	使能 DMA 传输结束中断	1	0
13	Dly_IrqEn	使能延时中断	1	0
14	ERR_IrqEn	使能 DMA 传输出错中断	1	0
16~23	IRQ Threshold	延时时间阈值	设定值	0x01
24~31	IRQ Delay	超时时间阈值	设定值	0x0

DMASR 寄存器各位定义如图 16-3 所示，具体含义如表 16-3 所示。与简单 DMA 传输相关的位为位 1、位 4、位 5、位 12、位 14。

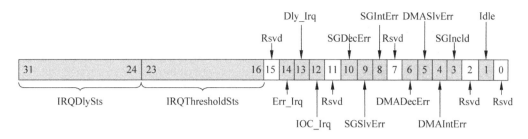

图 16-3　DMASR 寄存器各位定义

表 16-3　DMASR 寄存器各位含义

名　　称	位	含　　义	有效值	默认值
Idle	1	DMA 控制器是否处于空闲状态	1	0
DMAIntErr	4	DMA 控制器内部出错	1	0
DMASlvErr	5	DMA 控制器控制的从设备故障	1	0
IOC_Irq	12	DMA 控制器产生了传输结束中断	1	0
Err_Irq	14	DMA 控制器产生了错误中断	1	0

BTT 寄存器各位定义如图 16-4 所示，低 23 位为有效位，表示一次 DMA 传输的字节数。高 9 位为保留位，没有意义。

图 16-4　BTT 寄存器各位定义

SA 以及 DA 寄存器各位分别直接对应 DMA 传输 32 位源地址和目的地址。

16.1.3　CDMA IP 核简单 DMA 传输流程

CDMA IP 核实现 DMA 传输控制，一般遵循以下流程：

（1）写 DMACR 寄存器，复位 CDMA IP 核。

（2）若采用中断方式，则写 DMACR 寄存器，使能中断。设置 DMA 传输源或目的地址是否固定，若固定则置 Key Hole 相应位为 1：源地址固定，置 Key Hole Read 位为 1；目的地址固定，置 Key Hole Write 位为 1。若设置为 0，由于 DMA 控制器连接的 AXI 数据总线宽度为 32 位，因此一次传输 32 位数据，即 DMA 每传输一个字地址自动增 4。

（3）DMA 传输源地址写入 SA 寄存器。

（4）DMA 传输目的地址写入 DA 寄存器。

（5）DMA 传输字节数写入 BTT 寄存器，DMA 传输随即开始。

（6）查询 DMASR 寄存器，确认 DMA 传输是否结束，或等待 DMA 传输结束中断。

16.2 实验示例

16.2.1 实验要求

实验要求分为三个方面：

（1）利用 CDMA IP 核实现 AXI 总线两段存储空间之间的 DMA 数据传输，即存储器到存储器 DMA 数据传输。

（2）利用 CDMA IP 核实现 AXI 总线存储器到 UART IO 接口的 DMA 数据传输，即存储器到 IO 接口的 DMA 数据传输。

（3）利用 CDMA IP 核实现 AXI 总线 UART IO 接口到存储器的 DMA 数据传输，即 IO 接口到存储器的 DMA 数据传输。

16.2.2 硬件电路原理框图

根据实验要求，嵌入式硬件系统需提供基于 AXI 总线的存储器、DMA 控制器以及 UART 接口等。若基于 Nexys4 DDR 实验板，AXI 总线存储器需采用 DDR2 SDRAM 存储器；若基于 Nexys4 实验板，AXI 总线存储器需采用 Cellular RAM 存储器。采用 Nexys4 DDR 实验板的支持 DMA 数据传输的嵌入式系统结构框图如图 16-5 所示。

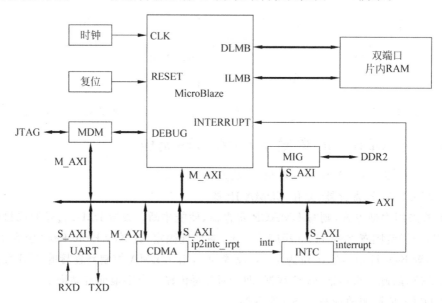

图 16-5　基于 Nexys4 DDR 实验板支持 DMA 数据传输的嵌入式系统结构框图

16.2.3 硬件平台

本书前述实验已经涉及了 Vivado 平台下图 16-5 所示系统中除 CDMA IP 核之外的搭建方法。本节仅阐述如何添加 CDMA IP 核到如图 14-69 所示系统中。除此之外，使能 MDM IP 核读写 AXI 总线存储器映像接口，并连接 AXI 总线，以便硬件测试。

使能 MDM IP 核读写 AXI 总线存储器映射接口的方法为双击图 14-69 所示系统中的

MDM IP 核,在如图 16-6 所示弹出窗口中勾选 Enable AXI Memory Access From Debug 复选框。

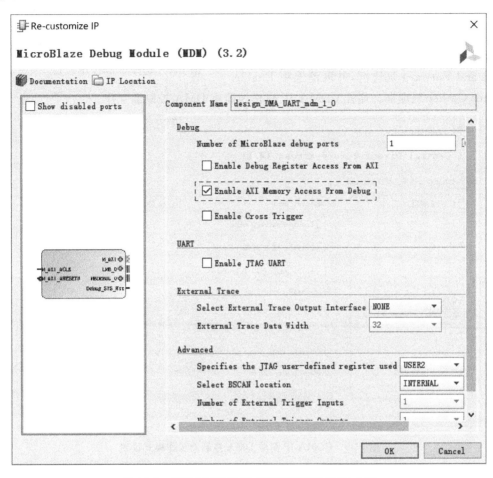

图 16-6 使能 MDM 读写 AXI 存储器映射 IO 接口

然后单击设计助手中的 Run Connection Automation,在如图 16-7 所示弹出窗口中勾选 AXI 总线接口,将 MDM IP 核连接到 AXI 总线。

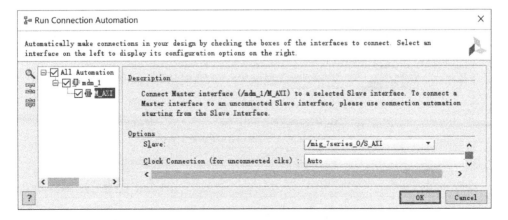

图 16-7 MDM IP 核自动连线 AXI 总线

　　添加 CDMA IP 核的方法为在如图 16-8 所示添加 IP 核的窗口中输入 CDMA,就可以筛选出 AXI 总线 CDMA IP 核,双击加入。

　　然后双击系统框图中加入的 CDMA IP 核,在如图 16-9 所示弹出窗口中勾选 Enable CDMA Store and Forward 复选框,并取消选中 Enable Scatter Gather 复选框。这样 CDMA IP 核作为简单 DMA 控制器工作。

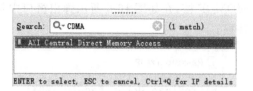

图 16-8　选择 CDMA IP 核加入系统

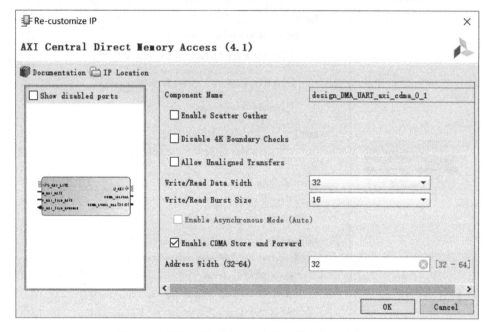

图 16-9　CDMA IP 简单 DMA 控制器工作模式设置

　　然后再单击设计助手的自动连线(Run Connection Automation),在如图 16-10 所示弹出窗口中勾选 CDMA IP 核的 AXI 总线主、从设备接口。连线完成后得到如图 16-11 所示系统电路原理图。

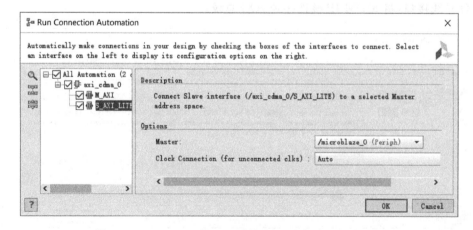

图 16-10　CDMA IP 核 AXI 总线主、从设备接口自动连线

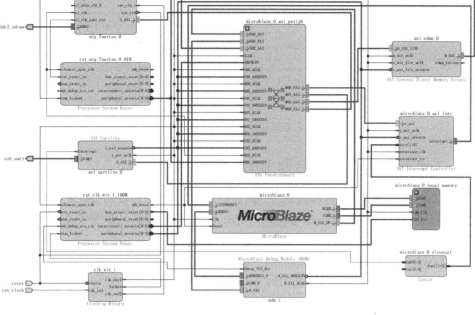

图 16-11　自动连线之后的嵌入式系统电路原理框图

最后将 CDMA IP 核的中断请求信号连接到中断请求信号集成器,这里将 CDMA IP 核的中断请求信号连接到中断控制器的 INTR1 引脚上,完成之后得到如图 16-12 所示电路原理框图。

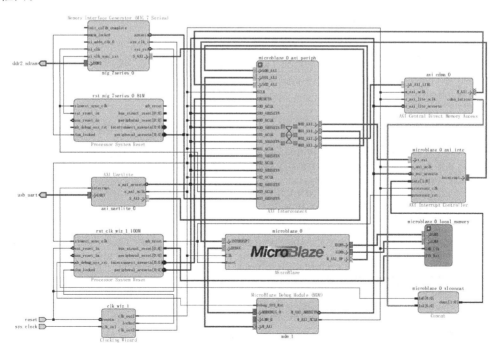

图 16-12　完成 CDMA IP 核中断信号连接的嵌入式系统电路原理框图

各模块在系统中映射的地址空间如图 16-13 所示。

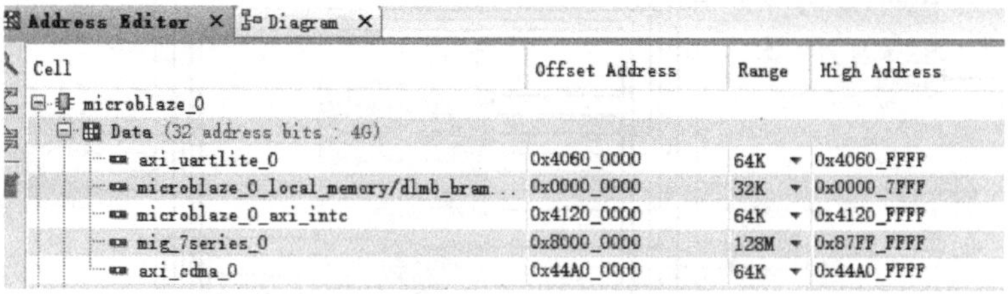

图 16-13　各模块在系统中映射的地址空间

16.2.4　存储器到存储器 DMA 传输控制程序

根据 CDMA IP 核 DMA 传输控制的一般流程,存储器到存储器数据传输不能将 DMA 传输源或目的任何一方设置为固定地址模式。若将 DMA 传输源地址设置为 0x80000000,传输字节数为 16,目的地址为 0x80000010;源地址空间初始化为字符串"abcdefghijklmn\r\n";每完成一次 DMA 传输目的地址增加 16,并且向标准输出接口输出下一次 DMA 传输的目的地址提示信息。采用中断方式实现多次 DMA 传输的 C 语言源程序如图 16-14 所示。

```c
#include "xil_io.h"
#include "stdio.h"
#include "stdlib.h"
#define INTC_BASEADDR 0x41200000
#define XIN_ISR_OFFSET          0    /* 中断状态寄存器 */
#define XIN_IER_OFFSET          8    /* 中断使能寄存器 */
#define XIN_IAR_OFFSET          12   /* 中断响应寄存器 */
#define XIN_MER_OFFSET          28   /* 主中断使能寄存器 */
#define XAXICDMA_BASEADDR 0x44A00000
#define XAXICDMA_CR_OFFSET            0x00000000      /* 控制寄存器 */
#define XAXICDMA_SR_OFFSET            0x00000004      /* 状态寄存器 */
#define XAXICDMA_SRCADDR_OFFSET       0x00000018      /* 源地址寄存器 */
#define XAXICDMA_DSTADDR_OFFSET       0x00000020      /* 目的地址寄存器 */
#define XAXICDMA_BTT_OFFSET           0x00000028      /* 传输字节数寄存器 */
void My_ISR() __attribute__ ((interrupt_handler));
void DMAHandler();
int start = 0x80000010;
int main()
{
    int i=0;
    Xil_Out32(XAXICDMA_BASEADDR+XAXICDMA_CR_OFFSET,0x00000004);//复位 DMA
    Xil_Out32(XAXICDMA_BASEADDR+XAXICDMA_CR_OFFSET,0x00005000);
    //开放 DMA 错误中断，传输结束中断
    Xil_Out32(INTC_BASEADDR+XIN_IER_OFFSET,0x2);//中断控制器进行中断源intr1 使能
    Xil_Out32(INTC_BASEADDR+XIN_MER_OFFSET,0x3);
    microblaze_enable_interrupts();
    Xil_Out32(XAXICDMA_BASEADDR+XAXICDMA_SRCADDR_OFFSET,0x80000000);
    Xil_Out32(XAXICDMA_BASEADDR+XAXICDMA_DSTADDR_OFFSET,start);
    for(i=0;i<14;i++)
        Xil_Out8(0x80000000+i,0x61+i);
    Xil_Out8(0x80000000+i,0xa);
    i++;
    Xil_Out8(0x80000000+i,0xd);
    Xil_Out32(XAXICDMA_BASEADDR+XAXICDMA_BTT_OFFSET,16);
}
```

图 16-14　存储器到存储器 DMA 数据传输 IO 函数 C 语言源代码

```
void My_ISR(){
    int status;
    status=Xil_In32(INTC_BASEADDR+XIN_ISR_OFFSET);  //读取 ISR
    if((status&0x2)==0x2)
        DMAHandler();                               //调用 DMA 中断服务程序
    Xil_Out32(INTC_BASEADDR+XIN_IAR_OFFSET,status); //写 IAR
}
void DMAHandler()
{
    int status;
    status=Xil_In32(XAXICDMA_BASEADDR+XAXICDMA_SR_OFFSET);
    Xil_Out32(XAXICDMA_BASEADDR+XAXICDMA_SR_OFFSET,status);
    if((status&0x1000)==0x1000)
    {
        start = start + 16;
        if(start>=0x88000000)
            start = 0x80000010;
        xil_printf("start is %x\r\n",start);
        Xil_Out32(XAXICDMA_BASEADDR+XAXICDMA_DSTADDR_OFFSET,start);
        Xil_Out32(XAXICDMA_BASEADDR+XAXICDMA_BTT_OFFSET,16);
    }
}
```

图 16-14　（续）

16.2.5　存储器到 IO 接口数据传输控制程序

存储器到 IO 接口 DMA 数据传输，要求 IO 接口数据端口支持 FIFO，DMA 传输时目的地址固定，因此需将 DMACR 寄存器的 Key Hole Write 位置 1。由于 UART IP 核 FIFO 容量大小为 16 个字（仅低 8 位有效），且 AXI 总线数据位宽为 32，因此若一次 DMA 传输整个 FIFO 容量的数据，需设置 DMA 传输数据字节数为 64。若源地址空间每个字低 8 位依次初始化为字符串"abcdefghijklmn\r\n"的一个字符，则源地址空间存储映像如图 16-15 所示。每完成一次 DMA 传输立即继续下一次传输的 C 语言源代码如图 16-16 所示。

```
0x80000000 : 0x80000000 <Hex> ⊕ New Renderings...
Address    0 - 3     4 - 7     8 - B     C - F
80000000   61000000  62000000  63000000  64000000
80000010   65000000  66000000  67000000  68000000
80000020   69000000  6A000000  6B000000  6C000000
80000030   6D000000  6E000000  0A000000  0D000000
80000040   00000000  00000000  00000000  00000000
```

图 16-15　存储器到 UART IO 接口 DMA 数据传输存储空间映像

16.2.6　IO 接口到存储器 DMA 数据传输控制程序

IO 接口到存储器 DMA 数据传输，同样要求 IO 接口数据端口支持 FIFO，且 DMA 传输时源地址固定，因此需将 DMACR 寄存器的 Key Hole Read 位置 1。由于 UART IP 核 FIFO 容量大小为 16 个字（仅低 8 位有效），且 AXI 总线数据位宽为 32，因此若一次 DMA 传输整个 FIFO 容量的数据，需设置 DMA 传输数据字节数为 64。UART 接收 FIFO 满立即启动下一次 DMA 传输，且每次 DMA 传输目的地址自动增加 64 的 C 语言源代码如图 16-17 所示。

```c
#include "xil_io.h"
#include "stdio.h"
#include "stdlib.h"
#define INTC_BASEADDR 0x41200000
#define XIN_ISR_OFFSET        0      /* 中断状态寄存器 */
#define XIN_IER_OFFSET        8      /* 中断使能寄存器 */
#define XIN_IAR_OFFSET        12     /* 中断响应寄存器*/
#define XIN_MER_OFFSET        28     /* 主中断使能寄存器 */
#define XAXICDMA_BASEADDR 0x44A00000
#define XAXICDMA_CR_OFFSET        0x00000000      /* 控制寄存器 */
#define XAXICDMA_SR_OFFSET        0x00000004      /* 状态寄存器 */
#define XAXICDMA_SRCADDR_OFFSET   0x00000018      /* 源地址寄存器 */
#define XAXICDMA_DSTADDR_OFFSET   0x00000020      /* 目的地址寄存器 */
#define XAXICDMA_BTT_OFFSET       0x00000028      /* 传输字节数寄存器 */
#define XUL0_BASEADDR 0x40600000
#define XUL_RX_FIFO_OFFSET        0      /* 接收FIFO, 只读 */
#define XUL_TX_FIFO_OFFSET        4      /* 发送FIFO, 只写 */
#define XUL_STATUS_REG_OFFSET     8      /* 状态寄存器, 只读 */
#define XUL_CONTROL_REG_OFFSET    12     /* 控制寄存器, 只写 */
void My_ISR() __attribute__ ((interrupt_handler));
void DMAHandler();
int main()
{
    int i=0;
    Xil_Out32(XUL0_BASEADDR+XUL_CONTROL_REG_OFFSET,0x3); //清除 UART FIFO
    Xil_Out32(XAXICDMA_BASEADDR+XAXICDMA_CR_OFFSET,0x00005020);
    //开放 DMA 错误中断，结束中断
    Xil_Out32(INTC_BASEADDR+XIN_IER_OFFSET,0x2);              //中断控制器中断源intr1 使能
    Xil_Out32(INTC_BASEADDR+XIN_MER_OFFSET,0x3);
    microblaze_enable_interrupts();                          //允许处理器处理中断
    Xil_Out32(XAXICDMA_BASEADDR+XAXICDMA_SRCADDR_OFFSET,0x80000000);
    Xil_Out32(XAXICDMA_BASEADDR+XAXICDMA_DSTADDR_OFFSET,0x40600004);
    //串口发送 FIFO 地址作为 DMA 目的地址
    for(i=0;i<14;i++)
        Xil_Out32(0x80000000+i*4,0x61+i);
    Xil_Out32(0x80000000+i*4,0xa);
    i++;
    Xil_Out32(0x80000000+i*4,0xd);
    Xil_Out32(XAXICDMA_BASEADDR+XAXICDMA_BTT_OFFSET,64);//开始 DMA 传输
}
void My_ISR(){
    int status;
    status=Xil_In32(INTC_BASEADDR+XIN_ISR_OFFSET);           //读取 ISR
    if((status&0x2)==0x2)
        DMAHandler();                                        //调用 DMA 中断服务程序
    Xil_Out32(INTC_BASEADDR+XIN_IAR_OFFSET,status);          //写 IAR
}
void DMAHandler()
{
    int status;
    status=Xil_In32(XAXICDMA_BASEADDR+XAXICDMA_SR_OFFSET);
    Xil_Out32(XAXICDMA_BASEADDR+XAXICDMA_SR_OFFSET,status);
    if((status&0x1000)==0x1000)
    {
        while((Xil_In32(0x40600008)&0x4)!=0x4);
        Xil_Out32(XAXICDMA_BASEADDR+XAXICDMA_BTT_OFFSET,64);
    }
}
```

图 16-16 存储器到 UART IO 接口 DMA 数据传输 C 语言源代码

```c
#include "xil_io.h"
#include "stdio.h"
#include "stdlib.h"
#define INTC_BASEADDR 0x41200000
#define XIN_ISR_OFFSET          0    /* 中断状态寄存器 */
#define XIN_IER_OFFSET          8    /* 中断使能寄存器 */
#define XIN_IAR_OFFSET          12   /* 中断响应寄存器 */
#define XIN_MER_OFFSET          28   /* 主使能寄存器 */
#define XAXICDMA_BASEADDR 0x44A00000
#define XAXICDMA_CR_OFFSET          0x00000000      /* 控制寄存器 */
#define XAXICDMA_SR_OFFSET          0x00000004      /* 状态寄存器 */
#define XAXICDMA_SRCADDR_OFFSET     0x00000018      /* 源地址寄存器 */
#define XAXICDMA_DSTADDR_OFFSET     0x00000020      /* 目的地址寄存器 */
#define XAXICDMA_BTT_OFFSET         0x00000028      /* 传输字节数寄存器 */
#define XUL0_BASEADDR 0x40600000
#define XUL_RX_FIFO_OFFSET          0               /* 接收FIFO,只读 */
#define XUL_TX_FIFO_OFFSET          4               /* 发送FIFO,只写 */
#define XUL_STATUS_REG_OFFSET       8               /* 状态寄存器,只读 */
#define XUL_CONTROL_REG_OFFSET      12              /* 控制寄存器,只写 */
void My_ISR() __attribute__((interrupt_handler));
void DMAHandler();
int start = 0x80000000;
int DMADone=1;
int main()
{
    Xil_Out32(XUL0_BASEADDR+XUL_CONTROL_REG_OFFSET,0x03);       //清除 UART FIFO
    Xil_Out32(XAXICDMA_BASEADDR+XAXICDMA_CR_OFFSET,0x4);        //复位 DMA 控制器
    Xil_Out32(XAXICDMA_BASEADDR+XAXICDMA_CR_OFFSET,0x00005010);
    //开放 DMA 错误中断，结束中断，读 hole
    Xil_Out32(INTC_BASEADDR+XIN_IER_OFFSET,0x2);                //对中断控制器进行中断源使能,intr1
    Xil_Out32(INTC_BASEADDR+XIN_MER_OFFSET,0x3);
    microblaze_enable_interrupts();                            //允许处理器处理中断
    Xil_Out32(XAXICDMA_BASEADDR+XAXICDMA_DSTADDR_OFFSET,start);
    Xil_Out32(XAXICDMA_BASEADDR+XAXICDMA_SRCADDR_OFFSET,0x40600000);
    //串口接收 FIFO 地址
    while(1){
        while((Xil_In32(0x40600008)&0x2)!=0x2);                //UART接收FIFO满否
        Xil_Out32(XAXICDMA_BASEADDR+XAXICDMA_DSTADDR_OFFSET,start);
        Xil_Out32(XAXICDMA_BASEADDR+XAXICDMA_BTT_OFFSET,64);
        start = start + 64;
    }
}

void My_ISR(){
    int status;
    status=Xil_In32(INTC_BASEADDR+XIN_ISR_OFFSET);             //读取 ISR
    if ((status&0x2)==0x2)
        DMAHandler();
    Xil_Out32(INTC_BASEADDR+XIN_IAR_OFFSET,status);           //写 IAR
}
void DMAHandler()
{
    int status;
    status=Xil_In32(XAXICDMA_BASEADDR+XAXICDMA_SR_OFFSET);
    Xil_Out32(XAXICDMA_BASEADDR+XAXICDMA_SR_OFFSET,status);
    if((status&0x1000)==0x1000)
    {
        Xil_Out32(XUL0_BASEADDR+XUL_CONTROL_REG_OFFSET,0x03);//复位 UART FIFO
    }
}
```

图 16-17　UART IO 接口到存储器 DMA 数据传输 C 语言源代码

16.2.7 实验现象

1. 存储器到存储器 DMA 传输实验现象

观察存储器到存储器 DMA 传输实验现象，需将存储器到存储器应用程序运行在调试模式，这样才便于利用调试工具观察各个存储空间的数据。具体方法为：首先如图 16-18 所示编程 bootloop 软件以及硬件比特流到 FPGA 平台。

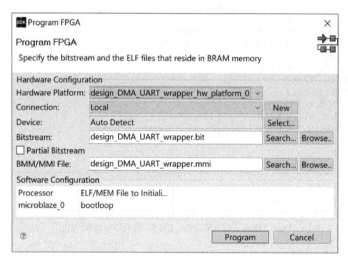

图 16-18　编程 bootloop 软件以及硬件比特流到 FPGA 平台

然后单击如图 16-19 所示 Run 菜单下的 Debug Configurations 命令，在如图 16-20 所示弹出窗口选择 STDIO Connection 页，勾选连接到计算机的串口（串口名称根据各个计算机显示的串口名称而定），并且设置与 Vivado 硬件系统中 UART 一致的通信速率。

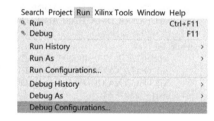

图 16-19　设置调试参数菜单

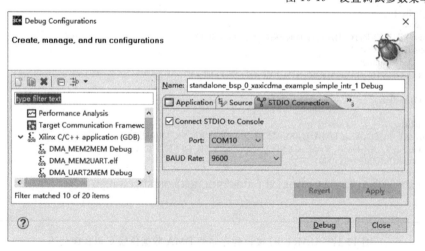

图 16-20　设置 STDIO 连接端口

在工程管理窗口选择存储器到存储器 DMA 数据传输应用工程,按鼠标右键,如图 16-21 所示选择 Debug As→Launch on Hardware 命令。进入到调试界面之后,单击运行快捷菜单,就可以在 Console 串口看到如图 16-22 所示打印结果。若单击暂停按钮,然后在 Memory 页,单击新增存储器观察快捷键,并在弹出的菜单中填入存储器地址 0x80000000,就可以观察到如图 16-23 所示存储映像。图中显示从地址 0x80000010 开始每 16 个字节存储空间的数据都与地址 0x80000000 开始的 16 个字节存储空间的数据完全一致,表明存储器到存储器 DMA 传输有效。

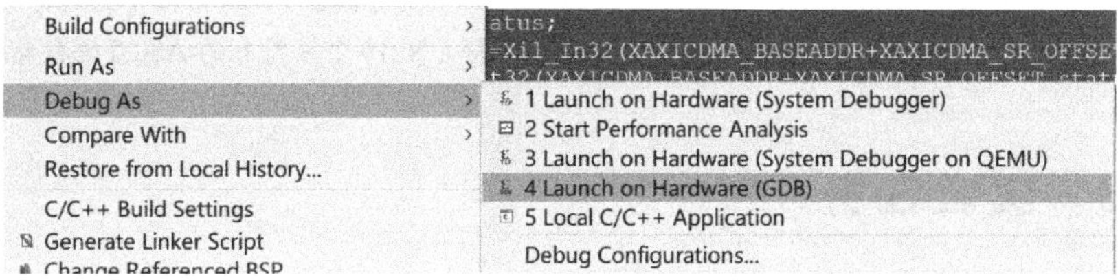

图 16-21　GDB 调试菜单

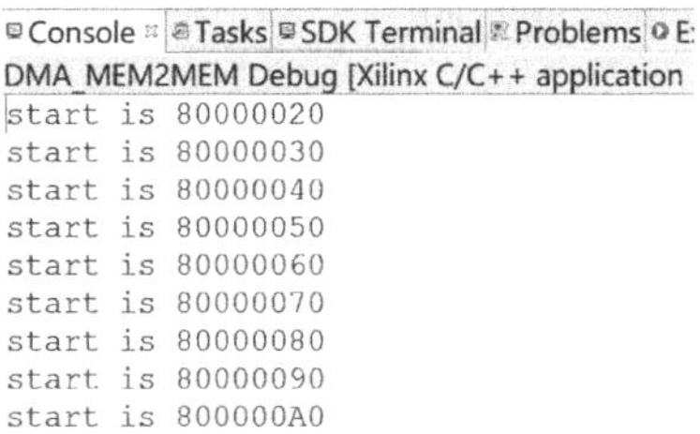

图 16-22　存储器到存储器之间 DMA
数据传输串口打印消息

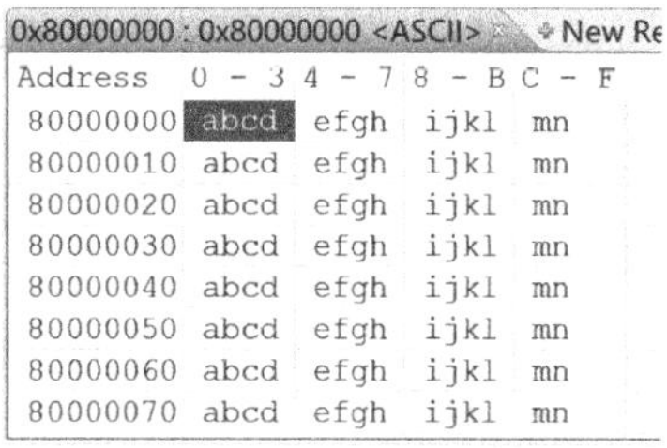

图 16-23　存储器到存储器数据 DMA
传输存储数据观察结果

2. 存储器到 UART IO 接口 DMA 传输实验现象

存储器到 UART IO 接口 DMA 传输可以直接通过串口观察到 UART 接口输出数据,因此此时仅需将程序运行,并且将运行环境设置为 STDIO 连接到 UART 串口。设置方法与调试环境设置基本一致,此处不再赘述。设置完之后,直接运行程序,就可以在 Console 中观察到如图 16-24 所示现象。

图 16-24　存储器到 UART DMA
传输实验现象

3. UART IO 接口到存储器 DMA 传输实验现象

UART IO 接口到存储器 DMA 传输实验结果需要观察存储器数据,因此采取调试方式运行程序,与存储器到存储器 DMA 数据传输实验设置和运行方式一致。运行时,若用户在 Console 窗口首先输入 16 个字符 a,然后按 Enter 键,这时 16 个字符 a 的 ASCII 码传输到 UART 接口接收 FIFO 中,并且填满 FIFO。此时触发 DMA 数据传输,将这 16 个字符构成的 16 个字型数据(64 个字节,每个字的低 8 位为一个字符的 ASCII 码,高位为 0)传入存储器存储空间。需要注意:每次输入的字符数不要超过 16 个,否则引起 UART 接收 FIFO 溢出。如图 16-25 所示,通过 Console 两次分别输入 16 个字符 a 和 16 个字符 b,然后暂停程序运行,可以观察到如图 16-26 所示存储器内存映像。

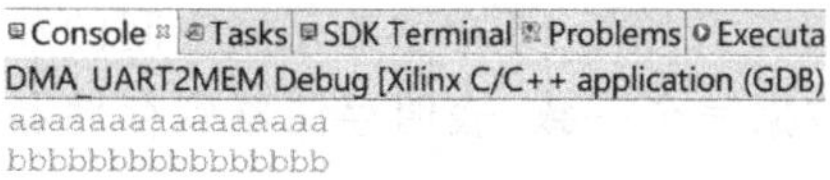

图 16-25　UART 输入两个字符串

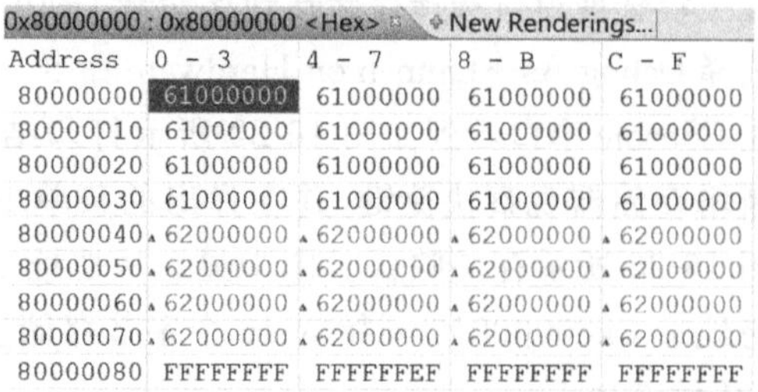

图 16-26　UART 到存储器 DMA 传输得到的存储器中 16 个
字符 a 和 16 个字符 b 的 ASCII 码存储映像

16.3　实验任务

1. 实验任务一

利用 CDMA 控制器、定时器、DDR2 存储控制器控制每隔 1s 自动将容量为 64KB 不同存储空间数据通过 DMA 方式传输到某同一个 64KB 的存储空间。

2. 实验任务二

利用 CDMA 控制器、QSPI IP 核（FIFO 容量配置为 256）、DDR2 存储控制器，利用 DDR2 SDRAM 存储正弦波 256 个采样数据，通过 DMA 方式将 256 个正弦波数据输出到 SPI 接口 DA 转换器控制 DA 转换器输出正弦波。

16.4　思考题

1. 存储器到 UART 接口 DMA 传输或 UART 接口到存储器 DMA 传输实验示例只需传输 16 个 FIFO 字节数据，为什么程序中设置的传输字节数为 64？

2. UART 接口到存储器 DMA 传输实验示例观察到的实验现象中为什么各个存储单元没有连续存储字符 a 或 b 的 ASCII 码？

3. 如何修改存储器到 UART 接口 DMA 传输实验示例程序实现每次 DMA 传输 8 个字符？

4. 如何修改 UART 接口到存储器 DMA 传输实验示例程序实现每次 DMA 传输 8 个字符？

5. 已知 QSPI 接口基地址为 0x44a0 0000，那么将 QSPI 接口作为 DMA 数据传输源地址需设置为多少？作为目的地址又需设置为多少？

第 17 章

CHAPTER 17

自定义 AXI 总线从
设备接口 IP 核

学习目标：了解 Vivado 自定义 IP 核设计流程，掌握将 Verilog 语言实现的硬件功能模块封装为可编程 AXI 总线从设备接口 IP 核的技术。

17.1　AXI 总线从设备 IP 核创建流程和代码框架

17.1.1　AXI 总线从设备 IP 核创建流程

Vivado 提供了 IP 核封装工具，用户可以很方便地将硬件描述语言描述的硬件功能模块封装为 IP 核，以供其他设计使用。也可自动生成符合某种总线协议规范的硬件描述语言框架，用户在此框架下添加符合设计要求的硬件描述语言功能模块，就可以形成符合该总线接口规范的 IP 核。

本节介绍生成符合 AXI 总线从设备规范的 IP 核代码框架基本流程。

Vivado IP 核生成工具位于如图 17-1 所示菜单，即 Tools→Create and Package New IP。

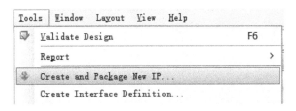

图 17-1　IP 核框架生成工具所在菜单

单击 Create and Package New IP，进入如图 17-2 所示代码框架生成向导。

单击 Next 按钮，进入如图 17-3 所示工具选项页面——封装已有代码为 IP 核还是创建新的 AXI 总线外设 IP 核，这里选择创建新的 AXI 总线外设。单击 Next 按钮，进入如图 17-4 所示页面，在这里添加 IP 核名称、版本、显示名称、存储路径等信息，用户根据自己需求设置相关信息。单击 Next 按钮，进入如图 17-5 所示 AXI 总线相关配置，可选择是否支持中断、AXI 总线协议类型、接口类型、数据总线宽度、寄存器数量、存储容量等。设置完成后，单击 Next 按钮，进入如图 17-6 所示生成的 IP 核信息描述页。这样 AXI 总线接口外设 IP 核基本框架就生成了。

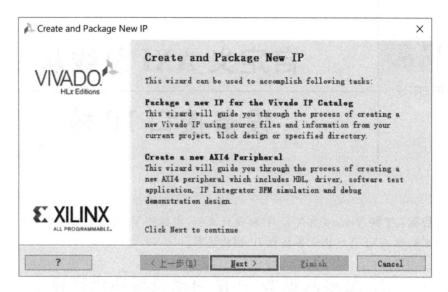

图 17-2　代码框架生成向导首页

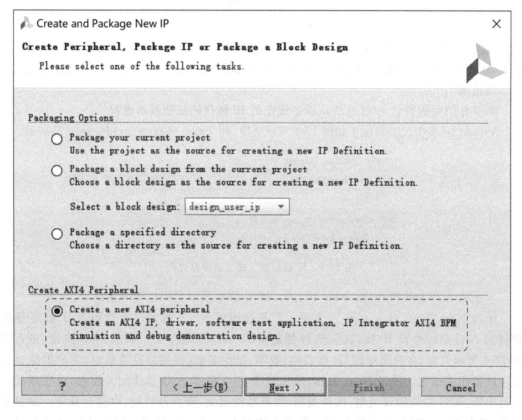

图 17-3　封装 IP 核还是创建 AXI 总线外设 IP 核

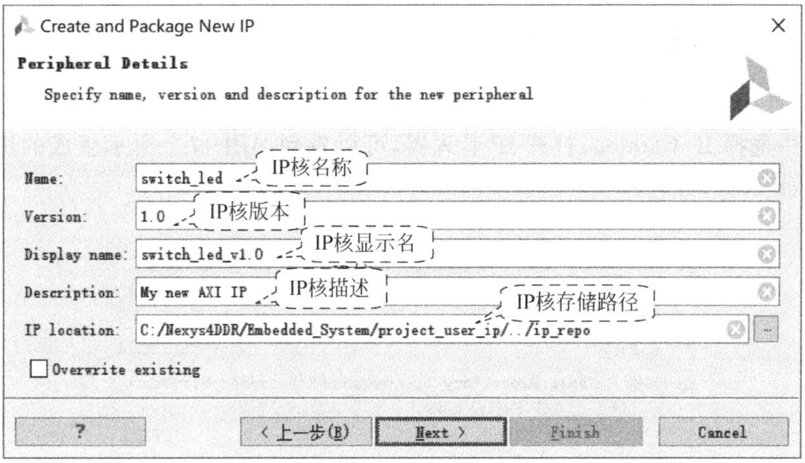

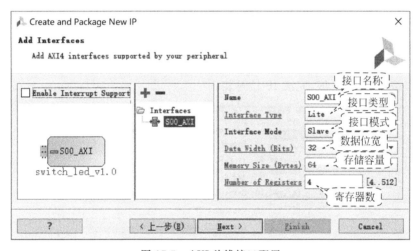

图 17-4　IP 核信息设置

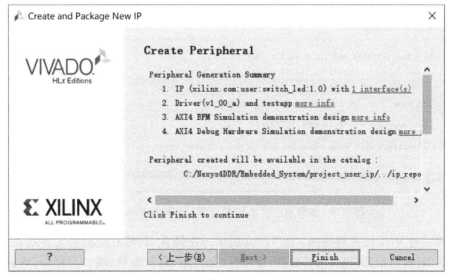

图 17-5　AXI 总线接口配置

图 17-6　生成的外设 IP 核相关信息描述

17.1.2 自定义IP核代码框架

新生成的 IP 核自动添加到了 IP Catalog 下用户 IP 核分类中,用户在工作流窗口(Flow Navigator)中选择 IP Catalog,打开 IP 管理器,可以看到如图 17-7 所示生成的用户定义 IP 核——switch_led_v1.0。

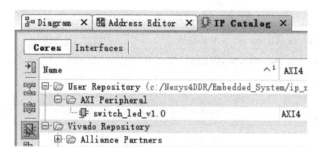

图 17-7　用户定义 IP 核所处 IP 核目录

选中用户定义 IP 核——switch_led_v1.0,按鼠标右键弹出如图 17-8 所示快捷菜单。选择 Edit in IP Packager 命令,单击 OK 按钮,此时系统会自动打开另一个如图 17-9 所示 Vivado 工程编辑用户 IP 核,完成 IP 核封装。

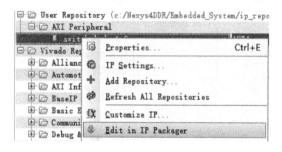

图 17-8　打开用户定义 IP 核快捷菜单

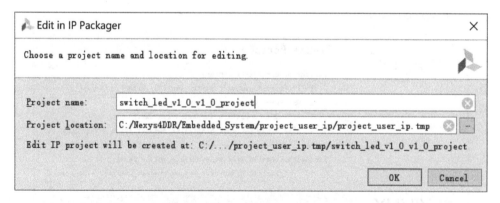

图 17-9　编辑用户定义 IP 核打开一个新的 Vivado 工程

打开后的 Vivado 工程界面如图 17-10 所示。左侧为 IP 核对应的源文件列表窗口,右侧为当前 IP 核的相关信息,包括标签、兼容性、文件组、用户参数、端口与接口、寻址与存储容量以及 GUI 等信息的描述,最后一项为信息更新之后的总结描述和重新封装按钮所在页面。

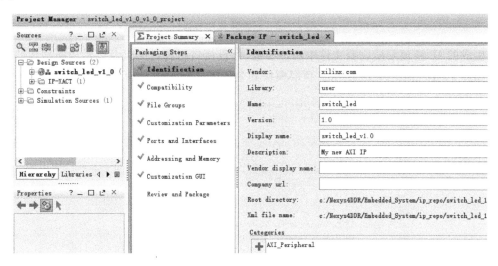

图 17-10 Vivado IP 核封装界面

Vivado 自动产生的 AXI 总线从设备外设 IP 核框架如图 17-11 所示,定义了符合 AXI 总线协议要求的外部接口。原始源文件结构如图 17-12 所示,包含一个顶层模块文件和一个 AXI 总线从设备接口模块文件。AXI 总线从设备接口模块为顶层模块的子模块,负责完成 AXI 总线接口到用户逻辑模块接口之间信息的转换。AXI 总线接口写入的数据保存在该模块内部定义的寄存器中;AXI 总线接口读取的数据也来自该模块内部寄存器。如果用户定义 IP 核需与外设交互,那么与外设之间的接口以及接口逻辑描述由用户自己完成。

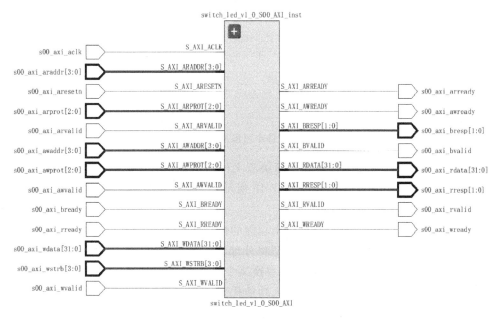

图 17-11 自动生成的具备 AXI 从设备接口的原始 IP 核框图

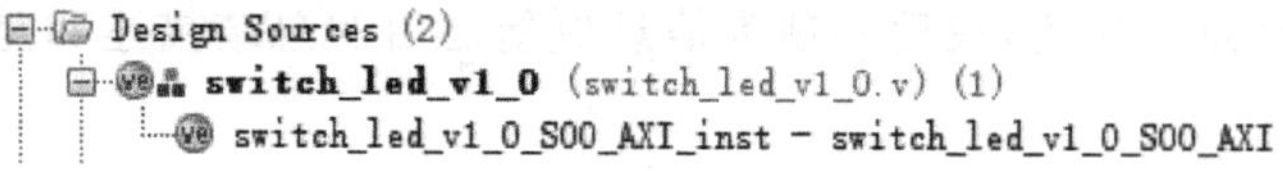

```
□─🗁 Design Sources (2)
  □─🅥🔧 switch_led_v1_0 (switch_led_v1_0.v) (1)
      🅥 switch_led_v1_0_S00_AXI_inst - switch_led_v1_0_S00_AXI
```

图 17-12　原始源文件结构

　　生成的 IP 核顶层模块源文件中添加参数、外设接口引脚定义以及逻辑功能描述的位置分别如图 17-13 和图 17-14 所示。顶层模块其余代码实例化 AXI 从设备接口模块。

```
c:/Nexys4DDR/Embedded_System/ip_repo/switch_led_1.0/hdl/switch_led_v1_0.v
 4      module switch_led_v1_0 #
 5      (
 6          // Users to add parameters here
 7                                                参数定义插入处
 8          // User parameters ends
 9          // Do not modify the parameters beyond this line
10
11
12          // Parameters of Axi Slave Bus Interface S00_AXI
13          parameter integer C_S00_AXI_DATA_WIDTH   = 32,
14          parameter integer C_S00_AXI_ADDR_WIDTH   = 4
15      )
16      (
17          // Users to add ports here
18                                                引脚定义插入处
19          // User ports ends
20          // Do not modify the ports beyond this line
21
22
23          // Ports of Axi Slave Bus Interface S00_AXI
24          input wire  s00_axi_aclk,
25          input wire  s00_axi_aresetn,
```

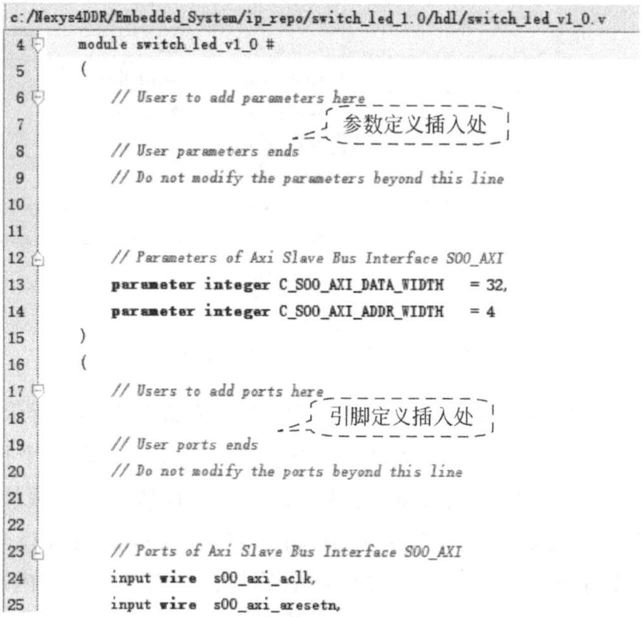

图 17-13　顶层文件中可添加参数定义以及端口定义的位置

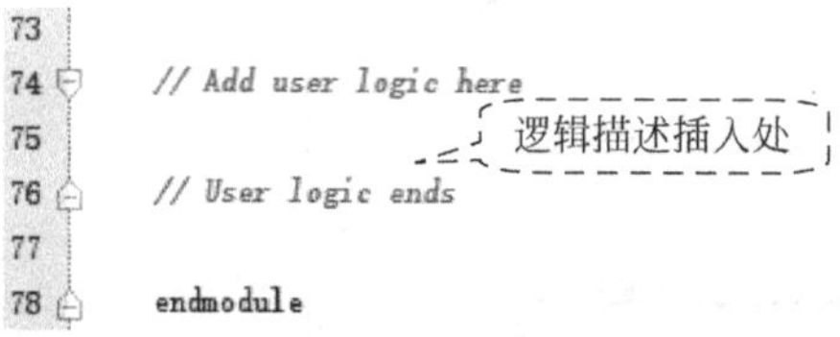

```
73
74          // Add user logic here
75                                                逻辑描述插入处
76          // User logic ends
77
78      endmodule
```

图 17-14　顶层文件中可添加用户逻辑的位置

　　生成的 IP 核 AXI 总线从设备接口模块源文件中添加参数、外设接口引脚定义以及逻辑功能描述的位置分别如图 17-15 和图 17-16 所示。其余部分代码实现 AXI 总线从设备接口协议逻辑功能。

　　AXI 从设备接口模块实现寄存器读出功能的代码如图 17-17 所示，它根据 AXI 总线地址从各个寄存器中读出数据。若用户希望将外部输入数据通过 AXI 总线接口由微处理器读入，那么需要将用户逻辑输入数据直接替换某个寄存器的数据。

　　AXI 从设备接口模块实现寄存器写入功能代码如图 17-18 所示，根据 AXI 总线地址将 AXI 总线数据写入各个寄存器。若用户希望由寄存器的值控制某个外部设备，可直接利用寄存器 slv_reg$x$ 的值实现相应逻辑控制，即直接将寄存器的值映射到用户逻辑的输出信号。图 17-17 和图 17-18 所示代码为读写 4 个寄存器的代码。

```
 4  module switch_led_v1_0_S00_AXI #
 5  (
 6      // Users to add parameters here
 7                        参数定义插入处
 8      // User parameters ends
 9      // Do not modify the parameters beyond this line
10
11      // Width of S_AXI data bus
12      parameter integer C_S_AXI_DATA_WIDTH = 32,
13      // Width of S_AXI address bus
14      parameter integer C_S_AXI_ADDR_WIDTH = 4
15  )
16  (
17      // Users to add ports here
18                        引脚定义插入处
19      // User ports ends
20      // Do not modify the ports beyond this line
21
22      // Global Clock Signal
23      input wire  S_AXI_ACLK,
```

图 17-15 AXI 从设备接口模块可添加参数以及端口定义的位置

```
392      // Add user logic here
393                        逻辑描述插入处
394      // User logic ends
395
396  endmodule
```

图 17-16 AXI 从设备接口模块可添加用户逻辑的位置

```
360  assign slv_reg_rden = axi_arready & S_AXI_ARVALID & ~axi_rvalid;
361  always @(*)
362  begin
363        // Address decoding for reading registers
364        case ( axi_araddr[ADDR_LSB+OPT_MEM_ADDR_BITS:ADDR_LSB] )
365          2'h0   : reg_data_out <= slv_reg0;        用户逻辑输入数据
366          2'h1   : reg_data_out <= slv_reg1;        可替换此处寄存器
367          2'h2   : reg_data_out <= slv_reg2;
368          2'h3   : reg_data_out <= slv_reg3;
369          default : reg_data_out <= 0;
370        endcase
371  end
372
373  // Output register or memory read data
374  always @( posedge S_AXI_ACLK )
375  begin
376    if ( S_AXI_ARESETN == 1'b0 )
377      begin
378        axi_rdata  <= 0;
379      end
380    else
381      begin
382        // When there is a valid read address (S_AXI_ARVALID) with
383        // acceptance of read address by the slave (axi_arready),
384        // output the read dada
385        if (slv_reg_rden)
386          begin
387            axi_rdata <= reg_data_out;      // register read data
388          end
389      end
390  end
```

图 17-17 AXI 从设备接口模块读数据逻辑

```
209    assign slv_reg_wren = axi_wready && S_AXI_WVALID && axi_awready && S_AXI_AWVALID;
210
211    always @( posedge S_AXI_ACLK )
212    begin
213      if ( S_AXI_ARESETN == 1'b0 )
214        begin
215          slv_reg0 <= 0;
216          slv_reg1 <= 0;
217          slv_reg2 <= 0;
218          slv_reg3 <= 0;
219        end
220      else begin
221        if (slv_reg_wren)
222          begin
223            case ( axi_awaddr[ADDR_LSB+OPT_MEM_ADDR_BITS:ADDR_LSB] )
224              2'h0:
225                for ( byte_index = 0; byte_index <= (C_S_AXI_DATA_WIDTH/8)-1; byte_index = byte_index+1 )
226                  if ( S_AXI_WSTRB[byte_index] == 1 ) begin
227                    // Respective byte enables are asserted as per write strobes
228                    // Slave register 0
229                    slv_reg0[(byte_index*8) +: 8] <= S_AXI_WDATA[(byte_index*8) +: 8];
230                  end
231              2'h1:
232                for ( byte_index = 0; byte_index <= (C_S_AXI_DATA_WIDTH/8)-1; byte_index = byte_index+1 )
233                  if ( S_AXI_WSTRB[byte_index] == 1 ) begin
234                    // Respective byte enables are asserted as per write strobes
235                    // Slave register 1
236                    slv_reg1[(byte_index*8) +: 8] <= S_AXI_WDATA[(byte_index*8) +: 8];
237                  end
238              2'h2:
239                for ( byte_index = 0; byte_index <= (C_S_AXI_DATA_WIDTH/8)-1; byte_index = byte_index+1 )
240                  if ( S_AXI_WSTRB[byte_index] == 1 ) begin
241                    // Respective byte enables are asserted as per write strobes
242                    // Slave register 2
243                    slv_reg2[(byte_index*8) +: 8] <= S_AXI_WDATA[(byte_index*8) +: 8];
244                  end
245              2'h3:
246                for ( byte_index = 0; byte_index <= (C_S_AXI_DATA_WIDTH/8)-1; byte_index = byte_index+1 )
247                  if ( S_AXI_WSTRB[byte_index] == 1 ) begin
248                    // Respective byte enables are asserted as per write strobes
249                    // Slave register 3
250                    slv_reg3[(byte_index*8) +: 8] <= S_AXI_WDATA[(byte_index*8) +: 8];
251                  end
252              default : begin
253                        slv_reg0 <= slv_reg0;
254                        slv_reg1 <= slv_reg1;
255                        slv_reg2 <= slv_reg2;
256                        slv_reg3 <= slv_reg3;
257                      end
258            endcase
259          end
260      end
261    end
```

图 17-18　AXI 从设备接口模块写数据逻辑

17.2 自定义 AXI 总线简单并行 IO 接口 IP 核实验示例

17.2.1 实验要求

设计支持 16 位开关输入以及 16 位 LED 输出的 AXI 总线从设备并行接口 IP 核,并将该 IP 核作为嵌入式系统的一个并行接口,编写 C 语言程序通过该 IP 核读入 16 位开关的值输出到 16 位 LED 灯上,并将这 16 位开关值输出到标准输入/输出接口。

17.2.2 并行接口 IP 核设计

按照 17.1.1 节所述流程创建 AXI 总线从设备接口 IP 核。寄存器数量设置为最小值 4。然后按照 17.1.2 节所述方法为创建的用户 IP 核打开一个新工程。下面阐述编辑 IP 核硬件描述功能源码的详细过程。

用户接口 IP 核除了 AXI 总线从设备接口之外,还需要连接 switch 开关以及 LED 灯等外设接口。因此需在顶层模块中增加如图 17-19 所示两个输入/输出接口引脚定义。该输入/输出接口数据要能够通过 AXI 总线接口实现读写控制,因此需如图 17-20 所示定义在 AXI 总线从设备接口模块中。顶层模块实例

```
17          // Users to add ports here
18          input wire [15:0] sw,
19          output wire [15:0] led,
20
21          // User ports ends
```

图 17-19 顶层文件 switch_led_v1_0.v 增加的输入/输出引脚定义

化 AXI 总线从设备接口模块时添加这两组信号线映射关系,如图 17-21 所示。

```
17          // Users to add ports here
18          input wire [15:0] sw,
19          output wire [15:0] led,
20          // User ports ends
```

图 17-20 AXI 总线从设备接口子模块 switch_led_v1_0_S00_AXI.v 增加的输入/输出引脚定义

```
52          ) switch_led_v1_0_S00_AXI_inst (
53              .led(led),
54              .sw(sw),
```

图 17-21 顶层文件 switch_led_v1_0.v 增加的输入/输出端口映射

switch 开关以及 LED 灯都为简单并行输入/输出设备,输出时要求锁存功能,输入时要求缓冲功能。由此可知,可将 IP 核 4 个寄存器中其中一个锁存的数据对应输出到 LED。若采用 0 号寄存器低 16 位控制 LED 状态,那么添加如图 17-22 所示用户逻辑代码可实现 LED 输出控制。

AXI 总线从设备接口默认读入的数据都为寄存器的值,switch 开关具有状态保持功能,因此可以直接将 switch 开关输入引脚替换某个寄存器。若 switch 开关替换 1 号寄存器低 16 位,高 16 位直接填充 0,那么添加如图 17-23 所示用户逻辑代码可实现 switch 状态输入。

```
394         // Add user logic here
395         assign led = slv_reg0[15:0];
396         // User logic ends
```

图 17-22 AXI 总线接口从设备子模块 switch_led_v1_0_S00_AXI.v 增加的用户输出逻辑

```
367  //         2'h1   : reg_data_out <= slv_reg1;
368             2'h1   : reg_data_out <= {16'h0, sw};
```

图 17-23 AXI 总线接口从设备子模块 switch_led_v1_0_S00_AXI.v 修改的寄存器输入逻辑

至此硬件描述语言代码修改完成，保存源码。紧接着重新封装 IP 核，首先切换到 IP 核封装窗口，这时可以看到 IP 核分装步骤中有很多步骤不再是打钩状态，而是已经修改过的状态。单击 File Groups 时，看到如图 17-24 所示右边窗口上方显示 Merge changes from File Groups Wizard 提示条。单击该提示条，文件自动完成更新。按照同样方法完成其余所有步骤（包括端口与接口、寄存器等）更新。最后进入 Review and Package 页，单击如图 17-25 所示 Re-Package IP 按钮，这样就完成了 IP 核重新封装，并且弹出如图 17-26 所示退出 IP 核工程提示窗口。

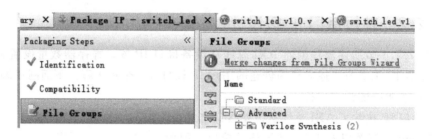

图 17-24　Merge changes from File Groups Wizard 提示条

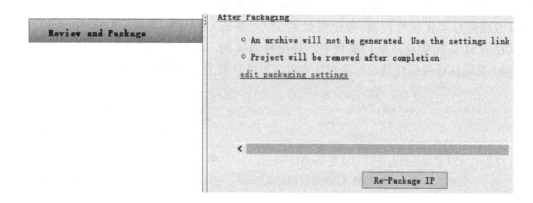

图 17-25　再次封装 IP 核按钮

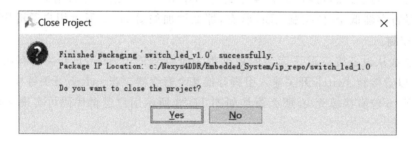

图 17-26　IP 封装完之后退出工程提示

源码修改后用户 IP 核输入/输出引脚定义如图 17-27 所示，相比图 17-11，增加了最下面两组用户定义输入/输出引脚。

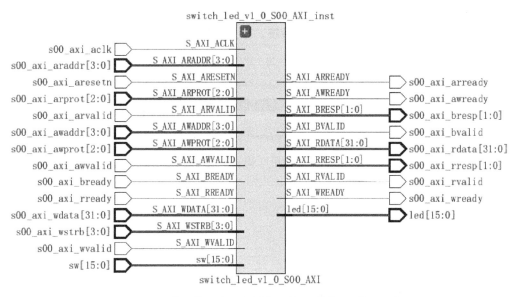

图 17-27　修改代码并重新封装后的 IP 核输入/输出引脚

17.2.3　并行接口 IP 核测试嵌入式系统

根据实验要求,首先创建如图 17-28 所示包含 UART 接口的嵌入式计算机系统。

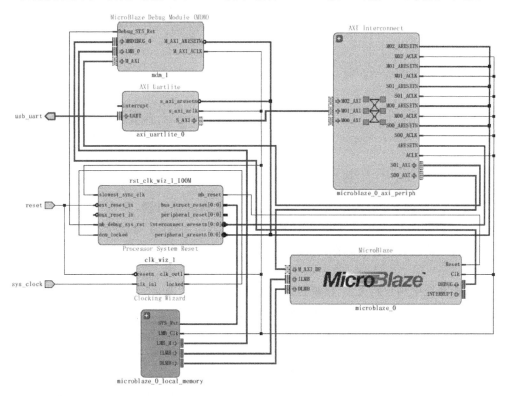

图 17-28　具有 UART 接口的嵌入式计算机系统电路框图

　　然后在嵌入式系统设计框图窗口，单击添加 IP 核，输入如图 17-29 所示用户自定义 IP 核名称，即可将用户 IP 核添加进嵌入式系统。添加之后得到如图 17-30 所示模块图。

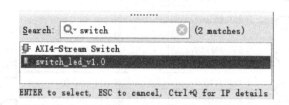

图 17-29　添加用户 IP 核到嵌入式系统

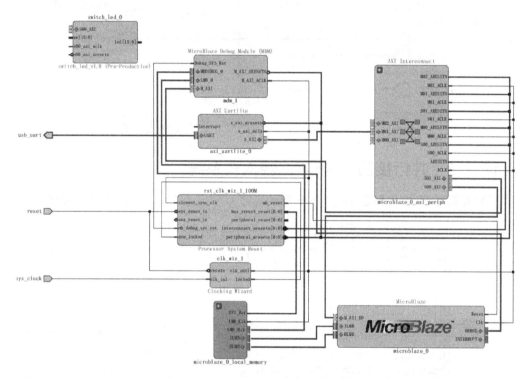

图 17-30　添加了用户 IP 核的电路框图

　　将用户 IP 核的 led 引脚以及 sw 引脚分别连接到外部引脚，然后再单击设计助手的 Run Connection Automation，完成 AXI 从设备接口自动连线，连线完成之后得到如图 17-31 所示完整电路框图。保存设置框图，选择 Create HDL Wrapper 生成该设计框图的 HDL 描述文件。

　　嵌入式系统中用户定义 IP 核映射地址范围如图 17-32 所示。由于 AXI 总线接口中每个寄存器都是 32 位，相邻两个寄存器地址之差为 4。由此可知，LED 映射的地址为 0x44a00000，switch 映射的地址为 0x44a00004。

　　最后添加用户定义 IP 核外围引脚约束，具体方法为先添加一个空白约束文件，然后将如图 17-33 所示引脚约束代码添加到空白约束文件中。保存之后，单击 Vivado 设计流程中的 Generate Bitstream，生成硬件比特流文件。完成之后将比特流以及硬件设计导出到 SDK 中。

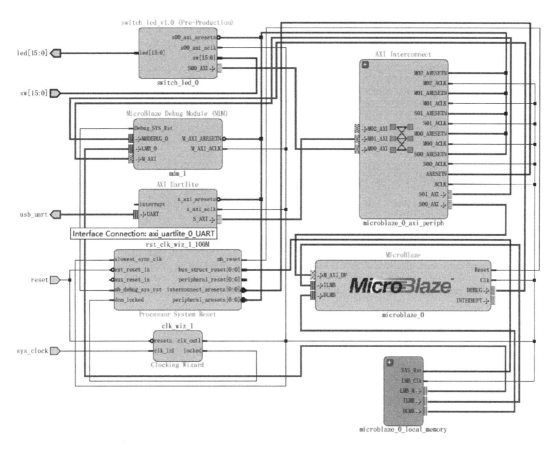

图 17-31 加入了用户定义 IP 核的嵌入式系统完成电路框图

Cell	Slave Interface	Base Name	Offset Address
⊟ microblaze_0			
⊟ ⊞ Data (32 address bits : 4G)			
microblaze_0_local_memory/dlmb_bram...	SLMB	Mem	0x0000_0000
axi_uartlite_0	S_AXI	Reg	0x4060_0000
switch_led_0	S00_AXI	S00_AXI_reg	0x44A0_0000

图 17-32 用户定义 IP 核在系统中对应的地址范围

最后编写软件代码,完成 Switch 输入、LED 输出以及输出到标准输入/输出接口功能。

BSP 工程以及空应用工程建立方法此处不再赘述,仅阐述 IP 核控制 C 语言代码。完成实验功能要求的 C 语言源代码如图 17-34 所示。

完成编译链接并下载编程 FPGA 芯片后,就可以看到开关可以对应控制各个 LED 灯的亮灭。若 SDK 的 Terminal 正确地连接到了开发板的 UART 接口上,那么开关代表的十六进制值就如图 17-35 所示直接输出在标准输入/输出接口上。

```
##开关
set_property -dict { PACKAGE_PIN J15      IOSTANDARD LVCMOS33 } [get_ports { sw[0] }]
set_property -dict { PACKAGE_PIN L16      IOSTANDARD LVCMOS33 } [get_ports { sw[1] }]
set_property -dict { PACKAGE_PIN M13      IOSTANDARD LVCMOS33 } [get_ports { sw[2] }]
set_property -dict { PACKAGE_PIN R15      IOSTANDARD LVCMOS33 } [get_ports { sw[3] }]
set_property -dict { PACKAGE_PIN R17      IOSTANDARD LVCMOS33 } [get_ports { sw[4] }]
set_property -dict { PACKAGE_PIN T18      IOSTANDARD LVCMOS33 } [get_ports { sw[5] }]
set_property -dict { PACKAGE_PIN U18      IOSTANDARD LVCMOS33 } [get_ports { sw[6] }]
set_property -dict { PACKAGE_PIN R13      IOSTANDARD LVCMOS33 } [get_ports { sw[7] }]
set_property -dict { PACKAGE_PIN T8       IOSTANDARD LVCMOS18 } [get_ports { sw[8] }]
set_property -dict { PACKAGE_PIN U8       IOSTANDARD LVCMOS18 } [get_ports { sw[9] }]
set_property -dict { PACKAGE_PIN R16      IOSTANDARD LVCMOS33 } [get_ports { sw[10] }]
set_property -dict { PACKAGE_PIN T13      IOSTANDARD LVCMOS33 } [get_ports { sw[11] }]
set_property -dict { PACKAGE_PIN H6       IOSTANDARD LVCMOS33 } [get_ports { sw[12] }]
set_property -dict { PACKAGE_PIN U12      IOSTANDARD LVCMOS33 } [get_ports { sw[13] }]
set_property -dict { PACKAGE_PIN U11      IOSTANDARD LVCMOS33 } [get_ports { sw[14] }]
set_property -dict { PACKAGE_PIN V10      IOSTANDARD LVCMOS33 } [get_ports { sw[15] }]
## LED灯
set_property -dict {PACKAGE_PIN H17 IOSTANDARD LVCMOS33} [get_ports {led[0]}]
set_property -dict {PACKAGE_PIN K15 IOSTANDARD LVCMOS33} [get_ports {led[1]}]
set_property -dict {PACKAGE_PIN J13 IOSTANDARD LVCMOS33} [get_ports {led[2]}]
set_property -dict {PACKAGE_PIN N14 IOSTANDARD LVCMOS33} [get_ports {led[3]}]
set_property -dict {PACKAGE_PIN R18 IOSTANDARD LVCMOS33} [get_ports {led[4]}]
set_property -dict {PACKAGE_PIN V17 IOSTANDARD LVCMOS33} [get_ports {led[5]}]
set_property -dict {PACKAGE_PIN U17 IOSTANDARD LVCMOS33} [get_ports {led[6]}]
set_property -dict {PACKAGE_PIN U16 IOSTANDARD LVCMOS33} [get_ports {led[7]}]
set_property -dict {PACKAGE_PIN V16 IOSTANDARD LVCMOS33} [get_ports {led[8]}]
set_property -dict {PACKAGE_PIN T15 IOSTANDARD LVCMOS33} [get_ports {led[9]}]
set_property -dict {PACKAGE_PIN U14 IOSTANDARD LVCMOS33} [get_ports {led[10]}]
set_property -dict {PACKAGE_PIN T16 IOSTANDARD LVCMOS33} [get_ports {led[11]}]
set_property -dict {PACKAGE_PIN V15 IOSTANDARD LVCMOS33} [get_ports {led[12]}]
set_property -dict {PACKAGE_PIN V14 IOSTANDARD LVCMOS33} [get_ports {led[13]}]
set_property -dict {PACKAGE_PIN V12 IOSTANDARD LVCMOS33} [get_ports {led[14]}]
set_property -dict {PACKAGE_PIN V11 IOSTANDARD LVCMOS33} [get_ports {led[15]}]
```

图 17-33　Nexys4 DDR 实验板 LED 灯以及开关设备的 FPGA 芯片引脚约束代码

```c
#include "stdio.h"
#include "xil_io.h"
int main(){
    int lettercur,letterpre=0;
    while(1){
    lettercur = Xil_In32(0x44a00004);
    Xil_Out32(0x44a00000,lettercur);
    if(lettercur!=letterpre)
    {
        xil_printf("the letter recieved is %2x\r\n",lettercur);
        letterpre = lettercur;
    }
    }
}
```

图 17-34　用户 IP 核输入/输出控制 C 语言代码

```
Problems Tasks Console Properties SDK Terminal
Connected to: Serial ( COM9, 9600, 0, 8 )

the letter recieved is FE0F
the letter recieved is FE8F
the letter recieved is FE0F
```

图 17-35　标准输出接口实验现象

17.3　自定义 AXI 总线 UART 串行接口 IP 核实验示例

17.3.1　实验要求

基于 Nexys4 DDR 或 Nexys4 实验板,采用硬件描述语言设计一个基于 AXI 总线支持简单 UART 协议(1 位起始位、8 位数据位、无奇偶校验位、1 位停止位,波特率可设置为 9600、19200、38400、57600、115200bps 等)的串行接口,并基于 MicroBlaze 微处理器编程控制通过该串行接口进行数据通信。

17.3.2　实验条件

UART 为异步串行通信、全双工方式,具有独立的发送端和接收端。AXI 总线系统时钟为 100MHz,实验要求支持不同串行通信速率,因此必须具有时钟分频模块产生不同通信速率时钟信号。同时还必须实现协议转换,包括并行数据到 UART 串行数据以及 UART 串行数据到并行数据转换:即 UART 发送模块和 UART 接收模块。UART 协议的实现必须维护 UART 数据发送或接收状态机,并将当前状态反馈出来。图 17-36～图 17-38 所示 Verilog 语言代码为一个实现基本 UART 串口通信功能的示例。

```
module uart_top(rst_n,clk,rs232_tx,rs232_rx,baud_set,rx_done,tx_done,
                               data_byte_r,data_byte_t,send_en,uart_state);
        input           rst_n;
        input           clk;
        output          rs232_tx;
        input           rs232_rx;
        input           [2:0]baud_set;
        output          rx_done;
        output          tx_done;
        output          [7:0]data_byte_r;
        input           [7:0]data_byte_t;
        input           send_en;
        output          uart_state;
uart_rx uart_rx1(.clk(clk),      //UART 接收模块
              .rs232_rx(rs232_rx),
              .baud_set(baud_set),
              .rst_n(rst_n),
              .data_byte(data_byte_r),
              .rx_done(rx_done)
              );
  uart_tx   uart_tx2(.clk(clk),      //UART 发送模块
                .rst_n(rst_n),
                .send_en(send_en),
                .baud_set(baud_set),
                .tx_done(tx_done),
                .rs232_tx(rs232_tx),
                .data_byte(data_byte_t),
                .uart_state(uart_state)
                );
endmodule
```

图 17-36　UART 顶层模块

```
module uart_tx(clk, rst_n, send_en,baud_set,tx_done,rs232_tx,data_byte,uart_state);
    input clk;
    input rst_n;
    input [7:0]data_byte;               //数据发送寄存器
    input send_en;
    input [2:0]baud_set;
    output reg rs232_tx;                //输出引脚
    output reg tx_done;                 //传输完成的标志位
    output reg uart_state;              //uart_state传送状态
    reg [15:0]div_cnt;                  //分频计数器
    reg bps_clk;                        //波特率时钟
    reg [15:0]bps_dr;                   //分频计数最大值
    reg [3:0]bps_cnt;                   //波特率计数时钟
    reg [7:0]r_data_byte;               //发送缓存区
    localparam start_bit=1'b0;
    localparam stop_bit=1'b1;
always@(posedge clk or negedge rst_n)   //发送状态机
    if(!rst_n)
        uart_state<=0;
        else if(send_en==1'b1)
        uart_state<=1;
        else if(bps_cnt === 4'd11)      //1位起始位+8位数据位+1位停止位
            uart_state <= 1'b0;
        else
            uart_state<=uart_state;
always@(posedge clk or negedge rst_n)   //寄存器将数据先缓存起来
    if(!rst_n)
        r_data_byte<=8'd0;
        else if(send_en)
        r_data_byte<=data_byte;
always@(posedge clk or negedge rst_n)   // 设置波特率参数
    if(!rst_n)
        bps_dr<=16'd10417;
        else begin
        case (baud_set)
            0:bps_dr<=16'd10417;        //9600
            1:bps_dr<=16'd5208;         //19200
            2:bps_dr<=16'd2604;         //38400
            3:bps_dr<=16'd1736;         //57600
            4:bps_dr<=16'd868;          //115200
            default:
                bps_dr<=16'd10417;      //9600
            endcase
        end
always@(posedge clk or negedge rst_n)   //分频计数器
    if(!rst_n)
        div_cnt<=16'd0;
        else if(uart_state)
            if(div_cnt==bps_dr)         //到达计数最大值时清0
            div_cnt<=16'd0;
            else div_cnt<=div_cnt+1'b1;
        else
            div_cnt<=16'd0;
always@(posedge clk or negedge rst_n)   //波特率时钟产生
    if(!rst_n)
        bps_clk<=1'b0;
    else if(div_cnt==16'd1)
        bps_clk<=1;
        else
            bps_clk<=0;
```

图 17-37　UART 发送模块

```
always@(posedge clk or negedge rst_n) //波特率时钟计数器
    if(!rst_n)
  bps_cnt<=4'b0;
    else if (bps_cnt == 4'd11)
      bps_cnt<=4'b0;
      else if (bps_clk)
        bps_cnt<=bps_cnt+1'b1;
          else
          bps_cnt<=bps_cnt;
  always@(posedge clk or negedge rst_n) //发送完成信号
    if(!rst_n)
     tx_done<=1'b0;
     else if(bps_cnt==4'd11)
       tx_done<=1'b1;
          else
          tx_done <=1'b0;
 always@(posedge clk or negedge rst_n) //数据发送，即一个十选一的多路器
    if(!rst_n)
     rs232_tx<=1'b1;
     else
       case(bps_cnt)
       0:rs232_tx<=1'b1;
       1:rs232_tx<=start_bit;          //起始位
       2:rs232_tx<=r_data_byte[0];     //低位预先
       3:rs232_tx<=r_data_byte[1];
       4:rs232_tx<=r_data_byte[2];
       5:rs232_tx<=r_data_byte[3];
       6:rs232_tx<=r_data_byte[4];
       7:rs232_tx<=r_data_byte[5];
       8:rs232_tx<=r_data_byte[6];
       9:rs232_tx<=r_data_byte[7];     //高位最后
       10:rs232_tx<=stop_bit;          //结束位
       default:rs232_tx<=1'b1;
       endcase
endmodule
```

图 17-37 （续）

```
module uart_rx(clk,rs232_rx, baud_set, rst_n,data_byte,rx_done);
    input        clk;
    input        rs232_rx;
    input        [2:0]baud_set;
    input        rst_n;
    output reg   [7:0]data_byte;
    output reg   rx_done;
    reg          s0_rs232_rx,s1_rs232_rx;    //两个同步寄存器
    reg          tmp0_rs232_rx,tmp1_rs232_rx; //数据寄存器
    wire         nedege;
    reg          [15:0]bps_dr;               //分频计数器计数最大值
    reg          [15:0]div_cnt;              //分频计数器
    reg          uart_state;
    reg          bps_clk;
    reg          [7:0]bps_cnt;
     reg          [2:0]r_data_byte [7:0];
     reg          [2:0] start_bit,stop_bit;
always@(posedge clk or negedge rst_n)
    if(!rst_n)
```

图 17-38 UART 接收模块

```
            begin
              s0_rs232_rx<=1'b0;
              s1_rs232_rx<=1'b0;
            end
            else
                begin
                    s0_rs232_rx<=rs232_rx;
                    s1_rs232_rx<=s0_rs232_rx;
                end
    always@(posedge clk or negedge rst_n)          //数据寄存器
        if(!rst_n)
         begin
        tmp0_rs232_rx<=1'b0;
        tmp1_rs232_rx<=1'b0;
         end
         else
         begin
         tmp0_rs232_rx<=s1_rs232_rx;
         tmp1_rs232_rx<=tmp0_rs232_rx;
         end
    assign nedege=tmp0_rs232_rx&tmp1_rs232_rx; //下降沿检测
    always@(posedge clk or negedge rst_n)          //波特率设置模块
        if(!rst_n)
        bps_dr<=16'd651;
            else begin
            case (baud_set)
              0:bps_dr<=16'd651;                   //9600
              1:bps_dr<=16'd326;                   //19200
              2:bps_dr<=16'd163;                   //38400
              3:bps_dr<=16'd108;                   //57600
              4:bps_dr<=16'd54;                    //115200
              default
                  bps_dr<=16'd651;                 //9600
            end
    always@(posedge clk or negedge rst_n)          //分频计数器
       if(!rst_n)
       div_cnt<=16'd0;
        else begin
        if(div_cnt==bps_dr)                        //到达计数最大值时清零
         div_cnt<=16'd0;
          else div_cnt<=div_cnt+1'b1;
          end
    always@(posedge clk or negedge rst_n)          //波特率时钟产生
        if(!rst_n)
        bps_clk<=1'b0;
         else if(div_cnt==16'd1)
         bps_clk<=1;
          else
          bps_clk<=0;
    always@(posedge clk or negedge rst_n)          //波特率计数器
            if(!rst_n)
            bps_cnt<=8'b0;
            else if(bps_cnt == 8'd159 | (bps_cnt == 8'd12 && (start_bit > 2)))//起始位不对
                bps_cnt <= 8'd0;                   //接收完成或者开始检测到错误信号，波特率时钟停止
                else if (bps_clk)
                    bps_cnt<=bps_cnt+1'b1;
                    else
                    bps_cnt<=bps_cnt;
    always@(posedge clk or negedge rst_n)          //接收完成信号
        if(!rst_n)
        rx_done<=1'b0;
```

图 17-38 （续）

```
            else if(bps_cnt==8'd159)
                rx_done<=1'b1;
                else
                rx_done <=1'b0;
always@(posedge clk or negedge rst_n)//数据读取，对每次采样进行求和值
    if(!rst_n)begin
        start_bit=3'd0;
        r_data_byte[0]<=3'd0;
        r_data_byte[1]<=3'd0;
        r_data_byte[2]<=3'd0;
        r_data_byte[3]<=3'd0;
        r_data_byte[4]<=3'd0;
        r_data_byte[5]<=3'd0;
        r_data_byte[6]<=3'd0;
        r_data_byte[7]<=3'd0;
        stop_bit<=3'd0;
        end
        else if(bps_clk)begin
            case(bps_cnt)
                0:begin
                start_bit = 3'd0;
                r_data_byte[0] <= 3'd0;
                r_data_byte[1] <= 3'd0;
                r_data_byte[2] <= 3'd0;
                r_data_byte[3] <= 3'd0;
                r_data_byte[4] <= 3'd0;
                r_data_byte[5] <= 3'd0;
                r_data_byte[6] <= 3'd0;
                r_data_byte[7] <= 3'd0;
                stop_bit = 3'd0;
                end
            6,7,8,9,10,11:start_bit <= start_bit + s1_rs232_rx;
            22,23,24,25,26,27:r_data_byte[0] <= r_data_byte[0] + s1_rs232_rx;
            38,39,40,41,42,43:r_data_byte[1] <= r_data_byte[1] + s1_rs232_rx;
            54,55,56,57,58,59:r_data_byte[2] <= r_data_byte[2] + s1_rs232_rx;
            70,71,72,73,74,75:r_data_byte[3] <= r_data_byte[3] + s1_rs232_rx;
            86,87,88,89,90,91:r_data_byte[4] <= r_data_byte[4] + s1_rs232_rx;
            102,103,104,105,106,107:r_data_byte[5] <= r_data_byte[5] + s1_rs232_rx;
            118,119,120,121,122,123:r_data_byte[6] <= r_data_byte[6] + s1_rs232_rx;
            134,135,136,137,138,139:r_data_byte[7] <= r_data_byte[7] + s1_rs232_rx;
            150,151,152,153,154,155:stop_bit <= stop_bit + s1_rs232_rx;
            default:
                begin
                    start_bit = start_bit;
                    r_data_byte[0] <= r_data_byte[0];
                    r_data_byte[1] <= r_data_byte[1];
                    r_data_byte[2] <= r_data_byte[2];
                    r_data_byte[3] <= r_data_byte[3];
                    r_data_byte[4] <= r_data_byte[4];
                    r_data_byte[5] <= r_data_byte[5];
                    r_data_byte[6] <= r_data_byte[6];
                    r_data_byte[7] <= r_data_byte[7];
                    stop_bit = stop_bit;
                end
            endcase
        end
always@(posedge clk or negedge rst_n)//数据提取
    if(!rst_n)
        data_byte <= 8'd0;
        else if(bps_cnt == 8'd159)begin
            data_byte[0] <= r_data_byte[0][2];
```

图 17-38　（续）

```
            data_byte[1] <= r_data_byte [1][2];
            data_byte[2] <= r_data_byte[2][2];
            data_byte[3] <= r_data_byte[3][2];
            data_byte[4] <= r_data_byte[4][2];
            data_byte[5] <= r_data_byte[5][2];
            data_byte[6] <= r_data_byte[6][2];
            data_byte[7] <= r_data_byte[7][2];
        end
always@(posedge clk or negedge rst_n)              //控制逻辑
  if(!rst_n)
      uart_state <= 1'b0;
      else if(nedege)
      uart_state <= 1'b1;
      else if(rx_done || (bps_cnt == 8'd12 && (start_bit > 2)))  //接收完成或接收错误
      uart_state <= 1'b0;                          //关闭传输状态位
          else
      uart_state <= uart_state;
endmodule
```

图 17-38 （续）

以上硬件描述语言实现的 UART 接口电路原理框图如图 17-39 所示。输入/输出引脚分别为：时钟 clk，复位 rst_n(低电平有效)，串行数据引脚 rs232_rx(接收端)，串行数据引脚 rs232_tx(发送端)，并行数据引脚 data_byte_t[7:0](8 位发送数据)，并行数据引脚 data_byte_r[7:0](8 位接收数据)，波特率设置引脚 baud_set[2:0]，发送状态引脚 tx_done 和 uart_state，接收状态引脚 rx_done 以及发送使能引脚 send_en。

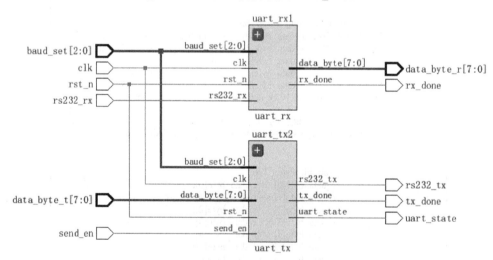

图 17-39　UART 接口电路原理框图

根据 UART 模块引脚功能可以将它们分为四类：并行数据输入/输出信号(data_byte_t[7:0]、data_byte_r[7:0])；串行数据输入/输出引脚(rs232_tx、rs232_rx)；控制信号(baud_set[2:0]、send_en)；状态信号(tx_done、uart_state、rx_done)以及时钟信号(clk、rst_n)。这些信号的时序关系如图 17-40 所示。该时序图演示了收发两端传输数据 0xaa 和 0x55 时各个信号的变化过程。

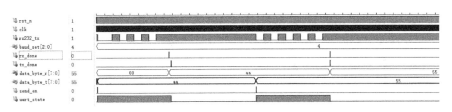

图 17-40　UART 模块传输数据 0xaa 和 0x55 时信号时序

17.3.3　UART 串行接口 IP 核设计

将 UART 模块输入/输出信号对应到 AXI 接口中,分别为数据端口、状态端口和控制端口。其中数据端口 8 位宽,对应 data_byte_t[7:0]、data_byte_r[7:0],若区分接收数据端口和发送数据端口,则占用两个端口;控制端口 3 位宽,仅对应 baud_set[2:0],send_en 信号为发送使能信号,可由内部逻辑自动产生,如写发送数据端口时,发送使能信号有效,否则无效。状态端口为 3 位,对应 uart_state、rx_done、tx_done。其中,uart_state 表示发送数据的状态,1 表示发送中,0 表示发送空闲;tx_done 表示发送结束状态,该信号为一个时钟周期的正脉冲信号;rx_done 表示接收结束状态,同样为一个时钟周期的正脉冲信号。当发送完或接收到一个数据时,需分别表示发送寄存器空和接收寄存器满状态,因此根据逻辑可利用 tx_done 和 rx_done 分别指示相应寄存器的空、满状态。另外,再次写入数据到发送寄存器或再次读取接收寄存器时,需将发送寄存器空或接收寄存器满状态清除。由此可知,基于 AXI 总线的 UART 接口需定义 4 个寄存器,各个寄存器对应的偏移地址以及有效数据位如表 17-1 所示。

表 17-1　AXI 总线 UART 接口寄存器对应的偏移地址以及有效数据位

寄存器名称	偏 移 地 址	有 效 数 据 位
发送数据寄存器	0x0	7:0(data_byte_t[7:0])
接收数据寄存器	0x4	7:0(data_byte_r[7:0])
控制寄存器	0x8	2:0(baud_rate[2:0])
状态寄存器	0xc	2:0(uart_state、rx_done、tx_done)

根据以上分析,新建 AXI 总线外设接口时,设置 AXI 从设备接口寄存器数目为 4,如图 17-41 所示。新建 AXI 总线外设接口过程在 17.1 节中已描述,此处不再赘述。

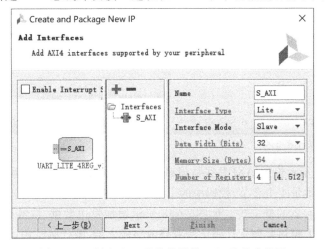

图 17-41　创建 AXI 总线外设接口 IP 核基本设置

创建好 IP 核代码框架之后,选中该 IP 核,并按鼠标右键,在如图 17-42 所示弹出菜单中选择 Edit in IP Packager 命令。这样就打开一个新的 IP 核代码编辑 Vivado 工程,在此工程中编辑 IP 核硬件描述语言代码。

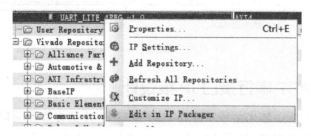

图 17-42　编辑 IP 核代码快捷菜单

AXI 总线从设备串行接口 IP 核具体修改步骤如下:

（1）修改 AXI 总线 UART 接口顶层模块,增加串行输入/输出信号定义以及 AXI 总线接口模块引脚映射,分别如图 17-43 和图 17-44 所示。

```
17      // Users to add ports here
18      input rs232_rx,
19      output rs232_tx,
20      // User ports ends
```

```
52          .rs232_rx(rs232_rx),
53          .rs232_tx(rs232_tx),
```

图 17-43　UART_LITE_4REG_v1_0.v 文件增加的引脚定义　　　　图 17-44　UART_LITE_4REG_v1_0.v 文件增加的端口映射

（2）修改 AXI 总线从设备接口模块,增加串行输入/输出信号定义,如图 17-45 所示。

（3）添加 UART 协议顶层模块、发送模块以及接收模块文件,添加之后源文件列表如图 17-46 所示。

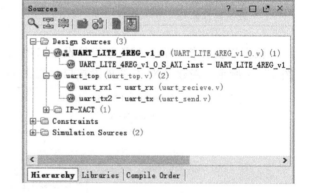

```
17      // Users to add ports here
18      input  rs232_rx,
19      output rs232_tx,
20      // User ports ends
```

图 17-45　UART_LITE_4REG_v1_0_S_AXI.v 文件增加的引脚定义　　　　图 17-46　添加 UART 模块的三个 Verilog 源文件

（4）如图 17-47 所示修改 AXI 总线从设备接口模块逻辑,其中接收数据映射到偏移地址为 4 的寄存器（每个地址 4 个字节,代码中的 1 实际代表偏移地址为 1×4）,UART 状态映射到偏移地址为 12 的寄存器的低三位。如图 17-48 所示增加发送数据、波特率设置、UART 状态逻辑描述以及 UART 模块实例化代码。所有修改完成之后,源代码结构如图 17-49 所示。

```
367        2'h1    : reg_data_out <= {24'h0, data_byte_r};
368        2'h2    : reg_data_out <= slv_reg2;
369        2'h3    : reg_data_out <= {29'h0, uart_state, rx_state, tx_state};
```

图 17-47　接收数据以及 UART 状态映射逻辑

```
    // Add user logic here
    wire [2:0] baud_set;
    wire              rx_done;
    wire              tx_done;
    wire              [7:0]data_byte_r;
    wire               [7:0]data_byte_t;
    wire              send_en;
    wire              uart_state;
    reg   rx_state;
    reg   tx_state;
    assign baud_set = slv_reg2[2:0];      //波特率设置映射
    assign send_en = slv_reg_wren &&   //发送使能
                    (axi_awaddr[ADDR_LSB+OPT_MEM_ADDR_BITS:ADDR_LSB] == 5'h00);
    assign data_byte_t = slv_reg0[7:0];   //发送数据映射
    always @(posedge S_AXI_ACLK)    //接收寄存器状态指示逻辑
    begin
        if (S_AXI_ARESETN == 1'b0)
            begin
              rx_state   <= 0;            //初始接收寄存器空
            end
        else
            begin
              if (slv_reg_rden && (axi_araddr[ADDR_LSB+OPT_MEM_ADDR_BITS:ADDR_LSB]== 5'h01))
                begin
                   rx_state <= 0;         //读完接收寄存器，接收寄存器空
                end
                else if (rx_done)         //接收到数据，接收寄存器满
                rx_state <= 1;
                else rx_state <= rx_state;
            end
    end
    always @(posedge S_AXI_ACLK)      //发送寄存器状态指示逻辑
        begin
            if (S_AXI_ARESETN == 1'b0)
                begin
                  tx_state   <= 1;          //初始发送寄存器空
                end
            else
                begin
                   if (slv_reg_wren && (axi_awaddr[ADDR_LSB+OPT_MEM_ADDR_BITS:ADDR_LSB] == 5'h00))
                    begin
                       tx_state <= 0;       //写发送寄存器后，发送寄存器满
                    end
                    else if (tx_done)       //发送完之后发送寄存器空
                    tx_state <= 1;
                    else tx_state <= tx_state;
                end
        end
    uart_top uart(.rst_n(S_AXI_ARESETN),  //UART 模块实例化
            .clk(S_AXI_ACLK),
            .rs232_tx(rs232_tx),
            .rs232_rx(rs232_rx),
            .baud_set(baud_set),
            .rx_done(rx_done),
```

图 17-48　UART_LITE_4REG_v1_0.v 文件用户逻辑代码

```
                .tx_done(tx_done),
                .data_byte_r(data_byte_r),
                .data_byte_t(data_byte_t),
                .send_en(send_en),
                .uart_state(uart_state)
                );
        // User logic ends
```

图 17-48　（续）

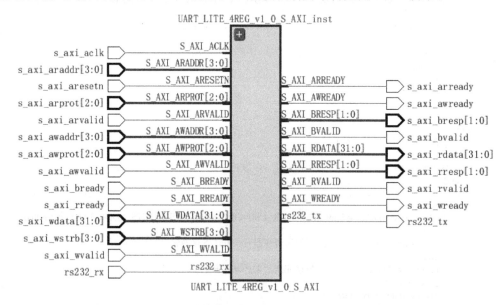

图 17-49　修改之后的代码结构

　　重新封装该 IP 核代码就得到一个实现基本 UART 功能的基于 AXI 总线外设接口 IP 核，它的输入/输出引脚如图 17-50 所示。IP 核模块引脚结构如图 17-51 所示。

图 17-50　基于 AXI 总线的用户自定义 UART 接口输入/输出引脚

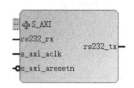

图 17-51　IP 核模块引脚结构

17.3.4 UART IP核测试嵌入式系统

UART IP核封装完成后,将该IP核应用到嵌入式系统,完成功能测试。包括两种测试:①两个用户定义UART IP核通过UART串行数据引脚互传数据;②用户定义UART IP核与其他UART IP核之间互传数据。

建立一个嵌入式系统,在该系统中添加三个用户定义UART IP核,一个Vivado提供的UART IP核实现数据互传测试,另一个Vivado提供的UART IP核作为标准输入/输出接口。用户定义UART IP核的添加方法为如图17-52所示在添加IP核窗口中输入用户创建IP核时对应的IP核名称即可,其余与其他IP核添加步骤完全相同。

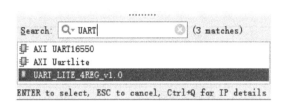

图17-52 添加用户定义UART IP核

测试用户定义UART IP核嵌入式系统电路原理框图如图17-53所示。其中,AXI_UART_LITE_1与UART_LITE_4REG_2的tx与rx互联,UART_LITE_4REG_0与UART_LITE_4REG_1的tx与rx互联。各个IP核对应基地址如图17-54所示。

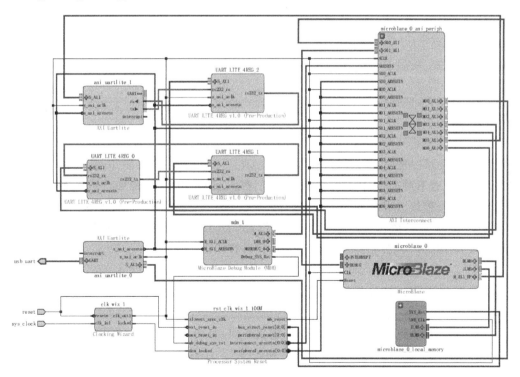

图17-53 测试用户定义UART IP核嵌入式系统电路原理框图

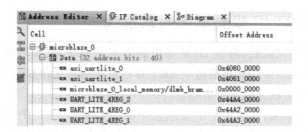

图 17-54　各个 IP 核对应基地址

查询方式 UART 通信所用各个寄存器地址如表 17-2 所示。

表 17-2　各 UART IP 核寄存器地址

IP 核实例名	寄存器名称	偏 移 地 址	物 理 地 址
UART_LITE_4REG_0	发送数据寄存器	0x0	0x44a20000
	接收数据寄存器	0x4	0x44a20004
	控制寄存器	0x8	0x44a20008
	状态寄存器	0xc	0x44a2000c
UART_LITE_4REG_1	发送数据寄存器	0x0	0x44a30000
	接收数据寄存器	0x4	0x44a30004
	控制寄存器	0x8	0x44a30008
	状态寄存器	0xc	0x44a3000c
UART_LITE_4REG_2	发送数据寄存器	0x0	0x44a40000
	接收数据寄存器	0x4	0x44a40004
	控制寄存器	0x8	0x44a40008
	状态寄存器	0xc	0x44a4000c
AXI_UART_LITE_1	发送数据寄存器	0x4	0x40610004
	接收数据寄存器	0x0	0x40610000
	控制寄存器	0xc	0x4061000c
	状态寄存器	0x8	0x40610008

由于 AXI_UART_LITE IP 核以及 UART_LITE_4REG IP 核默认波特率都是 9600bps，因此若不对这些 IP 核进行配置，它们都采用 9600bps 波特率、1 位起始位、8 位数据位、无奇偶校验位、1 位停止位的串口通信协议。

图 17-55 所示 C 语言代码为两个 UART_LITE_4REG IP 核互传数据的控制程序，该代码将 IP 核的通信状态通过标准输入/输出接口打印出来。

图 17-56 所示 C 语言代码为 UART_LITE_4REG IP 核与 AXI_UART_LITE IP 核互传数据的控制程序。该代码将 IP 核接收或发送的数据通过标准输入/输出接口打印出来。

若将 SDK terminal 连接到标准输入/输出串口，且将以上两个控制程序以及硬件比特流编程到 Nexys4 DDR 实验板可以分别得到如图 17-57 和图 17-58 所示实验现象。这表明用户自定义 UART IP 核功能正常。

```
#include "stdio.h"
#include "xil_io.h"
int main()
{
    unsigned int status;
    while(1){
        status= Xil_In32(0x44a2000c);
        xil_printf("My UART0 status is %8x\n\r",status);
        Xil_Out32(0x44a20000,0xaa);
        status= Xil_In32(0x44a2000c);
        xil_printf("My UART0 status is %8x\n\r",status);
        status=Xil_In32(0x44a20004);
        xil_printf("My UART0 recieved data is %8x\n",status);
        status= Xil_In32(0x44a2000c);
        xil_printf("My UART0 status is %8x\n\r",status);
        status=Xil_In32(0x44a3000C);
        xil_printf("My UART1 status is %8x\n",status);
        if((status&0x2)==0x2)
        status= Xil_In32(0x44A30004);
        xil_printf("My UART1 recieved data is %8x\n",status);
        Xil_Out32(0x44A30000,0x55);
    }
}
```

图 17-55　两个 UART_LITE_4REG IP 核互传数据的 C 语言源代码

```
#include "stdio.h"
#include "xil_io.h"
int main()
{
    unsigned int status;
    Xil_Out32(0x4061000c,0x3);
    while(1){
        Xil_Out32(0x44a40000,0xa5);
        xil_printf("My_UART sent data is 0xa5\n");
        while((Xil_In32(0x40610008)&0x1)!=0x1);
        status= Xil_In32(0x40610000);
        xil_printf("UART_lite1 recieved data is %8x\n",status);
        Xil_Out32(0x40610004,0xa5);
        xil_printf("UART_lite1 sent data is 0xa5\n");
        while((Xil_In32(0x44a4000c)&0x2)!=0x2);
        status= Xil_In32(0x44a40004);
        xil_printf("My_UART recieved data is %8x\n",status);
    }
}
```

图 17-56　UART_LITE_4REG IP 核与 AXI_UART_LITE IP 核互传数据控制程序

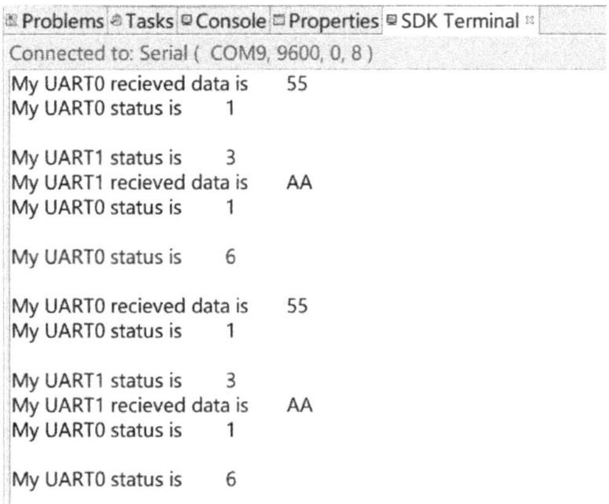

图 17-57　两个 UART_LITE_4REG IP 核互传数据实验现象

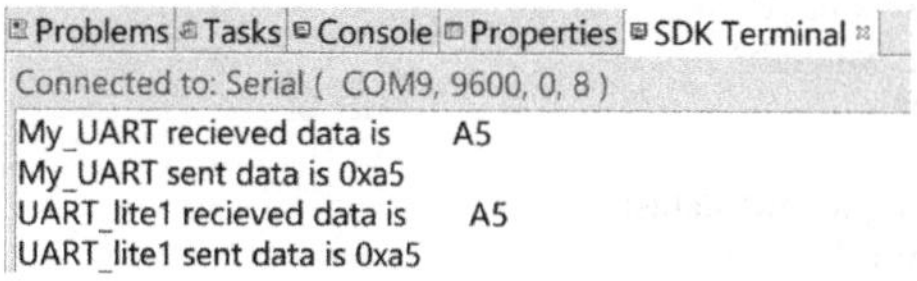

图 17-58　UART_LITE_4REG IP 核与 AXI_UART_LITE IP 核互传数据实验现象

17.4　自定义 AXI 总线语音输入/输出接口 IP 核实验示例

17.4.1　实验要求

基于 Nexys4 DDR 实验板板载语音输入/输出模块，设计支持 AXI 总线从设备接口的 PDM 语音输入 IP 核和 PWM 语音输出 IP 核，并且将这两个 IP 核作为嵌入式系统的两个外设接口，实现语音录制以及语音播放功能。

17.4.2　实验条件

PDM 语音输入硬件描述语言 Verilog 代码如图 17-59 所示。该模块输入/输出信号时序如图 17-60 所示。

```verilog
module PdmDes(clk_i,en_i,done_o,data_o,pdm_m_clk_o,pdm_m_data_i,pdm_lrsel_o,pdm_clk_rising_o);
parameter C_NR_OF_BITS = 16;           //PDM 输出并行数据位宽
parameter C_SYS_CLK_FREQ_MHZ =100; //系统时钟频率MHz
parameter C_PDM_FREQ_HZ = 2000000;   //PDM 采样频率
input clk_i,en_i,pdm_m_data_i;
output done_o,pdm_m_clk_o,pdm_lrsel_o;
output reg pdm_clk_rising_o;
output reg [C_NR_OF_BITS-1:0] data_o;
reg[6:0] cnt_clk;
reg clk_int;
reg pdm_clk_rising;
reg [C_NR_OF_BITS-1:0] pdm_tmp;
reg [4:0] cnt_bits;
reg [2:0] pdm_clk_rising_reg;
reg en_int ;
reg done_int ;
assign pdm_lrsel_o = 0;
always @(posedge clk_i)
en_int <= en_i;
always @(posedge clk_i)
if(pdm_clk_rising)
pdm_tmp <= {pdm_tmp[C_NR_OF_BITS-2 :0],pdm_m_data_i};
always @(posedge clk_i)
    begin
        if(~en_int)
            cnt_bits <= 7'h0;
            else if(pdm_clk_rising)
                    if (cnt_bits == (C_NR_OF_BITS-1))
                        cnt_bits <= 7'h0;
                    else cnt_bits <= cnt_bits +1;
    end
```

图 17-59　PDM 语音输入硬件描述语言 Verilog 代码

```
always @(posedge clk_i)
        begin
            if(pdm_clk_rising)
                if (cnt_bits == 7'h0)
                begin
                    if(en_int)
                        begin
                        done_int <= 1;
                        data_o <= pdm_tmp;
                            end
                        end
                    else done_int <=0;
                end
assign done_o = done_int;
always @(posedge clk_i)
        begin
            if (cnt_clk == (((C_SYS_CLK_FREQ_MHZ*1000000)/(C_PDM_FREQ_HZ*2))-1))
                begin
                    cnt_clk <= 0;
                    clk_int <= ~clk_int;
                if (~clk_int)
                        pdm_clk_rising <= 1'b1;
                    end
                else begin
                    cnt_clk <= cnt_clk +1;
                    pdm_clk_rising <= 1'b0;
                    end
            end
assign pdm_m_clk_o = clk_int;
always @(posedge clk_i)
    pdm_clk_rising_reg <= {pdm_clk_rising_reg[1:0],pdm_clk_rising};
always @(posedge clk_i)
    pdm_clk_rising_o <= (pdm_clk_rising_reg[0] | pdm_clk_rising_reg[1]) &(~ pdm_clk_rising_reg[2]);
initial
    begin
        clk_int =0;
        cnt_clk = 0;
    end
endmodule
```

图 17-59 （续）

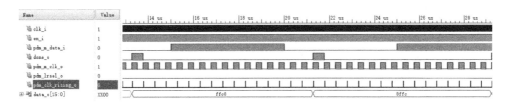

图 17-60 PDM 语音输入 Verilog 代码对应模块的输入/输出信号时序

PWM 语音输出硬件描述语言 Verilog 代码如图 17-61 所示。该模块输入/输出信号时序如图 17-62 所示。

```verilog
module PdmSer(clk_i,en_i,done_o,data_i,pwm_audio_o);
    parameter C_NR_OF_BITS = 16;
    parameter C_SYS_CLK_FREQ_MHZ =100;
    parameter C_PDM_FREQ_HZ = 2000000;
    input clk_i,en_i;
    output done_o,pwm_audio_o;
    input [C_NR_OF_BITS-1:0] data_i;
    reg [7:0] cnt_clk;
    reg clk_int;
    reg pdm_clk_rising;
    reg [C_NR_OF_BITS-1:0] pdm_s_tmp;
    reg [4:0] cnt_bits;
    reg en_int,done_int;
    always @(posedge clk_i)
        en_int <= en_i;
    always @(posedge clk_i )
        begin
            if (~en_int)
                cnt_bits <= 0;
            else if (pdm_clk_rising)
                    if(cnt_bits == (C_NR_OF_BITS-1) )
                        cnt_bits <= 0;
                    else cnt_bits <= cnt_bits + 1;
        end
    always @(posedge clk_i)
    begin
        if (pdm_clk_rising)
            begin
                if(cnt_bits == (C_NR_OF_BITS-1) )
                    done_int <= 1;
            end
        else done_int <= 0;
    end
    assign done_o = done_int;
    always @(posedge clk_i)
    begin
        if (pdm_clk_rising)
            if (cnt_bits == 0)
            pdm_s_tmp <= data_i;
            else pdm_s_tmp <= {pdm_s_tmp[C_NR_OF_BITS-2 :0],1'b0};
    end
assign pwm_audio_o = (pdm_s_tmp[C_NR_OF_BITS-1:C_NR_OF_BITS-1] == 0)?0:1'b1;
    always @(posedge clk_i)
        if(~en_int)
            begin
                cnt_clk <= 0;
                pdm_clk_rising <= 0;
            end
        else if(cnt_clk == (((C_SYS_CLK_FREQ_MHZ*1000000)/C_PDM_FREQ_HZ)-1) )
                begin
                    cnt_clk <=0;
                    pdm_clk_rising <= 1;
                end
                else begin
                    cnt_clk <= cnt_clk +1;
                    pdm_clk_rising <= 0;
                end
    initial
    begin
        clk_int = 0;
        cnt_bits = 0;
    end
endmodule
```

图 17-61　PWM 语音输出硬件描述语言 Verilog 代码

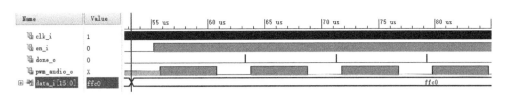

图 17-62　PWM 语音输出模块输入/输出信号时序

17.4.3　PDM 语音输入 IP 核设计

图 17-59 所示硬件描述语言实现的 PDM 语音输入模块的输入/输出信号包括时钟输入
(clk_i)；串行语音接口信号——pdm 采样时钟信号输出(pdm_m_clk_o)、通道选择信号输
出(pdm_lrsel_o)、串行语音信号输入(pdm_m_data_i)；模块使能控制信号输入(en_i)；并
行语音输出信号(data_o)；模块串并转换状态信号输出(done_o)以及采样时钟上升沿指示
信号输出(pdm_clk_rising_o)。模块串并转换状态信号(done_o)仅在串并转换结束时出现
一个正脉冲，可将该信号作为状态信号或中断请求信号。

若将 PDM 语音输入模块作为 AXI 总线从设备外设接口的用户逻辑部分，则 AXI 总线
从设备接口需要设置一个数据输入端口对应 data_o、一个控制端口对应 en_i、一个状态端口
对应 done_o。状态端口的逻辑为：当 done_o 出现正脉冲时设置为 1；当数据端口数据被读
入后，状态端口恢复为 0，表示没有新的转换数据。

因此创建该模块 AXI 总线从设备接口时，设置 4 个寄存器，且 3 个寄存器具有意义：
并行语音输入 16 位数据对应到数据寄存器的低 16 位；模块使能信号对应控制寄存器的
最低位；串并转换状态信号对应状态寄存器的最低位。各个寄存器偏移地址如表 17-3
所示。

表 17-3　AXI 总线从设备 PDM 语音输入接口 IP 核寄存器映射

寄存器名称	偏移地址	有效数据位
数据输入寄存器	0x0	[15:0]
控制寄存器	0x4	[0:0]
状态寄存器	0x8	[0:0]

AXI 总线从设备 PDM 语音输入接口 IP 核在 Vivado 代码框架下需修改或添加的代码
分别如图 17-63～图 17-67 所示。修改完之后添加 PDM 语音输入硬件描述语言文件，添加
完之后得到如图 17-68 所示源文件结构。

```
17        // Users to add ports here
18        input pdm_m_data_i,
19        output pdm_m_clk_o,
20        output pdm_lrsel_o,
21        // User ports ends
```

```
53        .pdm_m_data_i(pdm_m_data_i),
54        .pdm_m_clk_o(pdm_m_clk_o),
55        .pdm_lrsel_o(pdm_lrsel_o),
```

图 17-63　顶层模块 AUDIO_PDM_v1_0.v　　　图 17-64　顶层模块 AUDIO_PDM_v1_0.v 实例化
　　　　　增加的引脚定义　　　　　　　　　　　　AXI 从设备接口增加的引脚映射

```
17      // Users to add ports here
18      input pdm_m_data_i,
19      output pdm_m_clk_o,
20      output pdm_lrsel_o,
21      // User ports ends
```

图 17-65　从设备接口模块 AUDIO_PDM_v1_0_S_AXI.v 增加的引脚定义

```
367     2'h0    : reg_data_out <= {16'h0, para_data};
368     2'h1    : reg_data_out <= slv_reg1;
369     2'h2    : reg_data_out <= {31'h0, done};
```

图 17-66　从设备接口模块 AUDIO_PDM_v1_0_S_AXI.v 修改的输入逻辑

```
// Add user logic here
wire en_des,done_des;
reg done;
wire [15:0] para_data;
assign en_des = slv_reg1[0:0];
wire pdm_clk_rising_o;
always @(posedge S_AXI_ACLK)
begin
        if (S_AXI_ARESETN == 1'b0)
          begin
          done <= 0;        // 初始化接收寄存器空
          end
        else
          begin
          if (slv_reg_rden && (axi_araddr[ADDR_LSB+OPT_MEM_ADDR_BITS:ADDR_LSB] == 2'h0))
            begin
          done <= 0;        // 读取接收寄存器，接收寄存器空
        end
        else if(done_des)
            done <= 1;      // 转换结束，接收寄存器满
        end
end
PdmDes U1(.clk_i(S_AXI_ACLK),
          .en_i(en_des),
          .done_o(done_des),
          .data_o(para_data),
          .pdm_m_clk_o(pdm_m_clk_o),
          .pdm_m_data_i(pdm_m_data_i),
          .pdm_lrsel_o(pdm_lrsel_o),
          .pdm_clk_rising_o(pdm_clk_rising_o)
          );
// User logic ends
```

图 17-67　从设备接口模块 AUDIO_PDM_v1_0_S_AXI.v 增加的用户逻辑

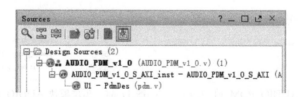

图 17-68　添加完 PDM 语音输入硬件描述语言模块后的源文件结构

17.4.4　PWM 语音输出 IP 核设计

图 17-61 所示硬件描述语言实现的 PWM 语音输出模块输入/输出信号包括时钟输入（clk_i），串行语音接口信号——pwm 串行语音信号输出（pwm_audio_o），模块使能控制信号输入（en_i），并行语音输入信号（data_i），模块并串转换状态信号输出（done_o）。模块并串转换状态信号（done_o）仅在并串转换结束时出现一个正脉冲，可将该信号作为状态信号或中断请求信号。

若将 PWM 语音输出模块作为 AXI 总线从设备外设接口用户逻辑部分，则 AXI 总线从设备接口需要设置一个数据输出端口对应 data_i、一个控制端口对应 en_i、一个状态端口对应 done_o。状态端口逻辑为：当 done_o 出现正脉冲时置为 1；当数据端口写入数据后，状态端口恢复为 0，表示新的数据没有转换结束，且系统复位时，状态位为 1，表示可以接收新的数据进行并串转换。

因此创建 AXI 总线从设备接口时，设置 4 个寄存器，且 3 个寄存器具有意义：并行语音输出 16 位数据对应数据寄存器低 16 位，模块使能信号对应控制寄存器最低位，并串转换状态信号对应状态寄存器最低位，且各个寄存器偏移地址如表 17-4 所示。

表 17-4　AXI 总线从设备 PWM 语音输出接口 IP 核寄存器映射

寄存器名称	偏移地址	有效数据位
数据输出寄存器	0x0	[15:0]
控制寄存器	0x4	[0:0]
状态寄存器	0x8	[0:0]

AXI 总线从设备 PWM 语音输出接口 IP 核在 Vivado 代码框架下需修改或增加的代码分别如图 17-69～图 17-73 所示，修改完之后添加 PWM 语音输出硬件描述语言文件，添加完之后得到如图 17-74 所示源文件结构。

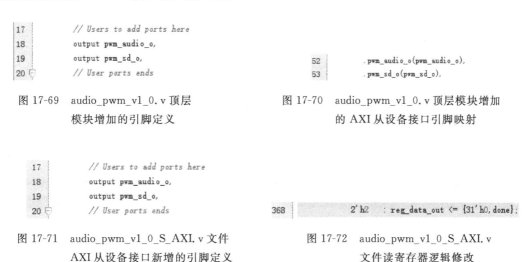

图 17-69　audio_pwm_v1_0.v 顶层
模块增加的引脚定义

图 17-70　audio_pwm_v1_0.v 顶层模块增加
的 AXI 从设备接口引脚映射

图 17-71　audio_pwm_v1_0_S_AXI.v 文件
AXI 从设备接口新增的引脚定义

图 17-72　audio_pwm_v1_0_S_AXI.v
文件读寄存器逻辑修改

```
        // Add user logic here
wire en_ser;
assign en_ser = slv_reg1[0:0];
assign pwm_sd_o = en_ser;
reg done;
wire [15:0] para_data;
wire done_ser;
always @(posedge S_AXI_ACLK)
begin
    if (S_AXI_ARESETN == 1'b0)
      begin
        done    <= 1;          //初始发送寄存器空
      end
    else
      begin
        if (slv_reg_wren && (axi_awaddr[ADDR_LSB+OPT_MEM_ADDR_BITS:ADDR_LSB] == 2'h0))
          begin
            done <= 0;         //发送数据中，发送寄存器满
          end
        else if (done_ser)
          done <= 1;           //发送结束，发送寄存器空
      end
end
assign para_data = slv_reg0[15:0];
PdmSer U2(.clk_i(S_AXI_ACLK),
          .en_i(en_ser),
          .done_o(done_ser),
          .data_i(para_data),
          .pwm_audio_o(pwm_audio_o)
          );
        // User logic ends
```

图 17-73　audio_pwm_v1_0_S_AXI.v 文件用户逻辑代码

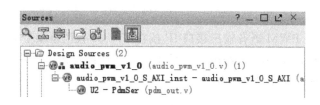

图 17-74　PWM IP 核源文件结构

17.4.5　语音输入/输出 IP 核测试嵌入式系统

为达到实验要求存储语音数据，嵌入式系统除了添加用户定义语音 IP 核之外，还需添加 DDR2 存储器控制 IP 核。PDM 语音输入 IP 核添加方法如图 17-75 所示，PWM 语音输出 IP 核添加方法如图 17-76 所示。

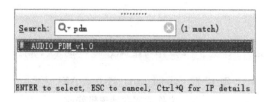

图 17-75　添加 PDM 语音输入 IP 核模块

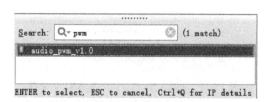

图 17-76　添加 PWM 语音输出 IP 核模块

支持语音输入/输出测试的嵌入式系统硬件电路框图如图 17-77 所示。各个外设模块对应基地址映射如图 17-78 所示。

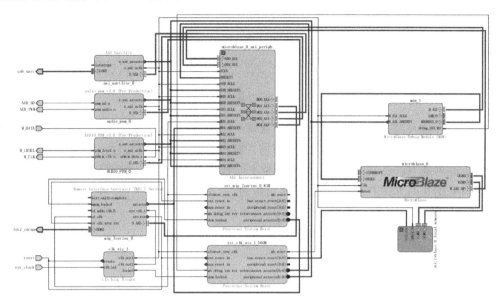

图 17-77 PDM 语音输入 PWM 语音输出测试嵌入式系统

图 17-78 语音输入/输出嵌入式系统各模块地址映射

语音输入/输出模块寄存器地址映射对应关系如表 17-5 所示。

表 17-5 语音输入/输出模块寄存器地址映射对应关系

模 块 名	寄存器名称	寄存器地址	有效数据位
Audio_PDM	数据寄存器	0x44a00000	[15:0]
	控制寄存器	0x44a00004	[0:0]
	状态寄存器	0x44a00008	[0:0]
Audio_PWM	数据寄存器	0x44a10000	[15:0]
	控制寄存器	0x44a10004	[0:0]
	状态寄存器	0x44a10008	[0:0]

完成嵌入式系统硬件设计之后,需对 PDM 语音输入、PWM 语音输出模块的外设接口引脚进行引脚约束,根据 Nexys4 DDR 实验板语音输入模块以及语音输出模块的引脚设置,语音模块引脚约束如图 17-79 所示。设计过程中需要新增一个空白约束文件,并将这些约束代码添加到该空白约束文件。保存设计并将硬件框图转换为 HDL Wrapper,之后就可以

直接生成硬件比特流，并导出到 SDK 中。

```
#全向传声器
set_property -dict { PACKAGE_PIN J5      IOSTANDARD LVCMOS33 } [get_ports { M_CLK }];
set_property -dict { PACKAGE_PIN H5      IOSTANDARD LVCMOS33 } [get_ports { M_DATA }]; set_property
-dict { PACKAGE_PIN F5      IOSTANDARD LVCMOS33 } [get_ports { M_LRSEL }];
#PWM音频放大器
set_property -dict { PACKAGE_PIN A11     IOSTANDARD LVCMOS33 } [get_ports { AUD_PWM }];
set_property -dict { PACKAGE_PIN D12     IOSTANDARD LVCMOS33 } [get_ports { AUD_SD }];
```

图 17-79　语音输入/输出模块引脚约束

由于语音输入/输出 IP 核都具有控制端口——使能与否，因此为完成语音输入/输出测试，首先必须写控制寄存器，启用这两个模块。同时也必须检测语音输入是否得到新的数据以及语音输出是否已经结束，然后才能分别进行语音数据的读入或写出。图 17-80 所示 C 语言代码采用查询方式进行语音输入/输出控制。

```
#include "stdio.h"
#include "xil_io.h"
int main()
{
int data;
Xil_Out32(0x44a00004,0x1);                 //开启PDM语音输入
Xil_Out32(0x44a10004,0x1);                 //开启PWM语音输出
while(1){
    while((Xil_In32(0x44a00008)&0x1)!=0x1); //检测是否得到新的语音数据
    data=Xil_In32(0x44a00000);              //读取语音数据
    while((Xil_In32(0x44a10008)&0x1)!=0x1); //检测是否可以输出新的语音数据
    Xil_Out32(0x44a10000,data);             //输出语音数据
    }
}
```

图 17-80　PDM 语音输入 PWM 语音输出控制程序 C 语言源码

图 17-81 所示 C 语言代码采用查询方式连续读取 PDM IP 核获取一段语音数据并保存在 DDR2 存储器中，然后再连续输出到 PWM IP 核回放这段录制的语音数据。

```
#include "stdio.h"
#include "xil_io.h"
int main()
{
u32 addr;
u16 data;
Xil_Out32(0x44a00004,0x1);
for(addr=0x80000000;addr<0x80100000;addr=addr+2){
    while((Xil_In32(0x44a00008)&0x1)!=0x1);
    data=Xil_In16(0x44a00000);
    Xil_Out16(addr,data);
    }//语音录制并保存在DDR2存储器中
xil_printf("the rec addr is %x\r\n",addr);
Xil_Out32(0x44a10004,0x1);
for(addr=0x80000000;addr<0x80100000;addr=addr+2){
    data=Xil_In16(addr);
    while((Xil_In32(0x44a10008)&0x1)!=0x1);
    Xil_Out16(0x44a10000,data);
    }//从DDR2存储器中读出语音数据回放
xil_printf("the play addr is %x\r\n",addr);
return 1;
}
```

图 17-81　PDM 语音录制 PWM 语音回放控制程序 C 语言程序

若将以上两个应用程序分别编程到 FPGA,并且将声源放置在 Nexys4 DDR 实验板的 AUDIO 模块上方,耳机或音箱连接到 Nexys4 DDR 实验板的语音输出孔,则可以分别观察到对应的实验现象。

17.5 实验任务

1. 实验任务一

将 Verilog 硬件描述语言实现的某数字电路功能模块(如多功能数字钟、DDS 函数发生器)封装为 AXI 总线从设备接口 IP 核,并由 MicroBlaze 微处理器通过 AXI 总线编程控制这些 IP 核(如设置数字钟的时间、闹铃时间、时制,读取当前时间参数,运行模式等;设置 DDS 函数发生器输出信号的频率、幅度、相位,读取输出函数的当前参数等)。

2. 实验任务二

设计简易计算器 IP 核 AXI 总线从设备,该 IP 核输入 Nexys4 DDR 实验板的两组 8 位开关表示的二进制数,输出二进制计算结果到 16 位 LED。IP 核接收 MicroBlaze 微处理器的控制,根据控制信号的不同分别实现不同的二进制数运算,运算结果、运算状态以及输入数据可被微处理器读出。要求至少支持加、减、乘、除四种无符号数运算,乘法运算结果包含高 8 位和低 8 位,除法运算结果包含商和余数。

3. 实验任务三

已知 PS2 键盘按键扫描码获取 Verilog 硬件描述语言代码如图 17-82 和图 17-83 所示,该模块的电路原理框图以及输入/输出引脚如图 17-84 所示。其中,kclk 为 PS2 接口时钟信号,kdata 为 PS2 接口数据信号,clk 为 100MHz 系统时钟信号,keycodeout[31:0] 为输出的扫描码。扫描码 32 位数据中的最低 8 位为最近输入按键的扫描码,高 24 位依次为前三次输入按键的扫描码。

```
'timescale 1ns / 1ps
module PS2Receiver(
    input clk,
    input kclk,
    input kdata,
    output [31:0] keycodeout
    );
  wire kclkf, kdataf;
    reg [7:0]datacur;
    reg [7:0]dataprev;
    reg [3:0]cnt;
    reg [31:0]keycode;
    reg flag;
    initial begin
        keycode[31:0]<=0'h00000000;
        cnt<=4'b0000;
        flag<=1'b0;
    end
debouncer debounce(
    .clk(clk),
    .I0(kclk),
    .I1(kdata),
    .O0(kclkf),
    .O1(kdataf)
```

图 17-82 PS2 顶层模块硬件描述语言代码

```
);
always@(negedge(kclkf))begin
    case(cnt)
    0:;//Start bit
    1:datacur[0]<=kdataf;
    2:datacur[1]<=kdataf;
    3:datacur[2]<=kdataf;
    4:datacur[3]<=kdataf;
    5:datacur[4]<=kdataf;
    6:datacur[5]<=kdataf;
    7:datacur[6]<=kdataf;
    8:datacur[7]<=kdataf;
    9:flag<=1'b1;
    10:flag<=1'b0;
    endcase
        if(cnt<=9) cnt<=cnt+1;
        else if(cnt==10) cnt<=0;
end
always @(posedge flag)begin
    if (dataprev!=datacur)begin
        keycode[31:24]<=keycode[23:16];
        keycode[23:16]<=keycode[15:8];
        keycode[15:8]<=dataprev;
        keycode[7:0]<=datacur;
        dataprev<=datacur;
    end
end
assign keycodeout=keycode;
endmodule
```

图 17-82　（续）

```
'timescale 1ns / 1ps
module debouncer(
    input clk,
    input I0,
    input I1,
    output reg O0,
    output reg O1
    );
    reg [4:0]cnt0, cnt1;
    reg Iv0=0,Iv1=0;
    reg out0, out1;
    always@(posedge(clk))begin
        if (I0==Iv0)begin
            if (cnt0==19)O0<=I0;
            else cnt0<=cnt0+1;
        end
        else begin
            cnt0<="00000";
            Iv0<=I0;
        end
        if (I1==Iv1)begin
                if (cnt1==19)O1<=I1;
                else cnt1<=cnt1+1;
            end
            else begin
                cnt1<="00000";
                Iv1<=I1;
            end
    end
endmodule
```

图 17-83　PS2 子模块硬件描述语言代码

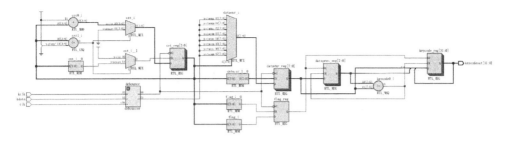

图 17-84　PS2 模块电路原理框图以及输入/输出引脚

要求将 PS2 键盘模块修改并封装为 AXI 总线从设备接口。当有新的按键按下后,状态信号为 1;CPU 读走按键扫描码后,状态信号恢复 0。采用查询方式设计 C 语言程序输入按键扫描码,并将扫描码输出到嵌入式系统标准输出接口。

17.6　思考题

1. 自定义 AXI 总线从设备接口 IP 核时,硬件描述语言读写各个寄存器对应的地址为 0、1、2、3 等,为什么通过 AXI 总线访问各个寄存器的偏移地址对应为 0、4、8、12 等?

2. 自定义 AXI 总线从设备接口 IP 核时,为什么要在 IP 核顶层文件中和 AXI 从设备接口实例中增加同样的外设接口引脚定义? 能否采用其他方式实现外设接口引脚定义?

3. 为什么用户逻辑模块通常作为 AXI 总线从设备接口模块的子模块,而不是 AXI 总线从设备 IP 核顶层模块的子模块?

4. PS2 接口 IP 核封装时,可以将 Verilog 硬件描述语言代码中哪个信号作为该 IP 核接收到一个新数据的状态指示信号?

## 第 18 章

VGA 显示接口

学习目标：掌握 VGA 控制器工作原理，了解 VGA 字符显示、图形显示原理，掌握 VGA 接口设计以及编程控制。

18.1 VGA 接口控制器 TFT IP 核

18.1.1 工作原理

AXI TFT 是 Xilinx 公司提供的支持 256k 色显示控制器 IP 核。它既是 AXI 总线主设备——通过 AXI 总线读取显存数据，也是 AXI 总线从设备——由 CPU 通过 AXI 总线读写 TFT IP 核寄存器实现对 IP 核的控制。TFT IP 核仅支持 25MHz 时钟频率，即支持的 VGA 显示分辨率为 640×480，刷新频率为 60Hz。

TFT IP 核的基本结构框图如图 18-1 所示，包括 AXI 主/从设备接口、从设备寄存器、TFT 控制逻辑、行缓存、行/场同步控制、TFT 接口逻辑等模块。其中，VGA 接口输出信号中的 tft_vga_r、tft_vga_b、tft_vga_g 都为 6 位宽，AXI 总线接口可支持 32 位、64 位、128 位等不同数据位宽。

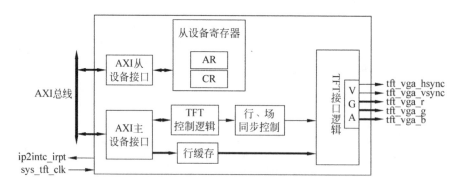

图 18-1　TFT IP 核的基本结构框图

TFT 显示数据流控制框图如图 18-2 所示。AXI 总线主设备接口通过 AXI 总线突发方式读取一行显存数据，大小为 1024 个像素，每个像素 32 位（分别对应 6 位红色、6 位蓝色、6 位绿色，其余位没有定义）。然后将无效数据位丢弃并两个像素合并为一个数据，即每个数据包含红、绿、蓝三色各 12 位,通过 9 位地址寻址行缓冲,将有效数据位送入行缓冲相应存储单元。TFT 接口控制逻辑采用 10 位地址寻址行缓冲中的数据,每个数据包含红、绿、蓝三色各 6 位。当 TFT 接口控制逻辑读取完一个行缓冲区,产生新的行获取信号,该信号通过 TFT 控制逻辑模块触发 AXI 主设备接口再次读取显存数据,依此周而复始。

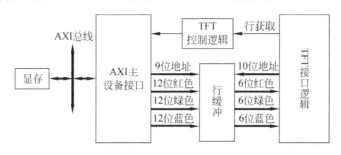

图 18-2 TFT 显示数据流控制框图

TFT IP 核要求显存组织方式为 1024 列×512 行。640×480 VGA 接口仅前 640 列和前 480 行的数据有效。显存中每个像素的颜色信息采用表 18-1 所示方式表示。

表 18-1 像素在显示存储器中的表示

像素数据存储地址	数 据 位	含 义	VGA 接口引脚
显存基地址+(行×1024+列)×4 (每行 1024 个像素,每个像素 4 个字节)	[31:24]	未定义	
	[23:18]	红色	R[5:0]
	[17:16]	未定义	
	[15:10]	绿色	G[5:0]
	[9:8]	未定义	
	[7:2]	蓝色	B[5:0]
	[1:0]	未定义	

TFT IP 核内部寄存器包括 AR 寄存器(显存高位地址)、CR 寄存器(显示属性控制)、IESR 寄存器(中断状态控制)。它们的偏移地址如表 18-2 所示。

表 18-2 从设备主要寄存器偏移地址

寄存器名称	偏移地址	含 义
AR	0	显存基地址
CR	4	显示属性控制
IESR	8	VSYNC 中断使能标志、中断状态标志

TFT IP 核默认显存容量为 2MB,因此 AR 寄存器仅存储显存地址高 11 位,低 21 位为 0,具体存放位置如图 18-3 所示。AR 寄存器默认值为 0x00000000。

图 18-3 AR 寄存器

CR 寄存器控制 TFT 显示控制器的扫描模式和显示、关闭状态。TDE 位控制显示还是关闭,1 表示正常显示;0 表示关闭显示。DPS 控制扫描方式,0 表示正常扫描(从左到右),1 表示反方向的扫描(屏幕旋转 180°)。各位具体位置如图 18-4 所示。CR 寄存器的默认值为 0x01。

图 18-4　CR 寄存器

IESR 寄存器表示 Vsync 的中断使能状态和中断状态。当使能 Vsync 中断时,表示每显示完一帧数据,产生一次中断。IE 为 1 表示中断使能,IS 为 1 表示产生了中断,即当前一帧数据已经显示完毕,可以改变显存地址。各位具体位置如图 18-5 所示。

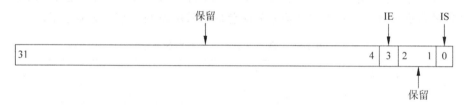

图 18-5　IESR 寄存器

18.1.2　TFT IP 核配置

添加 TFT IP 核的方式如图 18-6 所示。在添加 IP 核窗口中输入 TFT,就可以定位到 TFT IP 核。

图 18-6　查找 TFT IP 核

TFT IP 核参数配置如图 18-7 所示。它支持 VGA 和 DVI 两种显示输出接口,本书仅介绍 VGA 输出接口,因此选择 VGA 接口输出。AXI 总线采用 32 位,此处 TFT AXI 总线主设备接口地址总线和数据总线都配置为 32 位宽,突发数据长度采用默认值。

18.1.3　TFT IP 核 API 函数

Xilinx SDK 提供了 TFT API 函数,函数名称以及基本功能描述如图 18-8 所示。详细功能描述以及参数描述请读者参阅 SDK TFT 函数源码及注释。

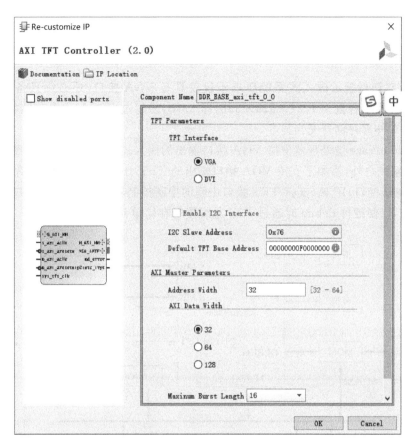

图 18-7　TFT IP 核参数配置

XTft_Config ***XTft_LookupConfig**(u16 DeviceId);　　　　　　　　　　　　　　//查找 TFT 设备配置参数
int **XTft_CfgInitialize**(XTft *InstancePtr, XTft_Config *ConfigPtr, UINTPTR EffectiveAddr);
//TFT 设备初始化，配置参数以及 TFT 设备有效地址
void **XTft_SetPos**(XTft *InstancePtr, u32 ColVal, u32 RowVal);　　　　　　　　　//设置显示像素位置
void **XTft_SetPosChar**(XTft *InstancePtr, u32 ColVal, u32 RowVal);　　　　　　　//设置字符显示位置
void **XTft_SetColor**(XTft *InstancePtr, u32 FgColor, u32 BgColor);　　　　　　　//设置字符显示前景色、背景色
void **XTft_SetPixel**(XTft *InstancePtr, u32 ColVal, u32 RowVal, u32 PixelVal);　　//控制一个像素的显示
void **XTft_GetPixel**(XTft *InstancePtr, u32 ColVal, u32 RowVal, u32* PixelVal);　　//获取某个像素颜色信息
void **XTft_Write**(XTft *InstancePtr, u8 CharValue);　　　　　　　　　　　　　//输出 ASCII 字符
void **XTft_Scroll**(XTft *InstancePtr);　　　　　　　　　　　　　　　　　　//向上滚屏一行
void **XTft_ClearScreen**(XTft *InstancePtr);　　　　　　　　　　　　　　　　//清除屏幕信息
void **XTft_FillScreen**(XTft* InstancePtr, u32 ColStartVal, u32 RowStartVal,u32 ColEndVal, u32 RowEndVal,
　　　　　u32 PixelVal);　　　　　　　　　　　　　　　　　　　　　　　//设置屏幕某区域像素为同一颜色
void **XTft_EnableDisplay**(XTft *InstancePtr);　　　　　　　　　　　　　　　//使能显示输出，控制 TDE
void **XTft_DisableDisplay**(XTft *InstancePtr);　　　　　　　　　　　　　　　//关闭显示输出，控制 TDE
void **XTft_ScanReverse**(XTft* InstancePtr);　　　　　　　　　　　　　　　　//反方向扫描屏幕，控制 TPS
void **XTft_ScanNormal**(XTft* InstancePtr);　　　　　　　　　　　　　　　　//正常扫描屏幕，控制 TPS
void **XTft_SetFrameBaseAddr**(XTft *InstancePtr, UINTPTR NewFrameBaseAddr);　//配置显存基地址
void **XTft_WriteReg**(XTft* InstancePtr, u32 RegOffset, u32 Data);　　　　　　　//写 TFT 寄存器
u32 **XTft_ReadReg**(XTft* InstancePtr, u32 RegOffset);　　　　　　　　　　　//读 TFT 寄存器
void **XTft_IntrEnable**(XTft* InstancePtr);　　　　　　　　　　　　　　　　//使能 TFT 中断
void **XTft_IntrDisable**(XTft* InstancePtr);　　　　　　　　　　　　　　　　//关闭 TFT 中断
int **XTft_GetVsyncStatus**(XTft* InstancePtr);　　　　　　　　　　　　　　　//查询 Vsync 状态

图 18-8　TFT API 函数列表

18.2 VGA 接口嵌入式系统

VGA 接口图形显示嵌入式系统要求不仅仅具备 VGA 接口，还必须具备显存。TFT IP 核要求显存最小容量为 $1024 \times 512 \times 32b$，即 2MB，易超过 FPGA 片内存储容量，因此必须配置 FPGA 外部存储器充当显存。

基于 MicroBlaze 微处理器支持 VGA 接口输出的嵌入式系统基本结构如图 18-9 所示。它除了最小系统之外，添加了支持 VGA 接口输出的 TFT IP 核、支持 DDR2 存储芯片接口的 MIG（存储器接口）IP 核、支持 TFT 接口中断的中断控制器，并且将调试接口 MDM 连接到 AXI 总线，以便硬件 debug 时通过 AXI 总线读写存储单元。

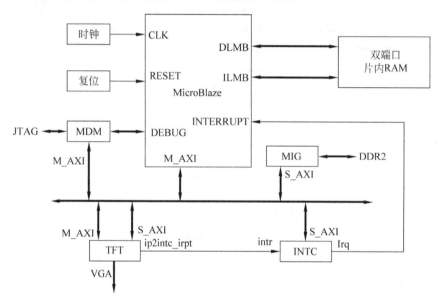

图 18-9 支持 VGA 接口图形输出的嵌入式系统基本结构

18.3 实验示例

18.3.1 实验要求

利用 TFT IP 核 VGA 接口控制显示制式为 $640 \times 480@60Hz$ 的显示器显示不同颜色直线、不同颜色字符以及图像等。

18.3.2 硬件平台搭建

基于最小嵌入式系统将 MDM 模块配置为支持 AXI 总线存储单元读写，具体步骤为双击 MDM IP 核，在如图 18-10 所示弹出配置窗口中勾选支持 AXI 总线存储单元读写。

在图 14-69 基础上按照图 18-6 所示添加 TFT IP 核以及图 18-7 所示配置 TFT IP 核。利用设计助手自动完成 TFT IP 核 AXI 总线连接，即如图 18-11 所示勾选 TFT IP 核 AXI 主设备接口和 AXI 从设备接口。

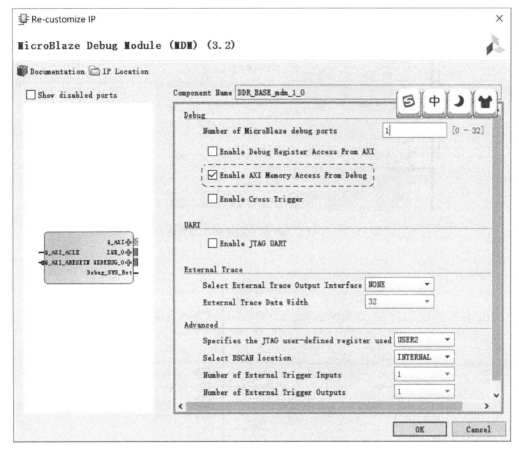

图 18-10 MDM 支持 AXI 总线存储单元访问配置

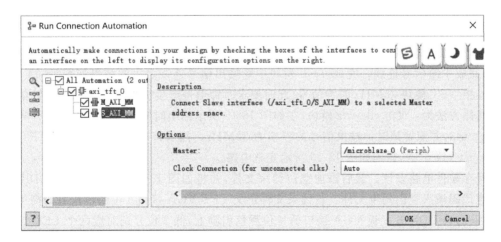

图 18-11 TFT IP核总线连接

将 VGA 接口输出信号 tft_vga_r[5:0]、tft_vga_b[5:0]、tft_vga_g[5:0]、tft_hsync、tft
_vsync 按照图 18-12 所示方式连接到外部引脚上,得到如图 18-13 所示完成 VGA 接口引脚
连线之后的 TFT 模块。

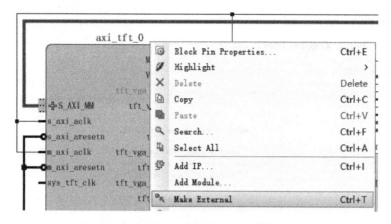

图 18-12　TFT_VGA 信号连接到外部引脚方法

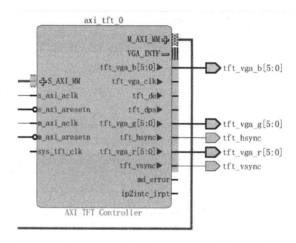

图 18-13　完成 VGA 接口引脚连线之后的 TFT 模块

请读者自行按照中断实验章节相关内容完成中断控制器以及中断请求信号集成器的添加，并完成中断信号连线。完成 TFT 模块中断输出信号连线之后的结果如图 18-14 所示。最后连接 TFT 模块 25MHz 时钟信号，此时要求时钟信号产生模块产生第三种时钟信号输出。具体方法为：双击 clk_wiz 模块，在如图 18-15 所示输出时钟信号页勾选第三种时钟输出 clk_out3，并配置该时钟输出信号的频率为 25MHz。然后将 clk_out3 连接到 TFT 模块的 sys_tft_clk 引脚，得到如图 18-16 所示完整电路。

保存硬件电路设计。然后添加空白约束文件，并将如图 18-17 所示 Nexys4 DDR 开发板约束代码填入空白约束文件。该约束文件定义 TFT VGA 接口 6 位颜色信息的高 4 位对应到 Nexys4 DDR 开发板 VGA 接口的 4 位颜色引脚上，低 2 位分别对应两个 LED 灯。低 2 位也可以约束到 FPGA 其他不用的引脚上，如某个 PMOD 口上。

保存完约束文件之后，生成 HDL Wrapper，单击 Vivado 工作流窗口中的 Generate Bitstream 产生硬件平台比特流文件。

VGA 接口系统硬件平台各个接口模块对应的地址映射如图 18-18 所示。

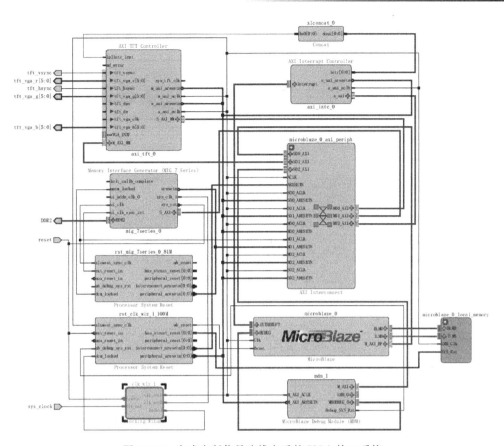

图 18-14 完成中断信号连线之后的 VGA 接口系统

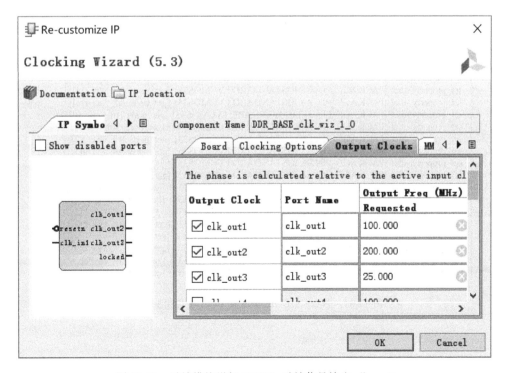

图 18-15 时钟模块增加 25MHz 时钟信号输出 clk_out3

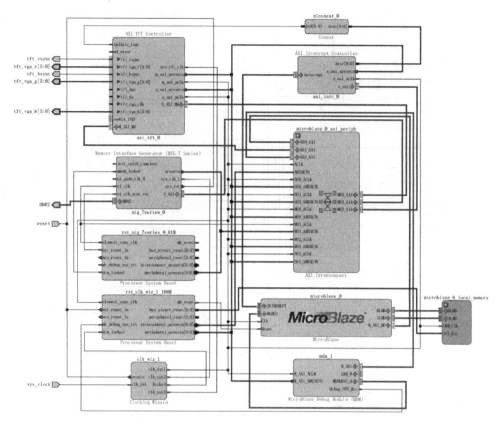

图 18-16　TFT VGA 接口显示完整系统电路框图

```
##VGA连接器
set_property -dict {PACKAGE_PIN H17 IOSTANDARD LVCMOS33} [get_ports {tft_vga_r[0]}]
set_property -dict {PACKAGE_PIN K15 IOSTANDARD LVCMOS33} [get_ports {tft_vga_r[1]}]
set_property -dict {PACKAGE_PIN A3 IOSTANDARD LVCMOS33} [get_ports {tft_vga_r[2]}]
set_property -dict {PACKAGE_PIN B4 IOSTANDARD LVCMOS33} [get_ports {tft_vga_r[3]}]
set_property -dict {PACKAGE_PIN C5 IOSTANDARD LVCMOS33} [get_ports {tft_vga_r[4]}]
set_property -dict {PACKAGE_PIN A4 IOSTANDARD LVCMOS33} [get_ports {tft_vga_r[5]}]
set_property -dict {PACKAGE_PIN J13 IOSTANDARD LVCMOS33} [get_ports {tft_vga_g[0]}]
set_property -dict {PACKAGE_PIN N14 IOSTANDARD LVCMOS33} [get_ports {tft_vga_g[1]}]
set_property -dict {PACKAGE_PIN C6 IOSTANDARD LVCMOS33} [get_ports {tft_vga_g[2]}]
set_property -dict {PACKAGE_PIN A5 IOSTANDARD LVCMOS33} [get_ports {tft_vga_g[3]}]
set_property -dict {PACKAGE_PIN B6 IOSTANDARD LVCMOS33} [get_ports {tft_vga_g[4]}]
set_property -dict {PACKAGE_PIN A6 IOSTANDARD LVCMOS33} [get_ports {tft_vga_g[5]}]
set_property -dict {PACKAGE_PIN R18 IOSTANDARD LVCMOS33} [get_ports {tft_vga_b[0]}]
set_property -dict {PACKAGE_PIN V17 IOSTANDARD LVCMOS33} [get_ports {tft_vga_b[1]}]
set_property -dict {PACKAGE_PIN B7 IOSTANDARD LVCMOS33} [get_ports {tft_vga_b[2]}]
set_property -dict {PACKAGE_PIN C7 IOSTANDARD LVCMOS33} [get_ports {tft_vga_b[3]}]
set_property -dict {PACKAGE_PIN D7 IOSTANDARD LVCMOS33} [get_ports {tft_vga_b[4]}]
set_property -dict {PACKAGE_PIN D8 IOSTANDARD LVCMOS33} [get_ports {tft_vga_b[5]}]
set_property -dict {PACKAGE_PIN B11 IOSTANDARD LVCMOS33} [get_ports tft_hsync]
set_property -dict {PACKAGE_PIN B12 IOSTANDARD LVCMOS33} [get_ports tft_vsync]
```

图 18-17　Nexys4 DDR 开发板 VGA 接口引脚约束

Cell		Slave Interface	Base Name	Offset Address	Range		High Address
⊟ 🗗 microblaze_0							
⊟ 🖽 Data (32 address bits : 4G)							
	▪ microblaze_0_local_memory/dlmb_bram...	SLMB	Mem	0x0000_0000	32K	▾	0x0000_7FFF
	▪ mig_7series_0	S_AXI	memaddr	0x8000_0000	128M	▾	0x87FF_FFFF
	▪ axi_tft_0	S_AXI_MM	Reg	0x44A0_0000	64K	▾	0x44A0_FFFF
	▪ axi_intc_0	s_axi	Reg	0x4120_0000	64K	▾	0x4120_FFFF
⊟ 🖽 Instruction (32 address bits : 4G)							
	▪ microblaze_0_local_memory/ilmb_bram...	SLMB	Mem	0x0000_0000	32K	▾	0x0000_7FFF

图 18-18　硬件平台各个模块对应的地址映射

18.3.3　IO 读写函数输出图形程序示例

采用 IO 函数控制 VGA 显示器显示不同图形,首先需要设置 TFT 接口控制器的显存
基地址,然后 CPU 只需要往显存存储空间写入信息,就控制了 VGA 显示器显示的内容。
配置 TFT 接口显存基地址往 TFT 接口 AR 寄存器写入显存基地址即可。实验示例中
DDR2 存储器没有其他功能,可直接将 DDR2 存储器基地址作为显存基地址,即 DDR2 存储
器的低 1024×480×4B 存储空间作为显存。

TFT 接口 AR 寄存器偏移地址为 0,TFT 模块基地址即为 AR 寄存器地址。若在显示器
上第 10 行、第 20 行以及第 40 行画红色、绿色、蓝色直线,C 语言程序示例如图 18-19 所示。

```c
#include "xil_io.h"
#define TFT_BASEADDR 0x44a00000
#define TFT_FRAME_BASEADDR 0x80000000
int main()
{
 int i,j;
 Xil_Out32(TFT_BASEADDR,TFT_FRAME_BASEADDR);
 Xil_Out32(TFT_BASEADDR+4,0x1);
for(i=0;i<640;i++)//白屏
   for(j=0;j<480;j++)
       Xil_Out32(TFT_FRAME_BASEADDR+(1024*j+i)*4,0x00ffffff);
 for (i=0;i<640;i++)
       Xil_Out32(TFT_FRAME_BASEADDR+(1024*10+i)*4,0x00ff0000);
 for (i=0;i<640;i++)
       Xil_Out32(TFT_FRAME_BASEADDR+(1024*20+i)*4,0x0000ff00);
 for (i=0;i<640;i++)
       Xil_Out32(TFT_FRAME_BASEADDR+(1024*40+i)*4,0x0000ff00);
 while(1);
}
```

图 18-19　画三色水平直线 IO 读写 C 语言源程序

18.3.4　API 函数输出字符程序示例

显示字符到显示器,实质上就是将字符字模各个像素分别以前景色和背景色输出到显
存对应的存储单元。提取字符字模可以采用字模提取工具,本书不介绍如何提取字模,直接
基于 Xilinx 公司 TFT IP 核 ASCII 字母字模以及 API 函数,介绍如何控制显示器不同位置
显示不同颜色字母。若读者有兴趣,可以自行提取字模,行成一个字模头文件,仿照 TFT
IP 核 API 函数 XTft_WriteChar 函数实现任意字体字符显示控制。

API 函数控制 TFT 接口,要求首先初始化 TFT 接口实例,然后设置 TFT 接口相关参
数,最后基于该实例控制对应显存空间,从而控制显示器显示不同字符。

如图 18-20 所示 C 语言源程序，通过 TFT 接口控制显示器左上方依次显示亮度递减的红色字符 A。

```c
#include "xtft.h"
#include "xparameters.h"
#define TFT_DEVICE_ID    XPAR_TFT_0_DEVICE_ID
#define XPAR_MIG7SERIES_0_HIGHADDR 0x87FFFFFF
#define TFT_FRAME_ADDR0            XPAR_MIG7SERIES_0_HIGHADDR - 0x001FFFFF
#define FGCOLOR_VALUE1             0x00F00000
#define FGCOLOR_VALUE2             0x00E00000
#define FGCOLOR_VALUE3             0x00D00000
#define FGCOLOR_VALUE4             0x00C00000
#define FGCOLOR_VALUE5             0x00B00000
#define FGCOLOR_VALUE6             0x00A00000
#define BGCOLOR_VALUE        0x0
static XTft TftInstance;
XTft_Config *TftConfigPtr;
int main()
{
int Status;
u8 VarChar;
TftConfigPtr = XTft_LookupConfig(TFT_DEVICE_ID);
Status = XTft_CfgInitialize(&TftInstance, TftConfigPtr,   TftConfigPtr->BaseAddress);
XTft_SetFrameBaseAddr(&TftInstance, TFT_FRAME_ADDR0);
XTft_ClearScreen(&TftInstance);
VarChar = 'A';
XTft_SetColor(&TftInstance, FGCOLOR_VALUE1, BGCOLOR_VALUE);
XTft_Write(&TftInstance, VarChar);
XTft_SetColor(&TftInstance, FGCOLOR_VALUE2, BGCOLOR_VALUE);
XTft_Write(&TftInstance, VarChar);
XTft_SetColor(&TftInstance, FGCOLOR_VALUE3, BGCOLOR_VALUE);
XTft_Write(&TftInstance, VarChar);
XTft_SetColor(&TftInstance, FGCOLOR_VALUE4, BGCOLOR_VALUE);
XTft_Write(&TftInstance, VarChar);
XTft_SetColor(&TftInstance, FGCOLOR_VALUE5, BGCOLOR_VALUE);
XTft_Write(&TftInstance, VarChar);
XTft_SetColor(&TftInstance, FGCOLOR_VALUE6, BGCOLOR_VALUE);
XTft_Write(&TftInstance, VarChar);
return XST_SUCCESS;
}
```

图 18-20　API 函数控制显示器左上方显示亮度递减红色字母 A 的 C 语言源程序

18.3.5　IO 读写函数输出图像程序示例

本书介绍的嵌入式系统不支持文件系统，因此图像文件需事先转换为 C 语言可以处理的数组。图像文件转换为头文件可采用 matlab 图像处理函数实现，也可采用 Img2Lcd 等转换工具实现。本书介绍 Img2Lcd 工具转换图像数据数组过程。

首先选取一个图像文件，用画图工具打开，如图 18-21 所示另存为 24 位位图文件。

图 18-21　保存 24 位位图

然后启动 Img2Lcd,单击打开文件,选择上次保存的 24 位位图文件。如图 18-22 所示,根据位图实际大小设置输出最大宽度和高度、水平扫描方式、C 语言数组输出类型、不包含图像头数据、数据高位在前、调色板为 32 位真彩色,以及颜色排列字节序为蓝色、绿色、红色和灰度值(这是由于嵌入式系统采用小字节序,当直接从这种排列方式的数组中读取一个字时,灰度处于最高字节、红色次高字节、绿色次低字节、蓝色最低字节,与 TFT IP 核的显存像素数据字节序完全一致)。

图 18-22 Img2Lcd 输出图像数据数组

单击保存,如图 18-23 所示设置文件名为 cantoons.h,得到常量数组 const unsigned char gImage_cantoons[360000]={……}。至此图像数据数组准备好。

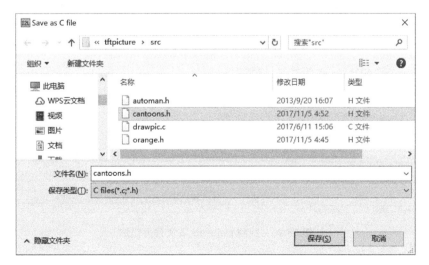

图 18-23 保存为 C 语言头文件

在 SDK 中建立新空工程，并且在工程 src 目录下按鼠标右键，在如图 18-24 所示快捷菜单中选择 Import 命令，弹出如图 18-25 所示窗口，选择从文件系统导入。如图 18-26 所示找到 cantoons.h 头文件，单击 Finish 按钮添加到新工程源文件目录下。

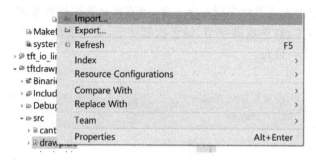

图 18-24　导入头文件快捷菜单

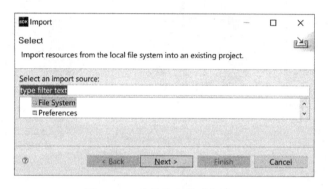

图 18-25　选择从文件系统导入

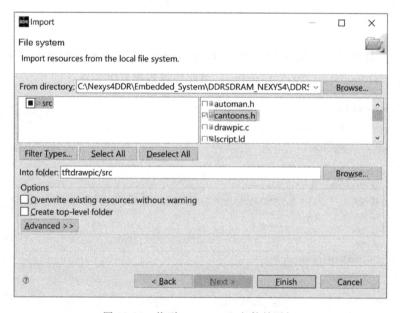

图 18-26　找到 cantoons.h 文件并添加

该图像数组文件编译、链接、装载之后将直接保存到存储空间中,但是被装入的存储空间起始地址不一定能满足显存存储空间起始地址要求(低 21 位为 0),因此不能直接将该数组首地址赋给 TFT IP 核 AR 寄存器,即不能直接将数组存储空间当显存使用。需由程序将数组表示的图像各个像素复制到符合显存存储空间要求的存储区域。若将图像显示到显示器左上角,C 语言源程序示例如图 18-27 所示。

```
#include "cantoons.h"
#include "xil_io.h"
#define XPAR_MIG7SERIES_0_HIGHADDR 0x87FFFFFF
#define TFT_FRAME_ADDR0 XPAR_MIG7SERIES_0_HIGHADDR - 0x001FFFFF
#define TFT_0_BASEADDR 0x44a00000
#define TFT_AR_OFFSET 0x0
int main()
{
 int i,j;
 u32 color,addr;
 Xil_Out32(TFT_0_BASEADDR + TFT_AR_OFFSET, TFT_FRAME_ADDR0);
 for (i = 0; i < 480; i++)
 for (j = 0; j < 640; j++)
 Xil_Out32(TFT_FRAME_ADDR0+(4 * (i * 1024 + j)),0x0);//清屏
 for(i=0;i<300;i++)                              //300 行
    for(j=0;j<300;j++)                            //300 列
       {
       addr = (unsigned int)gImage_cantoons +( i*300 + j)*4;
       color = Xil_In32(addr);
       Xil_Out32(TFT_FRAME_ADDR0 +4 * (1024*i+ j),color);
 //输出表示像素的整型数据到显存相应存储单元
       }
 while(1);
}
```

图 18-27 显示器左上角显示 300×300 图像 C 语言程序源码

cantoons.h 文件定义的数组 gImage_cantoons[360000]比较大,FPGA 内部 BRAM 存储不下,因此在编译链接该工程时,需要修改链接脚本。将静态数组 gImage_cantoons[360000]指定保存到外部 DDR2 存储空间的具体步骤为:①选择图像输出工程;②选择如图 18-28 所示 Xilinx Tools → Generate linker

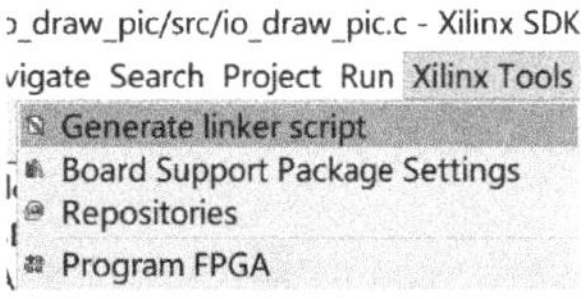

图 18-28 生成新的链接脚本菜单

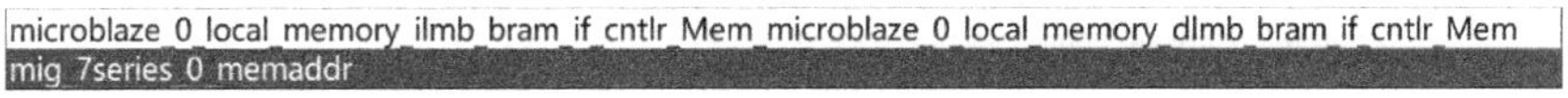

script 命令;③在弹出窗口中,单击属性页中的高级属性页(Advanced),然后在如图 18-29 所示数据段配置页(Data Section Assignment)选择.rodata 下拉选项中的 mig_7series_0_memaddr,得到各段存储配置如图 18-30 所示;④单击 Generate,生成新的链接脚本。这样工程编译时不会报存储空间溢出的错误。

图 18-29 可供选择的存储器列表

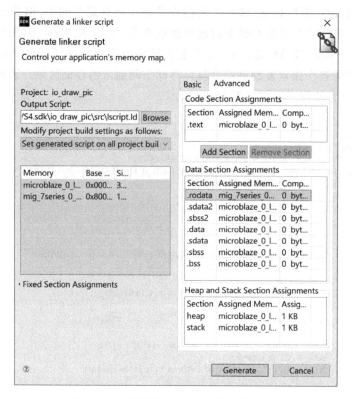

图 18-30　新链接脚本各个段指定的存储器

18.3.6　实验现象

　　观察实验现象，首先必须将 VGA 显示器连接到 Nexys4 DDR 实验板 VGA 接口，并将实验板通过 USB 接口连接到主机，打开电源，然后如图 18-31 所示将硬件比特流文件编程到 FPGA 芯片。

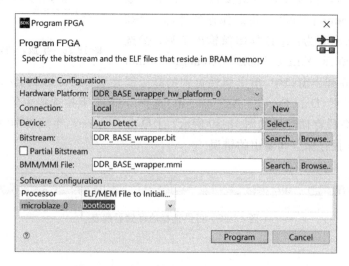

图 18-31　编程硬件比特流到 FPGA 芯片

若观察 IO 读写方式输出三条直线实验现象,则如图 18-32 所示选中相应工程,然后按鼠标右键,选择 Run As→ Launch on Hardware(GDB)命令。这样就可以在显示器上方看到如图 18-33 所示白色背景屏幕下的三条彩色水平直线。

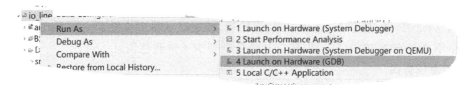

图 18-32　运行 IO 读写方式输出图形应用程序工程

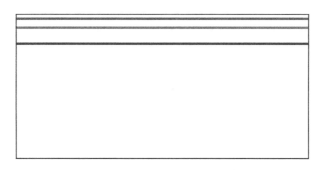

图 18-33　IO 读写方式输出图形实验现象

同样方法,运行 API 函数输出字符应用程序以及 IO 读写方式输出图像应用程序可以分别观察到如图 18-34 和图 18-35 所示实验现象。

图 18-34　API 函数输出字符应用程序实验现象　　图 18-35　IO 读写方式输出图像应用程序实验现象

18.4　实验任务

1. 实验任务一

利用 TFT IP 核,基于 Nexys4 DDR 实验板,控制显示器左上角显示一串蓝色字符"hello world"。

2. 实验任务二

利用 TFT IP 核，基于 Nexys4 DDR 实验板，控制显示器中间显示三条红、绿、蓝竖直直线，各条直线之间间隔为 40 个像素。

3. 实验任务三

利用 TFT IP 核，基于 Nexys4 DDR 实验板，控制显示器中央显示一幅 4k 色位图，要求位图大小不小于 60×30，且红、绿、蓝三基色分别至少 4 位颜色信息。

4. 实验任务四

利用 TFT IP 核，基于 Nexys4 DDR 实验板，控制显示器显示一串特定彩色汉字（如"欢迎您"），并且该汉字字串在上、下、左、右按键控制下可以向四个不同方向移动位置。

> 提示：利用汉字字模提取工具获取汉字点阵信息，构成特定汉字字模数组。

5. 实验任务五

利用 TFT IP 核，基于 Nexys4 DDR 实验板，控制显示器显示不同颜色不同形状图形（如矩形、正方形、圆、椭圆等），图形颜色以及形状可以通过开关设置，并且图形在上、下、左、右按键控制下可以向四个不同方向移动位置。

> 提示：画图函数可利用开源 C 语言源码。

6. 实验任务六

利用 TFT IP 核、定时器 IP 核，基于 Nexys4 DDR 实验板，控制显示器屏幕幻灯方式轮换显示不同图像。图像在上、下、左、右按键控制下可以向四个不同方向移动位置。

7. 实验任务七

利用 TFT IP 核，基于 Nexys4 DDR 实验板，控制黑色背景显示器左上角显示一个白色按钮，且按钮中央显示蓝色文字 OK；屏幕左下角显示一幅图像，图像底部中央显示黑色文字 girl。

18.5　思考题

1. TFT IP 核实现 VGA 接口控制时，为什么显存容量要求至少 2MB，而不是 640×480×4B？

2. TFT IP 核控制的显存中一个像素具有多少个字节？各个字节的含义是什么？

3. TFT API 函数中定义的 ASCII 码字符字模大小是多少？简述 API 函数 XTft_WriteChar 如何绘制字符到显存中。

4. 显示器上显示的图像、图形、文字移动位置时，如何采用最少的 C 语言代码实现该功能？假定背景色保持不变。

5. 若采用幻灯方式显示不同图像，有时可以在显示器上看到图像从上到下逐步刷新的现象，这是什么原因造成的？如何解决这个问题？

6. TFT IP 核中断信号的作用是什么？如何采用双显存改善图像显示效果？为什么双显存可以改善图像显示效果？

## 第 19 章

传　感　器

学习目标：掌握串行温度传感器、串行加速度传感器以及并行模数转换器工作原理和编程控制，熟悉 IIC、SPI 以及并行 AD 转换 IP 核的使用和编程控制。

19.1　温度传感器 ADT7420

19.1.1　ADT7420 结构

ADT7420 是 16 位数字 IIC 温度传感器，精度可达±0.25℃，它内置一个带隙温度基准源、一个温度传感器和一个 16 位 ADC，用来监控温度并进行数字转换，分辨率为 0.0078℃。默认 ADC 分辨率设置为 13 位(0.0625℃)。ADT7420 原理框图如图 19-1 所示。与大多数 IIC 兼容器件一样，ADT7420 具有 7 位串行地址：高 5 位从内部硬连线至 10010，引脚 A1 和引脚 A0 为低 2 位，它们可为 ADT7420 提供四个 IIC 地址。CT 引脚为漏极开路输出，当温度超过临界温度阈值(可编程)时，该引脚变为有效。INT 引脚也为漏极开路输出，当温度超过阈值(可编程)时，该引脚变为有效。INT 引脚和 CT 引脚可在中断模式和比较器模式下工作。

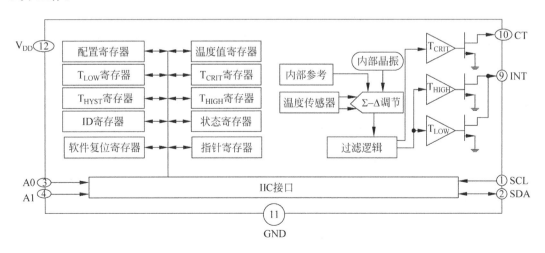

图 19-1　ADT7420 原理框图

ADT7420 IIC 接口时序如图 19-2 所示。各参数取值如表 19-1 所示。

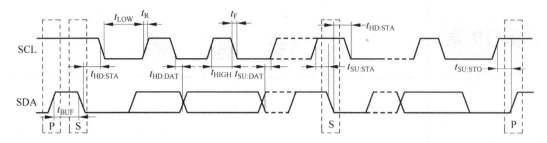

图 19-2　ADT7420 IIC 接口时序

表 19-1　ADT7420 IIC 接口时序参数值

参　　数	最　小　值	最　大　值	单　　位
SCL 频率	0	400	kHz
SCL 高电平宽度 t_{HIGH}	0.6		μs
SCL 低电平宽度 t_{LOW}	1.3		μs
SCL\SDA 上升时间 t_R		0.3	μs
SCL\SDA 下降时间 t_F		0.3	μs
保持时间(起始条件)$t_{HD;STA}$	0.6		μs
建立时间(起始条件)$t_{SU;STA}$	0.6		μs
数据建立时间 $t_{SU;DAT}$	0.02		μs
建立时间(停止条件)$t_{SU;STO}$	0.6		μs
数据保持时间 $t_{HD;DAT}$(主机)	0.03		μs
总线空闲时间(停止条件与起始条件之间)t_{BUF}	1.3		μs

19.1.2　ADT7420 寄存器

ADT7420 内置 14 个寄存器：9 个温度寄存器、1 个状态寄存器、1 个 ID 寄存器、1 个配置寄存器、1 个地址指针寄存器、1 个软件复位。

全部寄存器均为 8 位宽。温度寄存器、状态寄存器和 ID 寄存器是只读寄存器。软件复位是只写寄存器。上电时,地址指针寄存器装载 0x00 并指向温度寄存器最高有效字节(寄存器地址 0x00)。在写入 ADT7420 期间,地址指针寄存器始终是第一个被写入的寄存器。该寄存器应设置为写入或读取目标寄存器的地址,地址指针寄存器的默认值为 0x00。表 19-2 所示为 ADT7420 上每个寄存器的地址及默认值。

表 19-2　ADT7420 寄存器地址及默认值

寄存器地址	含　　义	默　认　值
0x00	温度值最高有效字节	0x00
0x01	温度值最低有效字节	0x00
0x02	状态寄存器	0x00
0x03	配置寄存器	0x00
0x04	T_{HIGH} 高字节寄存器	0x20(64℃)
0x05	T_{HIGH} 低字节寄存器	0x00(64℃)

寄存器地址	含　义	默　认　值
0x06	T_{LOW}高字节寄存器	0x05(10℃)
0x07	T_{LOW}低字节寄存器	0x00(10℃)
0x08	T_{CRIT}高字节寄存器	0x49(147℃)
0x09	T_{CRIT}低字节寄存器	0x80(147℃)
0x0A	T_{HYST}寄存器(低4位有效)	0x05(5℃)
0x0B	ID寄存器	0xCB
0x2F	软件复位寄存器	0xXX

　　温度值由两个字节组成：1高位字节和1低位字节。这些值可分两次读取，每次读取1字节，或者一次性读取两个字节。两字节读取，高位字节地址必须载入地址指针寄存器。读取高位字节后，地址指针自动递增，以便能够在同一次处理中读取低位字节。bit0～bit2是T_{LOW}、T_{HIGH}和T_{CRIT}的事件报警标志。bit0～bit2用作T_{LOW}、T_{HIGH}和T_{CRIT}事件报警标志时的具体含义如表19-3所示。如果ADC配置为将温度转换成16位数字值，bit0～bit2则不再用作标志位，而是用作温度数字值的低三位。温度值为二进制补码。

表19-3　温度值寄存器最低3位用作事件报警标志时的具体含义

位	名　称	含　义
0	T_{LOW}标志	温度值低于T_{LOW}时，此位置1
1	T_{HIGH}标志	温度值高于T_{HIGH}时，此位置1
2	T_{CRIT}标志	温度值超过T_{CRIT}时，此位置1

　　状态寄存器是8位只读寄存器，它反映引起CT和INT引脚进入有效状态的过温和欠温状态，还反映温度转换工作状态。读取状态寄存器或温度值返回温度阈值范围内(包括迟滞)时，此寄存器的中断标志复位。读取温度值寄存器之后，$\overline{RDY}$位复位。单次转换模式和1SPS(sample per second)模式时，写入工作模式位之后，$\overline{RDY}$位复位。状态寄存器各位含义如表19-4所示。

表19-4　状态寄存器各位含义

位	名称	含　义	默认值
[3:0]	未用	读回0	0000
4	T_{LOW}	温度降至T_{LOW}温度阈值以下时，此位置1。读取状态寄存器时和/或所测得温度返回至高于设定点$T_{LOW}+T_{HYST}$寄存器中设置的阈值时，该位清0	0
5	T_{HIGH}	温度升至T_{HIGH}温度阈值以上时，此位置1。读取状态寄存器时和/或所测得温度返回至低于设定点$T_{HIGH}-T_{HYST}$寄存器中设置的阈值时，该位清0	0
6	T_{CRIT}	温度升至T_{CRIT}温度阈值以上时，此位置1。读取状态寄存器时和/或所测得温度返回至低于设定点$T_{CRIT}-T_{HYST}$寄存器中设置的阈值时，该位清0	0
7	$\overline{RDY}$	温度转换结果写入温度值寄存器中时，此位变为低。读取温度值寄存器时，此位复位至1。在单稳态模式和1SPS模式下，写入工作模式位之后，该位复位	1

配置寄存器是 8 位读写寄存器，它存储 ADT7420 的各种配置模式，包括关断、过温和欠温中断、单次转换、连续转换、中断引脚极性和过温故障队列。各位含义如表 19-5 所示。

表 19-5 配置寄存器各位含义

位	名 称	含 义	默认值
[1:0]	故障队列长度	00 表示 1 个故障（默认）；01 表示 2 个故障；10 表示 3 个故障；11 表示 4 个故障	00
2	CT 引脚极性	0 表示低电平有效；1 表示高电平有效	0
3	INT 引脚极性	0 表示低电平有效；1 表示高电平有效	0
4	INT/CT 模式	0 表示中断模式；1 表示比较器模式	0
[6:5]	工作模式	00 表示连续转换（默认）。一次转换结束后，ADT7420 开始另一次转换 01 表示单次转换。转换时间的典型值为 240ms 10 表示 1 SPS 模式。转换时间的典型值为 60ms，此工作模式降低平均功耗 11 表示关断。关断除接口电路以外的所有电路	00
7	分辨率	0 表示 13 位分辨率；1 表示 16 位分辨率	0

19.1.3　ADT7420 写入数据时序

可将单字节数据或双字节数据写入 ADT7420，具体取决于要写入哪些寄存器。

写入单字节数据时序如图 19-3 所示，要求串行总线地址和写入地址指针寄存器的数据寄存器地址后跟写入所选数据寄存器的数据字节。

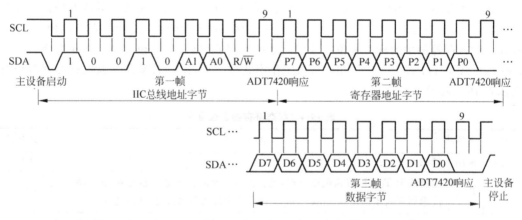

图 19-3　写入单字节数据时序

T_{HIGH} 设定点寄存器、T_{LOW} 设定点寄存器和 T_{CRIT} 设定点寄存器可在同一写入处理中写入 MSB 寄存器和 LSB 寄存器。将两字节数据写入这些寄存器时序如图 19-4 所示，要求串行总线地址和写入地址指针寄存器的高字节寄存器的数据寄存器地址后跟写入所选数据寄存器的两个字节数据。

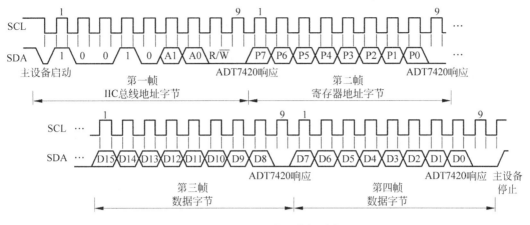

图 19-4 写入双字节数据时序

19.1.4 ADT7420 读取数据时序

对配置寄存器、状态寄存器、T_{HYST} 设定点寄存器和 ID 寄存器的读取通过单字节数据读取操作完成。温度寄存器、T_{HIGH} 设定点寄存器、T_{LOW} 设定点寄存器和 T_{CRIT} 设定点寄存器的读取需通过双字节数据读取操作完成。图 19-5 所示时序为读取类似于配置寄存器的 8 位寄存器。读取温度寄存器等双字节寄存器时序如图 19-6 所示。

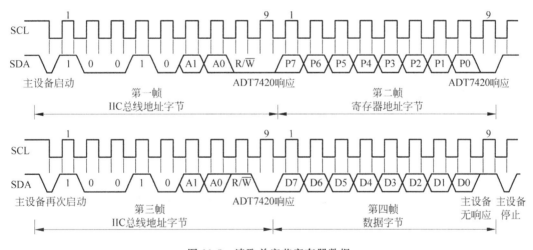

图 19-5 读取单字节寄存器数据

读取任何寄存器,首先需要对地址指针寄存器进行单字节写入操作,设置要读取的寄存器地址。读取两字节寄存器时,地址指针自动从高字节寄存器地址递增至低字节寄存器地址。

19.1.5 复位流程

可通过一个明确的复位命令复位 ADT7420,而不复位整个 IIC 总线,即利用特定地址指针字作为命令字复位器件并载入所有默认设置。ADT7420 在默认值载入时不对 IIC 总线命令做出响应(不应答),时间约 $200\mu s$。ADT7420 使用以下流程执行复位:

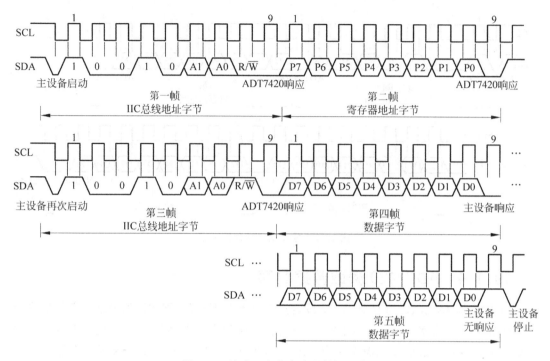

图 19-6　读取双字节寄存器数据时序

（1）使用适当 IIC 总线地址写入 ADT7420。

（2）获取应答。

（3）将寄存器地址设为 0x2F。

（4）获取应答。

（5）应用 IIC 停止条件。

（6）等待 $200\mu s$，使器件寄存器复位至默认上电设置。

19.1.6　INT 和 CT 输出

INT 和 CT 引脚有两种欠温/过温模式：比较器模式和中断模式。中断模式是上电后的默认过温模式。温度高于存储在 T_{HIGH} 设定点寄存器中的温度或低于存储在 T_{LOW} 设定点寄存器中的温度时，INT 输出引脚进入有效状态。该引脚在此事件后的反应方式取决于所选的过温模式。

图 19-7 所示为两种引脚极性设置情况下，针对超过 T_{HIGH} 阈值事件的比较器模式和中断模式 INT 输出—温度响应图。图 19-8 所示为两种引脚极性设置情况下，针对低于 T_{LOW} 阈值事件的比较器模式和中断模式 INT 输出—温度响应图。

比较器模式下，温度降至 $T_{HIGH}-T_{HYST}$ 阈值以下或升至 $T_{LOW}+T_{HYST}$ 阈值以上时，INT 引脚返回无效状态。该模式下，将 ADT7420 置于关断模式不会复位 INT 状态。

在中断模式下，读取任何 ADT7420 寄存器时，INT 引脚将进入无效状态。一旦 INT 引脚复位，只有在温度高于存储在 T_{HIGH} 设定点寄存器中温度或低于存储在 T_{LOW} 设定点寄存器中温度的情况下，INT 引脚才会再次进入有效状态。该模式下，将 ADT7420 置于关断模式可复位 INT 引脚。

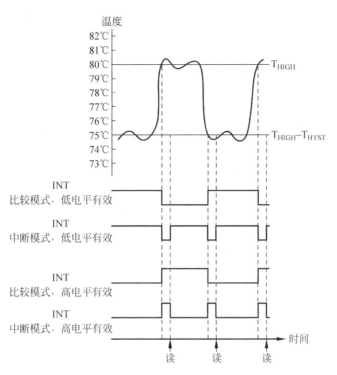

图 19-7　过温事件 INT 输出—温度响应图

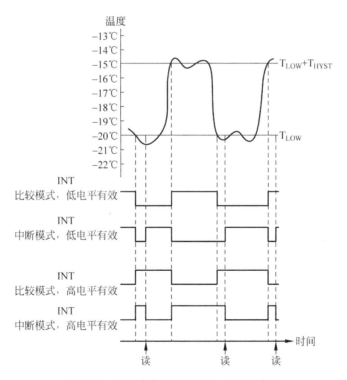

图 19-8　欠温事件 INT 输出—温度响应图

19.2 加速度传感器 ADXL362

19.2.1 ADXL362 基本结构

ADXL362 是一款超低功耗、3 轴 MEMS 加速度传感器,它提供 12 位输出分辨率;在较低分辨率足够时,还提供 8 位数据输出以实现更高效的单字节传送。测量范围为 $\pm 2g$、$\pm 4g$ 及 $\pm 8g$,$\pm 2g$ 范围内分辨率为 1mg/LSB。该器件包含一个深度多模式输出 FIFO、一个内置微功耗温度传感器和几个运动检测模式,其中包括阈值可调的睡眠和唤醒工作模式。ADXL362 结构框图如图 19-9 所示。

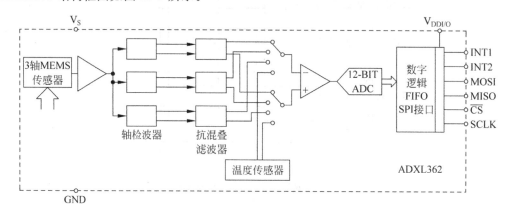

图 19-9 ADXL362 结构框图

ADXL362 既能测量运动或冲击引起的动态加速度,也能测量倾斜等静态加速度。加速度以数字方式输出,器件通过 SPI 协议通信。ADXL362 有两种工作模式:连续、宽带宽检测的测量模式以及有限带宽运动检测唤醒模式。测量模式是 ADXL362 的正常工作模式。这种模式下,加速度数据连续读取。唤醒模式适合进行简单的有无运动检测,唤醒模式仅以大约每秒 6 次的频率测量加速度以确定是否发生运动。

ADXL362 SPI 接口时序如图 19-10 和图 19-11 所示,各参数值如表 19-6 所示。

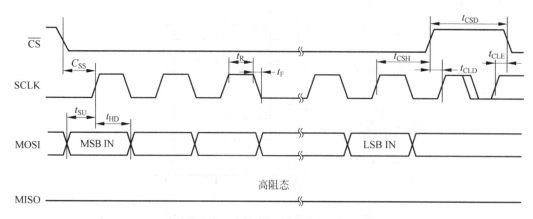

图 19-10 ADXL362 SPI 写时序

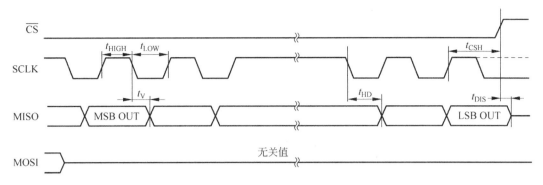

图 19-11 ADXL362 SPI 读时序

表 19-6 ADXL362 SPI 时序参数

参 数	含 义	最 小 值	最 大 值	单 位
f_{CLK}	时钟频率		1	MHz
C_{ss}	$\overline{CS}$建立时间	100		ns
t_{CSH}	$\overline{CS}$保持时间	100		ns
t_{CSD}	$\overline{CS}$禁用时间	10		ns
t_{SU}	数据建立时间	50		ns
t_{HD}	数据保持时间	50		ns
t_R	SCLK 上升时间	0	100	ns
t_F	SCLK 下降时间	0	100	ns
t_{HIGH}	SCLK 高电平时间	100		ns
t_{LOW}	SCLK 低电平时间	100		ns
t_{CLD}	SCLK 延迟时间	100		ns
t_{CLE}	SCLK 使能时间	100		ns
t_V	从 SCLK 低电平到输出数据有效	0		ns
t_{HO}	数据输出保持时间		200	ns
t_{DIS}	数据输出禁用时间		200	ns

SPI 时钟速度推荐为 $1\sim5$MHz，定时方案遵循 CPHA＝CPOL＝0。

19.2.2 ADXL362 寄存器

ADXL362 内部寄存器如表 19-7 所示。

表 19-7 ADXL362 内部寄存器

地 址	名 称	含 义	默 认 值
0x00	DEVID_AD	器件厂商 ID	0xAD
0x01	DEVID_MST	器件类型 ID	0x1D
0x02	PARTID	器件编号 ID	0xF2
0x03	REVID	器件版本 ID	0x02
0x08	XDATA	X 轴(8 MSB)	0x00
0x09	YDATA	Y 轴(8 MSB)	0x00

续表

地　址	名　　称	含　　义	默认值
0x0A	ZDATA	Z 轴（8 MSB）	0x00
0x0B	STATUS	状态寄存器	0x40
0x0C	FIFO_ENTRIES_L	表示 FIFO 缓冲器中存在的有效数据样本的数量。数量范围为 0～512 或 0x00～0x200。FIFO_ENTRIES_L 包含最低有效字节。FIFO_ENTRIES_H 包含两个最高有效位 FIFO_ENTRIES_H 的 D[15:10]不使用	0x00
0x0D	FIFO_ENTRIES_H		0x00
0x0E	XDATA_L	x 轴加速度数据。XDATA_L 包含 12 位值的 8 个 LSB，XDATA_H 包含 4 个 MSB。符号扩展位 D[15:12]与 MSB（D11）相同	0x00
0x0F	XDATA_H		0x00
0x10	YDATA_L	y 轴加速度数据。YDATA_L 包含 12 位值的 8 个 LSB，YDATA_H 包含 4 个 MSB。符号扩展位 D[15:12]与 MSB（D11）相同	0x00
0x11	YDATA_H		0x00
0x12	ZDATA_L	z 轴加速度数据。ZDATA_L 包含 12 位值的 8 个 LSB，ZDATA_H 包含 4 个 MSB。符号扩展位 D[15:12]与 MSB（D11）相同	0x00
0x13	ZDATA_H		0x00
0x14	TEMP_L	温度传感器数据。TEMP_L 包含 12 位值的 8 个 LSB，TEMP_H 包含 4 个 MSB。符号扩展位 D[15:12]与 MSB（D11）相同	0x00
0x15	TEMP_H		0x00
0x1F	SOFT_RESET	写入代码 0x52（字母 R）到此寄存器将立即复位 ADXL362	0x00
0x20	THRESH_ACT_L	运动阈值。THRESH_ACT 指代一个 11 位无符号值，由 THRESH_ACT_L 寄存器（8 个 LSB）和 THRESH_ACT_H 寄存器（3 个 MSB）组成	0x00
0x21	THRESH_ACT_H		0x00
0x22	TIME_ACT	运动时间寄存器。使用定时器时，只有持续运动才能触发运动检测	0x00
0x23	THRESH_INACT_L	静止阈值。THRESH_INACT 指代一个 11 位无符号值，由 THRESH_INACT_L 寄存器（8 个 LSB）和 THRESH_INACT_H 寄存器（3 个 MSB）组成	0x00
0x24	THRESH_INACT_H		0x00
0x25	TIME_INACT_L	静止时间寄存器。TIME_INACT_L 寄存器保存 16 位 TIME_INACT 值的 8 个 LSB，TIME_INACT_H 寄存器保存 8 个 MSB	0x00
0x26	TIME_INACT_H		0x00
0x27	ACT_INACT_CTL	运动/静止控制寄存器	0x00
0x28	FIFO_CONTROL	FIFO 控制寄存器	0x00
0x29	FIFO_SAMPLES	FIFO 样本寄存器。FIFO_CONTROL 寄存器（地址 0x28）的 AH 位用作此值的 MSB。FIFO 样本数的完整范围为 0～511	0x80
0x2A	INTMAP1	INT1 功能映射寄存器	0x00
0x2B	INTMAP2	INT2 功能映射寄存器	0x00
0x2C	FILTER_CTL	滤波器控制寄存器	0x13
0x2D	POWER_CTL	电源控制寄存器	0x00
0x2E	SELF_TEST	自检寄存器，仅最低位有效，为 1 时自检	0x00

状态寄存器各位含义如表 19-8 所示。

表 19-8 状态寄存器各位含义

位	名 称	描 述	复位值
7	ERR_USER_REGS	SEU 错误检测。1 表示两种情况之一：一个 SEU 事件(如电源毛刺的粒子等)干扰了用户寄存器设置，或者 ADXL362 未配置。启动和软复位时，此位为 1；一旦执行任何寄存器写入命令，此位即复位	0
6	AWAKE	基于运动和静止功能，指示加速度传感器是处于运动(AWAKE=1)还是静止状态(AWAKE=0)。要使能自动休眠，运动和静止检测必须处于链接模式或环路模式(ACT_INACT_CTL 寄存器中的 LINK/LOOP 位)；否则，此位默认置 1，应被忽略	1
5	INACT	静止。1 表示静止检测功能已检测到静止或自由落体状况	0
4	ACT	运动。1 表示运动检测功能已检测到超过阈值状况	0
3	FIFO_OVERRUN	FIFO 溢出。1 表示 FIFO 已溢出，新数据会替换未读取的数据	0
2	FIFO_WATERMARK	FIFO 水印。1 表示 FIFO 至少包含 FIFO_SAMPLES 寄存器设置数量的样本	0
1	FIFO_READY	FIFO 就绪。1 表示 FIFO 输出缓冲器中至少有一个样本可用	0
0	DATA_READY	数据就绪。1 表示有一个新的有效样本可供读取。执行 FIFO 读取时，此位清 0	0

运动/静止控制寄存器各位含义如表 19-9 所示。

表 19-9 运动/静止控制寄存器各位含义

位	名 称	描 述	复位值
[5:4]	LINK/LOOP	X0(默认模式)：运动和静止检测均使能，其中断(若映射)必须由主机处理器通过读取状态寄存器来应答。这种模式下，自动休眠禁用。此模式用于自由落体检测应用 01(链接模式)：运动和静止检测顺次连接，同一时间只有一个使能。其中断(若映射)必须由主机处理器通过读取状态寄存器来应答 11(环路模式)：运动和静止检测顺次连接，同一时间只有一个使能，其中断在内部应答(无须由主机处理器处理) 要使用链接或环路模式，ACT_EN(位 0)和 INACT_EN(位 2)必须置 1，否则将使用默认模式	00
3	INACT_REF	1 表示静止检测功能以相对模式工作，0 表示静止检测功能以绝对模式工作	0
2	INACT_EN	1 表示使能静止(欠阈值)功能	0
1	ACT_REF	1 表示运动检测功能以相对模式工作，0 表示运动检测功能以绝对模式工作	0
0	ACT_EN	1 表示使能运动(过阈值)功能	0

FIFO 控制寄存器各位含义如表 19-10 所示。

表 19-10   FIFO 控制寄存器各位含义

位	名　称	描　述	复位值
3	AH	过半，此位是 FIFO_SAMPLES 寄存器的 MSB，FIFO 样本范围为 0～511	0
2	FIFO_TEMP	存储温度数据到 FIFO。1 表示温度数据与 x、y、z 轴加速度数据一起存储在 FIFO 中	0
[1:0]	FIFO_MODE	00 表示 FIFO 禁用，01 表示最旧保存模式，10 表示流模式，11 表示触发模式	00

INT1/INT2 功能映射寄存器各位含义如表 19-11 所示。

表 19-11   INT1/INT2 功能映射寄存器各位含义

位	名　称	描　述	复位值
7	INT_LOW	1 表示 INT1/INT2 引脚为低电平有效	0
6	AWAKE	1 表示唤醒状态映射到 INT1/INT2 引脚	0
5	INACT	1 表示静止状态映射到 INT1/INT2 引脚	0
4	ACT	1 表示运动状态映射到 INT1/INT2 引脚	0
3	FIFO_OVERRUN	1 表示 FIFO 溢出状态映射到 INT1/INT2 引脚	0
2	FIFO_WATERMARK	1 表示 FIFO 水印状态映射到 INT1/INT2 引脚	0
1	FIFO_READY	1 表示 FIFO 就绪状态映射到 INT1/INT2 引脚	0
0	DATA_READY	1 表示数据就绪状态映射到 INT1/INT2 引脚	0

滤波器控制寄存器各位含义如表 19-12 所示。

表 19-12   滤波器控制寄存器各位含义

位	名　称	描　述	复位值
[7:6]	RANGE	测量范围选择： 00 表示±2g（复位默认值） 01 表示±4g 1X 表示±8g	00
4	HALF_BW	1 表示抗混叠滤波器的带宽设置为输出数据速率（ODR）的 ¼，以提供较保守的滤波；0 表示滤波器的带宽设置为 ODR 的 ½，带宽更宽	1
3	EXT_SAMPLE	外部采样触发器。1 表示 INT2 引脚用于外部转换时序控制	0
[2:0]	ODR	输出数据速率： 000 表示 12.5Hz 001 表示 25Hz 010 表示 50Hz 011 表示 100Hz（复位默认值） 100 表示 200Hz 101…111 表示 400Hz	011

电源控制寄存器各位含义如表 19-13 所示。

表 19-13　电源控制寄存器各位含义

位	名　　称	描　　述	复位值
6	EXT_CLK	1 表示加速度传感器采用 INT1 引脚上提供的外部时钟工作	0
[5:4]	LOW_NOISE	00 表示正常工作(复位默认值),01 表示低噪声模式,10 表示超低噪声模式,11 表示保留	00
3	WAKEUP	1 表示器件在唤醒模式下工作	0
2	AUTOSLEEP	自动休眠。使能自动休眠,运动和静止检测必须处于链接模式或环路模式(设置 ACT_INACT_CTL 寄存器中的 LINK/LOOP 位);否则,此位被忽略。1 表示使能自动休眠;检测到静止时,器件自动进入唤醒模式	0
[1:0]	测量	00 表示待机,01 表示保留,10 表示测量模式,11 表示保留	00

19.2.3　ADXL362 SPI 接口命令

SPI 接口数据传输使用多字节结构,第一个字节是命令。ADXL362 命令集如下:0x0A——写入寄存器,0x0B——读取寄存器,0x0D——读取 FIFO。

读取寄存器和写入寄存器的命令结构如下:

</CS 低电平> <命令字节(0x0A 或 0x0B)> <地址字节> <数据字节> <多字节的其他数据字节> … </CS 高电平>

读取单字节寄存器时序波形如图 19-12 所示,写入单字节寄存器时序波形如图 19-13 所示。

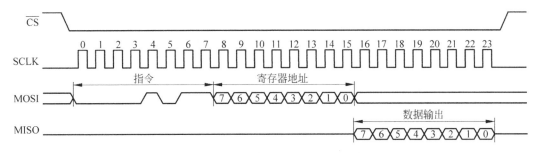

图 19-12　单字节寄存器读取时序波形

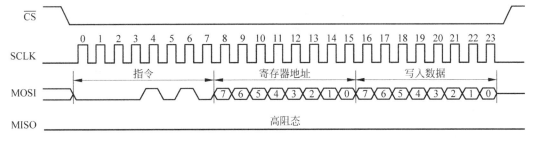

图 19-13　单字节寄存器写入时序波形

读取和写入寄存器命令支持多字节(突发)读写访问。多字节读取和写入命令时序波形分别如图 19-14 和图 19-15 所示。

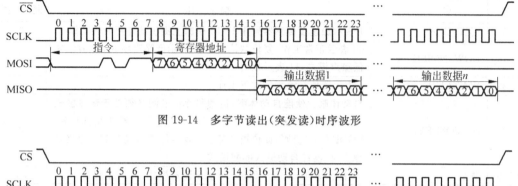

图 19-14　多字节读出(突发读)时序波形

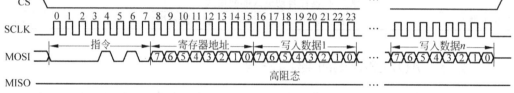

图 19-15　多字节写入(突发写)时序波形

读取 FIFO 缓冲器是一个不带地址的命令,结构如下所示:

\</CS 低电平> <命令字节(0x0D)> <数据字节> <数据字节>… </CS 高电平>

时序波形图如图 19-16 所示。

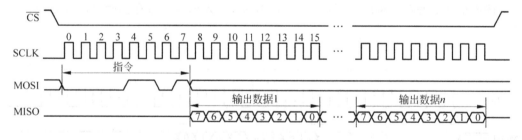

图 19-16　FIFO 读取时序波形

所有 SPI 命令都支持多字节传输(也称为突发传输):寄存器读取、寄存器写入和 FIFO 读取命令。通常使用多字节传输读取数据,确保同时读取完整的 x、y、z 轴加速度数据集(需要时还有温度)。FIFO 读取期间,FIFO 采用串行端口时钟工作;只要 SPI 时钟为 1MHz 或更快,FIFO 就能维持 SPI 时钟速率的突发读取。

寄存器读取或写入命令从命令指定地址开始,每传输一个字节便自动递增。为避免地址回绕和多次读取寄存器的副作用,自动递增到无效寄存器地址 63(0x3F)时停止。ADXL362 地址 0x00～0x2E 用于客户访问,地址 0x2F～0x3F 保留供工厂使用。

19.2.4　配置流程

程序配置器件和采集数据一般遵循寄存器映射顺序,从寄存器 0x20(THRESH_ACT_L) 开始配置:

（1）设置运动和静止阈值及定时器：①写寄存器 0x20～寄存器 0x26；②为将误检运动触发降至最少，TIME_ACT 寄存器的值应大于 1。

（2）配置运动和静止功能：写寄存器 0x27。

（3）配置 FIFO：写寄存器 0x28 和寄存器 0x29。

（4）映射中断：写寄存器 0x2A 和寄存器 0x2B。

（5）配置一般器件设置：写寄存器 0x2C。

（6）启动测量：写寄存器 0x2D。

19.3　AXI IIC IP 核

19.3.1　AXI IIC IP 核基本结构

AXI IIC IP 核实现 AXI 总线到 IIC 总线之间的逻辑转换，它包含 AXI 总线接口、寄存器、软件复位、TX/RX FIFO、IIC 控制逻辑、IIC 总线动态控制、中断控制逻辑等模块。各模块之间的连接关系如图 19-17 所示。SDA 以及 SCL 引脚为开路输出，需在外部连接上拉电阻。

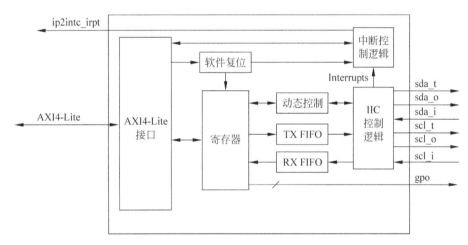

图 19-17　AXI IIC IP 核结构框图

19.3.2　AXI IIC IP 核寄存器

AXI IIC IP 核寄存器如表 19-14 所示。

表 19-14　AXI IIC IP 核寄存器

地址	名　称	含　义
0x1C	GIE	D31=1，使能全局中断输出
0x20	ISR	中断状态寄存器
0x28	IER	中断使能寄存器
0x40	SOFTR	软件复位寄存器 D[3:0]=0xA，复位中断寄存器
0x100	CR	控制寄存器

地址	名　称	含　义
0x104	SR	状态寄存器
0x108	TX_FIFO	数据发送 FIFO
0x10C	RX_FIFO	数据接收 FIFO,D[7:0]为接收到的字节数据
0x110	ADR	从设备地址寄存器,D[7:1]为有效的从设备地址
0x114	TX_FIFO_OCY	发送 FIFO 占用长度 D[3:0]为有效数据
0x118	RX_FIFO_OCY	接收 FIFO 占用长度 D[3:0]为有效数据
0x11C	TEN_ADR	从设备地址高 3 位,当从设备地址为 10 位时,D[2:0]为高 3 位
0x120	RX_FIFO_PIRQ	接收 FIFO 可编程深度中断寄存器,当 RX_FIFO_OCY 与 RX_FIFO_PIRQ 一致时,产生接收 FIFO 中断信号,D[3:0]为有效数据
0x124	GPO	通用输出端口,位宽可配置
0x128	TSUSTA	重复启动建立时间
0x12C	TSUSTO	重复停止建立时间
0x130	THDSTA	重复启动保持时间
0x134	TSUDAT	数据建立时间
0x138	TBUF	总线空闲时间,从上一个停止到下一个启动之间的时间
0x13C	THIGH	时钟信号的高电平时间
0x140	TLOW	时钟信号的低电平时间
0x144	THDDAT	数据保持时间

中断控制寄存器以及中断状态寄存器各位对应的中断类型如表 19-15 所示。

表 19-15　中断控制寄存器以及中断状态寄存器各位对应的中断类型

位	含　义	ISR	IER
7	发送 FIFO 半空	1	0
6	从设备未被选中：未接收到停止信号,再次启动传输时,地址不是该从设备	1	0
5	从设备被选中	0	0
4	IIC 总线不忙	1	0
3	接收 FIFO 满	0	0
2	发送 FIFO 空	0	0
1	发送错误/从设备发送结束：主设备发送数据时未收到响应信号；主设备接收数据时,从设备已经发送结束；从设备发送数据时,表示不需要再发送数据；从设备接收数据时,表示产生了错误	0	0
0	仲裁丢失：主设备时,IIC 信号仲裁丢失	0	0

控制寄存器各位含义如表 19-16 所示。

表 19-16　控制寄存器各位含义

位	名　称	含　义	复位值
6	GC_EN	广播地址响应使能。1 表示使能；0 表示禁止	0
5	RSTA	重新开始。1 表示若为主设备产生启动传输信号,若为从设备产生仲裁错误,主设备自动复位该位,此位应在写新的地址到 TX_FIFO 或 DTR 之前写 1	0

续表

位	名　　称	含　　义	复位值
4	TXAK	发送响应使能。0 表示响应位为 0（响应）；1 表示响应位为 1（不响应）	0
3	TX	发送/接收模式选择。0 表示接收；1 表示发送，该位对发送的地址信号中的读写控制位无效	0
2	MSMS	主/从模式选择。0→1 表示产生启动传输信号，转换为主设备模式；1→0 表示产生停止传输信号，且转换为从设备模式	0
1	TX_FIFO Reset	复位发送 FIFO。1 表示复位发送 FIFO	0
0	EN	使能 AXI IIC 设备。1 表示使能；0 表示禁止	0

状态寄存器各位含义如表 19-17 所示。

表 19-17　状态寄存器各位含义

位	名　　称	含　　义	复位值
7	TX_FIFO_Empty	发送 FIFO 空	1
6	RX_FIFO_Empty	接收 FIFO 空	1
5	RX_FIFO_Full	接收 FIFO 满	0
4	TX_FIFO_Full	发送 FIFO 满	0
3	SRW	作为从设备时被读/写。1 表示读；0 表示写	0
2	BB	总线忙	0
1	AAS	作为从设备时被选中	0
0	ABGC	作为从设备时被广播地址选中	0

发送 FIFO 数据各位含义如表 19-18 所示。

表 19-18　发送 FIFO 数据各位含义

位	名称	含　　义	复位值
9	Stop	1 表示可以使主设备在发送或接收完最后一个字节后产生停止传输信号	0
8	Start	1 表示可以使主设备产生启动传输信号	0
[7:0]	D7～D0	发送数据。当 Stop 位为 1 且主设备为接收模式时，表示等待接收的字节数	原始值

19.3.3　数据传输控制流程

这里简要介绍一下 IIC IP 核作为主设备时发送和接收数据的控制流程。

作为主设备重复启动发送数据的控制流程如下：

（1）将要寻址的从设备地址写入 TX_FIFO。

（2）将第一个数据写入 TX_FIFO。

（3）写 CR，使 MSMS=1 以及 TX=1。

（4）继续将要发送的数据写入 TX_FIFO。

（5）等待发送 FIFO 空中断。

(6) 写 CR,使 RSTA=1。

(7) 将要寻址的从设备地址写入 TX_FIFO。

(8) 将除了最后一个字节之外要发送的数据都写入 TX_FIFO。

(9) 等待发送 FIFO 空中断。

(10) 写 CR,使 MSMS=0。使其在发送最后一个字节后产生停止信号。

(11) 写最后一个字节到 TX_FIFO。

作为主设备重复启动接收数据的控制流程如下:

(1) 将第一个从设备地址写入 TX_FIFO,将需要接收的总字节数 $M-2$ 的值写入 RX_FIFO_PIRQ。

(2) 写 CR,使 MSMS=1 以及 TX=0。

(3) 等待接收 FIFO 中断,表明此时已经接收到 $M-1$ 字节。

(4) 写 CR,使 TXAK=1,表明不再需要接收数据,该位必须在读取 RX_FIFO 之前设置。

(5) 设置 RX_FIFO_PIRQ 为 0,表明一旦接收到最后一个字符,立即产生接收 FIFO 中断。

(6) 从 RX_FIFO 中读取 $M-1$ 个接收到的数据,接收 FIFO 中断状态清除。

(7) 等待接收 FIFO 中断。

(8) 写 CR,使 RSTA=1; 写新的从设备地址到 TX_FIFO。

(9) 读取上一个从设备的最后一个字节数据,使得第二个从设备的数据传输开始。

(10) 将需要接收的总字节数 $N-2$ 的值写入 RX_FIFO_PIRQ。

(11) 等待接收 FIFO 中断。

(12) 写 CR,使 TXAK=1; 设置 RX_FIFO_PIRQ 为 0。

(13) 从 RX_FIFO 中读取 $N-1$ 个接收到的数据,接收 FIFO 中断状态清除。

(14) 等待接收 FIFO 中断。

(15) 写 CR,使 MSMS=0,使得可以产生停止传输信号。

(16) 从 RX_FIFO 读取最后一个字节,IP 核立即产生停止传输信号。

19.4 XADC IP 核

19.4.1 XADC IP 核基本结构

Xilinx 7 系列 FPGA 芯片内部集成了并行多路 AD 转换硬核。它支持 AD 转换、FPGA 芯片温度以及电压监控,并且可根据设定的参数产生报警信号。XADC IP 核结构框图如图 19-18 所示。

其中 XADC 硬核结构如图 19-19 所示。它具有两个 12 位 ADC 转换器,每个 ADC 转换器采样速率可达 1MSPS(samples per second)。通过两个复用器实现对 FPGA 片内温度、芯片供电电源监控,同时还可实现多达 17 路外部差分模拟信号的 AD 转换。外部模拟信号电压峰-峰值单极性时为 0~1V,双极性时为 $-0.5 \sim +0.5V$。它支持 4 种不同工作模式:默认模式(监控温度、电源等)、单通道模式(对某一指定通道 AD 转换)、自动多通道序列(逐一对设置在序列中的各个通道 AD 转换)、同步模式(两个 AD 转换器同时对两个通道

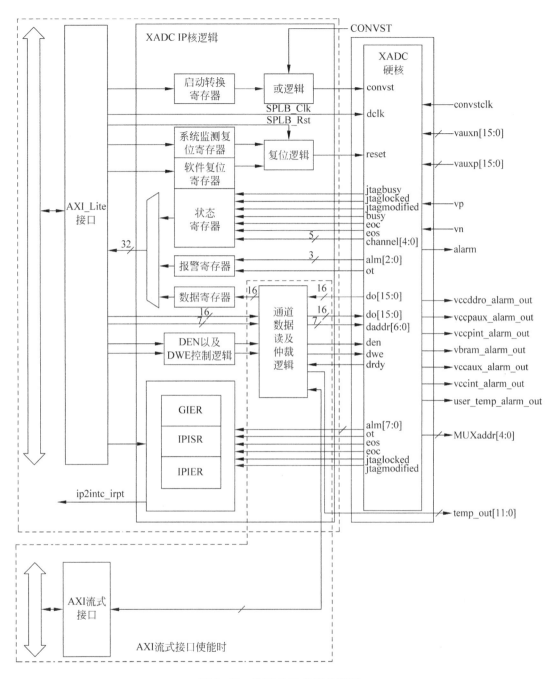

图 19-18 XADC IP 核结构框图

AD 转换)。它支持各个通道设置报警阈值(上限、下限),同时也支持对 AD 转换结果在一定采样样本范围内求均值以减少误差,还能计算并保存各个通道 AD 转换结果的最大值、最小值、当前均值等。

XADC 各类模拟信号对应的模拟通道号如表 19-19 所示。

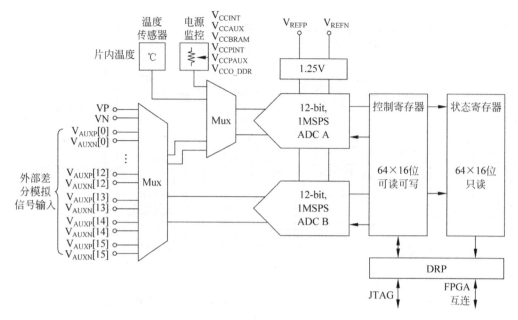

图 19-19　XADC 硬核结构

表 19-19　XADC 各类模拟信号对应的模拟通道号

XADC 通道号	模拟信号输入	XADC 通道号	模拟信号输入
0	片内温度	8	XADC 矫正输入
1	V_{CCINT}	9～12	无效
2	V_{CCAUX}	13	V_{CCPINT}
3	V_P, V_N	14	V_{CCPAUX}
4	V_{REFP} (1.25V)	15	V_{CCO_DDR}
5	V_{REFN} (0V)	16	$V_{AUXP}[0]$, $V_{AUXN}[0]$
6	V_{CCBRAM}	17	$V_{AUXP}[1]$, $V_{AUXN}[1]$
7	无效	18～31	$V_{AUXP}[2:15]$, $V_{AUXN}[2:15]$

19.4.2　XADC IP 核寄存器

XADC IP 核内寄存器如表 19-20 所示。

表 19-20　XADC IP 核内寄存器

地　址	名　称	功　能　描　述
0x00	SRR	软件复位寄存器,写 0xA 复位 IP 核
0x04	SR	状态寄存器
0x08	AOSR	报警状态寄存器
0x0C	CONVST	D0：ADC 启动转换,仅在事件驱动转换模式时有意义 D1：使能温度更新逻辑 D[17：2]：温度更新间隔
0x10	SYSMONRR	XADC 硬核复位寄存器,D0＝1,复位 XADC 硬核
0x5C	GIER	全局中断使能寄存器,D31＝1,使能全局中断

续表

地 址	名 称	功 能 描 述
0x60	IPISR	中断状态寄存器
0x68	IPIER	中断使能寄存器
0x200	Temperature	低 16 位的高 12 位为转换的温度值
0x204	V_{CCINT}	低 16 位的高 12 位为转换的 V_{CCINT}
0x208	V_{CCAUX}	低 16 位的高 12 位为转换的 V_{CCAUX}
0x20C	V_P/V_N	低 16 位的高 12 位为转换的 V_P/V_N
0x210	V_{REFP}	低 16 位的高 12 位为转换的 V_{REFP}
0x214	V_{REFN}	低 16 位的高 12 位为转换的 V_{REFN}
0x218	V_{BRAM}	低 16 位的高 12 位为转换的 V_{BRAM}
0x220	Supply A Offset	低 16 位的高 12 位为转换的 ADC A 电源传感器补偿矫正系数
0x224	ADC A Offset	低 16 位的高 12 位为转换的 ADC A 补偿矫正系数
0x228	ADC A Gain Error	低 16 位的高 12 位为转换的 ADC A 增益误差
0x240	$V_{AUXP[0]}/V_{AUXN[0]}$	低 16 位的高 12 位为转换的外部通道 0 模拟电压
0x244	$V_{AUXP[1]}/V_{AUXN[1]}$	低 16 位的高 12 位为转换的外部通道 1 模拟电压
0x248	$V_{AUXP[2]}/V_{AUXN[2]}$	低 16 位的高 12 位为转换的外部通道 2 模拟电压
0x24C	$V_{AUXP[3]}/V_{AUXN[3]}$	低 16 位的高 12 位为转换的外部通道 3 模拟电压
0x250	$V_{AUXP[4]}/V_{AUXN[4]}$	低 16 位的高 12 位为转换的外部通道 4 模拟电压
0x254	$V_{AUXP[5]}/V_{AUXN[5]}$	低 16 位的高 12 位为转换的外部通道 5 模拟电压
0x258	$V_{AUXP[6]}/V_{AUXN[6]}$	低 16 位的高 12 位为转换的外部通道 6 模拟电压
0x25C	$V_{AUXP[7]}/V_{AUXN[7]}$	低 16 位的高 12 位为转换的外部通道 7 模拟电压
0x260	$V_{AUXP[8]}/V_{AUXN[8]}$	低 16 位的高 12 位为转换的外部通道 8 模拟电压
0x264	$V_{AUXP[9]}/V_{AUXN[9]}$	低 16 位的高 12 位为转换的外部通道 9 模拟电压
0x268	$V_{AUXP[10]}/V_{AUXN[10]}$	低 16 位的高 12 位为转换的外部通道 10 模拟电压
0x26C	$V_{AUXP[11]}/V_{AUXN[11]}$	低 16 位的高 12 位为转换的外部通道 11 模拟电压
0x270	$V_{AUXP[12]}/V_{AUXN[12]}$	低 16 位的高 12 位为转换的外部通道 12 模拟电压
0x274	$V_{AUXP[13]}/V_{AUXN[13]}$	低 16 位的高 12 位为转换的外部通道 13 模拟电压
0x278	$V_{AUXP[14]}/V_{AUXN[14]}$	低 16 位的高 12 位为转换的外部通道 14 模拟电压
0x27C	$V_{AUXP[15]}/V_{AUXN[15]}$	低 16 位的高 12 位为转换的外部通道 15 模拟电压
0x280	Max Temp	低 16 位的高 12 位为转换的温度最大值
0x284	Max V_{CCINT}	低 16 位的高 12 位为转换的 V_{CCINT} 最大值
0x288	Max V_{CCAUX}	低 16 位的高 12 位为转换的 V_{CCAUX} 最大值
0x28C	Max V_{BRAM}	低 16 位的高 12 位为转换的 V_{BRAM} 最大值
0x290	Min Temp	低 16 位的高 12 位为转换的温度最小值
0x294	Min V_{CCINT}	低 16 位的高 12 位为转换的 V_{CCINT} 最小值
0x298	Min V_{CCAUX}	低 16 位的高 12 位为转换的 V_{CCAUX} 最小值
0x29C	Min V_{BRAM}	低 16 位的高 12 位为转换的 V_{BRAM} 最小值
0x2C0	Supply B Offset	低 16 位的高 12 位为转换的 ADC B 电源传感器补偿矫正系数
0x2C4	ADC B Offset	低 16 位的高 12 位为转换的 ADC B 补偿矫正系数
0x2C8	ADC B Gain Error	低 16 位的高 12 位为转换的 ADC A 增益误差
0x2FC	Flag 寄存器	给出报警,超温,XADC 禁用以及 XADC 采用外部还是内部参考电压等通用信息
0x300	配置寄存器 0	XADC 配置寄存器 0

续表

地 址	名 称	功 能 描 述
0x304	配置寄存器1	XADC配置寄存器1
0x308	配置寄存器2	XADC配置寄存器2
0x320	序列寄存器0	XADC序列寄存器0(通道选择)低16位对应通道0～15 1表示使能；0表示屏蔽
0x324	序列寄存器1	XADC序列寄存器1(通道选择)低16位对应通道16～31 1表示使能；0表示屏蔽
0x328	序列寄存器2	XADC序列寄存器2(通道平均)低16位对应通道0～15 1表示求均值；0表示不求均值
0x32C	序列寄存器3	XADC序列寄存器3(通道平均)低16位对应通道16～31 1表示求均值；0表示不求均值
0x330	序列寄存器4	XADC序列寄存器4(通道极性)低16位对应通道0～15 1表示双极性；0表示单极性
0x334	序列寄存器5	XADC序列寄存器5(通道极性)低16位对应通道16～31 1表示双极性；0表示单极性
0x338	序列寄存器6	XADC序列寄存器6(建立时间)低16位对应通道0～15 1表示独立设置建立时间；0表示默认值
0x33C	序列寄存器7	XADC序列寄存器7(建立时间)低16位对应通道16～31 1表示独立设置建立时间；0表示默认值
0x340	报警阈值寄存器0	低16位的高12位为温度报警阈值上限
0x344	报警阈值寄存器1	低16位的高12位为V_{CCINT}报警阈值上限
0x348	报警阈值寄存器2	低16位的高12位为V_{CCAUX}报警阈值上限
0x34C	报警阈值寄存器3	低16位的高12位为温度超温阈值上限
0x350	报警阈值寄存器4	低16位的高12位为温度报警阈值下限
0x354	报警阈值寄存器5	低16位的高12位为V_{CCINT}报警阈值下限
0x358	报警阈值寄存器6	低16位的高12位为V_{CCAUX}报警阈值下限
0x35C	报警阈值寄存器7	低16位的高12位为温度超温阈值下限
0x360	报警阈值寄存器8	低16位的高12位为V_{BRAM}报警阈值上限
0x370	报警阈值寄存器12	低16位的高12位为V_{BRAM}报警阈值下限

SR状态寄存器各位含义如表19-21所示。

表19-21 SR状态寄存器各位含义

位	名 称	含 义
10	JTAGBUSY	指示JTAG DRP事务状态,1表示忙
9	JTAG MODIFIED	指示是否发生通过JTAG写DRP的动作,1表示发生
8	JTAG LOCKED	指示DRP接口是否锁住,1表示锁住
7	BUSY	ADC转换忙状态,转换期间为高电平,1表示忙
6	EOS	自动序列转换是否结束,即序列中的最后一个通道转换完,1表示结束,读状态寄存器该位将复位
5	EOC	ADC转换结束,1表示结束,读状态寄存器该位将复位
4:0	CHANNEL[4:0]	通道选择输出,输出当前ADC转换结束的通道号

AOSR 报警输出状态寄存器各位含义如表 19-22 所示。

表 19-22　AOSR 报警输出状态寄存器各位含义

位	名　称	含　义
8	ALM[7]	AOSR 报警输出状态寄存器[7:0]的位或结果
4	ALM[3]	V_{BRAM} 超过用户定义阈值范围的报警输出状态
3	ALM[2]	V_{CCAUX} 超过用户定义阈值范围的报警输出状态
2	ALM[1]	V_{CCINT} 超过用户定义阈值范围的报警输出状态
1	ALM[0]	温度超过用户定义阈值范围的报警输出状态
0	OT	温度超过厂家定义最高温度 125℃ 的报警输出状态

中断状态寄存器(IPISR)与中断使能寄存器(IPIER)各位含义如表 19-23 所示。中断状态寄存器(IPISR)某位为 1 表示产生了相应的中断,中断使能寄存器(IPIER)某位为 1 表示允许相应的中断。

表 19-23　中断状态寄存器(IPISR)与中断使能寄存器(IPIER)各位含义

位	名　称	含　义
10	ALM[3]	V_{BRAM} 超过用户定义阈值范围的报警中断
9	ALM[0]未激活	温度超过用户定义阈值范围的报警未激活中断,即检测到温度报警信号自动出现下降沿
8	OT 未激活	温度超过厂家定义最高温度 125℃ 的报警,即检测到超温报警信号自动出现下降沿
7	JTAG MODIFIED	JTAG 写 DRP 中断
6	JTAG LOCKED	DRP 接口锁住中断
5	EOC	ADC 转换结束中断
4	EOS	ADC 序列模式最后一个通道转换结束中断
3	ALM[2]	V_{CCAUX} 超过用户定义阈值范围的报警中断
2	ALM[1]	V_{CCINT} 超过用户定义阈值范围的报警中断
1	ALM[0]	温度超过用户定义阈值范围的报警中断
0	OT	温度超过厂家定义最高温度 125℃ 的报警中断

Flag 寄存器各位含义如表 19-24 所示。

表 19-24　Flag 寄存器各位含义

位	名　称	含　义
11	JTGD	1 表示 JTAG_XADC 采用流模式,禁止 JTAG 访问
10	JTDR	1 表示 JTAG_XADC 采用流模式,仅允许 JTAG 读访问
9	REF	1 表示使用内部参考电压;0 表示使用外部参考电压
4	ALM[3]	V_{BRAM} 超过用户定义阈值范围的报警输出状态
3	OT	温度超过厂家定义最高温度 125℃ 的报警输出状态
2	ALM[2]	V_{CCAUX} 超过用户定义阈值范围的报警输出状态
1	ALM[1]	V_{CCINT} 超过用户定义阈值范围的报警输出状态
0	ALM[0]	温度超过用户定义阈值范围的报警输出状态

XADC 配置寄存器 0 各位含义如表 19-25 所示。

表 19-25　XADC 配置寄存器 0 各位含义

位	名　称	含　义
[0:4]	CH[0:4]	单通道模式以及外部复用器模式时,选择 ADC 输入通道
8	ACQ	连续采样模式时,若此位为 1,增加获取时间 6 个 ADCCLK 周期
9	EC	事件驱动模式还是连续模式,1 表示事件;0 表示连续
10	BU	单通道模式时设置模拟信号极性输入,1 表示双极性,0 表示单极性
11	MUX	1 表示使能外部复用器
12～13	AVG0～AVG1	设置平均值采样样本数,00 表示不平均;10 表示 16 个数平均;01 表示 64 个数平均;11 表示 256 个数平均
15	CAVG	使能或禁用平均值样本数,0 表示使能;1 表示禁用,固定样本为 16

XADC 配置寄存器 1 各位含义如表 19-26 所示。

表 19-26　XADC 配置寄存器 1 各位含义

位	名　称	含　义
0	OT	屏蔽超温报警,1 表示屏蔽
1～3,8	ALM0～ALM3	分别屏蔽温度、V_{CCINT}、V_{CCAUX}、V_{CCBRAM} 阈值报警,1 表示屏蔽
9～11	ALM4～ALM6	分别屏蔽 V_{CCPINT}、V_{CCPAUX}、V_{CCO_DDR} 阈值报警,1 表示屏蔽
4～7	CAL0～CAL3	使能 ADC 以及片内电源传感器测量矫正系数,1 表示使能
12～15	SEQ0～SEQ3	通道序列功能设置,具体含义见表 19-27

序列模式设置如表 19-27 所示。

表 19-27　序列模式设置

SEQ3	SEQ2	SEQ1	SEQ0	功　能
0	0	0	0	默认模式
0	0	0	1	单一通过模式
0	0	1	0	连续序列模式
0	0	1	1	单一通道模式(禁止序列)
0	1	X	X	同步采样模式
1	0	X	X	独立 ADC 模式
1	1	X	X	默认模式

XADC 配置寄存器 2 各位含义如表 19-28 所示。

表 19-28　XADC 配置寄存器 2 各位含义

位	名　称	含　义
4、5	PD0、PD1	XADC 转换器禁用设置,PD0＝PD1＝1 表示 A、B 都禁用;PD0＝0,PD1＝1 表示 B 禁用
8～15	CD0～CD7	设置 ADCCLK 与 DCLK 的时钟分频系数,最小为 2,最大为 255

19.4.3 外部模拟信号输入电路

XADC外部模拟通道支持双极性和单极性模拟信号输入方式。若采用单极性信号输入,模拟信号电路连接以及输入信号要求如图19-20所示。

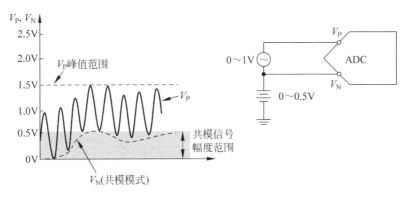

图 19-20 单极性模拟信号电路连接以及输入信号要求

若采用双极性信号输入,模拟信号电路连接有两种方式:一是 V_N 连接 0.5V 共模偏置电压,V_P 可以连接幅度为 0.5V 的双极性模拟电压信号,如图 19-21 所示;二是在 V_P 与 V_N 之间接入 0.25V 共模偏置电压,V_P 与 V_N 分别可以连接幅度为 0.25V 的双极性模拟电压信号,如图 19-22 所示。

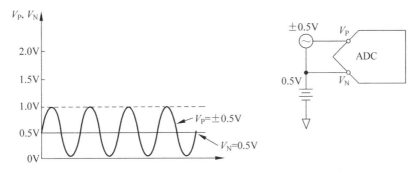

图 19-21 双极性模拟信号输入连接电路以及输入信号要求

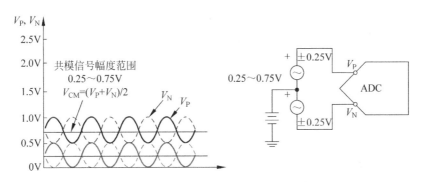

图 19-22 双极性差分信号输入连接电路以及输入信号要求

19.5 温度和加速度测量实验示例

19.5.1 实验要求

利用 Nexys4 DDR 或 Nexys4 实验板板载温度传感器 ADT7420 以及加速度传感器 ADXL362 分别测量室温和 3 轴加速度数据，并将这些数据通过标准输出接口输出到控制台。

19.5.2 电路原理框图

根据实验要求，可构建如图 19-23 所示嵌入式系统。温度和加速度测量采用程序控制方式，标准输入/输出接口通信采用中断方式。

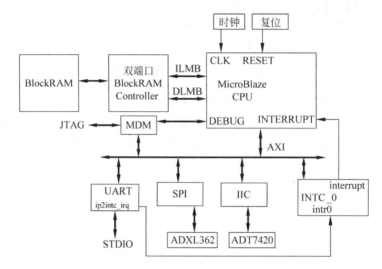

图 19-23　温度和加速度测量嵌入式系统电路原理框图

19.5.3 硬件平台搭建

下面简要介绍硬件平台搭建过程。

(1) Vivado 新建工程过程中选择 Nexys4 或 Nexys4 DDR 实验板，如图 19-24 所示。

(2) 新建工程完成后，单击 Vivado 工作流窗口中的 Create Block Design，建立嵌入式最小计算机系统，如图 19-25 所示启用中断控制器，包含中断控制器的嵌入式最小计算机系统如图 19-26 所示。

(3) 在工程源文件窗口选择实验板页，找到温度传感器 Temp Sensor 端口，选中并按鼠标右键，如图 19-27 所示选择加入到系统中并完成如图 19-28 所示配置。加入完成之后电路框图如图 19-29 所示。

(4) 单击设计助手完成自动连线，连线完成之后的电路如图 19-30 所示。

(5) 添加 SPI IP 核，并且如图 19-31 所示设置 SPI IP 核参数：标准 SPI 接口，SCLK 时钟分频系数为 16×7，即 SCLK 时钟频率约为 1MHz。然后手动将 SPI 接口相应引脚连接到外部引脚、SPI 模块的 ext_spi_clk 信号连接到 s_axi_clk 上，并完成 SPI IP 核 AXI 接口自动连线。连线完之后电路如图 19-32 所示。

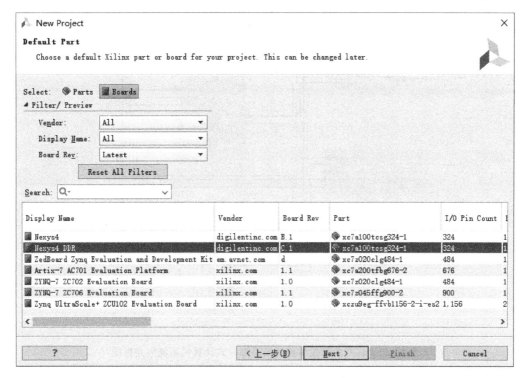

图 19-24　选择 Nexys4 或 Nexys4 DDR 实验板

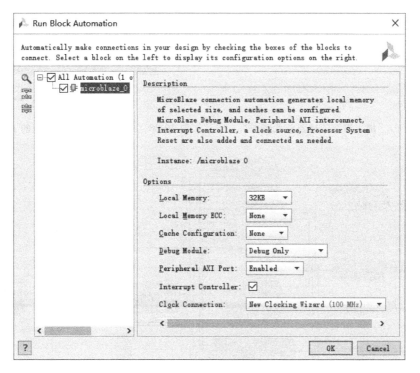

图 19-25　启用中断控制器

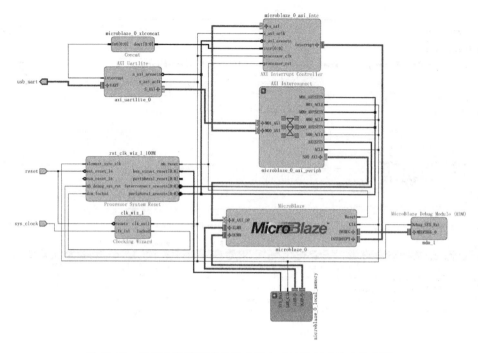

图 19-26　具有中断控制器的最小嵌入式计算机系统电路框图

图 19-27　加入温度传感器到系统中

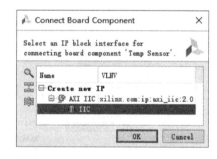

图 19-28　选择连接到 IIC IP 核的 IIC 接口

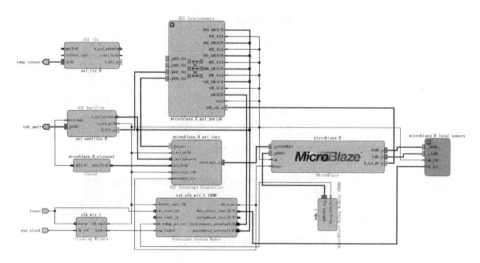

图 19-29　加入温度传感器 IIC 接口 IP 核的电路框图

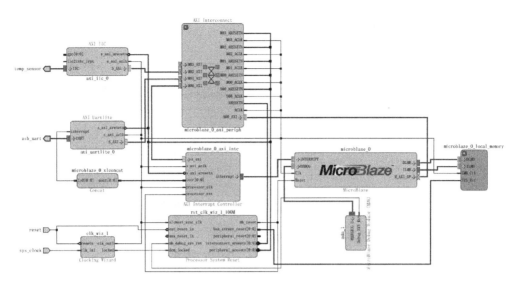

图 19-30　温度传感器 IIC 接口 IP 核自动连线完成后的电路框图

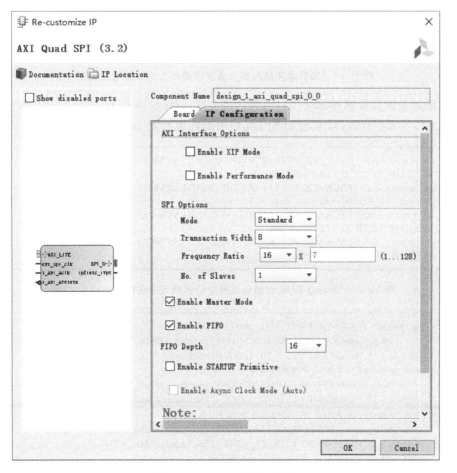

图 19-31　SPI IP 核配置参数

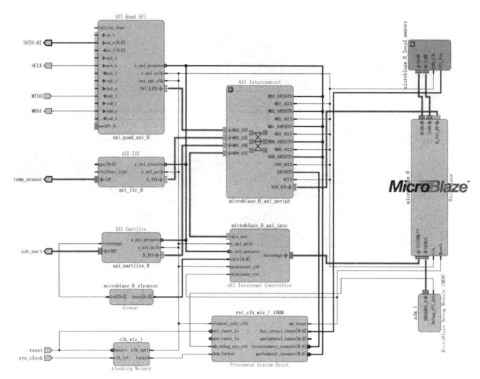

图 19-32   完整温度监测和加速度监测嵌入式系统电路框图

（6）添加加速度传感器 SPI 接口引脚约束文件。Nexys4 DDR 实验板 SPI 接口引脚约束如图 19-33 所示。Nexys4 实验板 SPI 接口引脚约束如图 19-34 所示。

```
set_property -dict { PACKAGE_PIN E15   IOSTANDARD LVCMOS33 } [get_ports { MISO }];
 #IO_L11P_T1_SRCC_15 Sch=acl_miso
set_property -dict { PACKAGE_PIN F14   IOSTANDARD LVCMOS33 } [get_ports { MOSI }];
#IO_L5N_T0_AD9N_15 Sch=acl_mosi
set_property -dict { PACKAGE_PIN F15   IOSTANDARD LVCMOS33 } [get_ports { SCLK }];
 #IO_L14P_T2_SRCC_15 Sch=acl_sclk
set_property -dict { PACKAGE_PIN D15   IOSTANDARD LVCMOS33 } [get_ports { SS }];
#IO_L12P_T1_MRCC_15 Sch=acl_csn
```

图 19-33   Nexys4 DDR 实验板加速度传感器 SPI 接口引脚约束文件

```
set_property PACKAGE_PIN D13 [get_ports MISO]
     set_property IOSTANDARD LVCMOS33 [get_ports MISO]
##Bank = 15, Pin name = IO_L2N_T0_AD8N_15,Sch name = ACL_MOSI
#set_property PACKAGE_PIN B14 [get_ports MOSI]
     #set_property IOSTANDARD LVCMOS33 [get_ports MOSI]
##Bank = 15, Pin name = IO_L12P_T1_MRCC_15,Sch name = ACL_SCLK
#set_property PACKAGE_PIN D15 [get_ports SCLK]
     #set_property IOSTANDARD LVCMOS33 [get_ports SCLK]
##Bank = 15, Pin name = IO_L12N_T1_MRCC_15,Sch name = ACL_CSN
#set_property PACKAGE_PIN C15 [get_ports SS]
     #set_property IOSTANDARD LVCMOS33 [get_ports SS]
```

图 19-34   Nexys4 实验板加速度传感器 SPI 接口引脚约束文件

（7）保存设计框图，生成 HDL Wrapper，然后单击 Vivado 工作流中的 Generate Bitstream 生成比特流文件。

（8）导出硬件设计到 SDK 中，并启动 SDK。SDK 中的 BSP 生成流程与其他工程类似。

19.5.4　IO 读写函数温度监测程序示例

这里直接采用芯片 ADT7420 厂家 Analog Devices 针对 Xilinx FPGA 平台提供的温度监测程序，该程序源代码读者可从 https://wiki. analog. com/_ media/resources/fpga/xilinx/pmod/adt7420_ nexys3.zip 下载。该 C 语言源码针对 Xilinx XPS 配套 SDK 开发平台，且基于 Digilent 公司 Nexys3 实验板，因此原代码中部分宏定义需修改为与本实验对应的宏定义。并且根据本实验要求，需在 main 函数中使能中断控制器以及在中断服务函数中清除中断控制器的中断状态。

修改后的源码如图 19-35～图 19-39 所示。其中，i2c. c 文件包含了 IIC 接口读写函数，ADT7420.c 文件包含了实现 ADT7420 各项功能的函数，同时还包含了标准输入/输出相关操作。

```
#include "i2c.h"
#include "xil_io.h"
void delay_ms(u32 ms_count)                        //延时函数
{
    u32 count;
    for (count = 0; count < ((ms_count * 100000) + 1); count++)
    {
      asm("nop");
    }
}
u32 IIC_Init(u32 axiBaseAddr, u32 IICAddr)         //初始化IIC
{
    Xil_Out32((axiBaseAddr + CR), 0x00);           //禁用IIC IP核
    Xil_Out32((axiBaseAddr + RX_FIFO_PIRQ), 0x0F); //配置Rx FIFO深度为最大值
    VXil_Out32((axiBaseAddr + CR), 0x02);          //复位IIC IP核并刷新 Tx fifo
    Xil_Out32((axiBaseAddr + CR), 0x01);           //使能IIC IP核
    return TRUE;
}


/******************************************************************//**
* @brief 读 IIC 从设备函数
* @param axiBaseAddr - Microblaze IIC IP核基地址
* @param IICAddr – IIC 从设备地址
* @param regAddr – IIC 从设备寄存器地址，若不用，需设为–1
* @param rxSize – 需读取的数据数
* @param rxBuf – 存放读取数据的缓冲区地址
* @return 返回读取的字节数
*********************************************************************/
u32 IIC_Read(u32 axiBaseAddr, u32 IICAddr, u32 regAddr, u32 rxSize, unsigned char* rxBuf)
{
    u32 rxCnt  = 0;
    u32 timeout = 0xFFFFFF;
    Xil_Out32((axiBaseAddr + CR), 0x002);          //复位 tx fifo
    Xil_Out32((axiBaseAddr + CR), 0x001);          //使能 IIC
```

图 19-35　i2c. c 文件源码

```
            delay_ms(10);
            if(regAddr !=−1)
            {
                    Xil_Out32((axiBaseAddr + TX_FIFO), (0x100 | (IICAddr << 1)));      //设置IIC从设备地址
                    Xil_Out32((axiBaseAddr + TX_FIFO), regAddr);                        //设置从设备寄存器地址
            }
            Xil_Out32((axiBaseAddr + TX_FIFO), (0x101 | (IICAddr << 1)));              //设置IIC从设备地址
            Xil_Out32((axiBaseAddr + TX_FIFO), 0x200 + rxSize);                         //启动读IIC事务
            while(rxCnt < rxSize)                                                        //从IIC从设备读取数据
            {
                    while((Xil_In32(axiBaseAddr + SR) & 0x00000040) && (timeout--));//等待 RxFifo数据有效
                    if(timeout == −1)
                    {
                        Xil_Out32((axiBaseAddr + CR), 0x00);                            //禁用 IIC IP核
                        Xil_Out32((axiBaseAddr + RX_FIFO_PIRQ), 0x0F);                  //设置 Rx FIFO 深度为最大值
                        Xil_Out32((axiBaseAddr + CR), 0x02);                            //复位IIC IP核并刷新 Tx fifo
                        Xil_Out32((axiBaseAddr + CR), 0x01);                            //使能IIC IP核
                        return rxCnt;
                    }
                    timeout = 0xFFFFFF;
                    rxBuf[rxCnt] = Xil_In32(axiBaseAddr + RX_FIFO) & 0xFFFF;            //读取数据
                    rxCnt++;                                                            //接收到数据数加1
            }
            delay_ms(10);
            return rxCnt;
    }


/**************************************************************************//**
* @写数据到 IIC 从设备
*@param axiBaseAddr - Microblaze IIC IP核基地址
* @param IICAddr – IIC从设备地址
* @param regAddr – IIC从设备寄存器地址，若不用，需设为−1
* @param txSize – 需输出的数据数
* @param txBuf – 输出数据的缓冲区地址
* @return 返回实际输出的数据数
********************************************************************************/
void IIC_Write(u32 axiBaseAddr, u32 IICAddr, u32 regAddr, u32 txSize, unsigned char* txBuf)
{
    u32 txCnt = 0;
    Xil_Out32((axiBaseAddr + CR), 0x002); //复位IIC IP核并刷新 Tx fifo
    Xil_Out32((axiBaseAddr + CR), 0x001); //使能IIC IP核
    delay_ms(10);
    Xil_Out32((axiBaseAddr + TX_FIFO), (0x100 | (IICAddr << 1))); //设置IIC从设备地址
    if(regAddr !=−1)
    {
            Xil_Out32((axiBaseAddr + TX_FIFO), regAddr); //设置从设备寄存器地址
    }
    while(txCnt < txSize)
    {//输出需发送的数据
            Xil_Out32((axiBaseAddr + TX_FIFO), (txCnt == txSize −1) ? (0x200 | txBuf[txCnt]) :
txBuf[txCnt]);
    txCnt++;
    }
    delay_ms(10);
    return txCnt;
}
```

图 19-35 （续）

```
#ifndef __IIC_H__
#define __IIC_H__
/*****************************************************************/
/*************************** 包含文件****************************/
/*****************************************************************/
#include "xil_types.h"
/*****************************************************************/
/****************** IIC 寄存器定义 ******************************/
/*****************************************************************/
#define GIE           0x01C
#define ISR           0x020
#define IER           0x028
#define SOFTR         0x040
#define CR            0x100
#define SR            0x104
#define TX_FIFO       0x108
#define RX_FIFO       0x10C
#define ADR           0x110
#define TX_FIFO_OCY   0x114
#define RX_FIFO_OCY   0x118
#define TEN_ADDR      0x11C
#define RX_FIFO_PIRQ  0x120
#define GPO           0x124
/*****************************************************************/
/********************** 函数声明 ******************************/
/*****************************************************************/
void delay_ms(u32 ms_count);
u32 IIC_Init(u32 axiBaseAddr, u32 IICAddr);
u32 IIC_Read(u32 axiBaseAddr, u32 IICAddr, u32 regAddr, u32 rxSize, unsigned char* rxBuf);
void IIC_Write(u32 axiBaseAddr, u32 IICAddr, u32 regAddr, u32 txSize, unsigned char* txBuf);
#endif /* __IIC_H__ */
```

图 19-36　i2c.h 文件源码

```
/*****************************************************************//**
 *  @file    ADT7420.c
 *  @brief   ADT7420针对MicroBlaze处理器的驱动文件
 *  @author  ATofan (alexandru.tofan@analog.com)
/*****************************************************************/
/*********************** 包含文件 ****************************/
/*****************************************************************/
#include <stdio.h>
#include "xil_io.h"
#include "IIC.h"
#include "ADT7420.h"
#include "mb_interface.h"
/*****************************************************************/
/******************* 变量定义 ******************************/
/*****************************************************************/
extern volatile int rxData;
char valid  = 0;
int  TUpper = 0x1FFF;
/*****************************************************************
 * @brief为ADT7420执行软件重置，并将警报模式设置为比较器
```

图 19-37　ADT7420.c 文件源代码

```c
* @param无
* @return无
***************************************************************************/
void ADT7420_Init(void)
{
    unsigned char txBuffer[1] = { 0x00 };
    IIC_Write(IIC_BASEADDR, ADT7420_IIC_ADDR, SOFT_RST_REG, 1, txBuffer);
    SetAlertModeComparator();
}
/***************************************************************************
* @brief设置警报模式为比较器
* @param无
* @return无
***************************************************************************/
void SetAlertModeComparator(void)
{
    unsigned char txBuffer[1] = {0x00};
    txBuffer[0] = 1 << INT_CT;
    IIC_Write(IIC_BASEADDR, ADT7420_IIC_ADDR, CONFIG_REG, 1, txBuffer);
}
/***************************************************************************
* @brief从配置寄存器返回值
* @param无
* @return rxBuffer[0] & 0x7F - 配置寄存器的所有位, 除了RESOLUTION位
***************************************************************************/
char ADT7420_ReadConfigReg(void)
{
    unsigned char rxBuffer[1] = {0x00};
    IIC_Read(IIC_BASEADDR, ADT7420_IIC_ADDR, CONFIG_REG, 1, rxBuffer);
    return(rxBuffer[0] & 0x7F);
}
/***************************************************************************
* @brief显示修改ID和厂商ID
* @param无
* @return无
***************************************************************************/
void ADT7420_PrintID(void)
{
    unsigned char rxBuffer[1] = {0x00};
    IIC_Read(IIC_BASEADDR, ADT7420_IIC_ADDR, ID_REG, 1, rxBuffer);
    xil_printf("Revision ID = %d\n\r",rxBuffer[0] & REVISION_ID);
    xil_printf("Manufacture ID = %d\n\r",(rxBuffer[0] & MANUFACTURE_ID) >> 3);
    xil_printf("-----------------------------------------\n\r");
}
/***************************************************************************
* @brief显示主菜单
* @param无
* @return无
***************************************************************************/
void ADT7420_DisplayMainMenu(void)
{
    xil_printf("\n\rPmodTMP2 Demo Program \n\r");
    ADT7420_PrintID();
    xil_printf("Available options: \n\r");
    xil_printf("[t] Read Temperature\n\r");
    xil_printf("[r] Set Resolution\n\r");
    xil_printf("[h] Set THigh\n\r");
```

图 19-37 （续）

```
        xil_printf("[l] Set TLow\n\r");
        xil_printf("[c] Set TCrit\n\r");
        xil_printf("[y] Set THyst\n\r");
        xil_printf("[f] Set Fault Queue\n\r");
        xil_printf("[s] Display Settings \n\r");
        xil_printf("[m] Stop the program and display this menu\n\r");
        xil_printf("Press key to select desired option\n\r");
        xil_printf("Press [q] to exit the application\n\r");
}
/*****************************************************************************
* @brief显示菜单
* @param无
* @return无
*****************************************************************************/
void ADT7420_DisplayMenu(void)
{
        xil_printf("\n\rAvailable options: \n\r");
        xil_printf("[t] Read Temperature\n\r");
        xil_printf("[r] Set Resolution\n\r");
        xil_printf("[h] Set THigh\n\r");
        xil_printf("[l] Set TLow\n\r");
        xil_printf("[c] Set TCrit\n\r");
        xil_printf("[y] Set THyst\n\r");
        xil_printf("[f] Set Fault Queue\n\r");
        xil_printf("[s] Display Settings \n\r");
        xil_printf("[m] Stop the program and display this menu\n\r");
        rxData = 0;
}
/*****************************************************************************
* @brief ADT7420内部ADC的返回分辨率
* @param display - 0 ->分辨率在UART上显示
*                 - 1 ->分辨率不在UART上显示
* @return (rxBuffer[0] & (1 << RESOLUTION)) - 配置寄存器的位7
*                 - 0 -> 分辨率是13位
*                 - 1 -> 分辨率是16位
*****************************************************************************/
unsigned char ADT7420_GetResolution(char display)
{
        unsigned char rxBuffer[2] = {0x00, 0x00};
        IIC_Read(IIC_BASEADDR, ADT7420_IIC_ADDR, CONFIG_REG, 1, rxBuffer);
        if(display == 1)
        {
            if((rxBuffer[0] & (1 << RESOLUTION)) == 0)
            {
                xil_printf("Resolution is 13 bits (0.0625 C/LSB)\n\r");
            }
            else
            {
                xil_printf("Resolution is 16 bits (0.0078 C/LSB)\n\r");
            }
        }
        return (rxBuffer[0] & (1 << RESOLUTION));
}
/*****************************************************************************
* @brief显示分辨率设置菜单
* @param无
* @return无
```

图 19-37 （续）

```c
*****************************************************************************/
void ADT7420_DisplayResolutionMenu(void)
{
    xil_printf("\n\r>Set Resolution Menu\n\r");
    xil_printf("----------------------------------------\n\r");
    xil_printf("Possible resolutions are:\n\r");
    xil_printf("1. 13 bits (0.0625 C/LSB):\n\r");
    xil_printf("2. 16 bits (0.0078 C/LSB):\n\r");
}
/*****************************************************************************
 * @brief为ADT7420的ADC设置并显示分辨率
 * @param无
 * @return无
 *****************************************************************************/
void ADT7420_SetResolution(void)
{
    unsigned char txBuffer[1] = { 0x00 };
    char rx = 0;
    // 为了使用正常的轮询，禁用中断
    microblaze_disable_interrupts();
    ADT7420_DisplayResolutionMenu();
    // 检查UART上数据是否有效
    while(!((Xil_In32(XPAR_UARTLITE_0_BASEADDR + 0x08)) & 0x01));
    // 存储并显示接收的数据
    rx = Xil_In32(XPAR_UARTLITE_0_BASEADDR);
    switch (rx)
        {
        case '1' :
            txBuffer[0] = (0 << RESOLUTION) | ADT7420_ReadConfigReg() ;
            // 为了不改变其他配置参数
            xil_printf("Resolution is 13 bits (0.0625 C/LSB)\n\r");
            TUpper = 0x1FFF;
            rxData = 'm';
            xil_printf("\n\r>Returning to Main Menu...\n\r");
            break;
        case '2' :
            txBuffer[0] = (1 << RESOLUTION) | ADT7420_ReadConfigReg();
            xil_printf("Resolution is 16 bits (0.0078 C/LSB)\n\r");
            TUpper = 0xFFFF;
            rxData = 'm';
            xil_printf("\n\r>Returning to Main Menu...\n\r");
            break;
        default:
            xil_printf("Wrong option!\n\r");
            break;
        }
    IIC_Write(IIC_BASEADDR, ADT7420_IIC_ADDR, CONFIG_REG, 1, txBuffer);
    // 使能中断
    microblaze_enable_interrupts();
}
/*****************************************************************************
 * @brief读取ADT7420的温度MSB和LSB寄存器的数据
 * @param无
 * @return数据-从温度MSB和LSB寄存器读取的值
 *****************************************************************************/
int ADT7420_ReadTemp(void)
```

图 19-37　（续）

```
{
    unsigned char rxBuffer[2] = {0x00,0x00};
    int         data        = 0;
    IIC_Read(IIC_BASEADDR, ADT7420_IIC_ADDR, TEMP_REG, 2, rxBuffer);
    if(ADT7420_GetResolution(0) == 0)
    {
        data = (rxBuffer[0] << 5) | (rxBuffer[1] >> 3);
    }
    else
    {
        data = (rxBuffer[0] << 8) | (rxBuffer[1]);
    }
    return(data);
}
/***************************************************************************
* @brief用摄氏度显示温度数据
* @param数据-从温度MSB和LSB寄存器读取的值
* @return无
***************************************************************************/
void Display_Temp(short int data)
{
    float     value    = 0;
    short int whole     = 0;
    short int thousands = 0;
    float     Vlsb_13  = 0.0625;
    float     Vlsb_16  = 0.0078;
    // 转换的数据显示
    if(ADT7420_GetResolution(0) == 0)
    {
        if(data&0x1000)
        {
            data = data| 0xffffe000;
        }
        value = data * Vlsb_13;
    }
    else
    {
        value = data * Vlsb_16;
    }
    if(value >= 0)
    {
        whole = (int)value;
        thousands = (value – whole) * 1000;
        if(thousands < 10)
        {
            xil_printf("T = %d.00%1d C\n\r", whole,thousands);
        }
        else if(thousands < 100)
        {
            xil_printf("T = %d.0%2d C\n\r", whole,thousands);
        }
        else
        {
        xil_printf("T = %d.%3d C\n\r", whole,thousands);
        }
    }
    else
```

图 19-37 （续）

```
            {
                value = value * (-1);
                whole = (int)value;
                thousands = (value – whole) * 1000;
                if(thousands < 10)
                {
                    xil_printf("T = -%d.00%1d C\n\r", whole,thousands);
                }
                else if(thousands < 100)
                {
                    xil_printf("T = -%d.0%2d C\n\r", whole,thousands);
                }
                else
                {
                    xil_printf("T = -%d.%3d C\n\r", whole,thousands);
                }
            }
    }
}
/****************************************************************************
* @brief从UART控制台读数据
* @param无
* @return 值 -> 转换为十六进制值的数据
*              0         -> 字符读不是十六进制的值
****************************************************************************/
int ADT7420_ConsoleRead(void)
{
    char rx    = 0;
    char c[4]  = "0000";
    char *c_ptr;
    int i    = 0;
    char cnt   = 0;
    int  value = 0;
    cnt   = 0;
    i    = 0;
    valid = 0;
    value = 0;
    c_ptr = c;
    while(i < 6)
    {
        // 检查UART上数据是否有效
        while(!((Xil_In32(XPAR_UARTLITE_0_BASEADDR + 0x08)) & 0x01));
        // 存储并显示接收的数据
        rx = Xil_In32(XPAR_UARTLITE_0_BASEADDR);
        xil_printf("%c", rx);
        // 检查按下的键是否为Enter键
        if(rx == 0x0D)
        {
            i = 5;
        }
        else if(rx == 0x0A)
        {
            i = 5;
        }
        else if(((rx > 0x00)&&(rx < 0x30))||       // 不是 0~9
                ((rx > 0x39)&&(rx < 0x41))||       // 不是 A~F
                ((rx > 0x46)&&(rx < 0x61))||       // 不是 a~f
                (rx > 0x66))
```

图 19-37　（续）

```
            {
                xil_printf("\n\rCharacters entered must be HEX values (0 to 9 and A B C D E F)\n\r");
                i = 6;
                valid = 0;
            }
            else
            {
                *c_ptr++ = rx;
                cnt = cnt + 1;
                valid = 1;
            }
            if(cnt == 4)
            {
                i = 6;
            }
            i++;
        }
        // 将ASCII转换为十六进制值
        for(i = 0; i < cnt; i++)
        {
            if(c[i] > 0x60)
            {
                value = value * 16 + (c[i] – 0x57);
            }
            else if(c[i] > 0x39)
            {
                value = value * 16 + (c[i] – 0x37);
            }
            else
            {
                value = value * 16 + (c[i] – 0x30);
            }
        }
        if(valid == 1)
        {
            return value;
        }
        else
        {
            return 0;
        }
}
/*************************************************************************
* @brief为THigh寄存器设置数据的菜单
* @param无
* @return无
**************************************************************************/
void ADT7420_DisplaySetTHighMenu(void)
{
    int THigh = 0;
    // 为了使用正常的轮询禁用中断
    microblaze_disable_interrupts();
    xil_printf("\n\r>Set THigh Menu\n\r");
    xil_printf("--------------------------------------\n\r");
    xil_printf("\n\rPlease enter a value between 0x0000 and 0x%4x: 0x", TUpper);
    THigh = ADT7420_ConsoleRead();
    while(!((THigh>=0x0000)&(THigh<=TUpper)))
```

图 19-37 （续）

```
        {
            xil_printf("\n\rValue for THigh must be in the range 0x0000 and 0x%4x\n\r", TUpper);
            xil_printf("Please enter a valid value: 0x");
            THigh = ADT7420_ConsoleRead();
        }
        if(valid == 1)
        {
            ADT7420_SetTHigh(THigh);
            rxData = 'm';
            xil_printf("\n\r\n\r>Returning to Main Menu...\n\r");
        }
        // 使能中断
        microblaze_enable_interrupts();
    }

/***************************************************************************
 * @brief THigh寄存器的设置值
 * @param THigh - 将存入寄存器的值
 * @return 无
 ***************************************************************************/
void ADT7420_SetTHigh(int THigh)
{
    unsigned char txBuffer[2] = {0x00, 0x00};
    if(ADT7420_GetResolution(0) == 0)
    {
        txBuffer[0] = (THigh & 0x1FE0) >> 5;
        txBuffer[1] = (THigh & 0x001F) << 3;
    }
    else
    {
        txBuffer[0] = (THigh & 0xFF00) >> 8;
        txBuffer[1] = THigh & 0x00FF;
    }
    IIC_Write(IIC_BASEADDR, ADT7420_IIC_ADDR, TH_SETP_MSB, 2, txBuffer);
}

/***************************************************************************
 * @brief显示THigh设定值
 * @param无
 * @return无
 ***************************************************************************/
void ADT7420_PrintTHigh(void)
{
    unsigned char rxBuffer[2] = {0x00, 0x00};
    int      val    = 0;
    IIC_Read(IIC_BASEADDR, ADT7420_IIC_ADDR, TH_SETP_MSB, 2, rxBuffer);
    if(ADT7420_GetResolution(0) == 0)
        val = ( rxBuffer[0] << 5 ) | ( rxBuffer[1] >> 3);
    else
        val = (rxBuffer[0] << 8) | rxBuffer[1];
    xil_printf("THigh Setpoint ");
    Display_Temp(val);
}

/***************************************************************************
 * @brief为TLow寄存器设置数据的菜单
 * @param无
```

图 19-37 （续）

```
* @return无
**************************************************************************/
void ADT7420_DisplaySetTLowMenu(void)
{
    int TLow = 0;
    // 为了使用正常的轮询禁用中断
    microblaze_disable_interrupts();
    xil_printf("\n\r>Set TLow Menu\n\r");
    xil_printf("----------------------------------------\n\r");
    xil_printf("\n\rPlease enter a value between 0x0000 and 0x%4x: 0x", TUpper);
    TLow = ADT7420_ConsoleRead();
    while(!((TLow>=0x0000)&(TLow<=TUpper)))
    {
        xil_printf("\n\rValue for TLow must be in the range 0x0000 and 0x%4x\n\r", TUpper);
        xil_printf("Please enter a valid value: 0x");
        TLow = ADT7420_ConsoleRead();
    }
    if(valid == 1)
    {
        ADT7420_SetTLow(TLow);
        rxData = 'm';
        xil_printf("\n\r\n\r>Returning to Main Menu...\n\r");
    }
    // 使能中断
    microblaze_enable_interrupts();
}

/**************************************************************************
* @brief  TLow寄存器的设置值
* @param TLow - 将存入寄存器的值
* @return 无
**************************************************************************/
void ADT7420_SetTLow(int TLow)
{
    unsigned char txBuffer[2] = {0x00, 0x00};
    if(ADT7420_GetResolution(0) == 0)
    {
        txBuffer[0] = (TLow & 0x1FE0) >> 5;
        txBuffer[1] = (TLow & 0x001F) << 3;
    }
    else
    {
        txBuffer[0] = (TLow & 0xFF00) >> 8;
        txBuffer[1] = TLow & 0x00FF;
    }
    IIC_Write(IIC_BASEADDR, ADT7420_IIC_ADDR, TL_SETP_MSB, 2, txBuffer);
}

/**************************************************************************
* @brief显示TLow设定值
* @param无
* @return无
**************************************************************************/
void ADT7420_PrintTLow(void)
{
    unsigned char rxBuffer[2] = {0x00, 0x00};
    int      val      = 0;
```

图 19-37 （续）

```
        IIC_Read(IIC_BASEADDR, ADT7420_IIC_ADDR, TL_SETP_MSB, 2, rxBuffer);
        if(ADT7420_GetResolution(0) == 0)
        {
            val = ( rxBuffer[0] << 5 ) | ( rxBuffer[1] >> 3);
        }
        else
        {
            val = (rxBuffer[0] << 8) | rxBuffer[1];
        }
        xil_printf("TLow Setpoint ");
        Display_Temp(val);
}


/**************************************************************************
 * @brief  TCrit寄存器的设置值
 * @param TCrit - 将存入寄存器的值
 * @return无
 **************************************************************************/
void ADT7420_SetTCrit(int TCrit)
{
    unsigned char txBuffer[2] = {0x00, 0x00};
    if(ADT7420_GetResolution(0) == 0)
    {
        txBuffer[0] = (TCrit & 0x1FE0) >> 5;
        txBuffer[1] = (TCrit & 0x001F) << 3;
    }
    else
    {
        txBuffer[0] = (TCrit & 0xFF00) >> 8;
        txBuffer[1] = TCrit & 0x00FF;
    }
    IIC_Write(IIC_BASEADDR, ADT7420_IIC_ADDR, TCRIT_SETP_MSB, 2, txBuffer);
}


/**************************************************************************
 * @brief为TCrit寄存器设置数据的菜单
 * @param无
 * @return无
 **************************************************************************/
void ADT7420_DisplaySetTCritMenu(void)
{
    int TCrit = 0;
    // 为了使用正常的轮询禁用中断
    microblaze_disable_interrupts();
    xil_printf("\n\r>Set TCrit Menu\n\r");
    xil_printf("-----------------------------------------\n\r");
    xil_printf("\n\rPlease enter a value between 0x0000 and 0x%4x: 0x", TUpper);
    TCrit = ADT7420_ConsoleRead();
    while(!((TCrit>=0x0000)&(TCrit<=TUpper)))
    {
        xil_printf("\n\rValue for TCrit must be in the range 0x0000 and 0x%4x\n\r", TUpper);
        xil_printf("Please enter a valid value: 0x");
        TCrit = ADT7420_ConsoleRead();
    }
    if(valid == 1)
    {
        ADT7420_SetTCrit(TCrit);
```

图 19-37 （续）

```
            rxData = 'm';
            xil_printf("\n\r\n\r>Returning to Main Menu...\n\r");
        }
    // 使能中断
    microblaze_enable_interrupts();
}
/***********************************************************************
* @brief 显示 TCrit 设定值
* @param 无
* @return 无
***********************************************************************/
void ADT7420_PrintTCrit(void)
{
    unsigned char rxBuffer[2] = {0x00, 0x00};
    int         val     = 0;
    IIC_Read(IIC_BASEADDR, ADT7420_IIC_ADDR, TCRIT_SETP_MSB, 2, rxBuffer);
    if(ADT7420_GetResolution(0) == 0)
    {
        val = ( rxBuffer[0] << 5 ) | ( rxBuffer[1] >> 3);
    }
    else
    {
        val = (rxBuffer[0] << 8) | rxBuffer[1];
    }
    xil_printf("TCrit Setpoint ");
    Display_Temp(val);
}
/***********************************************************************
* @brief 为 THyst 寄存器设置数据的菜单
* @param 无
* @return 无
***********************************************************************/
void ADT7420_DisplaySetTHystMenu(void)
{
    int THyst = 0;
    // 为了使用正常的轮询禁用中断
    microblaze_disable_interrupts();
    xil_printf("\n\r>Set THyst Menu\n\r");
    xil_printf("-----------------------------------------\n\r");
    xil_printf("Enter a value from 0x0000 to 0x000F: 0x");
    THyst = ADT7420_ConsoleRead();
    while(!((THyst>=0)&(THyst<16)))
    {
        xil_printf("\n\rValue for THyst must be in the range 0 C to 15 C\n\r");
        xil_printf("Please enter a valid value: 0x");
        THyst = ADT7420_ConsoleRead();
    }
    if(valid == 1)
    {
        ADT7420_SetHysteresis(THyst);
        rxData = 'm';
        xil_printf("\n\r\n\r>Returning to Main Menu...\n\r");
    }
    // 使能中断
    microblaze_enable_interrupts();
}
/***********************************************************************
```

图 19-37　（续）

```
        * @brief THyst 寄存器的设置值
        * @param THyst - 0x0000 ~ 0x000F 将要存入寄存器的值
        * @return 无
        ***********************************************************************/
       void ADT7420_SetHysteresis(int THyst)
       {
           unsigned char txBuffer[1] = {0x00};
           txBuffer[0] = THyst & 0x0F;
           IIC_Write(IIC_BASEADDR, ADT7420_IIC_ADDR, T_HYST_SETP, 1, txBuffer);
       }
       /***********************************************************************
        * @brief 显示 THyst 的值
        * @param 无
        * @return 无
        ***********************************************************************/
       void ADT7420_PrintHysteresis(void)
       {
           unsigned char rxBuffer[2] = { 0x00 };
           IIC_Read(IIC_BASEADDR, ADT7420_IIC_ADDR, T_HYST_SETP, 1, rxBuffer);
           xil_printf("THyst Setpoint T = %d C\n\r", rxBuffer[0]);
       }
       /***********************************************************************
        * @brief 设置 Fault Queue 菜单
        * @param 无
        * @return 无
        ***********************************************************************/
       void ADT7420_DisplaySetFaultQueueMenu(void)
       {
           unsigned char txBuffer[1] = { 0x00 };
           char rx = 0;
           // 为了使用正常的轮询禁用中断
           microblaze_disable_interrupts();
           xil_printf("\n\r>Fault Queue Menu\n\r");
           xil_printf("--------------------------------------\n\r");
           xil_printf("Number of fault queues:\n\r");
           xil_printf("1. 1 fault\n\r");
           xil_printf("2. 2 faults\n\r");
           xil_printf("3. 3 faults\n\r");
           xil_printf("4. 4 faults\n\r");
           // 检查UART上数据是否有效
           while(!((Xil_In32(XPAR_UARTLITE_0_BASEADDR + 0x08)) & 0x01));
           // 存储并显示接收的数据
           rx = Xil_In32(XPAR_UARTLITE_0_BASEADDR);
           switch (rx)
           {
           case '1' :
                   txBuffer[0] = 0x00 << FAULT_QUEUE;
                   xil_printf("1 fault queue\n\r");
                   rxData = 'm';
                   xil_printf("\n\r>Returning to Main Menu...\n\r");
                   break;
               case '2' :
                   txBuffer[0] = 0x01 << FAULT_QUEUE;
                   xil_printf("2 fault queues\n\r");
                   rxData = 'm';
                   xil_printf("\n\r>Returning to Main Menu...\n\r");
                   break;
```

图 19-37 （续）

```
                case '3' :
                    txBuffer[0] = 0x02 << FAULT_QUEUE;
                    xil_printf("3 fault queues\n\r");
                    rxData = 'm';
                    xil_printf("\n\r>Returning to Main Menu...\n\r");
                    break;
                case '4' :
                    txBuffer[0] = 0x03 << FAULT_QUEUE;
                    xil_printf("4 fault queues\n\r");
                    rxData = 'm';
                    xil_printf("\n\r>Returning to Main Menu...\n\r");
                    break;
                default:
                    xil_printf("Wrong option!\n\r");
                    break;
        }
        IIC_Write(IIC_BASEADDR, ADT7420_IIC_ADDR, CONFIG_REG, 1, txBuffer);
        // 使能中断
        microblaze_enable_interrupts();
}
/******************************************************************************
* @brief 显示 Fault Queues 的值
* @param 无
* @return 无
******************************************************************************/
void ADT7420_PrintFaultQueue(void)
{
    unsigned char rxBuffer[1] = { 0x00 };
    char       rx        = 0;
    IIC_Read(IIC_BASEADDR, ADT7420_IIC_ADDR, CONFIG_REG, 1, rxBuffer);
    rx = rxBuffer[0] & (0x03 << FAULT_QUEUE);
    switch (rx)
    {
        case 0x00 :
            xil_printf("1 fault queue\n\r");
            break;
        case 0x01 :
            xil_printf("2 fault queues\n\r");
            break;
        case 0x02 :
            xil_printf("3 fault queues\n\r");
            break;
        case 0x03 :
            xil_printf("4 fault queues\n\r");
            break;
        default:
            break;
    }
}
/******************************************************************************
* @brief 显示警报模式设置
* @param 无
* @return 无
******************************************************************************/
void ADT7420_PrintAlertMode(void)
{
    unsigned char rxBuffer[2] = { 0x00 };
```

图 19-37 （续）

```
        IIC_Read(IIC_BASEADDR, ADT7420_IIC_ADDR, CONFIG_REG, 1, rxBuffer);
        if (rxBuffer[0] & (1 << INT_CT))
        {
            xil_printf("Alert Mode: Comparator\n\r");
        }
        else
        {
            xil_printf("Alert Mode: Interrupt\n\r");
        }
}
/*************************************************************************
* @brief 显示 CT 引脚的输出极性设置
* @param 无
* @return 无
*************************************************************************/
void ADT7420_PrintCTPolarity(void)
{
        unsigned char rxBuffer[1] = { 0x00 };
        IIC_Read(IIC_BASEADDR, ADT7420_IIC_ADDR, CONFIG_REG, 1, rxBuffer);
        if (rxBuffer[0] & (1 << CT_POL))
        {
            xil_printf("CT pin is Active High\n\r");
        }
        else
        {
            xil_printf("CT pin is Active Low\n\r");
        }
}
/*************************************************************************
* @brief 显示 INT 引脚的输出极性设置
* @param 无
* @return 无
*************************************************************************/
void ADT7420_PrintINTPolarity(void)
{
        unsigned char rxBuffer[1] = { 0x00 };
        IIC_Read(IIC_BASEADDR, ADT7420_IIC_ADDR, CONFIG_REG, 1, rxBuffer);
        if (rxBuffer[0] & (1 << INT_POL))
        {
            xil_printf("INT pin is Active High\n\r");
        }
        else
        {
            xil_printf("INT pin is Active Low\n\r");
        }
}
/*************************************************************************
* @brief 显示 ADT7420 的当前设置
* @param 无
* @return 无
*************************************************************************/
void ADT7420_DisplaySettings(void)
{
        // 为了使用正常的轮询禁用中断
        microblaze_disable_interrupts();
        xil_printf("\n\r ADT7420 Settings \n\r");
        xil_printf("----------------------------------------\n\r");
```

图 19-37　（续）

```
            ADT7420_GetResolution(1);
            ADT7420_PrintTHigh();
            ADT7420_PrintTLow();
            ADT7420_PrintTCrit();
            ADT7420_PrintHysteresis();
            ADT7420_PrintFaultQueue();
            ADT7420_PrintAlertMode();
            ADT7420_PrintCTPolarity();
            ADT7420_PrintINTPolarity();
            rxData = 'm';
            // 使能中断
            microblaze_enable_interrupts();
            xil_printf("\n\r>Returning to Main Menu...\n\r");
        }
```

图 19-37　（续）

```
#ifndef ADT7420_H_
#define ADT7420_H_
#include "xparameters. h"
#include "xintc. h"
// IIC 核基地址
#define IIC_BASEADDR XPAR_AXI_IIC_0_BASEADDR
//ADT7420 IIC 地址（JP1 - OPEN，JP2 - OPEN）
#define ADT7420_IIC_ADDR 0x4B
//寄存器
#define TEMP_REG            0x00
#define STATUS_REG          0x02
#define CONFIG_REG          0x03
#define TH_SETP_MSB         0x04
#define TH_SETP_LSB         0x05
#define TL_SETP_MSB         0x06
#define TL_SETP_LSB         0x07
#define TCRIT_SETP_MSB      0x08
#define TCRIT_SETP_LSB      0x09
#define T_HYST_SETP         0x0A
#define ID_REG              0x0B
#define SOFT_RST_REG        0x2F
//STATUS_REG 位
#define UNDER_TLOW          4
#define OVER_THIGH          5
#define OVER_TCRIT          6
#define CNV_READY_N         7
//CONFIG_REG 位
#define FAULT_QUEUE         0
#define CT_POL              2
#define INT_POL             3
#define INT_CT              4
#define OP_MODE             5
#define RESOLUTION          7
//ID_REG 位
#define REVISION_ID         0x07
#define MANUFACTURE_ID      0xF8
//函数原型
```

图 19-38　ADT7420. h 文件源代码

```
void ADT7420_Init(void);
void ADT7420_DisplayMainMenu(void);
void ADT7420_DisplayMenu(void);
void ADT7420_PrintID(void);
void ADT7420_DisplayResolutionMenu(void);
void ADT7420_SetResolution(void);
unsigned char ADT7420_GetResolution(char display);
int ADT7420_ReadTemp(void);
void Display_Temp(short int data);
int ADT7420_ConsoleRead(void);
void ADT7420_DisplaySetTHighMenu(void);
void ADT7420_SetTHigh(int THigh);
void ADT7420_PrintTHigh(void);
void ADT7420_DisplaySetTLowMenu(void);
void ADT7420_SetTLow(int TLow);
void ADT7420_PrintTLow(void);
void ADT7420_DisplaySetTCritMenu(void);
void ADT7420_SetTCrit(int TCrit);
void ADT7420_PrintTCrit(void);
void ADT7420_DisplaySetTHystMenu(void);
void ADT7420_SetHysteresis(int degrees);
void ADT7420_PrintHysteresis(void);
void ADT7420_DisplaySetFaultQueueMenu(void);
void ADT7420_PrintFaultQueue(void);
void ADT7420_SetAlertPolarity(char CT, char INT);
void SetAlertModeComparator(void);
void ADT7420_PrintAlertMode(void);
void ADT7420_PrintCTPolarity(void);
void ADT7420_PrintINTPolarity(void);
void ADT7420_DisplaySettings(void);
#endif /* ADT7420_H_ */
```

图 19-38 （续）

```
/ ******************************************************************** /
/ *************************** 包含文件 ********************************* /
/ ******************************************************************** /
#include <stdio.h>
#include "xparameters.h"
#include "xil_cache.h"
#include "xil_io.h"
#include "i2c.h"
#include "ADT7420.h"
#include "mb_interface.h"
#include "xintc.h"
/ ******************************************************************** /
/ *************************** 函数声明 ********************************* /
/ ******************************************************************** /
void uartIntHandler(void);
/ ******************************************************************** /
/ *************************** 变量定义 ********************************* /
/ ******************************************************************** /
volatile int rxData = 0;
/ ******************************************************************** /
 * @brief 主函数
```

图 19-39 main.c 文件源代码

```
 * @return 总是返回 0
 ************************************************************************** /
int main()
{
    Xil_ICacheEnable();
    Xil_DCacheEnable();
    //设置中断处理程序
    microblaze_register_handler((XInterruptHandler)uartIntHandler,(void*)0);
    //使能 UART 中断
    Xil_Out32(XPAR_UARTLITE_0_BASEADDR+0x0C,(1<<4));
    //使能 Microblaze 中断
    microblaze_enable_interrupts();
    Xil_Out32(XPAR_INTC_0_BASEADDR+XIN_IER_OFFSET,0x1);
    Xil_Out32(XPAR_INTC_0_BASEADDR+XIN_MER_OFFSET,0x3);
    //初始化 ADT7420 设备
    ADT7420_Init();
    //在 UART 上显示主菜单
    ADT7420_DisplayMainMenu();
    while(rxData != 'q')
    {
    switch(rxData)
    {
    case 't':
        Display_Temp(ADT7420_ReadTemp());
        break;
    case 'r':
        ADT7420_SetResolution();
        break;
    case 'h':
        ADT7420_DisplaySetTHighMenu();
        break;
    case 'l':
        ADT7420_DisplaySetTLowMenu();
        break;
    case 'c':
        ADT7420_DisplaySetTCritMenu();
        break;
    case 'y':
        ADT7420_DisplaySetTHystMenu();
        break;
    case 'f':
        ADT7420_DisplaySetFaultQueueMenu();
        break;
    case 's':
        ADT7420_DisplaySettings();
        break;
    case 'm':
        ADT7420_DisplayMenu();
        break;
    case 0:
        break;
    default:
        xil_printf("\n\rWrong option! Please select one of the options below. ");
        ADT7420_DisplayMenu();
        break;
```

图 19-39 （续）

```
    }
   }
   xil_printf("Exiting application\n\r");
  Xil_DCacheDisable();
  Xil_ICacheDisable();
  return 0;
}
/ ***************************************************************
 * @brief UART 的中断处理程序
 * @return 无
 *************************************************************** /
void uartIntHandler(void)
{
   u32 temp;
   Xil_Out32(XPAR_INTC_0_BASEADDR+XIN_IAR_OFFSET,
                   Xil_In32(XPAR_INTC_0_BASEADDR+XIN_ISR_OFFSET));
   if(Xil_In32(XPAR_UARTLITE_0_BASEADDR + 0x08) & 0x01)
      {
            temp = Xil_In32(XPAR_UARTLITE_0_BASEADDR);
            if((temp ! = 0xa) && (temp ! = 0xd))
                    rxData = temp;
      }
}
```

图 19-39　（续）

ADT7420 温度监测工程源代码结构如图 19-40 所示。

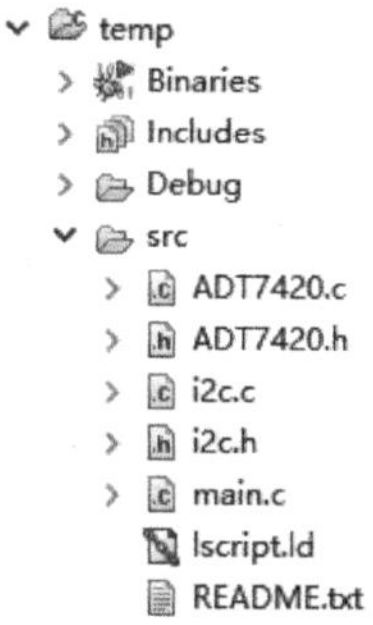

```
✓ 📂 temp
   > 🦾 Binaries
   > 📶 Includes
   > 📂 Debug
   ✓ 📂 src
      > 🖺 ADT7420.c
      > 🖺 ADT7420.h
      > 🖺 i2c.c
      > 🖺 i2c.h
      > 🖺 main.c
        🖺 lscript.ld
        📄 README.txt
```

图 19-40　ADT7420 温度监测工程源代码结构

19.5.5　IO 读写函数加速度监测程序示例

这里同样直接采用芯片 ADXL362 厂家 Analog Devices 针对 Xilinx FPGA 平台提供的加速度监测程序，该程序源代码读者可从 https://wiki. analog. com/_media/resources/fpga/xilinx/pmod/adxl362_nexys3. zip 下载。该 C 语言源码针对 Xilinx XPS 配套的 SDK 开发平台，且基于 Digilent 公司 Nexys3 实验板，因此原代码中的部分宏定义需修改为与本实验一致的宏定义。并且根据实验要求，需在 main 函数中使能中断控制器以及在中断服务函数中清除中断控制器的中断状态。

修改后的源码如图 19-41～图 19-45 所示。工程代码结构如图 19-46 所示。spi. c 文件提供了 SPI 接口初始化以及 SPI 接口数据传输函数，ADXL362. c 文件提供了操作 ADXL362 芯片的函数。

```
/ ******************************************************************* /
/ *************************** 包含文件 ***************************** /
/ ******************************************************************* /
#include "spi. h"
#include "xil_io. h"
/ ******************************************************************* /
/ *************************** 常数定义 ***************************** /
/ ******************************************************************* /
#define MAX_TX_SIZE   16 / * 在一个 SPI 传输中可以传输的最大字节数 * /
/ ******************************************************************* /
/ **************************变量定义 ****************************** /
/ ******************************************************************* /
typedef struct _stSpiConfig
{
    u32   axiBaseAddr; / * SPI 的 Microblaze IP 基地址 * /
    u32   config;   / * SPI 的 Microblaze IP 配置 * /
}stSpiConfig;
static stSpiConfig spiConfig[2] = {{0,0},{0,0}};
static char emptyTxBuf[MAX_TX_SIZE];
/ ******************************************************************* // **
 * @brief 与 Microblaze 的 SPI 外设初始化通信
 * @param axiBaseAddr - Microblaze SPI 外设 AXI 基地址
 * @param lsbFirst -如果 LSB 先被传输,置为 1
 * @param cpha -如果 CPHA 模式被应用,置为 1
 * @param cpol -如果 CPOL 模式被应用,置为 1
 * @return 真
 ******************************************************************* /
u32 SPI_Init(u32 axiBaseAddr, char lsbFirst, char cpha, char cpol)
{
    u32 i          = 0;
    u32 cfgValue   = 0;
    //将空 Tx 缓冲区设置为 0
    for(i = 0; i < MAX_TX_SIZE; i++)
    {
        emptyTxBuf[i] = 0;
    }
    //配置寄存器设置
    cfgValue |= (lsbFirst  << LSBFirst)            | //MSB 先传格式
                (1         << MasterTranInh) | //主传输禁用
                (1    << ManualSlaveAssEn)  | //从设备选择输出与从设备选择寄存器中的数据一致
                (1         << RxFifoReset)  | //接收 FIFO 正常操作
                (0         << TxFifoReset)  | //发送 FIFO 正常操作
                (cpha      << CHPA)         | //数据在 SCK 第一边沿有效
                (cpol      << CPOL)         | //SCK 高电平有效,空闲低电平
                (1         << Master)       | //SPI 主设备模式
                (1         << SPE)          | // SPI 使能
                (0         << LOOP);          //正常操作
    //初始化 SPI 配置
    for(i = 0; i < sizeof(spiConfig) / sizeof(stSpiConfig); i++)
    {
    if(spiConfig[i]. axiBaseAddr == 0)
    {
        spiConfig[i]. axiBaseAddr = axiBaseAddr;
        spiConfig[i]. config = cfgValue;
```

图 19-41   spi. c 文件源代码

```
            break;
        }
    }
    //将从设备选择寄存器设置为全1
    Xil_Out32(axiBaseAddr + SPISSR, 0xFFFFFFFF);
    //将相应的值写入配置寄存器
    Xil_Out32(axiBaseAddr + SPICR, cfgValue);
    return TRUE;
}
/ ************************************************************************ // **
 * @brief 与从 SPI 传输数据
 * @param axiBaseAddr - Microblaze SPI 设备 AXI 基地址
 * @param txSize - 发送到从 SPI 的字节数
 * @param txBuffer - 将数据发送给从 SPI 的缓冲区
 * @param rxSize - 从从 SPI 接收的字节数
 * @param rxBuffer - 存储从 SPI 接收数据的缓冲区
 * @param ssNo - 从设备连接的从选择线
 * @return 真
 ************************************************************************ /
u32 SPI_TransferData(u32 axiBaseAddr, char txSize, char * txBuf, char rxSize, char * rxBuf, char ssNo)
{
    u32 i           = 0;
    u32 cfgValue    = 0;
    u32 SPIStatus   = 0;
    u32 rxCnt       = 0;
    u32 txCnt       = 0;
    u32 timeout     = 0xFFFF;
    //获取 SPI 核的配置
    for(i = 0; i < sizeof(spiConfig) / sizeof(stSpiConfig); i++)
    {
        if(spiConfig[i].axiBaseAddr == axiBaseAddr)
        {
            cfgValue = spiConfig[i].config;
            break;
        }
    }
    //检查传输缓冲区是否空
    if(txSize == 0)
    {
    txSize = rxSize;
    txBuf = emptyTxBuf;
    }
    //写到主 SPI 设备 SPICR 的配置数据
    Xil_Out32(axiBaseAddr + SPICR, cfgValue);
    //写 SPISSR 手动设置 SSn
    Xil_Out32(axiBaseAddr + SPISSR, ~(0x00000001 << (ssNo - 1)));
    //写到主 SPIDTR 寄存器的初始数据
    Xil_Out32(axiBaseAddr + SPIDTR, txBuf[0]);
    //使能主事务
    cfgValue &= ~(1 << MasterTranInh);
    Xil_Out32(axiBaseAddr + SPICR, cfgValue);
    //发送和接收数据
    while(txCnt < txSize)
    {
    //完成的轮询状态
```

图 19-41 （续）

```
    do
    {
        SPIStatus = Xil_In32(axiBaseAddr + SPISR);
    }
    while((((SPIStatus & 0x01) == 1) && timeout--);
    if(timeout == -1)
    {
        //禁用主事务
        cfgValue |= (1 << MasterTranInh);
        Xil_Out32(axiBaseAddr + SPICR, cfgValue);
        //重置SPI核
        Xil_Out32(axiBaseAddr + SRR, 0x0000000A);
        //将从设备选择寄存器设置为全1
        Xil_Out32(axiBaseAddr + SPISSR, 0xFFFFFFFF);
        //将相应的值写入配置寄存器
        Xil_Out32(axiBaseAddr + SPICR, cfgValue);
        return FALSE;
    }
    timeout = 0xFFFF;
    //读取SPI核缓冲区接收到的数据
    if(rxCnt < rxSize)
    {
        rxBuf[rxCnt] = Xil_In32(axiBaseAddr + SPIDRR);
        rxCnt++;
    }
    //发送下一个数据
    txCnt++;
    if(txCnt < txSize)
    {
        //禁用主事务
        cfgValue |= (1 << MasterTranInh);
        Xil_Out32(axiBaseAddr + SPICR, cfgValue);
        //写数据
        Xil_Out32(axiBaseAddr + SPIDTR, txBuf[txCnt]);
        //使能主事务
        cfgValue &= ~(1 << MasterTranInh);
        Xil_Out32(axiBaseAddr + SPICR, cfgValue);
    }
    }
    //禁用主事务
    cfgValue |= (1 << MasterTranInh);
    Xil_Out32(axiBaseAddr + SPICR, cfgValue);
    //写全1到SPISSR
    Xil_Out32(axiBaseAddr + SPISSR, 0xFFFFFFFF);
    return TRUE;
}
```

图19-41　（续）

```
#ifndef __SPI__H__
#define __SPI_H__
/ ********************************************************************* /
/ *************************** 包含文件 ******************************* /
/ ********************************************************************* /
#include "xil_types.h"
```

图19-42　spi.h文件源代码

```
/ ***************************************************************** /
/ ************************ SPI 寄存器定义 ************************** /
/ ***************************************************************** /
//寄存器地址
# define SRR              0x40
# define SPICR            0x60
# define SPISR            0x64
# define SPIDTR           0x68
# define SPIDRR           0x6C
# define SPISSR           0x70
# define SPI_T_FIFO       0x74
# define SPI_R_FIFO       0x78
# define DGIER            0x1C
# define IPISR            0x20
# define IPIER            0x28
/ ***************************************************************** /
/ ************************* SPI 寄存器位 *************************** /
/ ***************************************************************** /
// SPI 控制寄存器(SPICR)
# define LSBFirst         9
# define MasterTranInh    8
# define ManualSlaveAssEn 7
# define RxFifoReset      6
# define TxFifoReset      5
# define CHPA             4
# define CPOL             3
# define Master           2
# define SPE              1
# define LOOP             0
// SPI 状态寄存器(SPISR)
# define SlaveModeSel     5
# define MODF             4
# define TxFull           3
# define TxEmpty          2
# define RxFull           1
# define RxEmpty          0
// IP 中断状态寄存器
# define DDRNotEmpty      8
# define SlaveModeSel_int 7
# define TxFifoHalfEmpty  6
# define DDROverRun       5
# define DDRFull          4
# define DTRUnderRun      3
# define DTREmpty         2
# define SlaveMODF        1
# define MODF_int         0
/ ***************************************************************** /
/ ************************* 函数声明 ****************************** /
/ ***************************************************************** /
u32 SPI_Init(u32 axiBaseAddr, char lsbFirst, char cpha, char cpol);
u32 SPI_TransferData(u32 axiBaseAddr, char txSize, char * txBuf, char rxSize, char * rxBuf, char ssNo);
# endif / * __SPI_H__ * /
```

图 19-42 （续）

```
/ ************************************************************************ /
/ ************************* 包含文件 ****************************** /
/ ************************************************************************ /
#include "ADXL362.h"
/ ************************************************************************ /
/ ************************* 变量定义 ****************************** /
/ ************************************************************************ /
extern volatile char rxData;
extern volatile char mode;
/ ************************************************************************ /
*  @brief 产生一个以 ms 为单位的延迟
*  @param ms_count - 所需 ms 数
*  @return 无
************************************************************************ /
void delay_ms(u32 ms_count)
{
    u32 count;
    for (count = 0; count < ((ms_count * 6670) + 1); count++)
    {
        asm("nop");
    }
}
/ ************************************************************************
*  @brief 显示主菜单
*  @param 无
*  @return 无
************************************************************************ /
void ADXL362_DisplayMainMenu(void)
{
    xil_printf("\n\r\n\rPmod-ACL2 Demo Program\n\r");
    xil_printf("\n\r");
    xil_printf("Options：\n\r");
    xil_printf("    [a] Display acceleration on All Axes\n\r");
    xil_printf("    [x] Display acceleration on X Axis\n\r");
    xil_printf("    [y] Display acceleration on Y Axis\n\r");
    xil_printf("    [z] Display acceleration on Z Axis\n\r");
    xil_printf("    [t] Display temperature\n\r");
    xil_printf("    [r] Select measurement range\n\r");
    xil_printf("    [s] Switch resolution\n\r");
    xil_printf("    [i] Print device ID\n\r");
    xil_printf("    [m] Display main menu\n\r");
    xil_printf("Please select desired option\n\r");
    rxData = 0;
}
/ ************************************************************************
*  @brief 显示菜单
*  @param 无
*  @return 无
************************************************************************ /
void ADXL362_DisplayMenu(void)
{
    xil_printf("\n\rOptions：\n\r");
    xil_printf("    [a] Display acceleration on All Axes\n\r");
    xil_printf("    [x] Display acceleration on X Axis\n\r");
```

图 19-43 ADXL362.c 文件源代码

```
        xil_printf("      [y] Display acceleration on Y Axis\n\r");
        xil_printf("      [z] Display acceleration on Z Axis\n\r");
        xil_printf("      [t] Display temperature\n\r");
        xil_printf("      [r] Select measurement range\n\r");
        xil_printf("      [s] Switch resolution\n\r");
        xil_printf("      [i] Print device ID\n\r");
        xil_printf("      [m] Display main menu\n\r");
        xil_printf("Please select desired option\n\r");
        rxData = 0;
}
/ ***********************************************************************
 * @brief 显示一个整数和千分之一的浮点值
 * @param whole - 整数值
 * @param thousands - 千分之一值
 * @param sign - 0 = +, 1 = -
 * @param temp - 0 = 加速度, 1 = 摄氏度
 * @return 无
 *********************************************************************** /
void ADXL362_Display(int whole, int thousands, int sign, char temp)
{
    if(thousands > 99)
    {
        xil_printf("%c%d. %3d %c\n\r", (sign == 0)?'+':'-', whole, thousands, (temp == 0)?'g':'C');
    }
    else if(thousands > 9)
    {
        xil_printf("%c%d.0%2d %c\n\r", (sign == 0)?'+':'-', whole, thousands, (temp == 0)?'g':'C');
    }
    else
    {
        xil_printf("%c%d.00%1d %c\n\r", (sign == 0)?'+':'-', whole, thousands, (temp == 0)?'g':'C');
    }
}
/ ***********************************************************************
 * @brief 写入 ADXL362 寄存器
 * @param addr - 寄存器地址
 * @param data - 要写入的数据
 * @return 无
 *********************************************************************** /
void ADXL362_WriteReg(char addr, char data)
{
    char txBuffer[3] = {0x0A, addr, data};
    char rxBuffer[3] = {0x00, 0x00, 0x00};
    SPI_TransferData(SPI_BASEADDR, 3, txBuffer, 3, rxBuffer, 1);
}
/ ***********************************************************************
 * @brief 从 ADXL362 寄存器读
 * @param addr - 寄存器地址
 * @return rx - 从寄存器读到的数据
 *********************************************************************** /
char ADXL362_ReadReg(char addr)
{
    char txBuffer[3] = {0x0B, addr, 0x00};
    char rxBuffer[3] = {0x00, 0x00, 0x00};
```

图 19-43　（续）

```
    char rx = 0x00;
    SPI_TransferData(SPI_BASEADDR, 3, txBuffer, 3, rxBuffer, 1);
    rx = rxBuffer[2];
    return(rx);
}
/ ********************************************************************
 * @brief 打印 ADXL362 内部 ID 寄存器
 * @param 无
 * @return 无
 ******************************************************************** /
void ADXL362_PrintID(void)
{
    xil_printf("\n\r");
    xil_printf("Device ID: %x\n\r", ADXL362_ReadReg(ADXL362_DEVID_AD) & 0xFF);
    xil_printf("Device ID: %x\n\r", ADXL362_ReadReg(ADXL362_DEVID_MST) & 0xFF);
    xil_printf("Part ID:   %x\n\r", ADXL362_ReadReg(ADXL362_PARTID) & 0xFF);
    xil_printf("Silicon ID: %x\n\r", ADXL362_ReadReg(ADXL362_REVID) & 0xFF);
    rxData = 0;
    xil_printf("\n\r");
    ADXL362_DisplayMenu();
}
/ ********************************************************************
 * @brief 从 ADXL362 读温度
 * @param 无
 * @return 温度值
 ******************************************************************** /
int ADXL362_ReadTemp(void)
{
    char temp[2] = {0x00, 0x00};
    int result = 0;
    temp[0] = ADXL362_ReadReg(ADXL362_TEMP_H);
    temp[1] = ADXL362_ReadReg(ADXL362_TEMP_L);
    result = ((temp[0] & 0xFF) << 8) | ((temp[1]) & 0xFF);
    return(result);
}
/ ********************************************************************
 * @brief 显示从 ADXL362 读到的温度
 * @param 无
 * @return 无
 ******************************************************************** /
void ADXL362_PrintTemp(void)
{
    float value      = 0;
    int rxTemp       = 0;
    char sign        = 0;
    int whole        = 0;
    int thousands    = 0;
    rxTemp = ADXL362_ReadTemp();
    value = (float)((rxTemp & 0x7FF) * 0.065);
    sign = (rxTemp & 0x800) >> 11;
    whole = value;
    thousands = (value - whole) * 1000;
    xil_printf("\n\rADXL362 Temperature is: ");
    ADXL362_Display(whole, thousands, sign, 1);
```

图 19-43 （续）

```
    //xil_printf("\n\r");
    rxData = 0;
    xil_printf("\n\r");
    ADXL362_DisplayMenu();
}
/ ***************************************************************************
 * @brief 检查 ADXL362 转换是否完成
 * @param 无
 * @return 1-数据准备好，0-数据未准备好
 *************************************************************************** /
char ADXL362_IsDataReady(void)
{
    if((ADXL362_ReadReg(ADXL362_STATUS) & 0x01) == 0x01)
    {
        return(1);
    }
    else
    {
        return(0);
    }
}
/ ***************************************************************************
 * @brief 读 X 轴 8 MSB
 * @param 无
 * @return rx -读到的值
 *************************************************************************** /
char ADXL362_ReadXSmall(void)
{
    char rx;
    while(!ADXL362_IsDataReady());
    rx = ADXL362_ReadReg(ADXL362_XDATA) & 0xFF;
    return(rx);
}
/ ***************************************************************************
 * @brief 读 Y 轴 8 MSB
 * @param 无
 * @return rx -读到的值
 *************************************************************************** /
char ADXL362_ReadYSmall(void)
{
    char rx;
    while(!ADXL362_IsDataReady());
    rx = ADXL362_ReadReg(ADXL362_YDATA) & 0xFF;
    return(rx);
}
/ ***************************************************************************
 * @brief 读 Z 轴 8 MSB
 * @param 无
 * @return rx - 读到的值
 *************************************************************************** /
char ADXL362_ReadZSmall(void)
{
    char rx;
    while(!ADXL362_IsDataReady());
```

图 19-43　（续）

```
        rx = ADXL362_ReadReg(ADXL362_ZDATA) & 0xFF;
    return(rx);
}
/ ****************************************************************************
 * @brief 显示读到的轴值 8 MSB
 * @param axis - 打印哪个轴
 * @return 无
 **************************************************************************** /
void ADXL362_PrintSmall(char axis)
{
    int rxG           = 0;
    int sign          = 0;
    float value       = 0;
    int whole         = 0;
    int thousands     = 0;
    switch(axis)
    {
        case 'x':
            rxG = ADXL362_ReadXSmall();
            xil_printf("X = ");
            break;
        case 'y':
            rxG = ADXL362_ReadYSmall();
            xil_printf("Y = ");
            break;
        case 'z':
            xil_printf("Z = ");
            rxG = ADXL362_ReadZSmall();
            break;
        default:
            break;
    }
    // MSB 是符号位。如果是 1 为负数,否则正数
    sign = (rxG & 0x80) >> 7;
    if(sign == 1)
    {
        //如果是负数,将 FFFFF 位填充到高位
        rxG = (rxG << 4) | 0xFFFFF000;
    }
    else
    {
        rxG = (rxG << 4);
    }
    value = ((float)rxG / 1000);
    if(rxG >= 0)
    {
        whole = value;
        thousands = (value - whole) * 1000;
    }
    else
    {
        value = value * (-1);
        whole = value;
        thousands = (value - whole) * 1000;
```

图 19-43 （续）

```
    }
    ADXL362_Display(whole, thousands, sign, 0);
}
/ *******************************************************************
 * @brief 显示从 3 个轴读到的数据 8 MSB
 * @param 无
 * @return 无
 ******************************************************************* /
void ADXL362_DisplayAllSmall(void)
{
    ADXL362_PrintSmall('x');
    ADXL362_PrintSmall('y');
    ADXL362_PrintSmall('z');
}
/ *******************************************************************
 * @brief 读 X 轴 12 MSB
 * @param 无
 * @return rx -读到的值
 ******************************************************************* /
int ADXL362_ReadX(void)
{
    int rx;
    while(!ADXL362_IsDataReady());
    rx = ((ADXL362_ReadReg(ADXL362_XDATA_H) & 0xFF) << 8) |
                    (ADXL362_ReadReg(ADXL362_XDATA_L) & 0xFF);
    return(rx);
}
/ *******************************************************************
 * @brief 读 Y 轴 12 MSB
 * @param 无
 * @return rx -读到的值
 ******************************************************************* /
int ADXL362_ReadY(void)
{
    int rx;
    while(!ADXL362_IsDataReady());
    rx = ((ADXL362_ReadReg(ADXL362_YDATA_H) & 0xFF) << 8) |
                    (ADXL362_ReadReg(ADXL362_YDATA_L) & 0xFF);
    return(rx);
}
/ *******************************************************************
 * @brief 读 Z 轴 12 MSB
 * @param 无
 * @return rx -读到的值
 ******************************************************************* /
int ADXL362_ReadZ(void)
{
    int rx;
    while(!ADXL362_IsDataReady());
    rx = ((ADXL362_ReadReg(ADXL362_ZDATA_H) & 0xFF) << 8) |
                    (ADXL362_ReadReg(ADXL362_ZDATA_L) & 0xFF);
    return(rx);
}
/ *******************************************************************
```

图 19-43 （续）

```
 * @brief 显示读到的轴数据 12 MSB
 * @param axis -显示哪个数据
 * @return 无
 ********************************************************************** /
void ADXL362_Print(char axis)
{
    int rxG             = 0;
    char sign           = 0;
    float value         = 0;
    int whole           = 0;
    int thousands       = 0;
    switch(axis)
    {
        case 'x':
            rxG = ADXL362_ReadX();
            xil_printf("X = ");
            break;
        case 'y':
            rxG = ADXL362_ReadY();
            xil_printf("Y = ");
            break;
        case 'z':
            rxG = ADXL362_ReadZ();
            xil_printf("Z = ");
            break;
        default:
            break;
    }
    //MSB 是符号位。如果是 1 为负数,否则正数
    sign = (rxG & 0x800) >> 11;
    if (sign == 1)
    {
        //如果是负数,将 FFFFF 位填充到高位
        rxG = rxG | 0xFFFFF000;
    }
    else
    {
        rxG = rxG | 0x00000000;
    }
    value = ((float)rxG / 1000);
    if(rxG >= 0)
    {
        whole = value;
        thousands = (value - whole) * 1000;
    }
    else
    {
        value = value * (-1);
        whole = value;
        thousands = (value - whole) * 1000;
    }
    ADXL362_Display(whole, thousands, sign, 0);
}
/ **********************************************************************
```

图 19-43 (续)

```
 *  @brief 显示从 3 个轴读到的数据，12MSB
 *  @param 无
 *  @return 无
 ****************************************************************************** /
void ADXL362_DisplayAll(void)
{
    ADXL362_Print('x');
    ADXL362_Print('y');
    ADXL362_Print('z');
}
/ ******************************************************************************
 *  @brief 8 位与 12 位分辨率之间的切换
 *  @param 无
 *  @return 无
 ****************************************************************************** /
void ADXL362_SwitchRes(void)
{
    mode = ! mode;
    if(mode == 0)
    {
        xil_printf("\n\r>Full 12-Bit resolution selected. \n\r");
    }
    else
    {
        xil_printf("\n\r>8-Bit resolution selected. \n\r");
    }
    rxData = 0;
    xil_printf("\n\r");
    ADXL362_DisplayMenu();
}
/ ******************************************************************************
 *  @brief 设置温度范围
 *  @param 无
 *  @return 无
 ****************************************************************************** /
void ADXL362_SetRange(void)
{
    char rx         = 0;
    char rxReg      = 0;
    xil_printf("\n\r>Select measurement range：\n\r");
    xil_printf("      [1] +/- 2g\n\r");
    xil_printf("      [2] +/- 4g\n\r");
    xil_printf("      [3] +/- 8g\n\r");
    xil_printf("Press [1] to [3] to select desired range\n\r");
    microblaze_disable_interrupts();
    //检查 UART 中的数据是否有效
    while(!((Xil_In32(XPAR_RS232_UART_1_BASEADDR + 0x08)) & 0x01));
    //存储并显示接收的数据
    rx = Xil_In32(XPAR_RS232_UART_1_BASEADDR);
    rxReg = (ADXL362_ReadReg(ADXL362_FILTER_CTL) & 0x3F);
    switch(rx)
    {
        case '1':
            rxReg = 0x00 | rxReg;
```

图 19-43 （续）

```
                xil_printf("> +/- 2g measurement range selected\n\r");
                break;
            case '2':
                rxReg = 0x40 | rxReg;
                xil_printf("> +/- 4g measurement range selected\n\r");
                break;
            case '3':
                rxReg = 0x80 | rxReg;
                xil_printf("> +/- 8g measurement range selected\n\r");
                break;
            default:
                xil_printf("> wrong measurement range\n\r");
                break;
        }
        ADXL362_WriteReg(ADXL362_FILTER_CTL, rxReg);
        microblaze_enable_interrupts();
        rxData = 0;
        xil_printf("\n\r");
        ADXL362_DisplayMenu();
}
```

图 19-43 （续）

```
#ifndef ADXL362_H_
#define ADXL362_H_
#include "xparameters.h"
#include "spi.h"
#include "mb_interface.h"
#include "xil_io.h"
#include <stdio.h>
#define SPI_BASEADDR XPAR_AXI_QUAD_SPI_0_BASEADDR
#define XPAR_RS232_UART_1_BASEADDR XPAR_AXI_UARTLITE_0_BASEADDR
#define XIN_ISR_OFFSET      0      /* 中断状态寄存器 */
#define XIN_IER_OFFSET      8      /* 中断使能寄存器 */
#define XIN_IAR_OFFSET      12     /* 中断响应寄存器 */
#define XIN_MER_OFFSET      28     /* 总中断使能寄存器 */
/* ************************************************************************ /
/ * ADXL362                                                             * /
/ * ************************************************************************ /
// ADXL362 寄存器
#define ADXL362_DEVID_AD         0x00
#define ADXL362_DEVID_MST        0x01
#define ADXL362_PARTID           0x02
#define ADXL362_REVID            0x03
#define ADXL362_XDATA            0x08
#define ADXL362_YDATA            0x09
#define ADXL362_ZDATA            0x0A
#define ADXL362_STATUS           0x0B
#define ADXL362_FIFO_ENTRIES_L   0x0C
#define ADXL362_FIFO_ENTRIES_H   0x0D
#define ADXL362_XDATA_L          0x0E
#define ADXL362_XDATA_H          0x0F
#define ADXL362_YDATA_L          0x10
#define ADXL362_YDATA_H          0x11
#define ADXL362_ZDATA_L          0x12
```

图 19-44 ADXL362.h 文件源代码

```
# define ADXL362_ZDATA_H              0x13
# define ADXL362_TEMP_L               0x14
# define ADXL362_TEMP_H               0x15
# define ADXL362_SOFT_RESET           0x1F
# define ADXL362_THRESH_ACT_L         0x20
# define ADXL362_THRESH_ACT_H         0x21
# define ADXL362_TIME_ACT             0x22
# define ADXL362_THRESH_INACT_L       0x23
# define ADXL362_THRESH_INACT_H       0x24
# define ADXL362_TIME_INACT_H         0x25
# define ADXL362_TIM_INACT_L          0x26
# define ADXL362_ACT_INACT_CTL        0x27
# define ADXL362_FIFO_CONTROL         0x28
# define ADXL362_FIFO_SAMPLES         0x29
# define ADXL362_INTMAP1              0x2A
# define ADXL362_INTMAP2              0x2B
# define ADXL362_FILTER_CTL           0x2C
# define ADXL362_POWER_CTL            0x2D
# define ADXL362_SELF_TEST            0x2E
// 寄存器特定位
// 状态寄存器 0x0B
# define ADXL362_ERR_USER_REGS        7
# define ADXL362_AWAKE                6
# define ADXL362_INACT                5
# define ADXL362_ACT                  4
# define ADXL362_FIFO_OVERRUN         3
# define ADXL362_FIFO_WATERMARK       2
# define ADXL362_FIFO_READY           1
# define ADXL362_DATA_READY           0
// 软件重置寄存器
# define ADXL362_RESET_CMD            0x52
// 活动/不活动控制寄存器 0x27
# define ADXL362_LINKLOOP             4
# define ADXL362_INACT_REF            3
# define ADXL362_INACT_EN             2
# define ADXL362_ACT_REF              1
# define ADXL362_ACT_EN               0
// FIFO 控制寄存器 0x28
# define ADXL362_AH                   3
# define ADXL362_FIFO_TEMP            2
# define ADXL362_FIFO_MODE            0
// FIFO 样品寄存器 0x29
// INT1/INT2 函数映射寄存器 0x2A 和 0x2B
# define ADXL362_INT_LOW              7
# define ADXL362_AWAKE                6
# define ADXL362_INACT                5
# define ADXL362_ACT                  4
# define ADXL362_FIFO_OVERRUN         3
# define ADXL362_FIFO_WATERMARK       2
# define ADXL362_FIFO_READY           1
# define ADXL362_DATA_READY           0
// 过滤器控制寄存器 0x2C
# define ADXL362_RANGE                6
# define ADXL362_HALF_BW              4
# define ADXL362_EXT_SAMPLE           3
```

图 19-44　（续）

```
# define ADXL362_ODR                        0
// 电源控制寄存器 0x2D
# define ADXL362_EXT_CLK                    6
# define ADXL362_LOW_NOISE                  4
# define ADXL362_WAKEUP                     3
# define ADXL362_AUTOSLEEP                  2
# define ADXL362_MEASURE                    0
// 自测试寄存器 0x2E
# define ADXL362_ST                         1
void delay_ms(u32 ms_count);
void ADXL362_DisplayMainMenu(void);
void ADXL362_DisplayMenu(void);
void ADXL362_Display(int whole, int thousands, int sign, char temp);
void ADXL362_WriteReg(char addr, char data);
char ADXL362_ReadReg(char addr);
void ADXL362_PrintID(void);
int ADXL362_ReadTemp(void);
void ADXL362_PrintTemp(void);
char ADXL362_IsDataReady(void);
char ADXL362_ReadXSmall(void);
char ADXL362_ReadYSmall(void);
char ADXL362_ReadZSmall(void);
void ADXL362_PrintSmall(char axis);
void ADXL362_DisplayAllSmall(void);
int ADXL362_ReadX(void);
int ADXL362_ReadY(void);
int ADXL362_ReadZ(void);
void ADXL362_Print(char axis);
void ADXL362_DisplayAll(void);
void ADXL362_SwitchRes(void);
void ADXL362_SetRange(void);
# endif / * ADXL362_H_ * /
```

图 19-44 （续）

```
# include "ADXL362. h"
# include "xil_cache. h"
/ ************************************************************* /
/ ************************* 函数声明 *************************** /
/ ************************************************************* /
void uartIntHandler(void);
/ ************************************************************* /
/ ************************* 变量定义 *************************** /
/ ************************************************************* /
volatile char rxData = 0;
volatile char mode = 0;
/ *************************************************************
 *  @brief 主函数
 *  @return 总是返回 0
 ************************************************************* /
int main()
{
    Xil_ICacheEnable();
    Xil_DCacheEnable();
    // 使能中断
    microblaze_register_handler((XInterruptHandler)uartIntHandler, (void * )0);
    Xil_Out32(XPAR_RS232_UART_1_BASEADDR+0xC, (1 << 4));
```

图 19-45 testperiph. c 文件源代码

```
microblaze_enable_interrupts();
Xil_Out32(XPAR_INTC_0_BASEADDR+XIN_IER_OFFSET,0x1);
Xil_Out32(XPAR_INTC_0_BASEADDR+XIN_MER_OFFSET,0x3);
// 初始化 SPI
SPI_Init(SPI_BASEADDR, 0, 0, 0);
// 软件重置
ADXL362_WriteReg(ADXL362_SOFT_RESET, ADXL362_RESET_CMD);
delay_ms(10);
ADXL362_WriteReg(ADXL362_SOFT_RESET, 0x00);
// 使能测量
ADXL362_WriteReg(ADXL362_POWER_CTL, (2 << ADXL362_MEASURE));
ADXL362_DisplayMainMenu();
while(1)
{
    switch(rxData)
    {
        case 'a':
            (mode == 0) ? ADXL362_DisplayAll() : ADXL362_DisplayAllSmall();
            delay_ms(100);
            break;
        case 'x':
            (mode == 0) ? ADXL362_Print('x') : ADXL362_PrintSmall('x');
            delay_ms(100);
            break;
        case 'y':
            (mode == 0) ? ADXL362_Print('y') : ADXL362_PrintSmall('y');
            delay_ms(100);
            break;
        case 'z':
            (mode == 0) ? ADXL362_Print('z') : ADXL362_PrintSmall('z');
            delay_ms(100);
            break;
        case 't':
            ADXL362_PrintTemp();
            break;
        case 'r':
            ADXL362_SetRange();
            break;
        case 's':
            ADXL362_SwitchRes();
            break;
        case 'm':
            ADXL362_DisplayMainMenu();
            break;
        case 'i':
            ADXL362_PrintID();
            break;
        case 0:
            break;
        default:
            xil_printf("\n\r> Wrong option! Please select one of the options below. ");
            ADXL362_DisplayMenu();
            break;
    }
```

图 19-45 （续）

```
    }
    Xil_DCacheDisable();
    Xil_ICacheDisable();
    return 0;
}
/ *************************************************************
 * @brief UART 的中断处理程序
 * @return 无
 ************************************************************* /
void uartIntHandler(void)
{
    u32 temp;
    Xil_Out32(XPAR_INTC_0_BASEADDR+XIN_IAR_OFFSET,
                Xil_In32(XPAR_INTC_0_BASEADDR+XIN_ISR_OFFSET));
    if(Xil_In32(XPAR_RS232_UART_1_BASEADDR + 0x08) & 0x01)
    {
        temp = Xil_In32(XPAR_RS232_UART_1_BASEADDR);
        if((temp == 0xa) || (temp == 0xd))//忽略回车键
            rxData = 0;
        else rxData = temp;
    }
}
```

图 19-45 （续）

```
✓ 📂 accl
  > 🗂 Binaries
  > 🗐 Includes
  > 📂 Debug
  ✓ 📂 src
    > 🄲 ADXL362.c
    > 🄷 ADXL362.h
    > 🄲 spi.c
    > 🄷 spi.h
    > 🄲 testperiph.c
      📄 lscript.ld
      📄 README.txt
```

图 19-46 加速度传感器监测工程代码结构

19.5.6 实验现象

将 SDK 的 Terminal 连接到实验板对应的 COM 口上,并将温度监测工程编程到对应实验板的 FPGA 芯片上,SDK Terminal 可得到如图 19-47 所示交互式文本界面。若在 SDK Terminal 发送窗口输入菜单字符可得到对应显示结果,如输入 t 之后可得到读出的温度数显示,如图 19-48 所示。其他输入读者自行验证。

将加速度监测工程编程到对应实验板的 FPGA 芯片上,SDK Terminal 可得到如图 19-49 所示交互式文本界面。若在 SDK Terminal 发送窗口输入相应字符可得到对应的显示结果,如输入 i 之后可得到显示读出的芯片 ID,并返回主界面,如图 19-50 所示。其他输入读者自行验证。

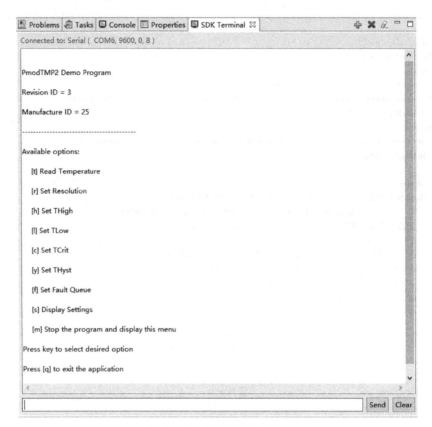

图 19-47　温度监测主界面

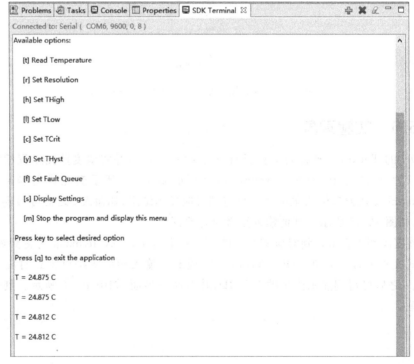

图 19-48　读取温度显示界面

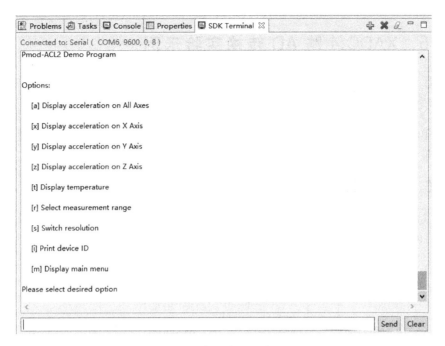

图 19-49 加速度监测主界面

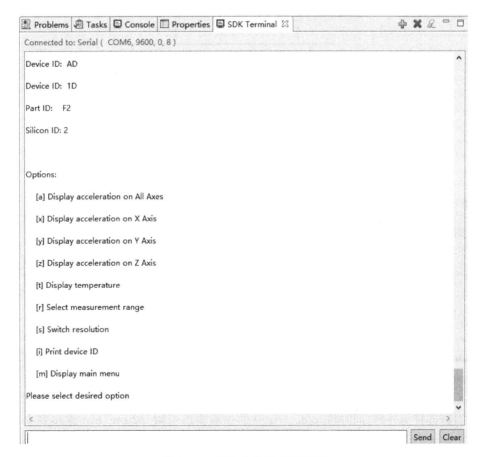

图 19-50 读取芯片 ID 显示界面

19.6　XADC 4 路 AD 转换实验示例

19.6.1　实验要求

利用 Nexys4 DDR 或 Nexys4 实验板板载 FPGA 内部集成的多路并行 AD 转换硬核，实现 4 路单极性模拟信号(幅度范围为 0～1V)的数字化采样，并通过标准输出接口显示当前转换结果的电压值。

19.6.2　电路原理框图

根据实验板并行 AD 转换硬核布线结构，满足实验要求的嵌入式计算机系统电路原理框图如图 19-51 所示。其中模拟信号通道由实验板设计电路限定。

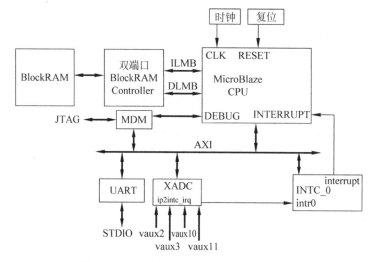

图 19-51　多路并行 AD 转换系统电路框图

19.6.3　硬件平台搭建

下面介绍搭建硬件平台的过程。

（1）搭建最小系统，这里不再详述具体步骤。搭建之后的电路原理框图如图 19-52 所示，其中 BlockRAM 大小设置为 64KB。

（2）添加 XADC IP 核，具体方法为在如图 19-53 所示添加 IP 弹出窗口中输入 XADC，选择 XADC Wizard。

（3）双击 xadc_wiz_0，在配置向导如图 19-54 所示基本属性页 Startup Channel Selection 选项区域勾选 Channel Sequencer 单选按钮。在如图 19-55 所示 Channel Sequencer 页勾选 vaux2、vaux3、vaux10、vaux11。单击 OK 按钮，返回 Block Design 窗口。

（4）在电路框图中展开 xadc_wiz_0 的 vaux2、vaux3、vaux10、vaux11，并将各自差分信号输入引脚连接到外部，同时将 xadc_wiz_0 的中断输出引脚 ip2intc_irpt 连接到中断信号集成器的输入端 in0。然后再单击设计助手的自动连线 Run Connection Automation，并勾选 xadc_wiz_0 的 axi_lite 接口。完成连线之后的电路原理框图如图 19-56 所示。

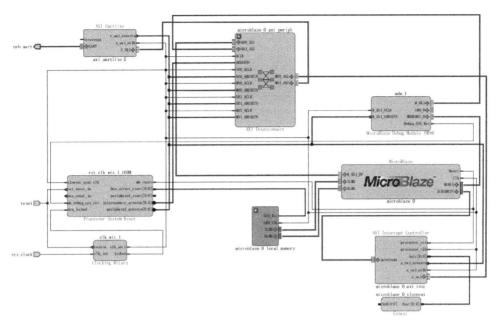

图 19-52　最小系统电路原理框图

图 19-53　添加 XADC IP 核

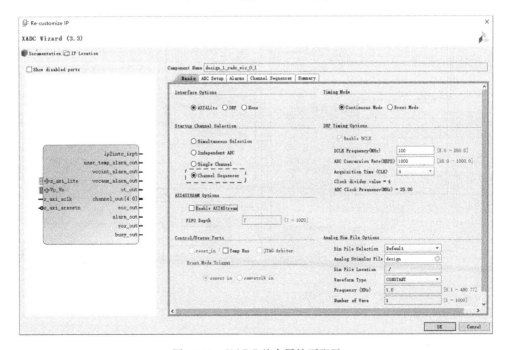

图 19-54　XADC 基本属性页配置

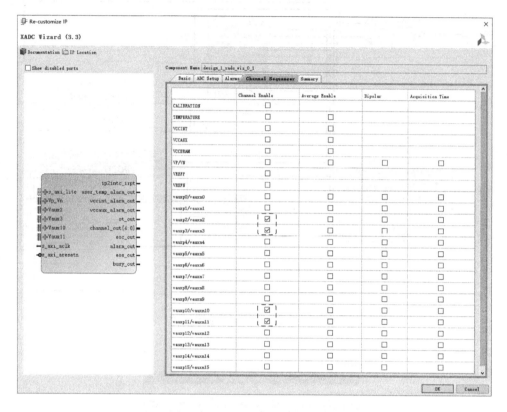

图 19-55　　XADC 通道序列配置

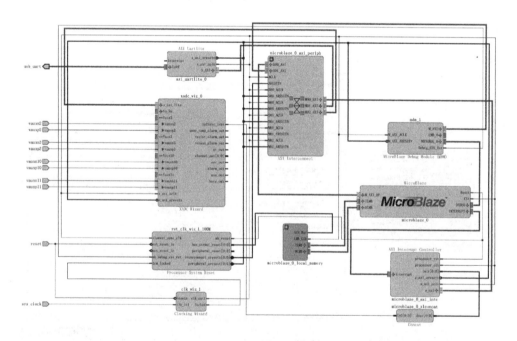

图 19-56　支持 4 路 AD 转换的嵌入式系统电路原理框图

（5）保存设计，综合之后，打开综合之后的结果，选择 I/O Planning 视图，单击 vauxn2 对应的 Package Pin 下拉选项，如图 19-57 所示直接选中 B17，其余 ADC 外部通道引脚约束自动设置完成，如图 19-58 所示。将所有 ADC 外部通道引脚电平约束为 LVCMOS33。设置完成后，单击保存快捷键，在如图 19-59 所示弹出的窗口中输入约束文件名。保存 ADC 外部通道模拟信号输入引脚约束。

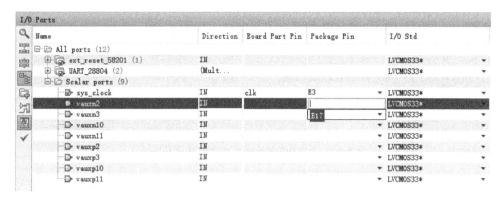

图 19-57　选择 vauxn2 的引脚

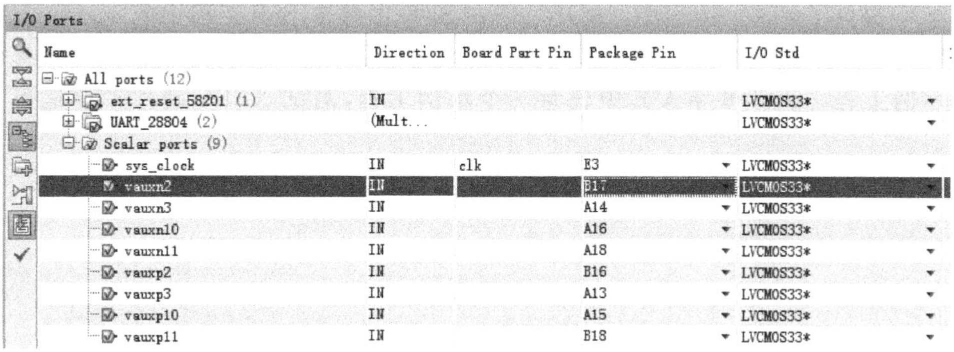

图 19-58　自动确定其他引脚对应的约束

图 19-59　保存约束时新建约束文件名

（6）单击 Vivado 工作流窗口中的 Generate Bitstream，生成硬件平台比特流，并导出到 SDK。

XADC 硬件系统各模块映射地址如图 19-60 所示。

Cell				Slave Interface	Base Name	Offset Address	Range		High Address
⊟ microblaze_0									
	⊟ Data (32 address bits : 4G)								
		microblaze_0_local_memory/dlmb_bram...		SLMB	Mem	0x0000_0000	64K	▾	0x0000_FFFF
		axi_uartlite_0		S_AXI	Reg	0x4060_0000	64K	▾	0x4060_FFFF
		xadc_wiz_0		s_axi_lite	Reg	0x44A0_0000	64K	▾	0x44A0_FFFF
		microblaze_0_axi_intc		s_axi	Reg	0x4120_0000	64K	▾	0x4120_FFFF
	⊟ Instruction (32 address bits : 4G)								
		microblaze_0_local_memory/ilmb_bram...		SLMB	Mem	0x0000_0000	64K	▾	0x0000_FFFF
⊟ mdm_1									
	⊟ Data (32 address bits : 4G)								
		axi_uartlite_0		S_AXI	Reg	0x4060_0000	64K	▾	0x4060_FFFF
		xadc_wiz_0		s_axi_lite	Reg	0x44A0_0000	64K	▾	0x44A0_FFFF
		microblaze_0_axi_intc		s_axi	Reg	0x4120_0000	64K	▾	0x4120_FFFF

图 19-60　XADC 嵌入式系统各模块映射地址

19.6.4　API 函数 XADC 控制程序示例

本节示例程序直接基于 Xilinx SDK 开发包提供的示例程序改写而来。Xilinx SDK 针对 XADC 提供了多种示例程序。用户只需在 SDK 中单击 BSP 工程中的 system.mss 文件，然后单击如图 19-61 所示 XADC 示例程序链接，可得到如图 19-62 所示 SDK 提供的所有示例工程。读者可导入其中任意一个示例工程，测试 XADC 硬件平台是否工作正常。

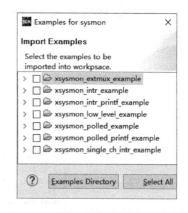

Peripheral Drivers

Drivers present in the Board Support Package.

axi_uartlite_0 uartlite	Documentation	Import Examples
microblaze_0_axi_intc intc	Documentation	Import Examples
microblaze_0_local_memory_dlmb_bram_if_cntlr bram	Documentation	Import Examples
microblaze_0_local_memory_ilmb_bram_if_cntlr bram	Documentation	Import Examples
xadc_wiz_0 sysmon	Documentation	Import Examples

图 19-61　BSP 导入 XADC 示例工程链接　　　　图 19-62　SDK 中的 XADC 示例工程

下面介绍基于 xsysmon_polled_printf_example 示例工程建立测试工程的过程。

首先新建一个空工程，将 xsysmon_polled_printf_example.c 文件导入该工程，如图 19-63 所示，修改 xsysmon_polled_printf_example.c 源码（修改之处采用虚线框标注），实现同时对外部模拟通道 vaux2、vaux3、vaux10、vaux11 的模拟信号进行采样，并将转换结果通过标准输出接口输出到 Console 的功能。

```
/ ****************************** 包含文件 ****************************** /
#include "xsysmon. h"
#include "xparameters. h"
#include "xstatus. h"
#include "stdio. h"
/ ****************************** 常量定义 ****************************** /
#define SYSMON_DEVICE_ID    XPAR_SYSMON_0_DEVICE_ID
/ ****************************** 类型定义 ****************************** /
/ ************************ 宏(内联函数)定义 *********************** /
#define XSysMon_RawToAuxVoltage(AdcData) \
    ((((float)(AdcData)) * (1.0f))/65536.0f)     //外部通道模拟信号转换为电压数值
#define printf xil_printf / * 微内核 printf 函数 * /
/ ****************************** 函数原型 ****************************** /
static int SysMonPolledPrintfExample(u16 SysMonDeviceId);
static int SysMonFractionToInt(float FloatNum);
/ ****************************** 变量定义 ****************************** /
static XSysMon SysMonInst;/ * 系统监测驱动实例 * /
int main(void)
{
    int Status;
    xil_printf("\r\nEntering the SysMon Polled Example. \r\n");
    / *
     * 运行 SysMonitor 轮询示例，指定的设备 ID 是在
     * xparameters. h 中产生
     * /
    Status = SysMonPolledPrintfExample(SYSMON_DEVICE_ID);
    if (Status ! = XST_SUCCESS) {
        return XST_FAILURE;
    }
    return XST_SUCCESS;
}
int SysMonPolledPrintfExample(u16 SysMonDeviceId)
{
    int Status;
    XSysMon_Config * ConfigPtr;
    u32 VccAuxRawData;
    float VccAuxData;
    XSysMon * SysMonInstPtr = &SysMonInst;
    xil_printf("\r\nEntering the SysMon Polled Example. \r\n");
    ConfigPtr = XSysMon_LookupConfig(SysMonDeviceId);
    if (ConfigPtr == NULL) {
        return XST_FAILURE;
    }
    XSysMon_CfgInitialize(SysMonInstPtr, ConfigPtr,
                ConfigPtr->BaseAddress);
    Status = XSysMon_SelfTest(SysMonInstPtr);
    if (Status ! = XST_SUCCESS) {
        return XST_FAILURE;
    }
    XSysMon_SetSequencerMode(SysMonInstPtr, XSM_SEQ_MODE_SAFE);
    XSysMon_SetAlarmEnables(SysMonInstPtr, 0x0);
    XSysMon_SetAvg(SysMonInstPtr, XSM_AVG_16_SAMPLES);
```

图 19-63　实现外部 4 路模拟信号 AD 转换并输出到 Console 的控制程序

```
    Status = XSysMon_SetSeqAvgEnables(SysMonInstPtr, XSM_SEQ_CH_AUX02|
                    XSM_SEQ_CH_AUX03|
                    XSM_SEQ_CH_AUX10|
                    XSM_SEQ_CH_AUX11);
    if (Status != XST_SUCCESS) {
        return XST_FAILURE;
    }
    Status = XSysMon_SetSeqChEnables(SysMonInstPtr, XSM_SEQ_CH_AUX02|
                    XSM_SEQ_CH_AUX03|
                    XSM_SEQ_CH_AUX10|
                    XSM_SEQ_CH_AUX11);
    if (Status != XST_SUCCESS) {
        return XST_FAILURE;
    }
    XSysMon_SetAdcClkDivisor(SysMonInstPtr, 32);
    XSysMon_SetCalibEnables(SysMonInstPtr,
            XSM_CFR1_CAL_PS_GAIN_OFFSET_MASK |
            XSM_CFR1_CAL_ADC_GAIN_OFFSET_MASK);
    XSysMon_SetSequencerMode(SysMonInstPtr, XSM_SEQ_MODE_CONTINPASS);
    while(1){
    XSysMon_GetStatus(SysMonInstPtr); /* 清除原来的状态 */
    while ((XSysMon_GetStatus(SysMonInstPtr) & XSM_SR_EOS_MASK) !=
            XSM_SR_EOS_MASK);
    VccAuxRawData = XSysMon_GetAdcData(SysMonInstPtr, XSM_CH_AUX_MIN+2);
        VccAuxData = XSysMon_RawToAuxVoltage(VccAuxRawData);
        printf("The Current 2AUX is %0d. %03d Volts. \r\n",
                (int)(VccAuxData), SysMonFractionToInt(VccAuxData));
    VccAuxRawData = XSysMon_GetAdcData(SysMonInstPtr, XSM_CH_AUX_MIN+3);
        VccAuxData = XSysMon_RawToAuxVoltage(VccAuxRawData);
        printf("The Current 3AUX is %0d. %03d Volts. \r\n",
                (int)(VccAuxData), SysMonFractionToInt(VccAuxData));
    VccAuxRawData = XSysMon_GetAdcData(SysMonInstPtr, XSM_CH_AUX_MIN+10);
        VccAuxData = XSysMon_RawToAuxVoltage(VccAuxRawData);
        printf("The Current 10AUX is %0d. %03d Volts. \r\n",
                (int)(VccAuxData), SysMonFractionToInt(VccAuxData));
    VccAuxRawData = XSysMon_GetAdcData(SysMonInstPtr, XSM_CH_AUX_MIN+11);
        VccAuxData = XSysMon_RawToAuxVoltage(VccAuxRawData);
            printf("The Current 11AUX is %0d. %03d Volts. \r\n",
                (int)(VccAuxData), SysMonFractionToInt(VccAuxData));
    }
    printf("Exiting the SysMon Polled Example. \r\n");
    return XST_SUCCESS;
}
int SysMonFractionToInt(float FloatNum)
{
    float Temp;
    Temp = FloatNum;
    if (FloatNum < 0) {
        Temp = -(FloatNum);
    }
    return(((int)((Temp - (float)((int)Temp)) * (1000.0f))));
}
```

图 19-63 （续）

19.6.5 实验现象

将 XADC 控制示例程序对应编程到 Nexys4 DDR 或 Nexys4 实验板的 FPGA 上,并且将通道 3 连接 0.2V 差分模拟直流电压输入信号,vauxp3 接电压正端,vauxn3 接电压负端;通道 2 连接 0.5V 差分模拟直流电压输入信号,vauxp2 接电压正端,vauxn2 接电压负端;通道 10 和通道 11 的所有引脚都直接连接实验板的 GND。SDK 的 Console 连接到实验板 COM 口,运行示例工程可以在 Console 看到如图 19-64 所示输出,表明 XADC 正常工作。

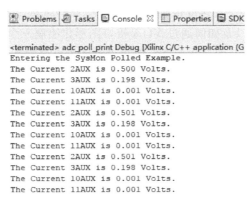

图 19-64 XADC 控制程序示例实验现象

19.7 实验任务

1. 实验任务一

利用 Nexys4 或 Nexys4 DDR 实验板板载温度传感器监测环境温度,当温度高于或低于某一阈值时,产生中断信号,通过中断服务程序检测中断原因,并分别用 LED0、LED1 对应指示出高温或低温中断。同时采用 7 段数码管实时显示环境温度值,包含小数点。

2. 实验任务二

利用 Nexys4 或 Nexys4 DDR 实验板板载加速度传感器监测携带实验板人员三维加速度信息,要求当任意方向加速度超过某一阈值一定时间后,产生中断信号,并用 LED0、LED1、LED2 分别对应指示出 X、Y、Z 方向超过阈值的状态,同时用数码管显示出超过阈值的加速度数值。

3. 实验任务三

利用 FPGA 内置 XADC 实现外部 1 路双极性周期模拟信号 AD 转换,获取该模拟信号的峰-峰值,配合定时器等实现模拟信号周期测量。要求将峰-峰值以及周期显示在 7 段数码管上,有效数字都为 4 位。

19.8 思考题

1. 详细说明 ADT7420 温度传感器中断方式监测环境温度是否在设定阈值范围内的工作过程、软件控制流程(包括配置流程、中断处理流程)等。

2. 详细说明 ADXL362 加速度传感器实现运动检测、静止检测以及检测加速度超过一定阈值一定时间的工作原理、软件控制流程（包括配置流程、中断处理流程）等。

3. 详细说明 XADC 实现双极性模拟信号峰-峰值测量的原理、软件控制流程。

4. 详细说明基于 XADC 以及定时器测量周期性信号周期的原理、软件控制流程。

5. 如何利用 ADT7420 温度传感器以及定时器设置定时间隔采样环境温度数据，并通过 VGA 接口图形化绘制环境温度数据，显示出温度随时间变化规律？要求设计硬件电路框图、软件流程图。

6. 如何利用 ADXL362 加速度传感器实时监测 Nexys4 或 Nexys4 DDR 实验板出现超过一定阈值的突发运动，以及如何通过 VGA 接口图形化绘制三个方向的加速度数据，显示出三个方向加速度数据随时间变化规律？要求设计硬件电路框图、软件流程图。

7. 如何利用 XADC 实现上升沿触发、触发电平为 0V 的边沿触发方式采集双极性模拟信号？说明软件具体控制流程、数据结构。

8. 如何利用 XADC 以及 VGA 接口等外设实现简单数字示波器功能？说明硬件结构、软件算法、软件控制流程等。

附　录

APPENDIX

为方便广大读者全面了解本书所使用的硬件开发平台,附录介绍了 Nexys4 DDR 以及 Nexys4 实验板板载资源、电路原理图以及 Vivado 开发环境下的引脚约束。这部分电子资源读者可分别从以下网络链接地址获取。

Nexys4 DDR：https：//reference. digilentinc. com/reference/programmable-logic/nexys-4-ddr/start? redirect＝1。

Nexys4：https：//reference. digilentinc. com/reference/programmable-logic/nexys-4/start? redirect＝1。

为方便读者掌握实验报告撰写要领,附录还介绍了实验报告的一般要求,同时也给出了实验报告范例。

为方便读者基于 Nexys4 DDR 或 Nexys4 实验板开发基于网络的综合应用,附录还介绍了一个基于 LwIP 协议栈开发的 Echo Server 样例。

Nexys4 DDR 实验板简介

A.1　Nexys4 DDR 实验板整体布局

Nexys4 DDR 实验板整体布局如图 A-1 所示,各模块具体含义如表 A-1 所示。

图 A-1　Nexys4 DDR 实验板整体布局

表 A-1   Nexys4 DDR 实验板模块名称

编号	接口名称或功能	编号	接口名称或功能
1	电源或电池供电选择跳线	13	FPGA 编程复位按键
2	JTAG/UART 共享 USB 接口	14	CPU 复位按键（软核）
3	外部编程 FPGA 配置跳线（SD/USB）	15	模拟信号输入 PMOD
4	PMOD 接口	16	编程模式跳线
5	麦克风输入	17	声音输出接口
6	供电电源测试点	18	VGA 接口
7	16 位独立 LED	19	FPGA 编程结束 LED 指示灯
8	16 位独立开关	20	以太网接口
9	8 个 7 段数码管	21	USB 主设备接口
10	可选的外部 JTAG 连接口	22	PIC24 编程接口（厂家使用）
11	5 个独立按键	23	电源开关
12	温度传感器	24	电源插口

A.2   电源模块

Nexys4 DDR 实验板电源电路如图 A-2 所示。它支持三种方案输入 5V 电源：USB 接口、电源适配器、电池。通过跳线 JP3 选择三种供电方式其中一种，跳线具体连接方式如图 A-2 右下方所示。连接 JP3 左边两个接线柱选择 USB 供电；连接 JP3 右边两个接线柱选择电源适配器供电；若采用电池供电，则需去掉跳线连接帽，且 JP3 中间接线柱连接电池组正极，J12 接线柱连接电池组负极。电源模块提供 3 个不同输出电压测试点：J11 输出电压 3.3V、J14 输出电压 1.0V、J15 输出电压 1.8V。

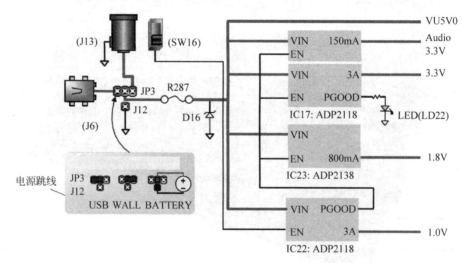

图 A-2   Nexys4 DDR 实验板电源电路

A.3　FPGA 编程模式

Nexys4 DDR 实验板支持四种不同编程方式：由跳线 JP1、JP2 选择。跳线设置与编程模式之间的关系如表 A-2 所示。通过主机 USB 接口下载比特流编程 FPGA 时配置为 USB编程方式。

表 A-2　FPGA 编程模式跳线

JP1 	JP2 	编程模式
	无关	SPI Flash
	无关	JTAG
		USB
		MicroSD

A.4　存储器

Nexys4 DDR 实验板配备了两种外部存储器：128MB DDR2 SDRAM 存储器 Micron MT47H64M16HR-25：H 和 16MB QSPI 接口非易失 Flash 存储器 S25FL128S。

Xilinx 7 系列 FPGA 芯片提供存储控制器接口 IP 核——MIG IP 核实现 DDR2 SDRAM 存储器接口设计。Nexys4 DDR 实验板 DDR2 SDRAM 芯片参数如表 A-3 所示。

表 A-3　MIG IP 核 Nexys4 DDR 实验板 DDR2 SDRAM 芯片配置参数

配 置 参 数	值
存储器类型	DDR2 SDRAM
最大时钟周期	3000ps(667Mbps 数据传输带宽)
建议的时钟周期	3077ps(650Mbps 数据传输带宽)
存储器型号	MT47H64M16HR-25E
数据位宽	16
数据掩膜	Enabled
片选引脚	Enabled
Rtt-On-die termination(终端匹配电阻)	50Ω
Internal Vref(内部参考电压)	Enabled
Internal termination impedance(内部终端电阻)	50Ω

Nexys4 DDR 实验板时钟源频率为 100MHz，建议采用 650Mbps 作为 DDR2 SDRAM 最高数据传输带宽，以便时钟信号产生器生成 200MHz 的时钟信号。

Flash 存储器与 FPGA 芯片之间连接电路原理图如图 A-3 所示。Flash 存储芯片采用 QSPI 接口，需通过 Flash 存储芯片读写命令实现数据读写操作。

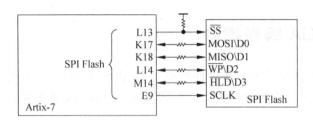

图 A-3　Nexys4 DDR 实验板 Flash 存储器与 FPGA 芯片引脚连接关系

A.5　100/10Mbps 以太网接口

Nexys4 DDR 实验板提供一个 SMSC 10/100Mbps 自适应以太网 RJ-45 接口（芯片 LAN8720A），采用 RMII 模式，PHY 地址复位时为 00001。两个 LED 灯（LD23＝LED2，LD24＝LED1）指示以太网接口 PHY 的链路状态和数据状态。以太网接口与 FPGA 之间连接如图 A-4 所示。

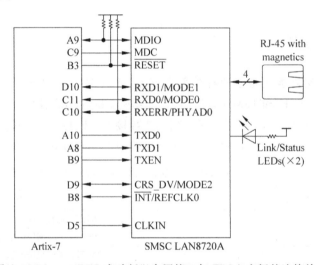

图 A-4　Nexys4 DDR 实验板以太网接口与 FPGA 之间的连接关系

A.6　USB 转 UART 接口

Nexys4 DDR 实验板没有提供专门的 UART 接口，而是将 UART 接口和 JTAG 接口统一复用为 USB 接口与主机通信。USB 转 UART 接口与 FPGA 之间连接关系如图 A-5 所示。UART 接口信号和 JTAG 接口信号之间互不干扰。实验板上提供两个 LED 灯分别指示 UART 发送数据（LD20）和接收数据（LD19）状态。

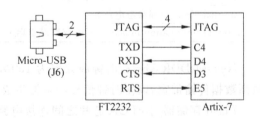

图 A-5　UART 接口与 FPGA 之间的连接关系

A.7　USB HID host 接口

Nexys4 DDR 实验板采用 Microchip PIC24FJ128 微控制器提供一个 USB HID host 接口。该接口有两种工作模式：FPGA 编程模式、USB 应用模式。编程模式时读取 U 盘中存储的比特流文件编程 FPGA 芯片；USB 应用模式时为 USB HID host 接口。通过 USB 接口模拟键盘和鼠标 PS2 接口信号，如图 A-6 所示。应用时，要求 FPGA 内部给 PS2_CLK 时钟信号以及 PS2_DATA 数据信号提供上拉电阻，以保持没有通信时的高电平状态。

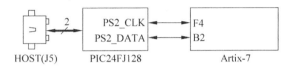

图 A-6　USB HID 与 FPGA 之间的连接

A.8　VGA 接口

Nexys4 DDR 实验板 VGA 接口电路如图 A-7 所示。通过电阻阵列实现 DA 转换，信号线连接的电阻阻值越小，权值越高，也就是连接电阻阻值最小的信号线对应最高数据位。

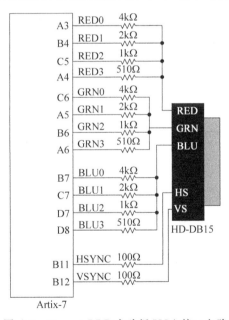

图 A-7　Nexys4 DDR 实验板 VGA 接口电路

A.9　基本 IO 接口

基本 IO 接口包括独立开关、独立按键、独立 LED 灯、数码管、三色 LED 灯等接口电路，它们与 FPGA 之间连接关系如图 A-8 所示。从图 A-8 电路图可知，CPU 复位按键输出常态为高电平，按下时为低电平。独立按键输出常态为低电平，按下时为高电平。独立开关向上拨输出高电平,向下拨输出低电平。独立 LED 灯输入高电平时亮,输入低电平时灭。7
段数码管为共阳极型,采用动态显示扫描电路。若要使某个 7 段数码管点亮,要求该数码管
AN 连接的 FPGA 引脚输出低电平;同样使数码管的某一段点亮,也要求该段连接的
FPGA 引脚输出低电平。三基色 LED 灯通过三极管连接到 FPGA 上,因此只有当 LED 灯
连接的 FPGA 引脚输出高电平时,相应颜色的 LED 灯才会点亮。点亮不同颜色的 LED
灯,可以使三基色 LED 灯输出不同颜色。

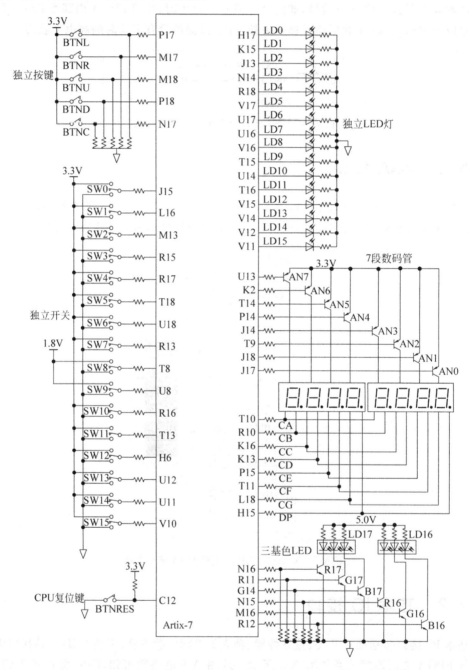

图 A-8　Nexys4 DDR 实验板基本 IO 接口电路

A.10　PMOD 接口

　　Nexys4 DDR 实验板提供 5 组 PMOD 接口。其中一组 PMOD 接口除了可以作为通用 PMOD 接口外,还可以作为模拟信号输入端,连接到 FPGA 片内并行 AD 模数转换器完成差分信号模数转换,该接口名称为 JXADC。其余 PMOD 接口分别命名为 JA、JB、JC、JD。PMOD 接口引脚定义如图 A-9 所示。

　　当 JXADC 作为模拟信号输入接口时,分为 4 组差分模拟输入信号,引脚定义如图 A-10 所示。分别对应 FPGA 内部 DA 转换器的通道 3、通道 10、通道 2、通道 11,上排引脚为差分信号的正极,下排引脚为差分信号的负极。作为模拟信号输入端时,它们连接到 FPGA 内部采样率为 1M SPS(Sample Per Second)的 12 位并行差分 AD 转换器的模拟信号输入通道。Nexys4 DDR 实验板提供了模拟信号输入电容滤波电路,但没有焊接滤波电容。若这些引脚固定作为模拟信号输入使用时,可以将滤波电容焊接上,它们分别是 C60～C63。若没有作为模拟通道使用,则可以作为数字信号引脚,此时通常不需要焊接电容(滤波电容限制数字信号的通信速率)。需要注意的是:AD 转换只能支持峰-峰值为 1.0V 的差分输入信号。

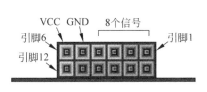

图 A-9　PMOD 接口引脚定义

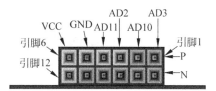

图 A-10　JXADC 模拟通道引脚定义

A.11　Micro SD 卡插槽

　　Nexys4 DDR 实验板提供了一个 Micro SD 卡插槽,该插槽与 FPGA 芯片之间连接如图 A-11 所示。Nexys4 DDR 实验板配置为通过 SD 卡编程 FPGA 时,由板载微处理器通过 SPI 总线读取 SD 卡上的比特流文件编程 FPGA 芯片。编程完成后,板载微处理器放弃控制 SD 卡槽总线信号,此时 SD 卡槽总线复位为本地总线模式(native bus mode)。若 FPGA 接管 SD 卡槽总线,需通过 E2 输出低电平,给 SD 卡供电。

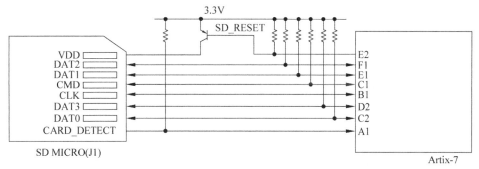

图 A-11　Micro SD 卡插槽与 FPGA 芯片之间的连接关系

A.12　温度传感器

Nexys4 DDR 实验板提供 ADT7420 温度传感器，该传感器与 FPGA 芯片之间连接如图 A-12 所示。ADT7420 温度传感器采用 IIC 总线与外部通信。当温度超过设定上限[寄存器 T_{HIGH}(0x04:0x05)]或低于设定下限[寄存器 T_{Low}(0x06:0x07)]时可以输出中断信号以及严重超温[寄存器 T_{CRIT}(0x08:0x09)]警示信号。其中，SCLK 为 IIC 时钟信号，SDA 为 IIC 数据信号，TMP_INT 为温度越界指示信号，TMP_CT 为严重超温警示信号。TMP_INT 和 TMP_CT 为漏极开路输出，使用时需要在 FPGA 内部提供上拉电阻才能正常工作。

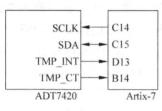

图 A-12　温度传感器与 FPGA 芯片之间的连接

温度传感器上电时仅工作在温度测量模式，此默认情况下，设备地址为温度数据寄存器地址。若不指定设备寄存器地址读取两个字节数据，则首先读取温度高字节，然后再读取温度低字节。这两个字节组成一个 16 位有符号数(二进制补码表示)。若将读出的数据右移 3 位之后乘以 0.0625，则可以直接得到用浮点数表示的摄氏温度值。

A.13　加速度传感器

Nexys4 DDR 实验板提供低功耗 ADXL362 三轴 MEMS 加速度传感器。加速度传感器与 FPGA 之间连接如图 A-13 所示。ADXL362 采用 SPI 总线与外界通信，且 SPI 时钟频率为 1~5MHz，通信模式为 CPOL＝0、CPHA＝0。X、Y、Z 轴加速度数据分别存放于各自对应寄存器中。通过 SPI 接口与 ADXL362 通信时，要求明确寄存器地址以及读写标志。配置 ADXL362，可以使 ADXL362 在不同情况下产生中断，并且可以将这些中断源分别映射到两个不同中断请求输出端 INT1、INT2。必须注意：使用 INT1、INT2 中断请求信号时，需在 FPGA 内部提供上拉电阻。

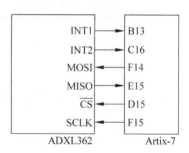

图 A-13　加速度传感器与 FPGA 之间的连接

A.14　数字语音输入

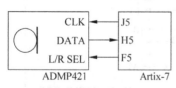

图 A-14　数字麦克风与 FPGA 之间的连接

Nexys4 DDR 实验板提供一个全方向、高信噪比、MEMS 数字麦克风，它输出脉冲密度调制(PDM)数字信号，频率响应范围为 100Hz~15kHz。该数字麦克风与 FPGA 之间连接如图 A-14 所示。其中，CLK 为输入到麦克风的时钟信号，DATA 为麦克风输出的数字语音信号，L/R SEL 为输入到麦克风的声道选择信号。

麦克风数字信号时序关系如图 A-15 所示,L/R SEL 的电平决定数据在时钟的哪个边沿有效,L/R SEL 低电平时,数据在时钟上升沿有效；高电平时,数据在时钟下降沿有效,且要求时钟频率在 1~3.3MHz 之间。

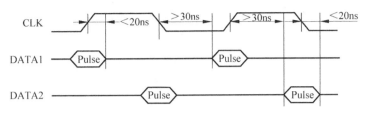

图 A-15　麦克风数字信号时序关系

A.15　单声道数字语音输出

Nexys4 DDR 实验板采用一个低通巴特沃斯 4 阶滤波器驱动单声道扬声器,该滤波器接收 PDM 或 PWM 数字语音信号,经过滤波之后,将语音信号传给单声道扬声器。数字语音输出仅一根数据线 AUD_PWM 与 FPGA 连接。Nexys4 DDR 实验板设计巴特沃斯滤波器时配置了使能端 AUD_SD,且该信号高电平有效。由此可知,与该模块相关信号线共两根: AUD_PWM 和 AUD_SD。

Nexys4 DDR 实验板 Vivado 引脚约束文件

图 B-1 所示为 Nexys4 DDR 实验板 Vivado 环境下 XDC 引脚约束文件。使用该约束文件时,若引脚在项目中需要用到,则去掉对应引脚相应行行首的"♯"号,并且将 get_ports 后大括弧内的引脚名称修改为对应设计模块的引脚名称。

```
## 时钟信号
# set_property -dict { PACKAGE_PIN E3 IOSTANDARD LVCMOS33 } [get_ports { CLK100MHZ }]; # IO_L12P_T1_MRCC_35 Sch=clk100mhz
# create_clock -add -name sys_clk_pin -period 10.00 -waveform {0 5} [get_ports {CLK100MHZ}];
## 开关
# set_property -dict { PACKAGE_PIN J15 IOSTANDARD LVCMOS33 } [get_ports { SW[0] }]; # IO_L24N_T3_RS0_15 Sch=sw[0]
# set_property -dict { PACKAGE_PIN L16 IOSTANDARD LVCMOS33 } [get_ports { SW[1] }]; # IO_L3N_T0_DQS_EMCCLK_14 Sch=sw[1]
# set_property -dict { PACKAGE_PIN M13 IOSTANDARD LVCMOS33 } [get_ports { SW[2] }]; # IO_L6N_T0_D08_VREF_14 Sch=sw[2]
# set_property -dict { PACKAGE_PIN R15 IOSTANDARD LVCMOS33 } [get_ports { SW[3] }]; # IO_L13N_T2_MRCC_14 Sch=sw[3]
# set_property -dict { PACKAGE_PIN R17 IOSTANDARD LVCMOS33 } [get_ports { SW[4] }]; # IO_L12N_T1_MRCC_14 Sch=sw[4]
# set_property -dict { PACKAGE_PIN T18 IOSTANDARD LVCMOS33 } [get_ports { SW[5] }]; # IO_L7N_T1_D10_14 Sch=sw[5]
# set_property -dict { PACKAGE_PIN U18 IOSTANDARD LVCMOS33 } [get_ports { SW[6] }]; # IO_L17N_T2_A13_D29_14 Sch=sw[6]
# set_property -dict { PACKAGE_PIN R13 IOSTANDARD LVCMOS33 } [get_ports { SW[7] }]; # IO_L5N_T0_D07_14 Sch=sw[7]
# set_property -dict { PACKAGE_PIN T8 IOSTANDARD LVCMOS18 } [get_ports { SW[8] }]; # IO_L24N_T3_34 Sch=sw[8]
# set_property -dict { PACKAGE_PIN U8 IOSTANDARD LVCMOS18 } [get_ports { SW[9] }]; # IO_25_34 Sch=sw[9]
# set_property -dict { PACKAGE_PIN R16 IOSTANDARD LVCMOS33 } [get_ports { SW[10] }]; # IO_L15P_T2_DQS_RDWR_B_14 Sch=sw[10]
# set_property -dict { PACKAGE_PIN T13 IOSTANDARD LVCMOS33 } [get_ports { SW[11] }]; # IO_L23P_T3_A03_D19_14 Sch=sw[11]
# set_property -dict { PACKAGE_PIN H6 IOSTANDARD LVCMOS33 } [get_ports { SW[12] }]; # IO_L24P_T3_35 Sch=sw[12]
# set_property -dict { PACKAGE_PIN U12 IOSTANDARD LVCMOS33 } [get_ports { SW[13] }]; # IO_L20P_T3_A08_D24_14 Sch=sw[13]
# set_property -dict { PACKAGE_PIN U11 IOSTANDARD LVCMOS33 } [get_ports { SW[14] }]; # IO_L19N_T3_A09_D25_VREF_14 Sch=sw[14]
# set_property -dict { PACKAGE_PIN V10 IOSTANDARD LVCMOS33 } [get_ports { SW[15] }]; # IO_L21P_T3_DQS_14 Sch=sw[15]
## LED 灯
# set_property -dict { PACKAGE_PIN H17 IOSTANDARD LVCMOS33 } [get_ports { LED[0] }]; # IO_L18P_T2_A24_15 Sch=led[0]
# set_property -dict { PACKAGE_PIN K15 IOSTANDARD LVCMOS33 } [get_ports { LED[1] }]; # IO_L24P_T3_RS1_15 Sch=led[1]
# set_property -dict { PACKAGE_PIN J13 IOSTANDARD LVCMOS33 } [get_ports { LED[2] }]; # IO_L17N_T2_A25_15 Sch=led[2]
# set_property -dict { PACKAGE_PIN N14 IOSTANDARD LVCMOS33 } [get_ports { LED[3] }]; # IO_L8P_T1_D11_14 Sch=led[3]
# set_property -dict { PACKAGE_PIN R18 IOSTANDARD LVCMOS33 } [get_ports { LED[4] }]; # IO_L7P_T1_D09_14 Sch=led[4]
# set_property -dict { PACKAGE_PIN V17 IOSTANDARD LVCMOS33 } [get_ports { LED[5] }]; # IO_L18N_T2_A11_D27_14 Sch=led[5]
# set_property -dict { PACKAGE_PIN U17 IOSTANDARD LVCMOS33 } [get_ports { LED[6] }]; # IO_L17P_T2_A14_D30_14 Sch=led[6]
# set_property -dict { PACKAGE_PIN U16 IOSTANDARD LVCMOS33 } [get_ports { LED[7] }]; # IO_L18P_T2_A12_D28_14 Sch=led[7]
# set_property -dict { PACKAGE_PIN V16 IOSTANDARD LVCMOS33 } [get_ports { LED[8] }]; # IO_L16N_T2_A15_D31_14 Sch=led[8]
# set_property -dict { PACKAGE_PIN T15 IOSTANDARD LVCMOS33 } [get_ports { LED[9] }]; # IO_L14N_T2_SRCC_14 Sch=led[9]
# set_property -dict { PACKAGE_PIN U14 IOSTANDARD LVCMOS33 } [get_ports { LED[10] }]; # IO_L22P_T3_A05_D21_14 Sch=led[10]
# set_property -dict {PACKAGE_PIN T16 IOSTANDARD LVCMOS33 } [get_ports { LED[11] }];
# IO_L15N_T2_DQS_DOUT_CSO_B_14 Sch=led[11]
# set_property -dict { PACKAGE_PIN V15 IOSTANDARD LVCMOS33 } [get_ports { LED[12] }]; # IO_L16P_T2_CSI_B_14 Sch=led[12]
# set_property -dict { PACKAGE_PIN V14 IOSTANDARD LVCMOS33 } [get_ports { LED[13] }]; # IO_L22N_T3_A04_D20_14 Sch=led[13]
# set_property -dict { PACKAGE_PIN V12 IOSTANDARD LVCMOS33 } [get_ports { LED[14] }]; # IO_L20N_T3_A07_D23_14 Sch=led[14]
# set_property -dict { PACKAGE_PIN V11 IOSTANDARD LVCMOS33 } [get_ports { LED[15] }]; # IO_L21N_T3_DQS_A06_D22_14 Sch=led[15]
# set_property -dict { PACKAGE_PIN R12 IOSTANDARD LVCMOS33 } [get_ports { LED16_B }]; # IO_L5P_T0_D06_14 Sch=led16_b
# set_property -dict { PACKAGE_PIN M16 IOSTANDARD LVCMOS33 } [get_ports { LED16_G }]; # IO_L10P_T1_D14_14 Sch=led16_g
# set_property -dict { PACKAGE_PIN N15 IOSTANDARD LVCMOS33 } [get_ports { LED16_R }]; # IO_L11P_T1_SRCC_14 Sch=led16_r
# set_property -dict { PACKAGE_PIN G14 IOSTANDARD LVCMOS33 } [get_ports { LED17_B }]; # IO_L15N_T2_DQS_ADV_B_15 Sch=led17_b
# set_property -dict { PACKAGE_PIN R11 IOSTANDARD LVCMOS33 } [get_ports { LED17_G }]; # IO_0_14 Sch=led17_g
# set_property -dict { PACKAGE_PIN N16 IOSTANDARD LVCMOS33 } [get_ports { LED17_R }]; # IO_L11N_T1_SRCC_14 Sch=led17_r
## 7 段数码管显示器
# set_property -dict { PACKAGE_PIN T10 IOSTANDARD LVCMOS33 } [get_ports { CA }]; # IO_L24N_T3_A00_D16_14 Sch=ca
```

图 B-1 Nexys4 DDR 实验板 Vivado 引脚约束文件

```
# set_property -dict { PACKAGE_PIN R10   IOSTANDARD LVCMOS33 } [get_ports { CB }]; # IO_25_14 Sch=cb
# set_property -dict { PACKAGE_PIN K16   IOSTANDARD LVCMOS33 } [get_ports { CC }]; # IO_25_15 Sch=cc
# set_property -dict { PACKAGE_PIN K13   IOSTANDARD LVCMOS33 } [get_ports { CD }]; # IO_L17P_T2_A26_15 Sch=cd
# set_property -dict { PACKAGE_PIN P15   IOSTANDARD LVCMOS33 } [get_ports { CE }]; # IO_L13P_T2_MRCC_14 Sch=ce
# set_property -dict { PACKAGE_PIN T11   IOSTANDARD LVCMOS33 } [get_ports { CF }]; # IO_L19P_T3_A10_D26_14 Sch=cf
# set_property -dict { PACKAGE_PIN L18   IOSTANDARD LVCMOS33 } [get_ports { CG }]; # IO_L4P_T0_D04_14 Sch=cg
# set_property -dict { PACKAGE_PIN H15   IOSTANDARD LVCMOS33 } [get_ports { DP }]; # IO_L19N_T3_A21_VREF_15 Sch=dp
# set_property -dict { PACKAGE_PIN J17   IOSTANDARD LVCMOS33 } [get_ports { AN[0] }]; # IO_L23P_T3_FOE_B_15 Sch=an[0]
# set_property -dict { PACKAGE_PIN J18   IOSTANDARD LVCMOS33 } [get_ports { AN[1] }]; # IO_L23N_T3_FWE_B_15 Sch=an[1]
# set_property -dict { PACKAGE_PIN T9    IOSTANDARD LVCMOS33 } [get_ports { AN[2] }]; # IO_L24P_T3_A01_D17_14 Sch=an[2]
# set_property -dict { PACKAGE_PIN J14   IOSTANDARD LVCMOS33 } [get_ports { AN[3] }]; # IO_L19P_T3_A22_15 Sch=an[3]
# set_property -dict { PACKAGE_PIN P14   IOSTANDARD LVCMOS33 } [get_ports { AN[4] }]; # IO_L8N_T1_D12_14 Sch=an[4]
# set_property -dict { PACKAGE_PIN T14   IOSTANDARD LVCMOS33 } [get_ports { AN[5] }]; # IO_L14P_T2_SRCC_14 Sch=an[5]
# set_property -dict { PACKAGE_PIN K2    IOSTANDARD LVCMOS33 } [get_ports { AN[6] }]; # IO_L23P_T3_35 Sch=an[6]
# set_property -dict { PACKAGE_PIN U13   IOSTANDARD LVCMOS33 } [get_ports { AN[7] }]; # IO_L23N_T3_A02_D18_14 Sch=an[7]
## 按键
# set_property -dict { PACKAGE_PIN C12   IOSTANDARD LVCMOS33 } [get_ports { CPU_RESETN }];
# IO_L3P_T0_DQS_AD1P_15 Sch=cpu_resetn
# set_property -dict { PACKAGE_PIN N17   IOSTANDARD LVCMOS33 } [get_ports { BTNC }]; # IO_L9P_T1_DQS_14 Sch=btnc
# set_property -dict { PACKAGE_PIN M18   IOSTANDARD LVCMOS33 } [get_ports { BTNU }]; # IO_L4N_T0_D05_14 Sch=btnu
# set_property -dict { PACKAGE_PIN P17   IOSTANDARD LVCMOS33 } [get_ports { BTNL }]; # IO_L12P_T1_MRCC_14 Sch=btnl
# set_property -dict { PACKAGE_PIN M17   IOSTANDARD LVCMOS33 } [get_ports { BTNR }]; # IO_L10N_T1_D15_14 Sch=btnr
# set_property -dict { PACKAGE_PIN P18   IOSTANDARD LVCMOS33 } [get_ports { BTND }]; # IO_L9N_T1_DQS_D13_14 Sch=btnd
## Pmod 头
## Pmod 头 JA
# set_property -dict { PACKAGE_PIN C17   IOSTANDARD LVCMOS33 } [get_ports { JA[1] }]; # IO_L20N_T3_A19_15 Sch=ja[1]
# set_property -dict { PACKAGE_PIN D18   IOSTANDARD LVCMOS33 } [get_ports { JA[2] }]; # IO_L21N_T3_DQS_A18_15 Sch=ja[2]
# set_property -dict { PACKAGE_PIN E18   IOSTANDARD LVCMOS33 } [get_ports { JA[3] }]; # IO_L21P_T3_DQS_15 Sch=ja[3]
# set_property -dict { PACKAGE_PIN G17   IOSTANDARD LVCMOS33 } [get_ports { JA[4] }]; # IO_L18N_T2_A23_15 Sch=ja[4]
# set_property -dict { PACKAGE_PIN D17   IOSTANDARD LVCMOS33 } [get_ports { JA[7] }]; # IO_L16N_T2_A27_15 Sch=ja[7]
# set_property -dict { PACKAGE_PIN E17   IOSTANDARD LVCMOS33 } [get_ports { JA[8] }]; # IO_L16P_T2_A28_15 Sch=ja[8]
# set_property -dict { PACKAGE_PIN F18   IOSTANDARD LVCMOS33 } [get_ports { JA[9] }]; # IO_L22N_T3_A16_15 Sch=ja[9]
# set_property -dict { PACKAGE_PIN G18   IOSTANDARD LVCMOS33 } [get_ports { JA[10] }]; # IO_L22P_T3_A17_15 Sch=ja[10]
## Pmod 头 JB
# set_property -dict { PACKAGE_PIN D14   IOSTANDARD LVCMOS33 } [get_ports { JB[1] }]; # IO_L1P_T0_AD0P_15 Sch=jb[1]
# set_property -dict { PACKAGE_PIN F16   IOSTANDARD LVCMOS33 } [get_ports { JB[2] }]; # IO_L14N_T2_SRCC_15 Sch=jb[2]
# set_property -dict { PACKAGE_PIN G16   IOSTANDARD LVCMOS33 } [get_ports { JB[3] }]; # IO_L13N_T2_MRCC_15 Sch=jb[3]
# set_property -dict { PACKAGE_PIN H14   IOSTANDARD LVCMOS33 } [get_ports { JB[4] }]; # IO_L15P_T2_DQS_15 Sch=jb[4]
# set_property -dict { PACKAGE_PIN E16   IOSTANDARD LVCMOS33 } [get_ports { JB[7] }]; # IO_L11N_T1_SRCC_15 Sch=jb[7]
# set_property -dict { PACKAGE_PIN F13   IOSTANDARD LVCMOS33 } [get_ports { JB[8] }]; # IO_L5P_T0_AD9P_15 Sch=jb[8]
# set_property -dict { PACKAGE_PIN G13   IOSTANDARD LVCMOS33 } [get_ports { JB[9] }]; # IO_0_15 Sch=jb[9]
# set_property -dict { PACKAGE_PIN H16   IOSTANDARD LVCMOS33 } [get_ports { JB[10] }]; # IO_L13P_T2_MRCC_15 Sch=jb[10]
## Pmod 头 JC
# set_property -dict { PACKAGE_PIN K1    IOSTANDARD LVCMOS33 } [get_ports { JC[1] }]; # IO_L23N_T3_35 Sch=jc[1]
# set_property -dict { PACKAGE_PIN F6    IOSTANDARD LVCMOS33 } [get_ports { JC[2] }]; # IO_L19N_T3_VREF_35 Sch=jc[2]
# set_property -dict { PACKAGE_PIN J2    IOSTANDARD LVCMOS33 } [get_ports { JC[3] }]; # IO_L22N_T3_35 Sch=jc[3]
# set_property -dict { PACKAGE_PIN G6    IOSTANDARD LVCMOS33 } [get_ports { JC[4] }]; # IO_L19P_T3_35 Sch=jc[4]
# set_property -dict { PACKAGE_PIN E7    IOSTANDARD LVCMOS33 } [get_ports { JC[7] }]; # IO_L6P_T0_35 Sch=jc[7]
# set_property -dict { PACKAGE_PIN J3    IOSTANDARD LVCMOS33 } [get_ports { JC[8] }]; # IO_L22P_T3_35 Sch=jc[8]
# set_property -dict { PACKAGE_PIN J4    IOSTANDARD LVCMOS33 } [get_ports { JC[9] }]; # IO_L21P_T3_DQS_35 Sch=jc[9]
# set_property -dict { PACKAGE_PIN E6    IOSTANDARD LVCMOS33 } [get_ports { JC[10] }]; # IO_L5P_T0_AD13P_35 Sch=jc[10]
## Pmod 头 JD
# set_property -dict { PACKAGE_PIN H4    IOSTANDARD LVCMOS33 } [get_ports { JD[1] }]; # IO_L21N_T3_DQS_35 Sch=jd[1]
# set_property -dict { PACKAGE_PIN H1    IOSTANDARD LVCMOS33 } [get_ports { JD[2] }]; # IO_L17P_T2_35 Sch=jd[2]
# set_property -dict { PACKAGE_PIN G1    IOSTANDARD LVCMOS33 } [get_ports { JD[3] }]; # IO_L17N_T2_35 Sch=jd[3]
# set_property -dict { PACKAGE_PIN G3    IOSTANDARD LVCMOS33 } [get_ports { JD[4] }]; # IO_L20N_T3_35 Sch=jd[4]
# set_property -dict { PACKAGE_PIN H2    IOSTANDARD LVCMOS33 } [get_ports { JD[7] }]; # IO_L15P_T2_DQS_35 Sch=jd[7]
# set_property -dict { PACKAGE_PIN G4    IOSTANDARD LVCMOS33 } [get_ports { JD[8] }]; # IO_L20P_T3_35 Sch=jd[8]
# set_property -dict { PACKAGE_PIN G2    IOSTANDARD LVCMOS33 } [get_ports { JD[9] }]; # IO_L15N_T2_DQS_35 Sch=jd[9]
# set_property -dict { PACKAGE_PIN F3    IOSTANDARD LVCMOS33 } [get_ports { JD[10] }]; # IO_L13N_T2_MRCC_35 Sch=jd[10]
## Pmod 头 JXADC
# set_property -dict { PACKAGE_PIN A14   IOSTANDARD LVDS } [get_ports { XA_N[1] }]; # IO_L9N_T1_DQS_AD3N_15 Sch=xa_n[1]
# set_property -dict { PACKAGE_PIN A13   IOSTANDARD LVDS } [get_ports { XA_P[1] }]; # IO_L9P_T1_DQS_AD3P_15 Sch=xa_p[1]
# set_property -dict { PACKAGE_PIN A16   IOSTANDARD LVDS } [get_ports { XA_N[2] }]; # IO_L8N_T1_AD10N_15 Sch=xa_n[2]
# set_property -dict { PACKAGE_PIN A15   IOSTANDARD LVDS } [get_ports { XA_P[2] }]; # IO_L8P_T1_AD10P_15 Sch=xa_p[2]
# set_property -dict { PACKAGE_PIN B17   IOSTANDARD LVDS } [get_ports { XA_N[3] }]; # IO_L7N_T1_AD2N_15 Sch=xa_n[3]
# set_property -dict { PACKAGE_PIN B16   IOSTANDARD LVDS } [get_ports { XA_P[3] }]; # IO_L7P_T1_AD2P_15 Sch=xa_p[3]
# set_property -dict { PACKAGE_PIN A18   IOSTANDARD LVDS } [get_ports { XA_N[4] }]; # IO_L10N_T1_AD11N_15 Sch=xa_n[4]
# set_property -dict { PACKAGE_PIN B18   IOSTANDARD LVDS } [get_ports { XA_P[4] }]; # IO_L10P_T1_AD11P_15 Sch=xa_p[4]
## VGA 连接器
# set_property -dict { PACKAGE_PIN A3    IOSTANDARD LVCMOS33 } [get_ports { VGA_R[0] }]; # IO_L8N_T1_AD14N_35 Sch=vga_r[0]
# set_property -dict { PACKAGE_PIN B4    IOSTANDARD LVCMOS33 } [get_ports { VGA_R[1] }]; # IO_L7N_T1_AD6N_35 Sch=vga_r[1]
# set_property -dict { PACKAGE_PIN C5    IOSTANDARD LVCMOS33 } [get_ports { VGA_R[2] }]; # IO_L1N_T0_AD4N_35 Sch=vga_r[2]
# set_property -dict { PACKAGE_PIN A4    IOSTANDARD LVCMOS33 } [get_ports { VGA_R[3] }]; # IO_L8P_T1_AD14P_35 Sch=vga_r[3]
```

图 B-1　(续)

```
# set_property -dict { PACKAGE_PIN C6 IOSTANDARD LVCMOS33 } [get_ports { VGA_G[0] }]; # IO_L1P_T0_AD4P_35 Sch=vga_g[0]
# set_property -dict { PACKAGE_PIN A5 IOSTANDARD LVCMOS33 } [get_ports { VGA_G[1] }]; # IO_L3N_T0_DQS_AD5N_35 Sch=vga_g[1]
# set_property -dict { PACKAGE_PIN B6 IOSTANDARD LVCMOS33 } [get_ports { VGA_G[2] }]; # IO_L2N_T0_AD12N_35 Sch=vga_g[2]
# set_property -dict { PACKAGE_PIN A6 IOSTANDARD LVCMOS33 } [get_ports { VGA_G[3] }]; # IO_L3P_T0_DQS_AD5P_35 Sch=vga_g[3]
# set_property -dict { PACKAGE_PIN B7 IOSTANDARD LVCMOS33 } [get_ports { VGA_B[0] }]; # IO_L2P_T0_AD12P_35 Sch=vga_b[0]
# set_property -dict { PACKAGE_PIN C7 IOSTANDARD LVCMOS33 } [get_ports { VGA_B[1] }]; # IO_L4N_T0_35 Sch=vga_b[1]
# set_property -dict { PACKAGE_PIN D7 IOSTANDARD LVCMOS33 } [get_ports { VGA_B[2] }]; # IO_L6N_T0_VREF_35 Sch=vga_b[2]
# set_property -dict { PACKAGE_PIN D8 IOSTANDARD LVCMOS33 } [get_ports { VGA_B[3] }]; # IO_L4P_T0_15 Sch=vga_b[3]
# set_property -dict { PACKAGE_PIN B11 IOSTANDARD LVCMOS33 } [get_ports { VGA_HS }]; # IO_L4P_T0_15 Sch=vga_hs
# set_property -dict { PACKAGE_PIN B12 IOSTANDARD LVCMOS33 } [get_ports { VGA_VS }]; # IO_L3N_T0_DQS_AD1N_15 Sch=vga_vs
## Micro SD 连接器
# set_property -dict { PACKAGE_PIN E2 IOSTANDARD LVCMOS33 } [get_ports { SD_RESET }]; # IO_L14P_T2_SRCC_35 Sch=sd_reset
# set_property -dict { PACKAGE_PIN A1 IOSTANDARD LVCMOS33 } [get_ports { SD_CD }]; # IO_L9N_T1_DQS_AD7N_35 Sch=sd_cd
# set_property -dict { PACKAGE_PIN B1 IOSTANDARD LVCMOS33 } [get_ports { SD_SCK }]; # IO_L9P_T1_DQS_AD7P_35 Sch=sd_sck
# set_property -dict { PACKAGE_PIN C1 IOSTANDARD LVCMOS33 } [get_ports { SD_CMD }]; # IO_L16N_T2_35 Sch=sd_cmd
# set_property -dict { PACKAGE_PIN C2 IOSTANDARD LVCMOS33 } [get_ports { SD_DAT[0] }]; # IO_L16P_T2_35 Sch=sd_dat[0]
# set_property -dict { PACKAGE_PIN E1 IOSTANDARD LVCMOS33 } [get_ports { SD_DAT[1] }]; # IO_L18N_T2_35 Sch=sd_dat[1]
# set_property -dict { PACKAGE_PIN F1 IOSTANDARD LVCMOS33 } [get_ports { SD_DAT[2] }]; # IO_L18P_T2_35 Sch=sd_dat[2]
# set_property -dict { PACKAGE_PIN D2 IOSTANDARD LVCMOS33 } [get_ports { SD_DAT[3] }]; # IO_L14N_T2_SRCC_35 Sch=sd_dat[3]
## 加速度计
# set_property -dict { PACKAGE_PIN E15 IOSTANDARD LVCMOS33 } [get_ports { ACL_MISO }]; # IO_L11P_T1_SRCC_15 Sch=acl_miso
# set_property -dict { PACKAGE_PIN F14 IOSTANDARD LVCMOS33 } [get_ports { ACL_MOSI }]; # IO_L5N_T0_AD9N_15 Sch=acl_mosi
# set_property -dict { PACKAGE_PIN F15 IOSTANDARD LVCMOS33 } [get_ports { ACL_SCLK }]; # IO_L14P_T2_SRCC_15 Sch=acl_sclk
# set_property -dict { PACKAGE_PIN D15 IOSTANDARD LVCMOS33 } [get_ports { ACL_CSN }]; # IO_L12P_T1_MRCC_15 Sch=acl_csn
# set_property -dict { PACKAGE_PIN B13 IOSTANDARD LVCMOS33 } [get_ports { ACL_INT[1] }]; # IO_L2P_T0_AD8P_15 Sch=acl_int[1]
# set_property -dict { PACKAGE_PIN C16 IOSTANDARD LVCMOS33 } [get_ports { ACL_INT[2] }]; # IO_L20P_T3_A20_15 Sch=acl_int[2]
## 温度传感器
# set_property -dict { PACKAGE_PIN C14 IOSTANDARD LVCMOS33 } [get_ports { TMP_SCL }]; # IO_L1N_T0_AD0N_15 Sch=tmp_scl
# set_property -dict { PACKAGE_PIN C15 IOSTANDARD LVCMOS33 } [get_ports { TMP_SDA }]; # IO_L12N_T1_MRCC_15 Sch=tmp_sda
# set_property -dict { PACKAGE_PIN D13 IOSTANDARD LVCMOS33 } [get_ports { TMP_INT }]; # IO_L6N_T0_VREF_15 Sch=tmp_int
# set_property -dict { PACKAGE_PIN B14 IOSTANDARD LVCMOS33 } [get_ports { TMP_CT }]; # IO_L2N_T0_AD8N_15 Sch=tmp_ct
## 全向传声器
# set_property -dict { PACKAGE_PIN J5 IOSTANDARD LVCMOS33 } [get_ports { M_CLK }]; # IO_25_35 Sch=m_clk
# set_property -dict { PACKAGE_PIN H5 IOSTANDARD LVCMOS33 } [get_ports { M_DATA }]; # IO_L24N_T3_35 Sch=m_data
# set_property -dict { PACKAGE_PIN F5 IOSTANDARD LVCMOS33 } [get_ports { M_LRSEL }]; # IO_0_35 Sch=m_lrsel
## PWM 音频放大器
# set_property -dict { PACKAGE_PIN A11 IOSTANDARD LVCMOS33 } [get_ports { AUD_PWM }]; # IO_L4N_T0_15 Sch=aud_pwm
# set_property -dict { PACKAGE_PIN D12 IOSTANDARD LVCMOS33 } [get_ports { AUD_SD }]; # IO_L6P_T0_15 Sch=aud_sd
## USB-RS232 接口
# set_property -dict { PACKAGE_PIN C4 IOSTANDARD LVCMOS33 } [get_ports { UART_TXD_IN }]; # IO_L7P_T1_AD6P_35 Sch=uart_txd_in
# set_property -dict { PACKAGE_PIN D4 IOSTANDARD LVCMOS33 } [get_ports { UART_RXD_OUT }];
# IO_L11N_T1_SRCC_35 Sch=uart_rxd_out
# set_property -dict { PACKAGE_PIN D3 IOSTANDARD LVCMOS33 } [get_ports { UART_CTS }]; # IO_L12N_T1_MRCC_35 Sch=uart_cts
# set_property -dict { PACKAGE_PIN E5 IOSTANDARD LVCMOS33 } [get_ports { UART_RTS }]; # IO_L5N_T0_AD13N_35 Sch=uart_rts
## USB HID (PS/2)
# set_property -dict { PACKAGE_PIN F4 IOSTANDARD LVCMOS33 } [get_ports { PS2_CLK }]; # IO_L13P_T2_MRCC_35 Sch=ps2_clk
# set_property -dict { PACKAGE_PIN B2 IOSTANDARD LVCMOS33 } [get_ports { PS2_DATA }]; # IO_L10N_T1_AD15N_35 Sch=ps2_data
## SMSC 以太网 PHY
# set_property -dict { PACKAGE_PIN C9 IOSTANDARD LVCMOS33 } [get_ports { ETH_MDC }]; # IO_L11P_T1_SRCC_16 Sch=eth_mdc
# set_property -dict { PACKAGE_PIN A9 IOSTANDARD LVCMOS33 } [get_ports { ETH_MDIO }]; # IO_L14N_T2_SRCC_16 Sch=eth_mdio
# set_property -dict { PACKAGE_PIN B3 IOSTANDARD LVCMOS33 } [get_ports { ETH_RSTN }]; # IO_L10P_T1_AD15P_35 Sch=eth_rstn
# set_property -dict { PACKAGE_PIN D9 IOSTANDARD LVCMOS33 } [get_ports { ETH_CRSDV }]; # IO_L6N_T0_VREF_16 Sch=eth_crsdv
# set_property -dict { PACKAGE_PIN C10 IOSTANDARD LVCMOS33 } [get_ports { ETH_RXERR }]; # IO_L13N_T2_MRCC_16 Sch=eth_rxerr
# set_property -dict { PACKAGE_PIN C11 IOSTANDARD LVCMOS33 } [get_ports { ETH_RXD[0] }]; # IO_L13P_T2_MRCC_16 Sch=eth_rxd[0]
# set_property -dict { PACKAGE_PIN D10 IOSTANDARD LVCMOS33 } [get_ports { ETH_RXD[1] }]; # IO_L19N_T3_VREF_16 Sch=eth_rxd[1]
# set_property -dict { PACKAGE_PIN B9 IOSTANDARD LVCMOS33 } [get_ports { ETH_TXEN }]; # IO_L11N_T1_SRCC_16 Sch=eth_txen
# set_property -dict { PACKAGE_PIN A10 IOSTANDARD LVCMOS33 } [get_ports { ETH_TXD[0] }]; # IO_L14P_T2_SRCC_16 Sch=eth_txd[0]
# set_property -dict { PACKAGE_PIN A8 IOSTANDARD LVCMOS33 } [get_ports { ETH_TXD[1] }]; # IO_L12N_T1_MRCC_16 Sch=eth_txd[1]
# set_property -dict { PACKAGE_PIN D5 IOSTANDARD LVCMOS33 } [get_ports { ETH_REFCLK }]; # IO_L11P_T1_SRCC_35 Sch=eth_refclk
# set_property -dict { PACKAGE_PIN B8 IOSTANDARD LVCMOS33 } [get_ports { ETH_INTN }]; # IO_L12P_T1_MRCC_16 Sch=eth_intn
## Quad SPI Flash
# set_property -dict { PACKAGE_PIN K17 IOSTANDARD LVCMOS33 } [get_ports { QSPI_DQ[0] }]; # IO_L1P_T0_D00_MOSI_14 Sch=qspi_dq[0]
# set_property -dict { PACKAGE_PIN K18 IOSTANDARD LVCMOS33 } [get_ports { QSPI_DQ[1] }]; # IO_L1N_T0_D01_DIN_14 Sch=qspi_dq[1]
# set_property -dict { PACKAGE_PIN L14 IOSTANDARD LVCMOS33 } [get_ports { QSPI_DQ[2] }]; # IO_L2P_T0_D02_14 Sch=qspi_dq[2]
# set_property -dict { PACKAGE_PIN M14 IOSTANDARD LVCMOS33 } [get_ports { QSPI_DQ[3] }]; # IO_L2N_T0_D03_14 Sch=qspi_dq[3]
# set_property -dict { PACKAGE_PIN L13 IOSTANDARD LVCMOS33 } [get_ports { QSPI_CSN }]; # IO_L6P_T0_FCS_B_14 Sch=qspi_csn
```

图 B-1 （续）

Nexys4 实验板简介

C.1 Nexys4 实验板整体布局

Nexys4 实验板各接口及模块整体布局如图 C-1 所示。各个模块功能及名称如表 C-1 所示。

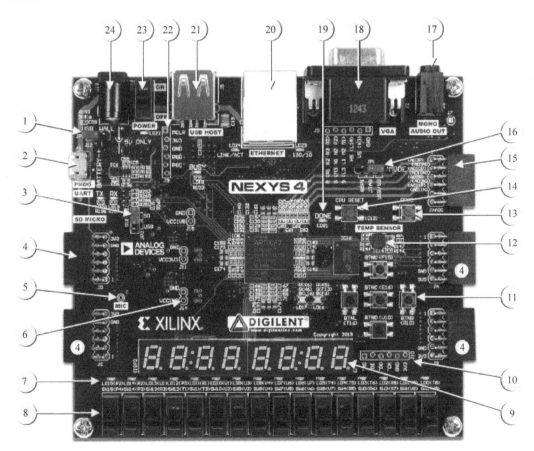

图 C-1 Nexys4 实验板整体布局

表 C-1　Nexys4 实验板模块名称

编号	接口名称或功能	编号	接口名称或功能
1	电源或电池供电选择跳线	13	FPGA 编程复位按键
2	JTAG/UART 共享 USB 接口	14	CPU 复位按键（软核）
3	外部编程 FPGA 配置跳线（SD/USB）	15	模拟信号输入 PMOD
4	PMOD 接口	16	编程模式跳线
5	麦克风输入	17	声音输出接口
6	供电电源测试点	18	VGA 接口
7	16 位独立 LED	19	FPGA 编程结束 LED 指示灯
8	16 位独立开关	20	以太网接口
9	8 个 7 段数码管	21	USB 主设备接口
10	可选的外部 JTAG 连接口	22	PIC24 编程接口（厂家使用）
11	5 个独立按键	23	电源开关
12	温度传感器	24	电源插口

　　Nexys4 实验板大部分模块功能、使用方法以及采用的器件与 Nexys4 DDR 实验板完全一致，仅 RAM 存储芯片与 Nexys4 DDR 实验板不同。因此下面简要介绍 Nexys4 实验板外部存储芯片接口电路。需要注意的是：由于采用不同 RAM 存储芯片，导致 Nexys4 实验板的很多模块和 FPGA 芯片引脚连接关系与 Nexys4 DDR 实验板不同，这里不一一具体介绍，请读者参考各个实验板对应引脚约束文件。

C.2　Nexys4 存储器

　　Nexys4 实验板提供两类外部存储芯片：Cellular RAM 存储芯片（M45W8MW16）和 QSPI Flash 存储芯片（S25FL128S）。它们与 FPGA 之间的连接关系如图 C-2 所示。Cellular RAM 的地址以及数据线与 FPGA 的引脚详细连接关系请参考 Nexys4 实验板 Vivado 约束文件。Cellular RAM 存储芯片既可以工作在同步模式也可以工作在异步模式，内部提供刷新电路自动刷新片内 DRAM 存储体。当工作在异步模式时，读写周期为 75ns；当工作在同步模式时，总线时钟频率可达 104MHz。

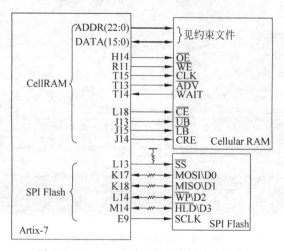

图 C-2　Nexys4 实验板外部存储芯片连接

Nexys4 实验板 Vivado

引脚约束文件

图 D-1 所示为 Nexys4 实验板 Vivado 环境下 XDC 引脚约束文件。使用该约束文件时，若引脚在工程中需要用到，则去掉对应引脚相应行行首的"♯"号，并且将 get_ports 后大括弧内的引脚名称修改为设计模块对应引脚名称。

```
## 时钟信号
## Bank = 35, Pin name = IO_L12P_T1_MRCC_35,Sch name = CLK100MHz
# set_property PACKAGE_PIN E3 [get_ports clk]
        # set_property IOSTANDARD LVCMOS33 [get_ports clk]
        # create_clock -add -name sys_clk_pin -period 10.00 -waveform {0 5} [get_ports clk]
 ## 开关
## Bank = 34, Pin name = IO_L21P_T3_DQS_34,Sch name = SW0
# set_property PACKAGE_PIN U9 [get_ports {sw[0]}]
        # set_property IOSTANDARD LVCMOS33 [get_ports {sw[0]}]
## Bank = 34, Pin name = IO_25_34,Sch name = SW1
# set_property PACKAGE_PIN U8 [get_ports {sw[1]}]
        # set_property IOSTANDARD LVCMOS33 [get_ports {sw[1]}]
## Bank = 34, Pin name = IO_L23P_T3_34,Sch name = SW2
# set_property PACKAGE_PIN R7 [get_ports {sw[2]}]
        # set_property IOSTANDARD LVCMOS33 [get_ports {sw[2]}]
## Bank = 34, Pin name = IO_L19P_T3_34,Sch name = SW3
# set_property PACKAGE_PIN R6 [get_ports {sw[3]}]
        # set_property IOSTANDARD LVCMOS33 [get_ports {sw[3]}]
## Bank = 34, Pin name = IO_L19N_T3_VREF_34,Sch name = SW4
# set_property PACKAGE_PIN R5 [get_ports {sw[4]}]
        # set_property IOSTANDARD LVCMOS33 [get_ports {sw[4]}]
## Bank - 34, Pin name = IO_L20P_T3_34,Sch name = SW5
# set_property PACKAGE_PIN V7 [get_ports {sw[5]}]
        # set_property IOSTANDARD LVCMOS33 [get_ports {sw[5]}]
## Bank = 34, Pin name = IO_L20N_T3_34,Sch name = SW6
# set_property PACKAGE_PIN V6 [get_ports {sw[6]}]
        # set_property IOSTANDARD LVCMOS33 [get_ports {sw[6]}]
## Bank = 34, Pin name = IO_L10P_T1_34,Sch name = SW7
# set_property PACKAGE_PIN V5 [get_ports {sw[7]}]
        # set_property IOSTANDARD LVCMOS33 [get_ports {sw[7]}]
## Bank = 34, Pin name = IO_L8P_T1-34,Sch name = SW8
# set_property PACKAGE_PIN U4 [get_ports {sw[8]}]
        # set_property IOSTANDARD LVCMOS33 [get_ports {sw[8]}]
## Bank = 34, Pin name = IO_L9N_T1_DQS_34,Sch name = SW9
```

图 D-1　Nexys4 实验板 Vivado 约束文件

```
# set_property PACKAGE_PIN V2 [get_ports {sw[9]}]
        # set_property IOSTANDARD LVCMOS33 [get_ports {sw[9]}]
## Bank = 34，Pin name = IO_L9P_T1_DQS_34，Sch name = SW10
# set_property PACKAGE_PIN U2 [get_ports {sw[10]}]
        # set_property IOSTANDARD LVCMOS33 [get_ports {sw[10]}]
## Bank = 34，Pin name = IO_L11N_T1_MRCC_34，Sch name = SW11
# set_property PACKAGE_PIN T3 [get_ports {sw[11]}]
        # set_property IOSTANDARD LVCMOS33 [get_ports {sw[11]}]
## Bank = 34，Pin name = IO_L17N_T2_34，Sch name = SW12
# set_property PACKAGE_PIN T1 [get_ports {sw[12]}]
        # set_property IOSTANDARD LVCMOS33 [get_ports {sw[12]}]
## Bank = 34，Pin name = IO_L11P_T1_SRCC_34，Sch name = SW13
# set_property PACKAGE_PIN R3 [get_ports {sw[13]}]
        # set_property IOSTANDARD LVCMOS33 [get_ports {sw[13]}]
## Bank = 34，Pin name = IO_L14N_T2_SRCC_34，Sch name = SW14
# set_property PACKAGE_PIN P3 [get_ports {sw[14]}]
        # set_property IOSTANDARD LVCMOS33 [get_ports {sw[14]}]
## Bank = 34，Pin name = IO_L14P_T2_SRCC_34，Sch name = SW15
# set_property PACKAGE_PIN P4 [get_ports {sw[15]}]
        # set_property IOSTANDARD LVCMOS33 [get_ports {sw[15]}]
 ## LED灯
## Bank = 34，Pin name = IO_L24N_T3_34，Sch name = LED0
# set_property PACKAGE_PIN T8 [get_ports {led[0]}]
        # set_property IOSTANDARD LVCMOS33 [get_ports {led[0]}]
## Bank = 34，Pin name = IO_L21N_T3_DQS_34，Sch name = LED1
# set_property PACKAGE_PIN V9 [get_ports {led[1]}]
        # set_property IOSTANDARD LVCMOS33 [get_ports {led[1]}]
## Bank = 34，Pin name = IO_L24P_T3_34，Sch name = LED2
# set_property PACKAGE_PIN R8 [get_ports {led[2]}]
        # set_property IOSTANDARD LVCMOS33 [get_ports {led[2]}]
## Bank = 34，Pin name = IO_L23N_T3_34，Sch name = LED3
# set_property PACKAGE_PIN T6 [get_ports {led[3]}]
        # set_property IOSTANDARD LVCMOS33 [get_ports {led[3]}]
## Bank = 34，Pin name = IO_L12P_T1_MRCC_34，Sch name = LED4
# set_property PACKAGE_PIN T5 [get_ports {led[4]}]
        # set_property IOSTANDARD LVCMOS33 [get_ports {led[4]}]
## Bank = 34，Pin name = IO_L12N_T1_MRCC_34，Sch name = LED5
# set_property PACKAGE_PIN T4 [get_ports {led[5]}]
        # set_property IOSTANDARD LVCMOS33 [get_ports {led[5]}]
## Bank = 34，Pin name = IO_L22P_T3_34，Sch name = LED6
# set_property PACKAGE_PIN U7 [get_ports {led[6]}]
        # set_property IOSTANDARD LVCMOS33 [get_ports {led[6]}]
## Bank = 34，Pin name = IO_L22N_T3_34，Sch name = LED7
# set_property PACKAGE_PIN U6 [get_ports {led[7]}]
        # set_property IOSTANDARD LVCMOS33 [get_ports {led[7]}]
## Bank = 34，Pin name = IO_L10N_T1_34，Sch name = LED8
# set_property PACKAGE_PIN V4 [get_ports {led[8]}]
        # set_property IOSTANDARD LVCMOS33 [get_ports {led[8]}]
## Bank = 34，Pin name = IO_L8N_T1_34，Sch name = LED9
# set_property PACKAGE_PIN U3 [get_ports {led[9]}]
        # set_property IOSTANDARD LVCMOS33 [get_ports {led[9]}]
## Bank = 34，Pin name = IO_L7N_T1_34，Sch name = LED10
# set_property PACKAGE_PIN V1 [get_ports {led[10]}]
        # set_property IOSTANDARD LVCMOS33 [get_ports {led[10]}]
## Bank = 34，Pin name = IO_L17P_T2_34，Sch name = LED11
```

图 D-1 （续）

set_property PACKAGE_PIN R1 [get_ports {led[11]}]
  # set_property IOSTANDARD LVCMOS33 [get_ports {led[11]}]
Bank = 34, Pin name = IO_L13N_T2_MRCC_34,Sch name = LED12
set_property PACKAGE_PIN P5 [get_ports {led[12]}]
  # set_property IOSTANDARD LVCMOS33 [get_ports {led[12]}]
Bank = 34, Pin name = IO_L7P_T1_34,Sch name = LED13
set_property PACKAGE_PIN U1 [get_ports {led[13]}]
  # set_property IOSTANDARD LVCMOS33 [get_ports {led[13]}]
Bank = 34, Pin name = IO_L15N_T2_DQS_34,Sch name = LED14
set_property PACKAGE_PIN R2 [get_ports {led[14]}]
  # set_property IOSTANDARD LVCMOS33 [get_ports {led[14]}]
Bank = 34, Pin name = IO_L15P_T2_DQS_34,Sch name = LED15
set_property PACKAGE_PIN P2 [get_ports {led[15]}]
  # set_property IOSTANDARD LVCMOS33 [get_ports {led[15]}]
Bank = 34, Pin name = IO_L5P_T0_34,Sch name = LED16_R
set_property PACKAGE_PIN K5 [get_ports RGB1_Red]
  # set_property IOSTANDARD LVCMOS33 [get_ports RGB1_Red]
Bank = 15, Pin name = IO_L5P_T0_AD9P_15,Sch name = LED16_G
set_property PACKAGE_PIN F13 [get_ports RGB1_Green]
  # set_property IOSTANDARD LVCMOS33 [get_ports RGB1_Green]
Bank = 35, Pin name = IO_L19N_T3_VREF_35,Sch name = LED16_B
set_property PACKAGE_PIN F6 [get_ports RGB1_Blue]
  # set_property IOSTANDARD LVCMOS33 [get_ports RGB1_Blue]
Bank = 34, Pin name = IO_0_34,Sch name = LED17_R
set_property PACKAGE_PIN K6 [get_ports RGB2_Red]
  # set_property IOSTANDARD LVCMOS33 [get_ports RGB2_Red]
Bank = 35, Pin name = IO_24P_T3_35,Sch name = LED17_G
set_property PACKAGE_PIN H6 [get_ports RGB2_Green]
  # set_property IOSTANDARD LVCMOS33 [get_ports RGB2_Green]
Bank = CONFIG, Pin name = IO_L3N_T0_DQS_EMCCLK_14,Sch name = LED17_B
set_property PACKAGE_PIN L16 [get_ports RGB2_Blue]
  # set_property IOSTANDARD LVCMOS33 [get_ports RGB2_Blue]
7 段数码管显示器
Bank = 34, Pin name = IO_L2N_T0_34,Sch name = CA
set_property PACKAGE_PIN L3 [get_ports {seg[0]}]
  # set_property IOSTANDARD LVCMOS33 [get_ports {seg[0]}]
Bank = 34, Pin name = IO_L3N_T0_DQS_34,Sch name = CB
set_property PACKAGE_PIN N1 [get_ports {seg[1]}]
  # set_property IOSTANDARD LVCMOS33 [get_ports {seg[1]}]
Bank = 34, Pin name = IO_L6N_T0_VREF_34,Sch name = CC
set_property PACKAGE_PIN L5 [get_ports {seg[2]}]
  # set_property IOSTANDARD LVCMOS33 [get_ports {seg[2]}]
Bank = 34, Pin name = IO_L5N_T0_34,Sch name = CD
set_property PACKAGE_PIN L4 [get_ports {seg[3]}]
  # set_property IOSTANDARD LVCMOS33 [get_ports {seg[3]}]
Bank = 34, Pin name = IO_L2P_T0_34,Sch name = CE
set_property PACKAGE_PIN K3 [get_ports {seg[4]}]
  # set_property IOSTANDARD LVCMOS33 [get_ports {seg[4]}]
Bank = 34, Pin name = IO_L4N_T0_34,Sch name = CF
set_property PACKAGE_PIN M2 [get_ports {seg[5]}]
  # set_property IOSTANDARD LVCMOS33 [get_ports {seg[5]}]
Bank = 34, Pin name = IO_L6P_T0_34,Sch name = CG
set_property PACKAGE_PIN L6 [get_ports {seg[6]}]
  # set_property IOSTANDARD LVCMOS33 [get_ports {seg[6]}]
Bank = 34, Pin name = IO_L16P_T2_34,Sch name = DP

图 D-1　(续)

```
# set_property PACKAGE_PIN M4 [get_ports dp]
        # set_property IOSTANDARD LVCMOS33 [get_ports dp]
## Bank = 34, Pin name = IO_L18N_T2_34, Sch name = AN0
# set_property PACKAGE_PIN N6 [get_ports {an[0]}]
        # set_property IOSTANDARD LVCMOS33 [get_ports {an[0]}]
## Bank = 34, Pin name = IO_L18P_T2_34, Sch name = AN1
# set_property PACKAGE_PIN M6 [get_ports {an[1]}]
        # set_property IOSTANDARD LVCMOS33 [get_ports {an[1]}]
## Bank = 34, Pin name = IO_L4P_T0_34, Sch name = AN2
# set_property PACKAGE_PIN M3 [get_ports {an[2]}]
        # set_property IOSTANDARD LVCMOS33 [get_ports {an[2]}]
## Bank = 34, Pin name = IO_L13_T2_MRCC_34, Sch name = AN3
# set_property PACKAGE_PIN N5 [get_ports {an[3]}]
        # set_property IOSTANDARD LVCMOS33 [get_ports {an[3]}]
## Bank = 34, Pin name = IO_L3P_T0_DQS_34, Sch name = AN4
# set_property PACKAGE_PIN N2 [get_ports {an[4]}]
        # set property IOSTANDARD LVCMOS33 [get_ports {an[4]}]
## Bank = 34, Pin name = IO_L16N_T2_34, Sch name = AN5
# set_property PACKAGE_PIN N4 [get_ports {an[5]}]
        # set_property IOSTANDARD LVCMOS33 [get_ports {an[5]}]
## Bank = 34, Pin name = IO_L1P_T0_34, Sch name = AN6
# set_property PACKAGE_PIN L1 [get_ports {an[6]}]
        # set_property IOSTANDARD LVCMOS33 [get_ports {an[6]}]
## Bank = 34, Pin name = IO_L1N_T034, Sch name = AN7
# set_property PACKAGE_PIN M1 [get_ports {an[7]}]
        # set_property IOSTANDARD LVCMOS33 [get_ports {an[7]}]
## 按键
## Bank = 15, Pin name = IO_L3P_T0_DQS_AD1P_15, Sch name = CPU_RESET
# set_property PACKAGE_PIN C12 [get_ports btnCpuReset]
        # set_property IOSTANDARD LVCMOS33 [get_ports btnCpuReset]
## Bank = 15, Pin name = IO_L11N_T1_SRCC_15, Sch name = BTNC
# set_property PACKAGE_PIN E16 [get_ports btnC]
        # set_property IOSTANDARD LVCMOS33 [get_ports btnC]
## Bank = 15, Pin name = IO_L14P_T2_SRCC_15, Sch name = BTNU
# set_property PACKAGE_PIN F15 [get_ports btnU]
        # set_property IOSTANDARD LVCMOS33 [get_ports btnU]
## Bank = CONFIG, Pin name = IO_L15N_T2_DQS_DOUT_CSO_B_14, Sch name = BTNL
# set_property PACKAGE_PIN T16 [get_ports btnL]
        # set_property IOSTANDARD LVCMOS33 [get_ports btnL]
## Bank = 14, Pin name = IO_25_14, Sch name = BTNR
# set_property PACKAGE_PIN R10 [get_ports btnR]
        # set_property IOSTANDARD LVCMOS33 [get_ports btnR]
## Bank = 14, Pin name = IO_L21P_T3_DQS_14, Sch name = BTND
# set_property PACKAGE_PIN V10 [get_ports btnD]
        # set_property IOSTANDARD LVCMOS33 [get_ports btnD]
 ## Pmod 头 JA
## Bank = 15, Pin name = IO_L1N_T0_AD0N_15, Sch name = JA1
# set_property PACKAGE_PIN B13 [get_ports {JA[0]}]
        # set_property IOSTANDARD LVCMOS33 [get_ports {JA[0]}]
## Bank = 15, Pin name = IO_L5N_T0_AD9N_15, Sch name = JA2
# set_property PACKAGE_PIN F14 [get_ports {JA[1]}]
        # set_property IOSTANDARD LVCMOS33 [get_ports {JA[1]}]
## Bank = 15, Pin name = IO_L16N_T2_A27_15, Sch name = JA3
# set_property PACKAGE_PIN D17 [get_ports {JA[2]}]
        # set_property IOSTANDARD LVCMOS33 [get_ports {JA[2]}]
```

图 D-1 （续）

```
## Bank = 15, Pin name = IO_L16P_T2_A28_15,Sch name = JA4
# set_property PACKAGE_PIN E17 [get_ports {JA[3]}]
        # set_property IOSTANDARD LVCMOS33 [get_ports {JA[3]}]
## Bank = 15, Pin name = IO_0_15,Sch name = JA7
# set_property PACKAGE_PIN G13 [get_ports {JA[4]}]
        # set_property IOSTANDARD LVCMOS33 [get_ports {JA[4]}]
## Bank = 15, Pin name = IO_L20N_T3_A19_15,Sch name = JA8
# set_property PACKAGE_PIN C17 [get_ports {JA[5]}]
        # set_property IOSTANDARD LVCMOS33 [get_ports {JA[5]}]
## Bank = 15, Pin name = IO_L21N_T3_A17_15,Sch name = JA9
# set_property PACKAGE_PIN D18 [get_ports {JA[6]}]
        # set_property IOSTANDARD LVCMOS33 [get_ports {JA[6]}]
## Bank = 15, Pin name = IO_L21P_T3_DQS_15,Sch name = JA10
# set_property PACKAGE_PIN E18 [get_ports {JA[7]}]
        # set_property IOSTANDARD LVCMOS33 [get_ports {JA[7]}]
## Pmod 头 JB
## Bank = 15, Pin name = IO_L15N_T2_DQS_ADV_B_15,Sch name = JB1
# set_property PACKAGE_PIN G14 [get_ports {JB[0]}]
        # set_property IOSTANDARD LVCMOS33 [get_ports {JB[0]}]
## Bank = 14, Pin name = IO_L13P_T2_MRCC_14,Sch name = JB2
# set_property PACKAGE_PIN P15 [get_ports {JB[1]}]
        # set_property IOSTANDARD LVCMOS33 [get_ports {JB[1]}]
## Bank = 14, Pin name = IO_L21N_T3_DQS_A06_D22_14,Sch name = JB3
# set_property PACKAGE_PIN V11 [get_ports {JB[2]}]
        # set_property IOSTANDARD LVCMOS33 [get_ports {JB[2]}]
## Bank = CONFIG, Pin name = IO_L16P_T2_CSI_B_14,Sch name = JB4
# set_property PACKAGE_PIN V15 [get_ports {JB[3]}]
        # set_property IOSTANDARD LVCMOS33 [get_ports {JB[3]}]
## Bank = 15, Pin name = IO_25_15,Sch name = JB7
# set_property PACKAGE_PIN K16 [get_ports {JB[4]}]
        # set_property IOSTANDARD LVCMOS33 [get_ports {JB[4]}]
## Bank = CONFIG, Pin name = IO_L15P_T2_DQS_RWR_B_14,Sch name = JB8
# set_property PACKAGE_PIN R16 [get_ports {JB[5]}]
        # set_property IOSTANDARD LVCMOS33 [get_ports {JB[5]}]
## Bank = 14, Pin name = IO_L24P_T3_A01_D17_14,Sch name = JB9
# set_property PACKAGE_PIN T9 [get_ports {JB[6]}]
        # set_property IOSTANDARD LVCMOS33 [get_ports {JB[6]}]
## Bank = 14, Pin name = IO_L19N_T3_A09_D25_VREF_14,Sch name = JB10
# set_property PACKAGE_PIN U11 [get_ports {JB[7]}]
        # set_property IOSTANDARD LVCMOS33 [get_ports {JB[7]}]
 ## Pmod 头 JC
## Bank = 35, Pin name = IO_L23P_T3_35,Sch name = JC1
# set_property PACKAGE_PIN K2 [get_ports {JC[0]}]
        # set_property IOSTANDARD LVCMOS33 [get_ports {JC[0]}]
## Bank = 35, Pin name = IO_L6P_T0_35,Sch name = JC2
# set_property PACKAGE_PIN E7 [get_ports {JC[1]}]
        # set_property IOSTANDARD LVCMOS33 [get_ports {JC[1]}]
## Bank = 35, Pin name = IO_L22P_T3_35,Sch name = JC3
# set_property PACKAGE_PIN J3 [get_ports {JC[2]}]
        # set_property IOSTANDARD LVCMOS33 [get_ports {JC[2]}]
## Bank = 35, Pin name = IO_L21P_T3_DQS_35,Sch name = JC4
# set_property PACKAGE_PIN J4 [get_ports {JC[3]}]
        # set_property IOSTANDARD LVCMOS33 [get_ports {JC[3]}]
## Bank = 35, Pin name = IO_L23N_T3_35,Sch name = JC7
# set_property PACKAGE_PIN K1 [get_ports {JC[4]}]
```

图 D-1 （续）

```
            # set_property IOSTANDARD LVCMOS33 [get_ports {JC[4]}]
## Bank = 35, Pin name = IO_L5P_T0_AD13P_35,Sch name = JC8
# set_property PACKAGE_PIN E6 [get_ports {JC[5]}]
            # set_property IOSTANDARD LVCMOS33 [get_ports {JC[5]}]
## Bank = 35, Pin name = IO_L22N_T3_35,Sch name = JC9
# set_property PACKAGE_PIN J2 [get_ports {JC[6]}]
            # set_property IOSTANDARD LVCMOS33 [get_ports {JC[6]}]
## Bank = 35, Pin name = IO_L19P_T3_35,Sch name = JC10
# set_property PACKAGE_PIN G6 [get_ports {JC[7]}]
            # set_property IOSTANDARD LVCMOS33 [get_ports {JC[7]}]
 ## Pmod 头 JD
## Bank = 35, Pin name = IO_L21N_T2_DQS_35,Sch name = JD1
# set_property PACKAGE_PIN H4 [get_ports {JD[0]}]
            # set_property IOSTANDARD LVCMOS33 [get_ports {JD[0]}]
## Bank = 35, Pin name = IO_L17P_T2_35,Sch name = JD2
# set_property PACKAGE_PIN H1 [get_ports {JD[1]}]
            # set property IOSTANDARD LVCMOS33 [get_ports {JD[1]}]
## Bank = 35, Pin name = IO_L17N_T2_35,Sch name = JD3
# set_property PACKAGE_PIN G1 [get_ports {JD[2]}]
            # set_property IOSTANDARD LVCMOS33 [get_ports {JD[2]}]
## Bank = 35, Pin name = IO_L20N_T3_35,Sch name = JD4
# set_property PACKAGE_PIN G3 [get_ports {JD[3]}]
            # set_property IOSTANDARD LVCMOS33 [get_ports {JD[3]}]
## Bank = 35, Pin name = IO_L15P_T2_DQS_35,Sch name = JD7
# set_property PACKAGE_PIN H2 [get_ports {JD[4]}]
            # set_property IOSTANDARD LVCMOS33 [get_ports {JD[4]}]
## Bank = 35, Pin name = IO_L20P_T3_35,Sch name = JD8
# set_property PACKAGE_PIN G4 [get_ports {JD[5]}]
            # set_property IOSTANDARD LVCMOS33 [get_ports {JD[5]}]
## Bank = 35, Pin name = IO_L15N_T2_DQS_35,Sch name = JD9
# set_property PACKAGE_PIN G2 [get_ports {JD[6]}]
            # set_property IOSTANDARD LVCMOS33 [get_ports {JD[6]}]
## Bank = 35, Pin name = IO_L13N_T2_MRCC_35,Sch name = JD10
# set_property PACKAGE_PIN F3 [get_ports {JD[7]}]
            # set_property IOSTANDARD LVCMOS33 [get_ports {JD[7]}]
 ## Pmod 头 JXADC
## Bank = 15, Pin name = IO_L9P_T1_DQS_AD3P_15,Sch name = XADC1_P -> XA1_P
# set_property PACKAGE_PIN A13 [get_ports {JXADC[0]}]
            # set_property IOSTANDARD LVCMOS33 [get_ports {JXADC[0]}]
## Bank = 15, Pin name = IO_L8P_T1_AD10P_15,Sch name = XADC2_P -> XA2_P
# set_property PACKAGE_PIN A15 [get_ports {JXADC[1]}]
            # set_property IOSTANDARD LVCMOS33 [get_ports {JXADC[1]}]
## Bank = 15, Pin name = IO_L7P_T1_AD2P_15,Sch name = XADC3_P -> XA3_P
# set_property PACKAGE_PIN B16 [get_ports {JXADC[2]}]
            # set_property IOSTANDARD LVCMOS33 [get_ports {JXADC[2]}]
## Bank = 15, Pin name = IO_L10P_T1_AD11P_15,Sch name = XADC4_P -> XA4_P
# set_property PACKAGE_PIN B18 [get_ports {JXADC[3]}]
            # set_property IOSTANDARD LVCMOS33 [get_ports {JXADC[3]}]
## Bank = 15, Pin name = IO_L9N_T1_DQS_AD3N_15,Sch name = XADC1_N -> XA1_N
# set_property PACKAGE_PIN A14 [get_ports {JXADC[4]}]
            # set_property IOSTANDARD LVCMOS33 [get_ports {JXADC[4]}]
## Bank = 15, Pin name = IO_L8N_T1_AD10N_15,Sch name = XADC2_N -> XA2_N
# set_property PACKAGE_PIN A16 [get_ports {JXADC[5]}]
            # set_property IOSTANDARD LVCMOS33 [get_ports {JXADC[5]}]
## Bank = 15, Pin name = IO_L7N_T1_AD2N_15,Sch name = XADC3_N -> XA3_N
```

图 D-1　（续）

set_property PACKAGE_PIN B17 [get_ports {JXADC[6]}]
　　　　# set_property IOSTANDARD LVCMOS33 [get_ports {JXADC[6]}]
Bank = 15, Pin name = IO_L10N_T1_AD11N_15, Sch name = XADC4_N -> XA4_N
set_property PACKAGE_PIN A18 [get_ports {JXADC[7]}]
　　　　# set_property IOSTANDARD LVCMOS33 [get_ports {JXADC[7]}]
VGA 连接器
Bank = 35, Pin name = IO_L8N_T1_AD14N_35, Sch name = VGA_R0
set_property PACKAGE_PIN A3 [get_ports {vgaRed[0]}]
　　　　# set_property IOSTANDARD LVCMOS33 [get_ports {vgaRed[0]}]
Bank = 35, Pin name = IO_L7N_T1_AD6N_35, Sch name = VGA_R1
set_property PACKAGE_PIN B4 [get_ports {vgaRed[1]}]
　　　　# set_property IOSTANDARD LVCMOS33 [get_ports {vgaRed[1]}]
Bank = 35, Pin name = IO_L1N_T0_AD4N_35, Sch name = VGA_R2
set_property PACKAGE_PIN C5 [get_ports {vgaRed[2]}]
　　　　# set_property IOSTANDARD LVCMOS33 [get_ports {vgaRed[2]}]
Bank = 35, Pin name = IO_L8P_T1_AD14P_35, Sch name = VGA_R3
set_property PACKAGE_PIN A4 [get_ports {vgaRed[3]}]
　　　　# set_property IOSTANDARD LVCMOS33 [get_ports {vgaRed[3]}]
Bank = 35, Pin name = IO_L2P_T0_AD12P_35, Sch name = VGA_B0
set_property PACKAGE_PIN B7 [get_ports {vgaBlue[0]}]
　　　　# set_property IOSTANDARD LVCMOS33 [get_ports {vgaBlue[0]}]
Bank ー 35, Pin name = IO_L4N_T0_35, Sch name = VGA_B1
set_property PACKAGE_PIN C7 [get_ports {vgaBlue[1]}]
　　　　# set_property IOSTANDARD LVCMOS33 [get_ports {vgaBlue[1]}]
Bank = 35, Pin name = IO_L6N_T0_VREF_35, Sch name = VGA_B2
set_property PACKAGE_PIN D7 [get_ports {vgaBlue[2]}]
　　　　# set_property IOSTANDARD LVCMOS33 [get_ports {vgaBlue[2]}]
Bank = 35, Pin name = IO_L4P_T0_35, Sch name = VGA_B3
set_property PACKAGE_PIN D8 [get_ports {vgaBlue[3]}]
　　　　# set_property IOSTANDARD LVCMOS33 [get_ports {vgaBlue[3]}]
Bank = 35, Pin name = IO_L1P_T0_AD4P_35, Sch name = VGA_G0
set_property PACKAGE_PIN C6 [get_ports {vgaGreen[0]}]
　　　　# set_property IOSTANDARD LVCMOS33 [get_ports {vgaGreen[0]}]
Bank = 35, Pin name = IO_L3N_T0_DQS_AD5N_35, Sch name = VGA_G1
set_property PACKAGE_PIN A5 [get_ports {vgaGreen[1]}]
　　　　# set_property IOSTANDARD LVCMOS33 [get_ports {vgaGreen[1]}]
Bank = 35, Pin name = IO_L2N_T0_AD12N_35, Sch name = VGA_G2
set_property PACKAGE_PIN B6 [get_ports {vgaGreen[2]}]
　　　　# set_property IOSTANDARD LVCMOS33 [get_ports {vgaGreen[2]}]
Bank = 35, Pin name = IO_L3P_T0_DQS_AD5P_35, Sch name = VGA_G3
set_property PACKAGE_PIN A6 [get_ports {vgaGreen[3]}]
　　　　# set_property IOSTANDARD LVCMOS33 [get_ports {vgaGreen[3]}]
Bank = 15, Pin name = IO_L4P_T0_15, Sch name = VGA_HS
set_property PACKAGE_PIN B11 [get_ports Hsync]
　　　　# set_property IOSTANDARD LVCMOS33 [get_ports Hsync]
Bank = 15, Pin name = IO_L3N_T0_DQS_AD1N_15, Sch name = VGA_VS
set_property PACKAGE_PIN B12 [get_ports Vsync]
　　　　# set_property IOSTANDARD LVCMOS33 [get_ports Vsync]
Micro SD 连接器
Bank = 35, Pin name = IO_L14P_T2_SRCC_35, Sch name = SD_RESET
set_property PACKAGE_PIN E2 [get_ports sdReset]
　　　　# set_property IOSTANDARD LVCMOS33 [get_ports sdReset]
Bank = 35, Pin name = IO_L9N_T1_DQS_AD7N_35, Sch name = SD_CD
set_property PACKAGE_PIN A1 [get_ports sdCD]
　　　　# set_property IOSTANDARD LVCMOS33 [get_ports sdCD]

图 D-1　(续)

```
## Bank = 35, Pin name = IO_L9P_T1_DQS_AD7P_35, Sch name = SD_SCK
# set_property PACKAGE_PIN B1 [get_ports sdSCK]
        # set_property IOSTANDARD LVCMOS33 [get_ports sdSCK]
## Bank = 35, Pin name = IO_L16N_T2_35, Sch name = SD_CMD
# set_property PACKAGE_PIN C1 [get_ports sdCmd]
        # set_property IOSTANDARD LVCMOS33 [get_ports sdCmd]
## Bank = 35, Pin name = IO_L16P_T2_35, Sch name = SD_DAT0
# set_property PACKAGE_PIN C2 [get_ports {sdData[0]}]
        # set_property IOSTANDARD LVCMOS33 [get_ports {sdData[0]}]
## Bank = 35, Pin name = IO_L18N_T2_35, Sch name = SD_DAT1
# set_property PACKAGE_PIN E1 [get_ports {sdData[1]}]
        # set_property IOSTANDARD LVCMOS33 [get_ports {sdData[1]}]
## Bank = 35, Pin name = IO_L18P_T2_35, Sch name = SD_DAT2
# set_property PACKAGE_PIN F1 [get_ports {sdData[2]}]
        # set_property IOSTANDARD LVCMOS33 [get_ports {sdData[2]}]
## Bank = 35, Pin name = IO_L14N_T2_SRCC_35, Sch name = SD_DAT3
# set_property PACKAGE_PIN D2 [get_ports {sdData[3]}]
        # set_property IOSTANDARD LVCMOS33 [get_ports {sdData[3]}]
## 加速度计
## Bank = 15, Pin name = IO_L6N_T0_VREF_15, Sch name = ACL_MISO
# set_property PACKAGE_PIN D13 [get_ports aclMISO]
        # set_property IOSTANDARD LVCMOS33 [get_ports aclMISO]
## Bank = 15, Pin name = IO_L2N_T0_AD8N_15, Sch name = ACL_MOSI
# set_property PACKAGE_PIN B14 [get_ports aclMOSI]
        # set_property IOSTANDARD LVCMOS33 [get_ports aclMOSI]
## Bank = 15, Pin name = IO_L12P_T1_MRCC_15, Sch name = ACL_SCLK
# set_property PACKAGE_PIN D15 [get_ports aclSCK]
        # set_property IOSTANDARD LVCMOS33 [get_ports aclSCK]
## Bank = 15, Pin name = IO_L12N_T1_MRCC_15, Sch name = ACL_CSN
# set_property PACKAGE_PIN C15 [get_ports aclSS]
        # set_property IOSTANDARD LVCMOS33 [get_ports aclSS]
## Bank = 15, Pin name = IO_L20P_T3_A20_15, Sch name = ACL_INT1
# set_property PACKAGE_PIN C16 [get_ports aclInt1]
        # set_property IOSTANDARD LVCMOS33 [get_ports aclInt1]
## Bank = 15, Pin name = IO_L11P_T1_SRCC_15, Sch name = ACL_INT2
# set_property PACKAGE_PIN E15 [get_ports aclInt2]
        # set_property IOSTANDARD LVCMOS33 [get_ports aclInt2]
## 温度传感器
## Bank = 15, Pin name = IO_L14N_T2_SRCC_15, Sch name = TMP_SCL
# set_property PACKAGE_PIN F16 [get_ports tmpSCL]
        # set_property IOSTANDARD LVCMOS33 [get_ports tmpSCL]
## Bank = 15, Pin name = IO_L13N_T2_MRCC_15, Sch name = TMP_SDA
# set_property PACKAGE_PIN G16 [get_ports tmpSDA]
        # set_property IOSTANDARD LVCMOS33 [get_ports tmpSDA]
## Bank = 15, Pin name = IO_L1P_T0_AD0P_15, Sch name = TMP_INT
# set_property PACKAGE_PIN D14 [get_ports tmpInt]
        # set_property IOSTANDARD LVCMOS33 [get_ports tmpInt]
## Bank = 15, Pin name = IO_L1N_T0_AD0N_15, Sch name = TMP_CT
# set_property PACKAGE_PIN C14 [get_ports tmpCT]
        # set_property IOSTANDARD LVCMOS33 [get_ports tmpCT]
## 全向传声器
## Bank = 35, Pin name = IO_25_35, Sch name = M_CLK
# set_property PACKAGE_PIN J5 [get_ports micClk]
        # set_property IOSTANDARD LVCMOS33 [get_ports micClk]
## Bank = 35, Pin name = IO_L24N_T3_35, Sch name = M_DATA
```

图 D-1 （续）

```
# set_property PACKAGE_PIN H5 [get_ports micData]
        # set_property IOSTANDARD LVCMOS33 [get_ports micData]
## Bank = 35，Pin name = IO_0_35，Sch name = M_LRSEL
# set_property PACKAGE_PIN F5 [get_ports micLRSel]
        # set_property IOSTANDARD LVCMOS33 [get_ports micLRSel]
## PWM 音频放大器
## Bank = 15，Pin name = IO_L4N_T0_15，Sch name = AUD_PWM
# set_property PACKAGE_PIN A11 [get_ports ampPWM]
        # set_property IOSTANDARD LVCMOS33 [get_ports ampPWM]
## Bank = 15，Pin name = IO_L6P_T0_15，Sch name = AUD_SD
# set_property PACKAGE_PIN D12 [get_ports ampSD]
        # set_property IOSTANDARD LVCMOS33 [get_ports ampSD]
## USB-RS232 接口
## Bank = 35，Pin name = IO_L7P_T1_AD6P_35，Sch name = UART_TXD_IN
# set_property PACKAGE_PIN C4 [get_ports RsRx]
        # set_property IOSTANDARD LVCMOS33 [get_ports RsRx]
## Bank = 35，Pin name = IO_L11N_T1_SRCC_35，Sch name = UART_RXD_OUT
# set_property PACKAGE_PIN D4 [get_ports RsTx]
        # set_property IOSTANDARD LVCMOS33 [get_ports RsTx]
## Bank = 35，Pin name = IO_L12N_T1_MRCC_35，Sch name = UART_CTS
# set_property PACKAGE_PIN D3 [get_ports RsCts]
        # set_property IOSTANDARD LVCMOS33 [get_ports RsCts]
## Bank = 35，Pin name = IO_L5N_T0_AD13N_35，Sch name = UART_RTS
# set_property PACKAGE_PIN E5 [get_ports RsRts]
        # set_property IOSTANDARD LVCMOS33 [get_ports RsRts]
## USB HID (PS/2)
## Bank = 35，Pin name = IO_L13P_T2_MRCC_35，Sch name = PS2_CLK
# set_property PACKAGE_PIN F4 [get_ports PS2Clk]
        # set_property IOSTANDARD LVCMOS33 [get_ports PS2Clk]
        # set_property PULLUP true [get_ports PS2Clk]
## Bank = 35，Pin name = IO_L10N_T1_AD15N_35，Sch name = PS2_DATA
# set_property PACKAGE_PIN B2 [get_ports PS2Data]
        # set_property IOSTANDARD LVCMOS33 [get_ports PS2Data]
        # set_property PULLUP true [get_ports PS2Data]
## SMSC 以太网 PHY
## Bank = 16，Pin name = IO_L11P_T1_SRCC_16，Sch name = ETH_MDC
# set_property PACKAGE_PIN C9 [get_ports PhyMdc]
        # set_property IOSTANDARD LVCMOS33 [get_ports PhyMdc]
## Bank = 16，Pin name = IO_L14N_T2_SRCC_16，Sch name = ETH_MDIO
# set_property PACKAGE_PIN A9 [get_ports PhyMdio]
        # set_property IOSTANDARD LVCMOS33 [get_ports PhyMdio]
## Bank = 35，Pin name = IO_L10P_T1_AD15P_35，Sch name = ETH_RSTN
# set_property PACKAGE_PIN B3 [get_ports PhyRstn]
        # set_property IOSTANDARD LVCMOS33 [get_ports PhyRstn]
## Bank = 16，Pin name = IO_L6N_T0_VREF_16，Sch name = ETH_CRSDV
# set_property PACKAGE_PIN D9 [get_ports PhyCrs]
        # set_property IOSTANDARD LVCMOS33 [get_ports PhyCrs]
## Bank = 16，Pin name = IO_L13N_T2_MRCC_16，Sch name = ETH_RXERR
# set_property PACKAGE_PIN C10 [get_ports PhyRxErr]
        # set_property IOSTANDARD LVCMOS33 [get_ports PhyRxErr]
## Bank = 16，Pin name = IO_L19N_T3_VREF_16，Sch name = ETH_RXD0
# set_property PACKAGE_PIN D10 [get_ports {PhyRxd[0]}]
        # set_property IOSTANDARD LVCMOS33 [get_ports {PhyRxd[0]}]
## Bank = 16，Pin name = IO_L13P_T2_MRCC_16，Sch name = ETH_RXD1
# set_property PACKAGE_PIN C11 [get_ports {PhyRxd[1]}]
```

图 D-1　(续)

```
            # set_property IOSTANDARD LVCMOS33 [get_ports {PhyRxd[1]}]
## Bank = 16, Pin name = IO_L11N_T1_SRCC_16,Sch name = ETH_TXEN
# set_property PACKAGE_PIN B9 [get_ports PhyTxEn]
            # set_property IOSTANDARD LVCMOS33 [get_ports PhyTxEn]
## Bank = 16, Pin name = IO_L14P_T2_SRCC_16,Sch name = ETH_TXD0
# set_property PACKAGE_PIN A10 [get_ports {PhyTxd[0]}]
            # set_property IOSTANDARD LVCMOS33 [get_ports {PhyTxd[0]}]
## Bank = 16, Pin name = IO_L12N_T1_MRCC_16,Sch name = ETH_TXD1
# set_property PACKAGE_PIN A8 [get_ports {PhyTxd[1]}]
            # set_property IOSTANDARD LVCMOS33 [get_ports {PhyTxd[1]}]
## Bank = 35, Pin name = IO_L11P_T1_SRCC_35,Sch name = ETH_REFCLK
# set_property PACKAGE_PIN D5 [get_ports PhyClk50Mhz]
            # set_property IOSTANDARD LVCMOS33 [get_ports PhyClk50Mhz]
## Bank = 16, Pin name = IO_L12P_T1_MRCC_16,Sch name = ETH_INTN
# set_property PACKAGE_PIN B8 [get_ports PhyIntn]
            # set_property IOSTANDARD LVCMOS33 [get_ports PhyIntn]
## Quad SPI Flash
## Bank = CONFIG, Pin name = CCLK_0,Sch name = QSPI_SCK
# set_property PACKAGE_PIN E9 [get_ports {QspiSCK}]
            # set_property IOSTANDARD LVCMOS33 [get_ports {QspiSCK}]
## Bank = CONFIG, Pin name = IO_L1P_T0_D00_MOSI_14,Sch name = QSPI_DQ0
# set_property PACKAGE_PIN K17 [get_ports {QspiDB[0]}]
            # set_property IOSTANDARD LVCMOS33 [get_ports {QspiDB[0]}]
## Bank = CONFIG, Pin name = IO_L1N_T0_D01_DIN_14,Sch name = QSPI_DQ1
# set_property PACKAGE_PIN K18 [get_ports {QspiDB[1]}]
            # set_property IOSTANDARD LVCMOS33 [get_ports {QspiDB[1]}]
## Bank = CONFIG, Pin name = IO_L20_T0_D02_14,Sch name = QSPI_DQ2
# set_property PACKAGE_PIN L14 [get_ports {QspiDB[2]}]
            # set_property IOSTANDARD LVCMOS33 [get_ports {QspiDB[2]}]
## Bank = CONFIG, Pin name = IO_L2P_T0_D03_14,Sch name = QSPI_DQ3
# set_property PACKAGE_PIN M14 [get_ports {QspiDB[3]}]
            # set_property IOSTANDARD LVCMOS33 [get_ports {QspiDB[3]}]
## Bank = CONFIG, Pin name = IO_L15N_T2_DQS_DOUT_CSO_B_14,Sch name = QSPI_CSN
# set_property PACKAGE_PIN L13 [get_ports QspiCSn]
            # set_property IOSTANDARD LVCMOS33 [get_ports QspiCSn]
## Cellular RAM
## Bank = 14, Pin name = IO_L14N_T2_SRCC_14,Sch name = CRAM_CLK
# set_property PACKAGE_PIN T15 [get_ports RamCLK]
            # set_property IOSTANDARD LVCMOS33 [get_ports RamCLK]
## Bank = 14, Pin name = IO_L23P_T3_A03_D19_14,Sch name = CRAM_ADVN
# set_property PACKAGE_PIN T13 [get_ports RamADVn]
            # set_property IOSTANDARD LVCMOS33 [get_ports RamADVn]
## Bank = 14, Pin name = IO_L4P_T0_D04_14,Sch name = CRAM_CEN
# set_property PACKAGE_PIN L18 [get_ports RamCEn]
            # set_property IOSTANDARD LVCMOS33 [get_ports RamCEn]
## Bank = 15, Pin name = IO_L19P_T3_A22_15,Sch name = CRAM_CRE
# set_property PACKAGE_PIN J14 [get_ports RamCRE]
            # set_property IOSTANDARD LVCMOS33 [get_ports RamCRE]
## Bank = 15, Pin name = IO_L15P_T2_DQS_15,Sch name = CRAM_OEN
# set_property PACKAGE_PIN H14 [get_ports RamOEn]
            # set_property IOSTANDARD LVCMOS33 [get_ports RamOEn]
## Bank = 14, Pin name = IO_0_14,Sch name = CRAM_WEN
# set_property PACKAGE_PIN R11 [get_ports RamWEn]
            # set_property IOSTANDARD LVCMOS33 [get_ports RamWEn]
## Bank = 15, Pin name = IO_L24N_T3_RS0_15,Sch name = CRAM_LBN
```

图 D-1 （续）

```
# set_property PACKAGE_PIN J15 [get_ports RamLBn]
         # set_property IOSTANDARD LVCMOS33 [get_ports RamLBn]
## Bank = 15, Pin name = IO_L17N_T2_A25_15, Sch name = CRAM_UBN
# set_property PACKAGE_PIN J13 [get_ports RamUBn]
         # set_property IOSTANDARD LVCMOS33 [get_ports RamUBn]
## Bank = 14, Pin name = IO_L14P_T2_SRCC_14, Sch name = CRAM_WAIT
# set_property PACKAGE_PIN T14 [get_ports RamWait]
         # set_property IOSTANDARD LVCMOS33 [get_ports RamWait]
## Bank = 14, Pin name = IO_L5P_T0_DQ06_14, Sch name = CRAM_DQ0
# set_property PACKAGE_PIN R12 [get_ports {MemDB[0]}]
         # set_property IOSTANDARD LVCMOS33 [get_ports {MemDB[0]}]
## Bank = 14, Pin name = IO_L19P_T3_A10_D26_14, Sch name = CRAM_DQ1
# set_property PACKAGE_PIN T11 [get_ports {MemDB[1]}]
         # set_property IOSTANDARD LVCMOS33 [get_ports {MemDB[1]}]
## Bank = 14, Pin name = IO_L20P_T3_A08)D24_14, Sch name = CRAM_DQ2
# set_property PACKAGE_PIN U12 [get_ports {MemDB[2]}]
         # set_property IOSTANDARD LVCMOS33 [get_ports {MemDB[2]}]
## Bank = 14, Pin name = IO_L5N_T0_D07_14, Sch name = CRAM_DQ3
# set_property PACKAGE_PIN R13 [get_ports {MemDB[3]}]
         # set_property IOSTANDARD LVCMOS33 [get_ports {MemDB[3]}]
## Bank = 14, Pin name = IO_L17N_T2_A13_D29_14, Sch name = CRAM_DQ4
# set_property PACKAGE_PIN U18 [get_ports {MemDB[4]}]
         # set_property IOSTANDARD LVCMOS33 [get_ports {MemDB[4]}]
## Bank = 14, Pin name = IO_L12N_T1_MRCC_14, Sch name = CRAM_DQ5
# set_property PACKAGE_PIN R17 [get_ports {MemDB[5]}]
         # set_property IOSTANDARD LVCMOS33 [get_ports {MemDB[5]}]
## Bank = 14, Pin name = IO_L7N_T1_D10_14, Sch name = CRAM_DQ6
# set_property PACKAGE_PIN T18 [get_ports {MemDB[6]}]
         # set_property IOSTANDARD LVCMOS33 [get_ports {MemDB[6]}]
## Bank = 14, Pin name = IO_L7P_T1_D09_14, Sch name = CRAM_DQ7
# set_property PACKAGE_PIN R18 [get_ports {MemDB[7]}]
         # set_property IOSTANDARD LVCMOS33 [get_ports {MemDB[7]}]
## Bank = 15, Pin name = IO_L22N_T3_A16_15, Sch name = CRAM_DQ8
# set_property PACKAGE_PIN F18 [get_ports {MemDB[8]}]
         # set_property IOSTANDARD LVCMOS33 [get_ports {MemDB[8]}]
## Bank = 15, Pin name = IO_L22P_T3_A17_15, Sch name = CRAM_DQ9
# set_property PACKAGE_PIN G18 [get_ports {MemDB[9]}]
         # set_property IOSTANDARD LVCMOS33 [get_ports {MemDB[9]}]
## Bank = 15, Pin name = IO_IO_L18N_T2_A23_15, Sch name = CRAM_DQ10
# set_property PACKAGE_PIN G17 [get_ports {MemDB[10]}]
         # set_property IOSTANDARD LVCMOS33 [get_ports {MemDB[10]}]
## Bank = 14, Pin name — IO_L4N_T0_D05_14, Sch name = CRAM_DQ11
# set_property PACKAGE_PIN M18 [get_ports {MemDB[11]}]
         # set_property IOSTANDARD LVCMOS33 [get_ports {MemDB[11]}]
## Bank = 14, Pin name = IO_L10N_T1_D15_14, Sch name = CRAM_DQ12
# set_property PACKAGE_PIN M17 [get_ports {MemDB[12]}]
         # set_property IOSTANDARD LVCMOS33 [get_ports {MemDB[12]}]
## Bank = 14, Pin name = IO_L9N_T1_DQS_D13_14, Sch name = CRAM_DQ13
# set_property PACKAGE_PIN P18 [get_ports {MemDB[13]}]
         # set_property IOSTANDARD LVCMOS33 [get_ports {MemDB[13]}]
## Bank = 14, Pin name = IO_L9P_T1_DQS_14, Sch name = CRAM_DQ14
# set_property PACKAGE_PIN N17 [get_ports {MemDB[14]}]
         # set_property IOSTANDARD LVCMOS33 [get_ports {MemDB[14]}]
## Bank = 14, Pin name = IO_L12P_T1_MRCC_14, Sch name = CRAM_DQ15
# set_property PACKAGE_PIN P17 [get_ports {MemDB[15]}]
```

图 D-1　(续)

```
            # set_property IOSTANDARD LVCMOS33 [get_ports {MemDB[15]}]
## Bank = 15, Pin name = IO_L23N_T3_FWE_B_15,Sch name = CRAM_A0
# set_property PACKAGE_PIN J18 [get_ports {MemAdr[0]}]
            # set_property IOSTANDARD LVCMOS33 [get_ports {MemAdr[0]}]
## Bank = 15, Pin name = IO_L18P_T2_A24_15,Sch name = CRAM_A1
# set_property PACKAGE_PIN H17 [get_ports {MemAdr[1]}]
            # set_property IOSTANDARD LVCMOS33 [get_ports {MemAdr[1]}]
## Bank = 15, Pin name = IO_L19N_T3_A21_VREF_15,Sch name = CRAM_A2
# set_property PACKAGE_PIN H15 [get_ports {MemAdr[2]}]
            # set_property IOSTANDARD LVCMOS33 [get_ports {MemAdr[2]}]
## Bank = 15, Pin name = IO_L23P_T3_FOE_B_15,Sch name = CRAM_A3
# set_property PACKAGE_PIN J17 [get_ports {MemAdr[3]}]
            # set_property IOSTANDARD LVCMOS33 [get_ports {MemAdr[3]}]
## Bank = 15, Pin name = IO_L13P_T2_MRCC_15,Sch name = CRAM_A4
# set_property PACKAGE_PIN H16 [get_ports {MemAdr[4]}]
            # set_property IOSTANDARD LVCMOS33 [get_ports {MemAdr[4]}]
## Bank = 15, Pin name = IO_L24P_T3_RS1_15,Sch name = CRAM_A5
# set_property PACKAGE_PIN K15 [get_ports {MemAdr[5]}]
            # set_property IOSTANDARD LVCMOS33 [get_ports {MemAdr[5]}]
## Bank = 15, Pin name = IO_L17P_T2_A26_15,Sch name = CRAM_A6
# set_property PACKAGE_PIN K13 [get_ports {MemAdr[6]}]
            # set_property IOSTANDARD LVCMOS33 [get_ports {MemAdr[6]}]
## Bank = 14, Pin name = IO_L11P_T1_SRCC_14,Sch name = CRAM_A7
# set_property PACKAGE_PIN N15 [get_ports {MemAdr[7]}]
            # set_property IOSTANDARD LVCMOS33 [get_ports {MemAdr[7]}]
## Bank = 14, Pin name = IO_L16N_T2_SRCC-14,Sch name = CRAM_A8
# set_property PACKAGE_PIN V16 [get_ports {MemAdr[8]}]
            # set_property IOSTANDARD LVCMOS33 [get_ports {MemAdr[8]}]
## Bank = 14, Pin name = IO_L22P_T3_A05_D21_14,Sch name = CRAM_A9
# set_property PACKAGE_PIN U14 [get_ports {MemAdr[9]}]
            # set_property IOSTANDARD LVCMOS33 [get_ports {MemAdr[9]}]
## Bank = 14, Pin name = IO_L22N_T3_A04_D20_14,Sch name = CRAM_A10
# set_property PACKAGE_PIN V14 [get_ports {MemAdr[10]}]
            # set_property IOSTANDARD LVCMOS33 [get_ports {MemAdr[10]}]
## Bank = 14, Pin name = IO_L20N_T3_A07_D23_14,Sch name = CRAM_A11
# set_property PACKAGE_PIN V12 [get_ports {MemAdr[11]}]
            # set_property IOSTANDARD LVCMOS33 [get_ports {MemAdr[11]}]
## Bank = 14, Pin name = IO_L8N_T1_D12_14,Sch name = CRAM_A12
# set_property PACKAGE_PIN P14 [get_ports {MemAdr[12]}]
            # set_property IOSTANDARD LVCMOS33 [get_ports {MemAdr[12]}]
## Bank = 14, Pin name = IO_L18P_T2_A12_D28_14,Sch name = CRAM_A13
# set_property PACKAGE_PIN U16 [get_ports {MemAdr[13]}]
            # set_property IOSTANDARD LVCMOS33 [get_ports {MemAdr[13]}]
## Bank = 14, Pin name = IO_L13N_T2_MRCC_14,Sch name = CRAM_A14
# set_property PACKAGE_PIN R15 [get_ports {MemAdr[14]}]
            # set_property IOSTANDARD LVCMOS33 [get_ports {MemAdr[14]}]
## Bank = 14, Pin name = IO_L8P_T1_D11_14,Sch name = CRAM_A15
# set_property PACKAGE_PIN N14 [get_ports {MemAdr[15]}]
            # set_property IOSTANDARD LVCMOS33 [get_ports {MemAdr[15]}]
## Bank = 14, Pin name = IO_L11N_T1_SRCC_14,Sch name = CRAM_A16
# set_property PACKAGE_PIN N16 [get_ports {MemAdr[16]}]
            # set_property IOSTANDARD LVCMOS33 [get_ports {MemAdr[16]}]
## Bank = 14, Pin name = IO_L6N_T0_D08_VREF_14,Sch name = CRAM_A17
# set_property PACKAGE_PIN M13 [get_ports {MemAdr[17]}]
            # set_property IOSTANDARD LVCMOS33 [get_ports {MemAdr[17]}]
```

图 D-1　（续）

```
## Bank = 14, Pin name = IO_L18N_T2_A11_D27_14, Sch name = CRAM_A18
# set_property PACKAGE_PIN V17 [get_ports {MemAdr[18]}]
        # set_property IOSTANDARD LVCMOS33 [get_ports {MemAdr[18]}]
## Bank = 14, Pin name = IO_L17P_T2_A14_D30_14, Sch name = CRAM_A19
# set_property PACKAGE_PIN U17 [get_ports {MemAdr[19]}]
        # set_property IOSTANDARD LVCMOS33 [get_ports {MemAdr[19]}]
## Bank = 14, Pin name = IO_L24N_T3_A00_D16_14, Sch name = CRAM_A20
# set_property PACKAGE_PIN T10 [get_ports {MemAdr[20]}]
        # set_property IOSTANDARD LVCMOS33 [get_ports {MemAdr[20]}]
## Bank = 14, Pin name = IO_L10P_T1_D14_14, Sch name = CRAM_A21
# set_property PACKAGE_PIN M16 [get_ports {MemAdr[21]}]
        # set_property IOSTANDARD LVCMOS33 [get_ports {MemAdr[21]}]
## Bank = 14, Pin name = IO_L23N_T3_A02_D18_14, Sch name = CRAM_A22
# set_property PACKAGE_PIN U13 [get_ports {MemAdr[22]}]
        # set_property IOSTANDARD LVCMOS33 [get_ports {MemAdr[22]}
```

图 D-1　（续）

Nexys4 和 Nexys4 DDR

实验板描述文件安装

Vivado 集成开发环境下,基于开发板描述文件设计工程可以简化引脚约束以及部分模块定义过程。安装 Vivado 时自动安装了 Xilinx 公司提供的开发板描述文件,但没有安装本书采用的 Digilent 公司开发板描述文件。因此若基于 Digilent 公司开发板设计工程,需要将 Digilent 公司开发板描述文件在 Vivado 安装之后再加入到 Vivado 开发环境下。下面阐述具体过程:

(1) 下载 Digilent 公司提供的开发板文件,下载路径为 https://github. com/Digilent/vivado-boards/archive/master. zip。

(2) 将 Digilent 公司开发板压缩包文件 vivado-boards-master. zip 解压到某个目录下,得到如图 E-1 所示目录结构。分为 new 和 old 两个一级子目录,其中 new 针对 Vivado 2015 以后版本开发工具,old 针对 2015 以前版本 Vivado 开发工具。

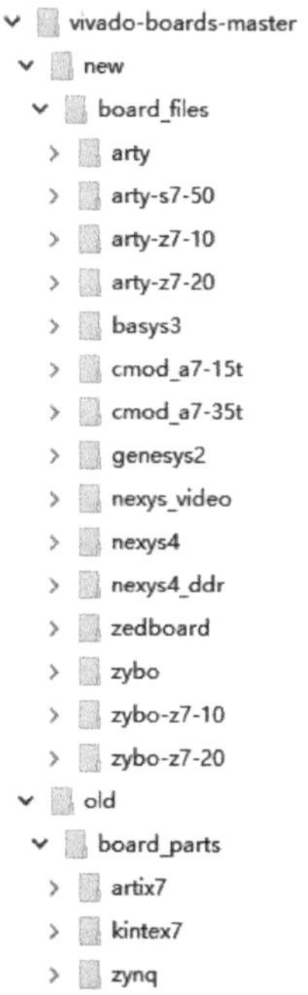

(3) 将图 E-1 中 new→board_files 目录下所需开发板对应目录,如本书使用两个开发板——nexys4 以及 nexys4_ddr 目录,复制到 Vivado 安装目录…\data\boards\board_files 下,如 C:\Xilinx\Vivado\2016.4\data\boards\board_files 下(具体路径需与 Vivado 的安装路径一致)。复制完成之后目录结构如图 E-2 所示。

图 E-1　压缩包文件 vivado-boards-master. zip 解压后的目录结构

图 E-2　实验板描述文件添加后目录结构

（4）重新启动 Vivado，新建工程选择开发板时可以看到如图 E-3 所示新增加了 Nexys4 和 Nexys4 DDR 实验板。同样方法也可以添加其他实验板描述文件。

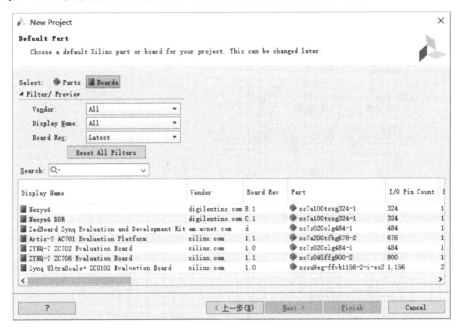

图 E-3　Vivado 显示的可供选择的实验板

图 E-4 和图 E-5 分别为 Nexys4 和 Nexys4 DDR 实验板可供选择连接到设计工程中的外设。直接选择外设模块连接到设计工程中时，不需要再对这些模块添加引脚约束定义。

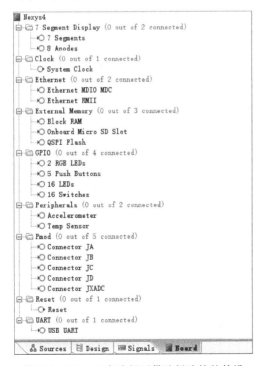

图 E-4　Nexys4 实验板可供选择连接的外设

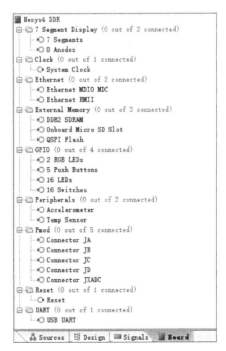

图 E-5　Nexys4 DDR 实验板可供选择连接的外设

附录 F　Nexys4 DDR 实验板外设接口电路原理图

相关电路如图 F-1～图 F-8 所示。

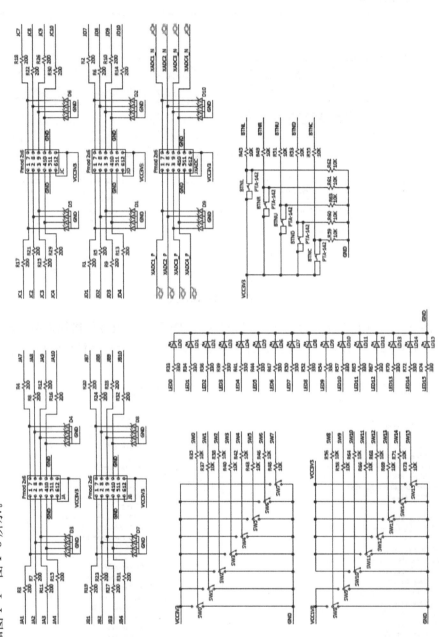

图 F-1　Nexys4 DDR 实验板 PMOD 以及 SW、LED、BTN 接口电路

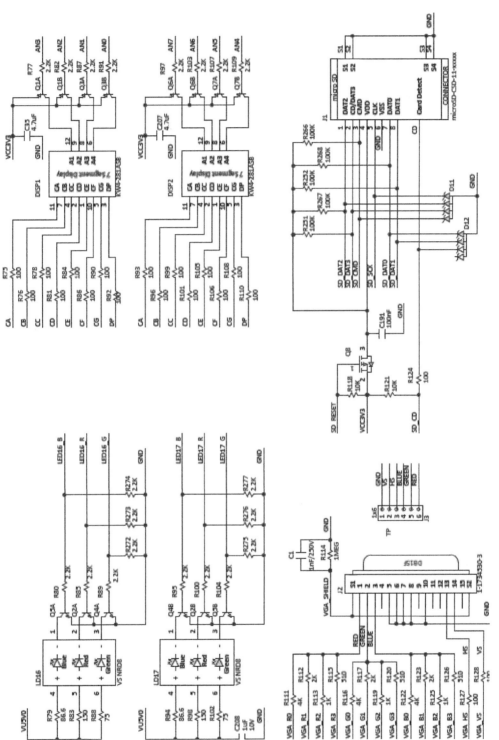

图 F-2　Nexys4 DDR 实验板三色 LED、7SEG、VGA、MicroSD 卡槽接口电路

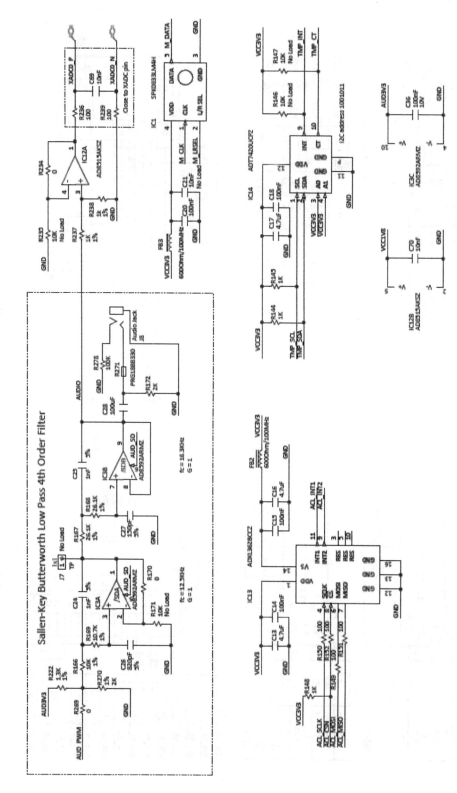

图 F-3　Nexys4 DDR 实验板语音输入输出、加速度传感器、温度传感器、XADC0 接口电路

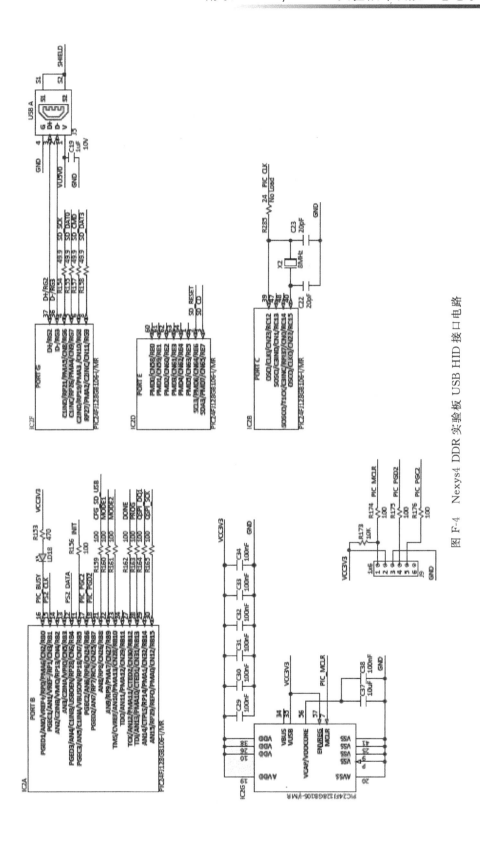

图 F-4 Nexys4 DDR 实验板 USB HID 接口电路

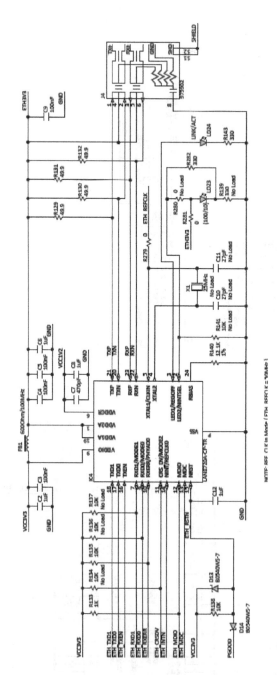

图 F-5　Nexys4 DDR 实验板以太网接口电路

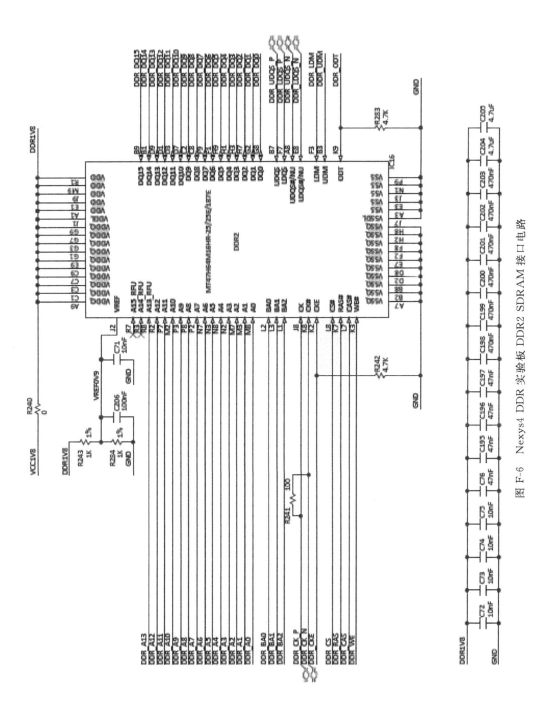

图 F-6　Nexys4 DDR 实验板 DDR2 SDRAM 接口电路

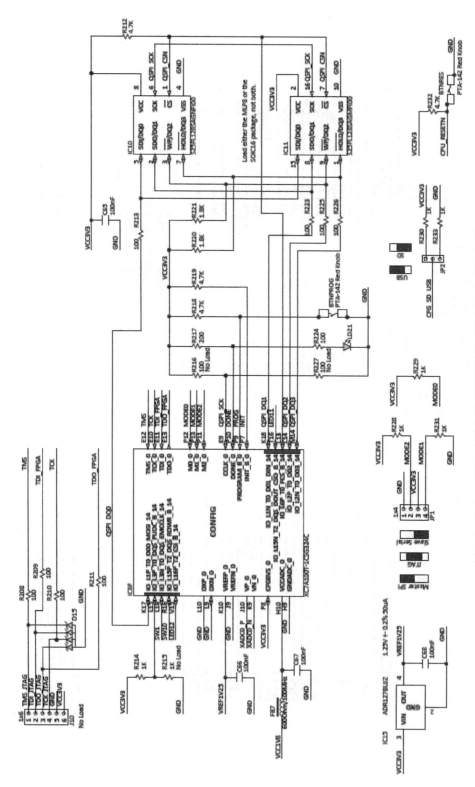

图 F-7　Nexys4 DDR 实验板编程配置以及 QSPI Flash 接口电路

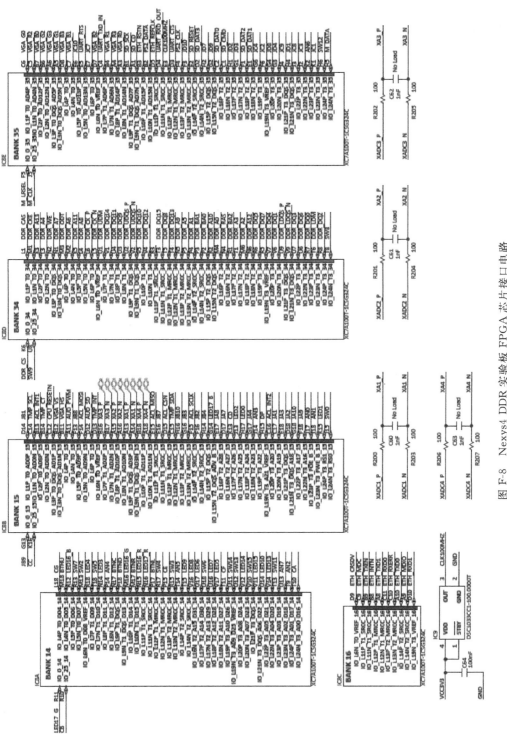

图 F-8 Nexys4 DDR 实验板 FPGA 芯片接口电路

Nexys4 实验板外设

接口电路原理图

Nexys4 实验板绝大部分外设接口电路设计与 Nexys4 DDR 一致,这里不再一一列出,仅列出不同接口电路部分——Cellular RAM 接口电路和 FPGA 接口电路,如图 G-1 和图 G-2 所示。其余外设电路完全相同,仅与 FPGA 引脚连接可能不同。

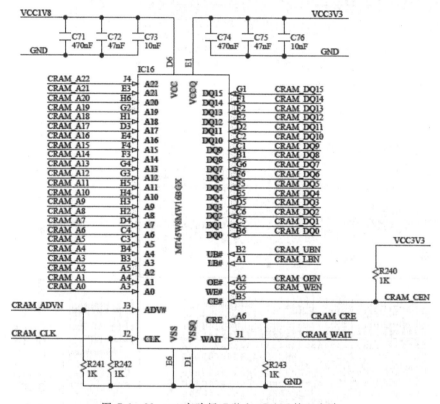

图 G-1　Nexys4 实验板 Cellular RAM 接口电路

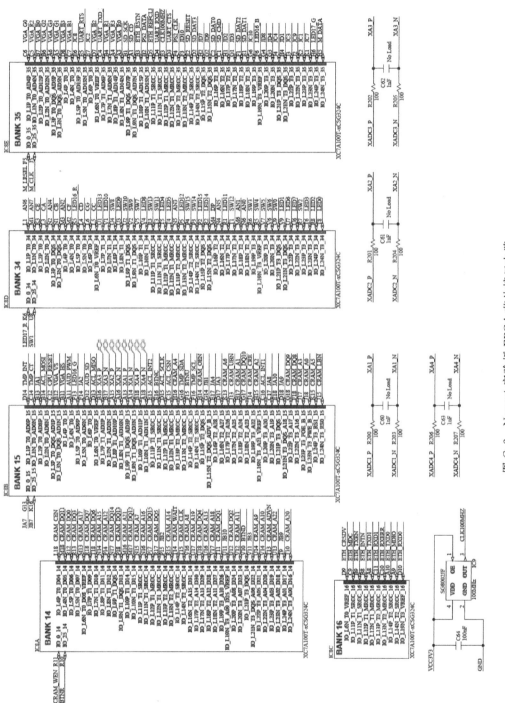

图 G-2　Nexys4 实验板 FPGA 芯片接口电路

以太网接口 Echo Server 工程示例

为方便基于 Nexys4 DDR 实验板设计具有以太网网络连接的相关工程,这里简要阐述 Digilent 公司提供的 TCP/IP 回传网络服务器 Echo Server 工程示例及实现过程。该示例基于 LwIP 轻量级 TCP/IP 协议栈,LwIP TCP/IP 协议栈在 SDK 工具中已作为第三方库提供。因此在 Vivado 中搭建好以太网通信硬件平台,并在 SDK BSP 中添加 LwIP 协议栈之后,就可以开发网络应用。

LwIP 有无操作系统支持都可以运行。它在保持 TCP 协议主要功能基础上减少了对 RAM 的占用,仅需十几 kB RAM 和 40kB 左右 ROM 就可以运行,这使 LwIP 协议栈适合在低端嵌入式系统中使用。LwIP 提供三种 API:RAW API、LwIP API 和 BSD API。关于 LwIP 协议栈的使用以及源码分析,有专门书籍介绍,本书不再详述。有兴趣的读者可以参考相关书籍,并阅读 SDK 中提供的 LwIP 协议栈源码。Echo Server 利用该协议栈实现了基于 TCP 连接的数据接收以及回传,下面阐述实现过程。

H.1 搭建具有以太网的嵌入式系统硬件平台

(1) 新建工程,选择 Nexys4 DDR 实验板,如图 H-1 所示。

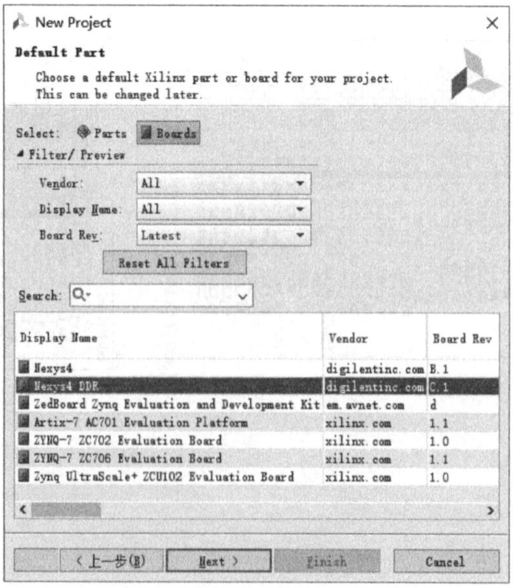

图 H-1   新建工程并选择基于 Nexys4 DDR 实验板

（2）在Vivado工作流窗口中单击Create Block Design，然后添加MicroBlaze微处理器到设计框图中，单击设计助手中的Run Block Automation，MicroBlaze微处理器设置如图H-2所示。单击OK按钮，完成CPU周边模块自动配置及连线。

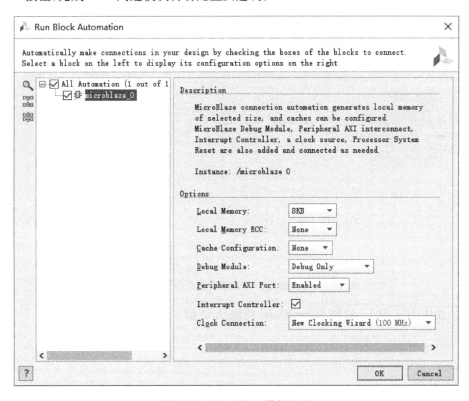

图 H-2　MicroBlaze模块配置

（3）如图H-3和图H-4所示，修改时钟模块时钟输出（三个时钟输出，分别为100MHz、200MHz、50MHz）和复位引脚电平（低电平有效）。

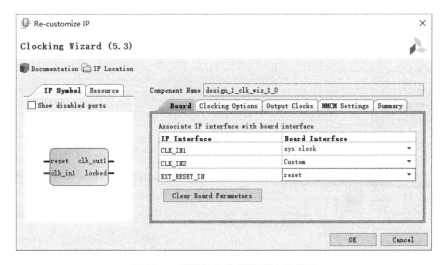

图 H-3　时钟模块外部引脚连接关系

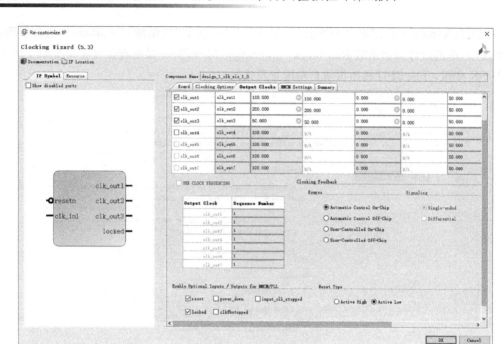

图 H-4 时钟输出信号频率和复位信号电平设置

（4）如图 H-5 所示，配置 MicroBlaze，使能 AXI 指令总线接口。

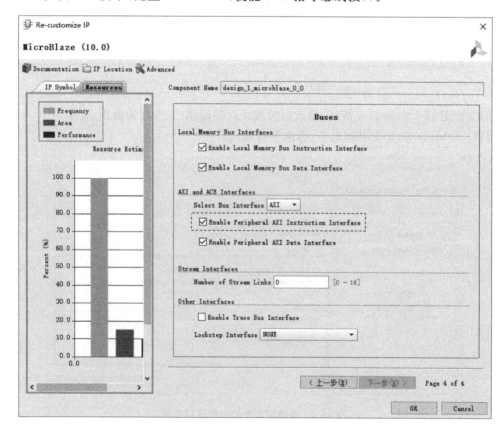

图 H-5 MicroBlaze 指令 AXI 总线使能

（5）在 Vivado 工程源文件窗口开发板页，选中 DDR2 SDRAM，如图 H-6 所示，选择连接开发板资源，并在如图 H-7 所示弹出窗口中单击 OK 按钮。

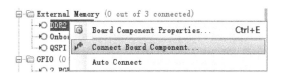

图 H-6 DDR2 SDRAM 连接开发板

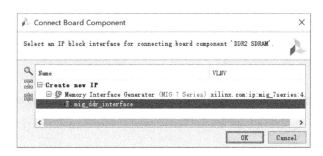

图 H-7 DDR2 SDRAM MIG IP 核接口选择

（6）在工程源文件窗口中开发板页，选中 Ethernet RMII，如图 H-8 所示，选择连接开发板资源，并在如图 H-9 所示弹出窗口中单击 OK 按钮。

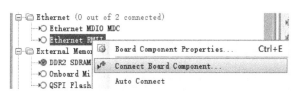

图 H-8 Ethernet RMII 连接开发板

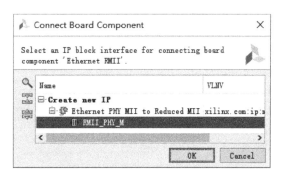

图 H-9 Ethernet RMII IP 核接口选择

（7）单击添加 IP 核快捷键，如图 H-10 所示，添加 EthernetLite IP 核，并如图 H-11 所示将 EthernetLite IP 核的 MII 接口连接到 MII_to_RMII IP 核的 MII 接口，如图 H-12 所示配置 EthernetLite IP 核 MDIO 接口连接到开发板 Ethernet MDIO MDC。

（8）在工程源文件窗口开发板页，选中 USB UART，如图 H-13 所示，选择连接开发板资源，并在如图 H-14 所示弹出窗口中单击 OK 按钮。

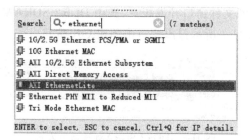

图 H-10　添加 EthernetLite IP 核

图 H-11　EthernetLite IP 核的 MII 接口连接到 MII_to_RMII IP 核的 MII 接口

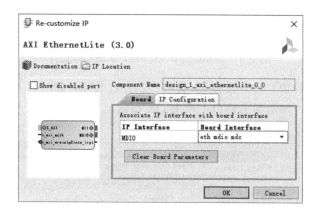

图 H-12　EthernetLite IP 核的 MDIO 接口连接到开发板资源 Ethernet MDIO MDC

图 H-13　USB UART 连接开发板

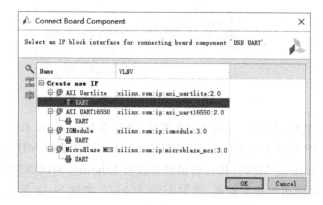

图 H-14　USB UART IP 核接口选择

（9）单击设计助手中的自动连线，在如图 H-15 所示弹出窗口中勾选所有可以自动连接的接口。完成自动连线结果如图 H-16 所示。

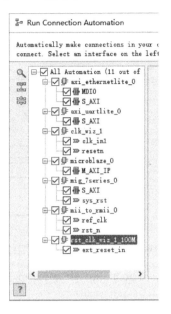

图 H-15　勾选需要自动连接的接口

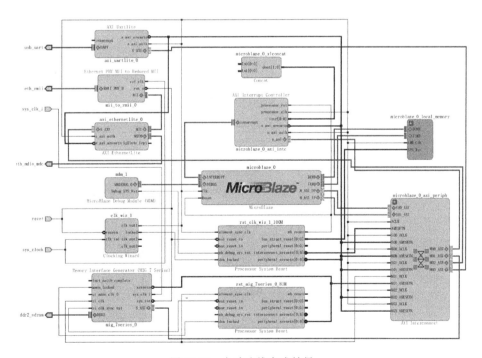

图 H-16　自动连线完成结果

（10）删除图 H-16 中 sys_clk_i 输入引脚，将时钟模块的 clk_out2 连接到 MIG 模块的 sys_clk_i 引脚；删除图 H-16 中 MII to RMII 模块 ref_clk 引脚到 sys_clock 连线，将时钟模块 clk_out3 连接到 MII to RMII 模块 ref_clk 引脚。连接完成之后如图 H-17 所示。

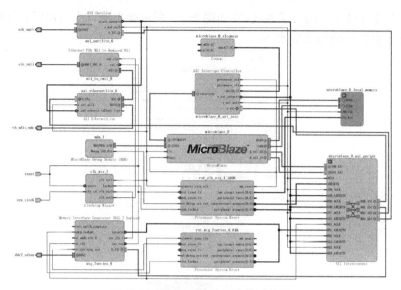

图 H-17　修改时钟信号连线后结果

（11）如图 H-18 所示，添加定时器 Timer IP 核，并单击设计助手完成自动连线，得到如图 H-19 所示电路原理框图。

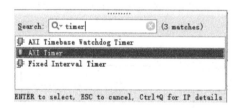

图 H-18　添加定时器 Timer IP 核

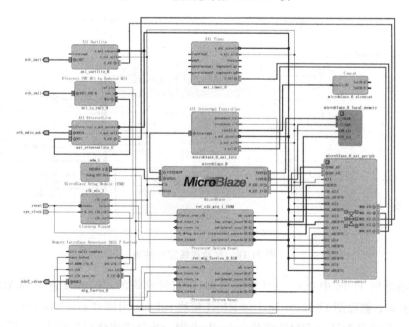

图 H-19　添加定时器之后的电路原理框图

（12）如图 H-20 所示，连接定时器中断请求到 Concat 的 In0，EthernetLite 的中断请求到 Concat 的 In1。

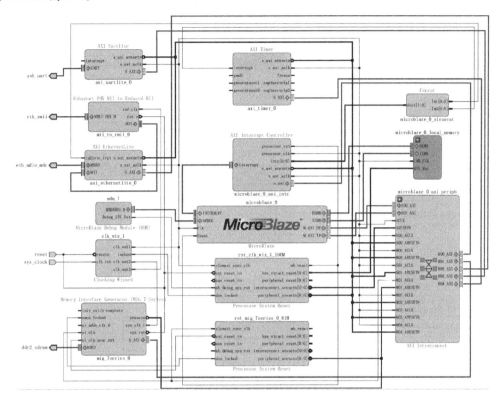

图 H-20　完成中断信号连接的电路原理框图

（13）添加一个时钟显示外部引脚。具体方法为在设计框图中按鼠标右键，在如图 H-21 所示弹出快捷菜单中选择 Create Port 命令。在如图 H-22 所示弹出窗口中输入引脚名称，配置信号传输方向为输出、信号类型为时钟信号，并如图 H-23 所示将该引脚连接到 MII to RMII IP 核的 ref_clk 引脚上。然后添加引脚约束文件，在约束文件中输入如图 H-24 所示时钟显示外部引脚约束代码。

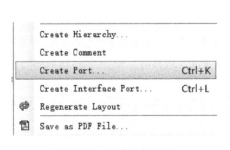

图 H-21　创建外部引脚

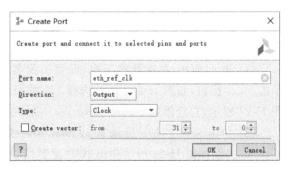

图 H-22　eth_ref_clk 引脚配置

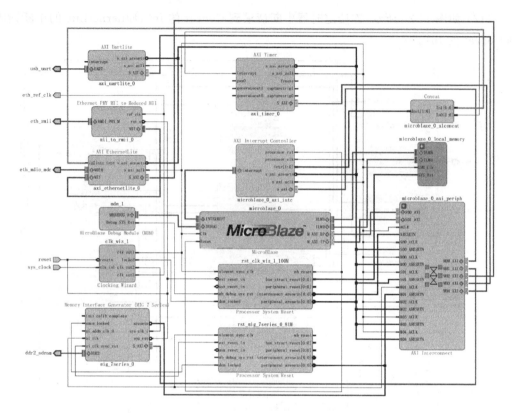

图 H-23　连接 eth_ref_clk 外部引脚之后的电路原理图

---

set_property -dict { PACKAGE_PIN D5　　　IOSTANDARD LVCMOS33 } [get_ports { eth_ref_clk }]; # Sch＝eth_ref_clk

---

图 H-24　eth_ref_clk 引脚的约束代码

（14）保存设计。生成 HDL Wrapper 之后，单击 Vivado 工作流中的 Generate Bitstream 等待生成硬件比特流之后，导出硬件设计到 SDK 中，并启动 SDK。

H.2　TCP/IP Server 例程

（1）进入 SDK 直接新建工程，设置工程名称，并如图 H-25 所示新建对应 BSP 工程。单击 Next 按钮，如图 H-26 所示，选择工程模板为 lwIP Echo Server。单击 Finish 按钮，如图 H-27 所示，自动添加 server 和 server_bsp 两个工程。

（2）单击 server_bsp 目录下 system.mss 文件中如图 H-28 所示的 Modify this BSP's Settings。在如图 H-29 所示弹出 BSP 配置窗口中，选择 Overview→standalone→lwip141。在右侧 LwIP 参数配置页，选择 temac_adapter_options→phy_link_speed。将 CONFIG_LINKSPEED_AUTODETECT 修改为 CONFIG_LINKSPEED100。需要注意：由于 SDK 2016.4 的 bug，用户实际选择 1000M（CONFIG_LINKSPEED1000）时，反映出来的选择结果才是 100M（CONFIG_LINKSPEED100）。

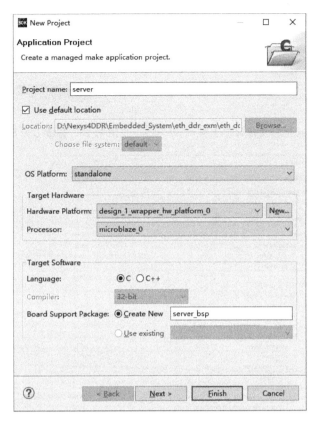

图 H-25 新建应用工程和 BSP 工程

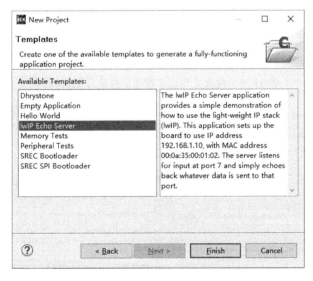

图 H-26 选择 Echo Server 模板

(3) 选中 server 工程，单击 Xilinx Tools→Generate linker script，在如图 H-30 所示弹出菜单中将所有段都选择存储到 mig_7series_0_memaddr。这样 Server 工程就可以成功编译并链接。

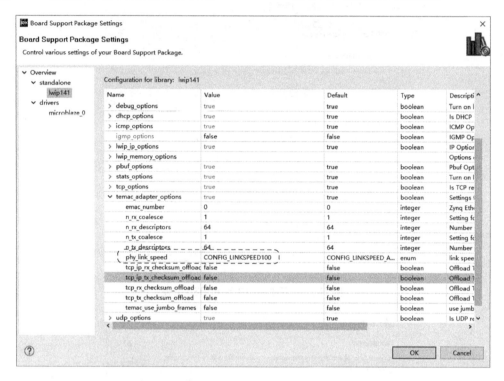

图 H-27 新建的 server 工程及其 BSP 工程　　　　图 H-28 修改 BSP 配置链接

图 H-29 修改 Ethernet 物理层网速为 100Mbps

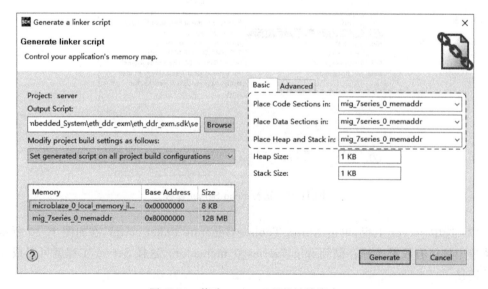

图 H-30 修改 server 工程的链接脚本

Nexys4 DDR 实验板 server 工程有效源程序如图 H-31 所示。

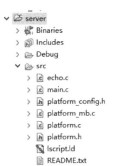

图 H-31 server 工程有效源程序

各 C 语言程序源代码分别如图 H-32~图 H-37 所示。

```
# include <stdio. h>
# include "xparameters. h"
# include "netif/xadapter. h"
# include "platform. h"
# include "platform_config. h"
# if defined (__arm__)||defined(__aarch64__)
# include "xil_printf. h"
# endif
# include "lwip/tcp. h"
# include "xil_cache. h"
# if LWIP_DHCP==1
# include "lwip/dhcp. h"
# endif
/ * 由每个 RAW 模式应用定义 * /
void print_app_header();
int start_application();
int transfer_data();
void tcp_fasttmr(void);
void tcp_slowtmr(void);
/ * lwIP 未声明 * /
void lwip_init();
# if LWIP_DHCP==1
extern volatile int dhcp_timoutcntr;
err_t dhcp_start(struct netif * netif);
# endif
extern volatile int TcpFastTmrFlag;
extern volatile int TcpSlowTmrFlag;
static struct netif server_netif;
struct netif * echo_netif;
void
print_ip(char * msg, struct ip_addr * ip)
{
    print(msg);
    xil_printf("%d. %d. %d. %d\n\r", ip4_addr1(ip), ip4_addr2(ip),
            ip4_addr3(ip), ip4_addr4(ip));
}
void
print_ip_settings(struct ip_addr * ip, struct ip_addr * mask, struct ip_addr * gw)
{
    print_ip("Board IP: ", ip);
    print_ip("Netmask : ", mask);
    print_ip("Gateway : ", gw);
```

图 H-32 main. c 源代码

```
}
# if defined (__arm__) && !defined (ARMR5)
# if XPAR_GIGE_PCS_PMA_SGMII_CORE_PRESENT == 1||XPAR_GIGE_PCS_PMA_1000BASEX_CORE_PRESENT == 1
int ProgramSi5324(void);
int ProgramSfpPhy(void);
# endif
# endif
# ifdef XPS_BOARD_ZCU102
# ifdef XPAR_XIICPS_0_DEVICE_ID
int IicPhyReset(void);
# endif
# endif
int main()
{
    struct ip_addr ipaddr, netmask, gw;
    /* 板的 MAC 地址,这应该是每个板唯一的 */
    unsigned char mac_ethernet_address[] =
    { 0x00, 0x0a, 0x35, 0x00, 0x01, 0x02 };
    echo_netif = &server_netif;
# if defined (__arm__) && !defined (ARMR5)
# if XPAR_GIGE_PCS_PMA_SGMII_CORE_PRESENT == 1||XPAR_GIGE_PCS_PMA_1000BASEX_CORE_PRESENT == 1
    ProgramSi5324();
    ProgramSfpPhy();
# endif
# endif
/* 为执行 ZCU102 PHY 复位的特定宏 */
# ifdef XPS_BOARD_ZCU102
    IicPhyReset();
# endif
    init_platform();
# if LWIP_DHCP==1
    ipaddr.addr = 0;
    gw.addr = 0;
    netmask.addr = 0;
# else
    /* 初始化被使用的 IP 地址 */
    IP4_ADDR(&ipaddr, 192, 168, 1, 10);
    IP4_ADDR(&netmask, 255, 255, 255, 0);
    IP4_ADDR(&gw, 192, 168, 1, 1);
# endif
    print_app_header();
    lwip_init();
    /* 添加 netif_list 的网络接口,并将它设为默认值 */
    if (!xemac_add(echo_netif, &ipaddr, &netmask,
                            &gw, mac_ethernet_address,
                            PLATFORM_EMAC_BASEADDR)) {
        xil_printf("Error adding N/W interface\n\r");
        return -1;
    }
    netif_set_default(echo_netif);
    /* 现在使能中断 */
    platform_enable_interrupts();
    /* 指定网络接口启动 */
    netif_set_up(echo_netif);
# if (LWIP_DHCP==1)
    /* 为这个接口创建一个新 DHCP 客户端
     * 注意:dhcp_fine_tmr()和 dhcp_coarse_tmr()
     * 在启动客户端后预定义的规则间隔必须调用
     */
    dhcp_start(echo_netif);
    dhcp_timoutcntr = 24;
    while(((echo_netif->ip_addr.addr) == 0) && (dhcp_timoutcntr > 0))
```

图 H-32 （续）

```
            xemacif_input(echo_netif);
    if (dhcp_timoutcntr <= 0) {
        if ((echo_netif->ip_addr.addr) == 0) {
            xil_printf("DHCP Timeout\r\n");
            xil_printf("Configuring default IP of 192.168.1.10\r\n");
            IP4_ADDR(&(echo_netif->ip_addr), 192, 168, 1, 10);
            IP4_ADDR(&(echo_netif->netmask), 255, 255, 255, 0);
            IP4_ADDR(&(echo_netif->gw), 192, 168, 1, 1);
        }
    }
    ipaddr.addr = echo_netif->ip_addr.addr;
    gw.addr = echo_netif->gw.addr;
    netmask.addr = echo_netif->netmask.addr;
#endif
    print_ip_settings(&ipaddr, &netmask, &gw);
    /* 启动应用(web server, rxtest, txtest 等) */
    start_application();
    /* 接收和处理数据包 */
    while (1) {
        if (TcpFastTmrFlag) {
            tcp_fasttmr();
            TcpFastTmrFlag = 0;
        }
        if (TcpSlowTmrFlag) {
            tcp_slowtmr();
            TcpSlowTmrFlag = 0;
        }
        xemacif_input(echo_netif);
        transfer_data();
    }
    /* 从没执行到此 */
    cleanup_platform();
    return 0;
}
```

图 H-32 （续）

```
#include <stdio.h>
#include <string.h>
#include "lwip/err.h"
#include "lwip/tcp.h"
#if defined (__arm__) || defined (__aarch64__)
#include "xil_printf.h"
#endif
int transfer_data() {
    return 0;
}
void print_app_header()
{
    xil_printf("\n\r\n\r----lwIP TCP echo server ------\r\n");
    xil_printf("TCP packets sent to port 6001 will be echoed back\n\r");
}
err_t recv_callback(void * arg, struct tcp_pcb * tpcb, struct pbuf * p, err_t err)
{
    /* 如果未处于连接建立状态,请不要读取数据包 */
    if (!p) {
        tcp_close(tpcb);
        tcp_recv(tpcb, NULL);
        return ERR_OK;
    }
    /* 指示已收到数据包 */
```

图 H-33 echo.c 源代码

```
        tcp_recved(tpcb, p->len);
        /*回送有效载荷*/
        /*在这种情况下,假定载荷是< TCP_SND_BUF */
        if (tcp_sndbuf(tpcb) > p->len) {
            err = tcp_write(tpcb, p->payload, p->len, 1);
        } else
            xil_printf("no space in tcp_sndbuf\n\r");
        /*释放接收 pbuf */
        pbuf_free(p);
        return ERR_OK;
}
err_t accept_callback(void * arg, struct tcp_pcb * newpcb, err_t err)
{
        static int connection = 1;
        /*设置此连接的接收回调函数*/
        tcp_recv(newpcb, recv_callback);
        /*只需使用一个整数表示连接 ID 作为回调参数*/
        tcp_arg(newpcb, (void *)(UINTPTR)connection);
        /*随后接受连接数增 1 */
        connection++;
        return ERR_OK;
}
int start_application()
{
        struct tcp_pcb * pcb;
        err_t err;
        unsigned port = 7;
        /*建立新 TCP PCB 结构*/
        pcb = tcp_new();
        if (!pcb) {
            xil_printf("Error creating PCB. Out of Memory\n\r");
            return -1;
        }
        /*绑定到指定的端口*/
        err = tcp_bind(pcb, IP_ADDR_ANY, port);
        if (err != ERR_OK) {
            xil_printf("Unable to bind to port %d; err = %d\n\r", port, err);
            return -2;
        }
        /*不需要任何参数给回调函数*/
        tcp_arg(pcb, NULL);
        /*监听连接*/
        pcb = tcp_listen(pcb);
        if (!pcb) {
            xil_printf("Out of memory while tcp_listen\n\r");
            return -3;
        }
        /*指定用于传入连接的回调函数*/
        tcp_accept(pcb, accept_callback);
        xil_printf("TCP echo server started @ port %d\n\r", port);
        return 0;
}
```

图 H-33　（续）

```
#ifdef __MICROBLAZE__
#include "platform.h"
#include "platform_config.h"
#include "mb_interface.h"
#include "xparameters.h"
#include "xintc.h"
```

图 H-34　platform_mb.c 源代码

```
# include "xtmrctr_l.h"
void
xadapter_timer_handler(void * p)
{
    timer_callback();
    /* 加载定时器,清除中断位 */
    XTmrCtr_SetControlStatusReg(PLATFORM_TIMER_BASEADDR, 0,
            XTC_CSR_INT_OCCURED_MASK
            | XTC_CSR_LOAD_MASK);
    XTmrCtr_SetControlStatusReg(PLATFORM_TIMER_BASEADDR, 0,
            XTC_CSR_ENABLE_TMR_MASK
            | XTC_CSR_ENABLE_INT_MASK
            | XTC_CSR_AUTO_RELOAD_MASK
            | XTC_CSR_DOWN_COUNT_MASK);
    XIntc_AckIntr(XPAR_INTC_0_BASEADDR, PLATFORM_TIMER_INTERRUPT_MASK);
}
# define MHZ (66)
# define TIMER_TLR (25000000 * ((float)MHZ/100))
void
platform_setup_timer()
{
    /* 中断前设置定时器计数的周期数 */
    /* 100MHz 时钟=>1 个时钟周期 0.01μs。100ms 需通过 10000000 个时钟周期 */
    XTmrCtr_SetLoadReg(PLATFORM_TIMER_BASEADDR, 0, TIMER_TLR);
    /* 重置定时器,清除中断 */
    XTmrCtr_SetControlStatusReg(PLATFORM_TIMER_BASEADDR, 0,
XTC_CSR_INT_OCCURED_MASK | XTC_CSR_LOAD_MASK);
    /* 启动定时器 */
    XTmrCtr_SetControlStatusReg(PLATFORM_TIMER_BASEADDR, 0,
            XTC_CSR_ENABLE_TMR_MASK | XTC_CSR_ENABLE_INT_MASK
            | XTC_CSR_AUTO_RELOAD_MASK | XTC_CSR_DOWN_COUNT_MASK);
    /* 注册定时器处理程序 */
    XIntc_RegisterHandler(XPAR_INTC_0_BASEADDR,
            PLATFORM_TIMER_INTERRUPT_INTR,
            (XInterruptHandler)xadapter_timer_handler,
            0);
}
void platform_enable_interrupts()
{
    microblaze_enable_interrupts();
}
# endif
```

图 H-34 （续）

```
# if __MICROBLAZE__||__PPC__
# include "arch/cc.h"
# include "platform.h"
# include "platform_config.h"
# include "xil_cache.h"
# include "xparameters.h"
# include "xintc.h"
# include "xil_exception.h"
# include "lwip/tcp.h"
# ifdef STDOUT_IS_16550
# include "xuartns550_l.h"
# endif
# include "lwip/tcp.h"
# if LWIP_DHCP==1
volatile int dhcp_timoutcntr = 24;
void dhcp_fine_tmr();
void dhcp_coarse_tmr();
```

图 H-35 platform.c 源代码

```
# endif
volatile int TcpFastTmrFlag = 0;
volatile int TcpSlowTmrFlag = 0;
void
timer_callback()
{
    /* 在 lwIP 指定的间隔调用 tcp_fasttmr 和 tcp_slowtmr
     * 时间是否绝对精确,这是不重要的
     */
    static int odd = 1;
# if LWIP_DHCP==1
    static int dhcp_timer = 0;
# endif
    TcpFastTmrFlag = 1;
    odd = !odd;
    if (odd) {
# if LWIP_DHCP==1
        dhcp_timer++;
        dhcp_timoutcntr--;
# endif
        TcpSlowTmrFlag = 1;
# if LWIP_DHCP==1
        dhcp_fine_tmr();
        if (dhcp_timer >= 120) {
            dhcp_coarse_tmr();
            dhcp_timer = 0;
        }
# endif
    }
}
static XIntc intc;
void platform_setup_interrupts()
{
    XIntc * intcp;
    intcp = &intc;
    XIntc_Initialize(intcp, XPAR_INTC_0_DEVICE_ID);
    XIntc_Start(intcp, XIN_REAL_MODE);
    /* 启动中断控制器 */
    XIntc_MasterEnable(XPAR_INTC_0_BASEADDR);
# ifdef __PPC__
    Xil_ExceptionInit();
    Xil_ExceptionRegisterHandler(XIL_EXCEPTION_ID_INT,
            (XExceptionHandler)XIntc_DeviceInterruptHandler,
            (void *) XPAR_INTC_0_DEVICE_ID);
# elif __MICROBLAZE__
    microblaze_register_handler((XInterruptHandler)XIntc_InterruptHandler, intcp);
# endif
    platform_setup_timer();
# ifdef XPAR_ETHERNET_MAC_IP2INTC_IRPT_MASK
    /* 在中断控制器上使能定时器和 EMAC 中断 */
    XIntc_EnableIntr(XPAR_INTC_0_BASEADDR,
# ifdef __MICROBLAZE__
            PLATFORM_TIMER_INTERRUPT_MASK |
# endif
            XPAR_ETHERNET_MAC_IP2INTC_IRPT_MASK);
# endif
# ifdef XPAR_INTC_0_LLTEMAC_0_VEC_ID
# ifdef __MICROBLAZE__
    XIntc_Enable(intcp, PLATFORM_TIMER_INTERRUPT_INTR);
# endif
    XIntc_Enable(intcp, XPAR_INTC_0_LLTEMAC_0_VEC_ID);
# endif
```

图 H-35 （续）

```
# ifdef XPAR_INTC_0_AXIETHERNET_0_VEC_ID
    XIntc_Enable(intcp, PLATFORM_TIMER_INTERRUPT_INTR);
    XIntc_Enable(intcp, XPAR_INTC_0_AXIETHERNET_0_VEC_ID);
# endif
# ifdef XPAR_INTC_0_EMACLITE_0_VEC_ID
# ifdef __MICROBLAZE__
    XIntc_Enable(intcp, PLATFORM_TIMER_INTERRUPT_INTR);
# endif
    XIntc_Enable(intcp, XPAR_INTC_0_EMACLITE_0_VEC_ID);
# endif
}
void enable_caches()
{
# ifdef __PPC__
    Xil_ICacheEnableRegion(CACHEABLE_REGION_MASK);
    Xil_DCacheEnableRegion(CACHEABLE_REGION_MASK);
# elif __MICROBLAZE__
# ifdef XPAR_MICROBLAZE_USE_ICACHE
    Xil_ICacheEnable();
# endif
# ifdef XPAR_MICROBLAZE_USE_DCACHE
    Xil_DCacheEnable();
# endif
# endif
}
void disable_caches()
{
    Xil_DCacheDisable();
    Xil_ICacheDisable();
}
void init_platform()
{
    enable_caches();
# ifdef STDOUT_IS_16550
    XUartNs550_SetBaud(STDOUT_BASEADDR, XPAR_XUARTNS550_CLOCK_HZ, 9600);
    XUartNs550_SetLineControlReg(STDOUT_BASEADDR, XUN_LCR_8_DATA_BITS);
# endif
    platform_setup_interrupts();
}
void cleanup_platform()
{
    disable_caches();
}
# endif
```

图 H-35　（续）

```
# ifndef __PLATFORM_H_
# define __PLATFORM_H_
void init_platform();
void cleanup_platform();
# ifdef __MICROBLAZE__
void timer_callback();
# endif
# ifdef __PPC__
void timer_callback();
# endif
void platform_setup_timer();
void platform_enable_interrupts();
# endif
```

图 H-36　platform.h 源代码

```
#ifndef _PLATFORM_CONFIG_H_
#define _PLATFORM_CONFIG_H_
#define PLATFORM_EMAC_BASEADDR XPAR_AXI_ETHERNETLITE_0_BASEADDR
#define PLATFORM_TIMER_BASEADDR XPAR_AXI_TIMER_0_BASEADDR
#define PLATFORM_TIMER_INTERRUPT_INTR
XPAR_MICROBLAZE_0_AXI_INTC_AXI_TIMER_0_INTERRUPT_INTR
#define PLATFORM_TIMER_INTERRUPT_MASK (1 <<
XPAR_MICROBLAZE_0_AXI_INTC_AXI_TIMER_0_INTERRUPT_INTR)
#endif
```

图 H-37　platform_config.h 源代码

H.3　实验现象

Echo Server 通过 DHCP Server 动态配置 Nexys4 DDR 实验板以太网接口 IP 地址，当网络中不存在 DHCP Server，则直接给 Nexys4 DDR 实验板以太网接口配置固定 IP 地址。固定 IP 地址配置为 192.168.1.10，子网掩码为 255.255.255.0，网关为 192.168.1.1。

测试环境若不采用 DHCP 服务器，可以如图 H-38 所示通过网线将 Nexys4 DDR 开发板以太网接口与计算机主机以太网接口对接，并且将主机以太网接口与 Nexys4 DDR 开发板以太网接口设置在同一网段。主机 WIN10 环境以太网接口具体设置步骤依次如图 H-39～图 H-44 所示。

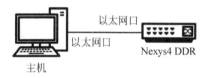

图 H-38　测试网络连接拓扑

图 H-39　在 WIN10 网络符号上右击弹出的快捷菜单中选择"打开'网络和 Internet'设置"命令

图 H-40　选择"以太网"→"更改适配器选项"

图 H-41 选择连接 Nexys4 DDR 开发板的以太网接口

图 H-42 在以太网接口上右击弹出的快捷菜单中选择"属性"命令

图 H-43 选择 TCP/IPv4 协议属性

图 H-44 配置 IP 静态地址与子网掩码

　　主机网络配置结束后，如图 H-45 所示，将硬件比特流和 bootloop 软件编程到 FPGA 上。如图 H-46 所示，设置 Server 工程运行时 SDK 中 Console 连接到实验板对应 USB COM 口，且串口速率为 9600。最后在 Nexys4 DDR 实验板上运行 Server 工程，等待一定时间之后，可以看到 SDK Console 上显示如图 H-47 所示提示信息。这表明开发板配置了静态 IP，IP 地址为 192.168.1.10，且 TCP echo server 在端口 7 上监听接收数据。

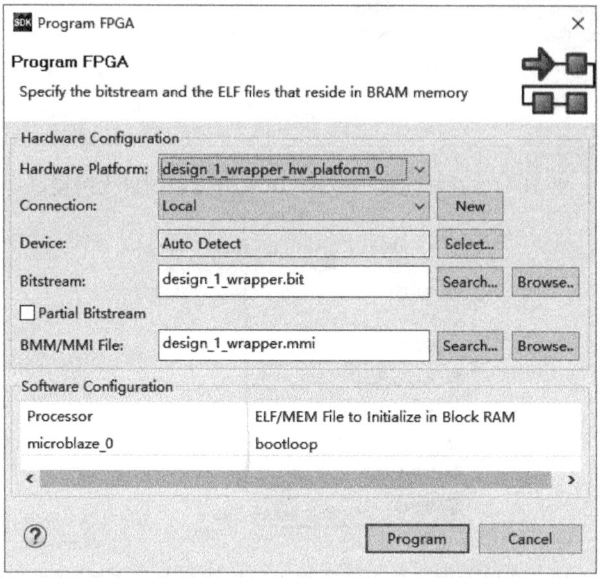

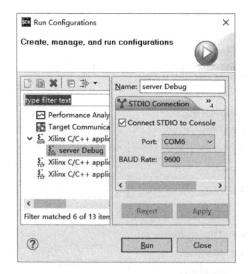

图 H-45　硬件比特流和 bootloop 软件编程到 FPGA

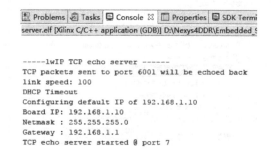

图 H-46　SDK 中设置 Console 连接
到实验板 USB COM

图 H-47　主机无 DHCP Server，SDK
内 Console 提示信息

　　之后在主机内启动 Tera Term，并如图 H-48 所示设置 Tera Term。Tera Term 与 Nexys4 DDR Echo Server 建立网络连接后，用户在 Tera Term 窗口输入任意字符串，若不按 Enter 键，Tera Term 窗口没有任何显示；一旦按 Enter 键，Nexys4 DDR 实验板 Echo

Server 直接回传接收到的字符到 Tera Term 窗口,如图 H-49 所示。

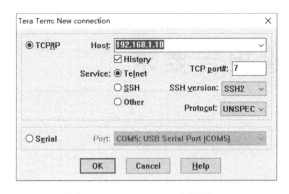

图 H-48　Tera Term 连接设置

图 H-49　Tera Term 字符回传效果

　　若采用 DHCP Server 同样可以完成测试,基本测试环境如图 H-50 所示。这要求主机也采用动态 IP 地址配置,直到 SDK Console 上显示出 Nexys4 DDR 实验板 IP 地址之后,再配置主机端 Tera Term 连接 IP 地址,之后实验现象与静态 IP 地址完全一致。读者可以自行完成测试。

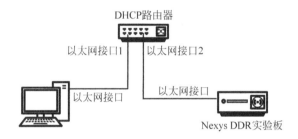

图 H-50　动态 IP 地址测试环境

　　若采用 Nexys4 实验板,同样可以实现 Echo Server 工程,工程设计过程中存在以下几个不同之处:①搭建硬件环境时,选择 Nexys4 实验板;②Nexys4 DDR 实验板的 DDR2 SDRAM 替换为 Nexys4 实验板的 Cellular RAM;③时钟模块不需要输出 200MHz 时钟信号;④根据 Nexys4 实验板修改 ref_clk 时钟显示外部引脚约束文件;⑤SDK Server 工程链接脚本将所有段选择存储到 Cellular RAM 对应存储器中。

实验报告要求

实验报告应包含以下几方面内容:

1. 实验任务

(1) 需求描述及分析。

(2) 应用背景描述。

2. 实验目的

(1) 通过本次实验要求掌握的相关知识点。

(2) 通过本次实验要求掌握的相关实验技能。

3. 实验环境

(1) 实验工具及其在本次实验中的作用描述。

(2) 实验器材及其在本次实验中的作用描述。

(3) 仪器设备及其在本次实验中的作用描述。

(4) 软件平台、软件工具及其在本次实验中的作用描述。

4. 设计方案

(1) 硬件框图、电路原理图。

(2) 软件数据结构、算法、流程图。

5. 实现过程

(1) 硬件平台搭建过程、步骤,各模块功能说明。

(2) 软件代码及关键语句注释说明、工程建立过程、步骤,各函数功能说明。

6. 实验结果

(1) 调试、测试方法、方案。

(2) 调试、测试过程、步骤。

(3) 实验现象记录、分析。

7. 实验总结

(1) 具体评价是否达到实验目标、是否完成实验任务。

(2) 对实验方案、实现过程、实验现象的讨论。

(3) 其他心得体会、建议以及改进方案。

实验报告范例—— MIPS 汇编程序设计

1. 实验任务

采用 MIPS 汇编语言程序实现如图 J-1 所示 C 语言函数。

```
int main()
{
int k, y ;
int z[50];
y = 56;
for(k=0;k<50;k++)
z[k] = y - 16 * (k/4 + 210);
}
```

图 J-1　C 语言数组赋值函数

要求：

(1) 采用移位指令实现乘除法运算。

(2) 完成汇编语言程序设计、调试、测试全过程。

(3) 指出用户程序存储映像，包括代码段和数据段。

2. 实验目的

(1) 掌握 MIPS 汇编指令。

(2) 熟悉 MIPS 汇编语言程序结构。

(3) 掌握 C 语言语句 MIPS 汇编语言指令实现方案，了解 C 语言编译原理。

(4) 掌握 MIPS 汇编语言程序数据段、指令段内存映像。

(5) 熟练掌握使用 MIPS 汇编语言模拟器调试汇编语言程序。

(6) 掌握利用 MIPS 汇编语言模拟器获取 MIPS 汇编语言源程序对应机器指令的方法。

3. 实验环境

(1) Windows 7 以上操作系统。

(2) 编辑工具：记事本。

(3) MIPS 模拟器：QtSpim。

4. 汇编程序设计思路

数据定义：C 语言函数中定义了整型变量 k、y、整型数组变量 z。整型变量 k、y 在汇编语言程序可直接采用寄存器表示，也可以定义在数据段。若定义在

```
k：. word 0      # k 整型、初始化为 0
y：. word 56     # y 整型、初始化为 56
```

图 J-2　整型数据定义

数据段，定义方式如图 J-2 所示。根据 C 语言函数，k 初始化为 0，y 初始化为 56。

若将整型变量 k、y 直接对应某个寄存器，则不需在数据段定义，而通过汇编语言指令初始化相应寄存器，如图 J-3 所示，将寄存器 \$ s0 对应变量 k，寄存器 \$ s1 对应变量 y。

整型数组变量 z 为定长数组，需定义在数据段。它具有 50 个元素，每个元素占据 4 个存储单元，共占 200 个存储单元且没有初始化，因此定义方式如图 J-4 所示。

```
add $ s0,$ 0,$ 0
addi $ s1,$ 0,56
```

图 J-3　寄存器对应整型变量并初始化

```
z:.space 200
```

图 J-4　整型数组定义

C 语言函数包含一个 for 循环，for 循环由以下运算构成：循环自变量数值增加，循环条件比较判断，条件跳转控制。

for 循环体通过数值运算式给数组赋值，包含两方面内容：①计算数组元素地址；②通过数值运算式计算数组元素值。数值运算式包含：除以 4 运算、加法运算、乘以 16 运算、减法运算。除以 4 运算通过右移 2 位实现，乘以 16 运算通过左移 4 位实现。数值运算需注意运算先后顺序。数组元素赋值需计算出数组元素地址：数组基地址加偏移地址。而偏移地址需根据数组元素类型（字类型）由数组索引乘以每个元素包含的字节数计算而来。若 k、y 定义在数据段需先存入寄存器才能参与运算，若约定在寄存器中则直接运算。由此可知，MIPS 汇编语言程序流程如图 J-5 所示。

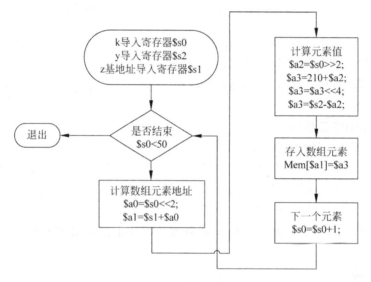

图 J-5　MIPS 汇编语言程序流程

5. 源代码及注释

实现 C 语言函数功能的 MIPS 汇编语言源程序如下：

```
################## 数据段 ######################
.data
k: .word 0          #k 为辅助循环判断变量
y: .word 56         #y 为辅助运算变量
z: .space 200       #z 为 int[50]数组起始地址
################## 代码段 ####################
.text
main:
la $ t0,k          #获取变量 k 的存储地址存入 $ t0
la $ t1,y          #获取变量 y 的存储地址存入 $ t1
la $ s1,z          #获取数组 z 的首地址存入 $ s1
```

```
lw $ s0,0( $ t0)                ＃获取变量 k 的值存入 $ s0
lw $ s2,0( $ t1)                ＃获取变量 y 的值存入 $ s2
next:
slti $ t2, $ s0,50              ＃判断 k 是否小于 50
beq $ t2, $ 0,exit              ＃不小于退出
sll $ a0, $ s0,2                ＃计算元素 k 的偏移地址
add $ a1, $ s1, $ a0            ＃计算元素 k 的物理地址
srl $ a2, $ s0,2                ＃计算 k/4
addi $ a3, $ a2,210             ＃计算 k/4 + 210
sll $ a3, $ a3,4                ＃计算 16 * (k/4 + 210)
sub $ a3, $ s2, $ a3            ＃计算 y - 16 * (k/4 + 210)
sw $ a3,0( $ a1)                ＃将元素 k 的值存入元素 k 的存放地址
addi $ s0, $ s0,1               ＃计算下一个元素索引
j next                          ＃无条件跳转再判断
exit:                           ＃退出
li $ v0,10
syscall
```

6. 实验步骤

（1）采用记事本编辑以上汇编语言源代码，并保存为 array. txt 文件，如图 J-6 所示。

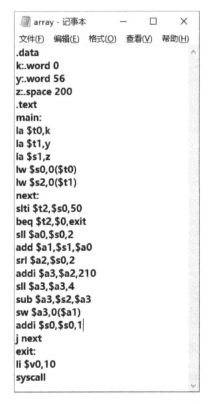

图 J-6　编辑汇编语言源程序

（2）将汇编语言源程序导入 QtSpim 中，得到如图 J-7 所示结果。

（3）首先单击单步运行，观察程序运行流程是否正常。单击 7 次单步运行，CPU 寄存器变化如图 J-8 所示，表示正常进入用户程序代码区域。

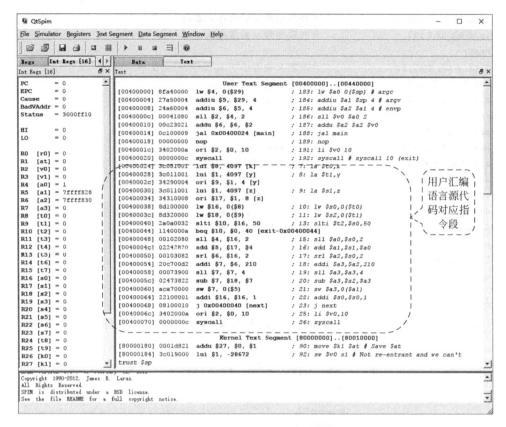

图 J-7 导入 QtSpim 之后的结果

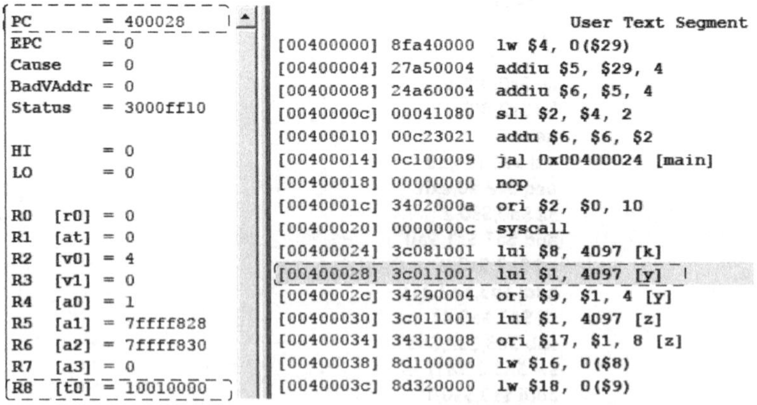

图 J-8 程序运行完第一条用户指令，将变量 k 的地址赋值给寄存器 $\$t0$

（4）在代码段 0x00400064 处设置断点，然后单击运行，观察程序是否进入正常的循环体以及计算结果是否正确。程序运行到断点处时，各个寄存器的值如图 J-9 所示，单击 QtSpim 窗口中用户数据段可观察到 z 的 0 号元素的值如图 J-10 所示，表明程序第一个元素赋值正确。

（5）取消断点，单击运行。程序运行结束后，查看数据段中数组 z 各元素的值可得到如图 J-11 所示结果。根据 C 语言运行结果可知，MIPS 汇编语言程序运行完全正确。

```
PC        = 400064                      User Text Segment
EPC       = 400064           [00400000] 8fa40000  lw $4, 0($29)
Cause     = 24               [00400004] 27a50004  addiu $5, $29, 4
BadVAddr  = 0                [00400008] 24a60004  addiu $6, $5, 4
Status    = 3000ff10         [0040000c] 00041080  sll $2, $4, 2
                             [00400010] 00c23021  addu $6, $6, $2
HI        = 0                [00400014] 0c100009  jal 0x00400024 [main]
LO        = 0                [00400018] 00000000  nop
                             [0040001c] 3402000a  ori $2, $0, 10
R0   [r0] = 0                [00400020] 0000000c  syscall
R1   [at] = 10010000         [00400024] 3c081001  lui $8, 4097 [k]
R2   [v0] = 0                [00400028] 3c011001  lui $1, 4097 [y]
R3   [v1] = 0                [0040002c] 34290004  ori $9, $1, 4 [y]
R4   [a0] = 0                [00400030] 3c011001  lui $1, 4097 [z]
R5   [a1] = 10010008         [00400034] 34310008  ori $17, $1, 8 [z]
R6   [a2] = 0                [00400038] 8d100000  lw $16, 0($8)
R7   [a3] = ffffff318        [0040003c] 8d320000  lw $18, 0($9)
R8   [t0] = 10010000         [00400040] 2a0a0032  slti $10, $16, 50
R9   [t1] = 10010004         [00400044] 1140000a  beq $10, $0, 40 [exit-0x(
R10  [t2] = 1                [00400048] 00102080  sll $4, $16, 2
R11  [t3] = 0                [0040004c] 02242820  add $5, $17, $4
R12  [t4] = 0                [00400050] 00103082  srl $6, $16, 2
R13  [t5] = 0                [00400054] 20c700d2  addi $7, $6, 210
R14  [t6] = 0                [00400058] 00073900  sll $7, $7, 4
R15  [t7] = 0                [0040005c] 02473822  sub $7, $18, $7
R16  [s0] = 0                [00400060] aca70000  sw $7, 0($5)
R17  [s1] = 10010008        *[00400064] 22100001  addi $16, $16, 1
R18  [s2] = 38               [00400068] 08100010  j 0x00400040 [next]
R19  [s3] = 0                [0040006c] 3402000a  ori $2, $0, 10
R20  [s4] = 0
```

图 J-9 第一次执行到断点处寄存器的值

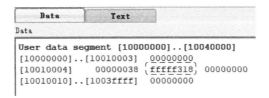

```
Data        Text
Data

User data segment [10000000]..[10040000]
[10000000]..[10010003]  00000000
[10010004]        00000038  ffffff318  00000000
[10010010]..[1003ffff]  00000000
```

图 J-10 用户数据段 z[0] 的值

```
Data        Text
Data

User data segment [10000000]..[10040000]        z[1]
[10000000]..[10010003]  00000000    z[0]
[10010004]  z[2] 00000038  ffffff318  ffffff318
[10010010]       ffffff318  ffffff318  ffffff308  ffffff308
[10010020]       ffffff308  ffffff308  ffffff2f8  ffffff2f8
[10010030]       ffffff2f8  ffffff2f8  ffffff2e8  ffffff2e8
[10010040]       ffffff2e8  ffffff2e8  ffffff2d8  ffffff2d8
[10010050]       ffffff2d8  ffffff2d8  ffffff2c8  ffffff2c8
[10010060]       ffffff2c8  ffffff2c8  ffffff2b8  ffffff2b8
[10010070]       ffffff2b8  ffffff2b8  ffffff2a8  ffffff2a8
[10010080]       ffffff2a8  ffffff2a8  ffffff298  ffffff298
[10010090]       ffffff298  ffffff298  ffffff288  ffffff288
[100100a0]       ffffff288  ffffff288  ffffff278  ffffff278
[100100b0]       ffffff278  ffffff278  ffffff268  ffffff268  z[49]
[100100c0]       ffffff268  ffffff268  ffffff258  ffffff258
[100100d0]..[1003ffff]  00000000
```

图 J-11 程序运行结束后 z 各个元素的值

7. 程序内存映像

MIPS 汇编源程序代码段内存映像如表 J-1 所示。

表 J-1　MIPS 汇编源程序代码段存储映像

内 存 地 址	机 器 指 令	汇 编 指 令	宏汇编指令
0x00400024	0x3c081001	lui $8,4097 [k]	la $t0,k
0x00400028	0x3c011001	lui $1,4097 [y]	la $t1,y
0x0040002c	0x34290004	ori $9,$1,4 [y]	
0x00400030	0x3c011001	lui $1,4097 [z]	la $s1,z
0x00400034	0x34310008	ori $17,$1,8 [z]	
0x00400038	0x8d100000	lw $16,0($8)	lw $s0,0($t0)
0x0040003c	0x8d320000	lw $18,0($9)	lw $s2,0($t1)
0x00400040	0x2a0a0032	slti $10,$16,50	slti $t2,$s0,50
0x00400044	0x1140000a	beq $10,$0,40	beq $t2,$0,exit
0x00400048	0x00102080	sll $4,$16,2	sll $a0,$s0,2
0x0040004c	0x02242820	add $5,$17,$4	add $a1,$s1,$a0
0x00400050	0x00103082	srl $6,$16,2	srl $a2,$s0,2
0x00400054	0x20c700d2	addi $7,$6,210	addi $a3,$a2,210
0x00400058	0x00073900	sll $7,$7,4	sll $a3,$a3,4
0x0040005c	0x02473822	sub $7,$18,$7	sub $a3,$s2,$a3
0x00400060	0xaca70000	sw $7,0($5)	sw $a3,0($a1)
0x00400064	0x22100001	addi $16,$16,1	addi $s0,$s0,1
0x00400068	0x08100010	j 0x00400040	j next
0x0040006c	0x3402000a	ori $2,$0,10	li $v0,10
0x00400070	0x0000000c	syscall	syscall

MIPS 汇编源程序运行结束数据段内存映像如表 J-2 所示。

表 J-2　MIPS 汇编源程序运行结束数据段内存映像

变 量 名	存储数据（整型）	存 储 地 址
k	0x00000000	0x10010000
y	0x00000038	0x10010004
z[0]	0xfffff318	0x10010008
z[1]	0xfffff318	0x1001000c
z[2]	0xfffff318	0x10010010
z[3]	0xfffff318	0x10010014
z[4]	0xfffff308	0x10010018
z[5]	0xfffff308	0x1001001c
z[6]	0xfffff308	0x10010020
z[7]	0xfffff308	0x10010024
z[8]	0xfffff2f8	0x10010028
z[9]	0xfffff2f8	0x1001002c
z[10]	0xfffff2f8	0x10010030
z[11]	0xfffff2f8	0x10010034

续表

变 量 名	存储数据(整型)	存 储 地 址
z[12]	0xfffff2e8	0x10010038
z[13]	0xfffff2e8	0x1001003c
z[14]	0xfffff2e8	0x10010040
z[15]	0xfffff2e8	0x10010044
z[16]	0xfffff2d8	0x10010048
z[17]	0xfffff2d8	0x1001004c
z[18]	0xfffff2d8	0x10010050
z[19]	0xfffff2d8	0x10010054
z[20]	0xfffff2c8	0x10010058
z[21]	0xfffff2c8	0x1001005c
z[22]	0xfffff2c8	0x10010060
z[23]	0xfffff2c8	0x10010064
z[24]	0xfffff2b8	0x10010068
z[25]	0xfffff2b8	0x1001006c
z[26]	0xfffff2b8	0x10010070
z[27]	0xfffff2b8	0x10010074
z[28]	0xfffff2a8	0x10010078
z[29]	0xfffff2a8	0x1001007c
z[30]	0xfffff2a8	0x10010080
z[31]	0xfffff2a8	0x10010084
z[32]	0xfffff298	0x10010088
z[33]	0xfffff298	0x1001008c
z[34]	0xfffff298	0x10010090
z[35]	0xfffff298	0x10010094
z[36]	0xfffff288	0x10010098
z[37]	0xfffff288	0x1001009c
z[38]	0xfffff288	0x100100a0
z[39]	0xfffff288	0x100100a4
z[40]	0xfffff278	0x100100a8
z[41]	0xfffff278	0x100100ac
z[42]	0xfffff278	0x100100b0
z[43]	0xfffff278	0x100100b4
z[44]	0xfffff268	0x100100b8
z[45]	0xfffff268	0x100100bc
z[46]	0xfffff268	0x100100c0
z[47]	0xfffff268	0x100100c4
z[48]	0xfffff258	0x100100c8
z[49]	0xfffff258	0x100100cc

8. 实验总结

这次 MIPS 汇编程序实验内容是用汇编语言完成一个简单 C 语言程序,实现数组元素循环逐个运算赋值逻辑。虽然需要实现的逻辑并不复杂,但是却是我们第一次实际使用汇编语言编写程序。一条简单的 C 语言需要用几条汇编语句来实现，要自己管理寄存器内存单元等等。

　　这次课巩固了我对一些常用汇编指令的了解和认识，有课上学习过的也有另行补充的，让我对汇编语句实现逻辑功能有了一定的了解，加深了我对计算机工作原理的理解，掌握了 MIPS 程序设计、调试技能，掌握了 QtSpim MIPS 汇编语言模拟器的使用，学会了如何通过 QtSpim 获取汇编语言程序的机器指令以及如何查看数据段、代码段存储映像。